世界著名计算机教材精选

Fundamentals of Data Structures in C

Second Edition

数据结构基础

（C 语言版）

（第 2 版）

Ellis Horowitz

Sartaj Sahni　　　　著

Susan Anderson-Freed

朱仲涛　译

清华大学出版社

北　京

图书在版编目（CIP）数据

数据结构基础：C 语言版：第 2 版/（美）霍罗维兹（Horowitz, E.），（美）萨尼（Sahni, S.），（美）安德尔森-弗里德（Anderson-Freed, S.）著；朱仲涛等译. —北京：清华大学出版社，2009（2023.8重印）

（世界著名计算机教材精选）

书名原文：Fundamentals of Data Structures in C, 2E

ISBN 978-7-302-18696-0

Ⅰ. 数… Ⅱ. ①霍… ②萨… ③朱… Ⅲ. ①数据结构—教材②C 语言—程序设计—教材 Ⅳ. TP311.12

中国版本图书馆 CIP 数据核字（2003）第 106120 号

责任编辑：龙启铭
责任印制：宋　林

出版发行：清华大学出版社
　　网　　址：http://www.tup.com.cn, http://www.wqbook.com
　　地　　址：北京清华大学学研大厦 A 座　　**邮　编**：100084
　　社 总 机：010-83470000　　**邮　购**：010-62786544
　　投稿与读者服务：010-62776969，c-service@tup.tsinghua.edu.cn
　　质 量 反 馈：010-62772015，zhiliang@tup.tsinghua.edu.cn
印 装 者：三河市龙大印装有限公司
经　　销：全国新华书店
开　　本：185mm×260mm　　**印　张**：30.75　　**字　数**：759 千字
版　　次：2009 年 3 月第 1 版　　**印　次**：2023 年 8月第 14 次印刷
定　　价：49.00 元

产品编号：027384-01

中译本序

《数据结构基础》是一本优秀的数据结构教材，取材全面，难易适中，内容组织合理，详略得当，深入浅出，而且论证逻辑性强，所以广为国内外高校计算机专业选用。此外，这本英文教材对国内许多数据结构教材的编写也有显著影响。

此中译本是《数据结构基础》C 语言版第 2 版的译本，与第 1 版相比，新版篇幅扩张很大，内容全面更新，全书覆盖 ① 线性（序）数据类型、② 树型数据类型、③ 网状数据类型，以及 ④ 排序算法与 ⑤ 查找算法。基本数据结构包括线性表（数组与链表）、栈与队列、树、图等经典内容，特点为运用抽象数据类型（ADT）观点一一呈现。另外，书中包含大量符合 ANSI C 标准的程序，实例丰富，习题众多，并有大量图表。

本书最鲜明的特点是：用几乎一半篇幅，即第 8~12 章，详细讨论了各种查找表结构及其查找算法，而且内容组织很新颖。这最后 5 章既包括查找法的经典内容，如 Hash 法和 AVL 树等；也包括数据结构研究的新进展，如分摊复杂度分析等；还包括当前数据结构研究的热点，即各种堆结构。这部分内容特别适合数据结构提高课程，也特别适合学过基本数据结构的读者自学提高。以下列出本书有关查找的内容及其编排体系。

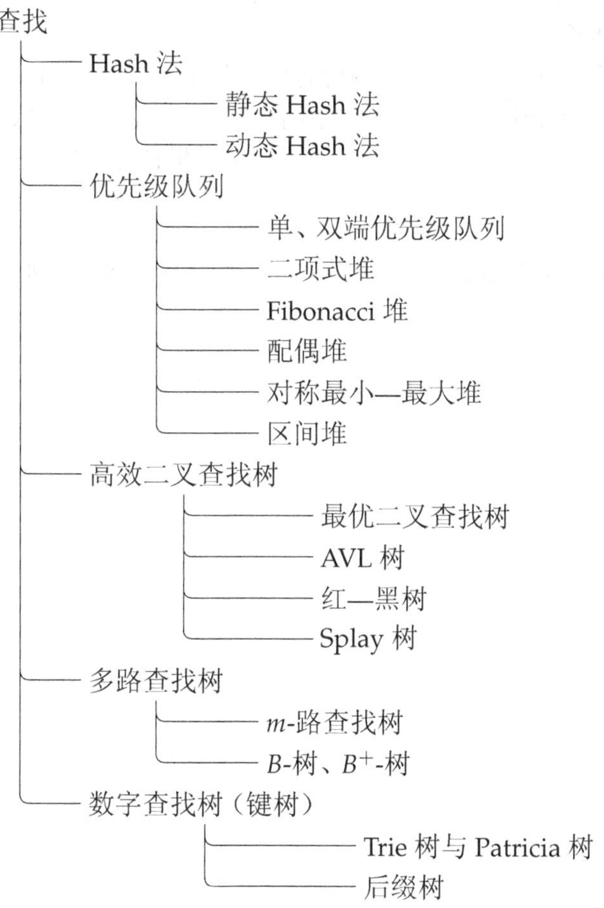

本书章节之后的习题与补充习题也各有特色。习题中的一些是正文内容的补充与扩充，

可以培养读者独立思考，举一反三的能力。附加习题中的一些编程大作业，如随机走动、骑士征程、扑克接龙、迷宫求解等，均令人兴趣盎然，读者如果编程求解，既有助于完全彻底地了解基本概念、扎实地掌握教材内容，又能迅速提高编程水平。还有，每章最后的参考文献与选读材料也很全面，可作数据结构研究人员与算法研究人员的入门读物，为开展相关研究奠定基础。

中译本全书由译者排版，排版工具是 LaTeX（CJK）与 AMS-TeX。译本中用到的西文正文字体为 palatino，数学字体为 mathpazo；书体排版采用 `cctbook.cls` 样式类，该样式类的作者是张林波；程序代码排版采用 `listings.sty` 样式。中译本全书插图均为矢量图，全部由译者制作，工具是 XY-pic 的 `xy.sty`，作者是 Kristoffer H. Rose 与 Ross Moore，驱动程序是 dvips。中译本全书索引凭借 `makeindex` 工具制作，人名索引与部分知识点索引由 `sed/awk` 程序协助完成。排版工作环境是 FreeBSD 7.0，编辑器是 GNU emacs+auctex。

借此中译本出版机会，首先感谢清华大学数据结构课程主讲教师殷人昆与邓俊辉，与他们合作，无论日常教学工作、教学法研讨，还是编写教材，译者均获益太多。还要特别感谢严蔚敏老师对译者教学工作起步阶段的指点。最后，感谢所有选修、旁听译者数据结构课程的同学和进修教师，感谢各位课程助教，衷心感谢他们的支持和鼓励，他们对此中译本的期待是译者孜孜不倦的全部动力。

译事艰辛、工作繁重，没有出版社编辑的鼎力支持，这本中译本是不可能完成的。感谢清华大学出版社龙启铭先生，身为此中译本责任编辑，他从译事策划、监督进度，到审阅全书、精心校对，甚至版式设计，事无巨细，都付出了大量精力。衷心感谢龙启铭先生给予译者的所有帮助。

囿于译者的专业素养与翻译水平，此中译本一定有不少错陋之处，恳请读者批评指正。

译者

2008 年 12 月

前 言

本书是《数据结构基础》的C语言版。用C语言讲授数据结构，原因不止一个。首先，或者说至关重要的原因是，C语言适用于各种机型，就是说，无论个人计算机（如PC机和Mac机），或者基于Unix的系统，C语言均为主流开发语言。其次，C语言本身也在不断进化，时至今日，C编译器功能愈发强大、C编程开发环境越来越广泛，我们理应为数据结构的初学者贡献一个C语言版本的数据结构教材。还有，在计算机科学的教学体系中，C语言的地位也相当重要，举例来说，在程序设计课程里讲授的许多重要概念，诸如虚拟存储、文件系统、自动语法生成、词法分析、网络编程等等，都是由C语言实现的。因此，当前通行的教学理念是，尽早介绍C语言，这样可以为学生预备足够的时间磨练C语言的编程技能，从而可以保证，学生在学习各种重要概念之前，就做好了必要准备。

本书所有C语言程序都符合ANSI C标准。ANSI C标准的制订始于1983年，目的是增强早期的C语言功能，为此ANSI标准增加了一些新的语言特征，例如，函数首部引入了类型信息，这样不但令程序更易读，还使程序更加可靠。

本书保留了第1版以及其它程序设计语言版本的特色，依然包括算法与计算时间复杂度的详细讨论。而且，本书的章节组织与文体风格也尽量与第1版保持一致。然而，我们并未墨守陈规，本书也有一些改进之处。举例来说，指针与动态存储分配这两部分内容是C语言最常用的概念和技术，现在提前到了第一章；另外，程序中的出错信息现在统一写到`stderr`设备；还有，系统功能调用结束之后，例如，在调用 `malloc`之后，现在都要检查返回状态，判断是否成功返回。为了避免程序过于繁琐而不易理解，书中特别定义了若干宏语句，以便程序简短而且易读，例如，宏语句`MALLOC`在调用`malloc`的同时还要判断返回结果是否正确。如果程序正常结束则调用`exit(EXIT_SUCCESS)`，如果程序非正常结束则调用`exit(EXIT_FAILURE)`。书中有关串的内容现在提前到介绍数组概念的一章。

另外还有一些改动，就不涉及C语言了。本书的习题现安排在各章节之后，习题编号前的记号♣表明该习题有难度，适合用作编程大作业。另外，每章内容或多或少都有调整，基本内容都调整到了前面，而那些较难理解的内容、或者供选讲的内容，现在都移到了最后。

与第一版对比，本书最显著的新特点是引入了抽象数据类型概念。抽象数据类型将数据类型的规范声明（specification）与实现分离。C++语言与Java语言支持这种声明与实现的分离，但C语言却不提供现成的支持。我们设计了一套简单自明的记号，用来描述抽象数据类型。基本思路是：先给出数据类型中数据对象的定义，接着给出数据类型中各函数的名称及其调用参量。我们建议，教师在讲解数据类型的实现细节以及相关算法的效率之前，最好应事先指导学生讨论数据类型的规范声明。

在过去的十年，数据结构研究领域并未停滞，目前，数据结构越来越成熟。各种实用的新型数据结构不断涌现，而且，崭新的复杂性度量方法也相继出现，这本新书力图与这些研究进展保持同步。例如，在第2章和第3章，我们新增了利用动态数组及其数组加倍技术实现多项式、矩阵、栈和队列的方法；第6章增加了求最短路径的Bellman-Ford算法；第9章专门讨论优先级队列，并新增了对偶堆、对称最小最大堆、区间堆等节目，取代了原先仅讨论最小最大堆与双端堆的编排方式。

原书第一版的第10章用来讲查找结构，这本新书把原来的一章篇幅扩张成三章，第10

章现在用来专讲二叉查找结构，现在的红-黑树不再由 2-3 树和 2-3-4 树导出。此外，这个新版还引入了自顶向下 Splay 树，同时还讨论其性能优于自底向上 Splay 树的原因。第 11 章用来讲多路查找树，B^+ 树一节是新增内容。第 12 章用来讲 Trie 树，基本思想与第 10 章类似。由于 Trie 树的应用越来越广泛，因此相应篇幅大大增加了。第 12 章也新增了一节，内容包括后缀树以及 Trie 树在互联网包转发技术中的应用。

本书新版本详细讨论了分摊时间复杂度，而且大多数算法都给出了计算时间在最优、最差情形的复杂度分析，有一些算法还包括平均情形的计算复杂度分析。分摊时间复杂度考察给定操作序列连续执行的总效率，由 R. Tarjan 提出，与传统的复杂度度量结果相比，分摊复杂度的度量结果在大多数情形都更加精确。

访问网址 `http://www.cise.ufl.edu/~sahni/fdsc2ed` 可获得本书其它信息。

课程安排

如果本书用作一学期（semister）教材，教学安排可分为中速进度和快速进度两类。中速进度教学安排参见图 1，适用于计算机专业低年级学生，最好设置为专业教学规划中的第二门课程或第三门课程。使用本书的大部分教师，包括本书作者，都选用这样的中速进度。以下大纲以 ACM 推荐的教学纲目为依据。

周次	内容	阅读材料
1	算法与数据结构引论	第 1 章
2	数组	第 2 章
3	数组（串）	第一次作业截止日期
4	栈与队列	第 3 章
5	链表（单向链表和双向链表）	第 4 章
6	链表	第二次作业截止日期
7	树（基本概念，二叉树）	第 5 章
8	树（查找，堆）	
9	期中考试	
10	图（基本概念，存储表示）	第 6 章
11	图（最短路径，生成树，拓扑排序）	第三次作业截止日期
12	内部排序（插入排序，快速排序和归并排序）	第 7 章
13	内部排序（堆排序，基数排序）	第四次作业截止日期
14	Hash 法	第 8 章
15	高级材料选讲	第 9~12 章
16	高级材料选讲	第 9~12 章

图 1 一学期课程安排（中速进度）

围绕整个课程的教学环节，教师应布置一些编程作业，时间间隔最好均匀分布。第一次编程作业的主要目的是熟悉编程环境。第二次编程应强调表结构的训练，相关内容是第 4 章，作业可选用该章最后的习题。外部排序的内容可不讲，把时间留给 Hash 法，Hash 法很重要，数据结构课程之后的许多课程都要用到 Hash 法，因此最好在本课程讲授。讲完 Hash 法，还可以从第 9~12 章中挑选一些内容选讲，做为提高专题。

快速进度的教学安排是为研究生制订的，图 2 是教学大纲，建议最好在研究生的第一学年开设。快速进度也可用作本科生提高课程。编程作业与中速进度教学安排相同，不再赘述。由于课程进度较快，讲授第 9~12 章的时间只有四周，可按需要挑选内容选讲。

周次	内容	阅读材料
1	算法与数据结构引论	第 1 章
2	数组	第 2 章
3	栈与队列	第 3 章
		第一次作业截止日期
4	链表	第 4 章
5	树	第 5 章
6	树（续）	第二次作业截止日期
7	期中考试	
8	图	第 6 章
9	图（续）	第三次作业截止日期
10	内部排序	第 7 章
11	外部排序	第 7 章
12	Hash 法	第 8章
13	优先级队列（选讲）	第 9 章
		第四次作业截止日期
14	高效二叉查找树（选讲）	第 10 章
15	多路查找树（选讲）	第 11 章
16	数字树查找结构（选讲）	第 12 章

图 2　一学期课程安排（快速进度）

数据结构的提高课程可采用图 3 的教学安排，选课学生应学过数据结构的基本内容，最好有表、树、图各种数据结构的基础。

有些学校一学年分四个小学期（quarter system），对于这种学期设置，完整的数据结构课程需要占用两个小学期，教学安排可参考图 4 和图 5。选课学生应学过高级程序设计课程，并在这门先修课中学过算法分析与数据结构的基本内容。

借此新书出版机会，我们再一次感谢为本书第 1 版提供过帮助和支持的各位同事。感谢 Illinois Wesleyan University 的 Lisa Brown 教授，感谢 Lisa Brown 教授 Programming III 课程的选课学生，感谢 Colorado School of Mines 的 Dinesh Mehta 博士为本书第一版纠错，感谢 Illinois Wesleyan University 的 Computer Services 机构及其员工 Trey Short 和 Curtis Kelch，感谢他们提供的技术帮助。还要感谢 AT&T 贝尔实验室的 Narain Gehani，Arcadia University 的 Tomasz Müldner，以及 Trinity University 的 Ronald Prather，感谢他们审阅本书初稿。特别要感谢 Friedman 夫妇，Art 与 Barbara，他们从开始就是本书的出版业务负责

周次	内容	阅读材料
1	树的复习与串讲	第 5 章
2	图的复习与串讲	第 6 章
3	外部排序	第 7 章
4	外部排序（续）	
5	Hash 法（复习基本 Hash 技术	第 8 章
	Bloom 滤波器，动态 Hash 法）	第一次作业截止日期
6	优先级队列（左倾树，对称最小-最大堆，区间堆）	第 9 章
7	优先级队列（分摊复杂度，二项式堆）	第 9 章
8	优先级队列（Fibonacci 堆，对偶堆）	第二次作业截止日期
9	高效二叉查找树（最优 BST 树，AVL 树）	第 10 章
10	期中考试	
11	高效二叉查找树（红-黑树，Splay 树）	
12	多路查找树（B-树，B^+ 树）	第 11 章
13	数字查找结构（数字查找树，二路 Trie 树，Patricia 树）	第二次作业截止日期
14	多路 Trie 树	
15	后缀树	第四次作业截止日期
16	Trie 树与互联网包中继	

图 3 学期课程安排（数据结构提高课程）

周次	内容	阅读材料
1	算法与数组复习	第 1、2 章
2	栈与队列	第 3 章
3	链表（栈、队列、多项式）	第 4 章
4	链表	
5	树（遍历、集合的表示）	第 5 章
		第一次作业截止日期
6	树（堆，查找）	
	期中考试	
7	图（遍历，连通分量）	第 6 章
8	图（最小生成树）	第 6 章
9	图（最短路径）	第 6 章
10	图（活动网络）	第二次作业截止日期

图 4 第一个小学期

周次	内容	阅读材料
1	内部排序（插入排序，快速排序	第 7 章
	排序的界，$O(1)$ 空间归并，归并排序）	
2	排序（堆排序，基数排序，链表排序，表排序）	
3	外部排序	第 7 章
4	Hash 法	第 8 章
	期中考试	
6	优先级队列（左倾树，对称最小-最大堆，区间堆）	第 9 章
7	优先级队列（分摊复杂度，二项式堆，Fibonacci 堆）	第 9 章
8	高效二叉查找树（AVL 树或红-黑树，Splay 树）	
9	多路查找树（*B*-树，B^+ 树）	第 11 章
		第二次作业截止日期
10	数字查找结构（Trie 树，后缀树）	第 12 章

图 5 第二个小学期

人，此书从初期雏形到最后出版，是经他们之手促成的。

Ellis Horowitz

Sartaj Sahni

Susan Anderson-Freed

目　录

第 1 章　基本概念

§1.1　概观：系统生命周期

本书读者应具备扎实的结构化程序设计技能。要获得这些技能，读者通常应学过程序设计基础一类课程。这类课程的培养目标就是传授结构化程序设计技能，但课程强调的是语言本身的语法形式与语句使用规则，学生在这个阶段通常只能编写很简单的程序，解决的问题不用说也是很简单的。这类简单问题，一般而言，只要直接选用程序设计语言提供的某语句也许就能完成求解，例如，用数组存储数据，再利用 `while` 循环语句，可能就足以解决这一阶段的许多问题了。

本书要指导读者向前迈一大步，大幅度提高编程能力，因为以后编写的程序，其规模要大很多，功能也要复杂得多。不用说，编写规模庞大而复杂的程序，不但需要更强有力的工具，还一定需要更高级的编程技术。我们希望在随后的学习过程，读者应扎实掌握数据的抽象思维方法，同时必须熟练掌握算法的规范声明、算法的性能分析、算法的性能评价等诸多技能。设置本章的目的就是要详细论述这些内容。此外，递归程序设计方法同样至关重要，读者也必须熟练掌握，因此也是本章讨论的内容，但论述得较为简明而且篇幅不很大。我们提请读者注意，如果读者以前对递归程序设计基础未给予足够重视，了解流于肤浅，那么必须仔细研读这方面内容，以后一定会深感大有益处。然而，在讨论各种工具与各项技术之前，我们必须强调，编程可不仅仅是写程序代码，即写完一条条程序语句就万事大吉了。与之截然相反，优秀的程序员有完全不同的观点。程序设计的首要问题，应该是首先把大规模程序系统分解成许许多多自成体系且相对独立的组成部件，然后再为各部分之间存在的相互调用，定义严格的调用格式。从系统观点来看形式各异的程序开发过程，实际上每种开发过程都有其生命周期，生命周期依次由需求、分析、设计、编码、验证诸多阶段构成。对于各阶段的论述，尽管可以分门别类，独立讨论，但各个阶段之间同时还会存在相当紧密的功能重叠与互相关联，为其划分时间顺序可以说仅仅是原始而粗略的。在选读材料与参考文献一节，我们列出了一些文献资料，供读者更加深入地了解系统的生命周期以及各阶段的详细含义。

(1) **需求阶段** 所有大规模程序设计项目，都是从确定规范声明开始，规范声明明确定义了项目的目标。需求用来描述程序员必须获得的信息，即，给定的条件（输入）应该是什么，生成的结果（输出）应该是什么。一般而言，刚开始的时候，规范声明往往粗略且粗糙，随后的求精过程应不断完善有关输入、输出的描述，直到包括全部细节，涵盖所有情形。

(2) **分析阶段** 仔细列出需求之后，就可以开始分析阶段的工作了。本阶段先把问题分解成规模适中且便于处理的各个部分。分析方法可以分为两类，一类是自底向上，一类是自顶向下。自底向上一类方法已遭摈弃，这类方法采用的策略不考虑结构信息，一开始就侧重编写代码的细节，显得杂乱无章。如果该类方法不幸被选用，而且程序员又缺乏大局观，那么最后的程序会成为相互之间松散连接又支离破碎的片段，这样，错误极可能蔓延不止，扩散到各处。打个比方，自底向上一类方法很像只用一个蓝图建各式房屋，根本不计房屋的功能和用途，而把所有房屋都看成由墙体、屋顶、水暖管道组成的呆板建筑对象。这种做法实际上忽略了房屋的使用特性和居住特性，可以说完全缺乏全局考虑。虽然根本没人愿意住进这样建成的房屋，但还是有许多程序员，特别是新手程序员，却相信自己无需规划也可以编制出既优秀还不会出错的程序。

与自底向上一类方法不同，自顶向下方法一开始就要事先确定程序的指定目标，并利用该阶段所得成果，将程序分解成易于管理的组成成份。自顶向下方法会生成大量框图（diagrams），用于随后阶段，即系统设计阶段的设计依据。分析阶段根据问题种类的特点往往会提出多种候选方案，以后通过研究、比较，最后筛选出最佳方案。

(3) **设计阶段** 该阶段延续分析阶段的工作。设计人员从两方面进一步研究系统，这时，不但要考察程序所需的数据对象，还要考察针对数据对象而设置的各种操作。前一种考察的结果是创建抽象数据类型；后一种考察的结果更侧重算法的规范声明和算法的设计策略。以制订高校教学计划为例，这时，典型的数据对象应包括诸如学生、课程、教授等等；而典型的操作很可能包括在一种或多种数据对象之上完成插入、删除、查找等功能，特定的操作应包括向已开课程组成的集合之中插入新课程，还应包括查询某教授的主讲课程。

抽象数据类型和算法的规范声明与实现语言无关，因此编程的实现细节可以推迟。尽管目前必须确定每种数据对象所需的信息，不过这时却可以暂时忽略编写代码所需的实现细节。例如，假定已经确定了学生数据对象要包含姓名、社会保险号码、专业、电话号码，但这时尚未决定学生清单究竟该如何实现。到了后续章节，我们会了解到，实现学生清单实际上有多种数据结构可供挑选，例如，我们可以从数组、链表，树三种数据结构中按照需要来选择。设计阶段把实现细节尽量推迟有两方面好处，其一，可以为选择实现语言的种类留有余地，其二，可以留给我们充足的时间去选择最高效的实现语言。

(4) **求精与编写代码阶段** 到这一阶段，我们首先选择数据对象的（存储）表示，其次要实现各种操作的算法。上述先后次序很重要，因为算法的效率取决于数据对象的表示。也就是说，在确定数据表示之前，假如要考虑算法，那么算法应该与数据对象无关。

通常，进行到目前阶段，我们多半会发现目前完成的系统设计并不是最好的。一种可能是，我们这时得知，其他人也做过类似项目，而他们的方案比我们的方案更优越；另一种可能是，连我们自己也觉得现行方案欠佳，换一种设计方案也许可以更好。无论如何，如果原来的设计方案足够好，那么去吸收其它优点并非难事，可以比作锦上添花。实际上，避免过早地涉及编码细节，正是已经预计到这些情况都有可能出现，并事先做好了准备。如果现行方案不可行，就必须把全部方案推倒重来，由于这时没有过于沉重的包袱，所以，至少我们再提出新的设计方案，其代价就不至于过大，时间也不会花费太多，而且出错的可能也许更少了。因此，无论如何，即使要推倒重来，从代价方面来考虑，对我们多少也是个安慰。

(5) **正确性验证阶段** 本阶段工作有 3 方面内容，包括：① 证明程序正确，② 用合适的输入数据测试程序，③ 改正错误。这 3 方面内容业已经过深入、细致的研究，实施方法很多，本书显然不可能做全面彻底地讨论，所以，我们列出如下要点，并做一些简述。

- 正确性证明：程序的正确性证明与数学证明有类似之处，因而可以采用数学证明方法。然而，用数学方法证明程序的正确，不但耗时，而且对大规模程序设计项目也不适用。由于软件项目的开发时间有限，一般而言，要为所有程序都给出完全的数学证明并不现实。因而，选择那些已知是正确的算法，自然能大大减少出错机会。本书介绍的大多数算法，其正确性证明都是通过形式证明完成的，因而是实用的，也是可靠的。所以，我们要说，这些算法全都是程序员武器库中的利器。

- 测试：由于算法与特定语言无关，因而，证明程序的正确性可以早于编写代码阶段；然而，完成测试工作必须用到能够实际运行的代码，还必须使用真实的测试数据集。选取测试数据集的时候切记要谨慎，数据集应覆盖各种情形。新手最易犯的错误是：认为程序只要无语法错误就一定是正确的，显然，这样的想当然自然大错特错了。假如选取测试数据马马虎虎，比如只用一组数据去测试而根本不计其余，之后必将遗患无穷。合格的测试数据集应检查代码的所有片段，使无一遗漏，全部都应得到验证。举例来说，对于 `switch` 语句，测试数据必须检查所有 `case` 语句。

  测试的第一个目标是程序的正确性，这无疑至关重要，然而，程序的运行时间也同样重要。正确的程序，如果运行缓慢，仍无价值。本书的算法大多都有运行时间的理论估计，并给出了推导过程。对于运行时间仅涉及某段关键代码的情形，则应侧重该段代码的运行时间分析，本章同样也讨论这类局部估计问题。

- 纠错：如果一切进展顺利，正确性证明与测试结果会界定错误代码。读者应牢记，纠错的难易程度取决于早期设计阶段与编写代码阶段选择的决策。对于规模庞大、功能复杂的程序，假如忽视文档的编制和整理，加上代码又纠缠不清，象一盘意大利细面条，那就必然会成为程序员的恶梦，这是确定无疑的。去调试这样的程序，一次纠错极可能又会引入其它多处新错。与之截然相反，如果程序文档完整，模块自成体系，而且相互间参数调用关系清晰，那么调试工作将容易得多，这也是确定无疑的。因该说，如果可以去调试一个又一个独立的模块，之后再把它们合成为完整的系统，那么调试工作显然将更加容易了。

§1.2 指针和动态存储分配

§1.2.1 指针

指针是 C 语言的基本概念，C 语言中指针无处不在。实际上，每种数据类型 *T*，都有相应的指向 *T* 的指针类型。指针类型变量存放的值，实际上就是内存地址。指针类型有两个最基本的操作：

& 取地址操作

* 去引用（间接引用）操作

给定如下声明语句：

```
int i, *pi;
```

我们知道 `i` 是整型变量，而 `pi` 是指向整数的指针。如果令：

```
pi = &i;
```

则 &i 返回 i 的地址并把它赋值给 pi。要为 i 赋值，可以写

```
i = 10;
```

或者

```
*pi = 10;
```

以上两条赋值语句都把整数值 10 存储在 i 之中。第二条赋值语句 pi 前的 * 是去引用，10 并未存入指针里，而是存入指针 pi 指向的存储单元之中。

对指针还可以做其它操作。指针的值可以用来赋值给指针变量。指针是一个非负整数，因而 C 允许指针做算术运算，包括加、减、乘、除。指针之间可以做比较，结果返回大于、小于、相等三者之一。指针还可以通过强制显式地转换成整数。

指针变量的长度在不同的计算机中可以取不同值。有时，指针变量的长度在同一台计算机中也会不同。例如，指向 **char** 的指针变量长度也许比指向 **float** 的指针变量长度更长。C 用特殊的值 NULL 表示空指针。空指针不指向变量，也不指向函数。对于具体系统，空指针用整数值 0 表示，C 中 NULL 是一个宏，具体实现就定义为常量值 0。空指针可用在关系表达式中，表示布尔量“假”，因而，测试空指针的语句可以是：

```
if (pi == NULL)
```

或者可以是更简洁的形式：

```
if (!pi)
```

§1.2.2　动态存储分配

程序在运行时需要申请存储空间，用来存放信息，但在编程阶段，我们并不知道程序在运行时需要多大空间（例如，数组大小可能依赖于输入数据），也不想事先预留一块非常大的区域，因为其中很多空间也许根本就不会用到。针对这个问题，C 语言提供了一套机制，可以在程序运行时分配存储空间，这块区域称为*系统堆*（heap）。如果需要新的存储空间，我们可以调用函数 malloc 申请所需大小的一块内存空间。如果当前系统存在空闲内存，那么 malloc 函数返回指向这块空闲内存起始地址的指针；反之，如果当前系统没有空闲内存，则函数 malloc 返回指针 NULL。以后如果不再需要这块存储空间，可以调用函数 free 把它释放，交还给系统。一旦一块存储空间被释放，就不应再用它。程序 1.1 是申请、释放存储空间的例子，注意指针的用法。

程序 1.1 调用 malloc 的参量分别对应类型 **int** 和类型 **float** 的存储空间大小，返回值是指向这块存储空间第一个字节的指针。这个函数的返回类型对不同的系统可能不同，有些系统返回 **char** *，即指向 **char** 的指针。但 ANSI C 返回 **void** *。标记 (**int** *) 和 (**float** *) 是类型强制转换表达式，在程序 1.1 中本来可以缺省，这两个标记把返回类型变换为正确的类型。free 函数把以前用 malloc 申请的存储空间释放。在有些版本的 C 语言中，free 要求的参量类型是 **char** *，而 ANSI C 要求的参量类型是 **void** *。通常，free 的参量类型转换都是缺省的。

```
int i, *pi;
float f, *pf;
pi = (int *)malloc(sizeof(int));
pf = (float *)malloc(sizeof(float));
*pi = 1024;
*pf = 3.14;
printf("an␣integer␣=␣%d,␣a␣float␣=␣%f\n", *pi, *pf);
free(pi);
free(pf);
```

程序 1.1 分配、释放存储空间

如果存储空间不足，调用 malloc 会使申请失败，以下给出的代码更可靠，可以用来替换程序 1.1 中调用 malloc 的相应代码。

```
if ((pi =   (int *)malloc(sizeof(int)))   == NULL ||
    (pf = (float *)malloc(sizeof(float))) == NULL) {
    fprintf(stderr, "Insufficient␣memory");
    exit(EXIT_FAILURE);
}
```

或使用以下等价的代码

```
if (!(pi =   (int *)malloc(sizeof(int))) ||
    !(pf = (float *)malloc(sizeof(float)))) {
    fprintf(stderr, "Insufficient␣memory");
    exit(EXIT_FAILURE);
}
```

因为 malloc 在程序中经常出现，方便的做法是定义宏语句，在宏语句中调用 malloc，如果 malloc 失败则退出。以下是这种宏语句的一种实现：

```
#define MALLOC(p,s) \
  if (!(p) = malloc(s))) {\
      fprintf(stderr, "Insufficient␣memory"); \
      exit(EXIT_FAILURE); \
  }
```

现在，我们可以用两条语句替换程序 1.1 中调用 malloc 的语句。

```
MALLOC(pi, sizeof(int));
MALLOC(pf, sizeof(float));
```

在程序 1.1 中紧接 printf 语句之后插入如下一行：

```
pf = (float *) malloc(sizeof(float));
```

这时，现指针指向的存储空间，不再是存放 3.14 的存储单元。现在无法再访问原来那块存储空间。这是悬空引用（dangling reference）的一个例子。只要指向动态存储区域的指针丢掉了，原存储区域对程序而言，就丢掉了。在程序中使用指针和动态存储分配时，应牢记一点，如果不再需要一块动态存储空间，那么一定要把它还给系统。

§1.2.3 指针隐患

C 程序中让所有尚未指向实际目标的指针都取 NULL 值是好习惯。这样做，可以尽量避免访问一块尚未申请的空间，或访问一块我们并无权限访问的空间。有些计算机在涉及空指针操作时，返回 NULL，能够接着执行，而另一些系统，将直接对地址单元 0 操作，引发严重错误。

另一个好习惯是，在转换指针类型时，显式地使用强制类型转换，例如：

```
pi = malloc(sizeof(int));
      /* assign to pi a pointer to int */
pf = (float *) pi;
      /* casts an int pointer to a float pointer */
```

需要指出，在很多系统中，指针类型的大小和 **int** 类型的大小相同。由于 **int** 是函数返回的约定类型，一些程序员定义函数时会省略返回类型。函数的返回类型如果没有显式定义，那么这个约定的 **int** 返回类型以后可能被解释为指针。事实证明，这种习惯对某些系统是很危险的，因而，程序员应该明确指定函数的返回类型。

§1.3 算法形式规范

§1.3.1 综论

算法是计算机科学的基本概念。许多问题都有现成的求解算法，对于大规模计算机系统，设计高效算法是解决问题的核心。有鉴于此，我们必须首先来详细讨论算法概念。以下从算法定义开始。

定义 算法是指令的有限集合，顺序执行这些指令，可以完成特定的任务。同时，所有算法都遵循以下判据。

(1) **输入** 从外界获取零个或多个量。

(2) **输出** 产生至少一个量。

(3) **确定性** 每条指令清晰、无二义性。

(4) **有限性** 算法对所有情形都能在执行有限步之后结束。

(5) **有效性** 每条指令都是基本可执行的，意为借助纸、笔即可完成。判据 (3) 要求的确定性并不充分，每条指令还必须是能行的（feasible）。 □

计算理论范畴中的算法与程序有不同含义，计算理论中的程序无需满足以上的判据 (4)。例如，操作系统的工作模式是一个无限循环，无终止地等待为所有任务服务，这个系统程序从不结束，除非系统出错而崩溃。本书讨论的程序总会结束，因而，本书不区分算法和程序，这两个名词可以互换。

算法的描述方式可以多种多样，比如可以用自然语言，如英语，但这时必须保证每条指令都是确定的。借助图形也可以表示算法，称为流程图，但只适用小而简单的算法。本书描述算法都用C语言，不过有时会用英语与C语言的组合表示算法。以下给出两个例子，说明从问题描述到算法形成的转换过程。

例 1.1 (选择排序) 设计程序，将 $n \geq 1$ 个整数排序。以下是简单的求解过程：

```
From those integers that are currently unsorted,
find the smallest and place it next in the sorted list.
```

（在当前所有未排序的整数中，找出最小的一个，把它放在当前有序表的后一个位置。）

虽然这句话充分描述了排序问题，但它并不是算法，因为其中有几处疑问。例如，这句话没告诉我们这些整数开始时如何存放，也没告诉我们结果存放在哪里，更没告诉我们存放形式是什么。假定整数存放在数组中，数组名为 `list`，那么第 i 个整数应存放在第 i 个位置，即 `list[i]`，$0 \leq i < n$。程序 1.2 是构建算法的第一次尝试，注意它部分是C语言，部分是英语。

```
for (i=0; i<n; i++) {
    Examine list[i] to list[n-1] and suppose that the
    smallest integer is at list[min];

    Interchange list[i] and list[min];
}
```

程序 1.2 选择排序算法

要把程序 1.2 转换成真正的C语言，还必须实现两个已明确定义的子任务：一个是找出最小整数，一个是将当前最小值与 `list[i]` 交换。后一个子任务可以用函数（见程序 1.3）实现，也可以用宏实现。

```
void swap(int *x, int *y)
{/* both parameters are pointers to ints */
    int temp = *x; /* declares temp as an int and assignes
                      to it the contents of what x points to */
    *x = *y;       /* stores what y points to into the location
                      where x points */
    *y = temp;     /* places the contents of temp in location
                      pointed to by y */
}
```

程序 1.3 swap 函数

以下是这个函数 swap的用法。假定 a 和 b 都声明为 **int** 类型，要交换存放在两者中的值，调用：

```
swap(&a, &b);
```

传给 swap 的参数是 a 和 b 的地址。以下是交换两变量值的宏语句：

```
#define SWAP(x,y,t) ((t) = (x), (x) = (y), (y) = t)
```

两种实现各有优点，函数实现更易读，宏实现适用于所有变量类型。

现在，我们转向第一个子任务。假定当前的最小值在 list[i] 中，把它和 list[$i+1$], list[$i+2$], $\cdots$, list[$n-1$] 比较，只要找到更小值，就用它作最小值。这样，到 list[$n-1$] 整个工作就完成了。把所有这些工作组织在一起，就是函数 sort（见程序 1.4）。程序 1.4 是一个完整的程序，可以在计算机上运行。程序中用到定义在 <stlib.h> 中的函数 rand，它产生一系列随机数传给 sort。现在我们要问这个函数是否正确。

定理 1.1 对于 $n \geq 1$ 个元素的整数集合，函数 sort(list, n) 排序的结果是正确的。数据最后存放在在 list[0], $\cdots$, list[$n-1$] 中，且 list[0]$\leq$list[1]$\leq \cdots \leq$list[$n-1$]。

证明 当最外层 **for** 循环结束第 $i=q$ 次循环时，我们有 list[q]$\leq$list[r], $q<r<n$。接着，执行后续循环到 $i>q$，此时从 list[0] 到 list[q] 的内容不变。因此，当最外层 **for** 执行到最后一个循环时（即 $i=n-2$ 之后），有 list[0]$\leq$list[1]$\leq \cdots \leq$list[$n-1$]。 □

例 1.2 (折半查找) 假定 $n \geq 1$ 个有序整数存储在数组 list 之中，list[0]$\leq$list[1] $\leq \cdots \leq$ list[$n-1$]。我们想知道整数 searchnum 是否出现在这个表中，如果是，则返回下标 i，searchnum=list[i]；否则返回 -1。由于这个表有序，可以用以下方法查找给点值。

令 left、right 分别表示表中待查范围的左、右端点，初值为：left=0, right=$n-1$。令 middle=(left+right)/2，是表的中点下标值。searchnum 和 list[middle] 比较的结果，有三种可能：

(1) searchnum<list[middle]。此时，如果 searchnum 在表中，它一定在位置 0 与 middle-1 之间，因此，把 right。设成 middle-1。

(2) searchnum=list[middle]。此时，返回 middle。

(3) searchnum>list[middle]。此时，如果 searchnum 在表中，它一定在位置 middle-1 与 $n-1$ 之间，因此，把 right 设成 middle-1。

当 searchnum 还没被查到，同时尚有没检查的其它整数，我们重新计算 middle，重复上述查找过程。程序 1.5 是这种查找策略的实现。算法包括两个子任务：(1) 表中是否还有未查找过的整数，(2) 比较 searchnum 和 list[middle]。

比较操作既可以用函数实现，也可以用宏实现。无论采用哪种实现，都需要分别为小于、等于、大于指定数值。我们遵循 C 语言库函数的习惯：

- 若前者小于后者，则返回负数 (-1)。

```
#include <stdio.h>
#include <stdlib.h>

#define MAX_SIZE 101
#define SWAP(x,y,t) ((t) = (x), (x) = (y), (y) = t)

void sort(int [], int); /* selection sort */
void main(void)
{
  int i, n;
  int list[MAX_SIZE];
  printf("Enter␣the␣number␣of␣numbers␣to␣generate:␣");
  scanf("%d", &n);
  if (n < 1 || n > MAX_SIZE) {
    fprintf(stderr, "Improper␣value␣of␣n/n");
    exit(EXIT_FAILURE);
  }
  for (i = 0; i < n; i++) { /* randomly generate numbers */
    list[i] = rand() % 1000;
    printf("%d␣␣", list[i]);
  }
  sort(list, n);
  pritnf("\n␣Sorted␣array:\n␣");
  for (i = 0; i < n; i++)    /* print out sorted numbers */
    printf("%d␣␣", list[i]);
  printf("\n");
}

void sort(int list[], int n)
{
  int i, j, min, temp;
  for (i = 0; i < n-1; i++) {
    min = i;
    for (j = i+1; j < n; j++)
      if (list[j] < list[min])
        min = j;
    SWAP(list[i], list[min], temp);
  }
}
```

程序 1.4 选择排序

```
while (there are more intergers to check) {
  middle = (left + right) / 2;
  if (searchnum < list[middle])
    right = middle - 1;
  else if (searchnum == list[middle])
    return middle;
  else left = middle + 1;
}
```

程序 1.5 查找有序表

- 若两者相等，则返回 0。
- 若前者大于后者，则返回正数 (1)。

我们虽然给出函数（程序 1.6）和宏两种实现，以后总是用宏实现，因为它适应各种数据类型。

```
int compare(int x, int y)
{ /* compare x and y, return -1 for less than, 0 for equal,
     1 for greater */
  if (x < y) return -1;
  else if (x == y) return 0;
  else return 1;
}
```

程序 1.6 比较两个整数

宏实现：

```
#define COMPARE(x, y) (((x) < (y)) ? -1 : ((x) == (y)) ? 0 : 1)
```

我们现在着手解决第一个子任务：确定是否还有未查找的数据。回忆最初的算法，比较操作之后，数组的下标值可能向左移，也可能向右移，这么一直移下去，最终或者找到，或者下标交叉，即左边下标值大于右边下标值。本来左、右下标是全表的两个端点，查找在两者之间进行，一旦交叉，则说明再也没有待查找的数据元素了。把上述内容合成后，我们得到下面的折半查找程序（见程序 1.7）。

以上查找策略称为折半查找。 □

上面两个例子用 C 函数实现算法，实际上，把大程序分解为易于处理的多个部分，每部分用一个或多个函数实现，是函数机制的根本目标。分解之后，各函数令程序更易读，同时，由于各函数可以分别测试，程序正确性的几率也提高了。通常，我们在定义函数之前，要先声明函数，这样的好处是，编译程序在分析过程遇到一个函数调用，已经知道该函数的合法定义将出现在后续代码。C 语言中的函数可以一组一组分开编译，创建逻辑上功能相关的函数库。

```
int binsearch(int list[], searchnum, int left, int right)
{/* search list[0] <= list[1] <= ... <= list[n-1] for searchnum.
    Return its position if found. Otherwise return -1. */
  int middle;
  while (left <= right) {
    middle = (left + right)/2;
    switch(COMPARE(list[middle], searchnum)) {
    case -1: left = middle + 1;
      break;
    case 0: return middle;
    case 1: right = middle - 1;
    }
  }
  return -1;
}
```

程序 1.7 查找顺序表

§1.3.2 递归算法

刚入行的程序员常常把函数看作被其他函数调用的对象，函数执行自身代码，然后返回调用程序，这种看法是片面的。事实上，函数不但可以调用自身（直接递归），还可以调用其它函数，其它函数也可以再调用该函数（间接递归）。递归函数调用机制，不仅功能强大，还常常可以极大地简化问题，也就是说，如果不用递归方法，算法可能非常复杂。递归之所以可以大大简化问题，正是这里讨论递归的原因。

计算机专业的一些学生，经常会把递归方法视为某种神秘的技巧，看作仅适用于一小类特定问题，如计算阶乘、计算 Ackermann 函数一类问题。这种观点很不全面。实际上，任何可以用赋值语句、**if-else** 语句、**while** 语句实现的函数，都是可以递归实现的，而且递归实现通常要比循环实现更易理解。

那么，什么时候用递归表述算法更合适呢？这里仅给出一种判据：如果问题的表述本身就是递归定义，那么，自然而然，采用递归方法就很合适；求解阶乘如此，求解 Fibonacci 数列也是如此，求解二项式系数还是如此。二项式系数的定义是：

$$\binom{n}{m} = \frac{n!}{m!(n-m)!}$$

该式可用下式递归计算：

$$\binom{n}{m} = \binom{n-1}{m} + \binom{n-1}{m-1}$$

以下通过两个例子论述递归算法的构造过程。第一个例子把例 1.2 的折半查找函数转为递归函数。第二个例子生成一个表中字符的所有置换。

例 1.3 (折半查找) 程序 1.7 是折半查找的循环实现，要把这个函数转化为递归函数，我们所做的工作是：(1) 判断递归结束而建立边界条件，(2) 实现递归调用，每次递归调用都向彻底解决问题的目标前进一步。通过仔细阅读程序 1.7 的函数 binsearch，我们发现查找的结束有两种情形：其一是查找成功（list[middle]=searchnum），其二是查找不成功（左右下标交叉）。对查找成功的情形，程序无需改动；但 **while** 语句应替换成等价的 **if** 语句。

为了让递归调用一步步接近最终结果，函数调用参量分别是新的 left 下标值和新的 right 下标值。程序 1.8 是递归实现的折半查找。注意，尽管代码改动了，递归函数被调用的形式与非递归的形式完全一致。 □

```
int binsearch(int list[], searchnum, int left, int right)
{/* search list[0] <= list[1] <= ... <= list[n-1] for searchnum.
   Return its position if found. Otherwise return -1. */
  int middle;
  if (left <= right) {
    middle = (left + right)/2;
    switch(COMPARE(list[middle], searchnum)) {
    case -1: return binsearch(list, searchnum, middle + 1, right);
    case  0: return middle;
    case  1: return binsearch(list, searchnum, left, middle - 1);
    }
  }
  return -1;
}
```

程序 1.8 折半查找的递归实现

例 1.4 (置换) 给定 $n \geq 1$ 个元素的集合，打印这个集合所有可能的置换。例如，给定集合 $\{a,b,c\}$，它的所有置换是 $\{(a,b,c),(a,c,b),(b,a,c),(b,c,a),(c,a,b),(c,b,a)\}$。容易看出，给定 n 个元素，共有 $n!$ 种置换。我们通过观察集合 $\{a,b,c,d\}$，得到生成所有置换的简单算法，以下是算法的构造过程：

(1) a 跟在 (b,c,d) 的所有置换之后。

(2) b 跟在 (a,c,d) 的所有置换之后。

(3) c 跟在 (a,b,d) 的所有置换之后。

(4) d 跟在 (a,b,c) 的所有置换之后。

“跟在所有 $\cdots$ 置换之后”是构造递归算法的关键，这句话启发我们，如果解决了 $n-1$ 个元素的置换问题，则 n 个元素的置换问题就可以解决了。由此，我们写出程序 1.9。程序中的 list 是字符数组。注意，开始调用函数的形式是 perm(list, 0, $n-1$)，这个函数递归生成所有置换，直到 $i=n$。

读者可以用三个元素的集合 $\{a,b,c\}$ 仿真程序 1.9 的执行。每次递归调用 perm 都生成参数 list、i、n 的局部新副本，每次调用 i 都会改变，而 n 不变。参数 list 是指向数组的指针，数组的值在调用过程也保持不变。 □

```
void perm(char *list, int i, int n)
{ /* generate all the permutations of list[i] to list[n] */
  int j, temp;
  if (i == n) {
    for (j=0; j<=n; j++) printf("%c", list[j]);
    printf("␣␣␣␣");
  } else {
  /* list[i] to list[n] has more than one permutation,
     generate these recursively */
    for (j = i; j <= n; j++) {
      SWAP(list[i], list[j], temp);
      perm(list, i+1, n);
      SWAP(list[i], list[j], temp);
    }
  }
}
```

程序 1.9 递归置换生成程序

在后续章节，我们还要给出更多递归函数，本书大量算法都是递归算法，特别在第 4 章的表算法与第 5 章的二叉树算法中，递归都会大量出现。

习题

上面的例子论述了如何将问题转化成程序，我们避开了有关数据抽象与算法设计策略的内容，仅专注于由问题的英语描述向函数的转换过程，或由循环算法向递归算法的转换。下列习题要求读者练习以上技能。对每个编程题，试着先确定算法，然后把它翻译成函数，再证明它是正确的。正确性的“证明”方法，可以是算法分析，也可以用恰当的测试数据。

1. 请看以下两个句子：

   (a) 使方程 $x^n + y^n = z^n$ 有正整数解 x, y, z 的最大 n 值是 2 吗？

   (b) 把 5 除以 0 存入 x 然后转到语句 10。

   两句话都不能满足算法判据中的某一条，指出分别是哪一条。

2. 给定多项式

   $$A(x) = a_n x^n + a_{n-1} x^{n-1} + \cdots + a_1 x^1 + a_0 x^0,$$

   求多项式在 x_0 处的值，可用 Horner 规则。

   $$A(x_0) = (\cdots((a_n x_0 + a_{n-1})x_0 + \cdots + a_1)x_0 + a_0),$$

   Horner 规则使多项式求值所需乘法次数最少。写出用 Horner 规则求值的 C 程序。

3. 给定 n 个布尔变量 $x_1, \cdots, x_n$，我们希望打印所有可能的真值组合。例如，如果 $n=2$，共有四种可能：(true, true), (false, true), (true, false), (false, false)。用 C 语言编程实现。

4. 写一个 C 程序，按升序打印 x, y, z 的整数值。

5. 鸽笼原理指出，如果函数 f 有 n 个不同的输入，且只有小于 n 个输出，则一定有两个输入 $a, b, a \neq b$，使 $f(a) = f(b)$。写一个 C 程序，找出其值域相等的 a 和 b。

6. 给定正整数 n，判定 n 是否等于其因子的总和，即判定 n 是否等于所有 t 的和，t 可以整除 n，$1 \leq t < n$。

7. 阶乘函数 $n!$ 定义为：若 $n \leq 1$，其值为 1；若 $n > 1$，其值为 $n \times (n-1)$。写出计算阶乘的递归函数和循环函数。

8. Fibonacci 数定义为：$f_0 = 0, f_1 = 1$, 以及当 $i > 1$ 时，$f_i = f_{i-1} + f_{i-2}$。写出计算 f_i 的 C 语言递归函数和循环函数。

9. 写出计算二项式系数的循环函数，再把它转为等价的递归函数。

10. Ackerman 函数 $A(m,n)$ 定义为：

$$A(m,n) = \begin{cases} n+1, & \text{if } m = 0; \\ A(m-1,1), & \text{if } n = 0; \\ A(m-1, A(m, n-1)), & \text{otherwise.} \end{cases}$$

这个函数的特性是：即使 m, n 很小，它的增长也非常迅速，因此得到广泛研究。写出它的递归实现和循环实现。

11. (**Hanoi 塔**) 有三根柱子，64 个直径不等的空心碟子套在第一根柱子上，下面的碟子都比上面的碟子大。传说一些和尚要把这些碟子从第一根柱子移到第三根柱子，移动时必须遵循以下规则：

    (a) 一次只能移动一个碟子。

    (b) 大碟子不能放在小碟子上。

    写一个递归程序，打印移动碟子的过程。

12. 令 S 是 n 个元素的集合，它的幂集是它所有子集的集合。例如，如果 $S = \{a,b,c\}$，那么 `powerset`$(S) = \{\{\}, \{a\}, \{b\}, \{c\}, \{a,b\}, \{a,c\}, \{b,c\}, \{a,b,c\}\}$ 。写出递归函数实现 `powerset`(S)。

§1.4 数据抽象

本书读者无疑熟悉 C 语言的基本数据类型，如 **`char`**，**`int`**，**`float`**，**`double`**，**`int`** 还可以有修饰符 **`long`**，**`unsigned`**。从真实世界抽象出的问题，最后都是由这些数据类型表示的。除了这些基本数据类型，C 语言还提供两种聚合数据类型机制，一种是数组，一种是结构体。数组是相同数据类型的集体，数组中所有数据的类型都相同，无需显示给出，例如，`int list[5]`，定义了含有五个（相同的）整数的数组，数组下标的范围是 $0, \cdots, 4$。结构体可以是不同元素类型的集体，这些不同的元素类型必须显式给出。例如，

```
struct student {
    char lastName;
    int studentId;
    char grade;
};
```

在这个结构体中定义了三个成员域，两个成员域是字符型，一个成员域是整型，结构体名称是 student。C 语言结构体的详细解释在第 2 章中给出。

所有程序设计语言都至少提供一个最小的、预定义的数据类型集合，还要提供构造新类型的机制，或由用户自定义类型的机制。现在我们要问："数据类型是什么？"

定义 数据类型是数据对象和施加在数据对象上操作的聚合体。 □

无论程序中用到的是预定义数据类型，或自定义数据类型，都应考虑数据对象和数据操作两方面内容。例如，数据类型 **int** 的数据对象是 $\{0, +1, -1, +2, -2, \cdots$, INT_MAX, INT_MIN$\}$，其中 INT_MAX 和 INT_MIN 是机器所能表示的最大整数和最小整数（这两个值定义在 C 语言的头文件 limits.h 之中）。整数操作有很多，当然包括算术运算 $+, -, *, /$, %。其它操作还包括测试两数是否相等，以及赋值操作。这些操作都有操作名称。操作可以是前缀算符，如 atoi，或者是中缀算符，如 +。不管数据操作是由语言本身定义的，或者是由库函数定义的，其名称、参量、以及执行结果都应指定。

除了必须了解数据类型的操作之外，我们还应了解数据对象是如何表示的。例如，大多数计算机的 **char** 类型表示占用一个字节存储空间的比特串，而 **int** 可能占用 2 个或 4 个字节的存储空间，如果 **int** 占用 2 个字节，那么 INT_MAX $= 2^{15} - 1 = 32767$。

了解数据类型中数据对象的表示格式，当然很有用处，但使用不当也有可能带来危险。如果已知数据类型的存储格式，编写算法时当然可以加以充分利用，然而，一旦该数据对象的格式改变了，那么程序代码也必须做相应改动。很多软件设计人员都发现，把数据对象的表示隐藏起来，不为用户所知，反倒是更好的设计策略。这样的话，用户只能通过提供的函数接口处理数据对象。只要某操作所提供的用户接口不变，设计者就可以修改表示方法，而用户并不需要修改代码。

定义 抽象数据类型（ADT）中的数据对象和数据操作的规范声明与数据对象的表示和数据操作的实现相互分离。 □

一些程序设计语言提供明显的机制支持区分规范声明和实现，例如，Ada 语言中的 package 和 C++ 语言中的类都提供这种支持，可供程序员直接用来定义抽象数据类型。尽管 C 语言并未明显地提供实现 ADT 的机制，我们还是可以利用 C 语言的现有机制构造类似的数据类型，信心十足地定义 ADT。

那么，ADT之中数据操作的规范声明与数据操作的实现，其差别究竟是什么？规范声明包括所有函数的名称，它们的参量类型，以及返回结果的类型，还应包括函数的功能描述，但不涉及内部表示和实现细节。这样的需求界定及为重要，也就是说，抽象数据类型应独立于实现。数据类型中的函数还可以进一步分成以下类别:

(1) **创建函数/构造函数**：这类函数为特定类型创建新实例。

(2) **变换函数**：这类函数也为特定类型创建实例，但通常使用一个或多个其它实例。变换函数与构造函数的差别可以通过后续例子进一步澄清。

(3) **观察函数/报告函数**：这类函数提供数据类型的实例信息，但不修改实例。

常用 ADT 至少要包括以上类别中的一种函数。

本书全书不断强调规范声明和实现的区别。为方便读者理解两者之间的差异，我们从一个 ADT 的定义开始。这个定义有助于读者理解问题的实质，这里我们无需讨论数据对象的表示和数据操作实现细节。在 ADT 的定义清楚无误之后，我们才接着讨论数据对象的表示和操作的具体实现，这两方面内容是数据结构的核心。以下引出 ADT 的记法。

例 1.5 (抽象数据类型 NaturalNumber) 这是第一个 ADT 例子，我们要花些篇幅解释记法。ADT 1.1 定义了自然数的抽象数据类型 `NaturalNumber`。

```
ADT NaturalNumber
  数据对象：有序整数数列，范围从0到机器能够表示的最大整数(INT_MAX)
  成员函数：
    以下 x,y ∈ NaturalNumber; TRUE, FALSE ∈ Boolean,
    且 +, -, <, == 是整数类型的操作符。
    NaturalNumber Zero()            ::=  0
    Boolean IsZero(x)               ::=  if (x) return FALSE
                                         else return TRUE
    Boolean Equal(x, y)             ::=  if (x==y) return TRUE
                                         else return FALSE
    NaturalNumber Successor(x)      ::=  if (x==INT_MAX) return x
                                         else return x + 1
    NaturalNumber Add(x, y)         ::=  if ((x+y)<INT_MAX) return x + y
                                         else return INT_MAX
    NaturalNumber Subtract(x, y)    ::=  if (x<y) return 0
                                         else return x - y
end NaturalNumber
```

ADT 1.1: 抽象数据类型 NaturalNumber

这个自然数抽象数据类型，从定义关键字 **ADT** 开始，主要内容分两节：数据对象和成员函数。数据对象实际正是计算机系统中的整数类型，但此时并未显式指明整数的表示。成员函数的定义要复杂一些。首先，定义中用符号 x， y 记 NaturalNumber 的两个元素，再用 TRUE， FALSE 记 Boolean 类型元素。接着定义了整数的加、减、相等、小于函数。这个例子说明，要定义新的数据类型，我们可能会用到其它数据类型的操作。每个函数的形式为：返回结果类型位于函数名称的左边，定义部分位于右边，中间是符号 ::=，意思是“定义为”。

第一个函数的名称是 Zero，无参量，返回自然数零，是构造函数。函数 Successor(x) 返回自然数序列中 x 的下一个，这个函数是变换函数的例子。注意，如果数列中不再有后继元素了，就是说，x 本身就是 INT_MAX 的话，那么这个函数返回 INT_MAX。有些程序员这时更倾向于返回出错信息，也是可以的。其它两个变换函数是 Add 和 Subtract，当然可以在上述越界情形返回出错信息，但我们选择返回 NaturalNumber 中的一个元素。 □

本书后续的抽象数据类型定义，将遵循 ADT 1.1 给出的形式，不过后续 ADT 中的函数定义形式不一定是 C 语言语句，有可能会用结构化的自然语言（英语）解释函数的功能，原因在于，引入 ADT 的目的是隐藏实现细节，因而在 ADT 的定义中，无需拘泥于 C 语言。有时，ADT 中的成员函数与相应的 C 语言函数（具体实现）会有差异，甚至参数个数也不相同，为避免混淆，ADT 中的成员函数都以大写字母开头，而 C 语言函数都以小写字母开头。

习题

参照 ADT 1.1，写出以下抽象数据类型。

1. 为自然数ADT 加上如下成员函数：Predecessor， IsGreater， Multiply， Divide。
   (前驱、大于、乘法、除法)

2. 构造集合 ADT Set，遵循标准数学定义，成员函数包括：Create， Insert， Remove， IsIn， Union， IIntersection， Difference。
   (创建、插入、删除、属于、并，交，差)

3. 构造 ADT Bag，可以有重复元素的集合。至少包括成员函数：Create， Insert， Remove， IsIn。
   (创建、插入、删除、属于)

4. 构造 ADT Boolean，至少包括成员函数：And， Or， Not， Xor， Equivalent， Implies。
   (与、或、非、异或、等价、蕴含)

§1.5 性能分析

本书的一个主要目标是教会读者判断程序性能的优劣。判断程序性能优劣的标准很多，至少包括如下几点：

(1) 程序是否符合任务的规范说明。

(2) 程序是否正确。

(3) 是否有配套文档，说明程序的用法和原理。

(4) 程序是否根据逻辑关系分解成能有效执行的函数。

(5) 程序代码是否易读。

以上判据至关重要，对构建大规模程序系统，显得更为关键；然而，若要指出如何达到上述标准却并非易事。我们只能说，以上判据可以指导程序员遵循良好的习惯和风格，而且这样做有益于系统开发，能使开发过程按良好的步调推进。程序员必须在实践中不断摸索，从自身的经验中提炼出优秀的编程技能，培养出良好的编程风格。本书后续内容包括大量实例，我们希望这些内容有助于读者达到期望的目标。除了上述一般性判据之外，以下两条判据更加具体：

(6) 程序是否能够高效使用主存和辅存。

(7) 程序的运行时间是否令人满意。

这最后两条判据用来评价程序的性能，可以分成两方面讨论。第一方面的性能估计与机器无关的空间代价和时间代价，称为*性能分析*，其研究内容是计算机科学的一个重要分支，属复杂性理论研究的核心问题。第二方面称为*性能度量*，即获取程序在真实环境的实际运行时间。通过性能度量能够获得程序运行的时间，有助于发现耗费时间较多的程序片段。本节用来专门讨论性能分析，下节内容讨论性能度量。以下首先给出空间复杂度与时间复杂度的定义。

定义 空间复杂度是程序运行所需的存储空间；时间复杂度是程序的运行时间。 □

§1.5.1 空间复杂度

程序运行所需空间包括两部分：

(1) **定长空间需求**：即与程序输入、输出无关的空间，包括指令空间（存储代码的空间）、简单变量的存储空间、定长结构变量（如结构体）的存储空间、常量存储空间。

(2) **变长空间需求**：即与求解的问题实例相关的结构化变量所占空间大小。如果是递归程序，还应加上递归时所需工作空间的大小。给定问题实例 I，程序 P 的变长空间记为 $S_P(I)$。$S_P(I)$ 通常为自变量定义在 I 的特征空间之上的一个数学函数。这些特征常常表现为关于 I 的输入、输出个数、长度、或取值。例如，若输入是长度为 n 的数组，则 n 是一个实例特征。如果 n 是唯一的实例特征，那么 $S_P(I)$ 可以具体化为 $S_P(n)$。

任何程序所需空间总量是：

$$S(P) = c + S_P(I)$$

其中的 c 表示定长空间需求。分析一个程序的空间复杂度，通常仅考察变长空间需求；分析多个程序的空间复杂度也是这样。下面看几个例子。

例 1.6 函数 abc (见程序 1.10) 的输入是三个简单变量，输出返回一个简单变量。根据以上分类，这个函数只有定长空间需求，因此，$S_{\text{abc}}(I)=0$。 □

```
float abc(float a, float b, float c)
{
  return a+b+b*c+(a+b-c)/(a+b)+4.00;
}
```

程序 1.10 简单算术函数

例 1.7 程序 1.11 的输出只有一个简单变量，但输入比上例增加了一个数组，这里，变长空间需求依赖于数组参量是如何传给函数的。不同语言的处理各不相同，对于 Pascal 语言，数组参量是按值传送，就是说，这个函数在执行时，整个数组被复制到函数的临时存储空间。对应这样一类语言，程序 1.11 的变长空间需求是 $S_{\text{sum}}(I)=S_{\text{sum}}(n)=n$，$n$ 是数组长度。C 语言的参数传递方法虽然也是传值调用，但如果传递的是数组参量，C 只传递数组第一个元素的首地址，并不复制整个数组，因而，$S_{\text{sum}}(n)=0$。 □

```
float sum(float list[], int n)
{
  float tempsum = 0;
  int i;
  for (i = 0; i< n; i++)
    tempsum += list[i];
  return tempsum;
}
```

程序 1.11 数组求和的循环实现

例 1.8 程序 1.12 也是增加了一个数组，不过这个求和程序是递归程序，编译器要为每次递归调用保存参量、局部变量、返回地址。

```
float sum(float list[], int n)
{
  if (n) return rsum(list, n-1) + list[n-1];
  return 0;
}
```

程序 1.12 数组求和的递归实现

本例中，一次递归调用所需的空间是两个参量的字节数加上返回地址的字节数。假定整数和指针所需字节数都是 4，图 1.1 示出每次递归调用所需的字节数。

类别	名称	字节数
参量：数组指针	`list[]`	4
参量：整数	n	4
返回地址：(内部使用)		4
每次递归所需空间总和		12

图 1.1 程序 1.12 每次递归调用所需空间

如果数组的成员个数是 $n =$ `MAX_SIZE`，那么变长空间总和是 $S_{\text{rsum}}($`MAX_SIZE`$) = 12 \times$ `MAX_SIZE`。当 `MAX_SIZE` 取1000 时，这个递归程序的变长空间需求为 $12 \times 1000 = 12000$ 字节。比较求和程序的循环实现和递归实现，前者无变长空间需求，而后者的开销要大许多。 □

习题

1. 计算 §1.3 习题 7 求解阶乘的循环函数和递归函数的空间复杂度。

2. 计算 §1.3 习题 8 求解 Fibonacci 数列的循环函数和递归函数的空间复杂度。

3. 计算 §1.3 习题 9 求解二项式系数的循环函数和递归函数的空间复杂度。

4. 计算 §1.3 习题 5 函数的空间复杂度(鸽笼原理)。

5. 计算 §1.3 习题 12 函数的空间复杂度(幂集问题)。

§1.5.2 时间复杂度

程序 P 的时间开销记为 $T(P)$，是编译时间和运行（执行）时间的总和。编译时间与定长空间需求类似，同样与实例特征无关；而且，程序经检验确定其正确性之后，编译结果可不断执行。所以时间复杂度仅考虑程序的执行时间 T_P。

准确计算 T_P 需要详细考察编译器的工作属性，即程序源代码到目标代码的翻译过程。我们考虑一个简单程序，假定只做加、减运算，令 n 是实例特征，T_P 可用下式表示：

$$T_P(n) = c_a\,\mathrm{ADD}(n) + c_s\,\mathrm{SUB}(n) + C_l\,\mathrm{LDA}(n) + C_{st}\,\mathrm{STA}(n),$$

其中 $\mathrm{ADD}(n), \mathrm{SUB}(n), \mathrm{LDA}(n), \mathrm{STA}(n)$ 分别是加、减、取、存操作关于实例特征 n 所需执行的次数，c_a, c_s, c_l, c_{st} 分别对应各个操作一次执行的时间常量。

如此繁琐的估计，实在是太过份了，更好的做法是直接用系统时钟测量程序的运行时间，后续内容留有篇幅专门介绍这种方法。现在介绍的方法，是统计程序执行时所需各操作的次数。这种方法的计数结果与机器无关，但首先要把程序分成独立的程序步。

定义 程序步是与实例特征无关的、根据语法或语义划分的程序片段。 □

注意，程序步的计算量随表示的不同而不同。例如，

```
a = 2;
```

是一个程序步，

```
a = 2*b + 3*c/d - e + f/g/a/b/c;
```

是另一个程序步，前者简单，所需计算时间较少，后者复杂，所需计算时间较多。两者的共同点在于，它们都被看作一个程序步，且所需计算时间与实例特征无关。

下面我们在程序中设一个全局变量 count，用来累计程序或函数的程序步，count 的初值设为 0，语句插入在累加可执行语句次数的地方。

例 1.9 (数表求和，循环实现) 本例统计求和程序 1.11 的程序步个数，程序 1.13 给出 count 语句的位置。注意，只有可执行语句需要计数，其它如程序首部与第二句变量声明不在计数之列。

```
float sum(float list[], int n)
{
  float tempsum = 0; count++; /* for assignment */
  int i;
  for (i = 0; i< n; i++) {
    count++; /* for the for loop */
    tempsum += list[i]; count++; /* for assignment */
  }
  count++; /* last execution of for */
  count++; /* for return */
  retur tempsum;
}
```

程序 1.13 程序 1.11 加入 count 语句

由于我们的目的是获取计数值，因此，程序 1.13 中那些可执行语句可以去掉，这样得到简化的程序 1.14，使得计数的算术过程更加清晰。程序 1.14 中 count 的初值是 0，最后结果是 $2n+3$，所以求和程序的程序步数目为 $2n+3$。 □

```
float sum(float list[], int n)
{
  float tempsum = 0;
  int i;
  for (i = 0; i < n; i++)
    count += 2;
  count += 3;
  return 0;
}
```

程序 1.14 程序 1.13 的简化

例 1.10 (数表求和，递归实现) 本例统计数表求和递归程序的程序步数目。程序 1.15 在原来的程序 1.12 加入 count 语句。

```
float rsum(float list[], int n)
{
  count++; /*for if conditoinal */
  if (n) {
    count++; /* for return and rsum invocation */
    reutrn rsum(list, n-1) + list[n-1];
  }
  count++;
  return list[0];
}
```

程序 1.15 程序 1.12 加入 count 语句

我们先确定 $n = 0$ 时的边界条件，在程序 1.15 中，当 $n = 0$，只有 **if** 条件语句和第二条 **return** 语句执行，因此程序步为 2。当 $n > 0$，**if** 条件语句和第一条 **return** 语句执行，因此，当 $n > 0$，每次递归调用为计数贡献 2。最后，由于共有 n 次递归调用，加上 $n = 0$ 的一次，这个程序的程序步总数是 $2n + 2$。

这个递归程序的程序步比相应循环程序的程序步少，初看令人惊奇，但不要忘记，程序步的计数仅告诉我们程序以多少程序步执行，并未告诉我们每一程序步的执行时间。实际上，递归程序的执行，一般而言，要比循环程序慢，递归程序虽然程序步少于循环程序，但花的时间却要多一些。 □

例 1.11 (矩阵加法) 程序 1.16 是两维数组求和，我们要统计这个程序的程序步数目。数组 a 和数组 b 相加，结果存入数组 c，每个数组的维数都是 rows × rows。程序 1.17 在 add 函数中加入程序步计数。和上面几个例子一样，程序步计数同样是关于输入量的长度，本例中是 rows 和 cols。为了让程序更易读，我们把同一个循环体中的 count 语句合在一起，给出了形式更简单的程序 1.18。

在程序 1.18 中，count 的初值是 0，最后结果是 2rows · cols + 2rows +1。根据这个结果，如果矩阵的行数比列数大很多，那么应把矩阵转置。 □

```
void add(int a[][MAX_SIZE], int b[][MAX_SIZE],
         int c[][MAX_SIZE], int rows, int cols)
{
  int i, j;
  for (i=0; i<rows; i++)
    for (j=0; j<cols; j++)
      c[i][j] = a[i][j] + b[i][j];
}
```

程序 1.16 矩阵加法

```
void add(int a[][MAX_SIZE], int b[][MAX_SIZE],
         int c[][MAX_SIZE], int rows, int cols)
{
  int i, j;
  for (i=0; i<rows; i++) {
    count++; /* for i for loop */
    for (j=0; j<cols; j++) {
      count++; /* for j for loop */
      c[i][j] = a[i][j] + b[i][j];
      count++; /* for assignment statement */
    }
    count++; /* last time of j for loop */
  }
  count++; /* last time of i for loop */
}
```

程序 1.17 矩阵加法加入 count 语句

```
void add(int a[][MAX_SIZE], int b[][MAX_SIZE],
         int c[][MAX_SIZE], int rows, int cols)
{
  int i, j;
  for (i=0; i<rows; i++) {
    for (j=0; j<cols; j++)
      count +=2;
    count+=2;
  }
  count++;
}
```

程序 1.18 程序 1.17 的简化

上面给出的例子，我们把 count 语句嵌入函数之中，这样的好处是，实际运行以上程序，能得到关于各种实例特征的程序步数目。下面我们介绍表方法，同样可以获得程序步数目，这种方法称为“程序步/执行”(stps/execution)，或简称为 s/e。接下来，我们用这种方法找出每条语句的程序步计数，这个计数称为频率。不可执行语句的频率是 0，把 s/e 与频率相乘，得到每条语句的程序步计数，把每条语句的程序步计数加起来，结果就是整个函数的程序步计数。乍一看，这种做法挺麻烦，其实并非如此。我们用表方法重做上面三个例子。

例 1.12 (数表求和，循环实现) 图 1.2 是程序 1.11 的程序步计数表。造表的过程是这样的。首先填写每条语句的 s/e 栏，然后填频率栏。第 5 行的 **for** 循环语句略复杂些，由于从 0 开始，i 在等于 n 时结束，所以频率是 $n+1$，而第 6 行的循环体语句只执行 n 次，i==n 时不执行。得到每条语句的程序步个数之后，整个函数的程序步数目就是它们的总和。 □

语句	s/e	频率	程序步个数
`float sum(float list[], int n)`	0	0	0
`{`	0	0	0
`  float tempsum = 0;`	1	1	1
`  int i;`	0	0	0
`  for (i = 0; i< n; i++)`	1	$n+1$	$n+1$
`    tempsum += list[i];`	1	n	n
`  return tempsum;`	1	0	1
`}`	0	0	0
程序步总数			$2n+3$

图 1.2 程序 1.11 的程序步计数表

例 1.13 (数表求和，递归实现) 图 1.3 是程序 1.12 的程序步计数表。 □

语句	s/e	频率	程序步个数
`float sum(float list[], int n)`	0	0	0
`{`	0	0	0
`  if (n)`	1	$n+1$	$n+1$
`    return rsum(list, n-1) + list[n-1];`	1	n	n
`  return 0;`	1	1	1
`}`	0	0	0
程序步总数			$2n+2$

图 1.3 程序 1.12 的程序步计数表

例 1.14 (矩阵加法) 图 1.4 是矩阵加法函数的程序步计数表。 □

语句	s/e	频率	程序步个数
`void add(int a[][MAX_SIZE] ... )`	0	0	0
`{`	0	0	0
`  int i, j;`	0	0	0
`  for (i=0; i<rows; i++)`	1	$rows+1$	$rows+1$
`    for (j=0; j<cols; j++)`	1	$rows\cdot(cols+1)$	$rows\cdot cols+rows$
`      c[i][j] = a[i][j] + b[i][j];`	1	$rows\cdot cols$	$rows\cdot cols$
`}`	0	0	0
程序步总数			$2rows\cdot cols+2rows+1$

图 1.4 矩阵加法的程序步计数表

小结

程序的时间复杂度度量主要由实现程序功能的程序步确定。程序步数目本身也是实例特征的数学函数。每种指定的实例可以取多种特征（例如，输入量的个数、输出量的个数、输入/输出的量值大小，等等），程序步数目由这些特征的某子集计算而得。通常，我们在特征中选取意义重要的个体。例如，如果我们关心计算（运行）时间（即时间复杂度）随输入个数增加的规律，那么，程序步数目的计算仅仅是输入个数的数学函数。再如，如果我们关心计算时间随输入量值变化的规律，那么，程序步数目的计算仅仅是输入量值的数学函数。所以，在统计程序步之前，事先必须确定问题实例特征的具体细节，它将成为程序步计算表达式中的自变量。在统计求和函数 `sum` 的程序步时，时间复杂度测量是关于 n 的数学函数，n 是所加数据元素的个数；计算 `add` 的程序步，用到的特征是待加矩阵的行数和列数。

只有在相应特征（$n, m, p, q, r, \ldots$）选定后，才可以定义究竟什么是程序步。程序步是与特征（$n, m, p, q, r, \ldots$）无关的计算单位。所以，10 次加法是一个程序步；100 次乘法也可以是一个程序步。但 n 次加法却不是一个程序步，同理，$m/2$ 次加法不是一个程序步，$p+q$ 次减法也不是。

以上讨论的计算复杂度例子都相当简单，由初等数学函数确定，依据足够简单的实例特征，例如数表的长度、矩阵的行数和列数。然而，多数程序的时间复杂度估计并非如此简单，如果仅考虑输入、输出的个数，或其它容易定义的特征，是远远不够的。我们考虑程序 1.7 的顺序表查找函数 `binsearch`，要估计程序步，表长 n 是一个自然特征。我们选这个特征的目的，是希望考察程序随 n 变化的规律，但是，这个特征是不充分的。对同一个 n，如果待查元素 `searchnum` 在表中的位置不同，程序的程序步数目就不相同。当遇到类似情形，即选定参数不足以唯一确定程序步数目时，我们只好把程序步细化为三类：最优情形、最差情形、平均情形，通过这种细分排除困难。

对于给定的实例参数，最优情形程序步数目是程序执行的最少程序步数目；最差情形程序步数目是程序执行的最大程序步数目；平均情形程序步数目是程序执行的平均程序步数目。

习题

1. 在 §1.3 习题 2 (多项式的 Horner 法求值)中插入计数语句，写出程序步总数的公式。

2. 在 §1.3 习题 3 (真值表)中插入计数语句，写出程序步总数的公式。

3. 在 §1.3 习题 4 中插入计数语句，写出程序步总数的公式。

4. (a) 在程序 1.19 中插入计数语句。
   (b) 简化上小题结果，删除原可执行语句。
   (c) 给出程序结束时的 `count` 值。
   (d) 写出这个程序计数表。

```
void add(int a[][MAX_SIZE], int b[][MAX_SIZE],
         int c[][MAX_SIZE], int rows, int cols)
{
  int i, j;
  for (i=0; i<rows; i++) {
    for (j=0; j<cols; j++)
      printf("%d", matrix[i][j]);
    printf("\n");
  }
}
```

程序 1.19 打印矩阵

5. 对程序 1.20，重复习题 4 的方法。

```
void add(int a[][MAX_SIZE], int b[][MAX_SIZE],
         int c[][MAX_SIZE], int rows, int cols)
{
  int i, j, k;
  for (i=0; i<MAX_SIZE; i++)
    for (j=0; j<MAX_SIZE; j++) {
      c[i][j] = 0;
      for (k=0; k<MAX_SIZE; k++)
        c[i][j] += a[i][k] * b[k][j];
    }
}
```

程序 1.20 矩阵乘法函数

6. 对程序 1.21，重复习题 4 的方法。

```
void add(int a[][MAX_SIZE], int b[][MAX_SIZE],
         int c[][MAX_SIZE], int rowsa, int colsb, int colsa)
{
  int i, j, k;
  for (i=0; i<rowsa; i++)
    for (j=0; j<colsb; j++) {
      c[i][j] = 0;
      for (k=0; k<colsa; k++)
        c[i][j] += a[i][k] * b[k][j];
    }
}
```

程序 1.21 矩阵点乘函数

7. 对程序 1.22，重复习题 4 的方法。

```
void transpose(int a[][MAX_SIZE])
{
  int i, j, temp;
  for (i=0; i<MAX_SIZE; i++)
    for (j=i+1; j<MAX_SIZE; j++)
      SWAP(a[i][j], a[j][i], temp);
}
```

程序 1.22 矩阵转置函数

§1.5.3 渐近记号（O, Ω, Θ）

统计程序步的动机，是比较实现同一功能的两个程序的时间复杂度，预测实例特征变化时程序的运行时间随之变化的规律。

有证据表明，企盼算出程序步的精确值，无论是最差情形还是平均情形，都可能异乎寻常地困难。由于程序步概念本身的不精确性，花费大量精力计算其精确值，实际上并无可取之处。(例如：$x = y$ 和 $x = y + z + (x/y) + (x * y * z - x/z)$ 都是一个程序步。) 正是由于程序步意义的不精确，即使用其精确值作比较，结论也不准确，因此没有多大用处。只有在程序步数目相差很大时，例如 $3n + 3$ 比 $100n + 10$，相比才有意义。就是说，程序步为 $3n + 3$ 的程序，比之程序步为 $100n + 10$ 的程序，所需运行时间总要少一些。即使这是事实，程序步数目也不需要精确到 $100n + 10$，用于比较的程序步数目，即使是 $80n$，或 $85n$，或 $75n$ 左右，已足以达到同样的比较结果。

对多数情形，能够给出如下论断就可以了，如 $c_1 n \leq T_P(n) \leq c_2 n^2$ 或 $T_Q(m, n) = c_1 n + c_2 m$，其中 c_1, c_2 是非负常量。原因在于，如果有两个程序，一个复杂度是 $c_1 n^2 + c_2 n$，另一个复杂度是 $c_3 n$，那么，复杂度为 $c_3 n$ 的程序，比之复杂度为 $c_1 n^2 + c_2 n$ 的程序，当 n 充分大时，会运行得更快。但是，当 n 较小时，无论哪个程序都可能比另一个运行得更快些(取决于常量 c_1, c_2, c_3 的取值)。如果 $c_1 = 1, c_2 = 2, c_3 = 100$，那么，当 $n \leq 98$ 时，$c_1 n^2 + c_2 n \leq c_3 n$；当 $n > 98$ 时，$c_1 n^2 + c_2 n > c_3 n$。如果 $c_1 = 1, c_2 = 2, c_3 = 1000$，那么，当 $n \leq 998$ 时，$c_1 n^2 + c_2 n \leq c_3 n$。

无论 c_1, c_2, c_3 如何取值，总存在一个 n 值，之后，复杂度为 $c_3 n$ 的程序总会比复杂度为 $c_1 n^2 + c_2 n$ 的程序运行得更快。这个 n 值称为*失衡点*(break even point)。如果失衡点是0，那么，复杂度为 $c_3 n$ 的程序运行得总是更快(或者至少一样快)。失衡点的精确值不能由解析法获得，只有程序的实际运行才能确定。一旦知道了一定存在一个失衡点，那么，形式地得到程序的复杂度 $c_1 n^2 + c_2 n$ 和 $c_3 n$，其中 c_1, c_2, c_3 是任意常数，我们所需的信息已经足够了，不再需要刻意找出 c_1, c_2, c_3 的精确值。

上述讨论是本节内容的动机，现在介绍一些术语，使我们可以推出有意义的（不是精确的）论断，刻划程序的时间复杂度和空间复杂度。在本章后续内容，f 和 g 都是非负的数学函数。

定义 (大 O 记号) $f(n) = O(g(n))$（读作“$f(n)$ 是 $g(n)$ 的大 O”）当且仅当存在正常量 c 和 n_0，使当 $n \geq n_0$ 时，$f(n) \leq c g(n)$。 □

例 1.15 $3n+2=O(n)$ 因为对所有 $n\geq 2$ 有 $3n+2\leq 4n$。$3n+3=O(n)$ 因为对所有 $n\geq 3$ 有 $3n+2\leq 4n$。$100n+6=O(n)$ 因为对所有 $n\geq 10$ 有 $100n+6\leq 101n$。$10n^2+4n+2=O(n^2)$ 因为对所有 $n\geq 5$ 有 $10n^2+4n+2\leq 11n^2$。$1000n^2+100n-6=O(n^2)$ 因为对所有 $n\geq 100$ 有 $1000n^2+100n-6\leq 1001n^2$。$6\cdot 2^n+n^2=O(2^n)$ 因为对所有 $n\geq 4$ 有 $6\cdot 2^n+n^2\leq 7\cdot 2^n$。$3n+3=O(n^2)$ 因为对所有 $n\geq 2$ 有 $3n+3\leq 3n^2$。$10n^2+4n+2=O(n^4)$ 因为对所有 $n\geq 2$ 有 $10n^2+4n+2\leq 10n^4$。$3n+2\neq O(1)$ 因为对所有常量 c 和 $n\geq n_0$ 都不可能使$3n+2$ 小于常量 c。$10n^2+4n+2\neq O(n)$。 □

我们用 $O(1)$ 表恒定的时间复杂度。$O(n)$ 称为线性的，$O(n^2)$ 称为 2 次的，$O(n^3)$ 称为 3 次的，$O(2^n)$ 称为指数的。如果一个算法的时间复杂度是 $O(\log n)$，那么对充分大的 n，该算法比复杂度为 $O(n)$ 的算法运行更快。同理，$O(n\log n)$ 比 $O(n^2)$ 快，但不如 $O(n)$ 快。这七种计算时间，$O(1), O(\log n), O(n), O(n\log n), O(n^2), O(n^3)$, 和 $O(2^n)$，将在本书不断出现。

上例说明，语句 $f(n)=O(g(n))$ 仅指出 $g(n)$ 是当 $n\geq n_0$ 时，$f(n)$ 所能取得的上界值，而并未涉及这个上界有多好（接近）。注意，我们甚至可以写 $n=O(n^2), n=O(n^{2.5}), n=O(n^3), n=O(2^n)$，等等。然而，为使语句 $f(n)=O(g(n))$ 提供尽量多的信息，$g(n)$ 应该是关于 n 的、满足关系 $f(n)=O(g(n))$ 的尽量小的数学函数。所以，尽管 $3n+3=O(n^2)$ 也不算错，但今后绝不这样写，我们总是写 $3n+3=O(n)$。

根据大 O 记号的定义，我们明确指出，$f(n)=O(g(n))$ 与 $O(g(n))=f(n)$ 截然不同。实际上，$O(g(n))=f(n)$ 毫无意义。这里用的 $=$ 和常用的"等于"记号形式相同，却意义各异。为区分两者的意义，$=$ 在这里的读作"是"，而不应读作"等于"。

如果 $f(n)$ 是关于 n 的多项式数学函数，以下定理 1.2 有助于计算 $f(n)$ 的阶数，这个阶数就是式 $f(n)=O(g(n))$ 中的 $g(n)$。

定理 1.2 如果 $f(n)=a_mn^m+\cdots a_1n+a_0$，那么 $f(n)=O(n^m)$。

证明 当 $n\geq 1$，有

$$\begin{aligned} f(n) &\leq \sum_{i=0}^{m}|a_i|n^i \\ &\leq n^m\sum_{i=0}^{m}|a_i|n^{i-m} \\ &\leq n^m\sum_{i=0}^{m}|a_i|. \end{aligned}$$

所以，$f(n)=O(n^m)$。 □

定义 (大 Ω 记号) $f(n)=\Omega(g(n))$（读作"$f(n)$ 是 $g(n)$ 的大 Ω"）当且仅当存在正常量 c 和 n_0，使当 $n\geq n_0$ 时，$f(n)\geq cg(n)$。 □

例 1.16 $3n+2=\Omega(n)$ 因为对所有 $n\geq 1$ 有 $3n+2\geq 3n$。(实际上，不等式对 $n\geq 0$ 也成立，但根据 Ω 定义，需要 $n_0>0$。) $3n+3=\Omega(n)$ 因为对所有 $n\geq 1$ 有 $3n+2\geq 3n$。$100n+6=\Omega(n)$ 因为对所有 $n\geq 1$ 有 $100n+6\geq 100n$。$10n^2+4n+2=\Omega(n^2)$ 因为对所有 $n\geq 1$ 有 $10n^2+4n+2\geq n^2$。$6\cdot 2^n+n^2=\Omega(2^n)$ 因为对所有 $n\geq 1$ 有 $6\cdot 2^n+n^2\geq 2^n$。通过观察，也

有 $3n+3=\Omega(1)$；$10n^2+4n+2=\Omega(n)$；$10n^2+4n+2=\Omega(1)$；$6\cdot 2^n+n^2=\Omega(n^{100})$；$6\cdot 2^n+n^2=\Omega(n^{50.2})$；$6\cdot 2^n+n^2=\Omega(n^2)$；$6\cdot 2^n+n^2=\Omega(n)$；$6\cdot 2^n+n^2=\Omega(1)$。 □

定理 1.3 如果 $f(n)=a_m n^m+\cdots a_1 n+a_0$，则 $f(n)=\Omega(n^m)$。

证明 留作习题。 □

定义 (大 Θ 记号) $f(n)=\Theta(g(n))$（读作"$f(n)$ 是 $g(n)$ 的大 Θ"）当且仅当存在正常量 c_1, c_2, 和 n_0，使当 $n\geq n_0$ 时，$c_1 g(n)\leq f(n)\leq c_2 g(n)$。 □

例 1.17 $3n+2=\Theta(n)$ 因为对所有 $n\geq 2$ 有 $3n+2\geq 3n$，对所有 $n\geq 2$ 有 $3n+2\leq 4n$，因此 $c_1=3, c_2=4, n_0=2$。$3n+2=\Theta(n)$；$10n^2+4n+2=\Theta(n^2)$；$6\cdot 2^n+n^2=\Theta(2^n)$；还有，$10\log n+4=\Theta(\log n)$；$3n+2=\Theta(1)$；$3n+3=\Theta(n^2)$；$10n^2+4n+2=\Theta(n)$；$10n^2+4n+2=\Theta(1)$；$6\cdot 2^n+n^2=\Theta(n^2)$；$6\cdot 2^n+n^2=\Theta(n^{100})$；$6\cdot 2^n+n^2=\Theta(1)$； □

大 Θ 记号比大 O 记号与大 Ω 记号都精确，$f(n)=\Theta(g(n))$ 当且仅当 $g(n)$ 既是 $f(n)$ 的上界又是 $f(n)$ 的下界。

注意，在以上三个例子中，为了便利，$g(n)$ 的系数全部取为 1，实际使用时通常也是这样。我们几乎永远不会写 $3n+3=O(3n)$，$10=O(100)$，$10n^2+4n+2=\Omega(4n^2)$，$6\cdot 2^n+n^2=\Omega(6\cdot 2^n)$，$6\cdot 2^n+n^2=\Omega(4\cdot 2^n)$，尽管这些写法都不算错。

定理 1.4 如果 $f(n)=a_m n^m+\cdots a_1 n+a_0$，则 $f(n)=\Theta(n^m)$。

证明 留作习题。 □

我们现在重新考察上一节的复杂度分析例子。程序 1.12 中的函数 sum 已算出 $T_{\text{sum}}(n)=2n+3$，因而，$T_{\text{sum}}(n)=\Theta(n)$。由于 $T_{\text{rsum}}(n)=2n+2$，所以有 $T_{\text{rsum}}(n)=\Theta(n)$；还有，$T_{\text{add}}(rows, cols)=2rows\cdot cols+2rows+1=\Theta(rows\cdot cols)$。

尽管上一段推导说明 O, Ω, Θ 记号都正确，读者可能还是会问："如果程序步已经精确地算出来了，那么这些记号又有什么用处呢？"我们的回答是，渐近复杂度（就是用这些记号表示的复杂度）分析要容易得多，而且并不需要计算程序步数目。渐近复杂度分析的方法是，首先确定程序中每条语句（或语句组）的渐近复杂度，然后再把它们加起来。

例 1.18 (矩阵加法的复杂度) 图 1.5 中的表是用表方法构造的，构造方法与图 1.4 的程序步计算表相似。不过，这里并没有列出精确的程序步，而是列出相应的渐近表示，对不可执行语句，填入的计数值是 0。实际上，构造图 1.5 所示表格，要比构造图 1.4 所示表格容易。例如，第 5 行语句，程序步数目是 $rows\cdot(cols+1)$，其计算比渐近复杂度 $\Theta(rows\cdot cols)$ 的计算难度要大很多。只要把每条语句的渐近复杂度加起来，就能得到整个函数的渐近复杂度。甚至还有更简单的做法，由于程序行数是常量(即与实例特征无关)，只要挑出语句行中渐近复杂度的最大值，就是整个函数的渐近复杂度。不管用那张方法，都能得到正确的结果 $\Theta(rows\cdot cols)$。 □

例 1.19 (折半查找) 我们现在计算程序 1.7 中折半查找函数 `binsearch` 的时间复杂度。我们用表长 n 作实例特征。**while** 语句每次循环耗时 $\Theta(1)$，可以证明，**while** 语句的循环次数最多是 $\lceil\log_2(n+1)\rceil$。由于是渐近分析，不必用如此精确的最差情形循环次数。每次循环，除了

<table>
<tr><th>语句</th><th>渐近复杂度</th></tr>
<tr><td><code>void add(int a[][MAX_SIZE] ...)</code></td><td>0</td></tr>
<tr><td><code>{</code></td><td>0</td></tr>
<tr><td><code> int i, j;</code></td><td>0</td></tr>
<tr><td><code> for (i=0; i<rows; i++)</code></td><td>$\Theta(rows)$</td></tr>
<tr><td><code>   for (j=0; j<cols; j++)</code></td><td>$\Theta(rows \cdot cols)$</td></tr>
<tr><td><code>   c[i][j] = a[i][j] + b[i][j];</code></td><td>$\Theta(rows \cdot cols)$</td></tr>
<tr><td><code>}</code></td><td>0</td></tr>
<tr><td>总计</td><td>$\Theta(rows \cdot cols)$</td></tr>
</table>

图 1.5 矩阵加法的程序步计数表

最后一次，待查找的表长都会减少一半，也就是说，`right-left+1` 每次都会减少大约一半。所以，最差情形的循环次数是 $\Theta(\log n)$，再考虑到每次循环耗时 $\Theta(1)$，我们得到，`binsearch` 在最差情形的整体复杂度是 $\Theta(\log n)$。注意，最佳情形的复杂度是 $\Theta(1)$，这时，**`while`** 循环在第一次查找就找到了 `searchnum`。 □

例 1.20 (置换) 考虑程序 1.9 中的函数 `perm`。当 $i = n$ 时，耗时 $\Theta(n)$。当 $i < n$ 时，进入 **`else`** 语句，里面的 **`for`** 语句要进入 $n - i + 1$ 次，每次循环耗时 $\Theta(n + T_{\text{perm}}(i+1, n))$。所以，当 $i < n$ 时，$T_{\text{perm}}(i,n) = \Theta((n-i+1)(n + T_{\text{perm}}(i+1,n)))$。因为当 $i+1 \leq n$ 时，$T_{\text{perm}}(i+1,n)$ 至少是 n，所以对 $i < n$，有 $T_{\text{perm}}(i,n) = \Theta((n-i+1)T_{\text{perm}}(i+1,n))$。求解这个递推关系，得到 $T_{\text{perm}}(i,n) = \Theta(n \cdot n!)$。 □

例 1.21 (魔方) 最后一个复杂度分析例子取自趣味数学的魔方问题。魔方是 $n \times n$ 的矩阵，每个单元取整数值，范围从 1 到 n^2，要求每行、每列，以及两条主对角线的和都相等。图 1.6 是 $n = 5$ 的魔方，相等的和数是 65。

15	8	1	24	17
16	14	7	5	23
22	20	13	6	4
3	21	19	12	10
9	2	25	18	11

图 1.6 5 阶魔方

Coxeter 提出如下生成奇数阶(n是奇数)魔方的方法：

开始时，在魔方第一行的中间一格放 1。然后重复以下步骤：移动到左上一格，把当前的数加 1 放在这个位置。如果移动时超出魔方范围，则想象与当前状态完全相同的另一个魔方，(对齐)紧靠在超出的那条边界线上，因而可以继续。如果移动到的格子已经放置过数字，则从这个格子的位置向正下方移动一格。直到把所有格子都放满数字为止。

图 1.6 就是根据 Coxeter 规则生成的。程序 1.23 是 Coxeter 算法的实现。令 n 表示魔方阶数（即程序中的 `size`）。**`if`** 语句做错误检查，耗时 $\Theta(1)$。两个嵌套的 **`for`** 循环复杂度是 $\Theta(n^2)$，下一个 **`for`** 循环每次耗时 $\Theta(1)$，共循环 $\Theta(n^2)$ 次，所以复杂度是 $\Theta(n^2)$。输出魔方的 **`for`** 循环耗时也是 $\Theta(n^2)$。综上所述，整个程序 1.23 的渐近复杂度是 $\Theta(n^2)$。 □

在后续章节程序的复杂度分析中，我们通常只关心复杂度上界，因此要把分析结果限制在大 O 记号。我们这样做的原因是，算法的主流分析结果大多给出 O 记号结果。在后续分析过程，如果得到的复杂度界既是上界也是下界，则可以用大 Θ 记号代替大 O 记号。

习题

1. 证明以下各小题

   (a) $5n^2 - 6n = \Theta(n^2)$

   (b) $n! = O(n^n)$

   (c) $2n^2 + n\log n = \Theta(n^2)$

   (d) $\sum_{i=0}^{n} i^2 = \Theta(n^3)$

   (e) $\sum_{i=0}^{n} i^3 = \Theta(n^4)$

   (f) $n^{2^n} + 6 \cdot 2^n = \Theta(n^{2^n})$

   (g) $n^3 + 10^6 n^2 = \Theta(n^3)$

   (h) $6n^3/(\log n + 1) = O(n^3)$

   (i) $n^{1.001} + n\log n = \Theta(n^{1.001})$

   (j) 对所有 $k \geq 1$，$n^k + n + n^k \log n = \Theta(n^k \log n)$

   (k) $10n^3 + 15n^4 + 100n^2 2^n = O(n^2 2^n)$

2. 证明以下各小题不正确

   (a) $10n^2 + 9 = O(n)$

   (b) $n^2 \log n = \Theta(n^2)$

   (c) $n^2/\log n = \Theta(n^2)$

   (d) $n^3 2^n + 6n^2 3^n = O(n^2 2^n)$

   (e) $3^n = O(2^n)$

3. 证明定理 1.3。

4. 证明定理 1.4。

5. 计算程序 1.19 的最差情形复杂度。

```
#include <stdio.h>
#define MAX_SIZE 15              /* maximum size of square */
void main(void)
{ /* construct a magic square, iteratively */
  int square[MAX_SIZE][MAX_SIZE];
  int i, j, row, col;            /* indexes */
  int count;                     /* counter */
  int size;                      /* square size */
  printf("Enter␣the␣size␣of␣the␣square:␣");
  scanf("%d", &size);
  /* check for input errors */
  if (size<1 || size>MAX_SIZE+1) {
    fprintf(stderr, "Error!␣Size␣is␣out␣of␣range\n");
    exit(EXIT_FAILURE);
  }
  if (!(size%2)) {
    fprintf(stderr, "Error!␣Size␣is␣even\n");
    exit(EXIT_FAILURE);
  }
  for (i=0; i<size; i++)
    for (j=0; j<size; j++) square[i][j] = 0;
  square[0][(size-1)/2] = 1;     /* middle of first row */
  i = 0; j = (size-1)/2;         /* i and j are current position */
  for (count=2; count<=size*size; count++) {
    row = (i-1<0) ? (size-1) : (i-1);         /* up */
    col = (j-1<0) ? (size-1) : (j-1);         /* left */
    if (square[row][col]) i = (++i) % size; /* down */
    else { i = row; j = (j-1<0) ? (size-1) : --j; } /*square is unoccupied */
    square[i][j] = count;
  }
  /* output the magic square */
  printf("␣Magic␣Square␣of␣size␣%d␣:␣\n\n", size);
  for (i=0; i<size; i++) {
    for (j=0; j<size; j++) printf("%5d", square[i][j]);
    printf("\n");
  }
  printf("\n\n");
}
```

程序 1.23 魔方程序

6. 计算程序 1.22 的最差情形复杂度。

7. 用不同的 n 比较函数 n^2 和 $20n+4$。确定什么时候第二个函数变得比第一个函数要慢。

8. 参考程序 1.23，编写生成魔方的递归程序。

§1.5.4 实际复杂度

我们知道，程序的时间复杂度是某些实例特征的数学函数，用来揭示该程序本身的时间需求随实例特征变化的规律。复杂度函数还可以用来比较完成同样功能的两个程序 P, Q 的运行效率。假定 P 的复杂度是 $\Theta(n)$，Q 的复杂度是 $\Theta(n^2)$，可以断言，对“充分大的”n，程序 P 比程序 Q 运行得更快。以下论证这个事实。我们注意到，存在某常量 c，当 $n \geq n_1$ 时，程序 P 的实际运行时间上界是 cn；另外，存在某常量 d，当 $n \geq n_2$ 时，程序 Q 的实际运行时间下界是 dn^2。由于当 $n \geq c/d$ 时，$cn \leq dn^2$，所以，只要 $n \geq \max\{n_1, n_2, c/d\}$，程序 P 就会比程序 Q 运行得更快。

读者应重视上述论证中的“充分大”。要在以上两个程序中选一个运行，一定要确定 n 是否真得“充分大”。如果程序 P 实际的运行时间是 $10^6 n$ 毫秒，而程序 Q的运行时间是 n^2 毫秒，并且其它因素相同，那么，当 $n \leq 10^6$ 时，理应选程序 Q。

读者对各数学函数的变化率应有直观印象，请仔细研究图 1.7 和图 1.8。我们看到，函数 2^n 关于 n 增长得非常快。事实上，如果一个程序需执行 2^n 程序步，那么当 $n=40$ 时，程序步数目约为 1.1×10^{12}，假定一台计算机每秒可执行 10 亿步，那么完成所有这些程序步需要 18.3 秒。当 $n=50$，在同一台计算机上需要执行 13 天；$n=60$ 需要约 310.56 年；$n=100$ 需要约 4×10^{13} 年。所以，具有指数复杂度的程序，仅限于 $n(\leq 40)$ 很小的情形。

$\log_2 n$	n	$n \log_2 n$	n^2	n^3	2^n
0	1	0	1	1	2
1	2	2	4	8	4
2	4	8	16	64	16
3	8	24	64	512	256
4	16	64	256	4096	65536
5	32	160	1024	32768	4294967296

图 1.7 函数值

程序如果具有高阶多项式复杂度，也没有实际用途。假定还是在上述那台计算机上运行程序，若程序步数目是 n^{10}，运行需要 10 秒；$n = 100$ 需要 3171 年；$n = 1000$ 需要 3.17×10^{13} 年。如果程序的时间复杂度是 n^3 程序步，$n=1000$ 需要 1 秒；$n=10000$ 需要 110.67 秒；$n=100000$ 需要 11.57 天。

图 1.9 列出了在“10 亿次程序步/每秒”计算机上，执行复杂度 为 $f(n)$ 的程序所需时间。读者应该了解，目前最快的计算机，执行速度也就是大约每秒 10 亿条指令。据此，在现实世界中，当 $n(>100)$ 较大时，只有那些时间复杂度小（如 $n, n\log n, n^2, n^3$）的程序是能行的。即使未来建造更快的计算机，情况也基本如此。假定我们有每秒执行 10^{12} 条指令的计

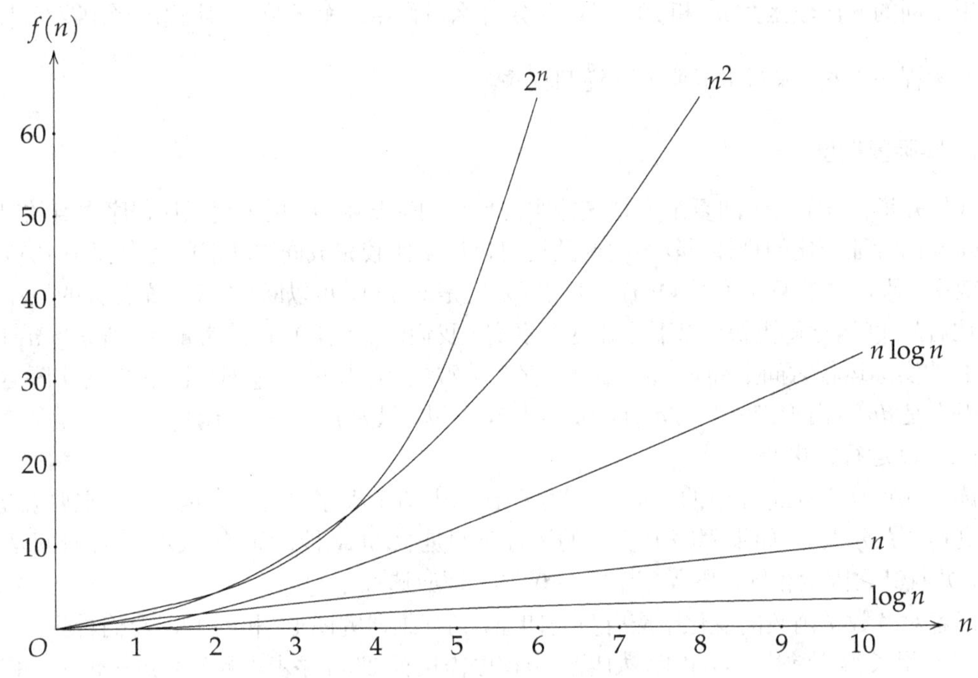

图 1.8 函数值作图

	$f(n)$						
n	n	$n\log_2 n$	n^2	n^3	n^4	n^{10}	2^n
10	$.01\,\mu s$	$.03\,\mu s$	$.1\,\mu s$	$1\,\mu s$	$10\,\mu s$	$10\,s$	$1\,\mu s$
20	$.02\,\mu s$	$.09\,\mu s$	$.4\,\mu s$	$8\,\mu s$	$160\,\mu s$	$2.84\,h$	$1\,ms$
30	$.03\,\mu s$	$.15\,\mu s$	$.9\,\mu s$	$27\,\mu s$	$810\,\mu s$	$6.83\,d$	$1\,s$
40	$.04\,\mu s$	$.21\,\mu s$	$1.6\,\mu s$	$64\,\mu s$	$2.56\,ms$	$121\,d$	$18\,m$
50	$.05\,\mu s$	$.28\,\mu s$	$2.5\,\mu s$	$125\,\mu s$	$6.25\,ms$	$3.1\,y$	$13\,d$
100	$.10\,\mu s$	$.66\,\mu s$	$10\,\mu s$	$1\,ms$	$100\,ms$	$3171\,y$	$4\times 10^{13}\,y$
10^3	$1\,\mu s$	$9.96\,\mu s$	$1\,ms$	$1\,s$	$16.67\,m$	$3.17\times 10^{13}\,y$	$32\times 10^{283}\,y$
10^4	$10\,\mu s$	$130\,\mu s$	$100\,ms$	$16.67\,m$	$115.7\,d$	$3.17\times 10^{23}\,y$	
10^5	$100\,\mu s$	$1.66\,ms$	$10\,s$	$11.57\,d$	$3171\,y$	$3.17\times 10^{33}\,y$	
10^6	$1\,ms$	$19.92\,ms$	$16.67\,m$	$31.71\,y$	$3.17\times 10^{7}\,y$	$3.17\times 10^{43}\,y$	

$\mu s =$ 微秒$(=10^{-6}$ 秒$)$，$ms =$ 毫秒$(=10^{-3}$ 秒$)$，
$s =$ 秒，$m =$ 分钟，$h =$ 小时，$d =$ 天，$y =$ 年。

图 1.9 在“10 亿次程序步/每秒”计算机上的程序运行时间表

算机，那么图 1.9 中的数据只不过减少为千分之一，当 $n = 100$，复杂度为 n^{10} 的程序要运行 3.17 年，复杂度为 2^n 的程序要运行 4×10^{10} 年。

§1.6 性能度量

§1.6.1 定时

性能分析用来评价算法的空间、时间复杂度，是强有力的工具，然而，考察算法在计算机上的实际执行效率，有时也不可或缺，这种需求将我们从分析领地带到测量领地。本节专门讨论测量算法运行时间的方法。

获得时间事件是 C 语言标准库提供的功能之一。头文件 `time.h` 中包含相应的函数声明。C 语言程序可以用两种方法获得时间事件信息，图 1.10 列出了这两种方法的主要差别。

	方法一	方法一
启动定时钟	`start=clock()`	`start=time(NULL)`
停止定时钟	`stop=clock()`	`stop=time(NULL)`
返回类型	`clock_t`	`time_t`

返回秒数	`duration=`
	`((`**`double`**`)(stop-start))/`
	`CLOCK_PER_SEC`
		`duration=`
		`(`**`double`**`)difftime(stop, start)`

图 1.10 C 语言的事件定时

方法一调用 `clock` 函数，返回处理机内部的绝对时钟周期，这个时钟周期从以前的某时刻开始计时。为算出程序的执行时间，需两次调用 `clock`，然后用结束时的返回值减去开始时的返回值。因为所得结果可以是任意的合法数值类型，所以用强制类型转换把它转成 **`double`** 型。另外，这种表示时钟周期是的内部时钟，还要除以"每秒时钟周期数"才是秒数，在 ANSI C 中，这个每秒时钟周期数是内部常量 `CLOCKS_PER_SEC`。方法一得到的结果非常精确。方法二的优点是不涉及每秒时钟周期数，用法更简单一些。

方法二用 `time` 函数，返回值是按秒计时的时间，类型是内部类型 `time_t`。与调用 `clock` 不同，调用 `time` 需要传入一个参量，它指定返回时间的存储单元，我们这里不需要保留这个返回值，所以参量是 `NULL`。与方法一相同，在开始计算时间时调用一次 `time_t`，结束时再调用一次，然后把这两个结果传给 `difftime` 函数，它返回测量所需的时间差。由于这个返回类型是 `time_t`，我们在打印输出前把它强制转换为 **`double`**。

例 1.22 (选择排序的最差情形性能) 当待排序数据呈逆序时，选择排序算法运行在最差情形。就是说，开始时数据按降序排列，而排序的目标是得到升序排列的数据。在本例中，我们分别取数组长度 0, 10, 20, 90, 100, 200, . . . , 1000。程序 1.24 是时间测量程序代码（`sort` 函数已在程序 1.4 给出，程序 1.24 包括的头文件 `selectionSort.h` 指得就是这个程序）。

```
#include <stdio.h>
#include <time.h>
#include "SelectionSort.h"
#define MAX_SIZE 1001
void main(void)
{
  int i, n, step=10;
  int a[MAX_SIZE];
  double duration;
  clock_t start;

  /* times for n=0, 10, ..., 100, 200, ..., 1000 */
  printf("    n   time\n");
  for (n=0; n<=1000; n+=step)
    { /* get time for size n */

      /* initialize with worst-case data */
      for (i=0; i<n; i++)
        a[i] = n - i;

      start = clock();
      sort(a, n);
      duration = ((double)(clock()-start))/CLOCK_PER_SEC;
      printf("%6d    %f\n", n, duration);
      if (n==100) step = 100;
    }
}
```

程序 1.24 第一个选择排序的时间测量程序

程序中用 **for** 语句控制数组长度，每次循环时，都先准备一个逆序数组。在 sort 语句的前后调用 clock。令人惊讶的是，对每个 n，时间间隔输出结果都是 0！究竟哪里出错了呢？尽管程序 1.24 逻辑上是正确的，但是本例测量的时间间隔太短了。程序 1.24 的测量误差是±1 个时钟周期，只有程序的运行时间远远大于 1 个时钟周期时，测量结果才是正确的。程序 1.25 是比程序 1.24 更精确的选择排序测量程序，程序中，排序所需时间延长到一秒(1000 个时钟周期)。不过这个程序也有不精确之处，例如排序前的数组初始化时间也包括在内了，但是，初始化时间比排序的实际时间要小($O(n)$ 比 $O(n^2)$)。如果初始化时间不容忽略，那么还需测量初始化时间，然后在程序 1.25 的输出结果中减去这段时间。

程序 1.25 的输出结果见图 1.11 和图 1.12。图 1.12 中的曲线与图 1.8 中的 n^2 曲线吻合，说明实际运行结果与分析结果一致。 □

```
#include <stdio.h>
#include <time.h>
#include "SelectionSort.h"
#define MAX_SIZE 1001
void main(void)
{
  int i, n, step=10;
  int a[MAX_SIZE];
  double duration;
  clock_t start;
  long repetitions;

  /* times for n=0, 10, ..., 100, 200, ..., 1000 */
  printf("␣␣␣␣n␣␣␣time\n");
  for (n=0; n<=1000; n+=step)
    {
      /* get time for size n */
      repetitions = 0;
      start = clock();
      do {
        repetitions++;

        /* initialize with worst-case data */
        for (i=0; i<n; i++)
          a[i] = n - i;

        sort(a, n);
      } while (clock()-start<1000);
      /* repeat until enough time has elapsed */

      duration = ((double)(clock()-start))/CLOCK_PER_SEC;
      duration /= repetitions;
      printf("%6d␣␣␣%9d␣␣␣%f\n", n, repetitions, duration);
      if (n==100) step = 100;
    }
}
```

程序 1.25 更精确的选择排序的时间测量程序

n	重复次数	时间
0	8690714	0.000000
10	2370915	0.000000
20	604948	0.000002
30	329505	0.000003
40	205605	0.000005
50	145353	0.000007
60	110206	0.000009
70	85037	0.000012
80	65751	0.000015
90	54012	0.000019
100	44058	0.000023
200	12582	0.000079
300	5780	0.000173
400	3344	0.000299
500	2096	0.000477
600	1516	0.000660
700	1106	0.000904
800	852	0.001174
900	681	0.001468
1000	550	0.001818

图 1.11 选择排序在最差情形的性能(时间单位是秒)

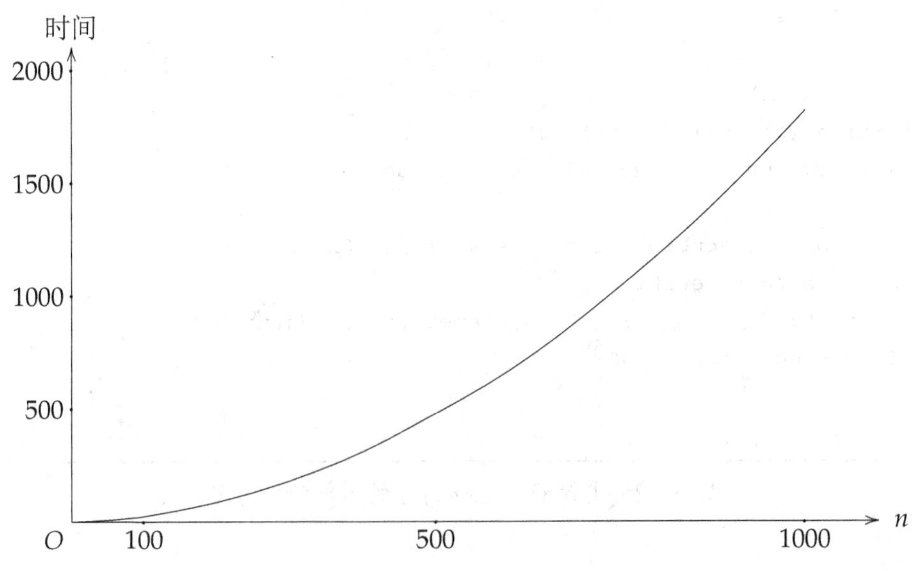

图 1.12 选择排序在最差情形的性能图

§1.6.2 生成测试数据

分析程序的最差情形，需要构造特殊的测试数据，一般来说，这并不容易。对于某些问题，编写程序确实可以生成满足需要的数据，但对于另一些问题，即使借助计算机也很难获得合适的测试数据。这时，我们只能采用如下方法，即首先针对每个实例特征的可能取值集合，生成大量的随机测试数据，然后利用这些数据进行测试，最后把测试结果中的最大值看作最差情形的估计结果。

对于平均情形的时间测量，容易想到的方法是，先利用所有可能的实例特征进行测试，然后取其平均值。不过，一般而言，这种方法并不是万能的。对于顺序查找和折半查找，这种方法确实可行，然而，用这种方法测试排序程序的平均性能根本行不通。假定每个关键字都不同，那么对任意给定的 n，不同的排列个数是 $n!$，显然，要测试所有这些数据是不可能的。

生成测试平均情形性能的数据要比最差情形困难得多，所以，通常的做法是采用随机数测试方法，然后估计平均时间。

用随机数方法测试程序性能，无论最差情形还是平均情形，通常选取的实例特征数据集都要远远小于实际实例特征数据集，因而，我们期望首先分析待测试算法的特点，并据此决定在性能测试时应用特殊的数据类别。这是一类特定的算法分析问题，但我们不在这里深入讨论了。

习题

下列习题都需要构造定时程序。你必须自己选择合适的数组大小，并选择合适的定时语句。把所得结果整理成图、表，最后作出总结。

1. 重做例 1.22。要求测量时间精确到 10%，用原例中的那些 n 值，把测量结果画成关于 n 的函数图像。

2. 比较程序 1.11 与程序 1.12 中，数组求和函数的循环实现与递归实现的最差情形性能。

3. 比较程序 1.7 与程序 1.8 中，折半查找函数的循环实现与递归实现的最差情形性能。

4. (a) 把程序 1.26[1] 中循环实现的顺序查找函数翻译成等价的递归函数。

   (b) 分析函数的最差情形复杂度。

   (c) 测量递归的顺序查找函数的最差情形性能，并和循环函数的最差情形性能相比较。

5. 测试程序 1.16 中 `add` 的最差情形性能。

6. 测试程序 1.20 中 `mult` 的最差情形性能。

[1]原文如此，书中无此程序——译者注。

§1.7 参考文献和选读材料

文献 [1] 是 C 语言入门的好教材。文献 [2] 包括更全面的的软件测试与调试技术。

[1] Narain Gehani *C: An advanced introduction*. Silicon Press, NJ, 1995.

[2] J. Falk C. Kaner and H. Nguyen. *Testing Computer Software*. John Wiley, New York, NY, 2nd edition, 1999.

文献 [3–6] 包含大量程序的渐近复杂度分析结果。

[3] S. Sahni E. Horowitz and S. Rajasekaran. *Fundamentals of Computer Algorithms*. W.H.Freedman and Co., New York, 1998.

[4] Dinesh P. Mehta and Sartaj Sahni. *Handbook Of Data Structures And Applications (Chapman & Hall/Crc Computer and Information Science Series.)*. Chapman & Hall/CRC, 2004.

[5] C. Leiserson T. Cormen and R. Rivest. *Introduction to Algorithms*. McGraw-Hill, New York, NY, 2002.

[6] G. Rawlins. *Compared to What: An Introduction to the Analysis of Algorithms*. W.H.Freedman and Co., NY, 1992.

第2章　数组和结构

§2.1　数组

§2.1.1　数组的抽象数据类型

我们讨论数组，首先关注它的 ADT，可多数程序员并非如此。大多数程序员仅仅把数组看作“连续的存储单元集合”，这样的观点明显是片面的，缺陷在于过分看重实现细节而不计其余。数组的实现，虽然多数场合可以是连续的存储单元集合，但并不是说，数组只能这样实现。直观地看数组，它是二元组 `<index, value>` 的集合，对每个 `index`，都有一个 `value` 值与之对应，这样的对应有一个数学名称，称为映射。ADT 的观点，特别强调定义在数组上的各种操作。多数程序设计语言都有数组，除创建操作之外，一般只有两个标准操作，一个从数组单元取值，另一个为数组单元赋值。ADT 2.1 给出数组的抽象数据类型定义。

ADT Array
　数据对象：二元组<index, value>的集合，对每个index，都有一个相应的取自集合Item中的value与之对应。Index是有限的一维或多维有序集合，例如，一维Index可以是$\{0,\ldots,n-1\}$，二维Index可以是 $\{(0,0),(0,1),(0,2),(1,0),(1,1),(1,2),(2,0),(2,1),(2,2)\}$，等等。
　成员函数：
```
以下 A ∈ Array, i ∈ Index, x ∈ Item, j,size ∈ integer
Array Create(j, list)  ::=  return 维数为j的数组，list是j元组，它的
                            第i个元素是第i维的维数，数组元素的值未定义。
Item Retriev(A, i)     ::=  if (i∈Index) return 数组A中与i对应的值
                            else return 出错信息
Array Store(A, i, x)   ::=  if (i∈Index) 在A中更新二元组<i,x>并返回A
                            else return 出错信息
```
end Array

ADT 2.1: 抽象数据类型 Array

成员函数 `Create(j, list)` 返回一个指定维数的新数组，这时它是空数组，所有数组单元值未定义。`Retrieve` 的参量是数组 `A` 和下标 `i`，如果下标值合法，则返回对应这个下标的值，否则返回出错信息。`Store` 的参量是数组 `A` 和下标 `i`，以及一个 `Item` 中的值 `x`，在数组 `A` 中更新新的二元组 `<i,x>` 并返回。这个 ADT 定义明确指明，数组具有比“连续的存储单元集合”更一般的结构，使我们对数组的理解上升到一个新境界。

§2.1.2　C 语言的数组

先看一维数组。C 语言的数组声明形式，是在数组变量名后跟一对方括号，例如，

```
int list[5], *plist[5];
```

定义了两个数组，每个数组都有 5 个数组元素。第一个数组定义了 5 个整数，第二个数组定义了 5 个指向整数的指针。C 语言的数组，下标从 0 开始，所以数组 `list` 五个数组元素的名字是 `list[0]`, `list[1]`, `list[2]`, `list[3]`, `list[4]`，这 5 个数组元素也可简记为 `list[0:4]`。与之类似，数组 `plist` 5 个数组元素的名字是 `plist[0:4]`，每个元素都包含一个指向整数的指针。

现在来看一维数组的实现。编译程序在编译时，遇到数组声明，如上面的 `list`，要为数组分配连续的存储单元。对 `list`，编译程序为每个单元分配足够存放一个整数的存储空间，第一个元素 `list[0]` 的地址称为基地址。机器中的整数位长是 **sizeof**(**int**)，`list[i]` 在存储空间的地址是 α+i***sizeof**(**int**)，α 是基地址。事实上，C 语言编译器把 `list[i]` 解释为一个指向地址为 α+i***sizeof**(**int**) 的整数的指针。请看以下两句声明

```
int *list1;
```

和

```
int list2[5];
```

注意两者的差异。`list1` 和 `list2` 都是指向 **int** 类型的指针变量，但编译程序要为第二句声明分配 5 个整数存储单元，`list2` 指向 `list2[0]`，`list2+i` 指向 `list2[i]`。在 C 语言中，要访问一个数组元素，不需要用偏移量 `i` 乘上类型变量的长度，就是说，不管数组 `list2` 的类型是什么，总有 `list2+i` 等于 `&list2[i]`，故 `*(list2+i)` 等于 `list2[i]`。

读者应注意 C 语言用数组作函数参量的特点。C 语言的函数在函数体内用到的变量必须在函数体内声明。然而，这个传入的一维数组其实际可供使用的存储区域只应在 `main` 函数中声明，因为接受数组参量的函数中不需要为这个传入的数组参量重复分配存储空间。如果函数中需要使用一维数组的维数，那么这个维数既可以作为参量传给函数，也可以用全局变量存放这个维数。

我们看程序 2.1，调用 `sum` 时，实参 `input=&input[0]` 先被复制到一个临时单元，成为形参 `list` 的具体值。在函数体中，若 `list[i]` 出现在赋值语句的等号右边，则间接引用 `(list+i)` 指向的值，并返回这个值。如果 `list[i]` 出现在赋值语句的等号左边，则等号右边表达式的求值结果会存入单元 `(list+i)`。这个例子告诉我们，虽然 C 语言函数传值调用，但数组作为函数参量并不传递具体的数组内容。

例 2.1 (一维数组寻址) 给定以下声明语句

```
int one[] = {0, 1, 2, 3, 4};
```

我们想编写一个函数打印数组的第 i 个单元地址及其存储单元的内容。程序 2.2 中的 `print1` 函数用指针运算。调用该函数的例子为 `print1(&one[0], 5)`。 `printf` 语句中的 `ptr+i` 是第 i 个单元的地址，用去引用算符 `*` 的到数组单元的值，表达式 `*(ptr+i)` 得到的是位置 `(ptr+i)` 的单元内容，而不是地址。

图 2.1 是 `print1` 的运行结果列表，表中地址的增量是 4，因为运行该程序的机器其 **int** 长度为 4。 □

```
#define MAX_SIZE 100
float sum(float [], int);
float input[MAX_SIZE], answer;
void main(void)
{
  int i;
  for (i=0; i<MAX_SIZE; i++)
    input[i] = i;
  answer = sum(input, MAX_SIZE);
  printf("The␣sum␣is:␣%f\n", answer);
}
float sum(float list[], int n)
{
  int i;
  float tempsum = 0;
  for (i=0; i<n; i++)
    tempsum += list[i];
  return tempsum;
}
```

程序 2.1 数组程序举例

```
void print1(int *ptr, int rows)
{ /* print out a one-dimensional array using a pointer */
  int i;
  printf("Address␣Contents\n");
  for (i=0; i<rows; i++)
    printf("%8u%5d\n", prt+i, *(ptr+i));
  printf("\n");
}
```

程序 2.2 用地址访问一维数组

地址	内容
12244868	0
12244872	1
12244876	2
12244880	3
12244884	4

图 2.1 一维数组寻址

§2.2 数组的动态存储分配

§2.2.1 一维数组

在程序 1.4 中，常量 MAX_SIZE 定义为 101，这样，程序可以排序的最大数目不超过 101。如果要排序更多数据，只能修改常量 MAX_SIZE，然后重新编译。这个值究竟多大才合适？如果把 MAX_SIZE 设成一个非常大的数值(比如几百万)，那么程序运行时几乎可以满足所有需求，因为输入值 n 通常不会超过 MAX_SIZE。不过，程序在编译时有可能由于存储不够而出错。这个实例表明，编程时很可能遭遇这种情况，即无法事先确定数组大小，使程序员陷入两难境地。处理这类问题的恰当办法，是把存储空间的申请推迟到程序的运行阶段，就是在所需存储空间大小基本确定之后才去申请存储空间。为此，程序 1.4 中 main 的前几行可修改如下：

```
int i, n, *list;
printf("Enter␣the␣number␣of␣numbers␣to␣generate:␣");
scanf("%d", &n);
if (n < 1) {
  fprintf(stderr, "Improper␣value␣of␣n/n");
  exit(EXIT_FAILURE);
}
MALLOC(list, n*sizeof(int));
```

这段程序只有在 $n < 1$ 时出错，或者在没有足够的存储空间保存待排序数据时出错。

§2.2.2 二维数组

C 语言用数组的数组表示多维数组。对于二维数组，这种表示实际上是一个一维数组，其中每个单元本身又是一个一维数组。以下是两维数组声明：

```
int x[3][5];
```

实际上，x 是长度为 3 的一维数组，每个单元又是长度为 5 的一维数组。图 2.2 是这个二维数组的存储结构，共有四块存储区，一块区域(x[0:2])足以存放 3 个指针，其余 3 个区域足够存放 5 个 int 类型值。

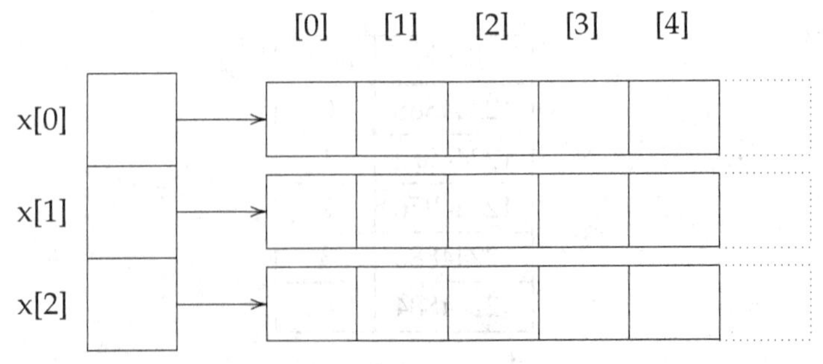

图 2.2 “数组的数组”表示

要访问 `x[i][j]`，首先取 `x[i]` 中的指针，这个指针指向第 `i` 行的 0 号单元在内存的地址，再加上 `j*sizeof(int)`，就得到了第 `i` 行的第 `j` 号元素，它就是 `x[i][j]`。程序 2.3 是在运行过程构造两维数组的例子。

```
int **make2dArray(int rows, int cols)
{ /* create a two dimensional rows x cols array */
  int **x, i;

  /* get memory for row pointers */
  MALLOC(x, rows*sizeof(*x));

  /* get memory for each row */
  for (i=0; i<rows; i++)
    MALLOC(x[i], cols*sizeof(**x));
  return x;
}
```

程序 2.3 动态构造一个两维数组

该程序的用法见以下语句。第 2 行语句分配 5×10 的两维整数数组，第 3 行语句为这个数组的 `[2][4]` 单元赋值 6。

```
1  int **myArray;
2  myArray = make2dArray(5, 10);
3  myArray[2][4] = 6;
```

C 语言还有另外两个存储空间分配函数 `calloc` 与 `realloc`，也常用于数组的动态存储分配。`calloc` 分配用户指定大小的一块存储区，并把这块区域全部清零（即，所有分配的位都置为 0），然后返回指向存储区的首地址。如果存储空间不足，则返回 NULL。例如，下面的语句

```
int *x;
x = calloc(n, sizeof(int));
```

可用于定义一维整数数组，数组的容量为 n，且 `x[0:n-1]` 初始化为 0。和 MALLOC 的宏定义类似，以下的 CALLOC 宏定义能使程序既清晰又可靠。

```
#define CALLOC(p,n,s)\
  if (!((p)=calloc(n,s))) {\
    printf(stderr, "Insufficient␣memory"); \
    exit(EXIT_FAILURE); \
  }
```

`realloc` 函数可以调整由 `malloc` 或 `calloc` 分配的存储空间大小。例如，语句

```
realloc(p, s);
```

把 p 指向的存储空间大小调整为 s。调整之后，前 min{ s, oldSize} 字节内容不变。若 s > oldSize，则多分配的 s − oldSize 字节内容不确定，若 s < oldSize，则原分配块中最后那部分多余的 oldSize − s 字节内容被释放。如果 realloc 调整存储空间大小成功，则返回新存储区的首地址，否则返回 NULL。

与 MALLOC 和 CALLOC 的宏定义类似，为方便使用，以下是 REALLOC 的宏定义。

```
#define REALLOC(p,s)\
  if (!((p)=realloc(p,s))) {\
    printf(stderr, "Insufficient memory"); \
    exit(EXIT_FAILURE); \
  }
```

三维数组在 C 语言中也表示为一维数组，它的每个单元都是一个二维数组，这些二维数组都可表示为如图 2.2 所示的结构。

习题

1. 修改程序 2.3，使返回的每个数组单元都置为零。要求代码改动越少越好。

2. 令 length[i] 是一个两维数组第 i 行的长度，参考程序 2.3，构造两维数组，使其第 i 行的长度等于 length[i]，$0 \le i < rows$。测试程序的正确性。

3. 用动态存储分配方法重写程序 1.16 中的矩阵加法函数。函数原型应为

```
void add(int **a, int **b, int **c, int rows, int cols);
```

测试程序的运行结果。

4. 用动态存储分配方法重写程序 1.20 中的矩阵乘法函数。函数原型应为

```
void mult(int **a, int **b, int **c, int rows);
```

每个矩阵的维数都是 rows × rows，测试程序的运行结果。

5. 用动态存储分配方法重写程序 1.22 中的矩阵转置函数。函数原型应为

```
void transpose(int **a, int rows);
```

测试程序的运行结果。

6. 编写矩阵转置函数，要包括矩阵不是方阵的情况。采用动态存储分配方法。函数原型应为

```
void transpose(int **a, int **b, int rows, int cols);
```

其中 a 是 rows × cols 的待转置矩阵， b 存放转置结果，别忘了这个结果是 cols × rows 的矩阵。测试程序的运行结果。

§2.3 结构体和联合体

§2.3.1 结构体

数组是相同类型数据的聚合。C 语言还提供另一种方式，聚合不同数据类型的数据，这种机制是结构体 **struct**，也简称为结构。结构（其它语言称为记录）是数据项的集体，每条数据项由其类型和名称指定。例如，

```
struct {
  char name[10];
  int age;
  float salary;
} person;
```

这个结构体构造了一个变量，其名称是 person，统领三个域：

- name 是字符数组，表示 person 的名字；
- age 是整数，表示 person 年龄；
- salary 是浮点型 **float**，表示 person 的工资。

如下语句为这个结构中的各成员域赋值，注意，“.” 是结构的成员算子，用来选择结构中特定成员。

```
strcpy(person.name, "james");
person.age = 10;
person.salary = 35000;
```

用 **typedef** 语句可以构造自定义数据类型，例如：

```
typedef struct {
  char name[10];
  int age;
  float salary;
} humanBeing;
```

用结构声明定义了一个类型，名称是 humanBeing，之后可以用它声明其它变量，如：

```
humanBeing person1, person2;
```

然后可以写出以下语句：

```
if (strcmp(person1.name, person2.name))
  printf("The␣two␣people␣do␣not␣have␣the␣same␣name\n");
else
  printf("The␣two␣people␣have␣the␣same␣name\n");
```

如果能用语句 **if** (person1 == person2) 判断两个结构是否完全相等，或者，更进一步，对结构赋值，如 person1 = person2;，即把第二个结构的所有内容赋值给第一个结构

的对应内容，那就更妙了。ANSI C 允许结构整体赋值，但早期的 C 语言不允许，只能如下一句一句赋值：

```
strcpy(person1.name, person2.name);
person1.age = person2.age;
person1.salary = person2.salary;
```

由于结构作为整体不能比较是否相等，我们只能用函数实现，见程序 2.4。TRUE 和 FALSE 定义为：

```
#define FALSE 0
#define TRUE 1
```

```
int humansEqual(humanBeing person1, humanBeing person2)
{ /* return TRUE if person1 and person2 are the same human being
     otherwise return FALSE */
  if (strcmp(person1.name, person2.name))
    return FALSE;
  if (person1.age != person2.age)
    return FALSE;
  if (person1.salary != person2.salary)
    return FALSE;
  return TRUE;
}
```

程序 2.4 检查两个结构相等的函数

调用这个函数的语句可以是：

```
if (humansEqual(person1, person2))
  printf("The␣two␣people␣do␣not␣have␣the␣same␣name\n");
else
  printf("The␣two␣people␣have␣the␣same␣name\n");
```

结构中可以嵌入结构。如果想在结构 humanBeing 中包含出生日期，那么可以这么写：

```
tyepdef struct {
  int month;
  int day;
  int year;
} date;

typedef struct {
  char name[10];
  int age;
  float salary;
  date dob;
} humanBeing;
```

某人出生于 1944 年 2 月 11 日，其 date 结构是这样的：

```
person1.dob.month = 2;
person1.dob.day = 11;
person1.dob.year = 1944;
```

§2.3.2 联合体

继续 humanBeing 的例子，我们现在又有奇思妙想，想用在结构中加入区分性别的信息。关于男性，我们想知道他是否蓄须；关于女性，我们想知道她有几个孩子。为实现上述想法，引出了 C 语言另外一种机制，称为联合体 **union**。**union** 的声明与结构类似，不过 **union** 的域必须共享存储空间，也就是说，在指定时刻，**union** 中的域只有一个是“活动的”。下例在以上 humanBeing 的定义中加入了不同的男性、女性域。

```
typedef struct {
  enum tagField {female, male} sex;
  union {
    int children;
    int beard;
  } u;
} sexType;
typedef struct {
  char name[10];
  int age;
  float salary;
  date dob;
  sexType sexInfo;
} humanBeing;

humanBeing person1, person2;
```

为person1 与person2 赋值的语句是：

```
person1.sexInfo.sex = male;
person1.sexInfo.beard = FALSE;
```

以及

```
person2.sexInfo.sex = female;
person2.sexInfo.u.childre = 4;
```

注意，我们设了一个标签（tag）域，并为它赋值，用它区分 **union** 中的哪个域是活动域，然后才为活动域赋值。在上例中，如果 sexInfo 是 male，则可以为 sexInfo.u.beard 域赋值 TRUE 或 FALSE。类似地做法，如果 sexInfo 是 female，则可以为 sexInfo.u.children 域赋一个整数值。C 语言不检查域的使用，例如，我们可以为 sexInfo 赋值 female，然后为 sexInfo.u.beard 赋值 TRUE。虽然这样做并不对，但是 C 语言并不强制必须使用 **union** 中正确的域。

§2.3.3 结构的内部实现

虽然程序员可以不管 C 语言在内存中如何具体存储结构中的域，但为了满足读者的好奇心，我们还是决定介绍这方面内容。先看如下两条语句：

```
struct list {int i, j; float a, b;};
```

及

```
struct list {int i; int j; float a; float b;};
```

一般而言，这两条语句的内部实现都是一样的，即每个域按结构定义的出现顺序，顺序存储在连续的内存单元。读者应注意，为使连续存放在结构中的域在内存中对齐，C 语言会在结构中加入一些空隙，即多余的单元。

struct 实例的长度应为所有域所需存储空间长度的总和，**union** 实例的长度应容纳定义中的最大域。这样计算出的长度还可能要加上填充单元的长度。在内存中的结构实例，其起始地址和结束地址必须是同一类型的存储地址，或是偶地址，或是能被 4、8、16 除尽的地址。

§2.3.4 自引用结构

自引用结构 结构包含指向自身结构的指针，使用时常常用动态存储函数（ malloc 或 free）分配、释放存储空间。请看如下结构定义：

```
typedef struct {
  char data;
  struct list *link;
} list;
```

结构由两个域组成，data 是单一字符，link 指向 list 结构本身。link 的值或指向结构 list 实例的存储地址，或取值 NULL。以下语句声明了上述结构的三个实例，然后为每个域赋值：

```
list item1, item2, item3;
item1.data = 'a';
item1.data = 'b';
item1.data = 'c';
item1.link = item2.link = item3.link = NULL;
```

结构 item1，item2，item3 的 data 域分别是字符 a, b, c；link 域都是 NULL。这三个结构可以连在一起，做法是，把 item1 的 link 域由 NULL 换成指向 item2，同时把 item2 的 link 域由 NULL 换成指向 item3。

```
item1.link = &item2;
item2.link = &item3;
```

这种链接操作是第 4 章的中心内容。

习题

1. 定义太阳系行星的结构体。每颗行星都应包括名称域、距离域（太阳是中心，单位用英里）、卫星数域。填写 Earth（地球）结构实例与 Venus（金星）结构实例。

2. 修改 `humanBeing` 结构，加入婚姻（martial）状况。婚姻状况应为枚举类型，包括的域有：single（单身）, married（已婚）, widowed（丧偶）, divorced（离婚）。以下是具体说明：

   - single: 不需要其它信息。
   - married: 包含结婚日期域。
   - widowed: 包含结婚日期域和伴偶死亡日期域。
   - divorced: 包含离婚日期域和结婚次数域。

   为修改后的 `humanBeing` 结构体中的的某 `person` 赋值。

3. 分别定义矩形、三角形、圆三种几何形体结构（rectangle, triangle, circle）。

§2.4 多项式

§2.4.1 多项式的抽象数据类型

数组不但有其自身用处，还是实现其他抽象数据类型的基础。我们先看一类简单、常用的数据结构：*有序表*或*线性表*。线性表的用处很多，以下仅举数例。

- 一周七天：(Sunday, Monday, Tuesday, Wednesday, Thursday, Friday, Saturday)
- 扑克同花 13 张：(A, 2, 3, 4, 5, 6, 7, 8, 9, 10, J, Q, K)
- 楼房各层：(地下室，大厅(lobby)，中厅(mezzanine)，一楼，二楼)
- 美国二次大战参战年份：(1941, 1942, 1943, 1944, 1945)
- 瑞士二次大战参战年份：()

注意最后一项，瑞士是中立国，参战年份无数据，是空表。空表用 () 表示。其它包含数据项的表，形式都是 $(\text{item}_0, \text{item}_1, \ldots, \text{item}_{n-1})$。

表操作的种类很多，以下仅列出其中几种：

- 求表长 n。
- 读所有表项，从左向右或从右向左。
- 取表中第 i 项，$0 \le i < n$。
- 替换表中第 i 项，$0 \le i < n$。

- 在表中第 i 项前插入一项，$0 \leq i < n$，插入前的第 $i, i+1, \ldots, n-1$ 各项在插入后分别变成第 $i+1, i+2, \ldots, n$ 各项。
- 删除第 i 项，$0 \leq i < n$，删除前的第 $i, i+1, \ldots, n-1$ 各项在删除后分别变成第 $i-1, i-1, \ldots, n-2$ 各项。

这里不再给出表的抽象数据类型，直接讨论它的实现。表用数组实现最直接了当，表元 item_i 对应下标 i。如此对应称为顺序映射，item_i、item_{i+1} 连续存放在第 i 单元、第 $i+1$ 单元。顺序映射适合以上给出的大多数表操作，如取值操作、替换操作、求表长操作，都可以在恒定时间内完成，而且读所有表项可利用数组的下标，也很方便。不过，插入、删除操作会带来麻烦，因为每次操作都要整理表项，保持顺序映射的性质，这是相当大的开销。第 4 章讨论非顺序映射方法，可以有效解决这个问题。

现在介绍一维数组实现的有序表及其在多项式运算中的应用。多项式运算是表运算的经典例子，本章以及后续章节要不断讨论这个问题。用数组实现的表其实不能完全解决这个问题，但至少可以澄清问题，令读者明白其原因何在。多项式运算的程序设计问题，要求编写函数完成符号多项式的各项处理任务。我们先回顾数学定义，多项式是项（term）的和式，每项的形式为 ax^e，x 是变量，a 是系数，e 是指数。以下是两个多项式：

$$A(x) = 3x^{20} + 2x^5 + 4$$
$$B(x) = x^4 + 10x^3 + 3x^2 + 1$$

多项式中的最大指数称为它的阶，多项式中系数为 0 的项无需写出，指数为 0 的项中不写变量，因为 x 的 0 次幂等于 1。两个多项式可以相加、相乘，比如，对 $A(x) = \sum a_i x^i$ 和 $B(x) = \sum b_i x^i$，加法和乘法定义为：

$$A(x) + B(x) = \sum (a_i + b_i)\, x^i$$
$$A(x) \cdot B(x) = \sum \left(a_i x^i \cdot \left(\sum b_j x^j \right) \right)$$

减法、除法等操作也可相应定义。

ADT 2.2 是多项式的抽象数据类型定义，ADT 中列出的各操作指出需要完成的任务，由后续一系列函数实现。

§2.4.2 多项式的表示

多项式的 ADT 已经定义好了，现在考虑多项式的存储表示。首先，我们决定多项式项应唯一，而且各项按指数降序排列。仅仅这样一个决策就大大简化了许多操作的实现。根据操作 Add 和多项式的当前表示，我们马上就能实现多项式加法，程序 2.5 用类 C 语言的实现，仍然与表示无关。

程序 2.5 遍历两个多项式，不断比较对应各项，直到一个或两个多项式遍历完毕。**`switch`** 语句实现具体的比较工作，把对应两项相加，结果插入到新多项式 `d` 之中。如果其中一个多项式处理完毕，则把另一个多项式剩下的所有项插入 `d`。要用 C 语言实现这个算法，必须更仔细地考虑多项式的表示细节。

下面的 C 语言语句用 **`typedef`** 构造 `polynomial` 类型：

```
ADT Polynomial
  数据对象: p(x) = a_1 x^{e_1} + ··· + a_n x^{e_n}; 有序二元组集合<e_i,a_i>,
           a_i ∈ Coefficients, e_i ∈ Exponents, e_i ≥ 0 是整数。
  成员函数:
    以下 poly,poly1,poly2 ∈ Polynomial,
        coef ∈ Coefficients, expon ∈ Exponents
    Polynomial Zero()                      ::= return 多项式 p(x) = 0
    Boolean IsZero(poly)                   ::= if (poly) return FALSE
                                               else return TRUE
    Coefficient Coef(poly, expon)          ::= if (expon∈poly)
                                                 return 该项系数 coef
                                               else return 0
    Exponent LeadExp(poly)                 ::= return poly 中的最大指数
    Polynomial Attach(poly,coef,expon)     ::= if (expon∈poly) 在 poly
                                                 中插入 <coef, expon>,
                                                 return poly
    Polynomial Remove(poly,expon)          ::= if (expon∈poly) 在 poly
                                                 中删除指数为 expon 的项,
                                                 return poly
    Polynomial
    SingleMult(poly,coef,expon)            ::= return poly·coef·x^expon
    Polynomial Add(poly1,poly2)            ::= return poly1 + poly2
    Polynomial Mult(poly1,poly2)           ::= return poly1 · poly2
end Polynomial
```

ADT 2.2: 抽象数据类型 Polynomial

```
#define MAX_DEGREE 101 /* Max degree of polynomial+1 */
typedef struct {
  int degree;
  float coef[MAX_DEGREE];
} polynomial;
```

如果 a 的类型是 polynomial 且 $n <$ MAX_DEGREE，多项式 $A(x) = \sum_i^n$ 可表示为：

a.degree = n

a.coef[i] = a_{n-1}, $0 \leq i \leq n$;

系数的表示和指数一样，并参照指数的降序顺序存储。如果指数 $n-i \neq 0$，用 a.coef[i] 存储 x^{n-i} 的系数；否则，a.coef[i] = 0。基于这种表示的算法，极大简化了多数操作的算法实现，但有可能浪费大量存储空间。假如 a.degree<<MAX_DEGREE，(<< 意为“远远小

```
d = a + b, where a, b, and d are polynomials
d = zero();
while (!IsZero(a) && !IsZero(b))
  do {
    switch (COMPARE(LeadExp(a), LeadExp(b))) {
    case -1:
      d = Attach(d, Coef(b, LeadExp(b)), LeadExp(b));
      b = Remove(b, LeadExp(b));
      break;
    case 0:
      sum = Coef(a, LeadExp(a)) + Coef(b, LeadExp(b));
      if (sum) {
        Attach(d, sum, LeadExp(a));
        a = Remove(a, LeadExp(a));
        b = Remove(b, LeadExp(b));
      }
      break;
    case 1:
      d = Attach(d, Coef(a, LeadExp(a)), LeadExp(a));
      a = Remove(a, LeadExp(a));
    }
  }
insert any remaining terms of a or b into d
```

程序 2.5 padd 函数的第一个实现

于”)，则数组 `a.coef[max_degree]` 中大量单元都浪费掉了。另外，当多项式是稀疏多项式，其中系数非 0 的项数相对阶数而言非常小，也会浪费了大量存储空间。我们在实现中用全局数组 `term` 存储程序用到的所有多项式，C 声明语句如下：

```
#define MAX_TERM 100 /* size of terms array */
typedef struct {
  float coef;
  int expon;
} polynomial;
polynomial terms[MAX_TERMS];int avail = 0;
```

图2.3 示出多项式 $A(x)=2x^{1000}+1$ 和 $B(x)=x^4+10x^3+3x^2+1$ 存放在在数组 `term` 中。A 与 B 的第一项分别由 `startA` 和 `startB` 指向；A 与 B 的最后一项分别由 `finishA` 和 `finishB` 指向。数组中下一个可用单元由 `avail` 指向。这些下标值分别为 `startA=0`, `finishA=1`, `startB=2`, `finishB=5`, `avail=5`。

这种表示，不限制存放几个多项式，只限制这些多项式中非零项的项数，它不能超过 `MAX_TERMS`。我们现在来谈谈规范说明与数据表示的差别。在 ADT 中多项式的规范声明是

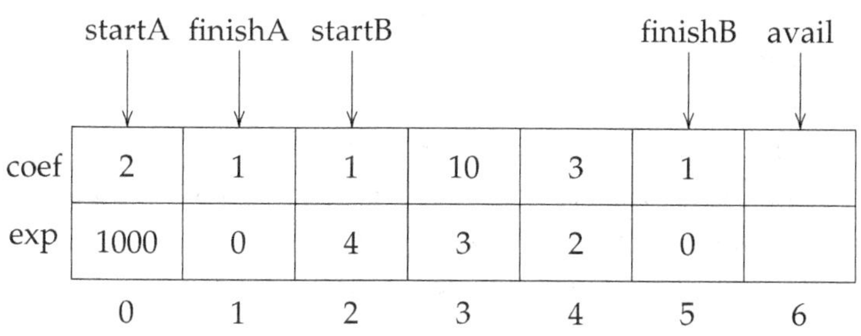

图 2.3 两个多项式的数组表示

poly，到表示阶段，它转化为二元组 `<start,finish>`。因此，与规范声明中的成员函数不同，具体使用 $A(x)$，必须传递两个参量 `startA, startB`。任何非零项为 n 的多项式都满足关系 `finishA=startA+`$n-1$。

实现真实的 C 程序之前，先对当前表示做一个评价。称用数组存放多项式每项系数的表示为方法一，现在讨论当前表示是否比方法一更好。如果多项式中的非零项非常多，如 $A(x)=2x^{1000}+1$，那么当前表示无疑要好得多，只用了 6 个存储单元，计有 `startA` 一个，`finishA` 一个，系数占两个，指数占两个。然而，在相反情形，如果多项式的所有项均非零，那么当前表示方法要用到的存储空间比方法一多约两倍。我们的结论是，除非多项式的零项很少，那么当前表示更为优越。

§2.4.3 多项式加法

我们现在着手编写两个多项式相加的 C 函数。对于上节所述方法表示的多项式 $A, B, D=A+B$。程序 2.6 中的 `padd` 把 $A(x), B(x)$ 逐项相加，程序 2.7 中的 `attach` 函数把所得 D 的各项从 `avail` 开始加入数组 `terms`。如果 `terms` 不足以存放 D 的新项，则在标准错误设备打印出错信息，之后结束程序。

***padd*分析** 多项式 A 和 B 中的非零项数是影响时间复杂度的主要因素，以下分析正是基于这两个参数。令 m 和 n 分别记 A 和 B 的非零项数。如果 $m>0$ 且 $n>0$，程序执行进入 **`while`** 循环，每次循环需时 $O(1)$。每次循环之后，或者 `startA` 加 1、或者 `startB` 加 1，或两者同时加 1。循环结束条件是 `startA` 大于 `finishA` 或 `startB` 大于 `finishB`，循环次数不会超过 $m+n-1$。如果出现最差情形，则多项式为：

$$A(x)=\sum_{i=0}^{n}x^{2i} \qquad \text{以及} \qquad B(x)=\sum_{i=0}^{n}x^{2i+1}.$$

后面的两个循环的上界都是 $O(m+n)$，因为第一个循环的循环次数不可能超过 m，第二个循环的循环次数不可能超过 n。所以这个算法的计算时间是 $O(n+m)$。 □

```
void padd(int startA, int finishA,
          int startB, int finishB,
          int startD, int finishD)
```

```
{ /* add A(x) and B(x) to obtain D(x) */
  float coefficient;
  *startD = avail;
  while (startA<=finishA && startB<=finishB)
    switch(COMPARE(terms[startA].expon, terms[startB].expon)) {
    case -1: /* a expon < b expon */
      attach(terms[startB].coef, terms[startB].expon);
      startB++;
      break;
    case 0: /* equal exponents */
      coefficient = temrs[startA].coef + temrs[startB].coef;
      if (coefficient)
        attach(terms[startB].coef, terms[startA].expon);
      startA++;
      startB++;
      break;
    case 1: /* a expon > b expon */
      attach(terms[startA].coef, terms[startA].expon);
      startA++;
    }
  /* add in remaining terms of A(x) */
  for (; startA<=finishA; startA++)
    attach(terms[startA].coef, terms[startA].expon);
  /* add in remaining terms of B(x) */
  for (; startB<=finishB; startB++)
    attach(terms[startB].coef, terms[startB].expon);
  *finishD = avial - 1;
}
```

程序 2.6 两个多项式相加 add

```
void attach(float coefficient, int exponent)
{ /* add a new term to the polynomial */
  if (avail>=MAX_TERMS) {
    fprintf(stderr, "Too␣many␣terms␣in␣the␣polynomial\n");
    exit(EXIT_FAILURE);
  }
  terms[avail].coef = coefficient;
  terms[avail++].expon = exponent;
}
```

程序 2.7 加入新项

最后对当前采用的多项式表示作进一步讨论。在构建多项式过程，每加一项 avail 都要加一。现在的问题是，当 avail 等于 MAX_TERMS，程序是否必须结束。对当前表示，除非以前存储的多项式不再需要，其存储空间可以回收重用，这时可另作打算，否则必须结束。要回收存储空间，必须写一个空间压缩函数，丢弃不再需要的多项式，然后整理数据，在数组的一端生成可供重用的大块空间。这样的操作因移动数据要花费大量时间，还要改动 start 与 finish 的值，假如相应多项式确实移动了。在第 3 章读者要自己编写“简单的”空间压缩例程。

习题

1. 给定以下类型定义

```
typedef struct {
  int degree;
  int capacity;
  float *coef;
} dpolynomial;
```

   coef 是动态分配的一维数组 coef[0:capacity-1]。比较 dpolynomial 和 polynomial 两种多项式表示。

2. 编写函数 readPoly 和 printPoly，分别实现构建多项式和打印多项式功能。

3. 编写函数 pmult 实现两个多项式相乘，并分析计算的时间复杂度。

4. 编写函数 peval 实现多项式在 x_0 处求值，尽可能减少算术运算。

5. 令多项式 $A(x) = x^{2n} + x^{2n-2} + x^2 + x^0$ 和 $B(x) = x^{2n+1} + x^{2n-1} + x^3 + x^1$ 作为输入由函数 padd 完成相加，分析 padd 每条语句的精确执行次数。

6. 以下声明语句是多项式 ADT 的另一种表示。terms[i][0].expon 是第 i 个多项式的非零项数目，这些非零项按指数降序存储在 terms[i][1], terms[i][2],...。用这种多项式表示实现函数 readPoly, printPoly, padd, pmult。这种表示比书中讨论的表示是好还是差？(编程要用到的其它声明语句，读者应自己实现。)

```
#define MAX_TERMS 101 /* maximum number of terms */
#define MAX_POLYS 15  /* maximum number of polynomials */

typedef struct {
  float coef;
  int expon;
} polynomial;
polynomial terms[MAX_POLYS][MAX_TERMS];
```

§2.5 稀疏矩阵

§2.5.1 稀疏矩阵的抽象数据类型

我们现在讨论另一种数学对象—矩阵。自然科学有大量问题要用矩阵求解。计算机科学家的任务之一是用 ADT 给出矩阵的形式定义，另一个任务是构造恰当的矩阵表示，高效地完成形式定义中的各项操作。

先回顾矩阵的数学术语。矩阵由 m 行 n 列元素构成，图 2.4 是两个矩阵例子，第一个矩阵有 5 行 3 列，第二个矩阵有 6 行 6 列。给定一个 m 行 n 列的矩阵，其维数记为 $m \times n$，共有 mn 个元素，若 $m = n$，则称其为方阵。

	col 0	col 1	col 2
row 0	−27	3	4
row 1	6	82	−2
row 2	100	−64	11
row 3	12	8	9
row 4	48	27	47

(a)

	col 0	col 1	col 2	col 3	col 4	col 5
row 0	15	0	0	0	0	−15
row 1	0	11	3	−6	0	0
row 2	0	0	0	0	0	0
row 3	0	0	0	0	0	0
row 4	91	0	0	0	0	0
row 5	0	0	28	0	0	0

(b)

图 2.4 两个矩阵

矩阵用两维数组 `d[MAX_ROWS][MAX_COLS]` 表示，可以快捷地访问第 i 行第 j 列元素 `d[i][j]`。然而，两维数组表示并不是万能的。我们看图2.4(b)，矩阵中出现大量零值，这样的矩阵称为*稀疏矩阵*。一个矩阵是不是稀疏的，没有严格的判定条件，但是对于具体给定的矩阵，一看便知，所以直观的判断是最准确的。图2.4(b) 矩阵共有 36 个元素，其中只有 8 个非零，它显然是稀疏矩阵。稀疏矩阵如果用两维数组表示，会浪费大量存储空间。假定一个 1000×1000 矩阵只有 2000 非零元素，但整个数组占用的存储空间是 1000000。以下的矩阵表示仅存储其中的非零元，有效地解决了这个问题。

在讨论这种表示之前，先要确定矩阵的操作，ADT 2.3 给出了矩阵的规范声明，操作有矩阵的创建、相加、相乘、转置，仅仅包括最少、最基本的矩阵运算。

§2.5.2 稀疏矩阵的表示

在实现稀疏矩阵ADT 的操作之前，先确定稀疏矩阵的表示。仔细研究过图 2.4之后，我们发现矩阵中的每一项都可以用唯一的三元组 `<row,col,value>` 表示。这说明可以用三元组数组表示稀疏矩阵。为提高转置操作的效率，三元组应按行序升序排列，而且同行元素按列序升序排列。另外，为方便结束条件的判断，还应存储矩阵的行数、列数，以及非零元个数。把上述考虑综合起来，`Create` 的实现可以是：

```
SparseMatrix Create(maxRow, maxCol) ::=

#define MAX_TERMS 101 /* maximum number of terms */
```

```
ADT SparseMatrix
  数据对象: 三元组集合<row, column, value>, 其中 row 和 column 是整数,
            row, column 的一种组合在三元组中仅出现一次, value 取自集合 Item。
  成员函数:
    以下 a, b ∈ SparseMatrix, x ∈ Item,
        i, j, maxCol, maxRow ∈ Index
    SparseMatrix Create(maxRow, maxCol)
                              ::= return 稀疏矩阵 SparseMatrix,
                                  最多存放 maxItems=maxRow×maxCol 元素,
                                  maxRow 是最大行数, maxCol 是最大列数
   SparseMatrix Transpose(a)::= return 该矩阵行、列互换的结果
   SparseMatrix Add(a, b)    ::= if a的维数与b的维数相等
                                    return 两矩阵对应行、列相加的结果
                                 else 出错信息
   SparseMatrix Multiply(a, b)
                              ::= if a的列数与b的行数相等
                                    return 矩阵 d, d 的元素是
                                    d[i][j]  = ∑(a[i][k]*b[k][j])
                                    d[i][j] 是 d 的第 i 行、第 j 列元素
end SparseMatrix
```

ADT 2.3: 抽象数据类型 SparseMatrix

```
typedef struct {
  int col;
  int row;
  int value;
} term;
term a[MAX_TERMS];
```

上述定义的 MAX_TERMS 大于 8，足够用来表示图 2.4 的稀疏矩阵，图 2.5(a) 用 a 具体表示这个矩阵。a[0].row 是矩阵行数，a[0].col 是矩阵列数，a[0].value 是矩阵中的非零元个数，表中第 1 行到第 8 行是非零元的三元组，行下标是 row，列下标是 col，元素值下标是 value。三元组按行序升序排列，同行元素按列序升序排列。

§2.5.3 矩阵转置

图 2.5(b) 是图 2.5(a) 的转置。矩阵转置操作把行、列互换，即原矩阵中的 a[i][j] 转置后在结果矩阵中位于 b[j][i]。由于三元组已组织为按行序升序排列，转置算法如此这般应该可以了吧：

	row	col	value
a[0]	6	6	8
a[1]	0	0	15
a[2]	0	3	22
a[3]	0	5	-15
a[4]	1	1	11
a[5]	1	2	3
a[6]	2	3	6
a[7]	4	0	91
a[8]	5	2	28

(a)

	row	col	value
b[0]	6	6	8
b[1]	0	0	15
b[2]	0	4	91
b[3]	1	1	-11
b[4]	2	1	3
b[5]	2	5	28
b[6]	3	0	22
b[7]	3	2	-6
b[8]	5	0	-15

(b)

图 2.5 稀疏矩阵及其转置的三元组存储

```
for each row i
  take element <i, j, value> and store it
  as element <j, i, value> of the transpose;
```

但是，这个算法必须扫描完所有非零项之后，才能确定 `<j,i,value>` 的实际位置。来看几个非零元的转置结果：

```
(0,0,15)     变成     (0,0,15)
(0,3,22)     变成     (3,0,22)
(0,5,-15)    变成     (5,0,-15)
```

如果这些结果顺序存放，那么后续结果可能要插入这个序列，这时就必须移动数据以保持行、列的顺序。要避免移动数据，可以利用列下标确定转置后的位置。算法如下：

```
for all elements in column j
  take element <i, j, value> in
  element <j, i, value>
```

这个算法顺序扫描所有三元组，先把第 0 列的所有三元组顺序存放到结果矩阵的第 0 行，再把第 1 列的所有三元组顺序存放到结果矩阵的第 1 行，等等。由于原矩阵按行序升序排列，同行按列序升序排列，结果保持了同样的排列顺序。程序 2.8 中的 `transpose` 函数是上述算法的实现。`a` 是原数组，`b` 是存放转置结果的数组。

看明白这个算法的正确性不算太难。`currentb` 指向 `b` 中下一个存放转置项的位置，`b` 中项按转置结果的行序升序排列，而这个行序是 `a` 的列序，这样得到的所有非零项，`b` 的第 i 行是 `a` 的第 i 列。

***transpose* 分析** 算法中的两个嵌套 **`for`** 循环语句是主要因素，因此计算时间容易求出。其它语句（两条 **`if`** 语句和几条赋值语句）时间恒定。外层 **`for`** 语句循环次数是 `a[0].col`，即原矩阵的列数 cols；内层 **`for`** 语句循环次数是 `a[0].value`，即原矩阵的非零项数目 elements。所以两重循环的执行次数是 cols · elements，渐近时间复杂度是 $O(\text{cols} \cdot \text{elements})$。 □

```
void transpose(term a[], term b[])
{ /* b is set to the transpose of a */
  int n, i, j, currentb;
  n = a[0].value; /* total number of elements */
  b[0].row = a[0].col; /* rows in b = cols in a */
  b[0].col = a[0].row; /* cols in b = rows in a */
  b[0].value = n;
  if (n>0) { /* non zero matrix */
    currentb = 1;
    for (i=0; i<a[0].col; i++)
      /* transpose by the cols in a*/
      for (j=1; j<=n; j++)
        /* transpose by the cols in a*/
        if (a[j].col==i) {
          /* element is in current col, add it to b */
          b[currentb].row = a[j].col;
          b[currentb].col = a[j].row;
          b[currentb].value = a[j].value;
          currentb++;
        }
  }
}
```

程序 2.8 稀疏矩阵的转置

这个转置算法的计算时间是 $O(\text{cols}\cdot\text{elements})$，令人不太满意。如果 rows × cols 矩阵用二维数组表示，用典则转置算法，计算时间不过是 $O(\text{rows}\cdot\text{cols})$。算法如下：

```
for (j=0; j<columns; j++)
  for (i=0; i<rows; i++)
    b[j][i] = a[i][j];
```

而用程序 2.8 的转置算法，因为 elements = rows · cols，计算时间反倒是 $O(\text{cols}\cdot\text{elements}) = O(\text{cols}^2\cdot\text{rows})$。这个算法为节省空间，时间代价牺牲过于巨大。幸好，用三元组表示的稀疏矩阵其转置操作还有更好的算法，该算法的计算时间可以减少到 $O(\text{cols}+\text{elements})$。程序 2.9 中的 `fastTranspose` 函数是这个快速算法的实现。该算法的改进在于，先确定原矩阵中每列非零元素的个数，它正是转置矩阵中每行非零元素的个数，根据这样的信息，转置矩阵中每行的起始位置就确定下来，因而，原矩阵的每项数据可以对应到转置矩阵的已知位置。程序中约定原矩阵的最大列数不超过 `MAX_COL`。

***fastTranspose* 分析** 转置矩阵第 i 行的起始位置是 `rowTerms[i-1]` + `startingPos[i-1]`，`rowTerms[i-1]` 是第 $i-1$ 行的非零元素个数，`startingPos[i-1]` 是第 $i-1$ 行的起始位置。前两条 **for** 语句计算 `rowTerms` 的值，第三条 **for** 语句计算 `startingPos` 的值，最后一条 **for**

```
void fastTranspose(term a[], term b[])
{ /* the transpose of a is placed in b */
  int rowTerms[MAX_COL], startingPos[MAX_COL];
  int i, j, numCols = a[0].col, numTerms = a[0].value;
  b[0].row = numCols; b[0].col = a[0].row;
  b[0].value = numTerms;
  if (numTerms>0) { /* nonzero matrix */
    for (i=0; i<numCols; i++)
      rowTerms[i] = 0;
    for (i=1; i<=numTerms; i++)
      rowTerms[a[i].col]++;
    startingPos[0] = 1;
    for (i=1; i<=numCols; i++)
      startingPos[i] = startingPos[i-1] + rowTerms[i-1];
    for (i=1; i<=numTerms; i++) {
      j = startingPos[a[i].col]++;
      b[j].row = a[i].col;
      b[j].col = a[i].row;
      b[j].value = a[i].value;
    }
  }
}
```

程序 2.9 稀疏矩阵的快速转置

语句把三元组填入转置矩阵。正是这四条 **for** 语句决定 `fastTranspose` 的计算时间。四条 **for** 语句的执行次数分别是 `numCols`、`numTerms`、`numCols-1`、`numTerms`，循环中语句的计算时间恒定，所以算法的计算时间是 $O(\text{cols} + \text{elements})$。当 elements 接近 $\text{cols} \cdot \text{rows}$，算法的计算时间变成 $O(\text{cols} \cdot \text{rows})$，与两维数值表示算法的计算时间一样，不过 `fastTranspose` 的常量因子更大些。如果 elements 远远小于最大值 $\text{cols} \cdot \text{rows}$， `fastTranspose` 的优势就非常明显了，既能节省空间又能加快运行。 `transpose` 不是这样，因为 elements 通常大于 $\max\{\text{cols}, \text{rows}\}$，且 $\text{cols} \cdot \text{elements}$ 又总是至少为 $\text{cols} \cdot \text{rows}$。另外，`transpose` 计算时间的常量因子大于两维数组表示算法。不过，`transpose` 占用的存储空间比 `fastTranspose` 少，不需要 `rowTerms` 数值和 `startingPos` 数值。实际上，`fastTranspose` 可以把这两个数组和成一个，把起始位置放在记录每列非零项个数的数组里。 □

用图 2.5(a) 的稀疏矩阵测试程序 2.9，第三个 **for** 语句执行后，`rowTerms` 和 `startingPos` 数组分别是：

	[0]	[1]	[2]	[3]	[4]	[5]
`rowTerms` =	2	1	2	2	0	1
`startingPos` =	1	3	4	6	8	8

转置矩阵的第 i 行非零项个数存放在数组单元 `rowTerms[i]`，装置矩阵的第 i 行的起始位置存放在数组单元 `startingPos[i]`。

§2.5.4 矩阵相乘

矩阵相乘是常用矩阵运算，也是我们讨论的第二个矩阵操作。以下是矩阵乘法的定义。

定义 给定 $m \times n$ 的矩阵 A，$n \times p$ 的矩阵 B，它们的乘积是 $m \times p$ 的矩阵 D，其第 i,j 位置的内容是：

$$d_{ij} = \sum_{k=0}^{n-1} a_{ik} b_{kj},$$

其中 $0 \le i < m$，$0 \le j < p$。 □

两个稀疏矩阵相乘，结果可能不再是稀疏矩阵，见图 2.6。

$$\begin{pmatrix} 1 & 0 & 0 \\ 1 & 0 & 0 \\ 1 & 0 & 0 \end{pmatrix} \times \begin{pmatrix} 1 & 1 & 1 \\ 0 & 0 & 0 \\ 0 & 0 & 0 \end{pmatrix} = \begin{pmatrix} 1 & 1 & 1 \\ 1 & 1 & 1 \\ 1 & 1 & 1 \end{pmatrix}$$

图 2.6 两个稀疏矩阵相乘

两个三元组表示（图 2.5）的稀疏矩阵相乘，结果存储在 D 中，非零项按行序升序排列，我们期望算出的新项直接放在合适的位置，不移动早先算出的结果。做法是，先选 A 中的第 i 行，然后扫描整个 B，找出它的所有 $j = 0, 1, \cdots, \text{colsB} - 1$ 列。为节省这个扫描时间，通常的做法是先转置 B，事先把所有列按序存储起来。处理第 i 行与第 j 列的算术运算，类似§2.4.3 多项式加法所做的归并。（本节有一道习题涉及其它方法。）

程序 2.10 的函数 `mmult` 是上述思路的实现。矩阵 A、B、D 分别存储在数组 `a`、`b`、`d` 中。把三元组存储在数组 `d` 中的函数是程序 2.11 的 `storeSum`，它返回前还负责把 `sum` 清零。`mmult` 用到一些局部变量，以下简述它们的含义。`row` 是 A 的当前行，与 B 的所有列相乘。`rowBegin` 是当前行的第一个元素在 `a` 中的位置，`column` 是 B 中正与 A 的一行相乘的列号。`totalD` 是当前结果矩阵 D 中的元素个数。`i,j` 是 A、B 的行、列变量。`newB` 是 `b` 的转置。最后，`a` 中多预留了一个单元（`a[totalA+1].row=rowsA`），`newB` 中也多预留了一个单元（`newB[totalB+1].row=colsB`），这两个单元称为“哨兵”（sentinel），设置哨兵可以使算法简洁、优美，值得重视、回味。

***mmult* 分析** 正确性证明留作习题，以下仅分析 `mmult` 的复杂度。空间需求包括数组 `a`、`b`、`d` 以及一些临时变量，还有存储转置矩阵的 `newB`。此外，`fastTranspose` 的空间需求也包括在内。习题中有一道题，讨论不调用 `fastTranspose` 的稀疏矩阵相乘算法，不再需要 `newB`。

在第一条 **for** 循环语句之前的计算时间是 $O(\text{colsB} + \text{totalB})$，用于计算 `b` 的转置。外层 **for** 循环执行 totalA 次。每次循环，`i` 或 `j` 加 1，或者 `i` 和 `column` 归零。整个循环 `j` 的增量最大是 `totalB+1`。如果 `termsRow` 是 A 的当前行的最大非零项个数，那么 `i` 加 1 最多 `termsRow` 次，之后处理下一行，`i` 赋值为 `rowBegin`，这样重置的次数最多是 `colsB`。所以，`i` 的最大增量是 $\text{colsB} \cdot \text{termsRow}$。于是，最外层 **for** 的最大循环次数是 $\text{colsB} + \text{colsB} \cdot \text{termsRow} +$

```
void mmult(term a[], term b[], term d[])
{ /* multiply two sparse matrices */
  int i, j, col, totalB=b[0].value, totalD=0;
  int rowsA=a[0].row, colsA=a[0].col;
  int colsB=b[0].col, totalA=a[0].value;
  int rowBegin=1, row=a[1].row, sum=0;
  int newB[MAX_TERMS][3];
  if (colsA!=b[0].row)
  { fprintf(stderr, "Incompatible␣matrices\n"); exit(EXIT_FAILURE); }
  fastTranspose(b, newB);
  /* set boundary condition */
  a[totalA+1].row = rowsA;
  newB[totalB+1].row = colsB; newB[totalB+1].col = 0;
  for (i=1; i<=totalA; ) {
    col = newB[1].row;
    for (j=1; j<=totalB+1; ) {
      /* multiply row of a by col of b */
      if (a[i].row!=row) {
        storeSum(d, &totalD, row, col, &sum);
        i = rowBegin;
        for (; newB[j].row==col; j++) {;}
        col = newB[j].row;
      } else if (newB[j].row!=col) {
        storeSum(d, &totalD, row, col, &sum);
        i = rowBegin; col = newB[j].row;
      } else
        switch (COMPARE(a[i].col, newB[j].col)) {
        case -1: /* go to next term in a */
          i++; break;
        case 0: /* add terms, go to next term in a and b */
          sum += (a[i++].value*newB[j++].value);
          break;
        case 1: /* advance to next term in b */
          j++;
        } /* end of for j<=totalB+1 */
      for (; a[i].row==row; i++) {;}
      rowBegin = i; row = a[i].row;
    } /* end of for i<=totalA */
    d[0].row = rowsA; d[0].col = colsB; d[0].value = totalD;
  }
}
```

程序 2.10 稀疏矩阵相乘

```
void storeSum(term d[], int *totalD, int row, int col, int *sum)
{ /* if *sum!=0, then it along with its row and col position is stored
    as the *totalD+1 entry in d */
  if (*sum)
    if (*totalD<MAX_TERMS) {
      d[++*totalD].row = row;
      d[*totalD].col = col;
      d[*totalD].value = *sum;
      *sum = 0;
    } else {
      fprintf(stderr,
              "Numbers␣of␣terms␣in␣productexceeds␣%d\n",
              MAX_TERMS);
      exit(EXIT_FAILURE);
    }
}
```

程序 2.11 storeSum 函数

totalB。内存循环花在一行乘法的时间是 $O(\text{colsB} \cdot \text{termsRow} + \text{totalB})$，为下一行准备的时间是 $O(\text{termsRow})$。因而，最外层 **for** 一次循环的时间是 $O(\text{colsB} \cdot \text{termsRow} + \text{totalB})$，全部时间是：

$$O(\sum_{row}(\text{colsB} \cdot \text{termsRow} + \text{totalB})) = O(\text{colsB} \cdot \text{totalA} + \text{rowsA} \cdot \text{totalB}) \qquad \square$$

接下来我们要用以上时间复杂度和标准矩阵相乘算法做比较。一般矩阵用两维数组表示，经典的矩阵相乘算法是：

```
for (i=0; i<rowsA; i++)
  for (j=0; j<colsB; j++) {
    sum = 0;
    for (k=0; k<colsA; k++)
      sum += a[i][k] * b[k][j];
      d[i][j] = sum;
}
```

时间复杂度是 $O(\text{rowsA} \cdot \text{colsA} \cdot \text{colsB})$。因为 $\text{totalA} \leq \text{colsA} \cdot \text{rowsA}$，且 $\text{totalB} \leq \text{colsB} \cdot \text{rowsB}$，`mmult` 的时间复杂度也是 $O(\text{rowsA} \cdot \text{colsA} \cdot \text{colsB})$，但常量因子要大于标准矩阵乘法。在最差情形，当 $\text{totalA} = \text{colsA} \cdot \text{rowsA}$，且 $\text{totalB} = \text{colsB} \cdot \text{rowsB}$，`mmult` 比标准算法慢一个常数因子倍。但是，如果 totalA、totalB 远远小于最大值，即 A、B 稀疏，那么 `mmult` 超越标准算法。以上分析有一定难度，读者应特别注意新引入的算法分析技术，务必做到透彻理解。

三元组表示，能提高稀疏矩阵诸如相加、相乘、转置操作的效率，但并不十全十美。主要问题是，稀疏矩阵中非零元个数不定。要解决这个问题，§2.4.2 中用一维数组表示多项式的方法可资借鉴，能节省存储空间。但这样做会带来一个新难题，即某个矩阵在这个一维数组中不易确定位置。这个难题早在多项式表示时就出现了，以后会接连出现，到§3.7 介绍多路栈和多路队列时，还会遇到类似问题。

习题

1. 编写 C 函数 `readMatrix` 读稀疏矩阵（三元组），函数 `printMatrix` 打印稀疏矩阵非零元，函数 `search` 在稀疏矩阵中查找给定值。分析各函数的计算时间。

2. 重写 `fastTranspose`，把两个数组 `rowTerms` 和 `startingPos` 合成一个数组。

3. 完成函数 `mmult` 的正确性证明。

4. 分析 `fastTranspose` 的时间、空间复杂度。有比它更快的算法吗？

5. 借鉴 `fastTranspose` 中设置数组起始地址的方法，重写 A、B 相乘函数 `mmult`，不用转置 B。指出这个函数的计算时间。

6. 这里给出另一种稀疏矩阵表示。稀疏矩阵 $A = (a_{ij})$ 的非零项存在一维数组 `value` 中，顺序同正文所述。此外，设两维数组 `bits[rows][columns]`，存放内容为 `bist[i][j]=0` 若 $a_{ij} = 0$；`bist[i][j]=1` 若 $a_{ij} \neq 0$。图 2.7 是这种表示的例子，存得是图 2.5(b) 的稀疏矩阵。

$$\begin{bmatrix} 1 & 0 & 0 & 1 & 0 & 1 \\ 0 & 1 & 1 & 0 & 0 & 0 \\ 0 & 0 & 0 & 1 & 0 & 0 \\ 0 & 0 & 0 & 0 & 0 & 0 \\ 0 & 0 & 0 & 0 & 0 & 0 \\ 0 & 0 & 1 & 0 & 0 & 0 \end{bmatrix} \begin{bmatrix} 15 \\ 22 \\ -15 \\ 11 \\ 3 \\ -6 \\ 91 \\ 28 \end{bmatrix}$$

图 2.7 稀疏矩阵的另一种表示

(a) 一台计算机的字长是 w，表示非零项等于 t 的稀疏矩阵，需要多大空间。

(b) 编写 C 函数实现稀疏矩阵 A、B 相加 $D = A + B$，A、B、D 均采用本题表示。指出算法的时间复杂度。

(c) 比较本题与正文两种稀疏矩阵表示，分析空间复杂度和时间复杂度，考虑四种操作：随机存取、加法、乘法、转置。为减少随机存取时间，可以再设一个数组 `ra`，使 `ra[i]`= 从第 0 行到第 $i-1$ 行的非零项个数。

§2.6 多维数组的表示

多维数组的 C 语言表示是数组的数组(§2.2.2)。多维数组还可以映射到有序表或线性表，结果象一维数组那样存储在一块连续的存储空间。这种表示要用到一个相当繁琐的映射公式。考虑数组 $A[d_1][d_2]\cdots[d_{n-1}]$，其元素总数是 $d_1, d_2, \ldots, d_{n-1}$ 的连乘：

$$\prod_{i=0}^{n-1} d_i$$

对具体的数组声明 $A[10][10][10]$，所需存储单元总数是 $10\cdot 10\cdot 10=1000$。多维数组既可以按行存储，也可以按列存储。以下仅考虑按行存储。

按行存储是将多维数组一行一行从头到尾连续存放，以两维数组 $A[d_0][d_1]$ 为例，共连续存放 d_0 行，行号分别是 $0, 1, \ldots, d_0-1$，每行都有 d_1 个元素。

令 α 是 $A[0][0]$ 的地址，则 $A[i][0]$ 的地址是 $\alpha+i\cdot d_1$，因为每行的长度是 d_1，而第 i 行的第一个元素前共有这样长的 i 行。这个式子不涉及元素长度，C 语言会自动乘上元素长度。数组中任意单元 $A[i][j]$ 的地址是 $\alpha+i\cdot d_1+j$。

三维数组 $A[d_0][d_1][d_2]$ 是 d_0 个 $d_1\times d_2$ 的两维数组。要计算 $A[i][j][k]$ 的地址，首先确定 $A[i][0][0]$ 的地址为 $\alpha+i\cdot d_1\cdot d_2$，因为这个元素之前共有 i 个两维数组，计有 $d_1\cdot c_2$ 个存储位置，再根据上述二维数组的定位，结果是：

$$\alpha+i\cdot d_1\cdot d_2+j\cdot d_2+k.$$

现在我们考虑 n 维数组单元地址的计算方法，它是两维、三维数组相应计算方法的推广，令 n 维数组为：

$$A[d_0][d_1]\cdots[d_{n-1}],$$

α 是 $A[0][0]\cdots[0]$ 的地址，为计算 $A[i_0][i_1]\cdots[i_{n-1}]$ 的地址，我们已经知道 $A[i_0][0]\cdots[0]$ 的地址是：

$$\alpha+i_0\cdot d_1d_2\cdots d_{n-1},$$

$A[i_0][i_1]\cdots[0]$ 的地址是：

$$\alpha+i_0\cdot d_1d_2\cdots d_{n-1}+i_1\cdot d_2d_3\cdots d_{n-1}.$$

重复该过程，最后得到 $A[d_0][d_1]\cdots[d_{n-1}]$ 的地址是：

$$\begin{aligned}
&\alpha+i_0\cdot d_1d_2\cdots d_{n-1}\\
&\quad+i_1\cdot d_2d_3\cdots d_{n-1}\\
&\quad+i_2\cdot d_3d_4\cdots d_{n-1}\\
&\vdots\\
&\quad+i_{n-2}d_{n-1}\\
&\quad+i_{n-1}\\
&\quad=\alpha+\sum_{j=0}^{n-1} i_j a_j.
\end{aligned}$$

上式中

$$a_j = \begin{cases} \prod_{k=j+1}^{n-1} d_k, & 0 \le j < n-1; \\ 1, & j = n-1. \end{cases}$$

值得强调，除 a_{n-1} 外，a_j 的计算可利用 a_{j+1} 的结果，即 $a_j = d_{j+1}a_{j+1}$，只用一次乘法。编译程序实际就是这么做的，如果数组声明的维数是 $d_0d_1\cdots d_n - 1$，那么计算 $a_0, a_1, \ldots, a_{n-1}$ 只需 $n-2$ 次乘法。计算 $A[d_0][d_1]\cdots[d_{n-1}]$ 的地址也可利用以上公式，除得到 $a_0, a_1, \ldots, a_{n-1}$ 所需的运算之外，还需要 $n-1$ 次乘法和 n 次加法。

习题

1. 给定一维数组 a[MAX_SIZE]，通常的下标范围是 0 到 MAX_SIZE，如果用指针，下标可以是负数。问如何声明一个数组，使其下标范围从 -10 到 10，即下标取值 $-10, -9, -8, \cdots, 8, 9, 10$。

2. 推广习题 1 的结果，声明一个两维数组，其列下标范围从 -10 到 10。

3. 推导按列存放数组的地址公式。数组声明是 $a[d_0][d_1]\cdots[d_{n-1}]$，$a[0][0]\cdots[0]$ 的地址是 α，写出 $a[i_0][i_1]\cdots[i_{n-1}]$ 的地址。按列存放的数组以列为单位连续存储，如 $a[3][3]$ 的存放顺序是 $a[0][0], a[1][0], a[2][0], a[0][1], a[1][1], a[2][1], a[0][2], a[1][2], a[2][2]$。

§2.7 字符串

§2.7.1 字符串的抽象数据类型

到现在为止，我们讨论过的 ADT，其数据元素都是数值，以表示稀疏矩阵的三元组为例，$< row, col, value >$ 都是数值。本节讨论的数据类型是字符串，由字符组成。在 ADT 定义中，字符串的形式为 $S = s_0s_1\cdots s_{n-1}$，s_i 是一个单独字符，取自程序设计语言的字符集。若 $n = 0$，S 称为空串。

字符串操作种类很多，有些和以前讨论的 ADT 相似，如创建空串、读串、打印串，联接两个串（称为 concatenation）、复制串。还有一些为字符串独有，如比较串、在串中插入子串、在串中查找模式串。ADT 2.4 列出这些基本操作的一部分。

串的操作远远不止这些，图 2.8 列出了部分 C 语言字符串的库函数。

§2.7.2 C 语言的字符串

C 语言的字符串表示为以零字符 '\0' 结尾的字符数组。下面是两个字符串：

```
#define MAX_SIZE 100 /* maximum size of string */
char s[MAX_SIZE] = "dog";
char t[MAX_SIZE] = "house";
```

```
ADT String
  数据对象：零或多个字符的有限集合
  成员函数：
    以下 s, t ∈ String, i,j,m ∈ 非负整数
    String Null(m)                  ::= return 长度最大为m的字符串，
                                        初值置为 NULL("")
   Integer Compare(s,t)             ::= if s==t return 0
                                        else if s在t之前，return -1
                                        else return 1
   Boolean InNull(s)                ::= if (Compare(s,NULL))
                                          return FALSE
                                        else return TRUE
   Integer Length(s)                ::= if (Compare(s,NULL))
                                          return s中的字符个数
                                        else return 0
   String Concat(s,t)               ::= if (Compare(s,NULL))
                                          return s 后联缀 t 生成的串
                                        else return s
   String Substr(s,i,j)             ::= if (j>0 && i+j-1<Length(s))
                                          return 由i到i+j-1的s的子串
                                        else return NULL
end String
```

ADT 2.4: 抽象数据类型 String

图 2.9 是这两个串的存储示意。上例语句包括数组维数，实际使用时，字符串声明常常缺省维数，可以这样写：

```
char s[] = "dog";
char t[] = "house";
```

如果缺省字符串数组维数，C 编译程序会为字符串分配足够的存储空间，包括结尾的零字符。要把这两个串联接成 doghouse，可以调用图 2.8 中的 `strcat(s,t)`，之后执行结果存在 s 中。这时，s 的长度增加了 5 个，但事先并未预留这多出的 5 个字符空间，C 语言实现却不管这些，直接把这 5 个字符写在后边。因为 t 的声明紧接在 s 之后，t 的内容被覆盖，其中 house 的一部分不见了。

除联接函数之外，图 2.8 列出了其它 C 语言提供的字符串函数（未包括字符串转换函数，如 atoi），要在程序中使用这些函数，应在使用前包含 `#include <string.h>`。图 2.8 仅给出函数声明和函数功能简述。我们不一一讨论每个函数，以下举一个例子说明函数的用法。

函数	描述
`char *strcat(char *dest, char *src)`	联接 dest 和 src; 返回 dest 中的结果
`char *strncat(char *dest, char *src, int)`	联接 dest 和 src 中n 个字符; 返回 dest 中的结果
`char *strcmp(char *str1, char *str2)`	比较两个串; 如果 str1<str2，返回 <0; 如果 str1=str2，返回 0; 如果 str1>str2，返回 >0;
`char *strncmp(char *str1, char *str2, int n)`	比较前 n 个字符; 如果 str1<str2，返回 <0; 如果 str1=str2，返回 0; 如果 str1>str2，返回 >0;
`char *strcpy(char *dest, char *src)`	复制 src 到 dest 中; 返回 dest
`char *strncpy(char *dest, char *src)`	复制 src 的 n 个字符到 dest 中; 返回 dest
`size_t strlen(char *s)`	返回 s 的长度
`char *strchr(char *s, int c)`	返回 c 在 s 中第一次出现的位置 如果 c 不出现，返回 NULL
`char *strrchr(char *s, int c)`	返回 c 在 s 中最后一次出现的位置 如果 c 不出现，返回 NULL
`char *strtok(char *s, char *delimiters)`	返回 s 中一个符元 (token) 符元是 delimiter 分隔的串
`char *strstr(char *s, char *pat)`	返回 s 中 pat 的位置
`size_t *strspn(char *s, char *spanset)`	在 s 查找 spanset 中子串的 最大出现长度，返回这个长度
`size_t *strcspn(char *s, char *spanset)`	在 s 查找 spanset 中子串不 出现的最大长度，返回这个长度
`char *strpbrk(char *s, char *spanset)`	在 s 查找 spanset 中字符， 返回第一次出现的位置

图 2.8 C 语言字符串函数

s[0]	s[1]	s[2]	s[3]
d	o	g	\0

t[0]	t[1]	t[2]	t[3]	t[4]	t[5]
h	o	u	s	e	\0

图 2.9 C 语言的字符串表示

例 2.2 (插入字符串) 给定两个字符串 string1、string2，定义如下：

```
#inlcude <string.h>
#define MAX_SIZE 100 /* size of largest string */
char string1[MAX_SIZE], *s = string1;
char string2[MAX_SIZE], *t = string2;
```

现在要把 string2 插入到 string1 中第 *i* 个位置。为实际创建两个串，上面的语句中还为每个串声明了一个指针。

假定第一个串的内容是 amobile，第二个串的内容是 uto，如图 2.10 所示。我们想把 uto 插入第一个串的位置 1，得到 automobile。三次函数调用即可完成任务，图 2.10 给出详细过程。图 2.10(a) 的 temp 指向空串。图 2.10(b) 的 strncpy 把 s 的 i 个字符复制到 temp，此时 i=1， a 复制到 temp，得到 "a"。图 2.10(c) 的 strcap 把 temp 联接到 t 之后，得到 "auto"。最后，图 2.10(d) 把 把剩下的子串 s+i 联接到 temp 之后。

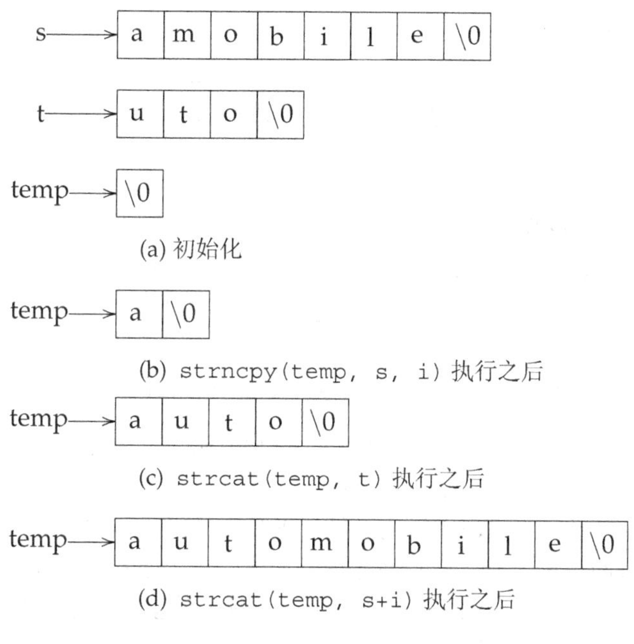

图 2.10 字符串插入举例

程序 2.12 把一个字符串插入另一个，通常的 string.h 中无此函数。因为两个串都有可能是空串，程序考虑了这种情况。注意，strings(s,t,0) 与 strcat(t,s) 功能等价。程序 2.12 仅是标准串函数的用法举例，读者在实际工作中不应该用这个函数，它的时间需求和空间需求都不讲究，temp 实际不需要，改动程序可以去掉这个变量。 □

§2.7.3 模式匹配

本小节要讨论一个非常精妙的字符串算法。给定两个串 pat、string，要在 string 中查找模式串 pat，最简单的方法是调用内部函数 strstr。给定以下语句：

```
char pat[MAX_SIZE], string[MAX_SIZE], *t;
```

```
void strings(char *s, char *t, int i)
{ /* insert string t into string s at position i */
  char string[MAX_SIZE], *temp = string;

  if (i<0 && i>strlen(s)) {
    fprintf(stderr, "Position␣is␣out␣of␣bounds␣\n");
    exit(EXIT_FAILURE);
  }
  if (!strlen(s)) strcpy(s, t);
  else if (strlen(t)) {
    strncpy(temp, s, i);
    strcat(temp, t);
    strcat(temp, (s+i));
    strcpy(s, temp);
  }
}
```

程序 2.12 字符串插入函数

下面一段程序在串 string 中查找串 pat:

```
if (t=strstr(string, pat))
  printf("The␣string␣from␣strstr␣is:␣%s\n", t);
else
  printf("The␣pattern␣was␣not␣found␣with␣strstr\n");
```

如果 pat 不在 string 中，(t=strstr(string, pat)) 返回空指针。如果 pat 出现在 string 中，t 指向 string 中的 pat，然后打印 t 指向子串的全部内容。

尽管 strstr 看起来完全实现了所需功能，我们还是决定编写自己的模式匹配函数，尝试各种实现方法。最简单的一种，是顺序比较模式串的每个字符和主串的每个字符，直到发现匹配结束，或扫描到主串结束仍未找到而结束。这种方法虽然简单，却是效率最低的方法，我们把这种方法放到习题中讨论。令 pat 的长度是 n，string 的长度是 m，如果 pat 不出现在 sting 中，这种方法的计算时间是 $O(n \cdot n)$。这个结果并不令人满意，以下方法要好一些。

上述模式匹配的策略是穷举搜索，在此基础上，如果发现 strlen(pat) 大于主串剩下的串长就结束查找，可以减少计算时间。另外，如果 pat 的第一个字符和 strint 匹配，马上拿 pat 的最后一个字符和 string 的对应位置比较，能进一步提高效率。程序 2.13 的 nfind 是这两种改进的实现。

例 2.3 (nfind 运行实例) 假定 pat="aab"、string="ababbaabaa"，图 2.11 是 nfind 比较 pat 与 string 的运行过程。lasts、lastp 分别 string、pat 的尾指针。首先，nfind 比较 string[endmatch] 和 pat[lastp]，如果相等，nfind 移动 i、j 继续比较，直到失配或完全匹配，如果发生失配 start 用来重置 i。 □

```
int nfind(char *string, char *pat)
{ /* match the last character of pattern first, and then match from
     the beginning. */
  int i, j, start=0;
  int lasts=strlen(string)-1;
  int lastp=strlen(pat)-1;
  int endmatch=lastp;

  for (i=0; endmatch<=lasts; endmatch++, start++) {
    if (string[endmatch]==pat[lastp])
      for (j=0, i=start;
           j<lastp && string[i]==pat[j];
           i++, j++)
        ;
    if (j==lastp) return start; /* successful */
  }
  return -1;
}
```

程序 2.13 先比较模式串末尾字符的模式匹配

***nfind* 分析** 以 `string="aa...a"`、`pat="a...ab"` 为例，`nfind` 的计算时间是 $O(m)$，m 是 `string` 的长度，这个复杂度是线性的，显然远远优于顺序查找方法。虽然该方法是顺序查找方法的改进，它的最差情形复杂度依然是糟糕的 $O(nm)$。 □

我们的理想是构造最优算法，使时间复杂度达到 $O($ `strlen(string)` $+$ `strlen(pat)`$)$。这个复杂度之所以最优，是因为模式匹配算法在最差情形，必须扫描主串与模式串的所有字符至少一次。在扫描过程，如果失配，我们不想回头再去比较主串中已比较过的字符，而是希望利用模式串的字符信息，以及模式串的失配位置，确定下一步应比较的主串和模式串位置。这正是 Knüth , Morris , Pratt 的模式匹配算法思路。这个算法的计算时间是线性的。以下给出一个例子，假定

$$P = `a\,b\,c\,a\,b\,c\,a\,c\,a\,b'$$

令 $S = s_0s_1\cdots s_{m-1}$ 是主串，要确定 P 是否在 s_i 开始处匹配。如果 $s_i \neq a$ 则接下来显然要用 s_{i+1} 和 a 比较。同理，若 $s_i = a$ 且 $s_{i+1} \neq b$，则接下来要用 s_{i+1} 和 a 比较。若 $s_is_{i+1} = ab$ 且 $s_{i+2} \neq c$，则有以下情形：

$$\begin{array}{cccccccccccccc} S & = & \cdot & a & b & ? & ? & ? & \cdot & \cdot & \cdot & \cdot & ? \\ P & = & & a & b & c & a & b & c & a & c & a & b \end{array}$$

? 表示我们不关心 S 在该位置的值。第一个 ? 表示 s_{i+2} 且 $s_{i+2} \neq c$。这时，我们知道，下一次应该用 P 的第一个字符直接与 s_{i+2} 比较，而不是与 s_{i+1} 比较，因为我们已经知道，s_{i+1} 与 P 的第二个字符 b 相等，所以一定有 $s_{i+1} \neq a$。继续比较下去，假定 P 的前四个字符和 S 匹配，

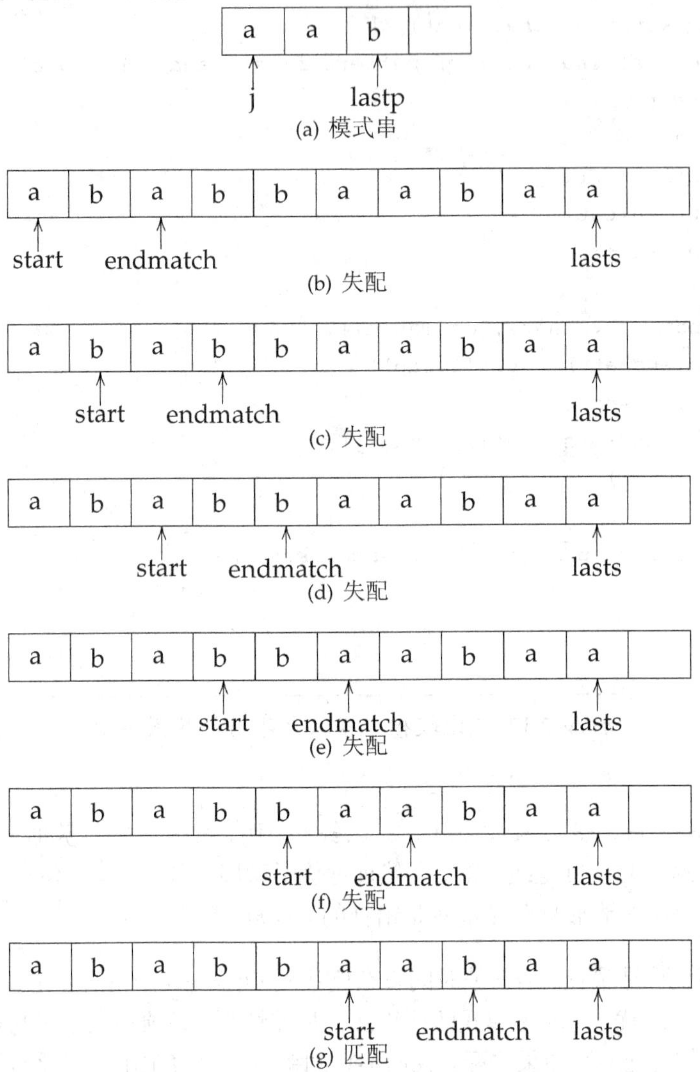

图 2.11 nfind 仿真

但下一个字符失配，即 $s_{i+4} \neq b$，这时的情形是：

$$
\begin{array}{lllllllllllll}
S & = & \cdot & a & b & c & a & ? & \cdot & \cdot & \cdot & \cdot & ? \\
P & = & & a & b & c & a & b & c & a & c & a & b
\end{array}
$$

仔细观察后，我们发现接下来应该用 s_{s+4} 与 P 的第二个字符 b 相比，好像把模式串 P 向右滑动，使它的子串对准 S 的一个子串，然后让两个相等子串后面的第一个字符相比。通过观察，我们得出结论，根据模式串中的字符信息，根据模式串失配主串的字符位置，可以确定接下来应该用模式串的哪个字符和主串的当前失配字符继续比较，而无需回去比较主串的较前位置字符。为确定这个模式串位置，需要定义以下失配函数（failure function）：

定义 模式串 $P = p_0p_1\cdots p_{n-1}$ 的失配函数定义为：

$$f(j) = \begin{cases} \max\{i, 0\}, & 若存在 p_0p_1\cdots p_i = p_{j-i}p_{j-i+1}\cdots p_j,\ i < j; \\ -1, & 否则. \end{cases}$$ □

例如，模式串 P = '$a\ b\ c\ a\ b\ c\ a\ c\ a\ b$'，的失配函数是：

j	0	1	2	3	4	5	6	7	8	9
P	a	b	c	a	b	c	a	c	a	b
$f(j)$	-1	-1	-1	0	1	2	3	-1	0	1

根据失配函数的定义，我们有如下模式匹配规则：如果部分匹配结果是 $s_{i-j}\cdots s_{i-1} = p_0p_1\cdots p_{j-1}$ 且 $s_i \neq p_j$，则接下来如果 $j \neq 0$，应该用 s_i 与 $p_{f(j-1)+1}$ 相比；如果 $j = 0$，应该用 p_0 与 s_{i+1} 相比。程序 2.14 中函数 pmatch 是这个规则的实现。调用 pmatch 所需语句声明如下：

```
#include <stdio.h>
#include <string.h>
#define MAX_STRING_SIZE 100
#define MAX_PATTERN_SIZE 100
int match();
void fail();
int failure[MAX_PATTERN_SIZE];
char string[MAX_PATTERN_SIZE];
char pat[MAX_PATTERN_SIZE];
```

```
int pmatch(char *string, char *pat)
{ /* Knuth, Morris, Pratt string matching algorithm */
  int i=0, j=0;
  int lens=strlen(string);
  int lenp=strlen(pat);
  while (i<lens && j<lenp) {
    if (string[i]==pat[j]) {
      i++; j++;
    } else if (j==0) i++;
    else j = failure[j-1] + 1;
  }
  return (j==lenp) ? i-lenp : -1;
}
```

程序 2.14 Knüth, Morris, Pratt 模式匹配算法

注意，程序中未设指针指向主串中模式串出现的起始位置针，如下语句可以获得所需位置：

```
return ((j==lenp) ? (i-lenp) : -1);
```

这条语句检查是否找到模式串，如果未找到，那么模式串下标 j 不等于模式串长度，这时返回 -1；如果找到模式串，那么模式串在主串中的起始位置等于 j- 模式串长度。

***pmatch* 分析** **while** 语句的结束条件是主串或模式串扫描完毕。因 i 不减小，故 i++ 两条语句(8、9 行)的执行次数不会超过 $m =$ strlen(string)。因语句 failure[j-1]+1 (10 行) 减小 j，这个重复调用次数不会多于 j++ 的执行次数，否则 j 将跑出模式串范围。每当 j++ 执行时，i++ 也执行，因此 j 的加 1 次数不可能多于 m。因而，程序 2.14 中没有一条语句的执行次数超过 m，所以函数 pmatch 的时间复杂度是 $O(m) = O($ strlen(string))。 □

如果失配函数的计算时间是 $O($ strlen(pat))，再加上 pmatch 的分析结果，这个模式匹配的总时间将正比于主串和子串长度之和。的确如此，失配函数也有快速算法。失配函数的定义可用以下等价的公式表示：

$$f(j) = \begin{cases} -1, & \text{如果 } j = 0; \\ f^m(j-1)+1, & m \text{ 是令 } p_{f^k(j-1)+1} = p_j \text{ 的最小整数 } k; \\ -1, & \text{如果没有满足上式的 } k. \end{cases}$$

(上式中$f^1(j) = f(j)$，$f^m(j) = f(f^{m-1}(j))$。)

根据这个定义，程序 2.15 实现模式匹配算法所需的失配函数。

```
void fail(char *pat)
{ /* compute the pattern's failure function */
  int n = strlen(pat);
  failure[0] = -1;
  for (j=1; j<n; j++) {
    i = failure[j-1];
    while ((pat[j]!=pat[i+1]) && (i>=0))
      i = failure[j-1];
    if (pat[j]==pat[i+1])
      failure[j] = i + 1;
    else failure[j] = -1;
  }
}
```

程序 2.15 计算失配函数

***fail* 分析** 每次 **while** 循环，i 减 1(根据 f 的定义)。每条 **for** 语句循环开始，i 被重置，或置为 -1 (第一次执行或上次循环执行最后一条 **else** 语句)，或置为上次循环结束的值加 1(即执行 failure[j]=j+1 语句)。因为 **for** 语句仅循环 $n-1$ 次(n 是模式串长度)，所以 i 最多做 $n-1$ 次加 1 操作，因而减 1 操作不可能多于 $n-1$ 次。因此，整个程序的运行过程 **while** 循环最多执行 $n-1$ 次，这样，fail 的计算时间是 $O($ strlen(pat))。 □

把以上分析综合起来，计算失配函数和匹配算法的总体时间是

$$O(\texttt{strlen(pat)} + \texttt{strlen(string)}).$$

习题

1. 编写函数，读入一个字符串，统计字符串中不同字符的出现频率。挑选不同的数据集测试这个函数。
2. 编写函数 `strndel`，参量是一个字符串 `string` 和两个整数 `start`、`length`。在 `string` 中删除 `start` 开始的 `length` 个字符，最后返回 `string`。
3. 编写函数 `strdel`，参量是字符串 `string` 和字符 `character`。删除 `string` 中第一次出现的 `character`，最后返回 `string`。
4. 编写函数 `strpos1`，参量是字符串 `string` 和字符 `character`。函数返回一个整数，即在 `string` 中第一次出现 `character` 的位置。如果 `character` 不在 `string` 中，返回 `-1`。不应调用 `string.h` 中的 `strpo` 函数，虽然它不是 ANSI C 的标准函数，可是有些 C 语言库提供这个函数。
5. 编写函数 `strchr1`，完成与上题 `strpo1` 相同的功能，不过返回值是指向 `string` 中 `character` 第一次出现的字符指针。如果 `character` 不在 `string` 中，返回 `NULL`。
6. 修改程序 2.12，不用临时变量 `temp`。分析新程序时间复杂度并与原程序相比。
7. 证明 `nfind` 的计算时间是 $O(nm)$，n 是主串长度，m 是模式串长度。用具体的主串、模式串加以说明。
8. 计算下列模式串的失配函数：
   (a) *aaaab*
   (b) *ababaa*
   (c) *abaabaab*
9. 证明正文中两种失配函数的定义等价。

§2.8 参考文献和选读材料

[1] J. H. Morris D. E. Knüth and V. R. Pratt. Fast pattern matching in strings. *SIAM Journal on Computing*, 6(2):323–350, 1977. KMP 算法原始文献。

[2] C. Leiserson T. Cormen and R. Rivest. *Introduction to Algorithms*. McGraw-Hill, New York, NY, 2002. 除了 KMP 算法，还讨论其它串匹配算法。

§2.9 补充习题

1. 给定数组 $a[n]$，生成数组 $z[n]$，使 $z[0] = a[n-1], z[1] = a[n-2], \cdots, z[n-2] = a[1]$, $z[n-1] = a[0]$。要求仅用最少量存储空间。

2. $m \times n$ 矩阵的鞍点定义为 $a[i][j]$ 既是第 i 行的最小值又是第 j 行的最大值。编写函数找出二维矩阵的鞍点。指出函数的计算时间。

下面的习题从习题 3 到习题 8 探讨各种矩阵表示，常用于自然科学领域。

3. 三角阵是主对角线以上或以下矩阵元素全为零的二维矩阵，图 2.12 中有一个下三角阵和一个上三角阵。对 n 行的下三角阵，第 i 行非零元素的最大列号是 $i+1$，因此矩阵中

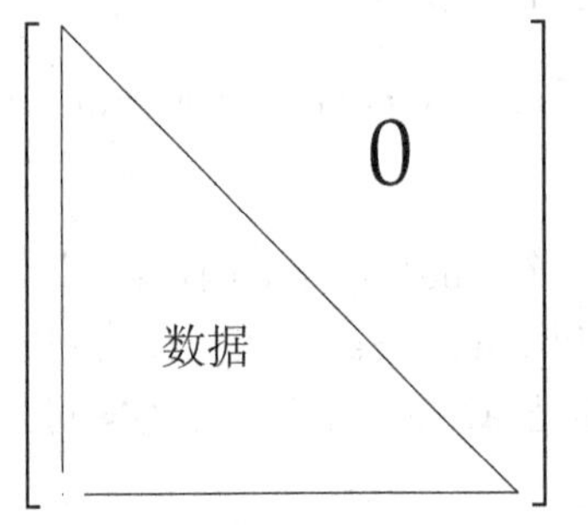

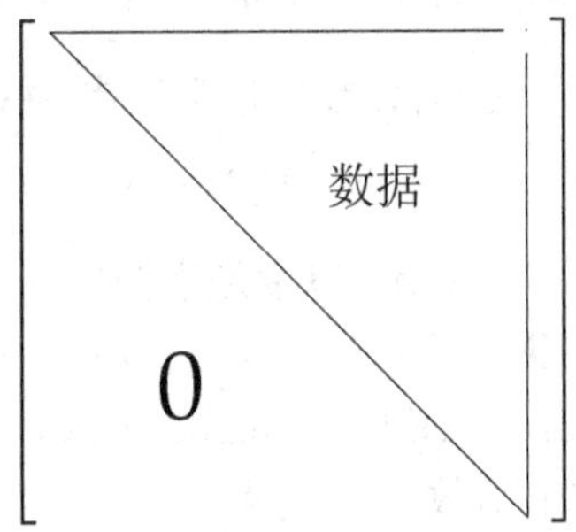

图 2.12 下三角阵和上三角阵

非零元素的最大个数是

$$d = \sum_{i=0}^{n-1}(i+1) = n(n+1)/2.$$

用二维数组存储这样的下三角阵浪费很多空间，如果用一维数组存储非零元素可以节省大量空间。下三角阵 a 可以按行存储在一维数组 $b[0 : n(n+1)/2-1]$ 中，$a[0][0]$ 元素对应 $b[0]$，指出 a_{ij} 元素在 b 中的位置。

4. 令 a, b 是两个 n 行的下三角阵，两个矩阵共有非零元 $n(n+1)$ 个。用矩阵 $d[0 : n-1][0 : n]$ 存储 a, b 两个矩阵，给出实现细节。(提示：a 可以用 d 的下三角表示，b 的转置阵可以用 d 的上三角表示。) 编程实现在 d 中存取 $a[i][j], b[i][j], 0 \le i, j < n$。

5. 三对角阵是除主对角线及其相邻上下两条对角线之外都是零元的方阵，见图 2.13(a)。三条对角线中的元素可以按行存储在一维数组 b 中，$a[0][0]$ 对应] $b[0]$。编程实现在 b 中存取 $a[i][j], 0 \le i, j < n$。

6. 带型方阵 $D_{n,a}$ 是 $n \times n$ 的矩阵，带型区域是主对角线及其相邻上下的 $a-1$ 条对角线，带型区域之外都是零元素，见图 2.13(b)(c)。

   (a) $D_{n,a}$ 的带型区域中共有多少元素？

   (b) 写出 $D_{n,a}$ 带型区域中元素 d_{ij} 的下标 i, j 之间的关系表达式。

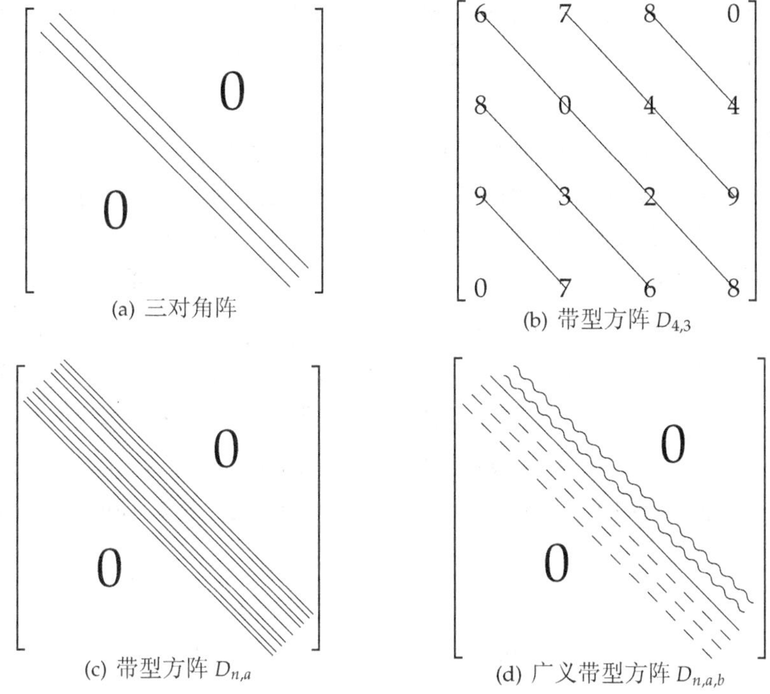

图 2.13 特种方阵

(c) 把 $D_{n,a}$ 的对角线顺序存储在数组 b 中，从最下一条对角线开始。例如，图 2.13(a) $D_{4,3}$ 与 b 的对应是：

$b[0]$	$b[1]$	$b[2]$	$b[3]$	$b[4]$	$b[5]$	$b[6]$	$b[7]$	$b[8]$	$b[9]$	$b[10]$	$b[11]$	$b[12]$	$b[13]$
9	7	8	3	6	6	0	2	8	7	4	9	8	4
d_{20}	d_{31}	d_{10}	d_{21}	d_{32}	d_{00}	d_{11}	d_{22}	d_{33}	d_{01}	d_{12}	d_{23}	d_{02}	d_{13}

写出 $D_{n,a}$ 中下半带型区域中 d_{ij} 在 b 中的位置公式（如上例中 d_{10} 的位置是2）。

7. 广义带型方阵 $D_{n,a,b}$ 是 $n \times n$ 的矩阵，带型区域包括主对角线及其下的 $a-1$ 条对角线和其上的 $b-1$ 条对角线，带型区域之外都是零元素，见图 2.13(d)。

   (a) $D_{n,a,b}$ 的带型区域中共有多少元素？

   (b) 写出 $D_{n,a,b}$ 带型区域中元素 d_{ij} 的下标 i, j 之间的关系表达式。

   (c) 给出 $D_{n,a,b}$ 带型区域用一维数组 e 表示的方法。编写函数 `value(n,a,b,i,j,e)` 取 $D_{n,a,b}$ 中元素 d_{ij} 的值，`e` 是存储 $D_{n,a,b}$ 带型区域数据的一维数组。

8. 复数矩阵 X 的元素是二元组 $< x, y >$，x, y 是实数。编写函数实现两个复数矩阵相乘。给定矩阵 $(< a, b >)_{m\times n}$, $(< d, e >)_{n\times p}$,

$$< a, b > \cdot < d, e >= (a + ib) \cdot (d + ie) = (ad - be) + i(ae + bd).$$

若两个矩阵的维数都是 $n \times n$，指出运算所需加法、乘法的次数。

9. ♣ **[编程大作业]** 随机走动(random walk) 是一大类问题的总称，引得数学界兴趣旺盛，而且经久不衰。除一些特例之外，这个问题是名符其实的难题，大部分迄今不能解决。下面是随机走动问题中的一个。

> 一只贪杯的蟑螂，醺醺然在室内地面游荡。地面铺满方砖，共计 $n \times m$ 块，构成大面积矩形。蟑螂在方砖间随机爬行，可能想撞大运，找片阿司匹林解酒，这里按下不表。假定蟑螂从房间中央一块方砖出发，除非撞墙，可以爬向相邻 8 块方砖的任意一块，且机会相等。问蟑螂多久才可以在所有方砖上留下行迹？

这个问题如果用概率论方法求解，且不管有无结论，一定不容易；还好，用计算机求解这个问题其实不难。用计算机求解的方法称为“仿真”，有极广泛的应用领域，象预测交通流量、控制库存数量等等，都属此类。我们来看蟑螂问题的仿真：

用 $n \times m$ 的数组 count 记录蟑螂爬到每块方砖的次数，数组每个单元的初值都是零。蟑螂的当前位置用坐标 ibug, jbug 表示，下一个移动目标是 $(\text{ibug} + \text{imove}[k], \text{jbug} + \text{jmove}[k])$, $0 \le k \le 7$，且

$$
\begin{array}{ll}
\text{imove}[0] = -1 & \text{jmove}[0] = 1 \\
\text{imove}[1] = 0 & \text{jmove}[1] = 1 \\
\text{imove}[2] = 1 & \text{jmove}[2] = 1 \\
\text{imove}[3] = 1 & \text{jmove}[3] = 0 \\
\text{imove}[4] = 1 & \text{jmove}[4] = -1 \\
\text{imove}[5] = 0 & \text{jmove}[5] = -1 \\
\text{imove}[6] = -1 & \text{jmove}[6] = -1 \\
\text{imove}[7] = -1 & \text{jmove}[7] = 0
\end{array}
$$

蟑螂爬向的下一个目标是相邻的 8 块方砖之一，仿真时每次产生一个 0 到 7 的随机数，存放在变量 k 中。因为蟑螂不会爬出房间，如果产生的随机数对应的坐标撞墙，则忽略不计，产生下一个新随机数继续。蟑螂爬行到任意一块方砖，它的计数值都要加 1，记录蟑螂爬过的次数。程序运行直到蟑螂爬遍所有方砖至少一次。

编写程序完成仿真实验，要求如下：

(a) 能处理所有 n、m，范围是 $2 < n \le 40, 2 < m \le 20$；

(b) 用如下数据仿真：(1) $n = 15, m = 15$, 起始点 $(10, 10)$；(1) $n = 39, m = 19$, 起始点 $(1,1)$。

(c) 加上循环次数限制，即蟑螂爬入的方砖总数。这条限制可以保证程序一定结束。限制数可用 50000。

每次实验，打印 (1) 蟑螂爬过方砖的总数（撞墙不算）；(2) 程序结束时 count 数组的结果，这个结果是走动的“密度”，就是每块方砖被蟑螂爬过的次数。本习题的作者是 Olson。

10. ♣ **[编程大作业]** 国际象棋的棋盘棋子可以玩很多其它游戏，最有名的是“骑士征程”（knight's tour）。这个问题自 18 世纪初以来，不知吸引了多少数学家和玩家的注意。游戏规则是这样的：骑士开始位于棋盘任意一格，在棋盘上走 L-步，每格走一次且只能走一次，直到走完全部 64 格。习惯上，棋盘的每一格都对应一个 0 到63 的数字，记录骑士的访问顺序。骑士征程有多种解法，我们给出 J. C. Warnsdorff 1823 年提出的一种精妙解法。其规则是：总是走向其出路最少的一格。

这个编程大作业的目标是编程实现 Warnsdorff 规则。以下的实现细节不难理解，不过，读者要想在棋盘上先试试的话，那么先别往下看，试过之后再继续。

实现的要点是数据表示，图 2.14 用二维数组表示棋盘。图中骑士位于 $(4,2)$，有 8

	0	1	2	3	4	5	6	7
0								
1								
2		7		0				
3	6				1			
4			*K*					
5	5				2			
6		4		3				
7								

图 2.14 骑士移动的 L-步

个 L-步位置。一般地，若骑士位于 (i,j)，则 8 个 L-步位置是 $(i-2,j+1)$, $(i-1,j+2)$, $(i+1,j+2)$, $(i+2,j+1)$, $(i+2,j-1)$, $(i+1,j-2)$, $(i-1,j-2)$, $(i-2,j-1)$。如果 (i,j) 在棋盘边上，由于骑士不能走出棋盘，其中一些 L-步就不能再走。8 种 L-步用两个数组 ktmove1、ktmove2 表示：

ktmove1	ktmove2
−2	1
−1	2
1	2
2	1
2	−1
1	−2
−1	−2
−2	−1

这样，位于 (i,j) 的骑士可以走向新位置 $(i+\text{ktmove1}[k], j+\text{ktmove2}[k])$，$0 \le k \le 7$，当然，要求新位置在棋盘中。下面描述的骑士征程算法，利用了 Warnsdorff 规则。

(a) **[棋盘初始化]** board$[i][j]$ 清零，$0 \le i,j \le 7$。

(b) **[设置起始位置]** 读入 (i,j)，置 board$[i][j]=0$(骑士访问的第一格，顺序是 0)。

(c) **[循环开始]** 对 $1 \le m \le 63$，执行 (d) 到 (g)。

(d) **[生成 L-步]** 检查当前格 (i,j) 周围 8 格，把可以走向的下一格存入 (nexti$[l]$, nextj$[l]$)，把可以走向的格数存入 npos。(在当前步骤完成之后，nexti$[l]$ $= i+\text{ktmove1}[k]$，nextj$[l]$ $= j+\text{ktmove2}[k]$，k 取值是 0 到 7 中的一些。有些格 $(i+\text{ktmove1}[k], j+\text{ktmove2}[k])$ 可能位于棋盘之外，或以前已经访问过，有非零值。不过哪种情形，都有 $0 \le \text{npos} \le 8$。)

(e) **[特例测试]** 如果 npos $=0$，骑士行程无法完成，那么报告相应信息并转向 (h)。如果 npos $=1$，下一步仅剩唯一走法，min 置 1，转向 (g)。

(f) **[找下一格，其出路最少]** 对 $1 \le l \le \text{npos}$，置 $exits[l]$ 为由格 (nexti$[l]$, nextj$[l]$) 出路的数目。就是说，对每个 l，检查每一格 (nexti$[l]+\text{ktmove1}[k]$, nextj$[l]+\text{ktmove2}[k]$)，看看是否是 (nexti$[l]$, nextj$[l]$) 的出路。(别忘了，出路是棋盘上骑士尚未访问的格。)最后，给 min 赋值，其值是出路最少的格。(如果最小值不唯一，令 min 取其中的第一个，尽管这样做可能无解，但这样的策略找出解的可能性很大。)

(g) **[移动骑士]** 赋值 $i=$ nexti[min], $j=$ nextj[min], board$[i][j]=m$。因而，(i,j) 表示骑士的新位置，board$[i][j]$ 记录移动的顺序。

(h) **[打印]** 打印记录骑士访问顺序的棋盘内容并结束程序。

编写程序实现以上算法。本习题作者是 Legenhausen 和 Rebman。

第 3 章　栈与队列

§3.1　栈

本章讨论栈与队列，这两种数据类型都是计算机科学极为常用的数据结构。第 2 章介绍的有序表是更一般化的数据类型，实际上，对有序表附加一些特殊限定，则这样的有序表就成为栈或队列。回顾有序表定义，令 $A = (a_0, a_1, \ldots, a_{n-1})$ 是 $n \geq 0$ 个元素的有序表，其中 a_i 称为原子或元素，取自某给定集合。空表记为 ()，元素个数是 $n = 0$。本节先定义栈的 ADT，然后定义队列的 ADT，其实现都基于有序表。

栈是特殊的有序表，其插入、删除操作都限定在表的一端。习惯上，向栈中插入称为 push（压入、入栈），从栈中删除称为 pop（弹出、出栈）。给定栈 $S = (a_0, \ldots, a_{i-1}, a_i, \ldots, a_{n-1})$，$0 < i < n$，称 a_0 为栈底元素，a_{n-1} 为栈顶元素，a_i 位于 a_{i-1} 之上。无论 push 还是 pop，操作都在栈顶，习惯上，栈顶称为 top。根据这样的限定，如果 A, B, C, D, E 已顺序入栈，则第一次弹出的元素是 E，图 3.1 给出了上述入栈、出栈过程的图示。因为最后一个插入栈的元素总是最先删除，因而栈是众所周知的后入先出表。后入先出简记为 LIFO(Last-In-First-Out)。

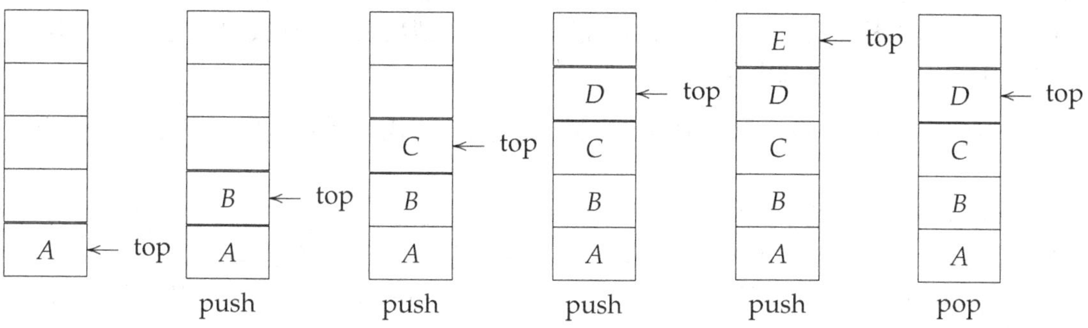

图 3.1　栈的插入、删除

例 3.1 (系统工作栈) 在定义栈的 ADT 之前，我们先讨论一种特殊的栈，称为系统工作栈。程序在运行时，系统工作栈为函数传递参数提供存储空间。在每次函数调用时，程序都要在系统工作栈的栈顶创建一个结构实例，称为*活动记录*（activation record）或栈帧（stack frame）。函数刚刚被调用时，它的活动记录仅包括指向上一条活动记录的指针以及该函数结束后的返回地址。上一个栈帧指针同样指向调用该函数的栈帧以及返回地址，也就是该函数结束后下一条执行语句的地址。在某一时刻，由于只有一个函数体内的语句在系统中运行，这个函数的栈帧位于系统工作栈的顶端。这时，如果该函数调用其它函数，则它的局部变量，即不包括声明为静态属性的变量，以及传给调用函数的参量也要压入栈帧。然后在系统工作栈的栈顶新创建调用函数的栈帧。一个函数结束后，其栈帧也被删除，调用它的函数栈帧重新位于系统工作栈栈顶，继续执行后续语句。我们用一个简单例子说明这样的过程。

假定 main 函数调用 a1 函数，图 3.2(a) 是调用 a1 之前的系统工作栈；图 3.2(b) 是调用 a1 时的系统工作栈。指针 fp 指向当前栈帧，此外，系统还设有另一个栈指针 sp，但图中省略了。

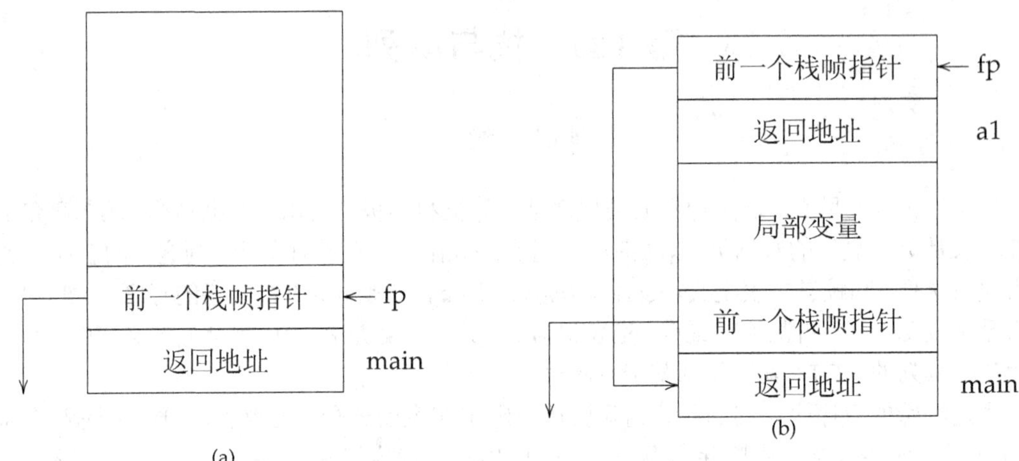

图 3.2 函数调用与系统工作栈

每当函数调用发生时，函数的栈帧都存放在系统工作栈，不管调用的是其它函数，或者调用的就是自己。因而，递归调用的实现可以纳入同样的机制，无需特殊对待，每次递归调用也就是创建新栈帧罢了。但是，必须牢记，递归可能消耗系统工作栈的大量存储空间，极端情形可能耗尽系统全部内存。 □

ADT 3.1 给出栈的抽象数据类型，上述有关系统工作栈的讨论，已经涉及到其中一些操作。

实现 ADT 3.1 最简单的方法是用一维数组 `stack[MAX_STACK_SIZE]`，`MAX_STACK_SIZE` 是数组的最大长度。数组的第一个元素 `stack[0]` 是栈底，第二个是 `stack[1]`，第 i 个是 `stack[i-1]`。此外设置变量 `top` 指向栈顶元素。`top` 的初值设为 `-1`，表示空栈。给定这样的存储表示，以下代码实现 ADT 3.1。我们先定义了一个只含一个成员 `key` 的结构 `element`，通常没必要这么做，但 `element` 除用于本章，还要用于以后各章，它实际上是模板，以后根据需要，我们可以添加成员或修改成员，便于满足各种应用需求。

```
Stack CreateS(maxStackSize)::=
  #define MAX_STACK_SIZE 100 /* maximum stack size */
  typedef struct {
    int key;
    /* other fields */
  } element;
  element stack[MAX_STACK_SIZE];
  int top = -1;

Boolean IsEmpty(Stack)::= top<0;

Boolean IsFull(Stack)::= top>=MAX_STACK_SIZE-1;
```

`IsEmpty` 和 `IsFull` 很简单，其实现分别放在程序 3.1 的函数 `push` 之中和程序 3.2 的

```
ADT Stack
  数据对象：有限长度的有序表，元素取自 Element
  成员函数：
    以下 stack ∈ Stack, item ∈ Element, maxStackSize∈ 正整数
    Stack CreateS(maxStackSize) ::= 创建最大长度为maxStackSize的空栈
    Boolean IsFull(stack, maxStackSize)
                              ::=  if (stack的长度==maxStackSize)
                                     return TRUE
                                   else return FALSE
    Boolean IsEmpty(stack)    ::= if (stack的长度==0)
                                    return TRUE
                                  else return FALSE
    Boolean Push(stack, item) ::= if (IsFull(stack))
                                    报告 stackFull; exit
                                  else 把item插入stack栈顶; return
    Element Pop(stack)        ::= if (IsEmpty(stack))
                                    报告stackEmpty; exit
                                  else 删除stack栈顶元素item
                                     return item
end Stack
```

ADT 3.1: 抽象数据类型 Stack

函数 pop 之中。变量 stack 和 top 设成全局变量。这些程序很简短，以下仅略作解释。函数 push 先检查是否栈满，若栈满则调用 stackFull (见程序 3.3)，打印出错信息然后结束程序；若栈不满则 top 加 1，之后为 stack[top] 赋值 item。pop 的实现与 push 类似，程序 3.2 的 stackEmpty 打印出错信息并返回给类型 element 的 key 成员一个出错码。调用 push 的形式是 push(item);，调用 pop 的形式是 item=pop();。

```
void push(element item)
{ /* add an item to the global stack */
  if (top>=MAX_STACK_SIZE-1)
    stackFull();
  stack[++top] = item;
}
```

程序 3.1 入栈函数

习题

1. 实现函数 stackEmpty。

```
element pop()
{ /* delete and return the top element from the stack */
  if (top==-1)
    return stackEmpty(); /* returns an error key */
  return stack[top--];
}
```

程序 3.2 出栈函数

```
void stackFull()
{
  fprintf(stderr, "Stack␣is␣full,␣cannot␣add␣element");
  exit(EXIT_FAILURE);
}
```

程序 3.3 判断栈满函数

2. 参照图 3.1 和图 3.2 的表现形式，分析 §2.1 习题 9 计算二项式系数函数运行时系统工作栈的变化情况，考虑循环实现和递归实现两种情形。不用画出栈帧细节，只要写出每次函数调用的函数名称即可。当一个函数被调用时，向栈帧中加入函数名，结束后把相应函数名删掉。

3. Fibonacci 序列的前几项为 0, 1, 1, 2, 3, 5, 8, 13, 21, 34, ...， 定义是 $F_0 = 0$, $F_1 = 1$, $F_i = F_{i-1} + F_{i-2}, i \geq 2$。编写递归函数 `fibon(n)` 计算 F_n。画出 `fibon(4)` 执行过程系统工作栈的变化情况 (参见习题 2)。这个递归函数的效率如何？

4. 图 3.3 是铁路道岔，车厢在铁道右侧，编号为 $0, 1, \ldots, n-1$，每节车厢顺序拖入车库栈，但入栈的车厢可以在任意时刻拖到左边铁道上。例如对 $n = 3$，车厢入库的顺序是 0, 1, 2，出库的顺序是 2, 1, 0。问 $n = 3, 4$ 时，共有哪些可能的出库排列？有没有不可能的出栈排列？

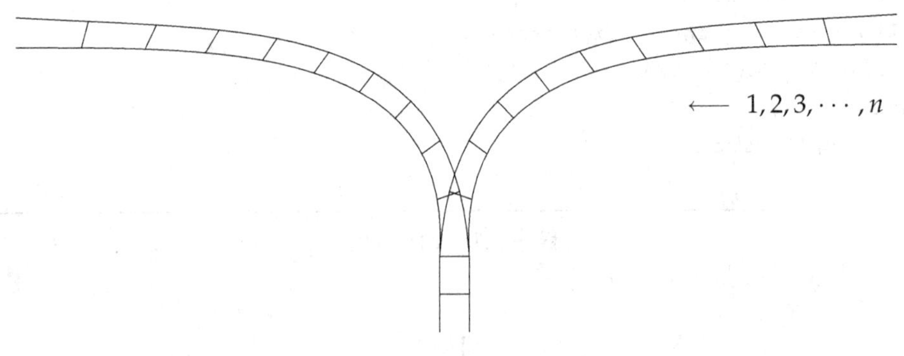

图 3.3 铁路道岔

§3.2 动态栈

上节讨论的栈由静态数组实现，栈大小固定而且必须在编译时选择合适的数组维数 MAX_STACK_SIZE，这种实现显然有局限。为了克服这种局限，本节的实现方法是，先为栈动态分配存储空间，之后还要按需要动态调整栈空间大小。以下的函数 CreateS，IsEmtpy，IsFull 用动态数组 stack 存放栈元素，这个数组的起始长度设为 1（存储在数组中的最大栈元素个数），当然，如果已知应用程序一开始就需要更多栈空间，也可设一个更大的初值。

```
Stack CreateS(maxStackSize)::=
  typedef struct {
    int key;
    /* other fields */
  } element;
  element *stack;
  MALLOC(stack, sizeof(*stack));
  int capacity = 1;
  int top = -1;

Boolean IsEmpty(Stack)::= top<0;

Boolean IsFull(Stack)::= top>=capacity-1;
```

具体实现与上节程序几乎一样， push函数只是把程序 3.1 中的 MAX_STACK_SIZE 换成 capacity； pop 与程序 3.2 完全一样。只是 stackFull 有明显变动，它负责栈空间的动态增加，为插入更多元素做好准备，但栈长度应增加多少是首先要考虑到问题。程序 3.4 中的 stackFull 每次把数组容量加倍，就是说只要栈空间需要增加，则一次增加当前栈容量的一倍。这种存储空间的调整策略称为*数组加倍*。

```
void stackFull()
{
  REALLOC(stack, 2*capacity*sizeof(*stack));
  capacity *= 2;
}
```

程序 3.4 判断栈满函数，采用数组加倍策略

读者可能担心栈容量加倍会浪费大量时间，实际上并非如此。在最差情形，realloc 函数要分配 2*capacity*sizeof(*stack) 大小的存储空间，并把 capacity*sizeof(*stack) 个字节从老存储区复制到新存储区。假设存储分配时间以及一个栈元素的复制时间都是 $O(1)$，那么数组加倍时间是 O(capacity)。以下论述这个事实。 capacity 的起始值是 1，假定数次 push 操作之后 capacity 的值变成了 2^k，$k > 0$，数组加倍所需总时间是 $O(\sum_{i=1}^{k} 2^i) = O(2^{k+1}) = O(2^k)$。由于 push 操作的次数肯定超过 2^{k-1} (否则数组容量不会由 2^{k-1} 加倍到 2^k)。因此如果 n 是 push 的总次数，则数组加倍花费的时间是 $O(n)$。所以，尽管增加了数组加倍时间，n 次 push 的时间还是 $O(n)$。注意，如果在 stackFull 中增加栈空间数组的倍数

改为 $c > 1$ (程序 3.4 的 $c = 2$)，以上结论同样成立。

习题

1. 令 S 是初始容量为 1 的栈，设栈满时采用数组加倍技术增加容量。如果 $n = 2^k + 1$ 是程序运行过程所需 S 的最大元素个数，问要使这个程序正常运行需要多大存储空间（仅考虑栈容量和数组加倍所需存储容量）。如果用 §3.1 的静态栈，问需要多少存储空间（假设程序运行之前可以准确估计 k 值）。

2. 证明只要 `stackFull` 调整栈空间容量的倍数 $c > 1$，那么调用 n 次 `push` 操作 (程序 3.1) 所需的时间是 $O(n)$。假设开始时栈是空栈，`capacity` $= 1$。

3. 如果修改程序 3.4，把栈容量的增长由加倍改为每次增加 `c*sizeof(stack)`，证明 n 次 `push` 所需时间是 $O(n^2)$。假设开始时栈是空栈，`capacity` $= 1$。

§3.3 队列

队列也是有序表的特殊情形，其插入、删除操作都限定在表的两端。习惯上，队列的插入称为 put (放入、入列)，删除称为 pop (弹出、出列)，插入端称为 rear (队尾)，删除端称为 front (队头)。如果 A, B, C, D, E 已顺序入列，则第一次出列的元素是 A，图 3.4 示出上述入列、出列过程。因为最先入列的元素总是最先删除，栈是众所周知的先入先出表。先入先出简记为 FIFO(First-In-First-Out)。

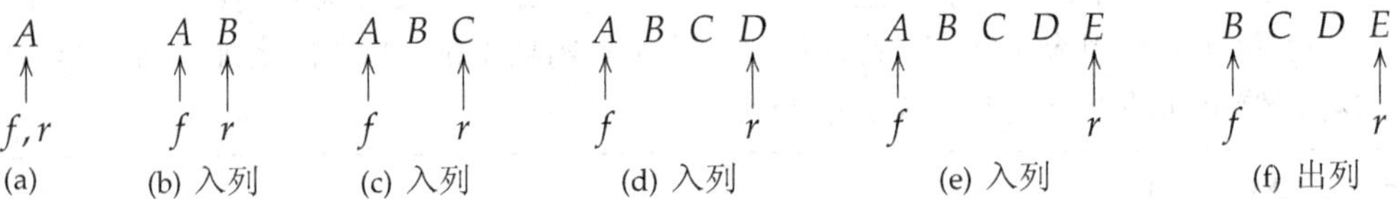

图 3.4 队列的插入、删除

队列的抽象数据类型见 ADT 3.2。

队列的顺序存储表示比栈复杂一些。下面给出队列的简单存储表示，用到一个一维数组，以及两个变量 `front` 和 `rear`。给定这样的存储表示，以下代码实现 ADT 3.2。

```
Queue CreateQ(maxQueueSize)::=
  #define MAX_QUEUE_SIZE 100 /* maximum queue size */
  typedef struct {
    int key;
    /* other fields */
  } element;
  element queue[MAX_QUEUE_SIZE];
  int rear = -1;
  int front = -1;
```

```
ADT Queue
  数据对象：有限长度的有序表，元素取自 Element
  成员函数：
    以下 queue ∈ Queue, item ∈ Element, maxQueueSize∈ 正整数
    Queue CreateQ(maxQueueSize)::= 创建最大长度为maxQueueSize的空栈
    Boolean IsFullQ(queue, maxQueueSize)
                                    ::=  if (queue的长度==maxQueueSize)
                                           return TRUE
                                         else return FALSE
    Boolean IsEmptyQ(queue)         ::= if (queue的长度==0)
                                          return TRUE
                                        else return FALSE
    Boolean AddQ(queue, item) : := if (IsFullQ(queue))
                                          报告 queueFull; exit
                                        else 把item插入queue队尾; return
    Element DeleteQ(queue)          ::= if (IsEmptyQ(queue))
                                          报告queueEmpty; exit
                                        else 删除queue队头元素item
                                          return item
end Queue
```

ADT 3.2: 抽象数据类型 Queue

```
Boolean IsEmptyQ(Queue)::= front==rear;
Boolean IsFullQ(Queue)::= rear=MAX_QUEUE_SIZE-1;
```

IsEmptyQ 和 IsFullQ 也很简单，其实现也应分别放在程序 3.5 的函数 addq 之中和程序 3.6 的函数 deleteq 之中。queueFull 的实现与程序3.3 中 stackFull 相似。addq、deleteq 的结构与栈的 push、pop 基本相似，不同之处在于，栈在 push、pop 中用同一个变量 top，而 addq 对 rear 加 1，deleteq 对 front 加 1。调用 addq 的形式是 addq(item);，调用 deleteq 的形式是 item=deleteq();。

```
void addq(element item)
{ /* add an item to the queue */
  if (rear==MAX_QUEUE_SIZE-1)
    queueFull();
  queue[++rear] = item;
}
```

程序 3.5 入列函数

以上队列的顺序实现有明显缺陷，以下通过具体例子加以说明。

```
element deleteq()
{ /* remove element at the front of the queue */
  if (front==rear)
    return queueEmpty(); /* return an error key */
  return queue[++front];
}
```

程序 3.6 出列函数

例 3.2 (任务调度) 队列是程序设计常用的数据结构。如操作系统的任务队列就是一个典型例子，如果不用优先级调度策略，那么任务的执行顺序就是它们进入系统的先后次序。图 3.5 是某操作系统采用上述顺序存储表示调度任务队列中任务的过程。

front	rear	Q[0]	Q[1]	Q[2]	Q[3]	说明
−1	−1					队列空
−1	0	J_1				加入任务 1
−1	1	J_1	J_2			加入任务 2
−1	2	J_1	J_2	J_3		加入任务 3
0	2		J_2	J_3		删除任务 1
1	2			J_3		删除任务 2

图 3.5 顺序队列的插入、删除

显然，在系统运行时，随着任务不断进入、退出系统，队列中的元素不断右移，最后会有 rear 等于 MAX_QUEUE_SIZE-1，指出队列已满。这时 queueFull 应把整个队列中的数据移到左边。具体做法是，把队列中第一个元素重新放在 queue[0]，并置 front=-1；同时还应计算、调整 rear 让它指向恰当的单元。移动数组元素是耗时的操作，当数组很大时更浪费大量运行时间，因而这样实现的 queueFull 在最差情形时间复杂度是 $O($ MAX_QUEUE_SIZE$)$。 □

设想如果队列尾如果可以与队列头相接，那么顺序实现的效率要高得多。这时，我们把数组想象成如图 3.6 所示的一个环形，而不再是 图 3.4 所示的一条直线。图 3.6 中的 front 变量不再直接指向队头元素，而是指向这个位置沿反时针方向的下一个，如此改动可以使程序更加简洁。rear 指向不变。

数组首尾相接构成环形，则每个元素都有直接前驱和直接后继了。MAX_QUEUE_SIZE-1 号单元的下一个元素位置是 0；0 号单元的前一个位置是 MAX_QUEUE_SIZE-1。所以，当队尾位于 MAX_QUEUE_SIZE-1 时，下一个入列位置是 0。循环队列中的变量 front 和 rear 沿顺时针方向变动，改动 rear 的代码可以是

```
if (rear==MAX_QUEUE_SIZE-1) rear = 0;
else rear++;
```

如果用求余 % 算符，以上语句可写成一行

```
rear = (rear+1) % MAX_QUEUE_SIZE;
```

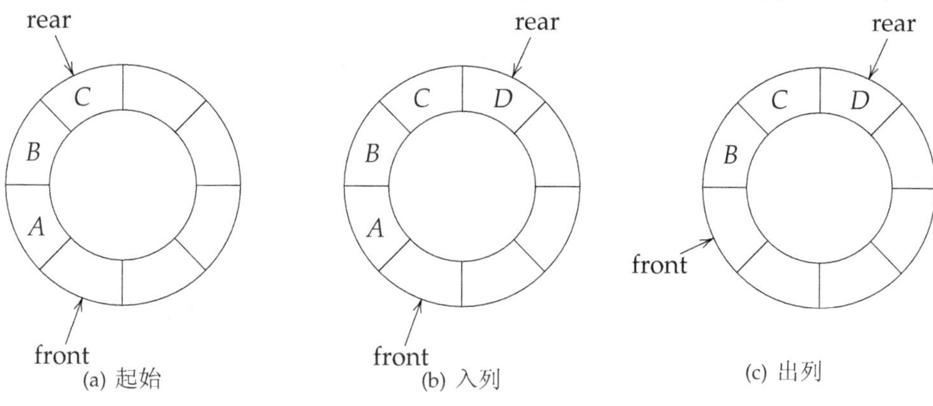

(a) 起始　(b) 入列　(c) 出列

图 3.6 环形队列

接下来，我们规定队头元素是 front 指向的位置沿顺时针方向的下一个，队尾元素由 rear 指向。

现在考虑判断队列空的方法。再来看在图 3.6，删除元素时 front 沿顺时针方向前进一位；插入元素时 rear 也沿顺时针方向前进一位，然后在新位置存入插入量。对图 3.6(c) 的队列，如果连续删除三个元素，那么队列变空，这时 front=rear；对图 3.6(b) 的队列，如果连续插入四个个元素，那么队列变满，这时还是 front=rear。可见仅凭 front=rear 无法区分队列是空还是满。因此，为区分队列是空或是满，不应填满队列的所有单元，而应把队列元素个数达到 MAX_QUEUE_SIZE-1 时视为队列满，这样就使条件 front=rear 唯一对应队列空的情形。程序 3.7 和程序 3.8 分别是循环队列入列、出列的实现，front 和 rear 的初值都是 0。queueFull 与程序 3.3 的 stackFull 类似。

```
void addq(element item)
{ /* add an item to the queue */
  rear = (rear+1) % MAX_QUEUE_SIZE;
  if (front==rear)
    queueFull(); /* print error and exit */
  queue[rear] = item;
}
```

程序 3.7 循环队列入列函数

请仔细分析函数 addq 和 deleteq，虽然判断队空、队满的语句一样，但两者的位置不同。addq 中的语句 font=rear 如果为真，队列中实际还剩一个空位置，因为队头位于 queue[front] 前一个位置。虽然这时还有一个空位，但不能再插入元素了，否则，如前所述，会有 front=rear。所以，在队列还剩一个空位时，程序就应报告队满信息，这正是为什么永远不填满队列的原因。queueFull 的实现留作习题。

习题

1. 实现非循环顺序队列的 queueFull 和 queueEmpty 函数。

```
element deleteq()
{ /* remove element at the front of the queue */
  element item;
  if (front==rear)
    return queueEmpty(); /* return an error key */
  front = (front+1) % MAX_QUEUE_SIZE;
  return queue[front];
}
```

程序 3.8 循环队列出列函数

2. 实现循环顺序队列的 queueFull 和 queueEmpty 函数。

3. 为非循环顺序队列构造插入、删除序列，使每次插入的时间都是 O(MAX_QUEUE_SIZE)。（提示：从满队列开始。）

4. 双端队列(deque) 是限定在线性表两端都能插入、删除的队列。为双端队列设计存储表示方法，并实现入列、出列函数。

5. 数组 circle[MAX_SIZE] 是循环线性表，以下变量 front、rear 的指向同正文。

   (a) 写出用 fonrt、rear、MAX_SIZE 表示表中元素个数的公式。

   (b) 编写函数，删除表中第 k 元的。

   (c) 编写函数，在表中第 k 元之后插入 item。

   (d) 指出 (b)、(c) 函数的时间复杂度。

§3.4 动态循环队列

现在讨论循环队列的动态存储分配方法。令 capacity 是队列的容量，即数组 queue 的单元个数，在插入时，如果队列已满，应先用动态存储分配函数增加队列容量，例如可以调用 realloc 实现队列扩容的需要。和动态栈的做法一样，队列的容量调整同样可以采用数组加倍技术，但这时仅仅调用 realloc 是不够的。参看图 3.7(a)，容量为 8 的队列中已有 7 个元素。为解释循环队列的数组加倍，我们用图 3.7(b) 表示它的平坦展开。图 3.7(c) 是数组加倍调用 realloc 之后的情况。

数组加倍之后，为使循环队列的数据元素到位，原队列右边一段数据 (A、B) 应移动到数组的最右端，如图 3.7(d) 所示。数组加倍以及移动数据最多要复制 2*capacity-2 个元素，但实际上有更好的做法。如果采用图 3.7(e) 所示构形，那么所需复制元素的个数不会超过 capacity-1，具体做法是：

(1) 申请新数组 newQueue，容量是 capacity 的两倍。

(2) 把原数组中第二段数据（从 queue[front+1] 到 queue[capacity-1]）复制到 newQueue 的起始位置（0）之后。

(3) 把原数组中的第一段数据（从 queue[0] 到 queue[rear）复制到 newQueue 的位置之后（即 capacity-front-1之后）。

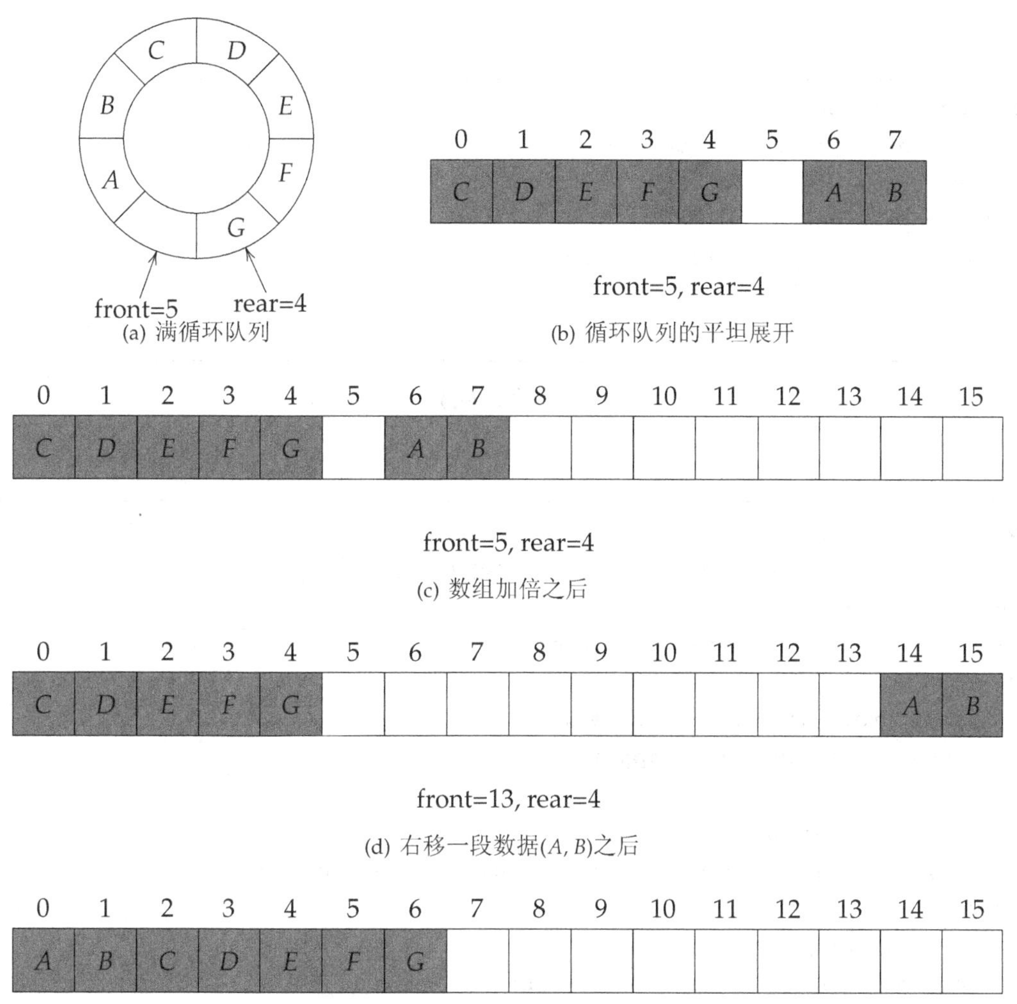

(a) 满循环队列

(b) 循环队列的平坦展开

(c) 数组加倍之后

(d) 右移一段数据(A, B)之后

(e) 另一种构形

图 3.7 加倍队列容量

程序 3.9 实现动态循环队列的插入操作；程序 3.10 实现 queueFull 操作。函数 copy(a,b,c) 把从位置 a 到 b-1 的数据复制到位置 c 之后。程序 3.10 是图 3.7(e) 构形的实现。

习题

1. 编写程序 3.10 中用到的 copy 函数，测试这个函数，要考虑存储区重叠的情形。

2. 编写程序实现队列 ADT 3.2 中所有操作，测试这些操作。此外，加上函数 queueFront()，返回队头元素但不删除，当队列已空，则打印出错信息并结束程序。入列函数应考虑队列已满的情形，用数组加倍扩充队列容量。

```
void addq(element item)
{ /* add an item to the queue */
  rear = (rear+1) % capacity;
  if (front==rear)
    queueFull(); /* double capacity */
  queue[rear] = item;
}
```

程序 3.9 循环队列插入

```
void queueFull()
{ /* allocate an array with twice the capacity */
  element *newQueue;
  MALLOC(newQueue, 2*capacity*sizeof(*queue));

  /* copy from queue to newQueue */
  int start = (front+1) % capacity;
  if (start<2)
    /* no wrap around */
    copy(queue+start, queue+start+capacity-1, newQueue);
  else {
    /* queue wraps around */
    copy(queue+start, queue+start+capacity, newQueue);
    copy(queue, queue+rear+1, newQueue+capacity-start);
  }

  /* switch to newQueue */
  front = 2 * capacity - 1;
  rear = capacity - 2;
  capacity *= 2;
  free(queue);
  queue = newQueue;
}
```

程序 3.10 加倍队列容量

§3.5 迷宫问题

迷宫不知启发了多少奇思妙想。实验心理学家训练大鼠在迷宫中寻找食物；而英格兰乡间的迷宫花园，在侦探小说作家笔下，不知发生过多少谋杀案。我们对迷宫同样着迷，因为迷宫求解是栈的绝好应用。本节要讨论迷宫的程序解法，这个程序在找到出路之前，也许要经历数不胜数的失败，但是程序成功地找到通路之后，如果再入迷宫，就一步也不会走错了。

迷宫求解的第一步是确定存储表示。最直接的表示无疑是二维数组，我们用 0 表示可通行的路径，用 1 表示墙壁。如图 3.8 所示是一个简单迷宫，假定一只大鼠从左上角进入迷宫，要找一条通路最后从右下角走出迷宫。如果用二维数组 `maze` 表示迷宫，大鼠的位置可以用数组的行 `row`、列 `col` 表示，即 `maze[row][col]`。用 X 表示迷宫中的一点，如图 3.9 所示，下一步可试探的方向共有 8 个，如果参照指南针的指向，这 8 个方向是东、南、西、北、东北、东南、西北、西南，分别简记为 E、S、W、N、NE、SE、NW、SW。

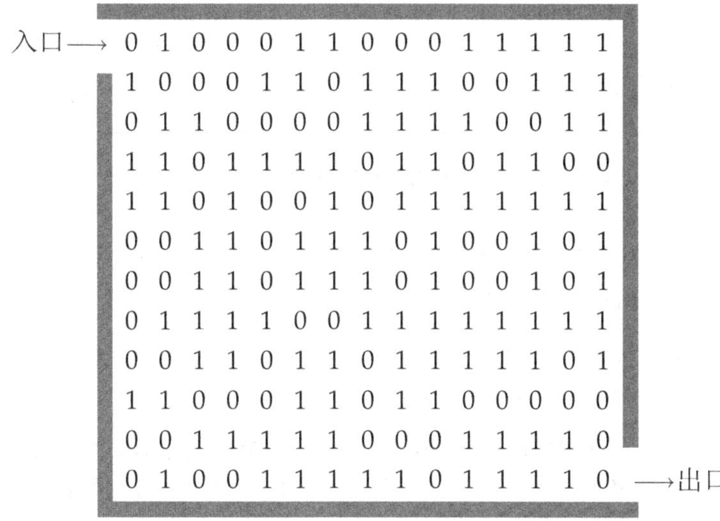

图 3.8 一个简单迷宫 (试试如何？)

必须注意，迷宫中的位置并不都有 8 个邻域，如在迷宫靠墙的位置，其邻域数目小于 8，最少的只有 3 个。为方便处理，在迷宫周围加上一圈，可省去边界检查。这样，$m \times p$ 的迷宫需要 $(m+2) \times (p+2)$ 大小的数组，入口点改为 `maze[1][1]`、出口点改为 `maze[m][p]`。

如果再定义一个数组 `move` 表示移动方向，见图 3.10，则程序实现可进一步简化。图 3.10 的移动方向由图 3.9 导出，8 个方向分别用 0 到 7 代表，每个方向又可分解到水平座标和垂直座标的偏移量，以下是 C 语言实现：

```
typedef struct {
  short int vert;
  short int horiz;
} offsets;
offsets move[8]; /* array of moves for ech direction */
```

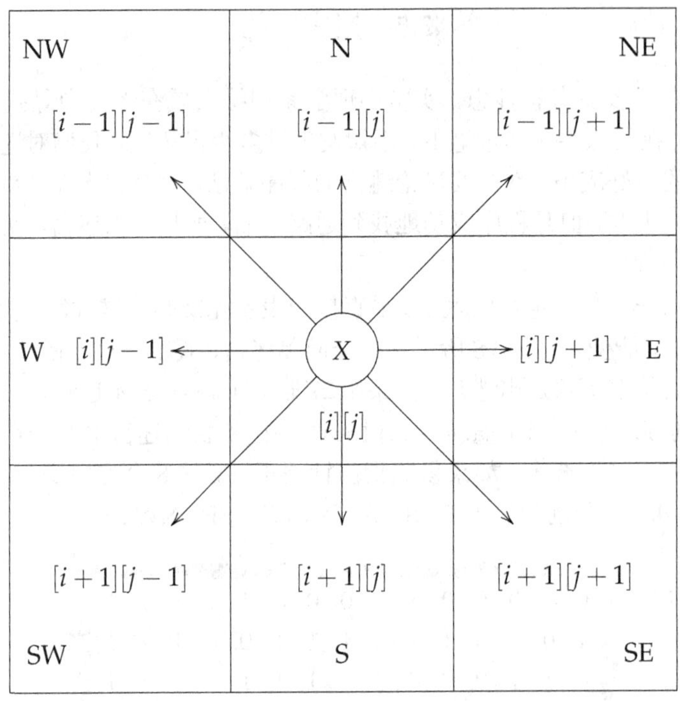

图 3.9 8 个邻域

数组 move 初始化为图 3.10 中的数据，今后要从位置 move[row][col] 寻找下一个位置 maze[nextRow][nextCol]，可以用如下语句：

```
nextRow = row + move[dir].vert;
nextCol = col + move[dir].horiz;
```

在迷宫中搜索，某一时刻也许有多种选择，究竟哪个方向最好，当时并无定论，因此只好先把当前位置保存起来，然后任选一个方向。如果随后的搜索碰到死路，可以回到当前保存起来的位置，然后尝试另一个尚未搜索的方向。我们的搜索策略是先试探正北方向，然后顺时针一一试探为其它方向。为避免回到以前试探过的死路，用数组 mark 标记已试探过的位置，这个数组初始化为全零，以后当访问 maze[row][col] 之后，mark[row][col] 置 1。程序 3.11 是迷宫遍历算法的第一次尝试，EXIT_ROW、EXIT_COL 是出口坐标。

程序 3.11 虽然包括了基本的处理，却仍然遗留了一些未澄清的问题。首先，栈的存储表示和具体内容还未确定。不过，因为 §3.1和 §3.1 为栈结构留有扩展的余地，如果重新定义 element，那么程序 3.11 所用的栈就成型了。栈结构定义如下：

```
typedef struct {
  short int row;
  short int col;
  short int dir;
} element;
```

方向	dir	move[dir].vert	move[dir].horiz
N	0	-1	0
NE	1	-1	1
E	2	0	1
SE	3	1	1
S	4	1	0
SW	5	1	-1
W	6	0	-1
NW	7	-1	-1

图 3.10 移动方向表

```
initialize a stack to the maze's entrance coordinates and
direction to north;
while (stack is not empty) {
  /* move to position at top of stack */
  <row,col,dir> = delete from top of stack;
  while (there are more moves from current position) {
    <nextRow, nextCol> = coordinates of next move;
    dir = direction of move;
    if ((nextRow==EXIT_ROW) &&(nextCol==EXIT_COL))
      success;
    if (maze[nextRow][nextCol]==0 && mark[nextRow][nextCol]==0) {
      /* legal move and haven't been there */
      mark[nextRow][nextCol] = 1;
      /* save current position and direction */
      add <row,col,dir> to the top of the stack;
      row = nextRow;
      col = nextCol;
      dir = north;
    }
  }
}
```

程序 3.11 第一个迷宫程序

如果要用 §3.1 的静态栈，首先要确定合适的栈容量，当然如果用 §3.2 的动态栈，就不必费心了，但是程序运行需要更多存储空间 (见 §3.2 的习题 1)。在迷宫的遍历过程，访问每个位置的次数不会超过一次，所有栈容量只要能容纳迷宫中零值单元的个数就可以了。图 3.11 中的迷宫只有一条从入口到出口的路径，搜索这个迷宫，在找到出口前，所有零值位置（除出口之外）都要入栈。由于每个 $m \times p$ 的迷宫最多只能有 $m \times p$ 个零值单元，所以栈容量取这个值就足够了。

$$\begin{bmatrix} 0 & 0 & 0 & 0 & 0 & 1 \\ 1 & 1 & 1 & 1 & 1 & 0 \\ 1 & 0 & 0 & 0 & 0 & 1 \\ 0 & 1 & 1 & 1 & 1 & 1 \\ 1 & 0 & 0 & 0 & 0 & 1 \\ 1 & 1 & 1 & 1 & 1 & 0 \\ 1 & 0 & 0 & 0 & 0 & 1 \\ 0 & 1 & 1 & 1 & 1 & 1 \\ 1 & 0 & 0 & 0 & 0 & 0 \end{bmatrix}$$

图 3.11 路径很长的小迷宫

程序 3.12 是迷宫查找算法的实现。其中的数组 `maze`、`mark`、`move`、`stack`，以及常量 `EXIT_ROW`、`EXIT_COL`、`TRUE`、`FALSE`，还有变量 `top` 都是全局量。`path` 函数中的变量 `found` 指出是否找到路径。`found` 的初值是零（`FALSE`），如果在迷宫中找到路径，则 `found` 置为 `TRUE`。由于设置了 `found` 变量，无论迷宫之中是否存在从入口到出口的路径，**`while`** 循环总会结束。

***path* 分析** 迷宫大小决定 `path` 的计算时间。由于迷宫中的每个位置不会被访问一次以上，程序在最差情形的时间复杂度是 $O(mp)$，m 是迷宫的行数、p 是迷宫的列数。 □

习题

1. 如果一种迷宫只有水平方向的墙和垂直方向的墙。用 0, 1 值矩阵表示这个迷宫，指出可能的移动方向。用实际例子说明。
2. 如果在上题迷宫中加入 45° 和 135° 方向的墙，重做上题。
3. 在 rows × cols 的迷宫中，最大路径长度是多少？
4. (a) 找出图 3.8 迷宫的路径。

   (b) 用图 3.8 迷宫作函数 `path` 的输入数据，推导运行结果，然后将这个结果与 (a) 小题你自己找出的结果作比较。
5. ♣**[程序大作业]** 把正文内容综合起来，编写完整的迷宫查找程序，打印找出的路径。

§3.6 表达式求值

§3.6.1 表达式

表达式求值是计算机科学的重要内容。程序员可能写出相当复杂的表达式，例如：

```
((rear+1) !! ((rear==MAX_QUEUE_SIZE-1) && !front))
```
(3.1)

```
void path(void)
{ /* output a path through the maze if such a path exists */
  int i, row, col, nextRow, nextCol, dir, found=FALSE;
  element position;
  mark[1][1] = 1; top = 0;
  stack[0].row = 1;
  stack[0].col = 1;
  stack[0].dir = 1;
  while (top>-1 && !found) {
    position = pop();
    row = position.row; col = position.col;
    dir = position.dir;
    while (dir<8 && !found) {
      /* move in direction dir */
      nextRow = row + move[dir].vert;
      nextCol = col + move[dir].horiz;
      if (nextRow==EXIT_ROW && nextCol==EXIT_COL)
        found = TRUE;
      else if (!maze[nextRow][nextCol] && !mark[nextRow][nextCol]) {
        mark[nextRow][nextCol] = 1;
        position.row = row; position.col = col;
        position.dir = ++dir;
        push(position);
        row = nextRow; col = nextCol;
        dir = 0;
      }
      else ++dir;
    }
  }
  if (found) {
    printf("the␣path␣is:\n");
    printf("row␣␣col:\n");
    for (i=0; i<=top; i++)
      printf("%2d%5d", stack[i].row, stack[i].col);
    printf("%2d%5d\n", row, col);
    printf("%2d%5d\n", EXIT_ROW, EXIT_COL);
  }
  else printf("The␣maze␣does␣not␣have␣a␣path\n");
}
```

程序 3.12 迷宫查找函数

再如以下赋值语句：

```
x = a/b - c + d*e - a*c;
```
(3.2)

表达式 (3.1) 中包含操作符（ ==, +, -, ||, &&, !）和操作量（ MAX_QUEUE_SIZE, rear, front），以及括号。语句 (3.2) 也是这样，不过用到的操作符和操作量与表达式 (3.1) 不同，也没用括号。

要正确理解表达式和程序语句，首先应明确操作的次序。例如，假定语句 (3.2) 中给定 a=4, b=c=2, d=e=3，那么 x 的值究竟是

$$
\begin{aligned}
&((4/2)-2)+(3*3)-(4*2)\\
&=0+9+8\\
&=1
\end{aligned}
$$

还是

$$
\begin{aligned}
&((4/2-2+3))*(3-4)*2)\\
&=(4/3)*(-1)*2\\
&=-2.66666\cdots
\end{aligned}
$$

大多数人会认为第一个答案正确，因为四则运算规则是“先乘除后加减”。但是，如果程序员的意图是得到第二个结果，那么语句 (3.2) 应写成：

```
x = ((a/(b-c+d))*(e-a)*c;
```
(3.3)

为避免二义性，每种程序设计语言的操作符都有明确的优先级。图 3.12 是 C 语言的操作符优先级表，表中自上而下，优先级越来越低，优先级相等的操作符放在一起。C 语言中，优先级最高的操作符有：函数调用算符，数组下标算符，结构体、联合体成员操作符；最低优先级的操作符是逗号。优先级高的操作符先运算，结合性一栏列出相同优先级操作符的操作次序，如乘法操作符自左向右结合，意为：表达式 a*b/c%d/e 等价于 ((((a*b)/c)%d)/e)。就是说，最左边的操作符最先操作。自右向左结合的操作符，最右边的操作符最先操作。括号总可以改变操作符的优先级，而且最内层括号中的操作符最先执行。

§3.6.2 后缀表达式求值

表达式的标准书写形式称为中缀表达式，式中的双目操作符位于两个操作量之间。本小节之前用到的表达式都是中缀表达式。尽管中缀表达式是最常用的表达式形式，但编译程序却不用中缀表达式，而用后缀表达式，即表达式中操作符出现在操作量之后。使用后缀表达式的优势在于无需用括号。编译程序的表达式求值实际上都是后缀表达式求值。图 3.13 给出了几个中缀表达式及其对应的后缀表达式例子。 在讨论表达式由中缀形式转换成后缀形式之前，我们先讨论后缀表达式求值，求职比转换要简单一些。后缀表达式求值要比中缀表达式求值容易得多，主要原因是后缀表达式不用括号。求值过程是：自左向右扫描后缀表达式，遇到操作量则入栈，遇到操作符则将该操作符相关数目的操作量出栈，得到运算结果之

<table>
<tr><th>token</th><th>操作</th><th>优先级[1]</th><th>结合性</th></tr>
<tr><td>( )
[ ]
-> .</td><td>函数调用
数组下标
结构体和联合体成员</td><td>17</td><td>自左向右</td></tr>
<tr><td>−− ++</td><td>加 1、减 1[2]</td><td>16</td><td>自左向右</td></tr>
<tr><td>−− ++
!
~
− +
& *
sizeof</td><td>加 1、减 1[3]
逻辑非
按位变反
单目正、负
取地址、间接引用
取字节长度</td><td>15</td><td>自右向左</td></tr>
<tr><td>(数据类型)</td><td>类型强制转换</td><td>14</td><td>自右向左</td></tr>
<tr><td>* / %</td><td>乘法、除法、求余</td><td>13</td><td>自左向右</td></tr>
<tr><td>+ −</td><td>双目加法、减法</td><td>12</td><td>自左向右</td></tr>
<tr><td><< >></td><td>移位</td><td>11</td><td>自左向右</td></tr>
<tr><td>> >=
< <=</td><td>关系比较
关系比较</td><td>10</td><td>自左向右</td></tr>
<tr><td>== !=</td><td>相等比较</td><td>9</td><td>自左向右</td></tr>
<tr><td>&</td><td>按位与</td><td>8</td><td>自左向右</td></tr>
<tr><td>∧</td><td>按位异或</td><td>7</td><td>自左向右</td></tr>
<tr><td>|</td><td>按位或</td><td>6</td><td>自左向右</td></tr>
<tr><td>&&</td><td>逻辑与</td><td>5</td><td>自左向右</td></tr>
<tr><td>||</td><td>逻辑或</td><td>4</td><td>自左向右</td></tr>
<tr><td>? :</td><td>条件表达式</td><td>3</td><td>自右向左</td></tr>
<tr><td>= += −= /= *= %=
<<= >>= &= ∧= |=</td><td>赋值</td><td>2</td><td>自右向左</td></tr>
<tr><td>,</td><td>逗号</td><td>1</td><td>自左向右</td></tr>
</table>

1. 取自 Harbison 和 Steele 的整理结果
2. 后缀操作符
3. 前缀操作符

图 3.12 C 语言的操作符优先级

中缀	后缀
$2+3*4$	$2\,3\,4*+$
$a*b+5$	$a\,b*5+$
$(1+2*7)$	$1\,2+7*$
$a*b/c$	$a\,b*c/$
$((a/(b-c+d))*(e-a)*c$	$a\,b\,c-d+/e\,a-*c*$
$a/b-c+d*e-a*c$	$a\,b/c-d\,e*+a\,c*-$

图 3.13 中缀、后缀表达式

后该结果再次入栈，直到表达式扫描完毕，这时栈顶存放的内容就是表达式的求值结果，出栈即可。图 3.14 给出含有九个字符的后缀表达式 $6\,2/3-4\,2*+$ 的求值过程。

基元	栈 [0]	[1]	[2]	栈顶
6	6			0
2	6	2		1
/	6/2			0
3	6/2	3		1
−	$6/2-3$			0
4	$6/2-3$	4		1
2	$6/2-3$	4	2	2
*	$6/2-3$	$4*2$		1
+	$6/2-3+4*2$			0

图 3.14 后缀表达式求值

现在考虑栈与表达式的表示。为简化问题，以下讨论假定表达式中的操作符只包含双目操作符 +、−、*、/、%，而操作量是一位十进制数，求值过程如图 3.14 所示。如此限定的表达式可用字符数组存储，存放操作量的栈每个单元可用 **int** 类型，栈的实现可任选 §3.1 或 §3.2 介绍的方法。操作符优先级声明为枚举类型 `precedence`，内容是操作符的助记符：

```
typedef enum {lparen, rparen, plus, minus, times,
              divide, mod, eos, operand} precedence;
```

这个枚举类型中的成元用来处理表达式串中的 token（中译为含义模糊的令牌，本文不取），如操作符、操作量、括号。下小节介绍中缀、后缀表达式转换，这些 token 的作用至关重要。枚举类型中除常用的操作符之外，还定义了一个串结束（eos—eod-of-string）操作符。

程序 3.13 中的函数 `eval` 实现后缀表达式求值。每个操作量（`symbol`）是字符串中的字符，求值前要先变成数值，即 `symbol-'0'`，这条语句把 `symbol` 的 ASCII 字符编码减去 `'0'` 的 ASCII 编码48。例如，`symbol='1'`，其 ASCII 字符编码是 49，`symbol-'0'` 的结果得到数值 1。

```
int eval(void)
{ /* Evaluate a postfix expression, expr, maintained as a global
     variable. '\0' is the end of the expression.  The stack and top
     of the stack are global variables.  geToken is used to return the
     token type and the character symbol. Operands are assumed to be
     single character digits  */
  precedence token;
  char symbol;
  int op1, op2;
  int n = 0; /* counter for the expression string */
  int top = -1;
  token = getToken(&symbol, &n);
  while (token!=eos) {
    if (token==operand)
      push(symbol-'0'); /* stack insert */
    else { /* pop two operands, perform operation, and push result to
              the stack */
      op2 = pop(); /* stack delete */
      op1 = pop();
      switch(token) {
      case plus:   push(op1+op2); break
      case minus:  push(op1-op2); break;
      case times:  push(op1*op2); break;
      case divide: push(op1/op2); break;
      case mod:    push(op1%op2);
      }
    }
    token = getToken(&symbol, &n);
  }
  return pop(); /* return result */
}
```

程序 3.13 后缀表达式求值函数

程序 3.13 的函数 `eval` 调用程序 3.14 中的函数 `getToken` 从表达式串中一次取出一个 token，若 token 是操作量则将其转成数值入栈，否则（即基元是操作符）出栈两次并根据操作符的含义执行相应运算，然后将结果入栈，直到串结束，最后将结果出栈。

§3.6.3 中缀表达式转换成后缀表达式

以下是中缀表达式转换为后缀表达式的一种算法：

(1) 为表达式加入所有必需的括号。

(2) 把所有双目操作符移到对应括号右边。

```
precedence getToken(char *symbol, int *n)
{ /* get the next token, symbol is the character representation, which
     is returned, the token is represented by its enumerated value,
     which is returned in the function name */
  *symbol = expr[(*n)++];
  switch(*symbol) {
  case '(': return lparen;
  case ')': return rparen;
  case '+': return plus;
  case '-': return minus;
  case '*': return divide;
  case '/': return times;
  case '%': return mod;
  case '␣': return eos;
  default : return operand;
    /* no error checking, defualt is operand */
  }
}
```

程序 3.14 从输入串中取 token

(3) 删除所有括号。

例如，为表达式 $a/b-c+d*e-a*c$ 加入所有必需的括号，得到：

$$((((a/b)-c)+(d*e))-a*c))$$

接着做第 2、3 步，结果是：

$$a\quad b\quad /\quad c\quad -\quad d\quad e\quad *\quad +\quad a\quad c\quad *\quad -$$

这个算法很适合手算，但程序实现的效率不高，因为需要两次扫描。第一次扫描插入括号，第二次扫描移动操作符。考虑到操作量的出现顺序无论在中缀还是在后缀表达式中都一样，实际上可以自左向右一遍扫描。操作量可以按序输出，但操作符必须按优先级高低顺序输出，即高优先级的操作符应先于低优先级的操作符输出。我们自然想到用栈存放扫描过程操作符的中间结果，但如何按正确的顺序出栈操作符，还应进一步澄清。以下通过两个例子说明。

例 3.3 (无括号表达式) 考虑一个无括号的表达式 $a+b*c$，其后缀表达式是 $a\,b\,c*+$。参看图 3.15，扫描时遇到操作量立即输出，但两个操作符的顺序要变反。优先级高的操作符一般应先于优先级低的操作符输出，因此，优先级低的操作符要存储在栈中，直到扫描过程遇到比它优先级更低的操作符。本例中两个操作符在遇到串结束时才输出，栈顶的操作符优先级最高，所以最先输出。 □

基元	操作符栈 [0]	[1]	[2]	栈顶	输出
a				-1	a
$+$	$+$			0	a
b	$+$			0	$a\ b$
$*$	$+$	$*$		1	$a\ b$
c	$+$	$*$		1	$a\ b\ c$
eos	$+$			-1	$a\ b\ c * +$

图 3.15 $a + b * c$ 转换为后缀表达式

例 3.4 (带括号表达式) 带括号的中缀表达式转换要比不带括号的中缀表达式转换难得多，因为对应的后缀表达式不含括号。本例的表达式是 $a * (b + c) * d$，结果是 $a\ b\ c + *d*$，图 3.16 是转换过程。转换时，操作符待在栈中，遇到右括号才出栈，而且要连续出栈，直到左括号为止，同时这个左括号也要出栈（注意，右括号永远不入栈）。这时，中缀表达式还剩下 $*d$。因为两个 $*$ 有相同的优先级，其中一个先于 d 出栈，第二个待在栈中，直到 d 输出后才出栈。 □

基元	操作符栈 [0]	[1]	[2]	栈顶	输出 -1
a				0	a
$*$	$*$			1	a
(	$*$	(		1	a
b	$*$	(		2	$a\ b$
$+$	$*$	(	$+$	2	$a\ b$
c	$*$	(	$+$	0	$a\ b\ c$
)	$*$			0	$a\ b\ c+$
$*$	$*$			0	$a\ b\ c + *$
d	$*$			0	$a\ b\ c + *d$
eos	$*$			0	$a\ b\ c + *d*$

图 3.16 $a * (b + c) * d$ 转换为后缀表达式

上述两例的分析提示我们，操作符的入栈、出栈顺序取决于优先级，左括号是重要标志，它出现在栈中是一个低优先级的操作符，而不在栈中时是一个高优先级的操作符。扫描过程一旦遇到左括号则立刻入栈，并一直待在栈中，直到扫描到匹配的右括号才出栈。因此，左括号有两个优先级，一个是栈内优先级 isp（in-stack precedence），另一个是栈外优先级 icp（incoming precedence）。把左括号和其它操作符合在一起，需定义两种优先级表：

```
/* isp and icp arrays == index is value of precedence
   lparen, rparen, plus, minus, times, divide, mod, eos */
```

```
int isp[] = [ 0, 19, 12, 12, 13, 13, 13, 0];
int icp[] = [20, 19, 12, 12, 13, 13, 13, 0];
```

注意，栈存放的是 token 的助记符，即栈的数据类型是 `precedence`。由于枚举类型定义的成员变量的取值是成员在定义语句中出现的位置，本身是整数值，因此助记符实际上可用于上列两个数组的下标。例如，`isp[plus]` 实际是 `isp[2]`，给出栈内优先级 12。上列两表的优先级值取自图 3.12，并增加了左、右括号的优先级，以及 eos 标志的优先级。左括号的栈内优先级定义为 0，栈外优先级为 20，比右括号的优先级要高。此外，串结束时应出栈所有栈中内容，因此为 eos 定义优先级 0。以上优先级定义适合这样的规则，即如果栈内操作符的栈内优先级高于或等于当前遇到的栈外操作符，那么栈内操作符出栈。

程序 3.15 中的函数 `postfix` 是以上讨论的实现，即把中缀表达式转换成后缀表达式。

```
void postfix(void)
{ /* output the postfix of the expression. The expressoin sting, the
     stack, and top are global */
  char symbol;
  precedence token;
  int n = 0;
  int top = 0; /* place eos on stack */
  stack[0] = eos;
  for (token=getToken(&symbol, &n);
       token!=eos;
       token=getToken(&symbol, &n)) {
    if (token==operand) printf("%c", symbol);
    else if (token==rparen) {
      /* unstack tokens until left parenthesis */
      while (stack[top]!=lparen) printToken(pop());
      pop(); /* discard the left parenthesis */
    } else {
      /* remove and print symbols whose isp is greater than or equal
         to the current token's icp */
      while (isp[stack[top]]>=icp[token])
        printToken(pop());
      push(token);
    }
  }
  while ((token=pop())!=eos)
    printToken(token);
  printf("\n");
}
```

程序 3.15 中缀表达式转换后缀表达式

程序中的函数 `print_token` 把枚举类型中的成员以字符形式输出，恰好与 `get_token` 的功能相反。

***postfix* 分析** 令 n 是表达式中的 token 个数，取得 token 与输出 token 的时间都是 $\Theta(n)$。此外，两条 **`while`** 语句的总时间是 $\Theta(n)$，恰好是入栈、出栈次数，关于 n 都是线性的。因此，函数 `postfix` 的复杂度是 $\Theta(n)$。 □

习题

1. 写出以下表达式的后缀表达式：

   (a) $a * b * c$

   (b) $-a + b - c + d$

   (c) $a * -b + c$

   (d) $(a + b) * d + e/(f + a * d) + c$

   (e) `a && b || !(e>f)` (表达式中操作符都是 C 语言操作符)

   (f) `!(a && !((b<c)||(c>d)))||(c<e)`

2. 编写程序 3.15 中函数 `postfix` 调用的函数 `print_token`。

3. 本题的优先级级别是图 3.12 加上正文中的 `'('`、`')'`、`'\0'`。

   (a) 如果中缀表达式 `expr` 共有 n 个操作符，嵌套的括号层次无限制，那么 `postfix` 执行时，栈中的最大元素个数应是多少？

   (b) 如果上例中的 `expr` 有 n 个操作符，嵌套的括号层次不超过 6，那么 `postfix` 执行时，栈中的最大元素个数应是多少？

4. 改进函数 `eval`，增加单目操作符 `+` 和 `-`。

5. ♣ 改进函数 `postfix`，增加操作符 `&&`、`||`、`<<`、`>>`、`<=`、`>=`、`!=`、`<`、`>=`。(提示：表达式的操作量、操作符、括号用空格分隔，如 `"a␣+␣b␣>␣c"`。程序要用到 C 语言的串处理函数，参看 `string.h`。)

6. 另一种不用括号且易于求值的表达式称为前缀表达式，这种表达式的操作符位于操作量之前。图 3.17 是几个对应的中缀、前缀表达式例 子，注意，操作量顺序在两种表达式中是一样的。

中缀表达式	前缀表达式
$a * b/c$	$/ * abc$
$a/b - c + d * e - a * c$	$- + -/abc * de * ac$
$a * (b + c)/d - g$	$-/ * a + bcdg$

图 3.17 几个中缀、前缀表达式

(a) 写出习题 1 中所有表达式的前缀表达式。

(b) 编写 C 函数，求值前缀表达式 expr。(提示：从左向右扫描 expr。)

(c) 编写 C 函数，把中缀表达式 expr 转换为前缀表达式。

推导 (b)、(c) 两个函数的时间复杂度和空间复杂度。

7. 编写函数，把前缀表达式转换成后缀表达式。详细定义输入串的格式。推导函数的时间复杂度和空间复杂度。

8. 编写函数，把后缀表达式转换成前缀表达式。推导函数的时间复杂度和空间复杂度。

9. 编写函数，把后缀表达式转换成加上所需所有括号的中缀表达式。这样的中缀表达式中，所有子表达式都有一对括号，例如 $a+b+c$ 是 $((a+b)+c)$。分析函数的时间复杂度和空间复杂度。

10. 编写函数，把前缀表达式转换成加上所需括号的中缀表达式。分析函数的时间复杂度和空间复杂度。

11. ♣ 重做习题 5，把中缀表达式转换成前缀表达式。

§3.7 多重栈与多重队列

到现在为止，我们讨论的栈与队列都是单一的栈与队列，它们都有高效的顺序存储表示。本小节要讨论多重栈。(多重队列的内容留到习题部分讨论。) 多重栈我们只讨论顺序表示，即用数值 memory[MEMORY_SIZE] 存储数据元素。如果用这个数组存储二重栈，方法很简单。用 memory[0] 做第一个栈的栈底，用 memory[MEMORY_SIZE-1] 做第二个栈的栈底，第一个栈向 memory[MEMORY_SIZE-1] 方向生长，第二个栈向 memory[0] 方向生长。这种存储表示有效地利用了所有存储空间。

用数组存储多重栈就没这么简单了，每个栈的栈底设在哪里不再像二重栈一样简单明了。要在一个数组中存储 n 重栈，如果每重栈的容量基本相同，则可以把存储空间分成大小基本相同的 n 段，如果不是这样，每重栈的存储容量都不相同。

以下用 i 标记 n 重栈的第 i 号栈。每个栈都应设置栈底、栈顶指针，我们用 boundary[i]，$0 \le i <$ MAX_STACKS 指向第 i 号栈的栈底，即第 i 号栈最左边向左一位的存储空间；用 top[i]，$0 \le i <$ MAX_STACKS 指向第 i 号栈的栈顶，即第 i 号栈最右边的存储空间。第 i 号栈如果为空栈当且仅当 boundary[i]=top[i]。以下是相关的声明语句：

```
#define MEMORY_SIZE 100 /* size of memory */
#define MAX_STACKS 10 /* max number of stacks plus 1*/
/* global memory declaration */
element memory[MEMORY_SIZE];
int top[MAX_STACKS];
int boundary[MAX_STACKS];
int n; /* number of stacks entered by the user *
```

要把数组分成长度基本相等的存储区，语句如下：

```
top[0] = boundary[0] = -1;
for (j=1; j<n; j++)
  top[j] = boundary[j] = (MEMORY_SIZE/n)*j;
boundary[n] = MEMORY_SIZE-1;
```

图 3.18 是这样等分存储空间的初始构形，n 是用户指定的重数，$n <$ MAX_STACKS，$m =$ MEMORY_SIZE，第 i 号栈的存储区域是 boundary[i]+1 到 boundary[i+1] 一段。最后一个栈的栈底设在 boundary[n]=MEMORY_SIZE-1。

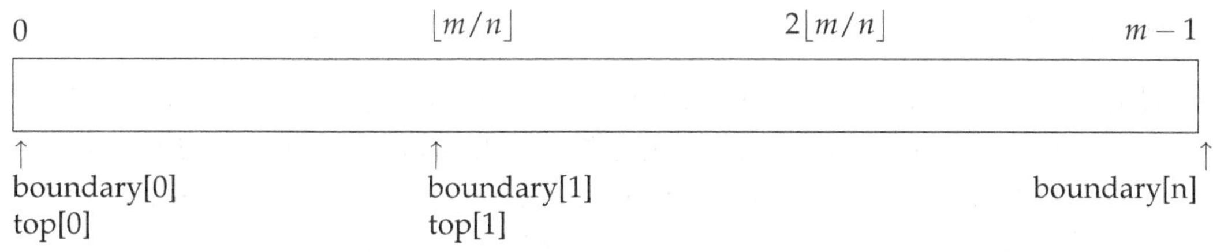

图 3.18 n 重栈在 memory[m] 中的初始构形

程序 3.16 和程序 3.17 是这种空间等分多重栈的入栈、出栈操作。

```
void push(int i, element item)
{ /* add an item to the ith stack */
  if (top[i]==boundary[i+1])
    stackFull(i);
  memory[++top[i]] = item;
}
```

程序 3.16 向第 i 号栈插入元素

```
element pop(int i)
{ /* remove top element from the ith stack*/
  if (top[i]==boundary[i])
    return stackEmpty(i);
  return memory[top[i]--];
}
```

程序 3.17 从第 i 号栈删除元素

程序 3.16 的 push 和程序 3.17 的 pop 函数好像与以前单重栈的操作一样简单。可是，两种栈操作有本质不同。多重栈 push 中的 top[i]==boundary[i+1] 条件成立时，仅指明第 i 号栈满，不代表整个栈空间已满。事实上，在其它栈中很可能还存在大量未用的存储空间，参见图 3.19。因此，必须特别构造一个 stackFull 函数，用它判断存储区中是否尚有可用空间，如果确实有空闲空间，则应移动、整理各重栈，为已满栈腾出可用单元，使整个栈依然可用。

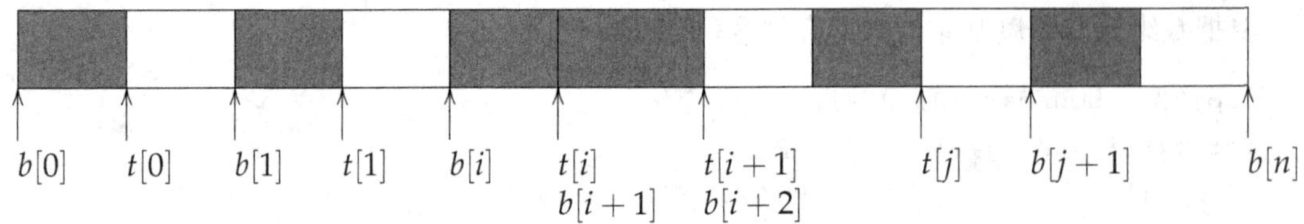

图 3.19 i 号栈顶达到 $i+1$ 号栈底，存储空间有空闲

用 stackFull 统筹管理整个栈的方法不止一个，以下仅给出一种方案，习题中要讨论其它方法。以下方案保证，当第 i 号栈已满，只要整个栈区有可用存储单元，stackFull 总可以完成入栈操作。

(1) 找出最小的栈号 $j, i < j < n$，在第 j 号栈和第 $j+1$ 号栈之间有空闲区，具体判断条件是 top$[j]$ < boundary$[j+1]$。如果存在这样的 j，则可以把栈的第 $i+1, i+2, \cdots, j$ 位置向右移动一位 (memory[0] 是最左边单元，(memory[MEMORY_SIZE-1] 是最右边边单元。) 移动之后，第 i 号栈与第 $i+1$ 号栈之间腾出了一个空位。

(2) 如果不能找出上述的 j，则去第 i 号栈的左边去栈。找出最大的栈号 $j, 0 \leq j < i$，在第 j 号栈和第 $j+1$ 号栈之间有空闲区，具体判断条件是 top$[j]$ < boundary$[j+1]$。如果存在这样的 j，则可以把栈的第 $j+1, j+2, \cdots, i$ 位置向左移动一位元。移动之后，第 i 号栈与第 $i+1$ 号栈之间也腾出了一个空位。

(3) 如果上述两种做法都不成功，则说明整个栈区无可用存储空间，stackFull 报告出错信息后结束程序运行。

函数 stackFull 的实现留作习题。最后必须指出，这样实现的 n 重栈，最差情形的运行效率很低，时间复杂度是 $O($ MEMORY_SIZE$)$。

习题

1. 两重栈存储在 memory[MEORY_SIZE] 中，实现第 $i, 0 \leq i < 2$ 号栈的入栈、出栈函数。栈中元素的总数如果小于 MEMORY_SIZE-1，入栈操作就应正常完成。

2. 设计二重栈与二重队列的数组表示，该方法用数组 memory[MEMORY_SIZE] 存储二重栈与二重队列，编写函数实现插入、删除操作。讨论这种表示的优、缺点。

3. 编写函数实现正文讨论的 stackFull。

4. 用实例讨论正文给出的入栈、出栈函数，以及习题 2 的 stackFull。构造一个入栈、出栈序列，使每次入栈操作时间是 $O($ MEMORY_SIZE$)$。本题限定讨论二重栈，最后用完所有存储空间。

5. 重写程序 3.16 的 push 和习题 3 的 stackFull，条件改为：如果整个栈区的空闲单元少于 c_1，则程序结束。常量 c_1 由程序员估算，原因是，对某些应用，如果栈空间的空闲个

数少于 c_1，之后即使做数据移动，仍然不能满足随后的入栈要求，因此不如早早结束程序。由大到小实验测试各种 c_1。

6. 用数组 `memory[MEMORY_SIZE]` 表示 n 重队列，每重队列都是循环队列，编写函数实现 `addq`、`deletq`、`queueFull`。

§3.8 补充习题

1. ♣ **[编程大作业]** [本题作者是 Landweber] 扑克接龙 (Solitaire) 游戏虽然抚慰了许多孤寂的心，却不知吞噬了玩家多少时间。赌场财源滚滚，赚的就是这样的人性弱点。下面给出扑克接龙游戏的一种规则，我们义不容辞，必须写出接龙程序，拯救那些沉溺的玩家，让他们去做些有益的事情吧。

开始时，28 张扑克分成七堆，从左向右放在牌桌上，最左边一堆 1 张，旁边一堆 2 张，这样向右每堆多一张，最右边一堆 7 张。每堆只有最上面一张牌面朝上，是正面明牌，压在下面的牌面朝下，都是反面暗牌。玩时从左向右，每堆可以动最上一张牌，可以移动或把反面翻成正面。明牌按牌面大小从下到上降序排列，称为明牌栈，要求红压黑或黑压红，如方块 8 或红心 8 可以压在黑桃 9 或草花 9 之上。所有明牌移动时一起动，可以移到另一堆上，如果可以构成降序排列。例如，草花 8 压在红心 9 上的两张牌，可以移放到另一堆的草花 9 或黑桃 9 上。

一堆排上的明牌移动后，出现的暗牌可以翻过来。当一堆牌完全移开后，一张明牌 K 可以移到这个位置，当然明牌 K 及其其上的其它明牌可以一起移过去；另外，废牌堆 (下面说明什么是废牌堆) 上的第一张也可以移到这个腾出来的位置。游戏的目标是生成尽可能长的四条同花龙，最底下一张是 A，每条龙称为输出堆。A 只有出现在一堆的最上一张或出现在明牌栈时才能移到输出堆，随后只有同花色的牌才能按顺序移到同花色的输出堆。

桌面上除输出堆、未翻完的各堆之外，还有一堆废牌堆，堆中都是明牌，是早先把七堆中移过去的，废牌堆的最上一张可以一次一张按叠放规则移回七堆或移到输出堆。如果移动过程有多种选择，遵循以下策略：

(a) 移动七堆上的牌或废牌堆上的牌到输出堆。如果废牌堆空，移动七堆上的一张牌到废牌堆。

(b) 如果可以移动，则移动废牌堆上的牌到七堆的最左边一堆。如果废牌堆空，移动七堆上的一张牌到废牌堆。

(c) 在七堆牌中移动可移动的牌，无论源或者目的都按从左到右的顺序查找。

(d) 按序尝试 (a)、(b)、(c)，如果其中有可移动的牌，则移动后从 (a) 重新开始。

(e) 如果从 (a) 到 (d) 尝试完毕，无牌可移，则把七堆中的一种移动废牌堆，然后从 (a) 开始新一轮尝试。

只有七堆上的牌和废牌堆上的牌可以移动输出堆。输出堆上的牌不可撤回。游戏结束条件有两种。如果所有牌都移到输出堆，则游戏成功结束；如果无牌可动，则游戏失败结束。

如果涉及赌金，规则是游戏开始玩家押给赌场 52 美元，以后玩家移动到输出堆的每张牌可以赢回 5 美元。在程序中加入赌钱功能，统计数次赌博后的输赢赌金。每局生成随机数发牌，输出两局接龙结果，格式应尽量易懂，输出数据中的输赢赌金用 –、+ 号表示。

2. ♣ **[编程大作业]** [本题作者是 Landweber] 仿真机场的飞机起落等待模式。机场有三条跑道，0、1、2。共有四种降落等待模式，其中两种模式使用 0 号跑道，另两种模式使用 1 号跑道，因而共有四个着陆等待队列。到达机场上空的飞机进入一个等待着陆队列，队列的长度应尽量保持接近。飞机进入着陆等待队列后，要赋予一个唯一的整数标识，以及一个表示飞机可以滞空的最大时间 (因燃油有限)，也是整数值。飞机的起飞可用三条跑道中的任意一条，因此共有三个起飞等待队列，这三个队列的长度也应尽量保持相同。飞机进入起飞等待队列后，也赋予一个唯一的整数标识。

   每一时刻，着陆等待队列中的飞机数不超过 3 架，起飞等待队列中的飞机数也不超过 3 架。每条跑道在一个时间单位只能让一架飞机着陆或起飞。跑道 2 主要用于起飞，但如果等待着陆的飞机燃油即将耗尽时，也可用来救急。在仿真的每个时间单位，如果着陆等待队列中的滞空时间接近 0，必须提升其优先级，插在其它等待着陆或等待起飞的飞机前着陆。如果只有一架飞机的滞空时间接近 0，则调度跑道 2 供其着陆；如果多于一架飞机的滞空时间接近 0，应调度其它跑道供其着陆。

   着陆等待队列中的飞机用奇数标记，起飞等待队列中的飞机用偶数标记。每个时间单位，到达机场上空的飞机应先进入等待队列，然后再处理其它飞机的起降。在算法实现时，应限制起飞队列或着陆队列不应过长。到达机场上空的飞机排在队尾，队列中的飞机不得改换次序。

   输出数据应打印各种事件，而且应持续显示，输出内容包括：

   (a) 每个队列的内容。
   (b) 平均起飞时间。
   (c) 平均着陆时间。
   (d) 本时间单位因燃油耗尽而坠毁的飞机数目。

第 4 章　链表

§4.1　单向链表

以前章节讨论的数据结构，用数组存储数据元素，数组元素与数据元素之间的关系是顺序映射。这种存储表示可概括为：数据对象以结点为单位，连续且等距地存放在一块存储区域。因此，(1) 如果线性表中的数据元素 a_{ij} 存储在 L_{ij} 位置，那么 $a_{i,j+1}$ 存储在 $L_{i,j+1}$ 位置；(2) 如果队列中第 i 个数据元素位于其循环存储表示的位置 L_i，那么队列的第 $i+1$ 个数据元素存储在 $(L_i+1)\%n$ 位置；(3) 如果栈顶结点位于 L_T，那么栈顶之下的结点位置是 L_T-1。顺序存储机制确实可以满足先前讨论过的一些操作，如存取线性表中任意结点、入栈、出栈、入列、出列，然而，基于顺序存储机制的其它操作，如在有序表中插入、删除，可能造成效率低，以下举例说明。下表是一个英文单词表，收词规则为含 3 个字母且以 AT 结尾的单词：

(BAT, CAT, EAT, FAT, HAT, JAT, LAT, MAT, OAT, PAT, RAT, SAT, VAT, WAT)

上表收词并不完全，还有其它一些符合规则的单词并未收入，如 GAT，意为枪或左轮手枪，应补充加入该表。如果上表用数组存储，表中元素顺序映射到数组的存储单元，那么插入 GAT 前有两种调整方法，一种是把 HAT, JAT, LAT, ..., WAT 向右移一个位置，另一种是把 BAT, CAT, EAT, FAT 向左移一个位置，然后插入 GAT。如果要在表的中间位置插入大量单词，无论是左移还是右移，都要移动大量数据，效率低。另外，从表中删除单词也可能要移动大量数据，比如删除立陶宛的货币单位 LAT，其后续的数据元素必须移动调整，使顺序映射关系得以保持。

采用**链式表示**可以完全克服上述缺陷，无论向表中插入或从表中删除，操作过程都不需要移动数据。与顺序表示方法不同，链式表示的结点不再是连续且等距地存放在一块存储区域，相反，数据项可以存放在存储区的任何位置。如果采用顺序表示方法，存放在存储区中的结点的顺序正是表中元素的顺序，而采用链式表示方法，存储区中数据元素的顺序无需保持表中元素的顺序，但存储区中的每个结点必须包括下一个结点的存储位置信息。因而，链式表示除存储每个结点的数据项之外，还要设置一个指针域或链域，用来存放下一个结点的位置。采用链式表示的线性表称为链表，一般而言，链表中的结点包含零个或多个数据项域，还要附加一个以上的指针域。

图 4.1 是上面三字母英文单词表的存储示例，存储内容既有数据项又有指针。数据元素存储在一维数组 `data` 中，但存储顺序与单词表顺序 BAT 先于 CAT，CAT 先于 EAT 等不同，每个单词的存放顺序不再遵循单词在表中出现的顺序，实际上可以存放在任何位置。为了让存放顺序与表中顺序一致，用了另一个一维数组 `link`，它的内容是指向 `data` 的指针。给定 i，`data[i]` 与 `link[i]` 组成一个完整结点。第一个单词 BAT 存放在 `data[8]`，我们设置指向第一个单词的变量 `first=8`，`link[8]` 的值是 3，指向 `data` 的第 3 个单元，`data[3]=` CAT，由于 `link[3]=4`，故 CAT 的下一个单词是 EAT，存放在 `data[4]`，EAT 之后的单词存放在 `data[link[4]]`。这样沿着 `link` 的内容继续找下去，可以按单词表的顺序找出所有单词。`link` 中有一个单元内容为 0，指向这个有序单词表的表尾。为了保证内容为 0 的 `link` 指向表尾，`data` 的 0 号单元不存放数据。

	data	link
1	HAT	15
2		
3	CAT	4
4	EAT	9
5		
6		
7	WAT	0
8	BAT	3
9	FAT	1
10		
11	VAT	7

图 4.1 线性表的非顺序映射存储表示

链表有习惯的图示画法，我们用箭头把结点连在一起，如图 4.2 所示。图示中未标出指针的具体数值，仅用箭头示意。用箭头表示指针既形象又涵义深刻。其一，结点的存储不一定有序；其二，结点的实际物理位置程序员无需操心。使用链表时，除判断链表表尾需要判断指针是否 0 值，其它时间无需关心结点的实际物理位置。图 4.1 和图 4.2 中的链式结构称为**单向链表**，或简称为**链** (chain)。单向链表中的结点至少有一个指针域，链就是一个单向链表，其中的结点个数可以是零个或多个，当结点个数为零，这个链称为空链。如果链不为空，第一个结点指向第二个，第二个结点指向第三个，等等，构成有序表。链中最后一个结点的链域值是 0。

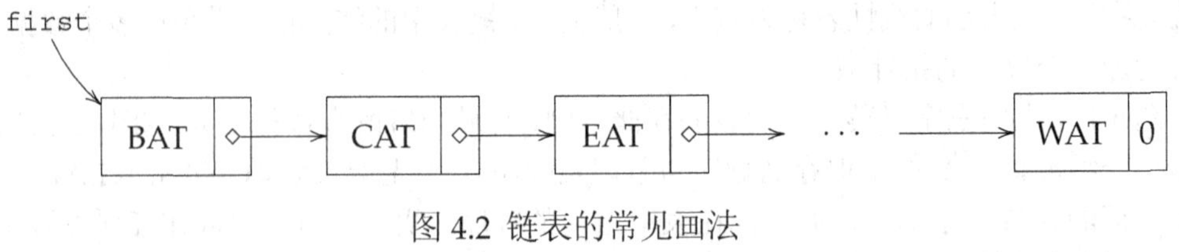

图 4.2 链表的常见画法

与顺序存储的顺序表相比，在链表中任意位置做结点的插入或删除要方便得多。例如，要在 FAT 和 HAT 之间插入 GAT，共有如下 4 个步骤：

(1) 取一个当前空闲的结点 a。

(2) 为 a 的 `data` 域赋值 GAT。

(3) 让 a 的 `link` 域指向 FAT 之后的结点，即 HAT。

(4) 为 FAT 结点的 `link` 域赋值，使它指向 a。

插入 GAT 之后，图 4.3(a) 示出 `data` 与 `link` 的内容，图 4.3(b) 是插入过程的图示。虚

	data	link
1	HAT	15
2		
3	CAT	4
4	EAT	9
5	GAT	1
6		
7	WAT	0
8	BAT	3
9	FAT	5
10		
11	VAT	7

(a) GAT 插入 `data[5]`

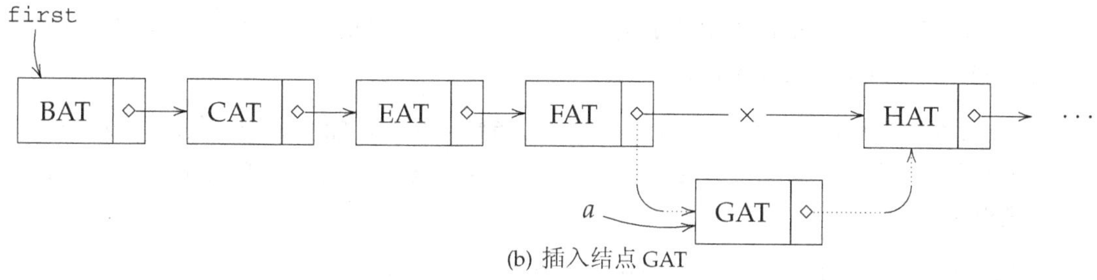

(b) 插入结点 GAT

图 4.3 链表的插入操作

线箭头是新指针。这个例子的重点是，插入 GAT 无需移动任何表中数据，开销仅仅是加入了 `link` 域。通常，这开销微不足道，特别当表中数据很多时，每次插入、删除都能节省大量时间。

再来看删除操作。假如要删除表中的 GAT，只需先找到 GAT 之前的结点，即 FAT，然后为 `link[9]` 赋值 1，指向 HAT，删除操作就完成了。删除操作也不需要移动数据。删除操作结束后，虽然 GAT 的链域内容仍然指向 HAT，但它已不在表中，从 `first` 出发遍历整个链表再也不会遇到它了。删除过程如图 4.4 所示。

§4.2 用 C 语言表示单向链表

用 C 语言表示单向链表需要如下语言特性支持：

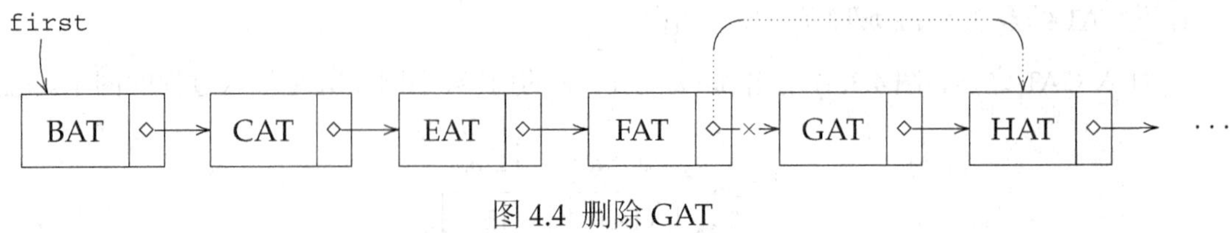

图 4.4 删除 GAT

(1) 定义结点结构，结点包括数据域和链域。可以采用§2.3.4 的自引用结构。

(2) 构建新结点。可以采用§1.2.2 的 MALLOC 宏。

(3) 删除结点。可以采用 free 函数。

以下通过几个小例子说明 C 语言创建链表以及对链表的各种操作。

例 4.1 (单词链表) 首先定义链表的结点结构，声明各成员域类型。根据前述讨论，我们知道结构中应含有一个字符数组，以及一个指向下一个结点的指针。声明如下：

```
typedef struct listNode *listPointer;
struct listNode {
  char data[4];
  listPointer link;
};
```

以上声明包括自引用结构。应注意，指针 listPointer 定义出现在结构体 **struct** listNode 之前。C 语言允许一个指针类型的定义出现在该类型定义之前，如果 C 语言不允许这样做，程序员将陷入困境，面对如下悖论：

> 如果不能事先定义一个指向不存在类型的指针，那么就先定义这个类型，很好，这符合逻辑；然而，如果这个类型的声明中又必须包含指向自身类型的指针，又如何是好？

结点结构声明之后，马上可以创建一个空表，语句是：

```
listPointer first = NULL;
```

就是说，创建的新表称为 first。一定要牢记，first 中存放的是这个表的起始存储地址。这个新表是空表，现在 first 的内容是 0，表的初始化完成。NULL 是 C 语言的保留字，其值就是 0，用于条件判断语句。下面是判断空表的宏定义：

```
#define IS_EMPTY(first) (!(first))
```

调用 §1.2.2 的宏 MALLOC 创建新结点：

```
MALLOC(first, sizeof(*first));
```

现在可以为结点的成员域赋值，引入一个新操作符 ->。假定 e 是指向某结构的指针，该结构中有成员域 name，表达式 e->name 是 (*e).name，的简写。-> 的名称是结构成员操作符。如果通过指针引用结构中的成员，用 -> 比用 * 和 . 更方便。

要把 BAT 加入链表，语句如下：

```
strcpy(first->data, "BAT");
first->link = NULL;
```

这条语句的执行结果如图 4.5 所示，注意表中的链域为空，因为 BAT 之后还没有其它结点。 □

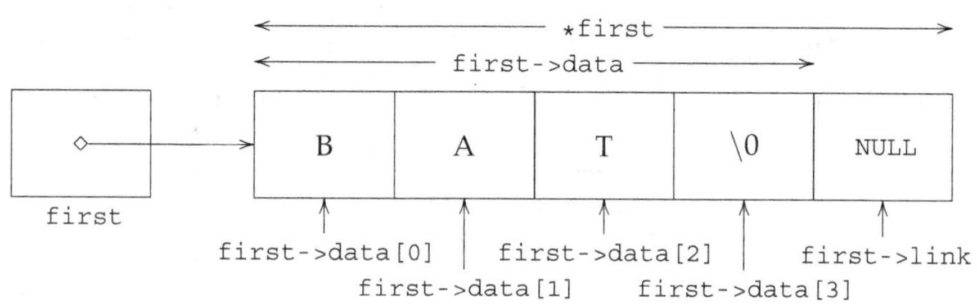

图 4.5 结点成员域的引用

例 4.2 (两结点链表) 本例链表结点的数据域是整数，结构声明如下：

```
typedef struct listNode *listPointer;
struct listNode {
  int data;
  listPointer link;
};
```

程序 4.1 的函数 create2 创建这个两节点链表。第一个结点的数据域是 10，第二个结点的数据域是 20。变量 first 指向第一个结点，second 指向第二个结点。第一个结点的链域指向第二个结点，第二个结点的链域是 NULL。函数 create2 返回变量 first，指向表头。图 4.6 是这个链表的图示。 □

```
listPointer create2()
{ /* create a linked list with two nodes */
  listPointer first, second;
  MALLOC(first, sizeof(*first));
  MALLOC(second, sizeof(*second));
  second->link = NULL;
  second->data = 20;
  first->data = 10;
  first->link = second;
  return first;
}
```

程序 4.1 创建两结点链表

例 4.3 (链表插入结点) 令 first 是指向例 4.2 的链表指针，现在要在链表中的任意位置 x 之后插入一个结点，结点的数据域是 50。程序 4.2 中的函数 insert 实现该功能。函数的参量有

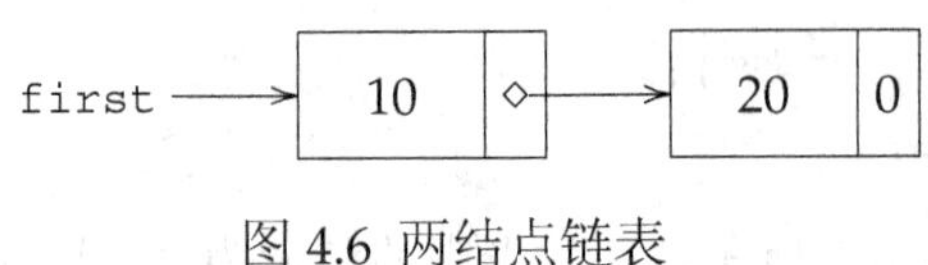

图 4.6 两结点链表

两个，first 指向表头，如果 first 为空指针，则返回后它的值变成指向数据域为 50 的指针，由于这个指针的内容可能改变，必须传这个指针的地址，形参声明为 listPointer *first。第二个参量值 x 不会改变，因此不用传它的地址。函数调用语句应为 insert(&first, x)，first 是表头，x 指向插入的位置。

```
void insert(listPointer *first, listPointer x)
{ /* insert a new node with data = 50 into the chain first after node
     x */
  listPointer temp;
  MALLOC(temp, sizeof(*temp));
  temp->data = 50;
  if (*first) {
    temp->link = x->link;
    x->link = temp;
  } else {
    temp->link = NULL;
    *first = temp;
  }
}
```

程序 4.2 链表插入结点

insert 函数在插入时要区分表是否为空，用 **if** ··· **else** 语句分别处理两种情形。如果是空表，先置 temp 为 NULL，然后让 first 指向 temp 的地址。如果是非空表，则在 x 与其后继结点之间插入 temp 指向的结点。图 4.7 给出这两种情形。 □

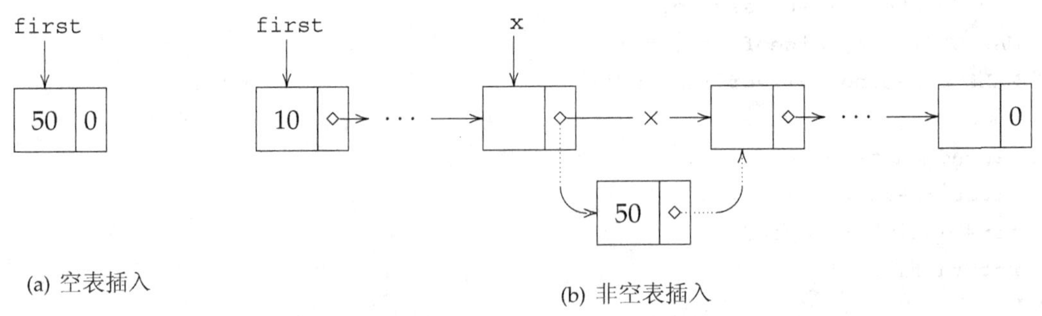

图 4.7 链表插入结点

例 4.4 (链表删除结点) 在链表中删除给点结定比插入结点麻烦一些，删除结点要考虑结点所在位置。删除操作涉及三个指针。假定 first 指向表头，x 指向待删结点，trail 指向 x

的直接前驱结点。图 4.8 和图 4.9 给出删除操作需考虑的两种情形。图 4.8 中待删结点是表头，因此必须改变 first 的值。图 4.8 中待删结点不是表头，只要把 trail 的链域改变，让它指向 x 的链域所指结点即可。□

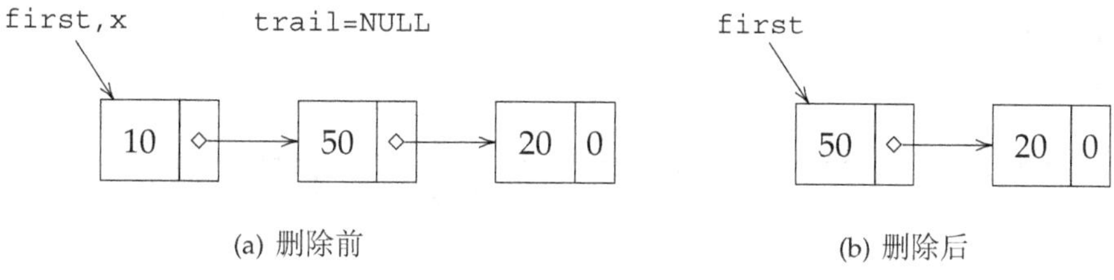

图 4.8 调用 delete(&first, NULL, first) 前后

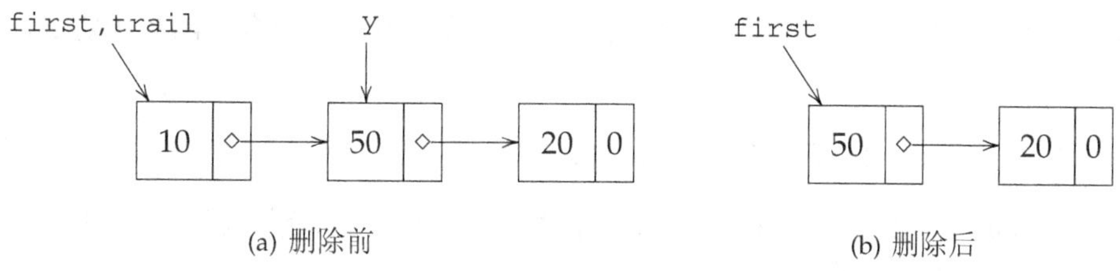

图 4.9 调用 delete(&first, y, y->link) 前后

程序 4.3 中的函数 delete 完成删除操作，除了要修改一些链域，可能包括修改 *first，delete 还要把删除结点的存储空间返还给系统，所以调用了 free。

```
void delete(listPointer *first, listPointer trail, listPointer x)
{ /* delete x from the list, trail is the preceding node and *first is
     the front of the list */
  if (trail)
    trail->link = x->link;
  else
    *first = (*first)->link;
  free(x);
}
```

程序 4.3 删除链表中的结点

例 4.5 (打印链表) 程序 4.4 打印链表中所有结点的数据域。程序最先打印 first 的数据域，然后 first 的值用它自己的 link 域值替换，这样访问链表的所有结点直到结束。□

习题

1. 修改程序 4.3 的函数 delete，要求只用两个指针 first、trail。

```
void printList(listPointer first)
{
  printf("The␣list␣contains:␣");
  for (; first; first=first->link)
    printf("%4d", first->data);
  printf("\n");
}
```

程序 4.4 打印链表

2. 给定例 4.2 的整数链表，编写函数在链表中查找整数 num，如果 num 在表中，函数返回指向该结点的指针，否则返回 NULL。

3. 编写函数在上题整数链表中删除整数 num 的结点，用上题的查找函数确定 num 是否在表中。

4. 编写函数 length 返回链表中的结点个数。

5. 假设 p 指向一个单链表的头结点，编写函数，从表头开始，删除表中 $1,3,5,\cdots$，奇数号结点。讨论算法的复杂度。

6. 令 $x=(x_1,x_2,\cdots,x_n)$ 和 $y=(y_1,y_2,\cdots,y_m)$ 是两个链表，按数据域的非递减序排列。构造算法归并这两个链表，结果存储在新链表 z 中，z 也按数据域的非递减序排列。在归并过程，表 x 和表 y 中的结点一一链到 z 中，要求不用临时结点。讨论算法的复杂度。

7. 令 $L_1=(x_1,x_2,\cdots,x_n)$，$L_2=(y_1,y_2,\cdots,y_m)$ 是两个链表，编写函数归并 L_1、L_2，结果存储在链表 L_3 中，要求如下：

$$L_3=\begin{cases}(x_1,y_1,x_2,y_2,\cdots,x_m,y_m,x_{m+1},\cdots,x_n), & \text{if } m\le n;\\(x_1,y_1,x_2,y_2,\cdots,x_n,y_n,y_{n+1},\cdots,y_m), & \text{if } m>n.\end{cases}$$

8. ♣ 给定一个单链表，如果想从某位置开始，既可向右遍历也可向左遍历，可以采用如下方法。从表头开始，从左向右的遍历过程同时把指针的指向变反。这时的链表构形如图 4.10 所示。变量 r 指向当前位置结点，l 指向当前位置左边一个结点，r 左边结点的指针

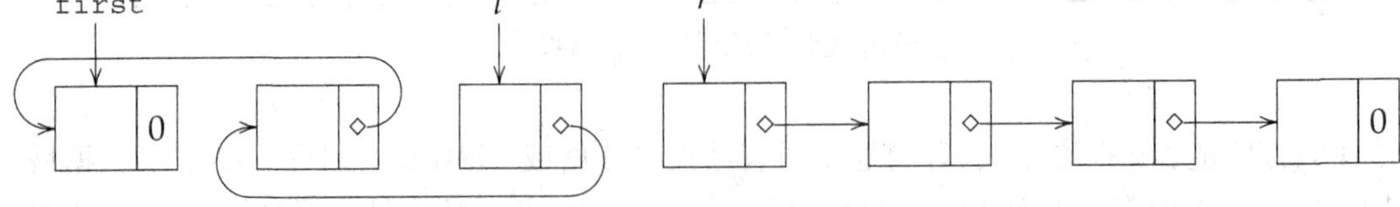

图 4.10 可双向遍历单链表的一种构形

全部反向（这种方法自左向右遍历总是可以的，但从右向左遍历是有限制的，就是说，如果要从 (l,r) 向左遍历，那么必须至少有一次从左向右遍历到过这个位置）。

(a) 编写函数从给定位置 (l,r) 把 r 向右移过 n 个结点。

(b) 编写函数从给定位置 (l,r) 把 r 向左移过 n 个结点。

§4.3 链式栈与链式队列

上一章介绍了顺序存储表示实现的栈与队列，对于单一栈以及单一队列，顺序实现都很简便，而且效率高。然而，如果采用顺序表示实现的多重栈与多重队列，实现既复杂效率也大打折扣。本节介绍的链式栈与链式队列，特别适合多重栈与多重队列，如图 4.11 所示。图中两个单链表无论在表头插入、删除，还是在表尾插入，都很简便，正好对应栈与队列的相应操作。图 4.11(a) 是链式栈，可以在栈顶方便地插入、删除结点。图 4.11(b) 是链式队列，可以在队尾方便地插入结点，在队头方便地插入、删除结点，尽管队列通常不在队头插入。

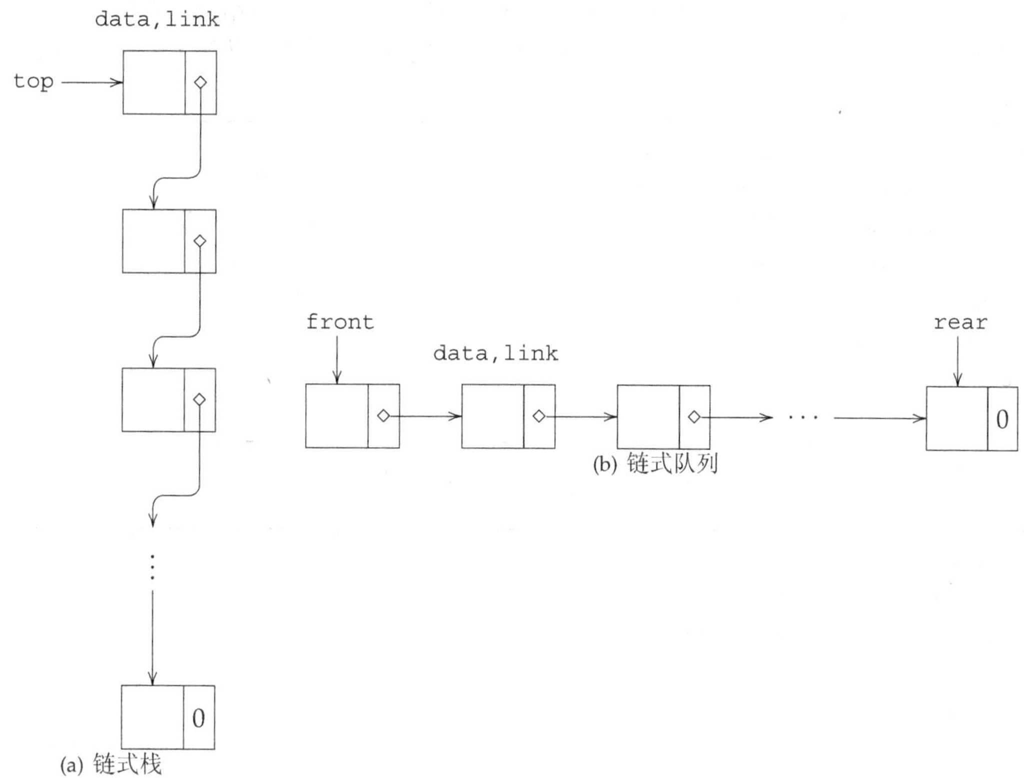

图 4.11 链式栈与链式队列

以下是 $n(\leq$ MAX_STACKS) 重栈的声明语句：

```
#define MAX_STACKS 10 /* maximum number of stacks */
typedef struct {
  int key;
  /* other fields */
} element;
```

```
typedef struct stack *stackPointer;
struct stack {
  element data;
  stackPointer link;
};
stackPointer top[MAX_STACKS];
```

各个栈的初始条件为:

top[i] = NULL, $0 \le i <$ MAX_STACKS

边界条件 top[i]==NULL 表示第 i 号栈是空栈。

程序 4.5 的 push 和程序 4.6 的 pop 分别是入栈、出栈操作，实现代码明白易懂。函数 push 创建新结点 temp，然后为它的 data 域赋值 item，link 域赋值 top，最后把 top 改为 temp。向第 i 号栈入栈的语句是 push(i, item)。函数 pop 返回栈顶结点的数据元素，之前修改 top 指向它的 link 域内容，并把栈顶的存储空间返还给系统。从第 i 号栈出栈的语句是 pop(i)。

```
void push(int i, element item)
{ /* add item to the ith stack*/
  stackPointer temp;
  MALLOC(temp, sizeof(*temp));
  temp->data = item;
  temp->link = top[i];
  top[i] = temp;
}
```

程序 4.5 链式栈入栈操作

```
element pop(int i)
{ /* remove top element from the ith stack */
  stackPointer temp = top[i];
  element item;
  if (!item)
    return stackEmpty();
  item = temp->data;
  top[i] = temp->link;
  free(temp);
  return item;
}
```

程序 4.6 链式栈出栈操作

以下是 $n(\le$ MAX_QUEUE$)$ 重队列的声明语句:

```
#define MAX_QUEUE 10 /* maximum number of queues */
```

```
typedef struct queue *queuePointer;
struct queue {
  element data;
  queuePointer link;
};
queuePointer front[MAX_QUEUES], rear[MAX_QUEUES];
```

各个队列的初始条件为：

front[i] = rear[i] = NULL, $0 \leq i <$ MAX_STACKS

边界条件 front[i]==NULL 表示第 i 号队列是空队列。

程序 4.7 的 addq 和程序 4.8 的 deleteq 分别是多重队列的入列、出列操作。函数 addq 比 push 复杂得多，当队列为空，让 front 和 rear 指向新结点，否则仅让 rear 指向新结点。函数 deleteq 与 pop 相似，都是删除表头结点。入列、出列语句分别是 addq(i, item)、deleteq(i)。

```
void addq(int i, element item)
{ /* add item to the rear of queue i */
  queuePointer temp;
  MALLOC(temp, sizeof(*temp));
  temp->data = item;
  temp->link = NULL;
  if (front[i])
    rear[i]->link = temp;
  else
    front[i] = temp;
  rear[i] = temp;
}
```

程序 4.7 链式队列入队操作

```
element deleteq(int i)
{ /* delete an element from queue i */
  queuePointer temp = front[i];
  element item;
  if (!temp)
    return queueEmpty();
  item = temp->data;
  front[i] = temp->link;
  free(temp);
  return item;
}
```

程序 4.8 链式队列出队操作

本节的链式栈与链式队列，对于 n-重栈与 m-重队列，效率既高又便于实现，突出优点是不需要移动数据元素，而且容量可扩张到整个系统的空闲存储空间。链式实现的开销虽然增加了存放链域的存储空间，但是引入链表换来了如下好处：(1) 线性表实现依然简便，(2) 链操作大大节省了计算时间。

习题

1. 回文（palindrome）是正反读字母顺序都一样的单词或句子，如“reviver”(兴奋剂)、“Able was I ere I saw Elba”[1]都是回文。用栈可以判断回文。编写 C 函数判断词句是否回文，若是返回 `TRUE`，否则返回 `FALSE`。

2. 用栈可以检查语句中的括号是否匹配，编写 C 函数实现此功能。

3. 给定某数据类型的线性表 `x2`，可以在表的两端插入，只能在一端删除，用链表实现 `x2`，编写插入、删除函数。确定初始条件和边界条件。

§4.4 多项式

§4.4.1 多项式表示

使用链表可以解决相当复杂的问题。多项式的符号计算是表处理的经典例子，第 2 章曾经讨论过，本节要做进一步讨论。和第 2 章一样，我们希望尽量利用可用存储空间存储如下 m 阶多项式：

$$A(x) = a_{m-1}x^{e_{m-1}} + \cdots + a_0x^{e_0}$$

其中，a_i 是非零系数，e_i 是非负整数且 $e_{m-1} > e_{m-2} > \cdots > e_1 > e_0 > 0$。多项式的每一项用结点表示，结点中有系数域和指数域，另有指向下一项的指针。如果限制系数为整数，有以下声明：

```
typedef struct polyNode *polyPointer;
struct polyNode {
  int coef;
  int expon;
  polyPointer link;
};
polyPointer a, b;
```

多项式结点可图示为：

coef	expon	link

[1]拿破仑兵败，流放意大利 Elba 岛，英雄落寞，感慨无限，万般无奈之余，化作一句：Able was I ere I saw Elba. 中文意为：昔日强者，今临厄岛——译者注。

给定两个多项式

$$a = 3x^{14} + 2x^{8} + 1$$
$$b = 8x^{14} - 3x^{10} + 10x^{6}$$

图 4.12 是 a 和 b 的内部存储表示

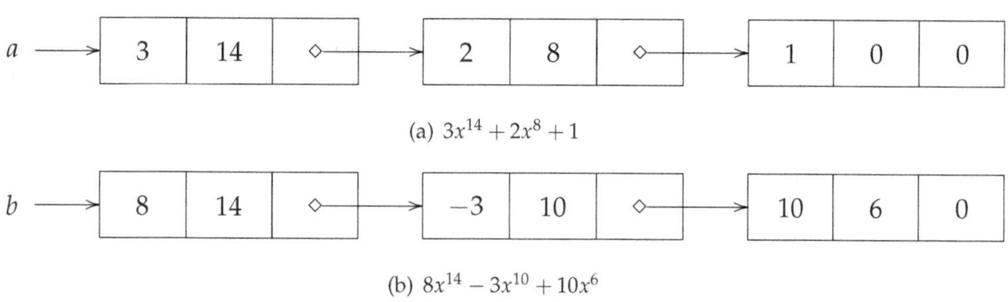

图 4.12 两个多项式的链式表示

§4.4.2 多项式加法

两个多项式 a、b 相加，令结果是新多项式 c。先从 a、b 的头结点开始，如果两项指数相等，把两项系数相加，再为两项系数之和构造新结点，接在 c 后，之后 a、b 指针同时向后移动。如果 a 的当前项系数小于 b 的当前项系数，则复制 b 的当前项到 c，b 的指针后移，否则，若a 的当前项系数大于 b 的当前项系数，则复制 a 的当前项到 c。图 4.13 是 图 4.12 两个多项式的相加处理过程。

每次生成一个新结点，在 `coef`、`expon` 两域赋值之后，都接在 c 的最后。避免了每次从表头向后遍历全表，增设了一个指向 c 表尾的指针 `rear`。程序 4.9 的 `padd` 创建新结点，然后把它接在 c 表尾，由程序 4.10 的 `attach` 完成接入操作。为实现方便，开始时为 c 设置一个空结点，最后再把这个结点删除掉，这方法也许不漂亮，却相当实用，可以节省计算时间。

以上例子是第一个完整的链表处理程序，读者应仔细研读。基本算法直接了当，从前向后扫描多项式，如流水线操作，或直接复制一项接入新多项式，或两项相加接入新多项式。**`while`** 循环考虑三种情形，比较当前两项的指数域，然后根据 `=`、`<`、`>` 分别处理。要特别留意，程序中共有五个创建新结点的地方，每次都要调用 `attach`，因此拿出来单独实现。

***padd* 分析** 分析 `padd` 的整体计算时间，首先应分解出花费时间的各主要操作，对于本算法共有以下三种：

(1) 系数相加

(2) 指数比较

(3) c 创建新结点

为简化分析，我们假定，这些操作无论是谁，每次均花费一个时间单元。如果能够确定这些操作的执行次数，那么它们的总和就代表了 `padd` 的总计算时间。显然，这些操作的次数由

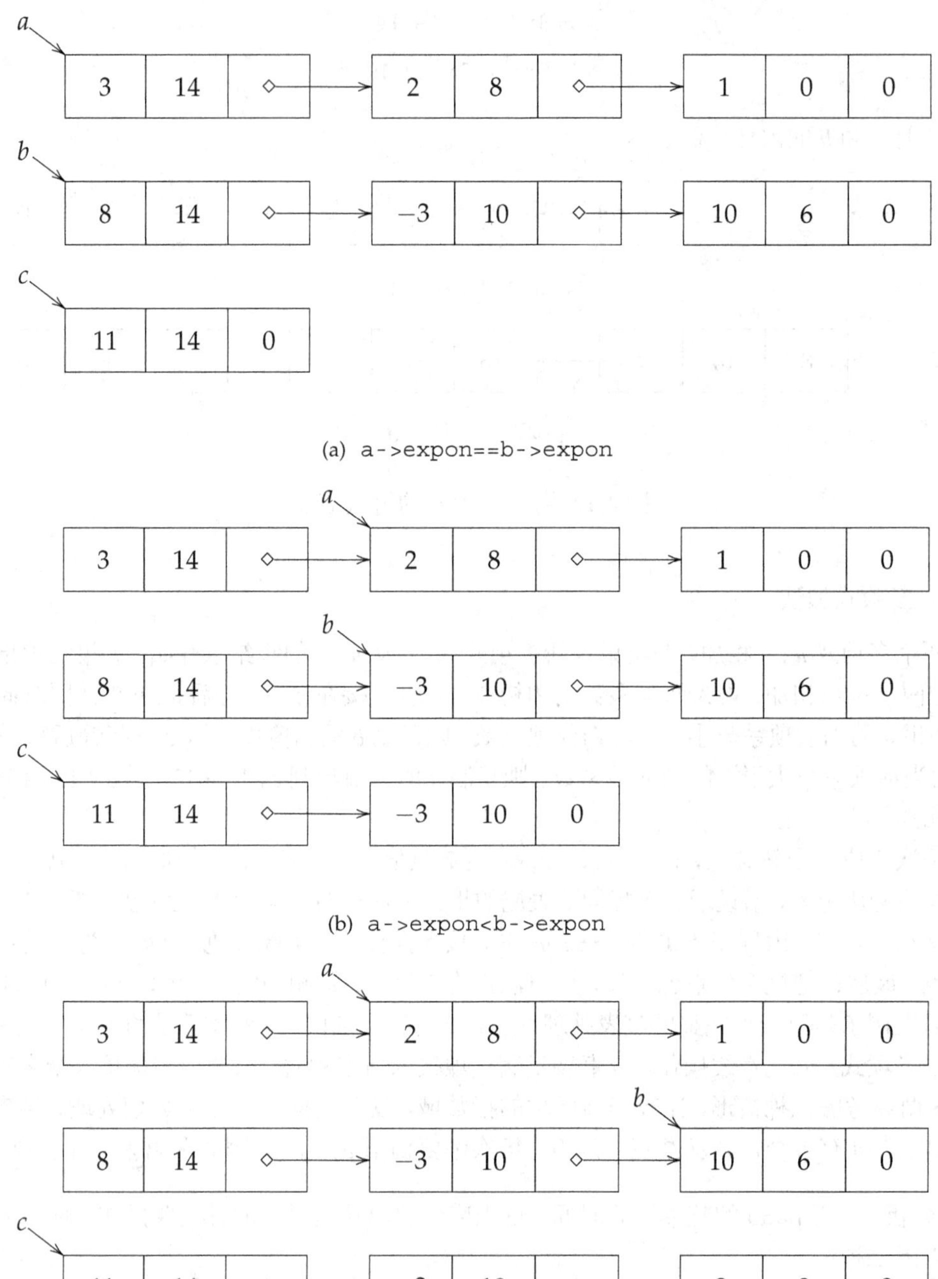

图 4.13 生成 $c = a + b$ 的前三项

```
polyPointer padd(polyPointer a, polyPointer b)
{ /* return a polynomial which is the sum of a and b */
  polyPointer c, rear, temp;
  int sum;
  MALLOC(rear, sizeof(*rear));
  c = rear;
  while (a && b)
    switch (COMPARE(a->expon, b->expon)) {
    case -1:                    /* a->expon < b->expon */
      attach(b->coef, b->expon, &rear);
      b = b->link;
      break;
    case 0:                     /* a->expon == b->expon */
      sum = a->coef + b->coef;
      if (sum) attach(sum->coef, sum->expon, &rear);
      a = a->link;
      b = b->link;
      break;
    case 1:                     /* a->expon > b->expon */
      attach(a->coef, a->expon, &rear);
      a = a->link;
    }
  /* copy rest of list a and then list b */
  for (; a; a=a->link) attach(a->coef, a->expon, &rear);
  for (; b; b=b->link) attach(b->coef, b->expon, &rear);
  rear->link = NULL;
  /* delete extra initial node */
  temp = c;
  c = c->link;
  free(temp);
  return c;
}
```

程序 4.9 两个多项式相加

```
void attach(float coefficient, int exponent, polyPointer *ptr)
{ /* create a new node with coef = coefficient and expon = exponent,
     attach it to the node pointed to by ptr, ptr is updated to point
     to this new node */
  polyPointer temp;
  MALLOC(temp, sizeof(*temp));
  temp->coef = coefficient;
  temp->expon = exponent;
  (*ptr)->link = temp;
  *ptr = temp;
}
```

程序 4.10 在表尾接入结点

多项式 a、b 的项数确定。假设 a、b 分别有 m、n 项：

$$A(x) = a_{m-1}x^{e_{m-1}} + \cdots + a_0x^{e_0}$$
$$B(x) = b_{n-1}x^{f_{n-1}} + \cdots + a_0x^{f_0}$$

$a_i, b_i \neq 0$ 且 $e_{m-1} > \cdots > e_0 \geq 0, f_{n-1} > \cdots > f_0 \geq 0$。显然，系数加法的执行次数由以下不等式确定：

$$0 \leq \text{系数相加次数} \leq \min\{m, n\}$$

当两个多项式每项指数都不相同，则系数相加次数达到下界；而当一个多项式的指数是另一个多项式指数的子集，则系数相加次数达到上界。

比较指数操作在 **while** 循环中每次都要执行，比较之后，a 或 b 或两者同时向后移动当前指针，因总项数是 $m+n$，循环次数暨比较次数的上界是 $m+n$。例如，当 $m=n$ 且

$$e_{m-1} > f_{m-1} > e_{m-2} > f_{m-2} > \cdots > e_1 > f_1 > e_0 > f_0$$

则比较次数是 $m+n-1$。c 中项数不超过 $m+n$，所以创建新结点操作次数不超过 $m+n$（这里不计事先加入的空结点）。

总而言之，padd 中各种操作的执行次数的上界是 $m+n$，我们得出结论，该函数的计算时间复杂度是 $O(m+n)$。现在回到现实中来，如果在一台计算机上运行该程序，花费的时间应为 $c_1m+c_2n+c_3$，c_1、c_2、c_3 都是常量。两个多项式相加，无论如何，必须处理每一非零项至少一次，所以 padd 的计算时间在相差一个常数因子的意义下达到最优。 □

§4.4.3 销毁多项式

多项式用链表实现好处实在很多，带来许多便利。用户用链表实现的多项式，可以方便地在程序中调用多项式输入、输出函数，多项式相加、相减、相乘函数。假定一个程序员读入多项式 $a(x)$、$b(x)$、$d(x)$，然后计算 $e(x) = a(x) * b(x) + d(x)$，主程序可以是：

```
polyPointer a, b, d, e, temp;
  ⋮
a = readPoly();
b = readPoly();
d = readPoly();
temp = pmult(a, b);
e = padd(temp, d);
printPoly(e);
```

如果要计算其它多项式，我们可以重用 temp，用来存放其它临时结果。重用 temp 之前，必须先销毁，即释放这个临时多项式所有结点的存储空间。以后其它多项式可重用这些释放的空闲存储区域。程序 4.11 的函数 erase 可用来释放 temp 的所有结点。

```
void erase(polyPointer *ptr)
{ /* erase the polynomial pointed to by ptr */
  polyPointer temp;
  while (*ptr) {
    temp = *ptr;
    *ptr = (*ptr)->link;
    free(temp);
  }
}
```

程序 4.11 销毁多项式

§4.4.4 循环链表与多项式

如果单链表首尾相接，即表尾链域值指向表头，我们得到一个新型链表，称为循环链表，见图 4.14。如果用循环链表表示多项式，那么上小节的销毁操作可以更高效。

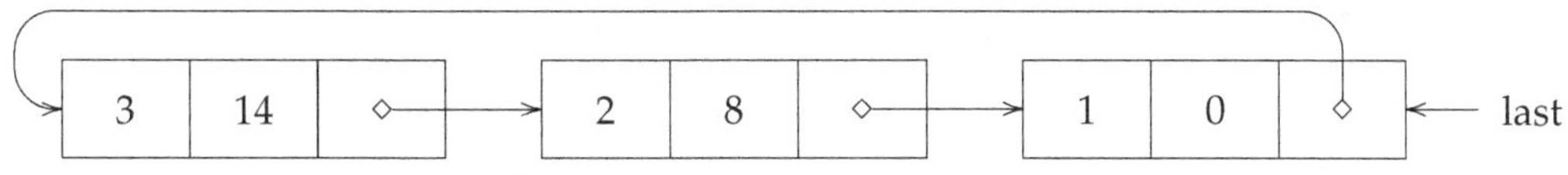

图 4.14 $3x^{14}+2x^{8}+1$ 的循环链表

上小节介绍的多项式销毁操作，把不再使用的结点返还给系统，以后可供其它结点使用。但程序 4.11 每释放一个结点都要调用 free，实际上有更高效率销毁多项式的算法。我们可以用一个循环链表回收已“释放”的结点，以后需要新结点时，可以先查看这个循环链表，如果它不是空表，可以马上取出一个结点使用；只有当这个循环链表是空表，我们才调用 malloc 申请存储空间。

程序 4.12和程序 4.12是这种思路的实现。令 avail 是 polyPointer 类型的变量，指向回收链表的表头，这个回收链表也称为 avail 表。avail 的初始值是 NULL，以后申请、释放结点可以用 getNode、retNode，而不用调用 malloc、free。

```
polyPointer getNode(void)
{ /* provide a node for use */
  polyPointer node;
  if (avail) {
    node = avail;
    avail = avail->link;
  } else
    Malloc(node, sizeof(*node));
  return node;
}
```

程序 4.12 getNode 函数

```
void retNode(polyPointer node)
{ /* return a node to the available list */
  node->link = avail;
  avail = node;
}
```

程序 4.13 retNode 函数

程序 4.14 中的函数 cerase 销毁循环链表只需固定时间，与表中结点个数无关。

```
void cerase(polyPointer *ptr)
{ /* erase the circular list pointed to by ptr */
  polyPointer temp;
  if (*ptr) {
    temp = (*ptr)->link;
    (*ptr)->link = avail;
    avial = temp;
    *ptr = NULL;
  }
}
```

程序 4.14 销毁循环表

如果直接用图 4.14 的循环队列，将增加其它多项式操作的难度，因为必须要区别对待零多项式。如果引入一个空表头结点，问题迎刃而解。对每个多项式，无论是不是零多项式，都在表头设一个结点，其 expon 域、coef 域的值任意，图 4.15(a) 是零多项式，图 4.15(b) 是多项式 $3x^{14}+2x^8+1$。

为简化循环队列多项式加法，header 域取值 -1，程序 4.15 是加法操作。

§4.4.5 小结

我们到现在已经学习了单向链表和循环链表，两种链表中的每个结点都只有一个链域，并至少有一个其它成员域。

```
polyPointer cpadd(polyPointer a, polyPointer b)
{ /* polynomials a and b are singly linked circular lists with a
     header node. Return a polynomial which is the sum of a and b*/
  polyPointer startA, c, lastC;
  int sum, done = FALSE;
  startA = a;                    /* record start of a */
  a = a->link;                   /* skip header node for a and b */
  b = b->link;
  c = getNode();                 /* get a header node for sum*/
  c->expon = -1; lastC = c;
  do {
    switch (COMPARE(a->expon, b->expon)) {
    case -1:                     /* a->expon < b->expon */
      attach(b->coef, b->expon, &lastC);
      b = b->link;
      break;
    case 0:                      /* a->expon == b->expon */
      if (startA==a) done = TRUE;
      else {
        sum = a->coef + b->coef;
        if (sum) attach(sum->coef, a->expon, &lastC);
        a = a->link;
        b = b->link;
      }
      break;
    case 1:                      /* a->expon > b->expon */
      attach(a->coef, a->expon, &lastC);
      a = a->link;
    }
  } while (!done);
  lastC->link = c;
  return c;
}
```

程序 4.15 空表头循环链表多项式相加

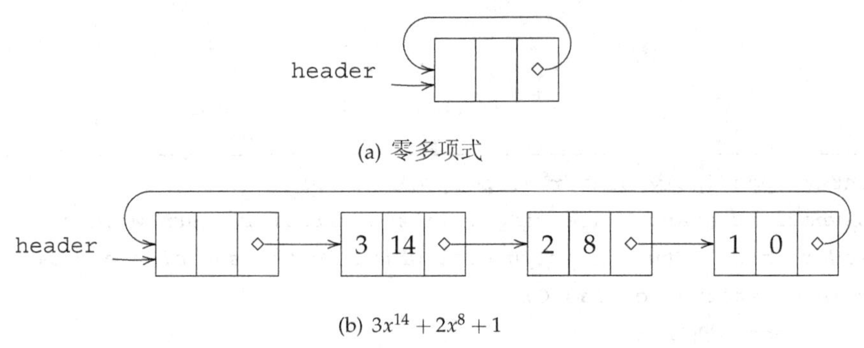

(a) 零多项式

(b) $3x^{14}+2x^8+1$

图 4.15 带空表头的多项式

多项式处理用循环链表最方便。另外还介绍了存储空间回收链表，该表中的结点至少用过了一次，但当前是空闲结点。采用用回收链表，以及函数 getNode、retNode、cerase，销毁整个循环链表只需常量时间，而且可以重用当前的空闲结点。后续内容还要涉及结点结构的修改，以及表结构的修改，以适应各种新的操作需求。

习题

1. 编写函数，实现输入多项式功能。给定多项式 x，要求读入它的 n 对系数、指数二元组$< c_i, e_i >$，$0 \le i < n$，我们约定 $e_{i+1} > e_i$，$0 \le i < n-2$，$c_i \ne 0$，$0 \le i < n$。证明函数的时间复杂度可以是 $O(n)$。

2. 令指针 a、b 分别指向两个多项式。编写函数计算这两个多项式的乘积 $d = a * b$，要求不改变 a、b，结果放在新表 d 中。令 n、m 分别是 a、b 的项数，证明乘法的执行时间是 $O(nm^2)$ 或 $O(n^2m)$。

3. 令指针 a 指向一个多项式。编写函数 peval 对多项式 a 在 x 求值，x 是一个浮点数。

4. 用循环链表表示多项式，重做习题 1。

5. 用循环链表表示多项式，重做习题 2。

6. 用循环链表表示多项式，重做习题 3。

7. ♣ **[编程大作业]** 用带表头的循环链表实现存储分配系统表示多项式。多项式结点结构是

coef	expon	link

实现高效的多项式销毁操作，使用本节介绍的回收表机制及相关函数。

编写、测试以下函数：

(a) pread. 读入多项式原始数据存入循环链表。函数返回指向多项式头结点的指针。

(b) pwrite. 按数学习惯输出多项式。

(c) padd. 计算 $c = a + b$，保持a、b。

(d) psub. 计算 $c = a - b$，保持a、b。

(e) pmult. 计算 $c = a * b$，保持a、b。

(f) peval. 给定浮点数 a，求多项式在该点的值并返回。

(g) perase. 把销毁的多项式回收的用循环链表表示的回收表中。

§4.5 其它链表操作

§4.5.1 单向链表操作

单向链表有各种各样的操作，有些是基本的，有些可以为链表操作提供便利，程序员编写这些链表操作，有时是工作需要，有时甚至带来无穷乐趣。我们介绍过的操作包括 getNode、retNode，可高效回收当前不需要的结点，是非常实用的函数。程序 4.16 把链表反向，也是一个实用函数，函数实现用三个指针，把链表“在位”（in place）变反，技巧高超。链表的结点结构声明如下：

```
typedef struct listNode *listPointer;
struct listNode {
  char data;
  listPointer link;
};
```

要看懂这个函数，最好用三个链表做测试，一个空表，一个单一结点的链表，一个有两个结点的链表。这个函数的 **while** 语句对长度 $n \geq 1$ 的链表共执行 n 次，因此它的计算时间是线性的 $O(n)$。

```
listPointer invert(listPointer lead)
{ /* invert the list pointed to by lead */
  listPointer middle, trail;
  middle = NULL;
  while (lead) {
    trail = middle;
    middle = lead;
    lead = lead->link;
    middle->link = trail;
  }
  return middle;
}
```

程序 4.16 单向链表反向

另一个实用函数是程序 4.17 的 concatenate，它把两个单向链表 ptr1、ptr2 连接起来。函数的复杂度是 $O($ptr1 的长度$)$。因为函数不申请新结点，连接结构就存放在 ptr1 中（本节习题中有一道题要求完成同样任务，但保持链表 ptr1）。

```
listPointer concatenate(listPointer ptr1, listPointer ptr2)
{ /* produce a new list that contains the list ptr1 followed by the
     list ptr2. The list pointed to by ptr1 is changed permanently */
  listPointer temp;
  /* check for empty lists */
  if (!ptr1) return ptr2;
  if (!ptr2) return ptr1;

  /* neither list is empty, find end of first list */
  for (temp=ptr1; temp->link; temp=temp->link) ;

  /* link end of first to start of second */
  temp->link = ptr2;
}
```

程序 4.17 单向链表连接

§4.5.2 循环链表操作

我们再来看图 4.14 的循环链表，这个表设置的 `last` 指向表尾，而不指向表头。这样设置链表指针可以方便地在表头、表尾插入结点。如果设置指向表头的指针，那么在表头前插入结点效率极低，我们必须从头遍历整个链表，直到指针移到表尾，然后才能在表头前插入。程序 4.18 中的代码在循环表达表头插入结点。如果要在表尾后插入结点，只需修改程序 4.18 的函数 `insertFront`，在 **else** 语句中插入一句 `*last=node`。

```
void insertFront(listPointer *last, listPointer node)
{ /* insert node at the front of the circular list whose last node is
     last */
  if (!(*last)) {
    /* list is empty, change last to point to new entry */
    *last = node;
    node->link = node;
  } else {
    /* list is not empty, add new entry at front */
    node->link = (*last)->link;
    (*last)->link = node;
  }
}
```

程序 4.18 在表头插入

程序 4.19 计算循环表的长度，代码很简单，无需说明。

```
int length(listPointer last)
{ /* find the length of the circular list last */
  listPointer temp;
  int count = 0;
  if (last) {
    temp = last;
    do {
      count++;
      temp = temp->link;
    } while (temp!=last);
  }
  return count;
}
```

程序 4.19 计算循环链表长度

习题

1. 编写函数，在循环表中查找整数 num，如果找到返回指向该结点的指针，否则返回 NULL。
2. 编写函数，在循环表中删除整数 num 的结点，调用上题的查找函数。
3. 编写函数，把两个循环表连接起来。假设两个循环链表都设置指向表尾的指针。函数返回新循环表指针，指针仍然指向表尾，连接后两个输入表不再独立存在。指出函数的复杂度。
4. 编写函数，把循环表的指针反向。

§4.6 等价类

我们已学过顺序表示和链式表示，现在要综合运用这些知识，求解超大规模集成电路 (VLSI) 制造工艺中的一个问题。VLSI 电路制造有一道工序，要在硅晶片上刻蚀多层金属掩模，每层掩模都是多边形，相交的多边形是电器等价的，电器等价揭示了掩模间的特定关系，这种关系与等价关系有共同点。等价关系是一大类关系的抽象，例如数学中的相等就是等价关系。如果用符号 $\equiv$ 表示任意一种等价关系，以上电器等价有如下性质：

(1) 对任何多边形 x，有 $x \equiv x$，即 x 与自身电器等价，因此 $\equiv$ 是自反的 (reflexive)。

(2) 对任何两个多边形 x、y，如果 $x \equiv y$ 则 $y \equiv x$。因此 $\equiv$ 是对称的 (symmetric)。

(3) 对任何三个多边形 x、y、z，如果 $x \equiv y$ 且 $y \equiv z$ 则 $x \equiv z$。例如，如果 x 和 y 电器等价且 y 和 z 电器等价，则 x 和 z 电器等价。因此 $\equiv$ 是传递的 (transitive)。

定义 定义在集合 S 上的关系 $\equiv$ 称为 S 上的等价关系当且仅当它在 S 上是自反、对称、传递的。 □

等价关系多得数不胜数，相等 (=) 是其中一种，因为

(1) $x = x$

(2) $x = y$ 蕴含 $y = x$

(3) $x = y$ 且 $y = z$ 蕴含 $x = z$

定义在集合 S 上的等价关系可以把 S 划分成一些等价类，就是说，如果 S 的两个成员 x, y 同属一个等价类当且仅当 $x \equiv y$。例如，如果有 12 个多边形，编号 0 到 11，并有一些相交偶对：

$$0 \equiv 4, 3 \equiv 1, 6 \equiv 10, 8 \equiv 9, 7 \equiv 4, 6 \equiv 8, 3 \equiv 5, 2 \equiv 11, 11 \equiv 0$$

那么，根据关系 $\equiv$ 的自反性、对称性、传递性，这 12 个多边形可划分为如下三个等价类：

$$\{0,2,4,7,11\}; \{1,3,5\}; \{6,8,9,10\}$$

这些等价类在集成电路制造工艺中很重要，它们构成信号网，用来测试掩模的正确性。

确定等价性的算法分成两个阶段。第一阶段读入等价的成员偶对 $< i,j >$。第二阶段从 0 开始找出所有形式为 $< 0,j >$ 的偶对，其中 0、j 同属一个等价类。根据传递性，偶对 $< j,k >$ 断言 k 与 0 也同属一个等价类。这个过程持续下去，直到找出、标记、打印包括 0 的所有等价类成员。然后再确定其它等价类。

程序 4.20 是以上算法的初试。令 m、n 分别表示偶对数目、成员数目。首先要确定存储偶对的数据结构，这个数据结构应该尽量适合所需操作，所以先考察操作细节。偶对 $< i,j >$ 是两个随机整数，范围从 0 到 $n-1$。数组应方便随机访问，所以考虑用 `pairs[n][m]` 表示偶对，第 i 行存放哪些与之配对的 j。但是，这种存储浪费了大量空间，数组中只有极少数单元有用，而且在插入时要从左向右找下一个空位，耗时很多。要减少耗时，可能要考虑使用更多存储空间。

```
void equivalence()
{
  initailize;
  while (there are more paires) {
    read the next pare <i, j>;
    process this pare;
  }
  initialize the output;
  do
    output a new equivalence class;
  while (not done);
}
```

程序 4.20 等价类算法初试

```
void equivalence()
{
  initailize seq to NULL and out to TRUE;
  while (there are more paires) {
    read the next pare <i, j>;
    put j on the seq[i] list;
    put i on the seq[j] list;
  }
  for (i=0; i<n; i++)
    if (out[i]) {
      out[i] = FALSE;
      output this equivalence class;
    }
}
```

程序 4.21 等价类算法求精

所以顺序存储表示并不合适，因而我们考虑链式表示。对本应用而言，结点结构中只需一个数据域和一个链域。为了结合随机访问第 i 行的优点，用 n 个单元的数组 `seq[n]` 存放头结点。在算法的第二阶段，必须有某种机制指明是否已经打印了成员 i，所以设置数组 `out[n]`，单元内容是 `TRUE` 或 `FALSE`。在数据结构设计完成后，算法的求精结果呈现在程序 4.21 中。

我们用前面给出的数据作程序 4.21 的输入。**`while`** 循环结束后，结果如图 4.16 所示。每个关系 $i \equiv j$ 对应两个结点，每个 `seq[i]` 指向一个链表，链表中的结点是根据输入得到的同属 i 的等价类成员。

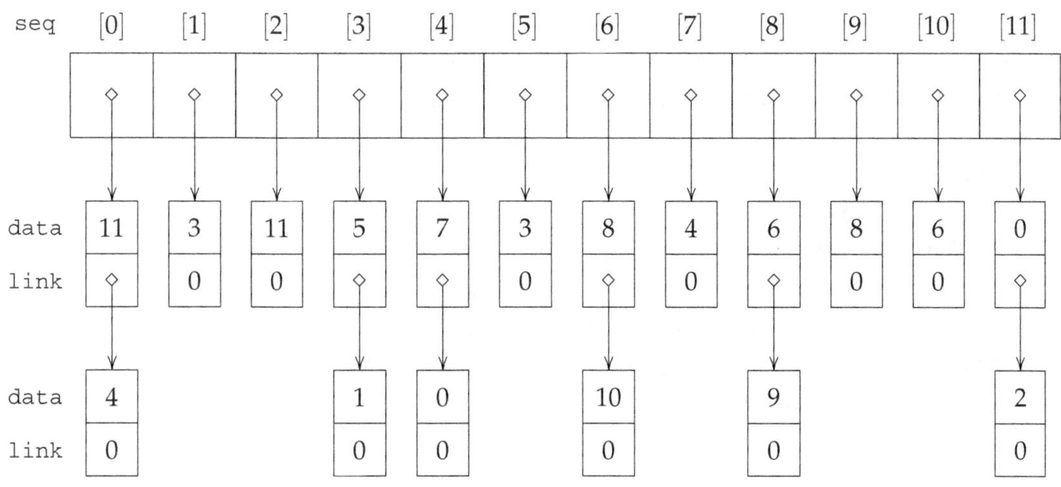

图 4.16 偶对输入完毕后的各链表

算法的第二阶段找出所有等价类，每找到一个等价类则逐一打印各成员。扫描数组 seq，查找第一个使 out[i]=TRUE 的 $i, 0 \le i < n$，这个 i 是一个新等价类的成员，沿着 seq[i] 打印链表所有结点的数据域，同时，根据传递性，数据域成员 j 对应的以 seq[j] 为表头的链表成员与 i 同属一个等价类，因此要记住这些结点。我们用一个链式栈存放这些结点，这些结点在链式栈中的链指向恰好与在链表中的指向相反。程序 4.22 是完整的等价类算法实现。

```
#include <stdio.h>
#include <alloc.h>
#define MAX_SIZE 24
#define FALSE 0
#define TRUE 1
typedef struct node *nodePointer;
typedef struct ndoe {
  int data;
  nodePointer link;
};
void main(void)
{
  short int out[MAX_SIZE];
  nodePointer seq[MAX_SIZE];
  nodePointer x, y, top;
  int i, j, n;

  printf("Enter␣the␣size␣(<=␣%d)␣", MAX_SIZE);
  scanf("%d", &n);
  for (i=0; i<n; i++) {
    /* initialize seq and out */
    out[i] = TRUE; seq[i] = NULL;
  }

  /* Phase 1: Input the equivalence pairs: */
  printf("Enter␣a␣paire␣of␣numbers␣(-1␣-1␣to␣quit):␣");
  scanf("%d%d", &i, &j);
  while (i>=0) {
    MALLOC(x, sizeof(*x));
    x->data = j; x->link = seq[i]; seq[i] = x;
    MALLOC(x, sizeof(*x));
    x->data = i; x->link = seq[j]; seq[j] = x;
    printf("Enter␣a␣paire␣of␣numbers␣(-1␣-1␣to␣quit):␣");
    scanf("%d%d", &i, &j);
  }
```

```
  /* Phase 2: output the equivalence classes */
  for (i=0; i<n; i++)
    if (out[i]) {
      printf("\nNew␣class:␣%5d", i);
      out[i] = FALSE;             /*set class to false */
      x = seq[i];
      top = NULL;                 /* initialize stack */
      for (;;) {                  /* find rest of class */
        while (x) {               /* process list */
          j = x->data;
          if (out[j]) {
            printf("%5d", j);
            out[j] = FALSE;
            y = x->link; x->link = top; top = x; x = y;
          } else x = x->link;
        }
        if (!top) break;
        x = seq[top->data]; top = top->link; /* unstack */
      }
    }
}
```

程序 4.22 完整的等价类算法

等价类算法分析 seq 和 out 的初始化时间是 $O(n)$。第一阶段输入每一对等价偶对的时间都是常量，故第一阶段的时间是 $O(m+m)$，m 是输入的偶对个数。第二阶段，每个结点插入链式栈最多一次，由于共有 $2m$ 个结点，而 **for** 循环共执行 n 次，所以这阶段的时间是 $O(m+n)$。因此整个算法的时间是 $O(m+n)$。这类算法总要处理 m 个偶对、n 个多边形至少一次，故这类算法的复杂度不可能低于 $O(m+n)$。所以说，本节的等价类 算法的时间复杂度在相差一个常量因子意义下达到最优。然而，很不幸，这个算法的空间需求也是 $O(m+n)$。在第 5 章，我们将介绍另一种算法，其空间需求仅是 $O(n)$。 □

§4.7 稀疏矩阵

§4.7.1 稀疏矩阵表示

第 2 章已讨论过稀疏矩阵，为节省存储空间和计算时间，只应存储稀疏矩阵的非零元。如果稀疏矩阵的非零元组成规则的模式，如对角阵、带型阵，则将非零元组织成含 row、col、value 域的结点，可以用一维数组顺序存储。采用这种表示，由于各矩阵的非零元个数不同，矩阵运算时，如加、减、乘操作，运算结果的非零元个数在很大的范围变动。因此稀疏矩阵的运算要花费相当多的时间管理这些非零元的存储，包括为新的非零元申请存储空间，把当前不再使用的矩阵释放，空间留给新矩阵使用。我们在讨论多项式运算时，已经遇到这类问题，而且顺序表示在处理这类问题时，效率低下，而采用链式表示，多项式运算效率有大幅度提升。本节讨论稀疏矩阵的链式表示，同样可以提高稀疏矩阵的运算效率。

稀疏矩阵的每行、每列都用带表头的循环链表存储非零元。每个结点设置标签域，用来区分表头结点与矩阵元素结点。头结点包含三个域：`down`、`right`、`value`，参见图 4.17(a)。域 `down` 用来链接列中的所有元素，域 `right` 用来链接行中所有元素，域 `next` 把所有行、列的头结点链接中一起。第 i 行的头结点也是第 i 列的头结点，这样，需要用到的头结点个数是 max{行数, 行数}。

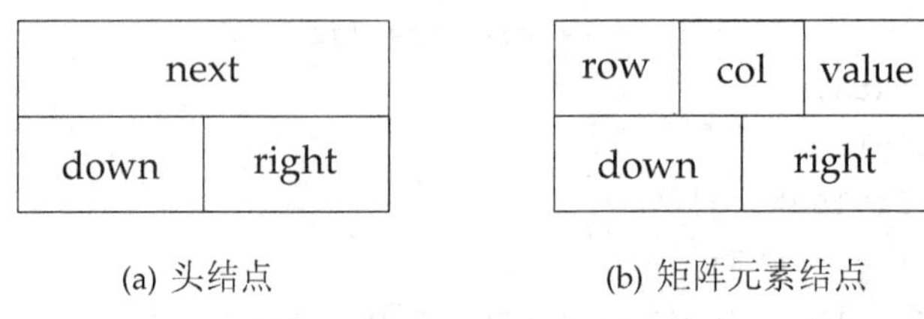

(a) 头结点 (b) 矩阵元素结点

图 4.17 稀疏矩阵的结点 (标签域未示出)

每个元素结点共有六个域，见图 4.17(b)，一个是标签域 `tag`，其它五个是 `row`, `col`, `value`, `down`, `right`。`down` 指向同列的下一个非零元，`right` 指向同行的下一个非零元。例如，$a_{ij} \neq 0$，它的各域值为：`tag=entry`、`value=` a_{ij}、`row=` i、`col=` j。这个结点同时链在第 i 行、第 j 列的循环表中，即一个同样的结点位于两个不同的链表中。

前面已经提到过，每个头结点出现在三个链表中，一个是行链表，一个是列链表，一个是头结点链表。头结点链表也有一个表头结点，结构同图 4.17(b)，用这个结点的 `row`、`col` 域分别存放矩阵的行数、列数。

现在看一个稀疏矩阵的例子，矩阵 a 如图 4.18 所示，图 4.19 是这个矩阵的链式表示。

$$\begin{bmatrix} 2 & 0 & 0 & 0 \\ 4 & 0 & 0 & 3 \\ 0 & 0 & 0 & 0 \\ 8 & 0 & 0 & 1 \\ 0 & 0 & 6 & 0 \end{bmatrix}$$

图 4.18 4×4 稀疏矩阵 a

图中未标出标签域，但根据结点结构可以容易确定这个域的取值。a 中每个非零元都出现在唯一的行链表和唯一的列链表中，头结点用 $H0$ 到 $H4$ 标出。头结点中的 `right` 域用来连接头结点链表，这些链表又是行、列链表的头结点。整个链表可以通过头结点链表的头结点存取。

为表示维数为 `numRows`× `numCols`、非零元个数为 `numTerms` 的稀疏矩阵，共需要

$$\max\{\texttt{numRows}, \texttt{numCols}\} + \texttt{numTerms+1}$$

个结点。每个结点占用若干字节。如果 `numTerms` 充分小，整个存储空间小于 `numRows`× `numCols`。

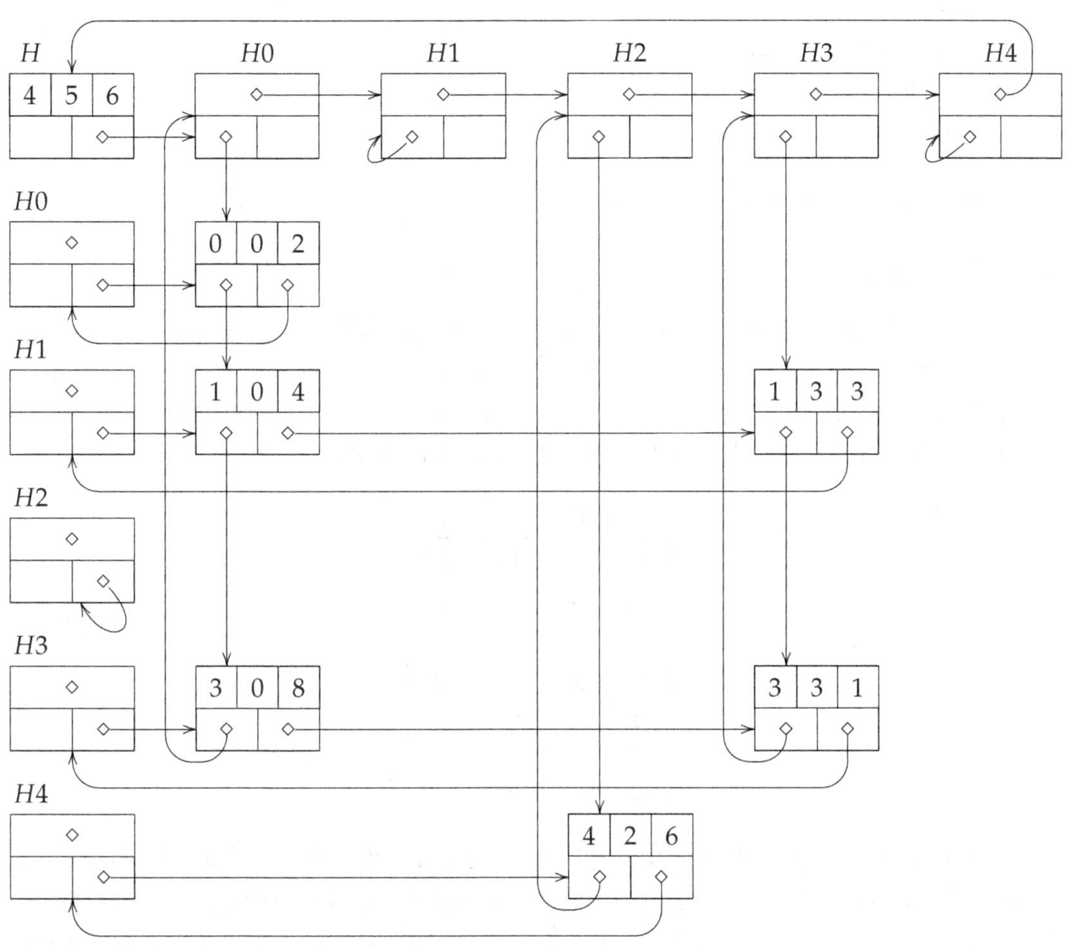

图 4.19 稀疏矩阵的链式表示 (矩阵是图 4.18 的 a，标签域未示出)

由于结点分两种类型，以下 C 声明语句用 **union** 区分两者：

```
#define MAX_SIZE 50 /* size of largest matrix */
typedef num {head, entry} tagfield;
typedef struct matrixNode *matrixPointer;
struct entryNode {
  int row;
  int col;
  int value;
};
struct matrixNode {
  matrixPointer down;
  matrixPointer right;
  tagfield tag;
```

```
    union {
      matrixPointer next;
      entryNode entry;
    } u;
  };
  matrixPointer hdnode[MAX_SIZE];
```

§4.7.2 输入稀疏矩阵

我们介绍稀疏矩阵的第一个操作是输入操作，功能是读入数据、创建链表。约定输入格式为，第一行包括矩阵行数 (numRows)，矩阵列数 (numCols)，矩阵的非零元个数 (numTerms)。接下来跟着 numTerms 行输入数据，每行的格式为，row,col,value，顺序按行序升序排列，同行按列序升序排列。如要读入图 4.18 中的 4×4 矩阵 a，输入格式如图 4.20 所示。

	[0]	[1]	[2]
[0]	4	4	4
[1]	0	2	11
[2]	1	0	12
[3]	2	1	−4
[4]	3	3	−15

图 4.20 稀疏矩阵输入格式

程序 4.23 是程序代码。程序中用到辅助数组 hdnode，其长度至少是读入矩阵的最大维数，hdnode[*i*] 指向第 *i* 行第 *i* 列链表的头结点。设置这个数组可以方便之后的随机存取。函数 mread 先构建头结点，然后创建行、列链表。第 *i* 个头结点的 next 域开始时指向第 *i* 列的最后一个结点，到了 mread 最后一个 **for** 循环才用这个域把头结点链在一起。

```
matrixPointer mread(void)
{ /* read in a matrix and set up its linked representation. An
     auxiliary global array hdnode is used */
  int numRows, numCols, numTerms, numHeads, i;
  int row, col, value, currentRow;
  matrixPointer temp, last, node;

  printf("Enter␣the␣number␣of␣rows,␣columns␣and␣nozero␣terms:");
  scanf("%d%d%d", &numRows, &numCols, &numTerms);
  numHeads = (numCols>numRows) ? numCols : numRows;
  /* set up header node for the list of header nodes */
  node = newNode(); node->tag = entry;
  node->u.entry.row = numRows;
  node->u.entry.col = numCols;

  if (!numHeads) node->right = node;
```

```
  else { /* initialize the header nodes */
    for (i=0; i<numHeads; i++) {
      temp = newNode;
      hdnode[i] = temp;
      hdnode[i]->tag = head;
      hdnode[i]->right = temp;
      hdnode[i]->u.next = temp;
    }
    currentRow = 0;
    last = hdnode[0]; /* last node in current row */
    for (i=0; i<numTerms; i++) {
      printf("Enter␣row,␣column␣and␣value:␣");
      scanf("%d%d%d", &row, &col, &value);
      if (row>currentRow) { /* close current row */
        last->right = hdnode[currentRow];
        currentRow = row; last = hdnode[row];
      }
      MALLOC(temp, sizeof(*temp));
      temp->tag = entry;
      temp->u.entry.row = row;
      temp->u.entry.col = col;
      temp->u.entry.value = value;
      last->right = temp; /* link into row list */
      last = temp;
      /* link into column list */
      hdnode[col]->u.next->down = temp;
      hdnode[col]->u.next = temp;
    }
    /* close last row */
    last->right = hdnode[currentRow];
    /* close all column lists */
    for (i=0; i<numHeads-1; i++)
      hdnode[i]->u.next = hdnode[i+1];
    hdnode[numHeads-1]->u.next = node;
    node->right = hdnode[0];
  }
  return node;
}
```

程序 4.23 输入稀疏矩阵

***mread* 分析** 因为 MALLOC 的执行时间是恒定值，所以构建所有头结点的时间是

$$O(\max\{\texttt{numRows}, \texttt{numCols}\}).$$

处理每个非零元的时间也是恒定值，因为变量 `last` 总是指向当前行，`next` 总是指向当前列。因此，用于读入、链接每个非零元的 **for** 循环所需时间为 $O(\texttt{numTerms})$。函数其它部分的计算时间是 $O(\max\{\texttt{numRows}, \texttt{numCols}\})$。最后得到总时间：

$$O(\max\{\texttt{numRows}, \texttt{numCols}\} + \texttt{numTerms}) = O(\texttt{numRows} + \texttt{numCols} + \texttt{numTerms})$$

这个渐近复杂度优于用二维数组表示的输入时间 $O(\texttt{numRows} \times \texttt{numCols})$，但不如 §2.5 顺序表示方法的输入时间。 □

§4.7.3 输出稀疏矩阵

程序 4.24 的函数 `mwrite` 把稀疏矩阵按图 4.20 的格式输出。

```
void mwrite(matrixPointer node)
{ /* print out the matrix in row major form */
  int i;
  matrixPointer temp, head = node->right;
  /* matrix dimensions */
  printf(" \n numRows = %d, numCols = %d \n",
         node->u.entry.row, node->u.entry.col);
  printf(" The matrix by row, column, and value: \n\n");
  for (i=0; i<node->u.entry.row; i++) {
    /* print out the entries in each row */
    for (temp=head->right; temp!=head; temp=temp->right)
      printf("%5d%5d%5d \n",  temp->u.entry.row,
             temp->u.entry.col, temp->u.entry.value);
    head = head->u.next; /* next row */
  }
}
```

程序 4.24 输出稀疏矩阵

***mwrite* 分析** 函数 `mwrite` 有两个 **for** 循环。外层 **for** 循环的循环次数是 `numRows`，对每个行号 i，内层 **for** 循环的循环次数等于该行的非零元个数。所有 `mwrite` 的计算时间是 $O(\texttt{numRows} + \texttt{numTerms})$。 □

§4.7.4 销毁稀疏矩阵

我们最后讨论把稀疏矩阵的所有结点返还给系统的算法，程序 4.25 的函数 `merase` 实现这个功能。程序释放每个结点调用一次 `free`。§4.4 介绍过更高效的方法，本小节就不再深入讨论了。

***merase* 分析** 首先，`merase` 释放非零元结点和头结点的程序结构与 `mwrite` 的两重循环相似。因此 `merase` 的计算时间是 $O(\texttt{numRows} + \texttt{numTerms})$。其次，释放其它头结点的时间是 $O(\texttt{numRows} + \texttt{numCols})$。所以，全部计算时间是 $O(\texttt{numRows} + \texttt{numCols} + + \texttt{numTerms})$。 □

```
void merase(matrixPointer *node)
{ /* erase the matrix, return the nodes to the heap */
  matrixPointer x, y, head=(*node)->right;
  int i;
  /* free the entry and header nodes by row */
  for (i=0; i<(*node)->u.entry.row; i++) {
    y = head->right;
    while (y!=head) {
      x = y; y = y->right; free(x);
    }
    x = head; head = head->u.next; free(x);
  }
  /* free remaining header nodes */
  y = head;
  while (y!=*node) {
    x = y; y = y->u.next; free(x);
  }
  free(*node); *node = NULL;
}
```

程序 4.25 销毁稀疏矩阵

习题

1. 令 a、b 是两个稀疏矩阵。编写函数实现 $d = a + b$，d 是新创建的矩阵，a、b 保持不变。令 a 和 b 都是 $m \times n$ 的矩阵，a 的非零元个数是 t_a，b 的非零元个数是 t_b，证明加法操作的计算时间是 $O(m + n + t_a + t_b)$。

2. 令 a、b 是两个稀疏矩阵。编写函数实现 $d = a * b$，d 是新创建的矩阵。令 a 是 $m \times n$ 的矩阵，b 是 $n \times p$ 的矩阵，a 的非零元个数是 t_a，b 的非零元个数是 t_b，证明乘法操作的计算时间是 $O(p \times t_a + m \times t_b)$。算法是否可以改进，使计算时间减少为 $O(\min\{p \times t_a, m \times t_b\})$?

3. (a) 改写 `merase`，使用回收链表存放当前空闲结点，而不用把结点返还给系统。

   (b) 改写 `mread`，首先从收链表中去空闲结点，而不是向系统申请。

4. 编写函数，实现稀疏矩阵 a 的转置 $b = a^T$。讨论算法是计算时间。

5. 编写函数，复制稀疏矩阵。讨论算法是计算时间。

6. ♣ **[编程大作业]** 编写完整的稀疏矩阵算术运算系统，稀疏矩阵用链式存储表示。实现以下操作：

   (a) `mread` 输入稀疏矩阵。

   (b) `mwrite` 输出稀疏矩阵。

(c) `merase` 销毁稀疏矩阵。

(d) `madd` 稀疏矩阵相加 $d = a + b$，d 是新创建矩阵。

(e) `mmult` 稀疏矩阵相乘 $d = a * b$，d 是新创建矩阵。

(f) `mtranspose` 稀疏矩阵转置 $b = a^T$，b 是新创建矩阵。

要求实现菜单界面，并为用户提供矩阵模板，使输入形象简便。

§4.8 双向链表

到现在为止，我们讨论的链表都是单向链表。有些问题使用单向链表会带来不便，比如从结点 p 位置，只能单方向访问链指向的后续结点，如果想访问 p 的前驱结点，唯一的方法是重新从表头出发向后遍历。从单链表中删除结点也有同样问题，回忆例 4.4，我们只能删除 p 之后的结点，要删除它前面的结点，也必须从表头出发找到待删结点的前一个结点。双向链表可以解决以上问题。双向链表的结点有两个链域，一个指向后继结点，另一个指向前驱结点。

双向链表的结点至少有三个域，数据域 `data`，左链域 `llink`，右链域 `rlink`，结点声明如下：

```
typedef struct node *nodePointer;
struct node {
  element data;
  nodePointer llink;
  nodePointer rlink;
};
```

双向链表也可以设成循环表，图 4.21 是三个结点的双向循环链表， 除三个结点外，还

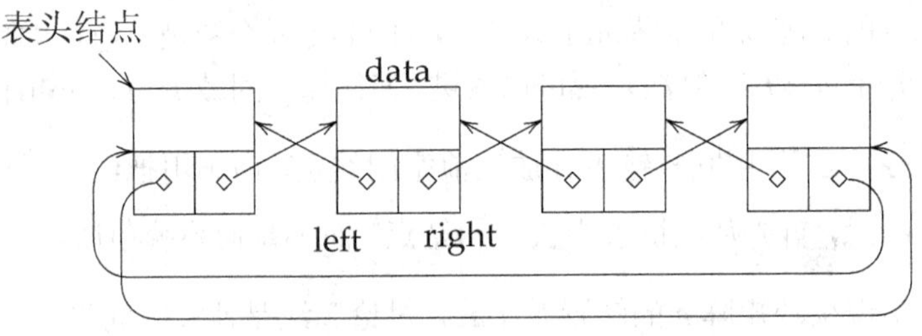

图 4.21 带头结点的双向链表

设了一个空表头结点。我们以前已经看到，设空表头头结点可以简化链表操作。空表头头结点的数据域不存储信息，可以是任意值。如果指针 `ptr` 指向双向循环链表中的某结点，一定有如下关系：

```
ptr = ptr->llink->rlink = ptr->rlink->llink
```

上式是双向循环链表的不变量，根据这个关系式，在链表中可以任意左、右移动，这正是构造双向循环链表的好处。双向循环链表的空表并不真是无结点的空表，因为这个空表仍然有表头结点，图 4.22 是空表的图示。

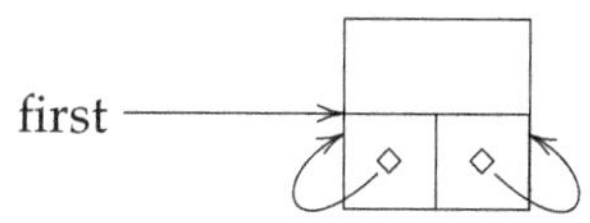

图 4.22 带头结点双向链表空表

所有链表操作都应讨论插入、删除，双向循环链表也不例外。在双向循环链表中插入结点很方便，程序 4.26 的函数 dinsert 完成插入操作，node 是表中结点，可以是头结点，也可以是内部结点，newnode 是待插入结点。

```
void dinsert(nodePointer ndoe, nodePointer newnode)
{ /* insert newnode to the right of node */
  newnode->llink = node;
  newnode->rlink = node->rlink;
  node->rlink->rlink = newnode;
  node->rlink = newnode;
}
```

程序 4.26 向双向循环表插入结点

在双向循环链表中删除结点同样方便，程序 4.27 的函数 ddelete 完成删除操作，deleted 指向待删除结点。删除的具体方法是改变 node 前驱结点的链域 deleted->llink->rlink，同时改变 node 后继结点的链域 deleted->rlink->llink。图 4.23 所示，是在仅有一个结点的双向循环链表中删除操作前、后的变化情况。

```
void ddelete(nodePointer node, nodePointer deleted)
{ /* delete from the doubly linked list */
  if (node==deleted)
    printf("Deletion␣of␣header␣node␣not␣permitted.\n");
  else {
    deleted->llink->rlink = deleted->rlink;
    deleted->rlink->llink = deleted->llink;
    free(deleted);
  }
}
```

程序 4.27 从双向循环表删除结点

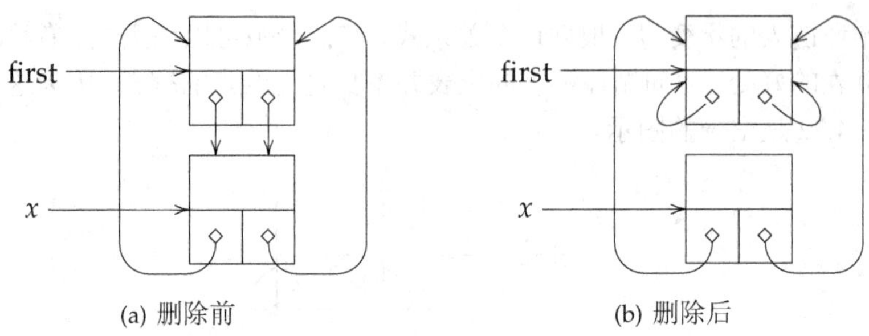

(a) 删除前 (b) 删除后

图 4.23 带头结点双向链表删除操作

习题

1. 向图 4.21 的双向循环链表中插入结点，位置是第二个与第三个结点之间，画出插入后的链表图，标出函数 `dinsert` 改变的链域。例如标出 `newnode->llink`，`newnode->rlink`，`newnode->rlink->llink`。

2. 重做习题 1，这次删除第二个结点。

3. 双端队列（deque）是允许在线性表的表头、表尾都可以插入、删除的数据类型。为双端队列设计数据结构，编写函数实现双端队列的插入、删除操作，要求时间复杂度均为 $O(1)$。

4. 布尔量 i、j 的异或操作 $\oplus$ 是如下操作：

$$i \oplus j = \begin{cases} 0, & \text{如果 } i\text{、}j \text{ 相等;} \\ 1, & \text{否则} \end{cases}$$

异或操作与逻辑或操作不同，逻辑或操作是

$$i \cup j = \begin{cases} 0, & \text{如果 } i = j = 0 \text{ 相等;} \\ 1, & \text{否则} \end{cases}$$

异或操作可以按位推广到布尔串，例如，如果 $i = 10110$、$j = 01100$，那么定义这两个布尔串的异或操作为 $i \oplus j = 11010$。异或操作满足以下性质

$$(a \oplus (a \oplus b) = (a \oplus a) \oplus b = b$$

$$(a \oplus b) \oplus b = a \oplus (b \oplus b) = a$$

这两条性质启发我们，双向链表的左、右链域实际上可以只用一个链域实现。令结点的数据域是 `data`，链域是 `link`，`l` 是结点 `x` 左边的结点指针，`r` 是结点 `x` 右边的结点指针，定义 `x->link=l` $\oplus$ `r`。当 `l` 是链表最左边的结点，且这个链表不是循环表，令 `l=0`；同样情形，最右边的 `r=0`。实现以下函数。

(a) 从左向右遍历整个表，打印每个结点的数据域 `data` 的值。

(b) 从右向左遍历整个表，打印每个结点的数据域 `data` 的值。

第 5 章　树

§5.1　引论

§5.1.1　术语

本章讨论的数据对象称为树，是数据结构研究领域至关重要的内容。树型结构呈现直观、清晰的层次，用来组织数据，可以分门别类、井井有条。现实生活中，树型结构的谱系 (genealogy) 图屡见不鲜，常见的谱系图分两类，一为家谱 (pedigree)，一为宗谱 (lineal)，以图 5.1 为例。

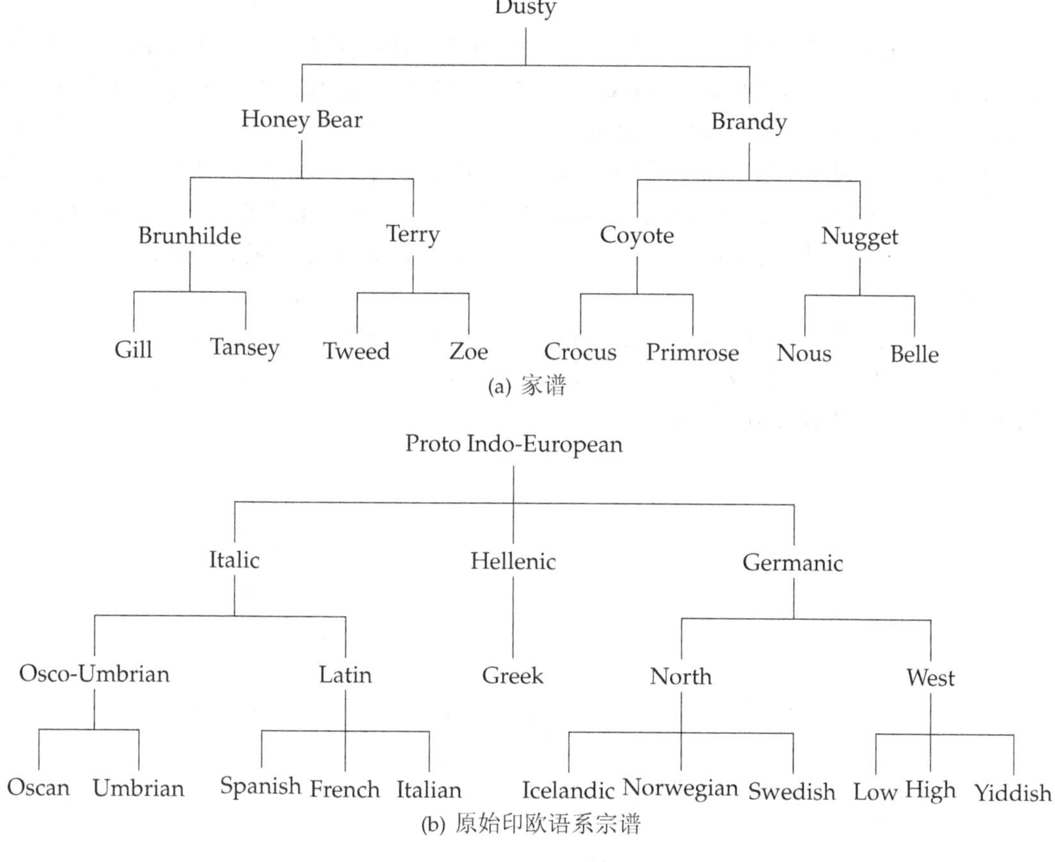

(a) 家谱

(b) 原始印欧语系宗谱

图 5.1 两幅谱系图

图 5.1(a) 的家谱自上而下追溯 Dusty 的祖先，其双亲是 Honey Bear 与 Brandy，Brandy 的双亲是 Coyote 与 Nugget，这两位是 Dusty 的父系祖父母，再往下是 Dusty 的曾祖辈。概而论之，这幅家谱中的每个成员有两位直系前辈，图中直观表达成两分支，当然，如此性质的家谱排除近亲关系。假如出现近亲通婚，则家谱的树型结构将不复存在，除非不计冗余，将每对配偶都单独列出。近亲繁殖常见于花木培植，常见于纯种动物培育。

图 5.1(b) 的宗谱，不再表示人类的血缘关系，仍然是谱系图。图中简略列出了现代欧洲语言的继承，自上而下考证语言的发展演化，梳理 Proto Indo-European (原始印欧语言) 的后代语言，这点不同于追溯祖先的图 5.1(a)。图中告诉我们，Latin (拉丁语) 演化、分化为 Spanish (西班牙语)、French (法语)、Italian (意大利语)。原始印欧语言是一种史前语言，通说流行于公元前五世纪。图 5.1(b) 的分支虽不如图 5.1(a) 整齐，但同样呈现树型结构，是毫无疑问的。

定义 树是满足以下条件的，包含至少一个结点的有限集合

(1) 树中有一个特别指定的结点，称为根，或树根。

(2) 其它结点划分成 $n \geq 0$ 个不相交的集合 $T_1, \cdots, T_n$，每个集合又还是一棵树，但称为根的子树。 □

读者应留意，这个定义是递归定义。再看图 5.1，两棵树的树根分别是 Dusty 和 Proto Indo-European。图 5.1(a) 中的树有两棵子树，根分别是 Honey Bear 与 Brandy；图 5.1(b) 中的树有三棵子树，根分别是 Italic, Hellenic, Germanic。$T_1, \cdots, T_n$ 不相交的限制去除了子树互联的可能 (即亲属不能通婚)，因而树中每个结点都是全树中一棵子树的根。例如，图中的 Osco-Umbrian (奥斯肯-翁布里亚语) 是 Italic (古意大利语) 的一棵子树的根。这棵子树又有两棵子树，分别是根为 Oscan (奥斯肯) 的子树与根为 Umbrian 的子树，Umbrian 是一棵树的根，无子树。

为讨论树方便计，以下结合图 5.2 给出树的各种术语。树中的结点既包含信息项又包含指向其它结点的分支。图 5.2 共有 13 个结点，为便利讨论，结点的信息项仅包含一个字母。根结点是 A，今后树根都放在顶端。

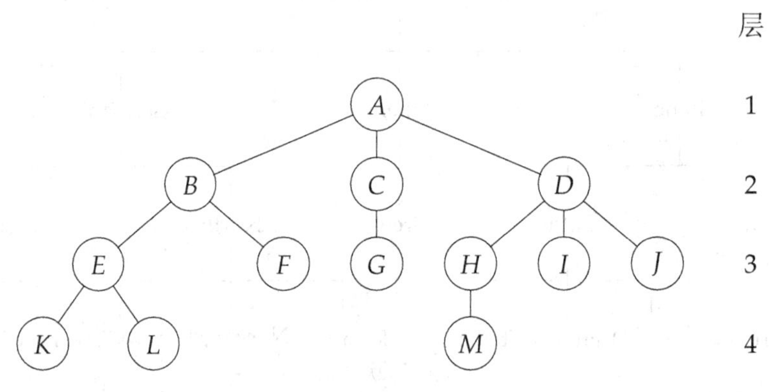

图 5.2 一棵树

一个结点的子树数目称为度，A 的度是 3，C 的度是 1，F 的度是 0。度为 0 的结点称为叶结点或叶子或终端结点。$\{K, L, F, G, M, I, J\}$ 是叶结点集合。与之相应对照，其它度非零的结点称为非终端结点。X 子树根结点称为 X 的孩子，X 称为其孩子的父亲。D 的孩子是 H、I、J；D 的父亲是 A。同一个父亲的各孩子称为兄弟，H、I、J 互为兄弟。树的术语可以借鉴人类的亲属关系推广，如 M 的祖父是 D，等等。树中度数最大结点的度称为树度。图 5.2 的树度是 3。某结点的祖先是沿树根到该结点路径上的所有结点。M 的祖先是 A、D、H。

规定树根为第一层[1]，这样一层一层向下每个结点都赋予了层号，如某结点位于 l 层，则它的孩子位于 $l+1$ 层。图 5.2 示出树的所有层。树的高度或深度是树中最大层结点的层号，图 5.2 的深度是 4。

§5.1.2 树的表示

§5.1.2.1 链式表示

树的表示方法很多，不限于图 5.2 一种。链表就是树的一种表示方法，以图 5.2 的树为例，可如下形式地写出

$$(A(B(E(K,L),F),C(G),D(H(M),I,J)))$$

树根的信息项出现在最左边，子树跟在后面，图 5.3 是存储表示。这种存储表示的好处是可以利用以前章节的链表处理函数。

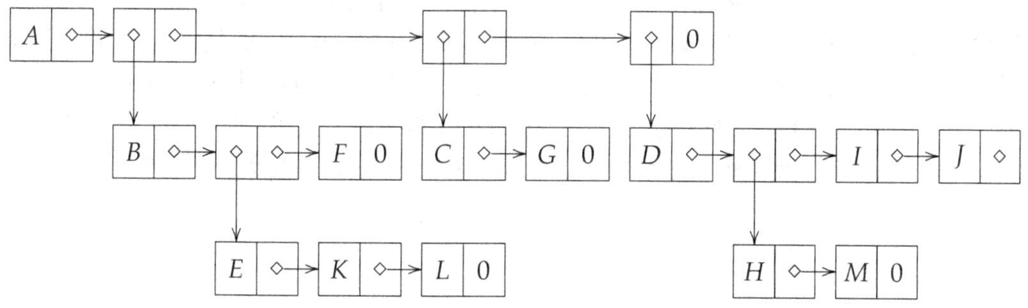

图 5.3 图 5.2 树的链式表示 (图中未标出标签域)

树的应用需要为树量身定制存储表示，最容易想到的方法是在树结点中设置一个数据域，再设置其它链域指向它的孩子。树结点的度各不相同，链域个数本应随结点的度数变化而不固定，但实现太麻烦，因此通常的做法是把链域个数固定，这时只能把链域个数设成树度。图 5.4 是如此结构的 k-度树的结点。k-度树是度为 k 的树。每个结点都设置 k 个孩子 (CHILD) 域指向子树，

DATA	CHILD 1	CHILD 2	$\cdots$	CHILD k

图 5.4 k-度树的结点

这种存储表示会浪费大量空间，引理 5.1 是这个论断的证明。

引理 5.1 令 T 是 n 个结点的 k-度树，结点结构定长，如图 5.4 所示。树中共有 nk 个孩子域，其中有 $n(k-1)+1$ 个值为 0，$n \geq 1$。

证明 每个非零值孩子指针都指向一个结点，除根结点不在此列，其它结点都是如此，因此非领域的个数是 $n-1$，而n 个结点的 k-度树中，共有孩子域 nk 个，所以零值域个数是 $nk-(n-1)=n(k-1)+1$。 □

[1]其它教材或文献也可能将树根定义为 0 层。

后续内容介绍两种树结点的定长结构，每个结点孩子域的个数都是 2。

§5.1.2.2 左孩子右兄弟表示

图 5.5 是左孩子右兄弟表示的结点结构。

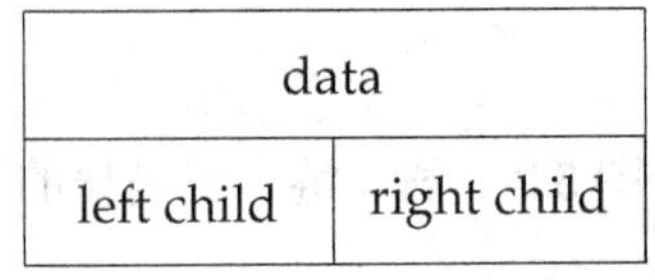

图 5.5 左孩子右兄弟结点

这种存储表示首先要求把一般的树转换成仅有两个链域的形式。研究图 5.2，我们发现，每个结点至多只有一个左孩子，而且紧靠左孩子右边至多只有一个兄弟，如 A 有一个左孩子 B，D 有一个左孩子 H，B 有一个右兄弟 C，H 有一个右兄弟 I。如果不考虑孩子结点的出现顺序，那么更严格的提法应该是，任何一个孩子都可以是左孩子，而且它的任何兄弟都可以是右兄弟。为使表达唯一，通常的习惯是左孩子、右兄弟的选择，由树的画法确定。结点的 left child 域指向左孩子 (如果有的话)；right child 域指向右兄弟 (如果有的话)。图 5.6 是 5.2 的转换结果，结点指针垂直向下指向左孩子，指针向右指向右兄弟。

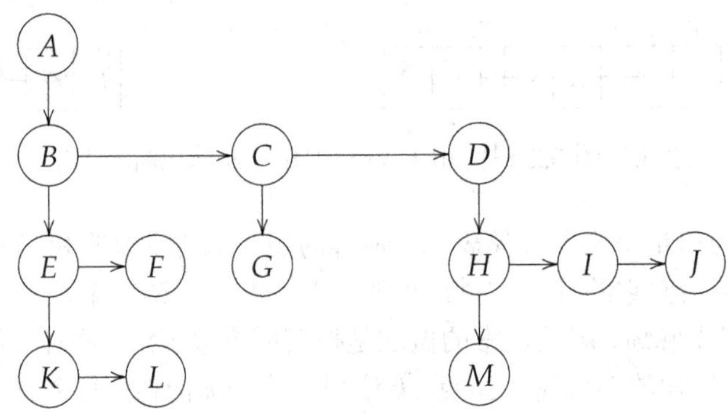

图 5.6 图 5.2 的左孩子、右兄弟表示

§5.1.2.3 2-度树表示

把图 5.6 的左孩子、右兄弟表示以 A 为圆心顺时针方向转 45°，结果就是2-度树表示，见图 5.7。图中结点的两个链域分别称为左孩子、右孩子。我们注意到，根结点的右孩子指向空树，原因很简单，根结点无兄弟。图 5.8 用另外两棵树把三种树表示方法列在一起供读者比照。2-度树也称为二叉树。

习题

1. 编写函数，输入用广义表表示的树 (例如，$(A(B(E(K,L),F),C(G),D(H(M),I,J)))$)，规定树结点定义三个域：`tag`、`data`、`link`。

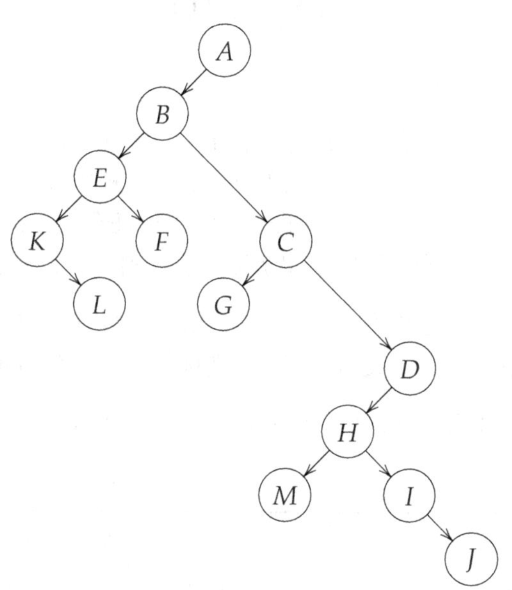

图 5.7 图 5.2 的 2-度树表示

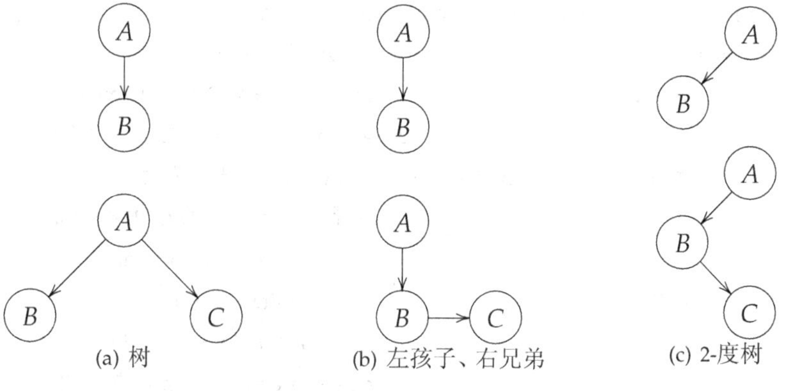

图 5.8 三种树表示

2. 编写函数，把采用习题 2 内部表示的树输出，格式是广义表。

3. ♣ **[编程大作业]** 本题中树的内部表示用图 5.3 所示方法，树的输入、输出格式均为广义表，编写以下 C 函数。

   (a) `read`: 输入树。

   (b) `copy`: 复制树。

   (c) `isequal`: 判断两棵树是否相等。

   (d) `clear`: 删除树。

   (e) `write`: 输出树。

   用各种广义表字符串测试程序。

§5.2 二叉树

§5.2.1 二叉树的抽象数据类型

上一章得出一个重要结论，所有树都可以表示为二叉树。二叉树确实是最重要的树型结构，本身就有大量应用。二叉树与树的最大差别是，二叉树中任意结点的度不超过 2；二叉树左右子树的顺序规定为左前右后，而树的子树顺序可任意；二叉树的结点个数可以是 0。因此，二叉树与树差别很大，不能看作树的特例，而应看作是独特的数据对象。

定义 二叉树或者是结点个数为 0 的空树；或者是结点个数有限的结点集合，结点中有一个根结点，根结点有两棵不相交的二叉树子树，分别称为左子树和右子树。 □

ADT 5.1 是二叉树的抽象数据类型，其中只定义了最基本的操作，它们是其它各种操作的基础。

```
ADT BinTree
  数据对象：结点的有限集合，或者是空集，或者不是空集且包含根结点与左右子树。
  成员函数：
    以下 bt,bt1,bt2 ∈ BinTree, item ∈ Element。
    BinTree Create()                 ::=  创建空二叉树
    Boolean IsEmpty(bt)              ::= if (bt==空二叉树) return TRUE
                                      else return FALSE
    BinTree MakeBT(bt1,item,bt2)     ::= return 一棵二叉树，
                                         左子树是bt1，右子树是bt2，
                                         根结点包含数据 item
    BinTree Lchild(bt)               ::= if (IsEmpty(bt))
                                           报告出错信息; exit
                                         else return bt的左子树
    Element Data(bt)                 ::= if (IsEmpty(bt))
                                           报告出错信息; exit
                                         else return bt根结点的数据
    BinTree Rchild(bt)               ::= if (IsEmpty(bt))
                                           报告出错信息; exit
                                         else return bt的右子树
end BinTree
```

ADT 5.1: 抽象数据类型 BinTree

我们再来详细比较二叉树与树的差别。第一，没有结点个数为 0 的树，但二叉树可以是空树。第二，二叉树左、右子树有序，而树不区分子树的顺序。图 5.9 中是两棵不同的二叉树，左边二叉树的右子树是空树，而右边二叉树的左子树是空树。如果把这两棵二叉树看作树，那么它们是同一棵树，只是画法不同罢了。

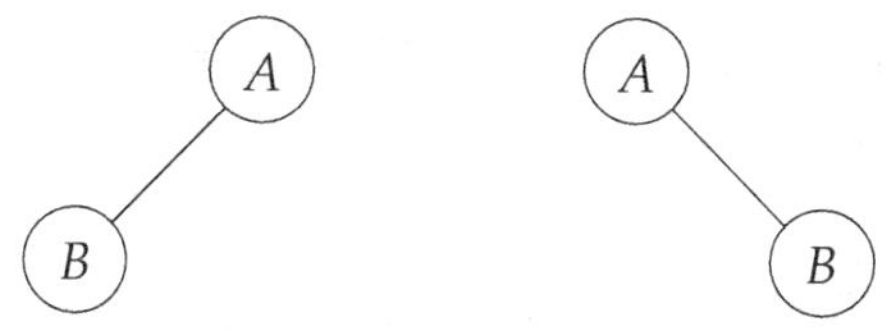

图 5.9 两棵不同的二叉树

图 5.10 画出两棵特殊形态的二叉树，图 5.10(a) 是倾斜树，树身向左倾斜，类似地，也有向左倾斜的二叉树。图 5.10(b) 是完全二叉树 (complete binary tree)，完全二叉树的正式定义见后续内容，其中叶子结点都位于最下(相邻)层。树中的所有术语，如度、层、高度、叶子、父亲、孩子等，对二叉树都适用。

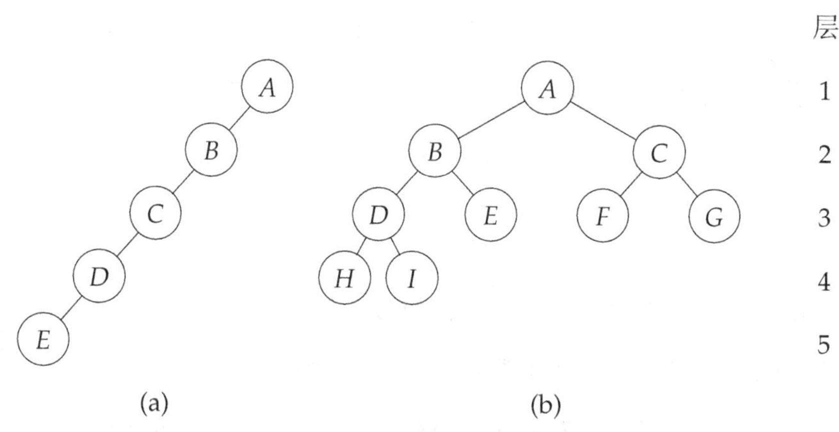

(a) (b)

图 5.10 倾斜的二叉树和完全二叉树

§5.2.2 二叉树的性质

在讨论二叉树的存储表示之前，应仔细观察二叉树，了解它的各种性质。我们特别想知道，高度为 k 的二叉树的最大结点个数，以及叶结点与度为 2 的结点之间的关系。

引理 5.2 (结点的最大个数) (1) 二叉树第 i 层的最大结点个数是 2^{i-1}，$i \geq 1$。(2) 深度为 k 的二叉树的最大结点个数是 $2^k - 1$，$k \geq 1$。

证明 (1) 对 i 用归纳法。

- 奠基：第一层只有一个根结点，这时 $i = 1$，$2^{i-1} = 2^0 = 1$，结论成立。
- 假设：令 i 是大于 1 的整数，假设第 $i-1$ 层结点的最大个数是 2^{i-2}。
- 归纳：根据归纳假设，第 $i-1$ 层结点的最大个数是 2^{i-2}；因二叉树每个结点的最大度是 2，故第 i 层的最大结点个数两倍于第 $i-1$ 层的最大结点个数，为 $2 \cdot 2^{i-2} = 2^{i-1}$。

(2) 深度为 k 的二叉树的最大结点个数是

$$\sum_{i=1}^{k}(\text{第 } i \text{ 层的最大结点个数}) = \sum_{i=1}^{k} 2^{i-1} = 2^k - 1. \qquad \square$$

引理 5.3 (叶结点与度为 2 的结点之间的关系) 对任何非空二叉树 T，令 n_0 是叶结点个数，n_2 是度为 2 的结点个数，则有 $n_0 = n_2 + 1$。

证明 设 n_1 是度为 1 的结点个数，n 是这棵二叉树所有结点的个数，因为 T 中每个结点的最大度数是 2，我们有

$$n = n_0 + n_1 + n_2 \tag{5.1}$$

再来看树中所有结点的分支个数总和，除了根，每个结点都对应一个分支，设 B 是分支总数，则 $n = B + 1$。每个分支都从非终端结点发出，结点度数不是 1 就是 2，故 $B = n_1 + 2n_2$。合起来有

$$n = B + 1 = n_1 + 2n_2 + 1 \tag{5.2}$$

把式 (5.2) 带入式 (5.1)，整理后得到

$$n_0 = n_2 + 1$$

引理得证。 □

现在我们已经准备好了，可以定义满二叉树与完全二叉树了。

定义 深度 $k \geq 0$ 的**满二叉树**是结点个数为 $2^k - 1$ 的二叉树。 □

根据引理 5.2，$2^k - 1$ 是深度为 k 的二叉树的最大结点个数，这正是满二叉树定义的依据。图 5.11 是深度为 4 的满二叉树。我们用以下方法对满二叉树编号，根结点编号为 1，然

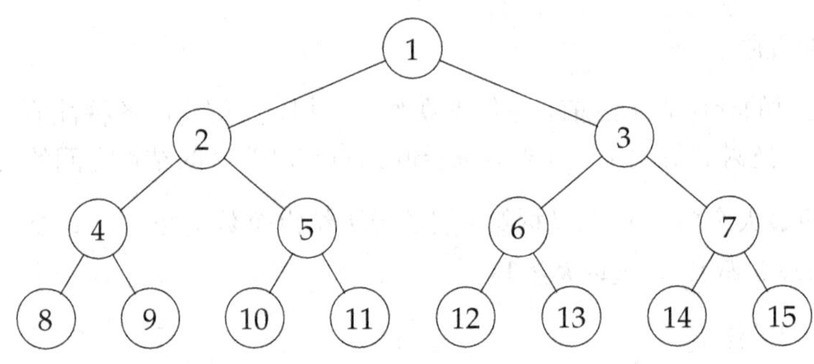

图 5.11 深度为 4 的满二叉树顺序编号

后向下一层，第二层的左孩子编号为 2，再接着向右，再向下，每层都是以从左向右的顺序，直到为所有结点都指定一个号码。下面定义完全二叉树。

定义 结点个数为 n 深度为 k 的二叉树是**完全二叉树**，当且仅当可以用以上满二叉树的编号方法将树中结点从 1 到 n 编号。 □

根据引理 5.2，结点个数为 n 的完全二叉树的高度是 $\lceil \log_2(n+1) \rceil$($\lceil x \rceil$ 是 $\geq x$ 的最小整数)。

§5.2.3 二叉树的表示

§5.2.3.1 顺序表示

用图 5.11的编号方法，二叉树中的结点编号为1到n，因此可以用一维数值存储二叉树，可不用数组的0号单元，这样，不用变换，图中第i号结点直接存入数组的第i个单元。而且以下引理 5.4 还提供了定位父亲结点，左、右孩子结点的方法

引理 5.4 如果完全二叉树顺序存储在从 1 开始的一维数组中，那么对于给定的结点编号i，$1 \leq i \leq n$，有以下结论成立。

(1) 当$1 < i \leq n$，i号结点的父结点位置是$p(i) = \lfloor i/2 \rfloor$；当$i = 1$时，$i$号结点是根，无父亲。

(2) 当$2i \leq n$，i号结点的左孩子结点位置是$l(i) = 2i$；当$2i > n$时，i号结点无左孩子。

(3) 当$2i+1 \leq n$，i号结点的右孩子结点位置是$r(i) = 2i+1$；当$2i+1 > n$时，i号结点无右孩子。

证明 我们仅证明(2)，因为(3)是(2)以及同层自左向右编号的直接推论；而(1)是(2)、(3)的直接推论。对i用归纳法。当$i = 1$时，左孩子显然位于2，除非树中只有一个结点，即$i > n$，这时i无左孩子。假设对所有j，$1 \leq j \leq i$，$l(j) = 2j$，则$l(i+1)$前面紧邻的两个结点从右向左分别是i的右孩子和左孩子，左孩子位于$2i$。因此$i+1$的左孩子位于$2i+2 = 2(i+1)$，除非$2(i+1) > n$，这时$i+1$无左孩子。 □

这种顺序表示显然可以存储任何二叉树，但是，大多数情形，数组中会浪费大量单元。图 5.12 是图 5.10 中两棵二叉树顺序存储的情况，对完全二叉树图 5.10(b)，情况再好不过了，但图 5.10(a) 的倾斜树仅用了不到一半的存储单元。在最差情形，深度为k的倾斜树，共需$2^k - 1$个存储单元，但只会用到其中的k个。

§5.2.3.2 链式表示

顺序表示特别适合完全二叉树，但如果用数组存储其它树，对于大多数情形，浪费的单元实在太多。此外，顺序表示也有致命缺陷，如对二叉树的中间结点做插入、删除操作，之后必须调整数组中数据的位置，以便和编号协调一致。链式表示可以克服所有这些缺点。链式表示的树结点结构含三个域，`leftChild`、`data`、`rightChild`，定义如下：

```
typedef struct node *treePointer;
struct node {
  int data;
  treePointer leftChild, rightChild;
};
```

今后我们交替使用图 5.13 两种结点画法。

图 5.13 的树结点虽然没有指向父亲结点的链域，不便确定父亲的位置，但是，对于绝大多数应用，仅设置指向孩子结点的指针，已经足够。如果应用中需要快速访问结点的父亲，

0	–
1	*A*
2	*B*
3	–
4	*C*
5	–
6	–
7	–
8	*D*
9	–
⋮	⋮
16	*E*

(a) 倾斜二叉树

0	–
1	*A*
2	*B*
3	*C*
4	*D*
5	*E*
6	*F*
7	*G*
8	*H*
9	*I*

(b) 完全二叉树

图 5.12 图 5.10 两棵二叉树的顺序存储

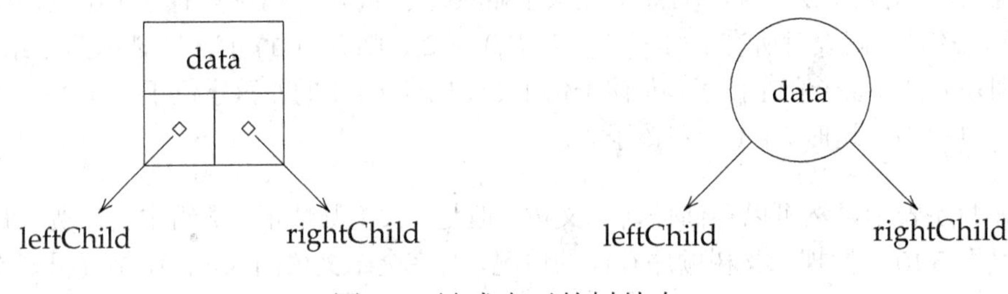

图 5.13 链式表示的树结点

则应在 node 中增设 parent 链域。图 5.10 中两棵树的链式表示见图 5.14，指向根结点的指针存放在 root 中。

习题

1. 指出图 5.15 中的叶结点、非叶结点，标出树中各层。

2. 指出 k-度树的最大结点个数，证明你的结论。

3. 画出图 5.15 的两种内部存储示意图，一种是顺序表示，一种是链式表示。

4. 推广完全二叉树的顺序存储表示，对 $d > 1$，推导在完全 d-叉树中，结点 i 的父亲、孩子的位置。

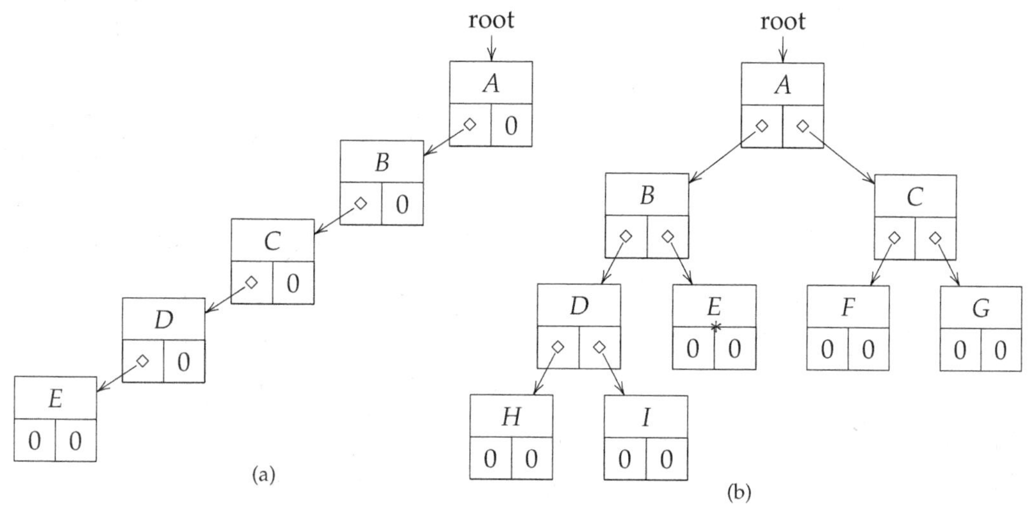

图 5.14 图 5.10 的链式表示

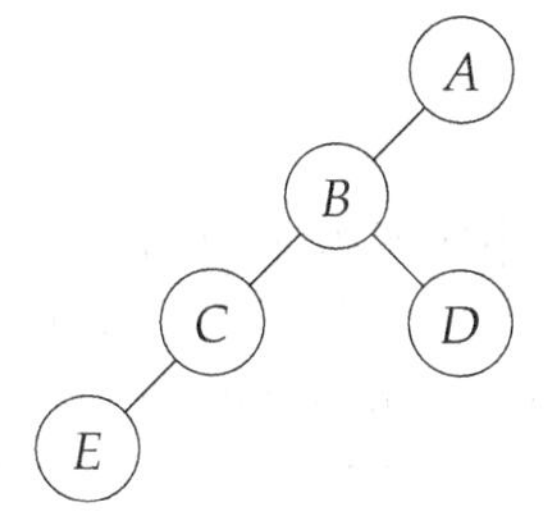

图 5.15 习题 1 的二叉树

§5.3 遍历二叉树

树操作的种类很多，最常用的操作是遍历，即访问树中每个结点一次且仅一次。访问结点意指对结点做某种操作，如打印它的 `data` 域内容。对树中所有结点遍历一次还相当于为树的结点集合赋予了序结构，这个线性序正是遍历过程访问结点的次序，成为考察树型结构的典则特征，可供进一步利用。对于一种特定遍历，访问结点，以及遍历左、右子树的处理次序应遵循统一模式。为方便讨论，用V 记访问结点操作、L 记遍历结点的左子树、R 记遍历结点的右子树。遍历模式共有六种：LVR、LRV、VLR、VRL、RVL、RLV。如果限定遍历左子树先于右子树，则共有三种：LVR、LRV、VLR，分别称为*中序遍历*、*后序遍历*、*先序遍历*，命名原则取决于 V、L、R 的相互位置，如后序遍历，访问结点操作在遍历该结点的左、右子树之后。

二叉树的三种遍历，与表达式的后缀、中缀、前缀三种形式，有紧密、自然的联系。参看图 5.16(a) 的二叉树，它是算术表达式的树型表现，树中有操作 符 $+$、$*$、$/$，变量 A、B、C、D、E，每个操作符算子的左子树是该操作符左边的操作量，右子树是该操作符右边的操作量。以下以图 5.16 为例，说明各种遍历方法。

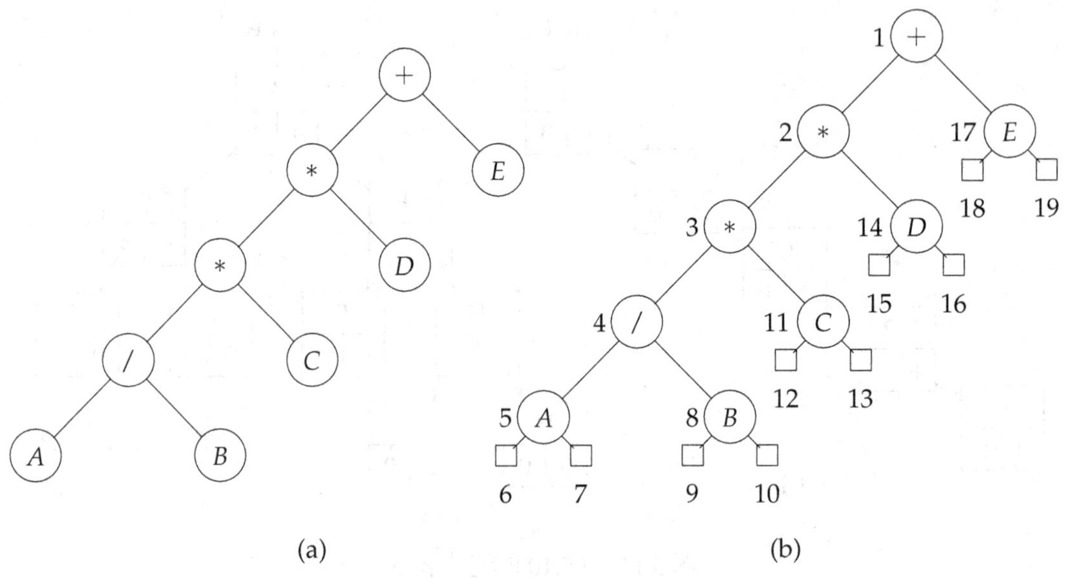

图 5.16 算术表达式二叉树

§5.3.1 中序遍历

我们可以用如下直观描述解释中序遍历。从根开始，一直走向左下方，直到无结点可走停下，“访问”该结点，然后走向右下方到结点，继续走向左下方；如果结点无右孩子，则向上走回父亲结点。程序 5.1 正是以上描述的递归实现。

```
void inorder(treePointer ptr)
{ /* inorder tree traversal */
  if (ptr) {
    inorder(ptr->leftChild);
    printf("%d", ptr->data);
    inorder(ptr->rightChild);
  }
}
```

程序 5.1 中序遍历二叉树

二叉树遍历的递归实现即优美有简洁，图 5.17 是 inorder 对 图 5.16 遍历过程的跟踪。图 5.16(b) 标出了每个叶子结点的空链域，用小矩形表示空树的假想树根，为方便读者理解，每个结点都赋予一个编号。表中每步列出调用 inorder 访问的结点编号、root 的内容、是否调用 printf。左边三列列出前 14 步跟踪结果，右边三列是左边三列的继续，列出后 14 步跟踪结果。第 1 列和第 4 列是 inorder 访问当前结点的编号。树中共有 19 个结点，整个遍历过程 inorder 共调用了 19 次，以下是打印 data 域的结果：

$$A/B*C*D+E$$

这个结果正是该表达式的中缀形式。

调用 inorder	root 的值	操作	调用 inorder	root 的值	操作
1	+		11	C	
2	*		12	NULL	
3	*		11	C	printf
4	/		13	NULL	
5	A		2	*	printf
6	NULL		14	D	
5	A	printf	15	NULL	
7	NULL		14	D	printf
4	/	printf	16	NULL	
8	B		1	+	printf
9	NULL		17	E	
8	B	printf	18	NULL	
10	NULL		17	E	printf
3	*	printf	19	NULL	

图 5.17 跟踪程序 5.1

§5.3.2 先序遍历

程序 5.2 中的函数 `preorder` 是二叉树先序遍历的递归实现。先序遍历可描述为："访问结点，遍历左子树，如果左子树为空，则遍历右子树，如果右子树为空，则向上走到一个可以向右走的结点，继续该过程。" `preorder` 遍历图 5.16 的结果是

$$+**/ABCDE$$

这个结果正是该表达式的前缀形式。

```
void preorder(treePointer ptr)
{ /* preorder tree traversal */
  if (ptr) {
    printf("%d", ptr->data);
    preorder(ptr->leftChild);
    preorder(ptr->rightChild);
  }
}
```

程序 5.2 先序遍历二叉树

§5.3.3 后序遍历

程序 5.3 中的函数 `postorder` 是二叉树后序遍历的递归实现。`postorder` 遍历图 5.16 的结果是

$$AB/C*D*E+$$

这个结果正是该表达式的后缀形式。

```
void postorder(treePointer ptr)
{ /* postorder tree traversal */
  if (ptr) {
    postorder(ptr->leftChild);
    postorder(ptr->rightChild);
    printf("%d", ptr->data);
  }
}
```

程序 5.3 后序遍历二叉树

§5.3.4 非递归(循环)中序遍历

前面介绍的二叉树中序，前序、后序遍历，都是递归实现，现在讨论种遍历的非递归循环实现。我们只讨论中序遍历，其它两种非递归遍历可以参照中序遍历的实现。为完成非递归遍历，程序设置用户栈取代系统工作栈。非递归程序的入栈、出栈顺序可模仿递归程序，仔细推敲入栈、出栈过程有助于理解递归程序的执行。虽然图 5.17 并未明显列出入栈、出栈操作，但已经给出了明确的提示。实际上，当前结点如果不调用 `printf` 对应一次入栈，而如果调用 `printf` 则对应出栈；并且，如果左孩子不为空，则当前结点入栈，否则，即如果左孩子为空，则刚入栈的结点出栈，接着它的右结点入栈，并向左孩子方向继续，直到栈空，遍历结束。程序 5.4 中的函数 `iterInorder` 实现这样的非递归遍历。程序中 `push` 的入栈内容与第 3 章 不同，同样，`pop` 的返回类型是 `treePointer`，不是 `element`，如果栈空，`pop` 返回 `NULL`。

```
void iterInorder(treePointer node)
{
  int top=-1;                    /* initialize stack */
  treePointer stack[MAX_STACK_SIZE];
  for (;;) {
    for (; node; node=node->leftChild)
      push(node);                /* add to stack */
    node = pop();                /* delete from stack */
    if (!node) break;            /* empty stack */
    printf("%d", node->data);
    node = node->rightChild;
  }
}
```

程序 5.4 非递归遍历二叉树

***iterInorder* 分析** 令 n 是树中结点个数，`iterInorder` 把每个结点入栈一次、出栈一次，故时间复杂度是 $O(n)$。空间需求取决于树的深度，也是 $O(n)$。 □

§5.3.5 层序遍历

以上实现的中序、先序、后序遍历操作，无论递归实现还是非递归实现，都要用栈。接下来介绍采用队列的遍历操作。这种遍历称为*层序遍历*，遍历的顺序是图 5.11 的编号顺序。第一次访问根，再访问根的左孩子，接着访问右孩子，然后向下一层，自左向右一一访问同层中的所有结点。

程序 5.5 中的 `levelOrder` 是层序遍历操作的实现，用到第 3 章介绍的循环队列。程序中 `addq` 的入列内容与第 3 章不同，同样，`deleteq` 的返回类型是 `treePointer`，不是 `element`，如果队列空，pop 返回 `NULL`。

```
void levelOrder(treePointer node)
{ /* level order tree traversal */
  int front=0, rear=0;
  treePointer queue[MAX_QUEUE_SIZE];
  if (!ptr) return;                /* empty tree */
  addq(ptr);
  for (;;) {
    ptr = deleteq();
    if (ptr) {
      printf("%d", ptr->data);
      if (ptr->leftChild)
        addq(ptr->leftChild);
      if (ptr->rightChild)
        addq(ptr->rightChild);
    } else break;
  }
}
```

程序 5.5 层序遍历二叉树

程序最开始时先把根入列。接着从队头位置出列一个结点，打印这个结点的 `data` 域内容，并把这个结点的左、右孩子结点按序入列，由于孩子结点位于下一层，并且两个孩子的入列顺序是左先右后，因此整个遍历顺序正是图 5.11 的编号顺序。层序遍历图 5.16，结果是：

$$+ * E * D / CAB$$

§5.3.6 不设栈遍历二叉树

最后，我们讨论二叉树遍历的另一种实现。除层序遍历二叉树之外，有没有不用栈的方法？(别忘了，二叉树的递归遍历要用系统工作栈。) 最简单的方法是为每个结点增设 `parent` 域，这样，遍历时可以随时走到父亲结点，之后再向下继续遍历。另外一种方法不增设 `parent` 域，但为每个结点增设两个线索域，每个域仅用 1 bit，将二叉树表示成线索二叉树，具体讨论是 §5.5 的内容。如果增设线索域的开销仍然不可接受，则可以用结点的空链域，`leftChild` 或 `rightChild`，存放指向根的路径信息。

习题

1. 写出图 5.10 的中序、先序、后序、层序遍历结果。
2. 写出图 5.11 的中序、先序、后序、层序遍历结果。
3. 写出图 5.15 的中序、先序、后序、层序遍历结果。
4. 把程序 5.2 的 preorder 改写成非递归程序。
5. 把程序 5.3 的 postorder 改写成非递归程序。
6. 修改程序 5.4 的 iterInorder，尽量减少它的运行时间。(提示：尽量少入栈，方法是在循环内判断入栈时机。)

§5.4 其它二叉树操作

§5.4.1 复制二叉树

根据二叉树的定义，以及中序、先序、后序遍历的递归实现，可以很容易地编写其它二叉树操作的 C 程序。以常用的二叉树复制操作为例，程序 5.6 中的函数 copy 是实现代码，程序结构与程序 5.3 的 postorder 很接近，实际上是根据它的代码修改得到的，但改动很小。

```
treePointer copy(treePointer original)
{ /* this function returns a treePointer to an exact copy of the
     original tree */
  treePointer temp;
  if (original) {
    MALLOC(temp, sizeof(*temp));
    temp->leftChild = copy(original->leftChild);
    temp->rightChild = copy(original->rightChild);
    temp->data = original->data;
    return temp;
  }
  return NULL;
}
```

程序 5.6 复制二叉树

§5.4.2 判断两个二叉树全等

判断两个二叉树是否全等是另一个常用操作。两个全等的二叉树定义为两者的结构相等，而且对应数据域的内容相等。结构相等的意思是，一棵二叉树的每个分支都与另一棵二叉树的相应分支对应，即两棵树的分支形态全等。程序 5.7 中的函数 equal 是实现代码，是通过修改函数 preorder 得到的。若两棵树全等，该函数返回 TRUE，否则返回 FALSE。

```
int equal(treePointer first, treePointer second)
{ /* function return FALSE if the binary trees first and second are
     not equal, otherwise it returns TRUE */
  return (!first && !second)
    || (first && second && first->data==second->data &&
        equal(first->leftChild, second->leftChild) &&
        equal(first->rightChild, second->rightChild));
}
```

程序 5.7 判断两个二叉树全等

§5.4.3 可满足性问题

考虑由变量 $x_1, x_2, \cdots, x_n$ 和操作符 $\wedge, \vee, \neg$ 构成的演算公式集合。变量取值 t(true) 或 f(false)。公式的构成规则如下：

(1) 一个变量是一个表达式

(2) 如果 x 和 y 是表达式，则 $\neg x, x \wedge y, x \vee y$ 是表达式。

(3) 操作符的优先级从高到低为 $\neg, \wedge, \vee$，但括号可以改变运算顺序。

这三条基本规则可以生成命题演算的所有演算公式，如"蕴含"可用 $\wedge, \vee, \neg$ 表示。

以下用例子说明以上定义。表达式

$$x_1 \vee (x_2 \wedge \neg x_3)$$

是一个演算公式 (读作 x_1 或取x_2 析取非 x_3)。若 x_1 和 x_3 取 f，且 x_2 取 t，则表达式的求值结果为：

$$f \vee (t \wedge \neg f) = f \vee t = t$$

命题演算的可满足问题询问，对于给定的公式，是否存在一个变量集合的赋值，使该公式的求值结果为 t。这个问题最早由逻辑学家 Newell, Shaw, Simon 提出，时间是 20 世纪的 50 年代，用来研究启发式数学规划的有效性。至今计算机科学家对可满足性问题仍然兴趣盎然、孜孜不倦。

演算公式可以用二叉树表示，如公式

$$(x_1 \wedge \neg x_2) \vee (\neg x_1 \wedge x_3) \vee \neg x_3$$

的二叉树形式是图 5.18。它的中序遍历正是公式的中缀表达式

$$x_1 \wedge \neg x_2 \vee \neg x_1 \wedge x_3 \vee \neg x_3$$

可满足问题有最直接的求解方法，方法是让 (x_1, x_2, x_3) 取遍 t 和 f 的所有组合，并把这些组合一一代入公式求值。对 n 个变量，所有组合的个数共有 2^n，如 $n=3$，共有 8 种组合：(t,t,t),

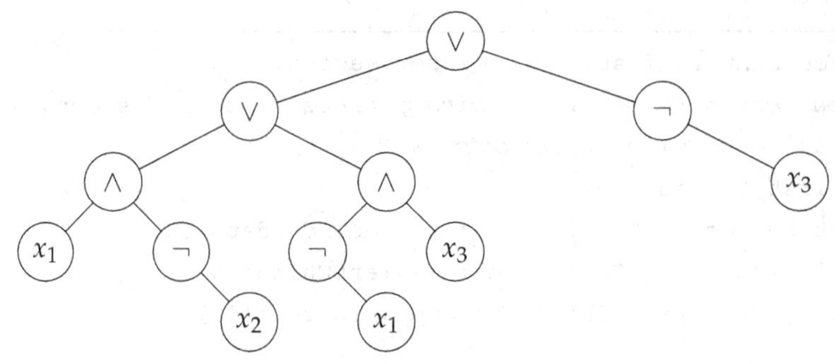

图 5.18 命题演算公式的二叉树

$(t,t,f),(t,f,t),(t,f,f),(f,t,t),(f,t,f),(f,f,t),(f,f,f)$。这种算法的时间复杂度是指数级的 $O(g2^n)$，其中的 g 是表达式求值过程替换 $x_1, x_2, \cdots, x_n$ 花费的时间。

后序遍历表达式树就是这种算法的实现，在访问结点 p 时，应计算以 p 为根的两棵子树的值，但后序遍历在访问一个结点时，它的左右子树已经遍历完毕，因此，这时左右表达式的值已经计算出来了。例如，在访问第二层的 $\wedge$ 时，$x_1 \wedge \neg x_2$ 与 $\neg x_1 \wedge x_3$ 的值已求出，可以对两个值做"或"操作了。注意，树中的 $\neg$ 只有右子树，因为 $\neg$ 是单目操作符。

用上述方法求解可满足性问题的结点结构见图 5.19。`leftChild`、`rightChild` 链域含义与前述结点相同，`data` 域存放操作符或求值结果，`value` 存放 t 或 f。

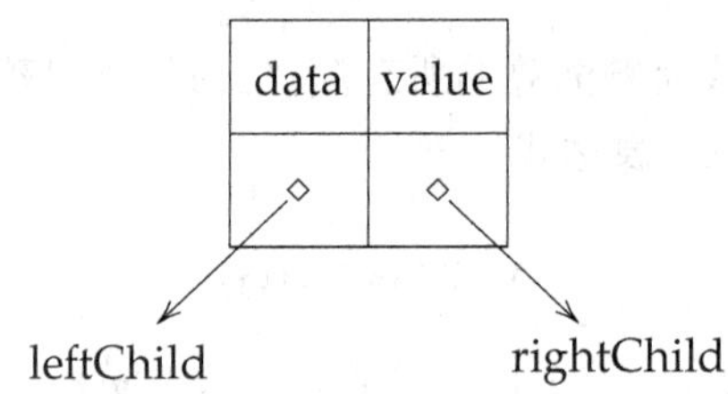

图 5.19 可满足性问题的结点结构

结点结构的 C 语言定义为：

```
typedef enum {not, and, or, true, false} logical;
typedef struct node *treePointer;
struct node {
  logical data;
  short int value;
  treePointer leftChild;
  treePointer rightChild;
};
```

我们约定叶结点的数据域 `node->data` 存放该变量的当前值，例如，图 5.18 图中 x_1, x_2, x_3 的数据域存放 `true` 或 `false`。还约定 n 变量的表达式树由 `root` 指针指向根结点。程序 5.8 是求解可满足性问题的第一个程序。

求解可满足性问题的 C 语言程序可以很容易地由后序遍历函数修改得到，程序 5.9 中的

```
for (all 2^n possible combinations) {
  generate the next combination;
  replace the variables by their values;
  evaluate root by traversing it in postorder;
  if (root->value) {
    printf(<combination>);
    return;
  }
}
```

程序 5.8 求解可满足性问题的第一个程序

函数 postOrderEval 是修改后的结果。

```
void postOrderEval(treePointer ndoe)
{ /* modified post order traversal to evaluate a propositional
     calculus tree */
  if (node) {
    postOrderEval(node->leftChild);
    postOrderEval(node->rightChild);
    switch (node->data) {
    case not:
      node->value = !node->rightChild->value;
      break;
    case and:
      node->value = node->rightChild->value && node->leftChild->value;
      break;
    case or:
      node->value = node->rightChild->value || node->leftChild->value;
      break;
    case true:
      node->value = TRUE;
      break;
    case false:
      node->value = FALSE;
    }
  }
}
```

程序 5.9 后序求值

习题

1. 编写 C 函数，计算二叉树的结点总数。指出函数的计算时间。

2. 编写 C 函数 `swapTree`，把二叉树中所有结点的左右孩子交换，图 5.20 是交换的例子。

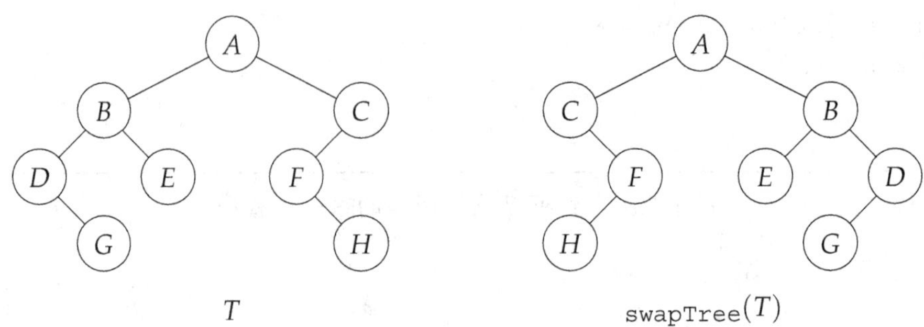

图 5.20 二叉树逐结点交换举例

3. 指出 `postOrderEval` 的计算时间。

4. ♣ **[编程大作业]** 设计命题演算公式的输入、输出格式，编写函数读取这种机外形式的公式，内部表示用二叉链表。指出函数的复杂度。

§5.5 线索二叉树

§5.5.1 线索

仔细考察各种二叉链表，我们发现一个规律，不管二叉树形态如何，空链域个数总是多过非空链域个数。精确地说，n 个结点的二叉链表共有 $2n$ 个链域，非空链域有 $n-1$ 个，但其中的空链域却有 $n+1$ 个。A. J.Perlis 与 C. Thornton 提出一种方法，利用原来的空链域存放指针，指向树中其它结点。这种指针称为线索。记 `ptr` 指向二叉链表中的一个结点，以下是建线索的规则：

(1) 如果 `ptr->leftChild` 为空，则存放指向中序遍历序列中该结点的前驱结点。这个结点称为 `ptr` 的中序前驱。

(2) 如果 `ptr->rightChild` 为空，则存放指向中序遍历序列中该结点的后继结点。这个结点称为 `ptr` 的中序后继。

图 5.21 是在图 5.10(b) 二叉树中加入线索的图示。树中 9 个结点共 10 个空链存放线索。中序遍历这棵树，有 $H, D, I, B, E, A, F, C, G$，$E$ 的前驱线索指向 B，后继线索指向 A。

以下是线索二叉树结点的 C 语言定义：

```
typedef struct threadTree *threadedPointer;
struct threadTree {
  char data;
```

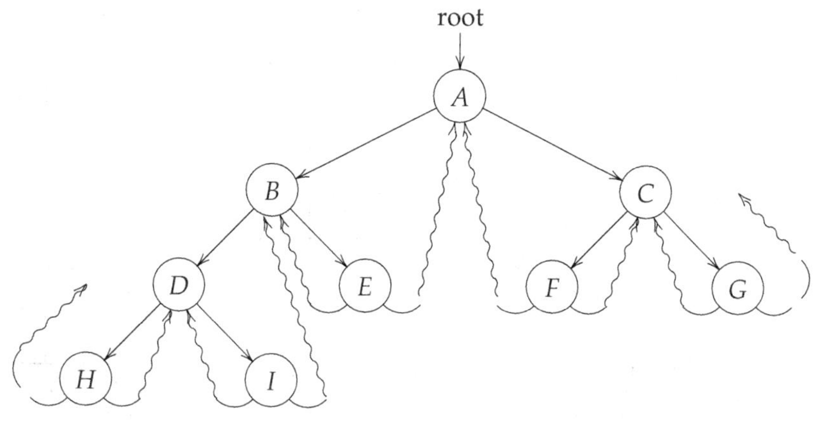

图 5.21 图 5.10(b) 的线索树

```
    short int leftTread;
    short int rightTread;
    threadPointer leftChild;
    threadPointer rightChild;
};
```

存储线索树时，必须考虑区分线索与指向结点的链域，所以要在结点的存储结构中增设两个标志域 leftTread 和 rightTread。令指针 ptr 在线索树中指向任意结点，

- 如果 ptr->leftTread==TRUE，则 ptr->leftChild 存放线索，否则指向左孩子；
- 如果 ptr->rightTread==TRUE，则 ptr->rightChild 存放线索，否则指向右孩子。

图 5.21 中有两个悬空的指针，一个是 *H* 的左孩子，一个是 *G* 的右孩子。为了线索树中的指针都有所指，线索二叉树还增设了一个头结点，其左孩子是原树的根。图 5.22 是一棵线索二叉树空树。图 5.23 是存储图 5.21 对应的线索二叉树的完整图示。

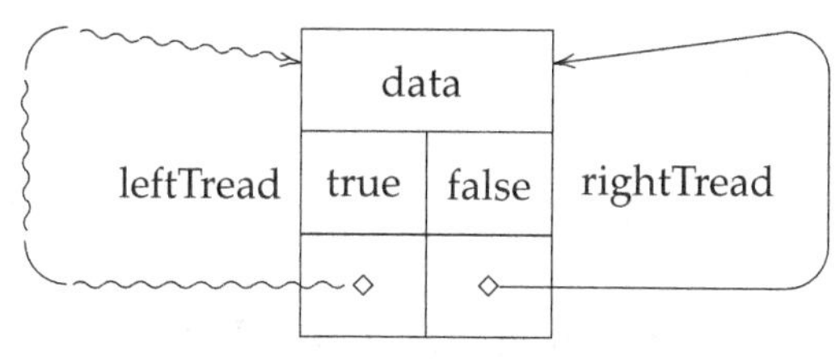

图 5.22 空线索二叉树

变量 root 指向线索二叉树的头结点，root->leftChild 真正的树根，本书讨论的线索树都这样设置。悬空的指针指向头结点 root。

§5.5.2 中序遍历线索二叉树

在线索二叉树中做中序遍历，由于有线索信息，可以不设栈。在线索二叉树中，任给指向某结点的指针 ptr，如果 ptr->rightThread==TRUE，根据线索定义，ptr 的中序后继是

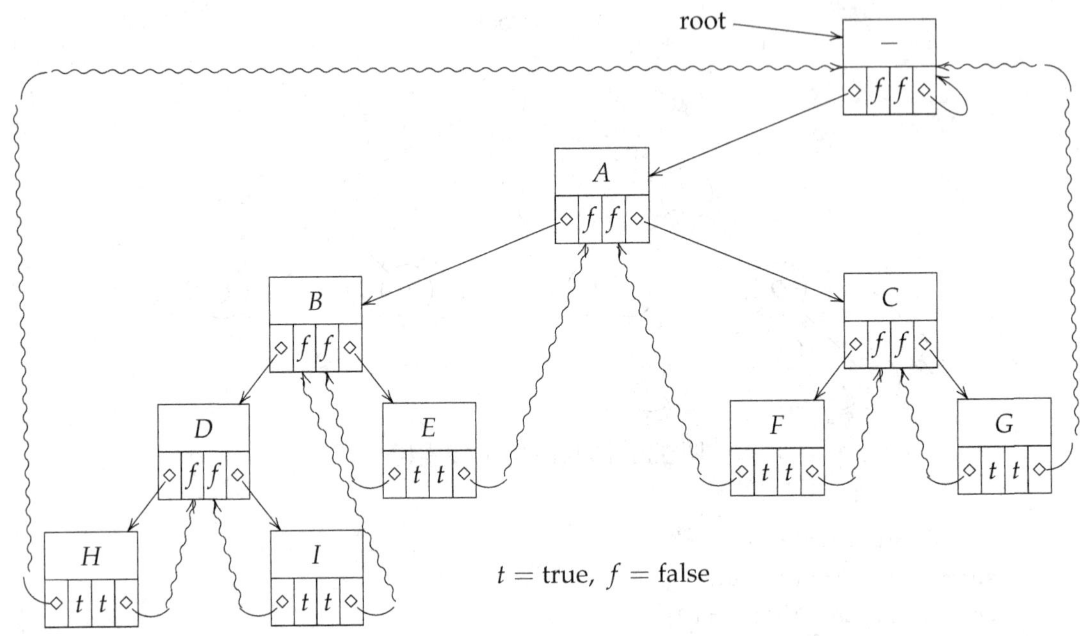

图 5.23 线索树的存储

ptr-rightChild；否则，即 ptr->rightThread==FALSE，可以按如下方法找到 ptr 的中序后继：从 ptr 的右孩子开始，沿着左孩子链域一直走下去，直到一个结点的 leftThread==TRUE，则这个结点就是 ptr 的中序后继。程序 5.10 的函数 insucc 是实现代码，在线索树中找任意结点的中序后继，程序无需设栈。

```
threadedPointer insucc(threadedPointer tree)
{ /* find the inorder sucessor of tree in a threaded binary tree */
  threadedPointer temp;
  temp = tree->rightChild;
  if (!tree->rightThread)
    while (!temp->leftThread)
      temp = temp->leftChild;
  return temp;
}
```

程序 5.10 查找结点的中序后继

程序 5.11 的函数 tinorder 是线索树的中序遍历，由一次次调用 insucc 实现。tree 指向真正的树根，取值头结点的左孩子链域，约定头结点的右线索标志为 FALSE。对 n 个结点的二叉树，tinorder 的计算时间也是 $O(n)$，与 iterInorder 相同，但常系数因子比它小。

§5.5.3 线索二叉树插入结点

构建线索二叉树需要插入结点，本节仅讨论插入右孩子，插入左孩子留作习题。向结点 s 插入右孩子 r 包括两种情形。

```
void tinorder(threadedPointer tree)
{ /* traverse the threade binary tree inorder */
  threadedPointer temp = tree;
  for (;;) {
    temp = insucc(temp);
    if (temp==tree) break;
    printf("%3c", temp->data);
  }
}
```

程序 5.11 中序遍历线索二叉树

(1) 如果 s 的右子树为空，插入很简单，图 5.24(a) 是插入前后的变化情况。

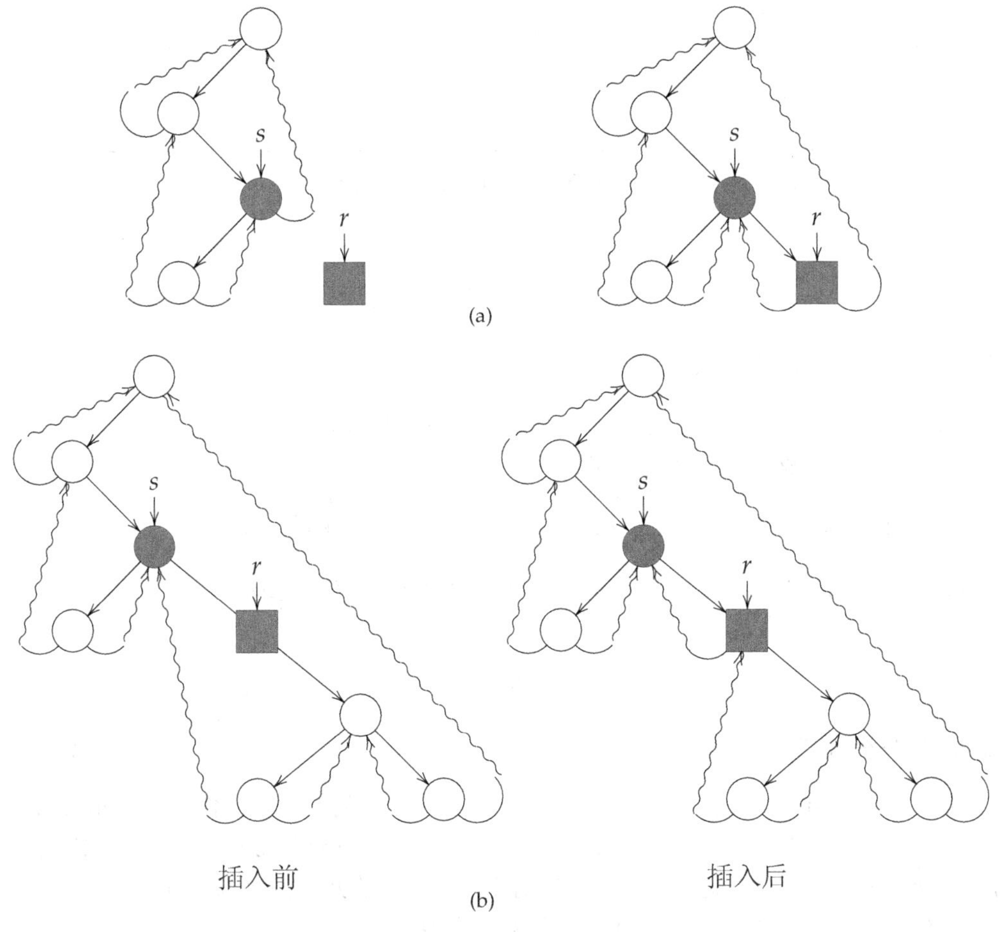

图 5.24 在线索二叉树中插入 r，成为 s 的右孩子

(2) 如果 s 的右子树不为空，这棵右子树将成为 r 的右子树。插入后，r 成为树中某结点的

中序前驱，该结点原来的左孩子域是线索，有 leftTread=TRUE，插入后，修改原来的线索指向 r，因而这个结点由原来 s 的后继变成 r 的后继。图 5.24(b) 是插入前后的变化情况。程序 5.12 中的函数 insertRight 是 C 代码，包括了这两种情形。

```
void insertRight(threadedPointer s, threadedPointer r)
{ /* insert r as the right child of s */
  threadedPointer temp;
  r->rightChild = parent->rightChild;
  r->rightThread = parent->rightTrehad;
  r->leftChild = parent;
  r->leftThread = TRUE;
  r->rightChild = child;
  r->rightThread = FALSE;
  if (!r->rightThread) {
    temp = insucc(r);
    temp->leftChild = r;
  }
}
```

程序 5.12 在右链插入结点

习题

1. 画出图 5.15 的线索二叉树。
2. 编写函数 insertLeft，在线索二叉树结点 parent 的左链插入结点 child，插入后 parent 原来的左子树成为 child 的左子树。
3. 编写函数，后序遍历线索二叉树，讨论算法的时间、空间复杂度。
4. 编写函数，先序遍历线索二叉树，讨论算法的时间、空间复杂度。

§5.6 堆

§5.6.1 优先级队列

堆这种数据结构，常用来实现优先级队列。优先级队列的删除操作以队列元素的优先级高低为准，比如总是删除优先级最高的元素，或者总是删除优先级最低的元素。优先级队列的插入操作不限制元素的优先级，任何时刻任何优先级的元素都可以入列。ADT 5.2 是最大值优先级队列 (max priority queue) 的抽象数据类型。

例 5.1 提供机器租用服务的商家总希望机器不闲置并获取最大利润。由于用户使用机器的时间各不相同，而公司规定机器每次出租次收取固定的费用，所以机器应优先出租给使用时间少的客户。为获取最大利润，公司事先了解顾客使用机器的时间，并据此为每个顾客指定

```
ADT MaxPriorityQueue
  数据对象: n>0 个元素集合，每个元素都赋予一个关键字
  成员函数:
    以下 q ∈ MaxPriorityQueue, item ∈ Element, n ∈ 整数。
    MaxPriorityQueue Create(max_size) ::= 创建空优先级队列
    Boolean IsEmpty(q,n)               ::= if (n==0) return TRUE
                                             else return FALSE
    Element top(q,n)                   ::= if (!isEmpty(q,n))
                                             return q 中的最大元素
                                           else return 出错信息
    Element pop(q,n) ::=                   if (!isEmpty(q,n))
                                             return q 中的最大元素并删除
                                           else return 出错信息
    MaxPriorityQueue push(q,item,n) ::=    在 q 中插入 item
                                           return 新的优先级队列
end MaxPriorityQueue
```

ADT 5.2: 抽象数据类型 MaxPriorityQueue

优先级。这样，只要有可出租的机器，则出租给优先级最高，即使用时间最短的顾客。这样的队列称为最小值优先级队列 (min priority queue)，队列中是等待租用机器的顾客，其优先级关键字是该顾客预计使用机器的时间。

如果机器的租用费用按时计费，则优先级应由顾客的出资费用确定，这时，只要有可出租的机器，则出租给优先级最高，即出资费用最高的顾客，这种队列称为最大值优先级队列。 □

例 5.2 某大工厂有许多机器，各种机器完成生产工序的一部分，比如加工零部件的一道工序。当一台机器任务完成，称发生了一次事件，每发生一次事件，加工的零部件要转去下一道工序 (如果有的话)。如果一次事件发生，零部件需送到另一台机器加工，如果这台机器没有等待加工的零部件，则可以马上开始新的加工任务；如果已有等待加工的零部件，则只能等待机器完成当前任务，之后选择一件开始新加工。

为仿真这家工厂的生产过程，我们为每台机器建立优先级队列，队列中存放加工所剩时间，并规定所剩时间最短的机器最早发生事件。这个队列也是最小值优先级队列。

最容易想到的优先级队列实现方法是无序线性表。不管这个线性表用数组表示还是链式表示，以最大值优先级队列为例，假设队列中有 n 个元素，则函数 `IsEmpty` 的时间是 $O(1)$；函数 `top` 和函数 `pop` 的时间是 $\Theta(n)$，因为只有遍历队中所有元素才能找到最大值，之后 `pop` 还要删除；函数 `push` 和时间总 $O(1)$，因为插入的新元素放在哪里都行。以下介绍大根堆实现的优先级队列，`IsEmpty` 和 `top` 的时间是 $O(1)$，`push` 和 `pop` 的时间都是 $O(\log n)$。

§5.6.2 大根堆定义

在 §5.2.2 我们已经学习过完全二叉树，本节要介绍一种特殊的完全二叉树，它有极广泛的应用。

定义 大根树中每个结点的关键字都不小于孩子结点 (如果有的话) 的关键字。大根堆既是完全二叉树又是大根树。小根树与小根堆的定义相似。 □

图 5.25 是大根堆例子，图 5.26 是小根堆例子。

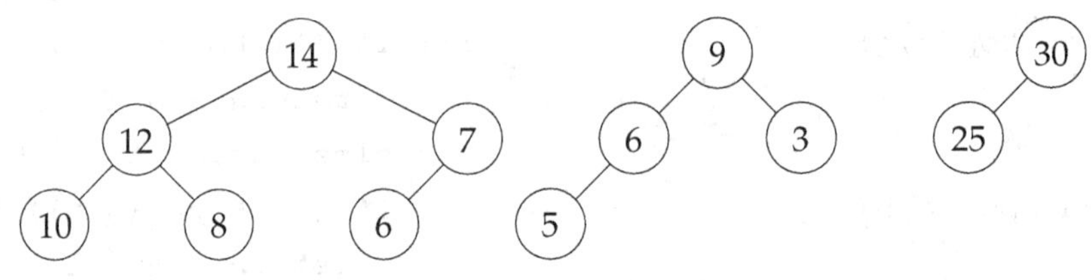

图 5.25 大根堆

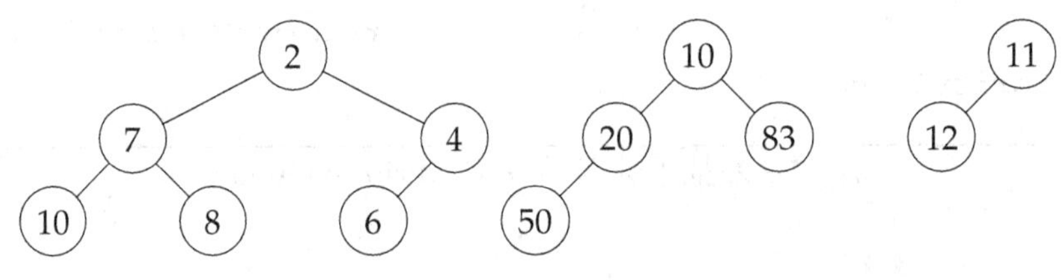

图 5.26 小根堆

根据定义，小根堆根的关键字是全树中的最小值，大根堆根的关键字是全树中的最大值。大根堆的 ADT 与最大值优先级队列的 ADT 5.2 相似，操作完全相同。因为大根堆是完全二叉树，特别适合用数组表示，以下用数组 heap 存储大根堆。

§5.6.3 大根堆插入操作

图 5.27(a) 是一个大根堆，有 5 个元素，插入一个元素后，变成图 5.27(b)，还是完全二叉树。为确定插入元素的正确位置，有一个从新位置向上，可以达到根的上滑过程，但插入元素最后位于满足最大堆性质的位置。例如，如果插入元素的关键字是 1，则插入位置就是 2 的左孩子。如果插入元素的关键字是 5，位置却不能是 2 的左孩子，因为这样不满足最大堆性质，所以 2 应下滑到它的左孩子位置，见图 5.27(c)。现在来看看 5 是否可以占用这个位置，该位置父亲的关键字是 20，不小于 5，没问题，所以 5 应位于这里。如果插入元素的关键字是 20，那么 2 应下滑到左孩子，和图 5.27(c) 一样，但 20 还是不能位于这里，因为该位置的父亲关键字是 20，小于 21，于是 20 下滑的这里，把根的位置让给 21，结果如图 5.27(d) 所示。

可见，在最大堆中插入结点需要确定父亲的位置，根据引理 5.4的结论，这容易做到。程序 5.13 实现大根堆插入结点。以下是堆的 C 声明语句：

```
#define MAX_ELEMENTS 200 /* maximum heap size+1 */
#define HEAP_FULL(n) (n==MAX_ELEMENTS-1)
#define HEAP_EMPTY(n) (!n)
```

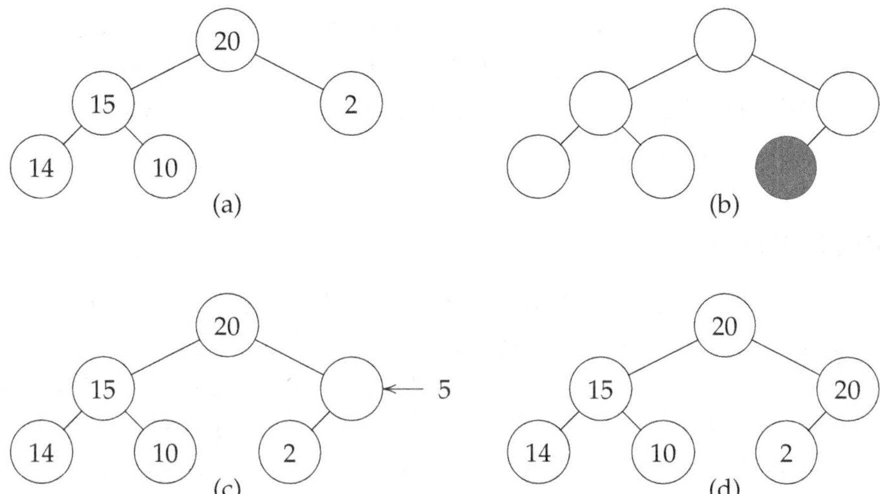

图 5.27 大根堆插入操作

```
typedef struct {
  int key;
  /* other fields */
} element;
element heap[MAX_ELEMENTS];
int n = 0;
```

```
void push(element item, int *n)
{ /* insert item into a max heap of current size *n */
  int i;
  if (HEAP_FULL(*n)) {
    fprintf(stderr, "The␣heap␣is␣full.\n");
    exsit(EXIT_FAILURE);
  }
  i = ++(*n);
  while (i!=1 && item.key>heap[i/2].key) {
    heap[i] = heap[i/2];
    i /= 2;
  }
  heap[i] = item;
}
```

程序 5.13 大根堆插入操作

最大堆也可以用动态存储分配的数组存放数据，开始时堆容量可设为 1，以后，当插入时堆满，可以用数组加倍技术扩充容量，具体做法留作习题。

***push* 分析** 函数 push 首先检查堆是否已满。如果堆不满，i 值变成 n+1，即新堆的长度，然

后为 item 定位，确定它的堆中位置。**while** 循环完成定位工作，具体做法是，从最大堆的新叶子 i 开始，与位于 i/2 的父亲比较，这样逐层向上，直到一个父亲关键字不小于它的位置，或者一直到根。因为堆是完全二叉树，高度是 $\lceil \log_2(n+1) \rceil$，所以 **while** 的循环次数是 $O(\log n)$，正是这个插入函数的时间复杂度。 □

§5.6.4 大根堆删除操作

大根堆删除的结点是根。以图 5.27(d) 为例，删除的是 21。删除后，原来 6 个元素的堆减少一个元素，变成 5 个元素的堆，这时应调整堆结构，变成 5 个结点的完全树。只要把第 6 个位置的元素 2 删除，就是 5 个结点的完全树，见图 5.28(a)。但这时 2 不在堆中，且根的位置犹在，但内容空缺，2 也不能填入根位置破坏大根堆性质。根的内容应是 2 与根的左右孩子三者的最大值，现在应为 20。把 20 移到根位置，现在第 3 个位置空出来，它一个孩子也没有，可以容纳 2，2 终于到位，见图 5.27(a)。

再看删除 20，删除后，堆结构如图 5.28(b) 所示，操作序列如下。首先把位置 5 的 10 删除，它不够大，不可以放在根位置，于是 15 移到根位置，空出第 2 个位置，10 还是不可以插入这个位置，因为比 14 小，于是 14 向上移到第 2 个位置，空出的位置才是 10 的位置。最后结果如图 5.28(c) 所示。

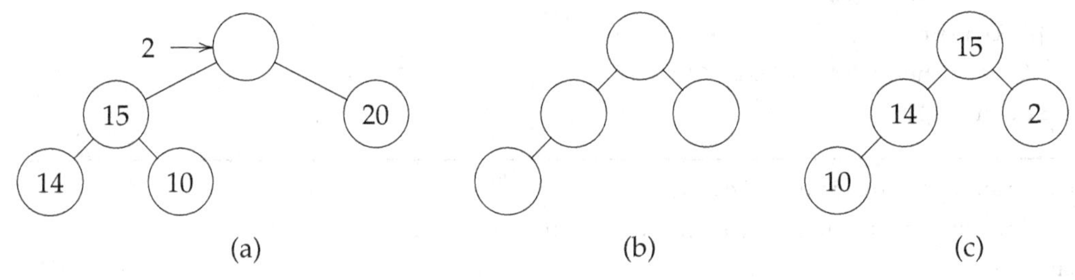

图 5.28 大根堆删除操作

程序 5.14 是大根堆删除结点的函数实现，堆整理用的就是上述下滑交换方法。

***pop* 分析** 函数 pop 沿堆下滑，一路上比较父亲与孩子的关键字，并做必要交换，直到满足堆性质为止。因为 n 个元素堆的高度是 $\lceil \log_2(n+1) \rceil$，所以 pop 函数中 **while** 的循环次数是 $O(\log n)$，正是这个删除函数的时间复杂度。 □

习题

1. 给定关键字 7, 16, 49, 82, 5, 31, 6, 2,44。

   (a) 画出这些关键字顺序插入大根堆的变化情况。

   (b) 画出这些关键字顺序插入小根堆的变化情况。

2. 参照 ADT 5.2，写出最小值优先级队列的抽象数据类型 ADT MinPQ。

```
element pop(int *n)
{ /* delete element with the highest key from the heap */
  int parent, child;
  element item, temp;
  if (HEAP_EMPTY(*n)) {
    fprintf(stderr, "The␣heap␣is␣empty.\n");
    exit(EXIT_FAILURE);
  }
  /* save value of the element with the highest key */
  item = heap[1];
  /* use last element in heap to adjust headp */
  temp = heap[(*n)--];
  parent = 1;
  child = 2;
  while (child<=*n) {
    /* find the larger child of the current parent */
    if (child<*n && heap[child].key<heap[child+1].key)
      child++;
    if (temp.key>=heap[child].key) break;
    /* move to the next lower level */
    heap[parent] = heap[child];
    parent = child;
    child *= 2;
  }
  heap[parent] = temp;
  return item;
}
```

程序 5.14 大根堆删除操作

3. 比较三种存储表示的最大值优先级队列的性能：(1) 大根堆，(2) 无序线性表，(3) 有序线性表。编程实现这三种存储表示的 push、pop 函数，

   (a) 生成 n 个随机数插入优先级队列，比较三种实现的性能。

   (b) 接着，在上小题基础上，做 m 次插入或删除，插入或删除的机会相等。比较三种实现的性能。别忘记，一定要判断队列是否为空。

   选择合适的 n 和 m，多次重复实验，记录程序的运行时间，除以操作次数，将结果绘制成关于操作次数的图表。根据实验结果，定性指出性能差异。

4. 大根堆的插入操作有改进方法，可以提供性能。改进方法是，从叶结点到根结点的比较路径上，用折半查找能把计算时间减少到 $O(\log\log n)$。改进方法只能节省比较时间，而

交换时间不变。编写插入函数实现改进方法，并用改进方法重做习题1。用实验结果与程序5.13比较，全面论述改进方法的是否名符其实。

5. 编写C函数，改变大根堆中任意元素的优先级，并相应整理堆中元素。指出函数的计算时间。

6. 编写C函数，删除大根堆中任何位置的元素，并相应整理堆中元素。指出函数的计算时间。(提示：先把待删元素的优先级改得比根的优先级还大，然后调用习题3的改变优先级函数，最后再 pop。)

7. 编写C函数，在大根堆中查找一个给定元素。指出函数的计算时间。

8. 用二叉链表表示大根堆，结点结构中除指向孩子的链域外，还应设指向父亲的链域。编写插入、删除函数。

9. ♣ **[编程大作业]** 编写以下小根堆操作：

   (a) 创建小根堆。

   (b) 删除最小关键字元素。

   (c) 修改任意元素的优先级。

   (d) 小根堆插入元素。

   要求实现菜单界面，方便用户操作。

10. 用动态数组表示大根堆，数组容量开始设为1，以后随需要利用数组加倍技术扩大堆容量。编写C函数，实现插入、删除操作。用各种数据测试程序。

§5.7 二叉查找树

§5.7.1 定义

*辞典*由词条偶对构成，每条偶对都有一个关键字，以及与其对应的词条项。自然语言辞典的不同词条可以有相同的关键字，本节讨论的辞典，规定不同词条的关键字各不相同。然而，本节讨论用二叉查找树存储辞典词条，因此去掉这样的限制并非难事，词条偶对容易扩展，不同偶对可以共有相同的关键字。ADT 5.3是辞典的规范说明。

二叉查找树特别适合同时需要查找、插入、删除三种操作的应用，性能高于我们已学过的其它数据结构。实际上，二叉查找树既可以按关键字值操作，又可以按关键字序操作，例如，可以在二叉查找树中查找或删除关键字为 k 的词条；也可以在二叉查找树中删除关键字排第五小的词条；还可以插入一条词条同时获得该词条关键字在辞典中关于其它关键字的大小位置，等等。

定义 二叉查找树是一棵二叉树，可以是空树，否则满足以下性质：

(1) 树中每个结点有一个唯一的关键字。

```
ADT Dictionary
  数据对象: n>0 个词条偶对，每条偶对有一个关键字和相应的词条项
  成员函数:
    以下 d ∈ Dictionary, item ∈ Item, k ∈ Key, n ∈ 整数。
    Dictionary Create(max_size) ::=  创建空辞典
    Boolean IsEmpty(d,n)        ::= if (n==0) return TRUE
                                    else return FALSE
    Element Search(d,k)         ::= return item, 其关键字为 k
                                    else return NULL, 如果不存在
    Element Delete(d,k)         ::= return 删除并返回 item, 其关键字为 k
                                    else return 出错信息
    void Insert(d,item,k)       ::= 在 d 中插入关键字是 k 的 item
end Dictionary
```

ADT 5.3: 抽象数据类型 Dictionary

(2) 如果有左子树，则左子树的所有关键字小于根的关键字。

(3) 如果有右子树，则右子树的所有关键字大于根的关键字。

(4) 左右子树都是二叉查找树。 □

以上定义有重复。性质 (2) (3) (4) 可推出所有关键字都不同，因此，性质 (1) 可以改写为：根有一个关键字。

图 5.29 中的三棵二叉树，每个结点的关键字都不相同。图 5.29(a) 不是二叉查找树，它虽然满足性质 (1) (2) (3)，但不满足 (4)，因为右子树的树根关键字是 25，小于右孩子的关键字 22，所以不是二叉查找树。图 5.29(b)、(c) 都是二叉查找树。

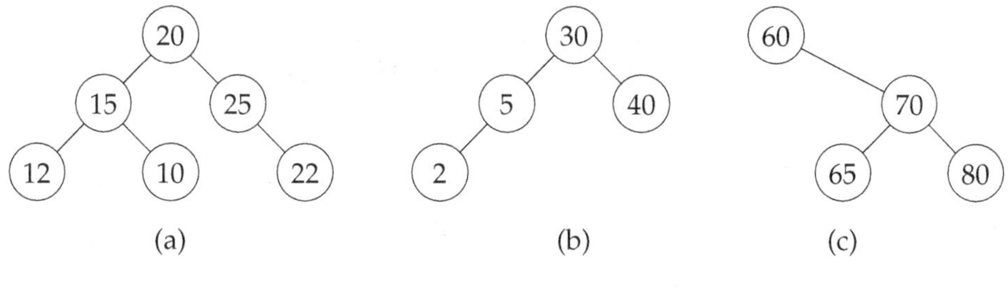

图 5.29 二叉树

§5.7.2 二叉查找树的查找

二叉查找树的定义是递归定义，查找操作最易实现。假设要查找关键字是 k 的结点，我们从根开始，如果根是 NULL，树中无结点，查找不成功；否则，用 k 和根的关键字比较，如果 k 与根的关键字相等，那么查找成功结束；如果 k 小于根的关键字，因为右子树的所有关

键字不可能等于 k，所以应该查找根的左子树；如果 k 大于根的关键字，应该查找根的右子树。程序 5.15 中的函数 search 是递归函数，递归查找子树中的关键字。我们约定，结点的 data 域类型为 element，element 包括 key 与 iType，类型都是 **int**。

```
element *search(treePointer root, int key)
{ /* return a pointer to the element whose key is k, if there is no
     such element, return NULL */
  if (!root) return NULL;
  if (k==root->data.key) return &(root->data);
  if (k<root->data.key)
    return search(root->leftChild, k);
  return search(root->rightChild, k);
}
```

程序 5.15 二叉查找树的递归查找

递归查找可以容易地改成非递归查找，程序 5.16 中的函数 iterSearch 用 **while** 结构代替 search 的递归结构，完成同样的查找功能。

```
element *iterSearch(treePointer tree, int k)
{ /* return a pointer to the element whose key is k, if there is no
     such element, return NULL */
  while (tree) {
    if (k==tree->data.key) return &(tree->data);
    if (k<tree->data.key)
      tree = tree->leftChild;
    else
      tree = tree->rightChild;
  }
  return NULL;
}
```

程序 5.16 二叉查找树的非递归查找

***search* 与 *iterSearch* 分析** 令 h 是二叉查找树的高度， search 与 iterSearch 的时间都是 $O(h)$，但 search 要加上使用系统工作栈的空间需求 $O(h)$。 □

§5.7.3 二叉查找树的插入

要插入关键字为 k 的词条偶对，首先应检查这条偶对是否已经出现在辞典之中，所以先执行查找操作，如果查找不成功，则在这个位置实施插入操作。例如，在图 5.29(b) 中 (只示出关键字) 插入一条关键字是 80 的词条，首先在树中查找 80，查找不成功，而最后查找的结点是 40，所以把词条插入，成为这个结点的右孩子，结果是图 5.30(a)。图 5.30(b) 是在图 5.30(a) 中插入 35 的结果。插入操作由程序 5.17 的函数 insert 完成，这个函数调用

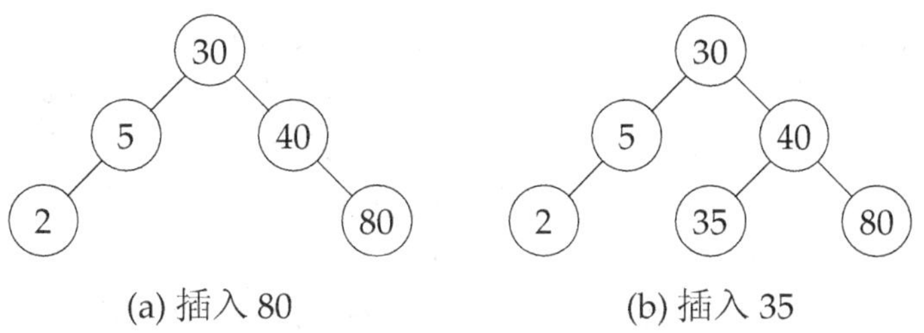

(a) 插入 80　　(b) 插入 35

图 5.30 二叉查找树的插入

modifiedSearch，由程序 5.16 的 iterSearch 略加改动得到，功能是在以 *node为根的树中查找关键字 k，若树为空或关键字已出现在树中，则返回 NULL，否则返回最后一次查找时指向的结点指针，然后把新的偶对词条插入成为最后一个结点的孩子。

```
void insert(treePointer *node, int k, iType theItem)
{ /* if k is in the tree pointed at by node do nothing; otherwise add
     a new node with data = (k, theItem) */
  threePointer ptr, temp=modifiedSearch(*node, k);
  if (temp || !(*node)) {
    /* k is not in the tree */
    MALLOC(ptr, sizeof(*ptr));
    ptr->data.key = k;
    ptr->data.item = theItem;
    ptr->leftChild = ptr->rightChild = NULL;
    if (*node) /* insert as child of temp */
      if (k<temp->data.key) temp->leftChild = ptr;
      else temp->rightChild = ptr;
    else *node = ptr;
  }
}
```

程序 5.17 在二叉查找树中插入新词条

***insert* 分析** 在高度为 h 的树中查找 k 的时间是 $O(h)$，算法花在其它操作的时间是 $\Theta(1)$，因此 insert 的整个时间是 $O(h)$。 □

§5.7.4 二叉查找树的删除

删除叶子特别简单。例如，在图 5.30(b) 中删除 35，只要把它父亲的左孩子链域置 0 (NULL)，然后释放被删除结点的空间即可，结果是图 5.30(a)；接着删除 80，40 的右孩子链域置为 0，结果是图 5.29(b)，再把关键字为 80 的结点释放。

如果待删结点不是叶子，但只有一个孩子，方法也很简单。先把包含词条偶对的结点释放，然后把它唯一的孩子放在删除结点原来的位置即可。例如，删除图 5.30(a) 中的 5，只要把它父亲 (30) 原本指向 5 的结点指针改为指向 5 的孩子 (2) 即可。

如果待删结点有两个孩子，先用左子树中关键字最大孩子的结点值或右子树中关键字最小孩子得结点值替换待删结点的结点值，然后删除子树中那个结点。例如，要删除图 5.30(a) 中关键字为 30 的结点，一种做法是用左子树中最大关键字为 (5) 的结点值替换，另一种做法是用右子树中最小关键字为 (40) 的结点值替换。假如我们选用左子树中的最大值替换，则将关键字为 5 的结点值存入根结点，如图 5.31(a) 所示，然后要删除根右边的第二个关键字为 5 的结点，因为这个结点只有一个孩子，它父亲指向左孩子的链域值应改为指向 2，结果如图 5.31(b) 所示。可以证明，无论选用左子树中最大关键字的结点还是选用右子树中最小关键字的结点，这个结点的度必为 1，因此删除这个结点的做法很简单。删除操作的实现留作习题，计算时间应为 $O(h)$，h 是树的高度。

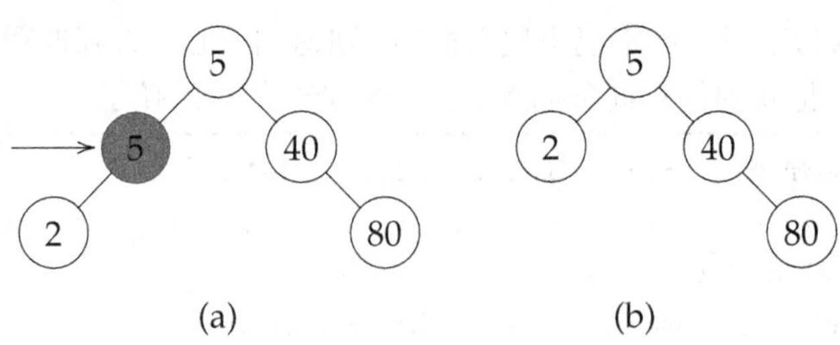

图 5.31 二叉查找树的删除

§5.7.5 二叉查找树的合并与分裂

二叉查找树的查找、插入、删除操作最常用，除此之外，还有其它一些实用操作，以下列出三种：

(a) 三路合并 `threeWayJoin(small, mid, big)`：该操作把 `small`、`mid`、`big` 合并成一棵二叉查找树。`small`、`big` 是两棵词条偶对的二叉查找树，`mid` 是一条词条偶对，`small` 中所有结点的关键字小于 `mid.key`，`big` 中所有结点的关键字大于 `mid.key`。合并后 `small` 与 `big` 为空树。

(b) 二路合并 `twoWayJoin(small, big)`：该操作把 `small` 与 `big` 合并成一棵二叉查找树。`small`、`big` 是两棵词条偶对的二叉查找树，`small` 中所有结点的关键字小于 `big` 中所有结点的关键字。合并后 `small` 与 `big` 为空树。

(c) `split(tree, k, small, mid, big)`：该操作把二叉查找树 `tree` 分裂成三部分，`small` 是原树 `tree` 中的所有结点，关键字均小于 `k`，`mid` 是原树 `tree` 中的一个结点，其词条偶对的关键字是 `k`（如果存在），`big` 是原树 `tree` 中的所有结点，关键字均大于 `k`。分裂后，`tree` 是空树。如果 `tree` 中没有关键字为 `k` 的词条偶对，`mid.key` 置为 -1，假定 -1 是一个不出现在 `tree` 中的关键字。

三路合并操作特别简单。首先取一个新结点，把它的内容置为 `mid`，然后令其左子树指向 `small`，右子树指向 `big`。这个新结点就是合并结果的树根。最后把 `small` 与 `big` 置为 `NULL`。该操作的时间是 $O(1)$，合并树的高度是 $\max\{h(\texttt{small}), h(\texttt{big})\}+1$。$h(\cdot)$ 表示树高函数。

再看二路合并操作。如果两棵树中有一棵是空树，那么合并结果就是另一棵树。如果两棵树都不是空树，先从 `small` 中删除最大关键字结点，令其为 `mid`，删除 `mid` 后的 `small` 称为 `small'`，然后执行三路合并操作 `threeWayJoin(small',mid,big)`，得到二路合并的一棵二叉查找树。整体计算时间是 $O(h(\texttt{small}))$，树高是 $\max\{h(\texttt{small'}),h(\texttt{big})\}+1$。如果选择在两棵树的一棵较低树中删除结点，则计算时间是 $O(\min\{h(\texttt{small}),h(\texttt{big})\})$。

为实现分裂操作，先考察在树根处分裂的各种情形。若 `k==tree->data.key`，`small` 正是 `tree` 的左子树，`big` 正是 `tree` 的右子树。若 `k<tree->data.key`，则根及其右子树将全部出现在 `big` 中，若 `k>tree->data.key`，则根及其左子树将全部出现在 `small` 中。根据上述观察结果，分裂操作的过程就是从 `tree` 树根开始向下查找关键字 `k` 的过程，伴随着该过程 `small` 和 `big` 逐渐生成，程序 5.18 是实现代码。为使代码简明，分别为树 `small` 与 `bi` 设置头结点 `sHead` 与 `bHead`。`small` 的新结点不断插入 `sHead` 的右子树；`big` 的新结点不断插入 `sHead` 的左子树。`tree` 子树中属于 `small`的结点，将沿 `s` 指向的结点 `sHead` 插入；`tree` 子树中属于 `big`的结点，将沿 `b` 指向的结点 `bHead` 插入。把整棵子树接到 `small` 的具体操作是让它成为 `s` 的右孩子；把整棵子树接到 `big` 的具体操作是让它成为 `b` 的左孩子。

***split* 分析** **`while`** 循环中，以 `currentNode` 为根的子树中所有结点的关键字都大于以 `sHead` 为根的所有结点的关键字，同时都小于以 `bHead` 为根的所有结点的关键字。这个关系在循环过程维持不变。函数的正确性易见，复杂度是 $O(h(\texttt{tree}))$。容易验证 `small` 与 `big` 的高度不超过 `tree` 的高度。 □

§5.7.6 二叉查找树的高度

如果构造二叉查找树的过程不加小心，n 个结点的树高有可能达到 n。如果程序 5.17 将结点按关键字 $[1,2,3,\cdots,n]$ 顺序插入空树，高度将达到 n。但是，如果按关键字随机顺序插入，可以证明，二叉查找树的平均树高是 $O(\log n)$。

如果一棵查找树在最差情形的高度是 $O(\log n)$，称为**平衡查找树**。平衡查找树的查找、插入、删除操作都存在复杂度为 $O(h)$ 的算法。最常用的平衡树有 AVL 树、红/黑树、2-3 树、2-3-4 树、B^+-树，将在第 10 章和第 11 章讨论。

习题

1. 编写函数，删除二叉查找树中关键字为 k 的结点。指出函数的时间复杂度。
2. 编写程序，从空二叉查找树开始，插入满足一致分布的 n 个随机数。测量树高除以 $\log_2 n$ 的结果。n 取 $100, 200, 500, 1000, 2000, \cdots, 10,000$。画出 n 条函数曲线 高度$/\log_2 n$，比值高度取近似值，误差为常量 ± 2。验证实验结果与理论估计吻合。
3. 假定在二叉查找树结点中增设 `leftSize` 域，存放左子树的结点个数。编写函数，实现这棵二叉查找树的插入操作。函数的复杂度应为 $O(h)$，h 是树高，证明这个结论。
4. 编写函数，在习题 3 的二叉查找树中删除关键字为第 k 小元的结点。
5. 编写函数，实现三路合并操作，要求复杂度为 $O(1)$。

```
void split(nodePointer *theTree, int k, nodePointer *small,
          element *mid, nodePointer *big)
{ /* split the binary search tree with respect to key k */
  if (!theTree) {                        /* empty tree */
    *small = *big = 0;
    (*mid).key = -1;
    return;
  }
  node Pointer sHead, bHead, s, b, currentNode;
  /* create header nodes for small and big */
  MALLOC(sHead, sizeof(*sHead));
  MALLOC(bHead, sizeof(*bHead));
  s = sHead; b = bHead;

  /* do the split */
  currentNode = *theTree;
  while (currentNode)
    if (k<currentNode->data.key) { /* add to big */
      b->leftChild = currentNode;
      b = currentNode;
      currentNode = currentNode->leftChild;
    } else if (k>currentNode->data.key) { /* add to small */
      s->leftChild = currentNode;
      s = currentNode;
    } else {                         /* split at currentNode */
      s->rightChild = currentNode->leftChild;
      b->leftChild = currentNode->rightChild;
      *small = sHead->rightChild; free(bHead);
      (*mid).item = currentNode->data.item;
      (*mid).key = currentNode->data.key;
      free(currentNode);
      return;
    }
  /* no pair with key k */
  s->rightChild = b->leftChild = 0;
  *small = sHead->rightChild; free(sHead);
  *big = bHead->leftChildd; free(bHead);
  (*mid).key = -1;
  return;
}
```

程序 5.18 二叉查找树的分裂

6. 编写函数，实现二路合并操作，要求复杂度为 $O(h)$，h 为其中一棵树的树高。

7. 任何归并算法，归并长度分别为 n 和 m 的有序表，在最差情形，比较次数至少是 $n+m-1$。这个结论是否是以下操作的推论，即任何基于比较的算法，将两棵结点个数分别为 n 和 m 的二叉查找树合并成一棵二叉查找树。

8. 在后续的第 7 章，我们有如下结论：基于比较的排序算法，在最差情形的比较次数是 $O(n\log n)$。指出这个结论与以下算法的复杂度有何关系，即从空树开始构建 n 个结点的二叉查找树。

9. 二叉查找树也可以用来实现优先级队列。

   (a) 编写 C 函数，用二叉查找树实现大根堆，要求 top、 pop、 push 的复杂度应为 $O(h)$，h 是查找树的树高。因为二叉查找树的平均高度是 $O(\log n)$，以上操作可以保证优先级队列的平均操作时间是 $O(\log n)$。

   (b) 比较用堆实现的优先级队列和用二叉查找树实现的优先级队列的性能。产生随机的删除最大值和插入操作序列，分别测试两种数据结构实现的优先级队列，比较测试结果。

10. 假设修改二叉查找树定义，允许树中出现相同关键字的结点，结点增设一个关键字出现次数域。

    (a) 修改 insertNode，当多于一个关键字插入时，关键字出现次数加 1，否则插入新结点。

    (b) 修改 delete，每次令关键字出现次数减 1，只有在这个值为 0 时才删除。

11. 编写函数，实现程序 5.17 中的 modifiedSearch。

12. 递归实现 insertNode，比较递归程序和非递归程序的效率，指出原因。

13. 用 C 语言递归实现在二叉查找树中根据关键字删除结点的操作。指出程序的时间、空间复杂度。

14. 用 C 语言递归实现在二叉查找树中根据关键字删除结点的操作。要求空间复杂度是 $O(1)$，证明这个结论。指出程序的时间复杂度。

15. 在二叉查找树中建立线索，编写这个线索二叉查找树的查找、插入、删除操作。

§5.8 选拔树

§5.8.1 引子

给定 k 组有序序列，每组序列称为一路，要把这 k 路归并为一组有序序列。每路序列中包含若干记录，序列根据记录中指定的关键字按非降序排列。记 n 为所有 k 轮序列的记录总数，归并过程每轮输出一个最小关键字记录，这个记录从 k 路序列选取，应该是所有 k 路序列当前的第一个记录。归并 k 路序列的最直接做法是做 $k-1$ 次比较，找出最小值输出。对于 $k>2$，选拔树数据结构可以大大减少归并过程的比较次数。选拔树有两种，一种是优胜树，一种是淘汰树。

§5.8.2 优胜树

优胜树是完全二叉树，每个结点的取值是两个孩子的较小值。根据定义，根结点的取值是整个树的最小值。图 5.32 是 $k=8$ 的优胜树。

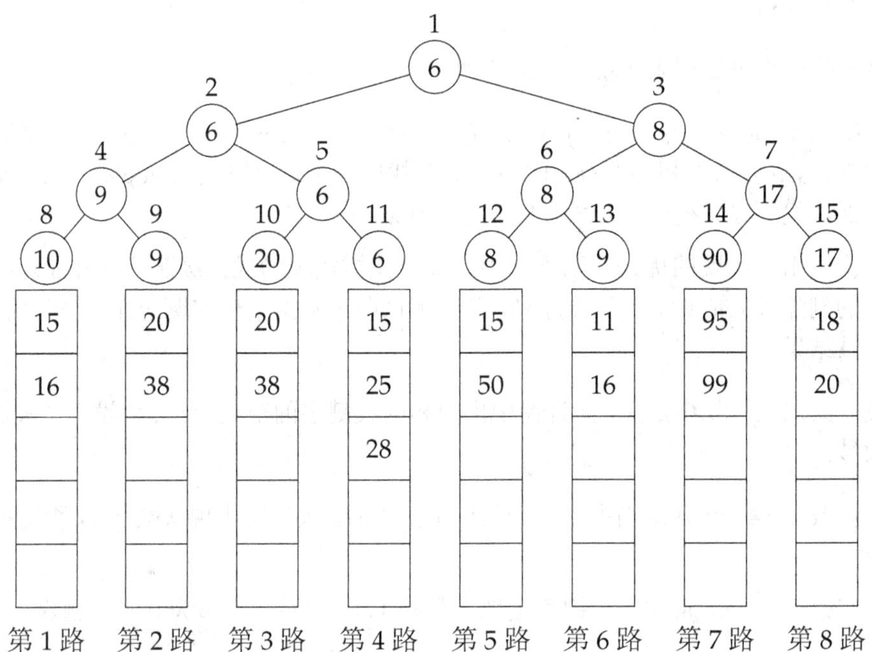

图 5.32 $k=8$ 的优胜树，给出八路序列的前三轮

如果规定关键字较小的记录获胜，则优胜树与锦标赛的晋级过程相似，每个非叶结点都对应一场比赛的获胜选手，根是赛事的胜者，其关键字最小。叶子结点是每路序列当前的第一个记录，由于每个结点通常占用的存储空间较大，为节省空间，在优胜树的归并过程，可用指针指向每路序列的第一个记录，图中的根结点仅包含一个指针，指向第 4 路的第一个记录。

优胜树可根据引理 5.4采用顺序存储表示，图 5.32 每个结点上部标出的数字是该结点在顺序存储空间的序号。根结点指向的记录关键字最小，作为本轮比较结果输出。然后第 4 路序列的下一个记录进入优胜树，即新结点 15 进入优胜树，这时整个优胜树应做调整，即重构，不过只需考虑从第 11 号结点向上到根的路径。第 10 号结点与第 11 号结点比较，第 11 号结点再次取胜 $(15<20)$，第 4 号结点与第 5 号结点比较，第 4 号结点取胜 $(9<15)$，第 2 号结点与第 3 号结点比较，第 3 号结点取胜 $(8<9)$，最后新树结果如图 5.33 所示。与锦标赛的比赛过程相似，优胜树中每对兄弟结点捉对比赛，胜者晋升到父亲结点，并与该层相邻晋升的兄弟结点比较，胜者逐级向上直到根结点为止。为实现这样的遴选过程，可以利用引理 5.4 的结论，定位兄弟与父亲结点的位置。

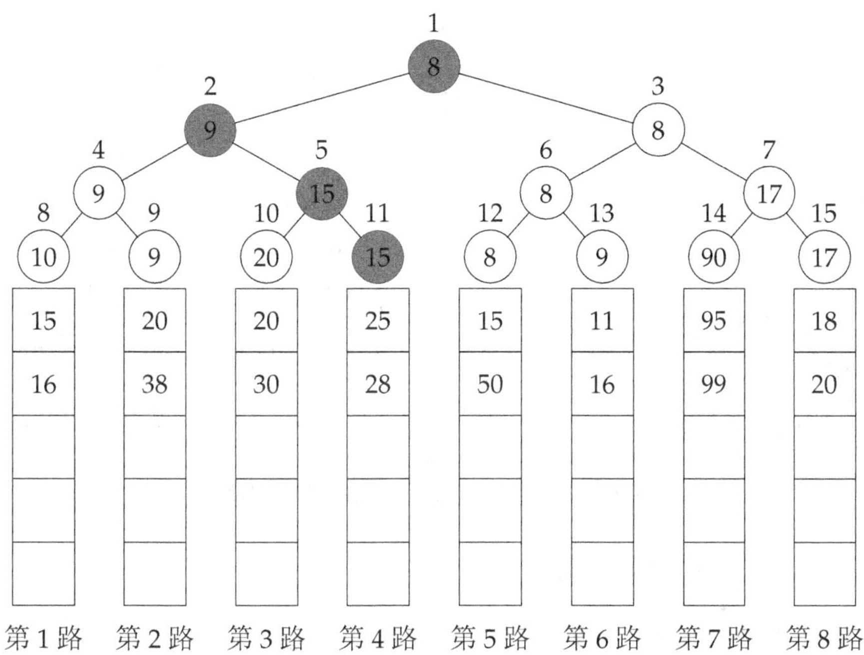

图 5.33 图 5.32 的优胜树输出根之后树重构 (灰色结点是改动结点)

优胜树归并过程分析 因为树的层次是 $\lceil \log_2(k+1) \rceil$，所以树的重构次数是 $O(\log_2 k)$。每当一个输出记录归并到输出文件，树都要重构，因而归并所有 n 条记录的总时间是 $O(n \log_2 k)$。选拔树初始化时间是 $O(k)$。所有 k 轮归并所需时间是 $O(n \log_2 k)$。 □

§5.8.3 淘汰树

图 5.32 的优胜树输出最小值后需要重构，因为最小值是第 4 路记录，所以插入第 4 路的下一个记录 15，随后的重构涉及第 11 号结点到根的路径，这条路径上各结点的兄弟是上轮比赛的失败者，为简化选拔树的重构过程，可以让每个非叶结点指向失败者，而不是获胜者。每个非叶结点指向失败者的选拔树称为淘汰树。图 5.34 是与图 5.32 优胜树对 应的淘汰树，为使图示简便，图中结点示出记录的关键字，而不是指向记录的指针。叶结点还是当前每路序列的第一个记录。图中增加了一个第 0 号结点，表示锦标赛的总冠军。总冠军输出之后，第 4 路新记录插入相应的叶结点位置，之后的树重构涉及从第 11 号结点到第 1 号结点的路径，但这时根据各结点父结点的信息，所有比赛已经分出输赢，不再需要一一访问从第 11 号结点到第 1 号结点的所有兄弟结点了。

习题

1. 写出优胜树与淘汰树的抽象数据类型。

2. 编写函数，构造 k 个记录的优胜树，k 是 2 的幂。树中结点存放锦标赛比赛过程指向胜者的指针。证明优胜树的构造时间是 $O(k)$。

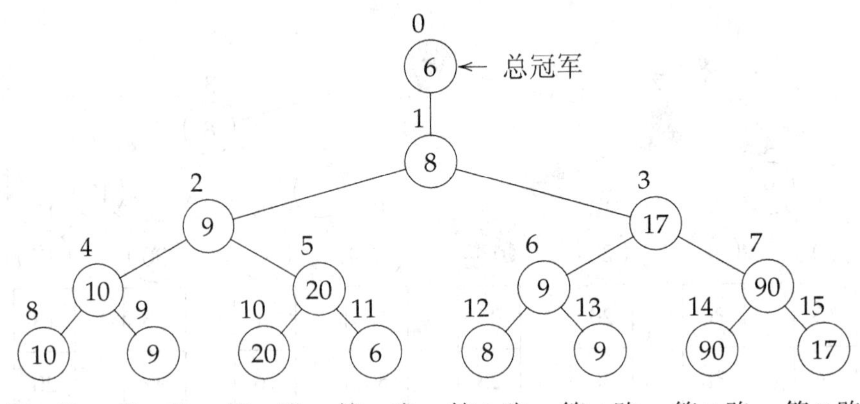

图 5.34 与图 5.32 优胜树对应的淘汰树

3. 重做习题 2，不要求 k 是 2 的幂。

4. 编写函数，构造 k 个记录的淘汰树，用第 0 号位置存放指向总冠军记录的指针。证明淘汰树的构造时间是 $O(k)$。k 是 2 的幂。

5. 重做习题 3，不要求 k 是 2 的幂。

6. 编写函数，用淘汰树归并 k 路序列，$k \geq 2$。如果存在一个线性时间的初始化淘汰树函数，证明归并 $n > k$ 个记录的计算时间是 $O(n \log_2 k)$。

7. 用优胜树重做上题。假定存在一个线性时间的初始化优胜树函数。

8. 对 $k = 8$，比较以上两题的性能。随机生成 8 路数据，每路含 100 条记录。(在归并前每路数据应事先排序。)测量并比较以上两题的运行时间。

§5.9 森林

定义 森林是 $n \geq 0$ 棵不相交树的集合。 □

图 5.35 是三棵树组成的森林。森林的概念与树的概念很接近，树去掉根就是森林，例如，二叉树去掉根成为两棵树的森林。本节简单介绍几种森林操作，包括二叉树转换为森林，森林的遍历。下一节要用森林表示不相交的集合。

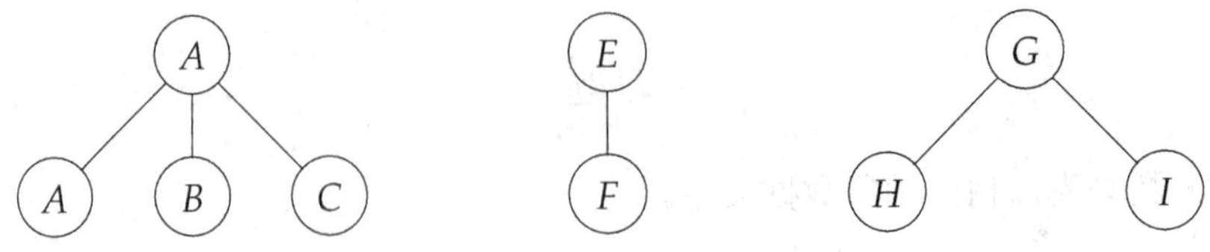

图 5.35 三棵树的森林

§5.9.1 森林转换为二叉树

要把森林转换为二叉树，首先用二叉树表示森林中的每棵树，然后把这些二叉树根结点的 `rightChild` 链域连在一起。图 5.36 是采用这种方法转换图 5.35 的结果。

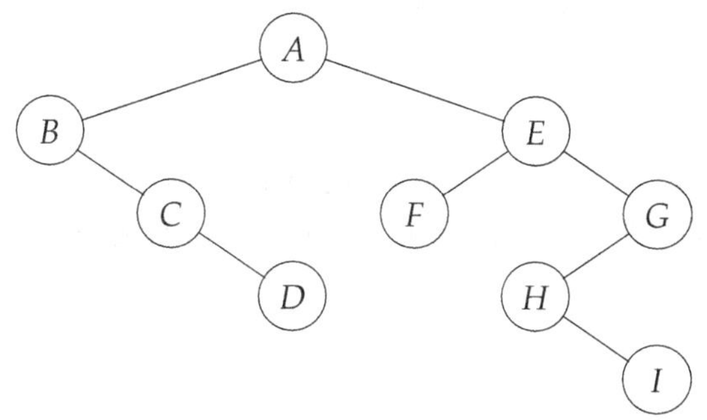

图 5.36 把图 5.35 转换成二叉树

这种转换方法可形式地定义为：

定义 设森林由树 $T_1, \cdots, T_n$ 组成，与之对应的二叉树记为 $B(T_1, \cdots, T_n)$，满足以下条件，

(1) 如果 $n = 0$，则 B 是空树。

(2) 如果 $n \neq 0$，则 B 的根是 T_1 的根；根的左子树是 $B(T_{11}, T_{12}, \cdots T_{1m})$，其中 $T_{11}, T_{12}, \cdots T_{1m}$ 是 T_1 的子树；根的右子树是 $B(T_2, \cdots T_n)$。 □

§5.9.2 遍历森林

记森林 F 转换而成的二叉树为 T。先序遍历森林 F 与先序遍历 T 自然对应；中序遍历森林 F 与中序遍历 T 自然对应。先序遍历 T 等价于 F 的森林先序遍历，定义如下：

(1) 若 F 空则返回。

(2) 访问 F 中第一棵树的树根。

(3) 森林先序遍历 F 中第一棵树的所有子树。

(4) 森林先序遍历 F 中除第一棵树以外的所有子树。

中序遍历 T 等价于 F 的森林中序遍历，定义如下：

(1) 若 F 空则返回。

(2) 森林中序遍历 F 中第一棵树的所有子树。

(3) 访问 F 中第一棵树的树根。

(4) 森林中序遍历 F 中除第一棵树以外的所有子树。

先序、中序遍历森林等价于先序、中序遍历对应的二叉树的证明留作习题。后序遍历森林与后续遍历对应的二叉树无自然对应。森林后序遍历定义如下：

(1) 若 F 空则返回。

(2) 森林后序遍历 F 中第一棵树的所有子树。

(3) 森林后序遍历 F 中除第一棵树以外的所有子树。

(4) 访问 F 中第一棵树的树根。

层序遍历森林的方法为：从森林中每棵树的树根开始，按层序从左向右一一访问每个结点。读者自己应验证，森林的层序遍历结果与对应二叉树的层序遍历结果不一定相同。

习题

1. 定义森林转换为二叉树的反向变换。这种变换是否唯一？

2. 证明，先序遍历森林与先序遍历对应的二叉树，结果相同。

3. 证明，中序遍历森林与中序遍历对应的二叉树，结果相同。

4. 证明，后序遍历森林与后序遍历对应的二叉树，结果可能不同。

5. 证明，层序遍历森林与层序遍历对应的二叉树，结果可能不同。

6. 编写非递归函数，通过后序遍历对应的二叉树，实现后序遍历森林。函数的时间、空间复杂度是什么？

7. 重做上题，实现层序遍历森林。

§5.10 不相交集合的表示

§5.10.1 引子

本节研究用树表示集合。为简化问题，我们假定集合的元素是数字 $0,1,\cdots,n-1$。在实际应用中，这些数字可以是一个符号表的下标，这个符号表存放真实的集合元素名称，与下标一一对应。我们还假定两个不同集合不相交，就是说，如果 S_i 和 S_j 是两个集合，$i \neq j$，则没有一个集合元素既在 S_i 中又在 S_j 中。例如，0 到 9 10 个集合元素可以分成 3 个不相交的集合 $S_1 = \{0,6,7,8\}, S_2 = \{1,4,9\}, S_1 = \{2,3,5\}$。图 5.37 给出这 3 个集合的一种表示。

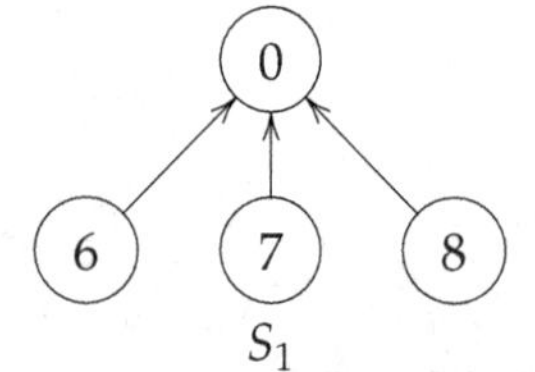

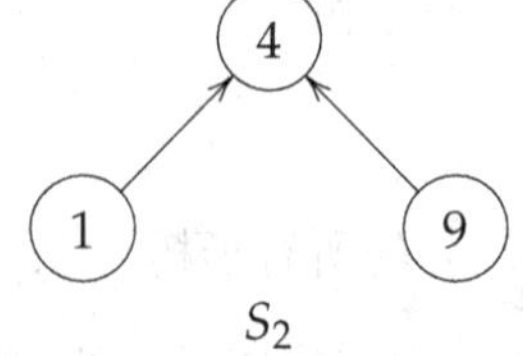

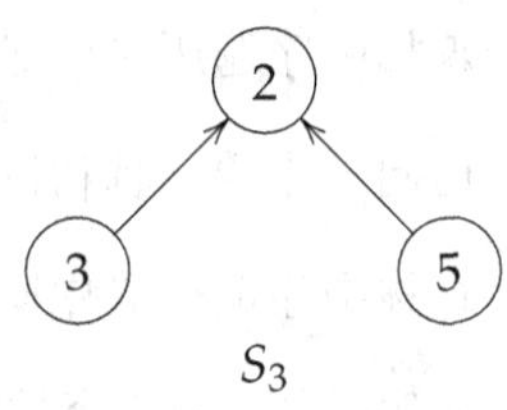

图 5.37 用树表示集合

读者应留意，图中用树表示集合，链方向是从孩子结点指向父亲结点，与以前的表示方法正好相反。链方向变反的原因将逐渐明朗，主要体现在可以简化各种集合操作。

对于用以上方法表示的集合，可以施加的操作很多，但我们仅讨论最少的几个操作：

(1) 不相交集合的合并。如果 S_i 和 S_j 是两个不相交的集合，它们的合并操作定义为

$$S_i \cup S_j = \{\text{所有元素 } x, \text{或者 } x \in S_i \text{ 或者 } x \in S_j\}$$

根据以上定义，我们有 $S_1 \cup S_2 = \{0,6,7,8,1,4,9\}$。由于假定每个集合不相交，因而 S_i 和 S_j 的合并操作结束后，S_i 和 S_j 将不复存在，被 $S_1 \cup S_2$ 取代。

(2) $Find(i)$。在集合中查找 i，例如，3 在集合 S_3 中，8 在集合 S_1 中。

§5.10.2 合并与查找操作

先讨论合并操作。以合并 S_1 与 S_2 为例，由于在表示两个集合的树中，指针都是由孩子结点指向父亲结点，所以合并操作可以简单地把一棵树变成另一棵树的子树。$S_1 \cup S_2$ 的结果可以是图 5.38 中两棵树的任意一棵。

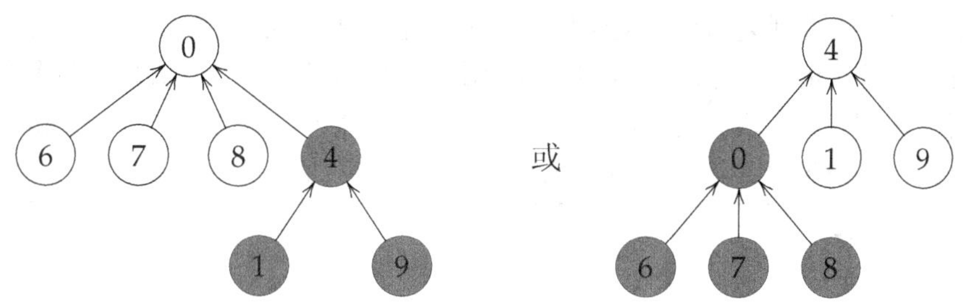

图 5.38 用树表示 $S_1 \cup S_2$

合并操作的具体方法是，让一棵树根的父亲链域指向另一棵树的树根。如果为每个集合名称，都用一个指针指向该集合的树根，则合并操作实现很简单。再如果让每个集合的树根都指向集合名称，则查找一个元素究竟在哪个集合中，可以从该元素出发，沿着父亲链域一直走到树根，然后返回树根指向的集合名称。图 5.39 是为集合 S_1, S_2, S_3 设置上述两种指针的图示。

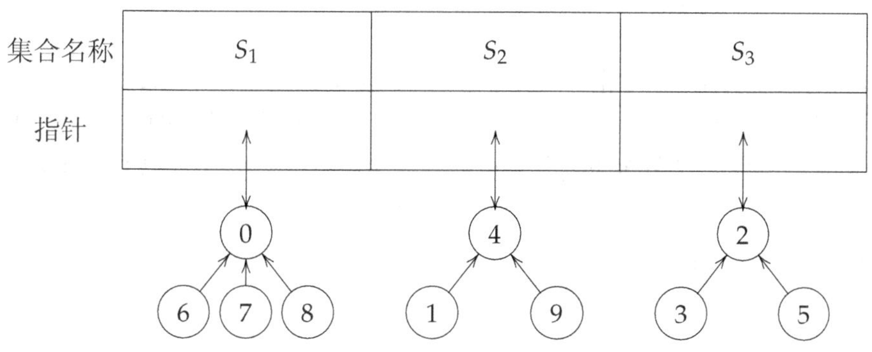

图 5.39 S_1, S_2, S_3 的数据表示

为简化合并操作与查找操作的讨论，以下将用集合的树根做集合的代表，用来识别该集合，而不再使用集合名称。例如，集合 S_1 可用集合元素 0 确认而无需提及 S_1。如需得到真正的集合名称也不难，我们可以设一个集合名称表 `name[]` 存放集合名称，例如 i 是树根为 j 的集合元素，j 的父亲链域指向集合名称表的第 k 项，则集合元素 i 的集合名称是 `name[k]`。

我们已经规定集合元素是从 0 到 $n-1$ 的数，这些数字可用于结点的下标，因而每个结点只设一个指向父亲结点的链域就够了。因此，所需数据结构简化为一个数组

```
int parent[MAX_ELEMENTS];
```

其中 `MAX_ELEMENTS` 是集合元素的最大个数。图 5.40 是集合 S_1, S_2, S_3 的数组表示。注意树根的父亲链域值是 -1。

i	[0]	[1]	[2]	[3]	[4]	[5]	[6]	[7]	[8]	[9]
parent	−1	4	−1	2	−1	2	0	0	0	4

图 5.40 S_1, S_2, S_3 的数组表示

在上述数组表示的集合中查找元素 i，可以从第 i 号单元开始，沿着结点的父亲域值走过一个个数组单元，直到某结点的父亲域是负值为止。例如，要查找 5，从 5 开始，它的父亲是 2 而 2 的父亲是负值，因此 2 就是树根。**union**(i,j) 同样简单，该函数的两个参量 i、j 分别是两棵树的树根，假如我们约定，第一棵树变成第二棵树根的子树，则语句 `parent[i]=j` 完成合并操作。程序 5.19 是以上刚刚讨论的两种操作的实现。

```
int simpleFind(int i)
{
  for (; parent[i]>=0; i=parent[i]) {;}
  return i;
}
int simpleUnion(int i, int j)
{
  parent[i] = j;
}
```

程序 5.19 并-查函数的初始实现

***simpleUnion* 和 *simpleFind* 分析** 尽管 `simpleUnion` 和 `simpleFind` 实现极其简便，但性能却不太好。例如，给点 p 个集合元素，每个元素都是一个独立集合，即 $S_i = \{i\}, 0 \le i < p$，初始构型是包含 p 个结点的森林，且 `parent[i]=-1`, $0 \le i < p$。我们考虑以下并-查操作序列：

```
union(0,1); find(0);
union(1,2); find(0);
      ⋮
union(n-2,n-1); find(0);
```

这个序列会生成一棵蜕化树，如图 5.41 所示。合并操作 **union** 的时间是恒定值，所有 $n-1$ 次合并时间是 $O(n)$。然而，查找操作 find 必须走一条从 0 到树根的路径，若集合元素 i 在数的第 i 层，则到达树根所需时间是 $O(i)$，所以 $n-1$ 次查找所需总时间是：

$$\sum_{i=2}^{n} i = O(n^2)$$ □

图 5.41 蜕化树

实际上，存在效率远远高于以上实现的合并、查找操作，完全可以避免生成蜕化树，方法是在实现 **union**(i,j) 时采用如下*加权规则*。

定义 如果树 i 的结点个数小于树 j 的结点个数，那么让 j 成为 i 的父亲；否则让 i 成为 j 的父亲。 □

如果用加权规则实现的 **union** 代替 simpleUnion，则重做上述并-查序列，得到的结果如图 5.42 所示。

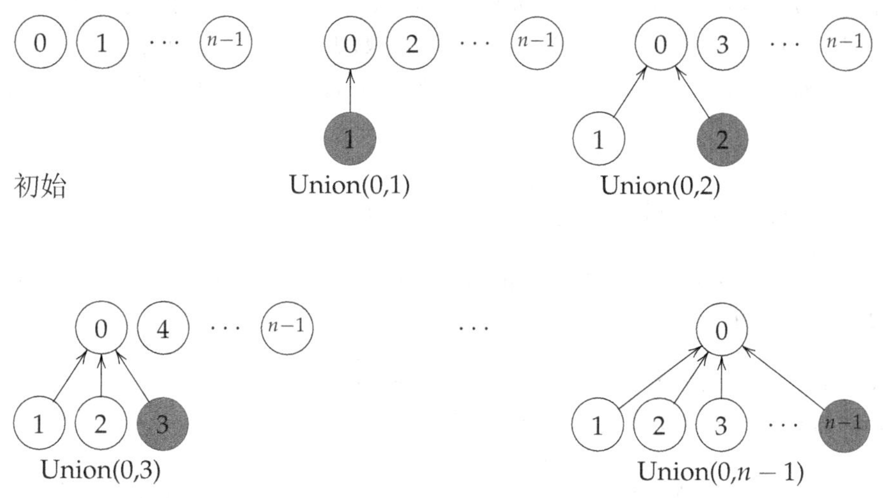

图 5.42 加权树

为实现加权规则，必须知道每棵树的结点个数，这个不难，只要为每棵树的树根设置结点个数域即可，即为根结点 i 设 `count[i]`，其值为以 i 为根的树结点个数。因为树根的父亲域是负值，其它结点都是正值，所以可以把树的结点个数的负值存放在根结点的父亲域。程序 5.20 中的函数 `weightedUnion` 是采用加权规则的合并操作。传给 `weightedUnion` 的参量必须是树根结点。

```
void weightedUnion(int i, int j)
{ /* union the sets with roots i and j, i!=j, using the weighting
     rule. parent[i] = -count[i] and parent[j] = -count[j] */
  int temp = parent[i] + parent[j];
  if (parent[i]>parent[j]) {
    parent[i] = j;              /* make j the new root */
    parent[j] = temp;
  } else {
    parent[j] = i;              /* make i the new root */
    parent[i] = temp;
  }
}
```

程序 5.20 采用加权规则的合并操作

引理 5.5 由 `weightedUnion` 生成树 T，如果它有 n 个结点，则树中任何结点的层数都不可能超过 $\lfloor \log_2 n \rfloor + 1$。

证明 当 $n = 1$ 时，结论显然成立。假设结论对结点个数为 i 的树成立，$i \le n-1$，我们要证明对结点个数为 $i = n$ 的树，结论依然成立。令 T 是由 `weightedUnion` 生成的、结点个数为 n 的树，考虑最后一次合并操作 `weightedUnion(k,j)`，令 m 是树 j 的结点个数，则 $n-m$ 是树 k 的结点个数。不失一般性，可以假定 $1 \le m \le n/2$，那么树 T 中任何结点的最大层数，或者与 k 相同，或者比在 j 中的层数大 1。如果是前者，则 T 中结点的最大层数 $\le \lfloor \log_2(n-m) \rfloor + 1 \le \lfloor \log_2 n \rfloor + 1$；如果是后者，则最大层数 $\le \lfloor \log_2 m \rfloor + 2 \le \lfloor \log_2 n/2 \rfloor + 2 \le \lfloor \log_2 n \rfloor + 1$。 □

例 5.3 给出的并-查序列达到引理 5.5 结论的上界。

例 5.3 用以下序列考察 `weightedUnion` 的行为，初始条件是 `parent[i]=-count[i]=-1`，$0 \le i < n = 2^3$。操作序列如下：

```
union(0,1); union(2,3); union(4,5); union(6,7);
union(0,1); union(4,6); union(0,4);
```

参看图 5.43，合并的操作顺序按列从上向下，即第一列和第二列合并，等等。本例的结果令人信服，说明在一般情形，m 个结点的树中任何结点的层数不可能超过 $\lfloor \log_2 m \rfloor + 1$。 □

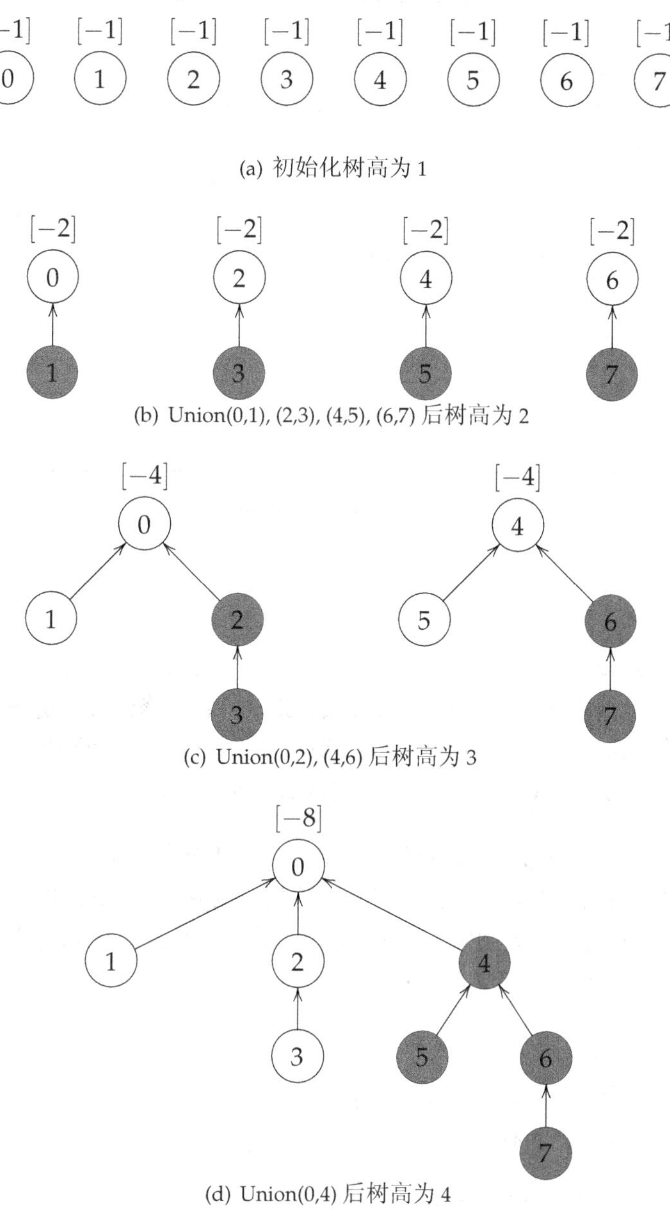

(a) 初始化树高为 1

(b) Union(0,1), (2,3), (4,5), (6,7) 后树高为 2

(c) Union(0,2), (4,6) 后树高为 3

(d) Union(0,4) 后树高为 4

图 5.43 最差情形树高上界

根据引理 5.5，在结点个数为 m 的树中查找，时间是 $O(\log m)$。如果 $u-1$ 次合并操作与 f 次查找操作交替进行，时间变成 $O(u+f\log u)$，因为每棵树的结点个数不超过 u。当然，以上时间未计入初始化所需时间。要把 n 个结点初始化成森林，需要 $O(n)$ 时间。

并-查操作还可以改进，真是难以置信。这次改进的操作是查找算法，方法是采用压缩规则。

程序 5.21 中的函数 `collapsingFind` 是采用压缩规则的查找操作。

例 5.4 考虑例 5.3 中由函数 `weightedUnion` 合并生成的树。给定以下八条查找操作：

```
int collapsing Find(int i)
{ /* find the root of the tree containing element i. Use the
     collapsing rule to collapse all nodes from i to root */
  int root, trail, lead;
  for (root=i; parent[root]>=0; root=parent[root])
    ;
  for (trail=i; trail!=root; trail=lead) {
    lead = parent[trail];
    parent[trail] = root;
  }
  return root;
}
```

程序 5.21 压缩规则

```
find(7); find(7); ...,;find(7);
```

如果用 `simpleFind`，每次 `find(7)` 需要 3 次沿父亲链域的走动，总共需要 24 次。如果用 `collapsingFind`，第一次 `find(7)` 沿父亲链域的走动 3 次，修改 2 个链域。注意，虽然只有 2 个链域需要修改，`collapsingFind` 实际上修改了 3 个 (4 的父亲改成了 0)。以后的 7 次查找只需沿父亲链域走动 1 步，所以总共的走动次数减少到 13 次。 □

***weightedUnion* 和 *collapsingFind* 分析** 采用压缩规则大概使查找操作的时间加倍，然而可以减少一系列查找操作在最差情形的时间。一系列 `weightedUnion` 和 `collapsingFind` 交替进行在最差情形的时间复杂度由引理 5.6 给出。引理中的函数 $\alpha(p,q)$ 与 Ackermann 函数 $A(i,j)$ 的反函数有关。各函数定义如下：

$$A(1,j) = 2^j, \quad j \ge 1$$
$$A(i,1) = A(i-1,2), \quad i \ge 2$$
$$A(i,j) = A(i-1, A(i,j-1)), \quad i,j \ge 2$$
$$\alpha(p,q) = \min\{z \ge 1 \mid A(z, \lfloor p/q \rfloor) > \log_2 q\}, p \ge q \ge 1$$

函数 $A(i,j)$ 是增长极快的函数，因此，α 关于 p、q 增长极慢。例如，由于 $A(3,1) = 16$, 对 $q < 2^{16} = 65,536$ 且 $p \ge q$ 有$\alpha(p,q) \le 3$。因为 $A(4,1)$ 是非常大的数，而在应用中 集合元素的个数 n 是这里的 q，$n+f$ 是这里的 q (f 是查找次数)，所以 $\alpha(p,q) \le 4$，满足所有应用需求。 □

引理 5.6 (Tarjan and Van Leeuwen) 给点森林由 n 棵树组成，开始时每棵树是单独结点。令 $T(f,u)$ 表示 f 次查找和 u 次合并交替进行完成的最少时间。假设 $u \ge n/2$，则

$$k_1(n + f\alpha(f+n,n)) \le T(f,u) \le k_2(n + f\alpha(f+n,n)),$$

其中的 k_1、k_2 是正数常量。 □

引理 5.6 中 $u \geq n/2$ 的限定并不要紧，因为当 $u < n/2$，一些集合元素根本不涉及合并操作。这些元素在查找、合并过程一直是单独结点的集合，完全不在考虑之列，如查找这些结点，每次操作的时间是 $O(1)$。尽管 $\alpha(f,u)$ 增长极慢，但本节讨论的基于树表示的并-查操作，关于合并、查找操作的次数却不是线性的。空间复杂度为每个元素占用一个结点的存储空间。

在本节习题中，我们要讨论其它加权规则与压缩规则，但计算时间上界都符合引理 5.6 的结论。

§5.10.3 划分等价类

现在我们要再一次讨论 §4.6 的等价类偶对处理问题。因为不同多边形分属不同等价类，因此划分出的等价类可看作不相交的集合。开始时，n 个多边形自成一个等价类，`parent[i]=-1`，$0 \leq i < n$。处理等价关系偶对 $i \equiv j$ 之前，首先应确定 i、j 各属于哪个集合，如果 i、j 分属不同集合，这两个集合将被两者的合并集合取代；如果 i、j 属于一个集合，则无需合并操作，i、j 已属于一个等价类，$i \equiv j$ 是冗余信息。处理一对等价关系偶对，需做两次查找、至多一次合并。对于 n 个多边形、m 对等价关系偶对，初始化由 n 棵单独树组成的森林需时 $O(n)$、$2m$ 次查找、至多 $\min\{n-1,m\}$ 次合并。(注意，经 $n-1$ 次合并，所有 n 个多边形将属于一个等价类，因此随后不再有合并操作。) 如果，处理过程用 `weightedUnion` 和 `collapsingFind`，等价类划分的总时间是 $O(n+m\alpha(2m,\min\{n-1,m\}))$。这个复杂度与 §4.6 相比，虽然性能略差，但空间需求减少了，而且可以满足联机实时划分等价类的需求，所谓“联机实时”，意思是每处理一对等价关系偶对，都可以立刻确定偶对中的多边形所属的等价类。

例 5.5 以 §4.6 的等价关系偶对为例，开始时共有 12 棵树，每棵树对应一个变量 `parent[i]=-1`，$0 \leq i < 12$。图 5.44 是等价类划分过程，每棵树表示一个等价类。在划分过程的每一步，确定两个集合元素是否同属一个等价类，只需简单地两次查找即可。 □

习题

1. 假设从 n 个集合开始，每个集合只有单独元素。

   (a) 证明，如果已经执行了 u 次合并操作，则所有集合的元素个数不可能超过 $u+1$。

   (b) 证明，最多需要 $n-1$ 次合并操作，集合个数将变成 1。

   (c) 证明，如果合并操作次数少于 $\lfloor n/2 \rfloor$，至少还有一个单独元素的集合。

   (d) 证明，如果合并操作的次数为 u，则至少还有 $\max\{n-2u,0\}$ 个单独元素的集合。

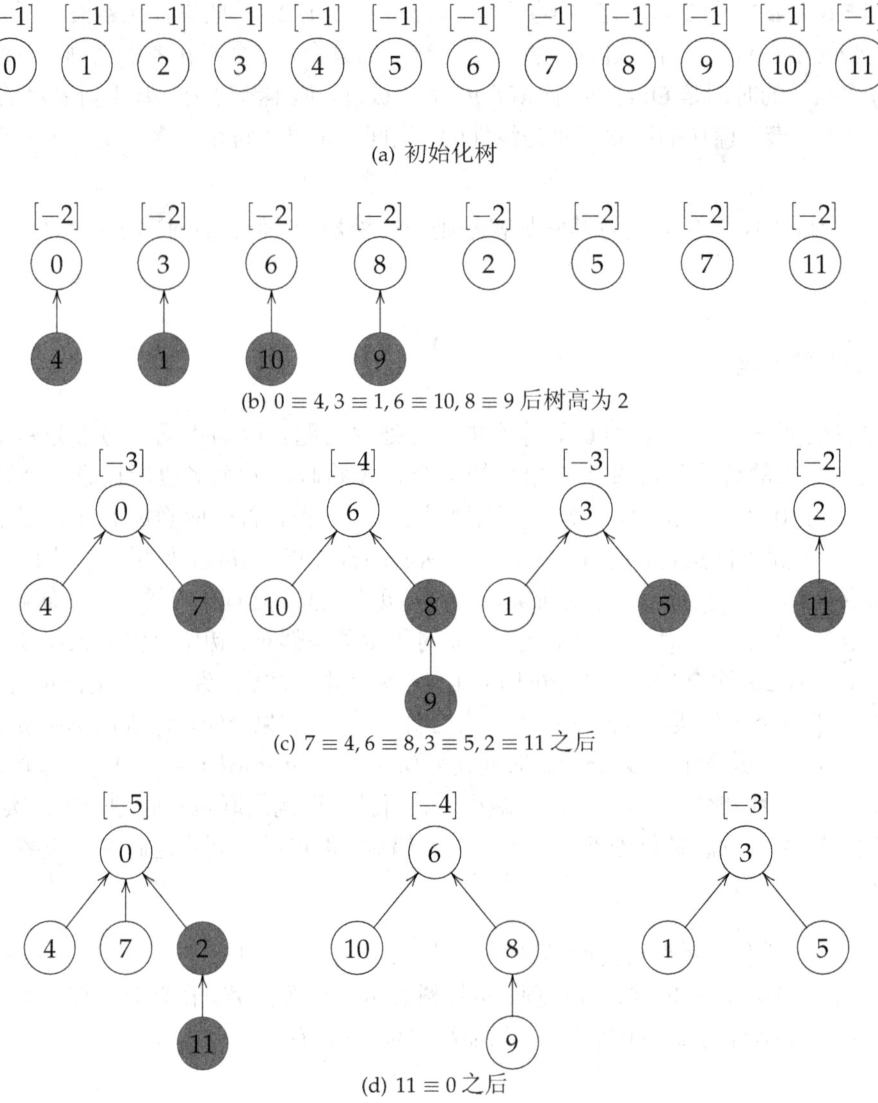

图 5.44 例 5.5 生成的每棵树

2. 例 5.5 处理结束后，画出 **union**(11,9) 的结果。

3. 产生随机序列测试两种合并、查找操作的性能，一种是程序 5.19 的 `simpleUnion` 和 `simpleFind`；一种是程序 5.20 的 `weightedUnion` 和 `collapsingFind`。

4. (a) 编写函数 `heightUnion` 实现合并操作，用以下高度规则代替加权规则：

   定义 (高度规则) 如果树 i 的高度小于树 j 的高度，则令 j 为 i 的父亲；否则令 i 为 j 的父亲。 □

   函数的运行时间应为 $O(1)$，在每棵树根的 `parent` 域存放树高的负值。

   (b) 证明引理 5.5 有关树高上界的结论同样适用采用高度规则的合并操作。

(c) 构造实例，从单独元素集合开始，采用 `heightUnion` 合并操作，使树高达到引理 5.5 的上界。

(d) 用实验结果比较程序 5.20 的 `weightedUnion` 与 `heightUnion` 孰优孰劣，查找操作都用程序 5.21 的 `collapsingFind`。

5. (a) 编写函数 `splittingFind` 实现查找操作，用以下**路径分裂规则**代替压缩规则：

定义 (路径分裂规则) 在从结点 i 向上查找的过程，将每个结点的父亲域值置为指向 其祖父（树根及其孩子除外）。 □

注意，从 i 到根的路径一次路径分裂就够了。Tarjan 与 Van Leeuwen 已证明，采用路径分裂规则的查找操作，结合采用高度规则或加权规则的合并操作，生成的树其高度满足引理 5.5 的结论。

(b) 用实验结果比较程序 5.21 的 `collapsingFind` 与 `splittingFind` 孰优孰劣，合并操作用程序 5.20 的 `weightedUnion`。

6. (a) 编写函数 `halvingFind` 实现查找操作，用以下**路长折半规则**代替压缩规则：

定义 (路长折半规则) 在从结点 i 向上查找的过程，每隔一个结点将结点的父亲域值置为指向其祖父（树根及其孩子除外）。 □

读者应留心，路长折半方法与习题 5 路径分裂方法的异同，相同之处是，从 i 到根的路径一次路长折半就够了；不同之处是，路长折半只修改了路径上一半结点的父亲域。Tarjan 与 Van Leeuwen 已证明，采用路长折半规则的查找操作，结合采用高度规则或加权规则的合并操作，生成的树其高度满足引理 5.5 的结论。

(b) 用实验结果比较程序 5.21 的 `collapsingFind` 与 `havingFind` 孰优孰劣，合并操作用程序 5.20 的 `weightedUnion`。

§5.11 二叉树的计数

本章讨论的数据结构是树，最后一节要讨论的问题来自截然不同的领域，令人惊奇的是，它们的求解方法都一样，全部与树有关。问题包括：n 个结点的二叉树不同形态的个数是多少；$1, 2, \cdots, n$ 的栈置换结果是多少；$n+1$ 个矩阵相乘的不同顺序是多少。本节简要回答以上问题。

§5.11.1 不同态二叉树

我们知道，如果 $n=0$ 或 $n=1$，只有一种二叉树；如果 $n=2$，共有两种，如图 5.45 所示；如果 $n=3$，共有五种，如图 5.46 所示。那么，n 个结点的不同二叉树又有多少？读者不妨先自己想想然后再看后续内容。

图 5.45 结点个数为 $n=2$ 的不同二叉树

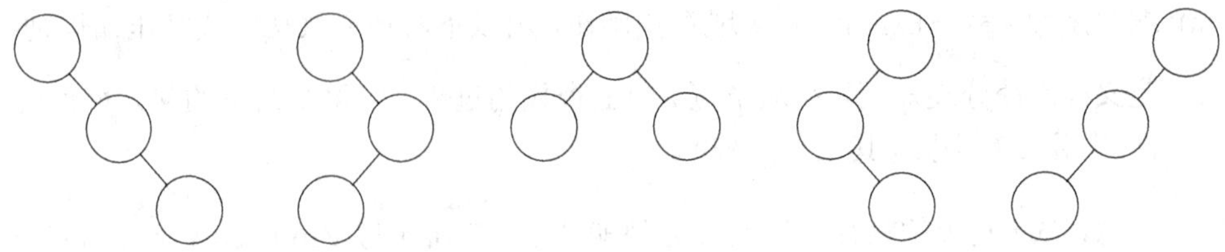

图 5.46 结点个数为 $n=3$ 的不同二叉树

§5.11.2 栈置换

在 §5.3 中，我们介绍了先序、中序、后序遍历，并指出每种遍历都要用栈。给定同一棵树的先序遍历序列

$$A \quad B \quad C \quad D \quad E \quad F \quad G \quad H \quad I,$$

和中序遍历序列

$$B \quad C \quad A \quad E \quad D \quad G \quad H \quad F \quad I.$$

这两个遍历序列可以唯一确定一棵二叉树吗？或者换个说法，这两个遍历序列可以来自不同的二叉树吗？

我们现在用这两个遍历序列构造二叉树。首先取先序遍历序列的第一个 A，根据先序遍历的定义 (VLR)，它一定是根；根据中序遍历的定义 (LVR)，A 之前的序列 (B C) 一定在左子树中，A 之后的序列 (E D G H F I) 一定在右子树中，图 5.47(a) 是构造的第一步。

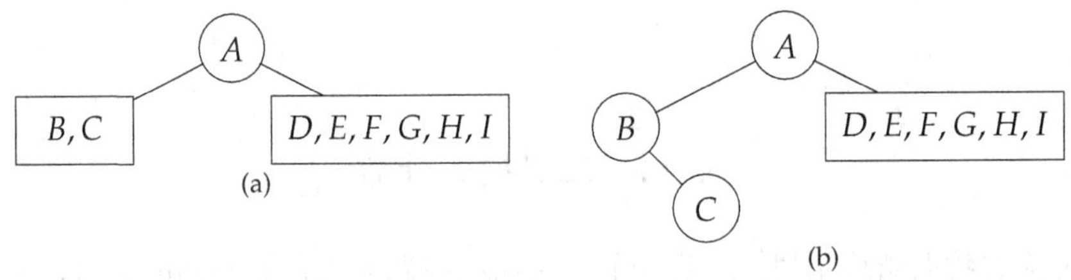

图 5.47 由中序、先序遍历序列构造二叉树

沿着中序遍历序列向右，我们看到的是 B，它一定是左子树的根。在中序遍历序列的 B 之前没有结点，因此 B 的左子树是空树，同时意味着 C 是 B 的右子树。图 5.47(b) 又进一步。根据以上论述，二叉树的构造过程可以整理成正式的规则 (见习题)，由此我们可以验证，每棵二叉树都对应于一对先序/中序遍历序列。

假设把二叉树的 n 个结点从 1 到 n 编号，我们定义这棵二叉树的中序置换为它的中序遍历序列，先序置换的定义类似。

以图 5.48(a) 的二叉树为例，它的结点编号如图 5.48(b) 所示。这棵二叉树的先序置换是 $1, 2, \cdots, 9$；中序置换是 $2, 3, 1, 5, 4, 7, 8, 6, 9$。

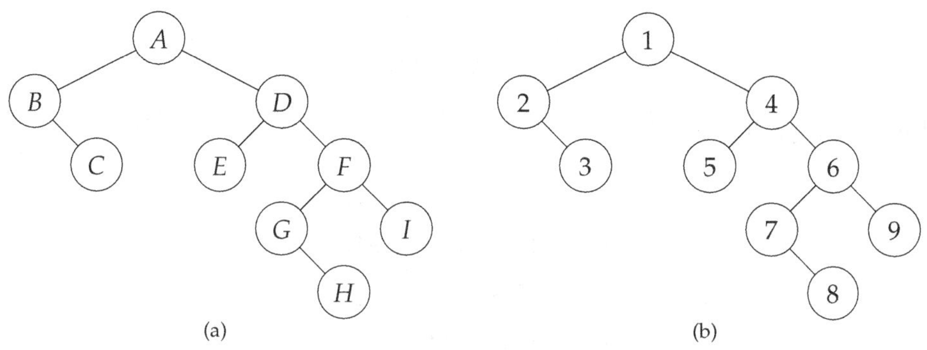

图 5.48 由中序、先序遍历序列构造的二叉树

如果为一棵二叉树编号，让它的先序置换是 $1, 2, \cdots, n$，那么，根据以前的讨论，不同的二叉树有不同的中序置换。我们得出以下结论，对于按以上方法编号的二叉树，它的不同中序置换的数目等于不同二叉树的个数。

根据中序置换概念，可以证明，让 1 到 n 顺序入栈，而且只要栈不空可任意出栈，得到的不同栈置换数目，也等于 n 个结点不同二叉树的个数 (见习题)。仅考虑 $1, 2, 3$ 三个数，不同的栈置换如下：

$$(1,2,3)\ (1,3,2)\ (2,1,3)\ (2,3,1)\ (3,2,1)$$

除$(3,1,2)$ 不是栈置换，以上五种栈置换恰好对应 3 个结点的五种不同二叉树，如图 5.49 所示。

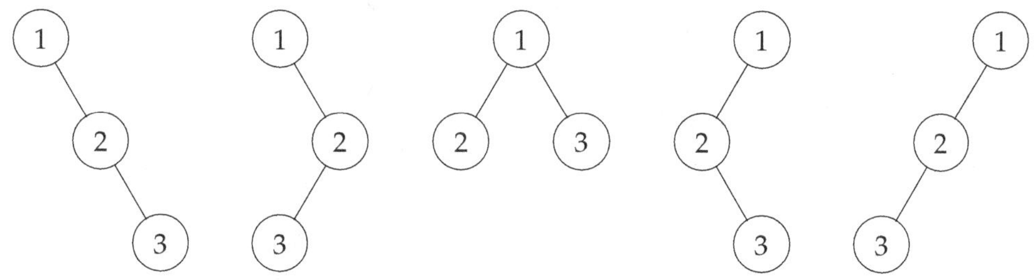

图 5.49 对应五种栈置换的二叉树

§5.11.3 矩阵乘法

另一个问题，即 n 个矩阵相乘，也与以上两个问题有关，实在令人惊奇。考虑以下 n 个矩阵相乘：

$$M_1 * M_2 * \cdots * M_n.$$

矩阵乘法满足结合率，因此以上矩阵的 $*$ 操作次序可任意，我们想知道相乘的次序有多少种。以 $n=3$ 为例，有两种可能：

$$(M_1 * M_2) * M_3$$
$$M_1 * (M_2 * M_3)$$

以 $n=5$ 为例，共有五种可能：

$$((M_1 * M_2) * M_3) * M_4$$
$$(M_1 * (M_2 * M_3)) * M_4$$
$$M_1 * ((M_2 * M_3) * M_4)$$
$$(M_1 * (M_2 * (M_3 * M_4)))$$
$$((M_1 * M_2) * (M_3 * M_4))$$

令 b_n 表示 n 个乘法相乘的不同次序，有 $b_2 = 1, b_3 = 2, b_4 = 5$。令 M_{ji} 表示 $M_i * M_{i+1} * \cdots * M_j$ 的相乘结果, $i \le j$，n 个矩阵相乘的结果是 M_{1n}。计算 M_{1n} 可以任意分解为 $M_{1i} * M_{i+1,n}, 1 \le i < n$。计算 M_{1i}、$M_{i+1,n}$ 的不同方法分别是 b_i、b_{n-i}。令 $b_1 = 1$，我们有

$$b_n = \sum_{i=1}^{n-1} b_i b_{n-i},\ n > 1.$$

如果可以找到仅用 n 表示 b_n 的表达式，问题就解决了。

讨论到这里，我们发现，b_n 不仅是表示 n 个结点的不同二叉树个数的符号，它还应是一个关于 n 的表达式。这发现启发我们把 b_n 表达成按如下方法分解的二叉树个数之和：一个根，左子树 b_i，右子树 $b_{n-i-1}, 0 \le i < n$，如图 5.50 所示。

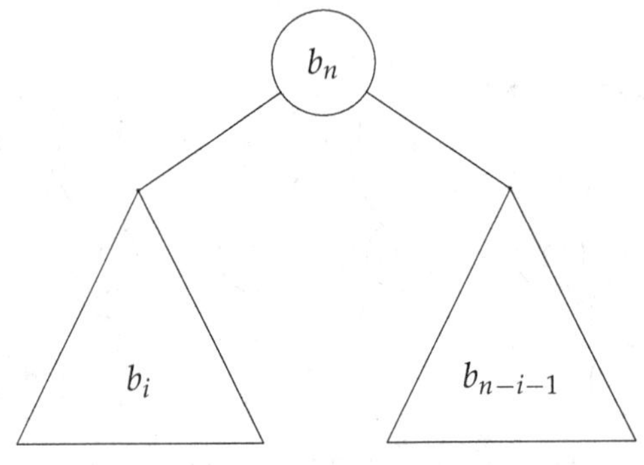

图 5.50 分解 b_n

公式如下：

$$b_n = \sum_{i=0}^{n-1} b_i b_{n-i-1},\ n \ge 1,\ b_0 = 1. \tag{5.3}$$

以上两个公式虽有差异，但本质相同。最后，我们得出这样的结论，即 n 个结点形态不同的二叉树个数，与 1 到 n 的栈置换个数，以及 $n+1$ 个矩阵相乘的不同次序的个数，全部相等。

§5.11.4 不同二叉树的数目

要计算 n 个结点不同二叉树的个数，必须求解递推公式 (5.3)。令

$$B(x)=\sum_{i\geq 0} b_i x^i \tag{5.4}$$

是二叉树个数的生成函数。从递推公式，我们可以得到以下等式：

$$xB^2(x)=B(x)-1$$

求解以上二次方程，并注意到 $B(0)=b_0=1$ (由 5.3)，有

$$B(x)=\frac{1-\sqrt{1-4x}}{2x}$$

根据二项式定理，展开 $(1-4x)^{1/2}$，得到：

$$B(x)=\frac{1}{2x}\left[1-\sum_{n\geq 0}\binom{1/2}{n}(-4x)^n\right]=\sum_{m\geq 0}\binom{1/2}{m+1}(-1)^m 2^{2m+1}x^m \tag{5.5}$$

比较 (5.4) 和 (5.5)，在 $B(x)$ 中 x^n 的系数 b_n 是：

$$\binom{1/2}{n+1}(-1)^n 2^{2n+1}.$$

整理上式，得到

$$b_n=\frac{1}{n+1}\binom{2n}{n}\sim O(4^n/n^{3/2})$$

习题

1. 证明，每棵二叉树由其先序、中序遍历序列唯一确定。

2. 二叉树可以由其先序、后序遍历序列唯一确定吗？证明你的结论。

3. 二叉树可以由其中序、后序遍历序列唯一确定吗？证明你的结论。

4. 二叉树可以由其中序、层序遍历序列唯一确定吗？证明你的结论。

5. 编写算法，由给定的先序、中序遍历序列构造二叉树。

6. 编写算法，由给定的中序、后序遍历序列构造二叉树。

7. 证明，$1,2,\cdots,n$ 的栈置换数目等于 n 个结点的不同二叉树数目。(提示：利用按先序置换编号的二叉树中序置换概念。)

§5.12 参考文献和选读材料

有关树的更多内容，读者可以参考以下书籍。

[1] D. Knüth. *The Art of Computer Programming: Fundamental Algorithms*. Addison-Wesley, Reading, MA, 1998.

[2] Dinesh P. Mehta and Sartaj Sahni. *Handbook Of Data Structures And Applications (Chapman & Hall/Crc Computer and Information Science Series.)*. Chapman & Hall/CRC, 2004.

第 6 章　图

§6.1　图的抽象数据类型

§6.1.1　引子

图论是数学的一个分支，最早可追溯到 1736 年，大数学家欧拉（Leonhard Euler）用图论方法一举解决了 Königsberg 七桥问题，此后七桥问题成为著名的数学经典。Königsberg[1] 城中的 Pregel 河围绕 Kneiphof 岛缓缓流过，分成两条支流。Pregel 河把 Königsberg 城的地面分割成四块，四块地面由七座桥梁连接，参见图 6.1(a)。四块地面用大写字母 A, B, C, D 标

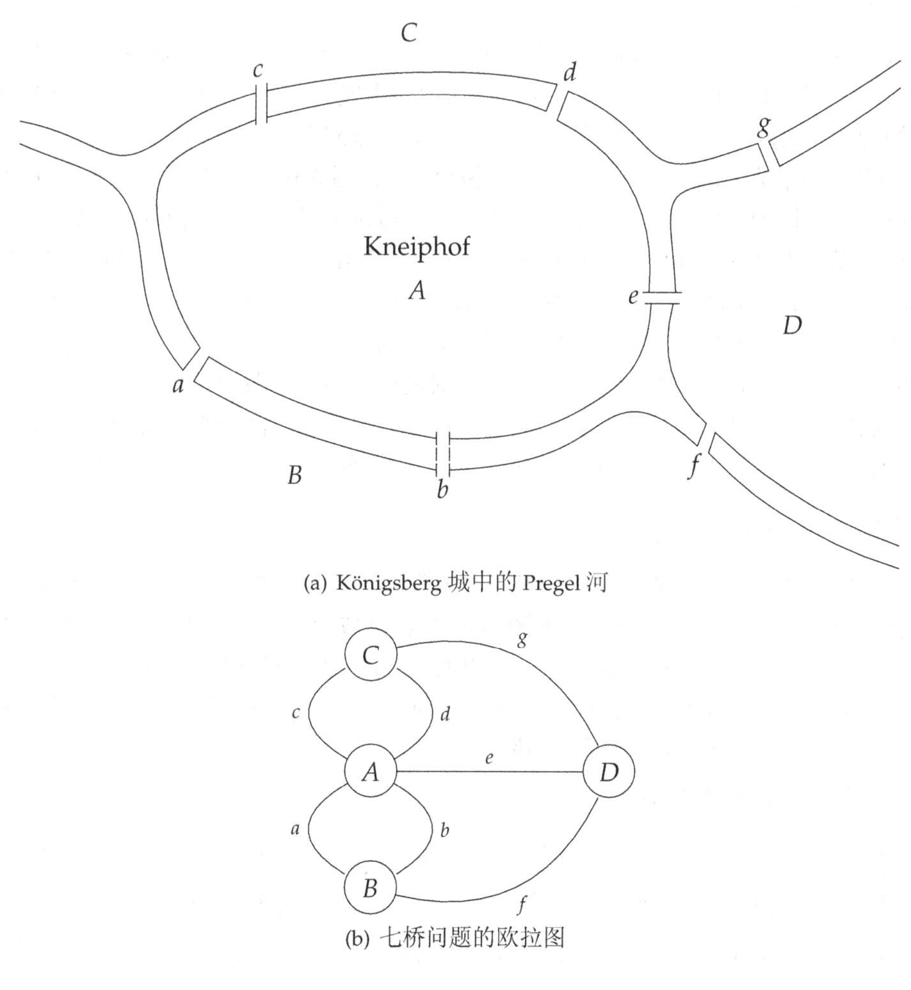

(a) Königsberg 城中的 Pregel 河

(b) 七桥问题的欧拉图

图 6.1　七桥问题

记，七座桥梁用小写字母 a, b, c, d, e, f, g 标记。Königsberg 七桥问题的提法是：从任意一块

[1]格尼斯堡是原普鲁士的一座城市，现在是俄罗斯的加里宁格勒。

地面出发，跨过每座桥一次且仅一次，问最后能否回到出发的那块地面。我们做如下一次尝试：

- 从地面 B 出发
- 过桥 a 到地面 A
- 过桥 e 到地面 D
- 过桥 g 到地面 C
- 过桥 d 到地面 A
- 过桥 b 到地面 B
- 过桥 f 到地面 D

这次尝试既没有跨过每座桥一次且仅一次，最后也没有回到出发的地面 B。欧拉解决了这个问题，答案是：Königsberg 人不可能从一块地面出发，跨过每座桥一次且仅一次，最后回到出发的地面。欧拉首先把这个问题描述为抽象的数学对象——图（严格地说，应为有重边的图），用图的节点表示地面，用图的边表示桥梁，参见图 6.1(b)。欧拉的结论非常优美，可以推广到所有图的情形。图中节点的度定义为与该节点邻接的边数，欧拉证明，如果要从图中一个节点出发，经图中所有边一次且仅一次，最后回到出发的节点，那么当且仅当图中所有节点的度都是偶数。以后，为了纪念欧拉的发现，图中这样的回路称为欧拉回路。Königsberg 七桥问题之所以不存在欧拉回路，原因是所有节点的度都是奇数。

在欧拉首次应用图论解决七桥问题之后，图论作为数学工具逐渐成形，应用领域多得数不胜数。以下试举数例，如电路分析、最短路径、工程规划、化合物分类、统计力学、自动化、语言学、社会科学，等等。我们甚至可以说，图结构是最广泛使用的数学结构。

§6.1.2 图的定义和术语

图 G 由两个集合 V、E 构成，V 是节点的有限非空集合，E 是节点的二元组集合，节点二元组称为边。$V(G)$ 和 $E(G)$ 分别称为图 G 的节点集与边集。以后也用 $G=(V,E)$ 表示图。**无向图**的节点二元组是无序二元组，(u,v) 和 (v,u) 表示同一条边。**有向图**的边是有序节点二元组，用$\langle u,v\rangle$ 表示，u 是**边尾**，v 是**边头**[2]，因而 $\langle u,v\rangle$ 与 $\langle v,u\rangle$ 是两条不同的边。图 6.2 给出三幅图，G_1、G_2 是无向图，G_3 是有向图。

图 6.2 的集合形式分别为：

$$
\begin{aligned}
V(G_1)&=\{0,1,2,3\}; & E(G_1)&=\{(0,1),(0,2),(0,3),(1,2),(1,3),(2,3)\}\\
V(G_2)&=\{0,1,2,3,4,5,6\}; & E(G_2)&=\{(0,1),(0,2),(1,3),(1,4),(2,5),(2,6)\}\\
V(G_3)&=\{0,1,2\}; & E(G_3)&=\{\langle 0,1\rangle,\langle 1,0\rangle,\langle 0,2\rangle\}
\end{aligned}
$$

注意，有向图在边头标出箭头。G_2 是树，G_1、G_3 不是树。

由于图的节点和边都定义为集合，因此要做以下限制：

[2]习惯上，无向边 (i,j) 与有向边 $\langle i,j\rangle$ 常不加区分，均写作 (i,j)，由读者根据上下文自行区分。本书不沿用这种习惯，将严格区分无向边和有向边。

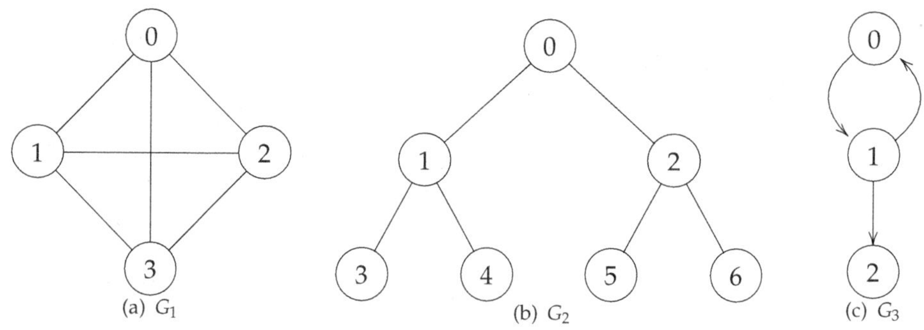

图 6.2 图例

(1) 图中不允许存在由节点 v 发出而指向自己的边，即不允许有 (v,v)，也就是说 $\langle v,v\rangle$ 不是图的合法边，这样的边称为**环边**。如果图中允许出现环边，则这样的图称为**带环边图**，例如，图 6.3(a) 出现环边。

(2) 图中一般不重复出现同一条边，如果允许重复边出现，那么这样的图称为**重复边图**，例如，见图 6.3(b) 中有多条重复边。

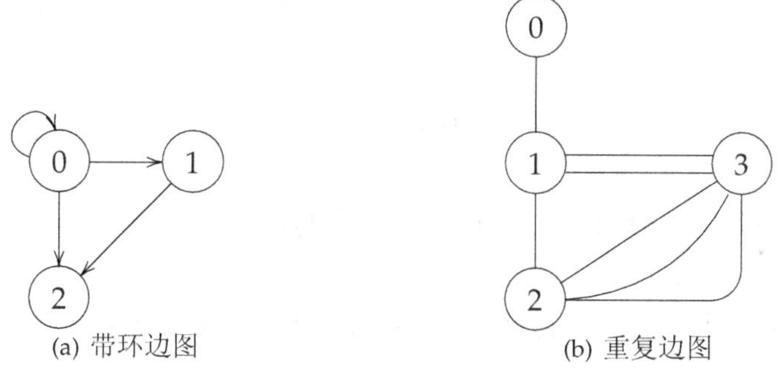

图 6.3 各种图结构

在 n 个节点的图中，不同的无序节点二元组 (u,v) $(u \neq v)$ 的个数是 $n(n-1)/2$，这是 n 个节点无向图的最大边数。n 个节点的无向图如果边数恰好是 $n(n-1)/2$，则称为**完全图**。图 6.2(a) 的 G_1 是 4 节点完全图，G_2、G_3 不是完全图。n 个节点有向图的最大边数是 $n(n-1)$。

对于 $E(G)$ 的一条边 (u,v)，称 u、v **相邻**，称边 (u,v) **邻接**节点 u、v。G_2 中与节点 1 相邻的节点是 3、4、0。G_2 中与节点 2 邻接的边是 $(0,2)$、$(2,5)$、$(2,6)$。对于有向边 $\langle u,v\rangle$，称节点 u **指向** v，称 v **发自** u，称边 $\langle u,v\rangle$ 与 u、v 邻接。G_3 中，与节点 1 相邻的边是 $\langle 0,1\rangle$、$\langle 1,0\rangle$、$\langle 1,2\rangle$。

G 的**子图** G' 是这样的图，它的 $V(G') \subseteq V(G)$，$E(G') \subseteq E(G)$，图 6.4 给出 G_1、G_3 的一些子图。

图 G 中的节点序列 $u, i_1, i_2, \ldots, i_k, v$ 称为从 u 到 v 的**路径**，该路径由 $E(G)$ 中的边(u,i_1), $(i_1,i_2), \cdots, (i_k,v)$ 组成。如果 G' 是有向图，路径由 $E(G')$ 中的有向边$\langle u,i_1\rangle, \langle i_1,i_2\rangle, \cdots, \langle i_k,v\rangle$ 组成。**路径长度**是路径中出现的边数。**简单路径**中除起点与终点可以相同，其它节点都不相同。路径 $(0,1), (1,3), (3,2)$ 也可以写成 0,1,3,2。G_1 中两条路径 0,1,3,2 和 0,1,3,1 的长度都是

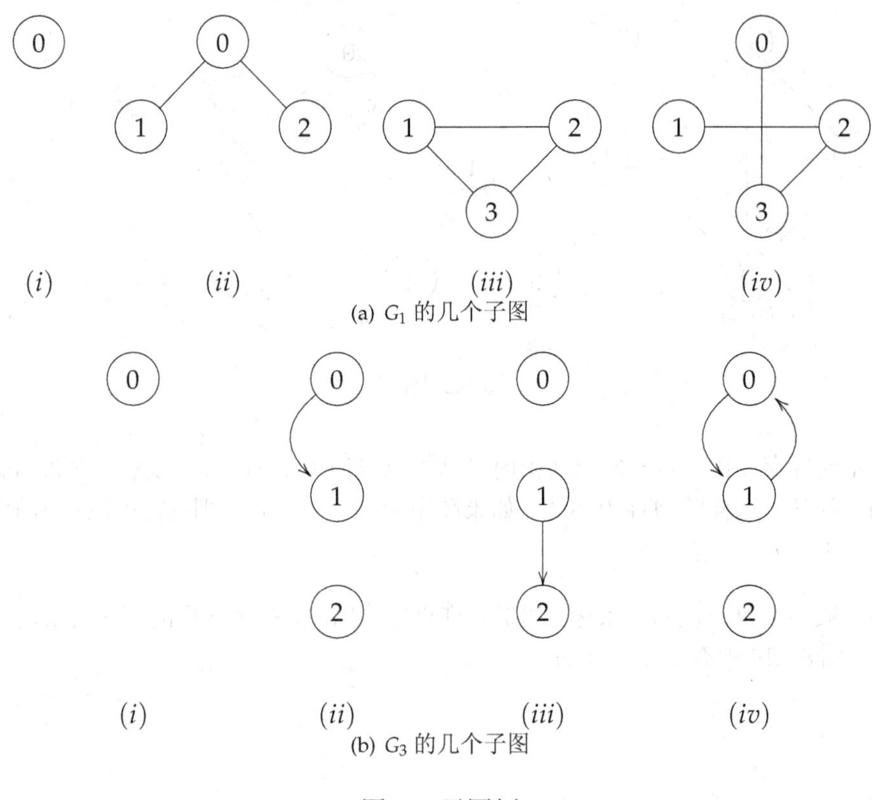

(a) G_1 的几个子图

(i) (ii) (iii) (iv)

(b) G_3 的几个子图

图 6.4 子图例

3，前一条是简单路径，后一条不是简单路径。G_3 中的 0,1,2 是简单有向路径，但 0,1,2,1 不是一条路径，因为 $\langle 2,1 \rangle$ 不是 $E(G_3)$ 中的一条边。

环路是起点、终点相同的简单路径。G_1 中的 0,1,2,0 是环路。G_3 中的 0,1,0 是环路。有向图的路径称为有向路径，环路称为有向环路。

无向图 G 中两节点 u、v 称为**连通**，当且仅当存在由 u 到 v 的路径（当然也存在由 v 到 u 的路径，因为 G 是无向图）。无向图 G 连通，当且仅当 G 中不同节点两两连通，即每对不同的节点 u、v 之间存在一条路径。G_1、G_2 是连通图，但图 6.5 的 G_4 不是连通图。无向图的**连通分量**是它的最大连通子图，连通分量又简称为**分量**，常记作 H。图 6.5 的 G_4 有两个连通分量 H_1 和 H_2。

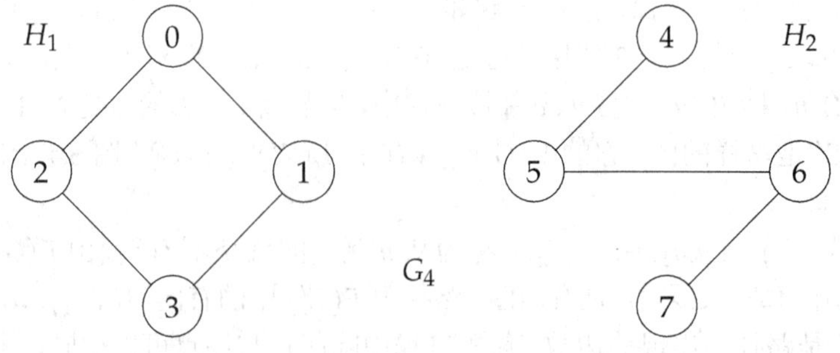

图 6.5 G_4 有两个连通分量 H_1 和 H_2

树是连通的无环图，即树中无环路。

有向图 G 称为**强连通**，当且仅当，对 $V(G)$ 中所有不同的 u、v，都存在由 u 到 v 的有向路径，同时也存在由 v 到 u 的有向路径。G_3 不是强连通图，因为从 2 到 1 不存在路径。**强连通分量**是有向图中的最大强连通子图。图 6.6 示出 G_3 的两个强连通分量。

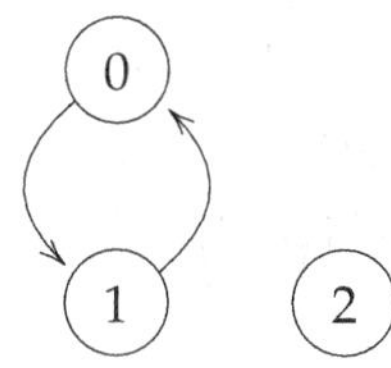

图 6.6 G_3 的两个强连通分量

节点的度是与该节点邻接的边数。G_1 中节点 0 的度是 3。有向图中节点的度分为入度和出度。有向图 G 中节点 v 的入度定义为指向 v 的边数，出度定义为 v 发出的边数。G_3 中节点 1 的入度是 1，出度是 3。在 n 个节点、e 条边的图 G 中，如果节点 i 的度记为 d_i，则图的边数是：

$$e = \left(\sum_{i=0}^{n-1} d_i \right) /2.$$

在引出图的定义和术语之后，我们给出图的抽象数据类型 ADT 6.1。

```
ADT Graph
  数据对象：节点的非空集合，由节点二元组组成的边集。
  成员函数：
    以下 graph ∈ Graph, v,v1,v2 ∈ Vertices。
    Graph Create()                 ::= return 空图
    Graph InsertVertex(graph v)    ::= 在 graph 中插入独立的 v，之后
                                       return graph;
    Graph InsertEdge(graph,v1,v2)  ::= 在 graph 中插入(v1,v2)，之后
                                       return graph;
    Graph DeleteVertex(graph,v)    ::= 在 graph 中删除 v 及其邻接边，之后
                                       return graph;
    Graph DeleteEdge(graph,v1,v2)  ::= 在 graph 中删除 (v1,v2)，之后
                                       return graph
    Boolean IsEmpty(graph)         ::= if (graph==空图) return TRUE
                                       else return FALSE。
    List Adjacent(graph, v)        ::= return 与 v 相邻所有节点的表。
end Graph
```

ADT 6.1: 抽象数据类型 Graph

ADT 6.1 中的基本操作仅包括图的创建以及一些简单条件判断，本章接下来还要介绍其它操作，如遍历图（深度优先遍历、广度优先遍历），判断图的各种性质（连通性、重连通性、平面图）。

§6.1.3 图的表示

图的存储方法很多，我们只介绍三种常用的表示方法，分别是：邻接矩阵、邻接表、邻接多重表。图存储方法的选取与应用密切相关，应详尽考虑应用所需图操作的特点之后再做出决定。当然，选取所有数据结构的存储表示都是这样，这里不过再次强调罢了。

§6.1.3.1 邻接矩阵

令图 $G=(V,E)$ 有 $n \geq 1$ 个节点，G 的邻接矩阵是 $n \times n$ 的两维数组 a，每个数组元素 $a[i][j]=1$ 当且仅当边 (i,j) (如果 G 是有向图，相应的边是 $\langle i,j\rangle$) 在 $E(G)$ 中；$a[i][j]=0$ 当且仅当边 (i,j) 不在 G 中。G_1、G_3、G_4 的邻接矩阵如图 6.7 所示。无向图的邻接矩阵是对称矩阵，因为如果边 (i,j) 在 $E(G)$ 中，则 (j,i) 也在 $E(G)$ 中。有向图的邻接矩阵不一定是对称矩阵，如 G_3 的邻接矩阵，参见图 6.7(b)。邻接矩阵存储空间占用 n^2 比特位。无向图如果仅存储上三角阵或下三角阵，可以节省约一半存储空间。

$$\begin{array}{c|cccc} & 0 & 1 & 2 & 3 \\ \hline 0 & 0 & 1 & 1 & 1 \\ 1 & 1 & 0 & 1 & 1 \\ 2 & 1 & 1 & 0 & 1 \\ 3 & 1 & 1 & 1 & 0 \end{array}$$

(a) G_1

$$\begin{array}{c|ccc} & 0 & 1 & 2 \\ \hline 0 & 0 & 1 & 0 \\ 1 & 1 & 0 & 1 \\ 2 & 0 & 0 & 0 \end{array}$$

(b) G_3

$$\begin{array}{c|cccccccc} & 0 & 1 & 2 & 3 & 4 & 5 & 6 & 7 \\ \hline 0 & 0 & 1 & 1 & 0 & 0 & 0 & 0 & 0 \\ 1 & 1 & 0 & 0 & 1 & 0 & 0 & 0 & 0 \\ 2 & 1 & 0 & 0 & 1 & 0 & 0 & 0 & 0 \\ 3 & 0 & 1 & 1 & 0 & 0 & 0 & 0 & 0 \\ 4 & 0 & 0 & 0 & 0 & 0 & 1 & 0 & 0 \\ 5 & 0 & 0 & 0 & 0 & 1 & 0 & 1 & 0 \\ 6 & 0 & 0 & 0 & 0 & 0 & 1 & 0 & 1 \\ 7 & 0 & 0 & 0 & 0 & 0 & 0 & 1 & 0 \end{array}$$

(c) G_4

图 6.7 邻接矩阵

用邻接矩阵表示图，优点是可以迅速判断节点 i、j 之间是否存在一条边。无向图每个节点 i 的度等于邻接矩阵第 i 行的和：

$$\sum_{j=0}^{n-1} a[i][j]$$

有向图邻接矩阵第 i 行的和是节点 i 的出度；第 i 列的和是节点 i 的入度。

采用图的邻接矩阵表示，其优点是可以迅速确定上述一些简单的图性质，然而，要获得其它一些图性质，而这些图性质并不如此简单，那么邻接矩阵表示可能会带来低效率。例如，要确定 G 有多少条边，或确定 G 是否连通，需要在邻接矩阵中检查 n^2-n 项 (对角线都是 0，无需检查)，因此计算时间是 $O(n^2)$。对稀疏图，即邻接矩阵中大多数元素都是 0，我们希望以上操作花费的时间应大大减少。例如，在边数 $e << n^2$ 的情形，我们希望计算时间最好

能减少到 $O(e+n)$。实际上，如果采用另外一种存储表示，这样的期望确实是可以满足的。图的另一种存储表示方法是邻接表表示，该方法只存储在图中出现的边，而忽略其它所有不出现的边。

§6.1.3.2 邻接表

图的邻接表存储表示方法用 n 条单链表（当然也可以用顺序表）代替邻接矩阵的 n 行。G 中每个节点对应一条单链表，第 i 条单链表中的每个结点（node）都对应与 i 相邻的节点（vertex），用 `data` 域存储节点编号。G_1、G_3、G_4 的邻接表如图 6.8 所示。每条单链表中存储的节点不必有序。数组 `adjLists` 用来存储每条单链表的表头，因此定位每条单链表的时间都是 $O(1)$，`adjLists[i]` 指向节点 i 的邻接链表中的第一个结点。

对于 n 个节点、e 条边的无向图，假如相邻的图节点用单链表存储，则邻接表共需长度为 n 的一个一维数组和总共 $2e$ 个链式结点，每个结点设两个域。如果空间需求的计算要精确到比特位，由于 m 需要 $\log_2 m$ 比特位，因而一维数组所需的比特位是 $n\log_2 n$，每个链式结点所需比特位是 $\log_2 n+\log_2 e$，所以总共需要 $n\log_2 +2e(\log_2+\log_2 e)$ 比特位存放邻接表。如果不用单链表而用顺序表存放相邻的图节点，则整个邻接表可以存储在一个整数一维数组 `node[n+2e+1]` 中，一种可能的顺序映射关系可以是：`node[i]` 存放节点 $i(0\le i<n)$ 在顺序表中的起始位置，`node[n]` 存放 $n+2e+1$，与 i 相邻的节点存放在 `node[i]`, $\cdots$, `node[i+1]-1` 之中。图 6.9 所示为图 6.5 中 G_4 的邻接表。

无向图中每个节点的度是与该节点相对应的那个邻接链表中的结点个数。

对于有向图，所有邻接链表中的结点个数总共是 e。计算节点的出度很简单，它不过是该节点对应的邻接链表中的结点个数；但计算入度要复杂一些。如果需要频繁获取每个节点相邻的所有节点，可以再为每个节点另设一个邻接链表，称为**反向邻接表**，每个节点的反向邻接表存放与该节点相邻的所有节点 (参见图 6.10)。

另一种图存储方法可直接采用第 4 章的稀疏矩阵表示方法，如图 6.11 所示，是图 6.2(c) 中 G_3 的表示。头结点顺序存储，每个结点包括 4 个域，前两个分别对应边头和边尾，后两个分别是行指针和列指针。

§6.1.3.3 邻接多重表

在无向图的邻接表中，(u,v) 对应两个结点，一个在 u 的邻接链表中，一个在 v 的邻接链表中。有一些图应用，处理完 (u,v) 后需要做出已处理标记，以免在下一次遇到 (u,v) 时重复操作。为使邻接表中与 (u,v) 对应的结点唯一，可以设置**多重表**，即一个结点可以出现在不同的邻接链表中，因此一条边对应唯一结点，该结点存储的边同时出现在与之邻接的两个节点的邻接链表中。邻接多重表的结点结构如下：

m	vertex1	vertex2	link1	link2

其中，结点中的 m 是布尔量，用来标记该结点对应的边是否处理过，结点中的其它域和上述邻接表结点相同。这个结点的长度由于增设 m 而增加了 1 个比特位。图 6.12 是图 6.2(a) 的邻接多重表表示。

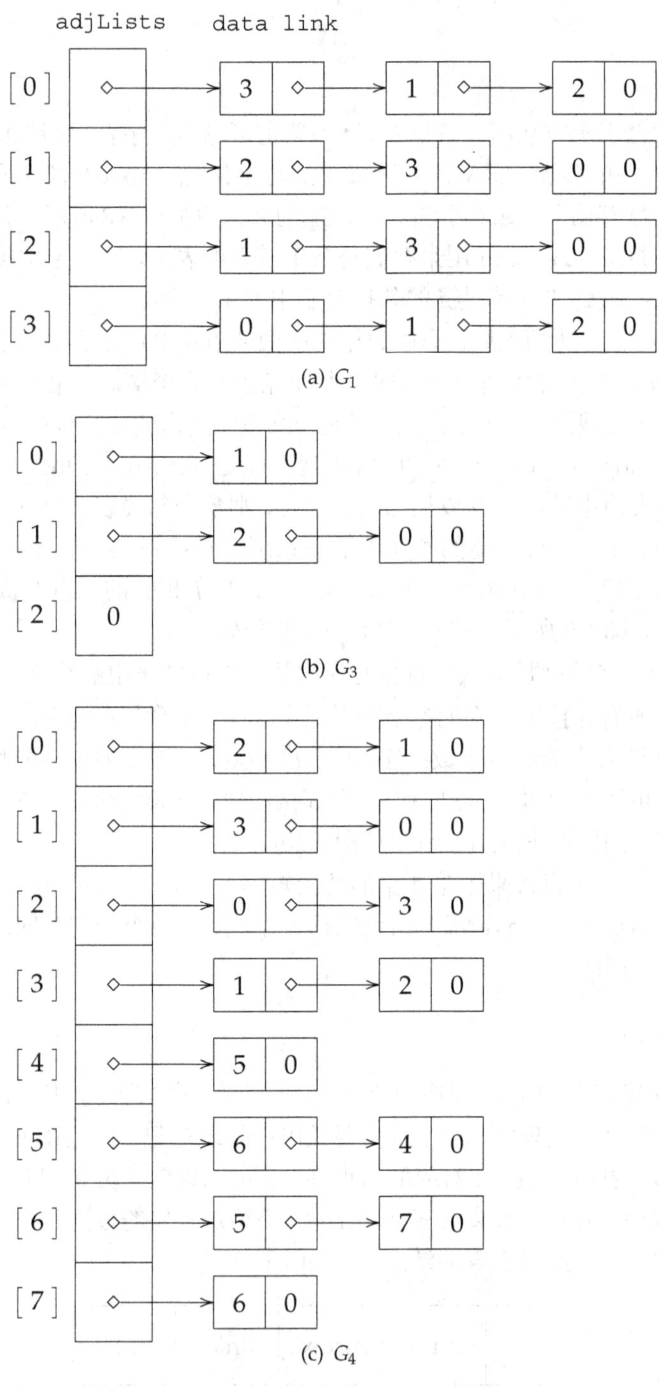

(a) G_1

(b) G_3

(c) G_4

图 6.8 邻接表

```
int node[n+2*e+1];
```

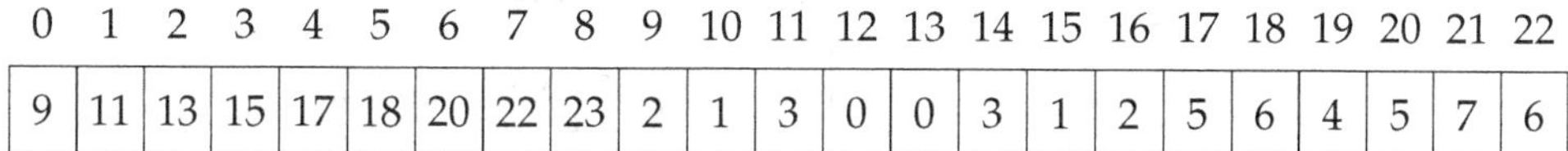

0	1	2	3	4	5	6	7	8	9	10	11	12	13	14	15	16	17	18	19	20	21	22
9	11	13	15	17	18	20	22	23	2	1	3	0	0	3	1	2	5	6	4	5	7	6

图 6.9 G_4 的顺序表示

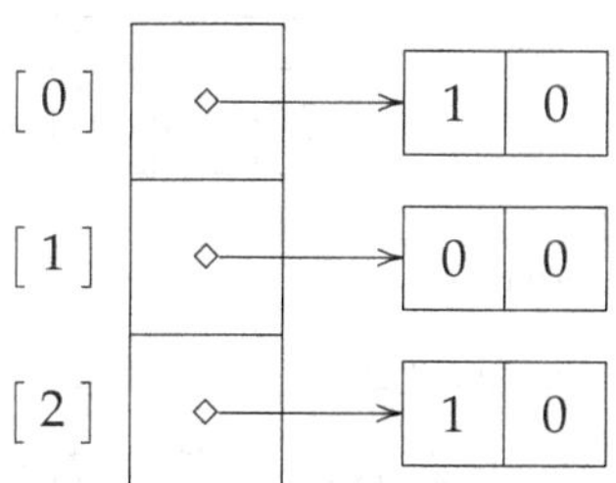

图 6.10 G_3 (图 6.2(c)) 的反向邻接表

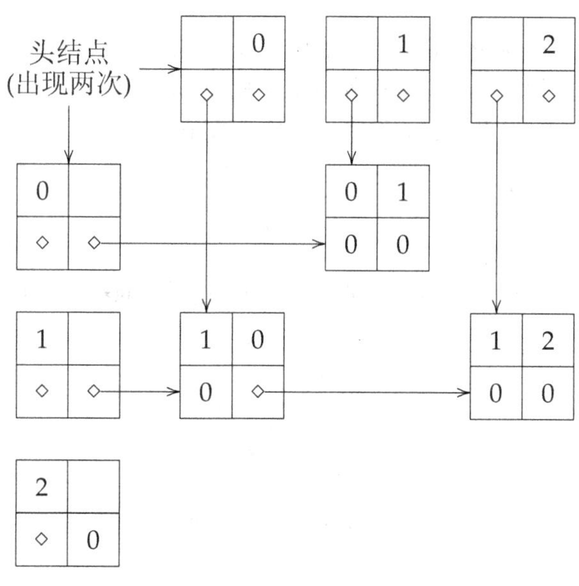

图 6.11 G_3 (图 6.2(c)) 的十字邻接表

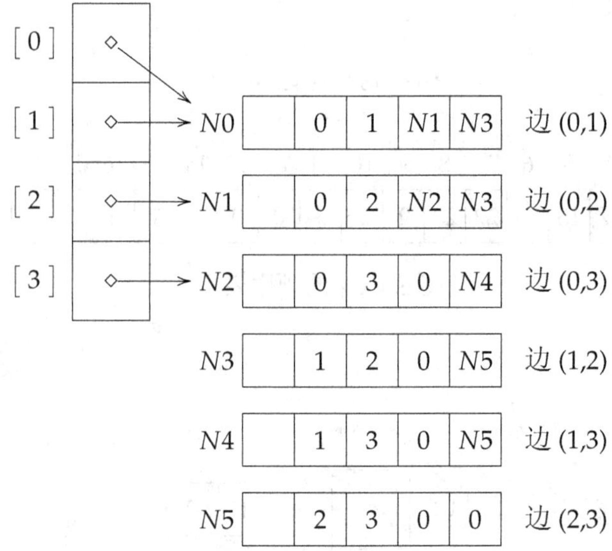

vertex0: $N0 \to N1 \to N2$

vertex1: $N0 \to N3 \to N4$

vertex2: $N1 \to N3 \to N5$

vertex3: $N2 \to N4 \to N5$

图 6.12 图 6.2(a) 中 G_1 的邻接多重表

§6.1.3.4 加权边

有些图应用要求为边赋予权值，边权值可以表示节点之间的距离，或表示由一个节点到相邻另一个节点花费的代价。用邻接矩阵表示加权边，可以用 $a[i][j]$ 存放边权值；如果选用邻接表表示加权图，可以在邻接表的结点结构中增设 `weight` 域。加权图又称为网络。

习题

1. 图 6.13 中的多重边图存在欧拉回路吗？如果存在，找出这条回路。

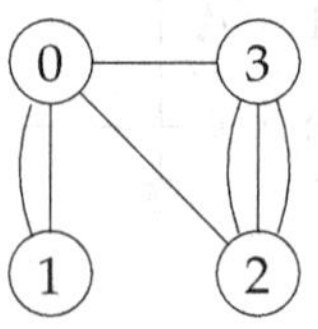

图 6.13 多重边图

2. 对图 6.14 的有向图完成以下各小题。

   (a) 写出每个节点的入度和出度。

(b) 写出邻接矩阵。

(c) 画出邻接表。

(d) 画出邻接多重表。

(e) 找出强连通分量。

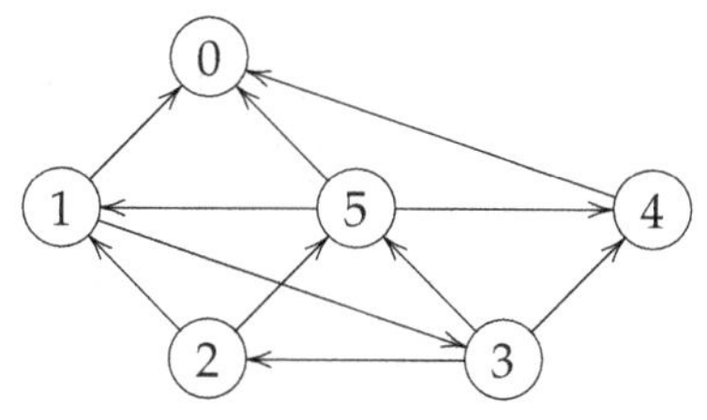

图 6.14 有向图

3. 分别画出 1、2、3、4、5 个节点的完全图。证明 n 个结点的完全图共有 $n(n-1)/2$ 条边。

4. 图 6.15 的有向图在一个强连通分量中吗？列出图中所有简单路径。

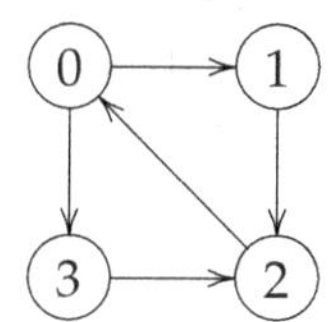

图 6.15 有向图

5. 写出图 6.15 的邻接矩阵，画出图 6.15 的邻接表和邻接多重表。

6. 证明无向图中所有节点度的和是边数的两倍。

7. (a) 令 G 是 n 个节点的连通无向图，证明 G 至少有 $n-1$ 条边，而且所有连通的、边数是 $n-1$ 的无向图都是树。

   (b) n 个节点的强连通图的最小边数是多少？这种图的形状如何？

8. 给定 n 个节点的无向图，证明以下 (a)、(b)、(c)、(d) 相互等价：

   (a) G 是树。

   (b) G 是连通图，但是，如果从图中去掉一条边，则不再连通。

   (c) 给定任意两个节点 $u \in V(G)$、$v \in V(G)$，从 u 到 v 只有一条简单路径。

   (d) G 中无环路，且仅有 $n-1$ 条边。

9. 编写 C 程序实现以下功能。读入节点个数和边数，然后一一读入所有边，采用邻接表存储表示。规定输入数据中每条边仅出现一次。指出函数关于节点数与边数的运行时间。

10. 重做上题，采用邻接多重表存储表示。

11. 令 G 是无向连通图，至少有一个节点的度是奇数，证明 G 中不存在欧拉回路。

§6.2 图的基本操作

在第 5 章我们讨论树的操作，首先指出遍历是最基本、最常用的操作，于是分别定义了先序、中序、后序、层序遍历操作，然后一一实现。本章关于图操作的讨论，我们依然沿用这样的方法，而且图的遍历操作同样最为基本，最为常用。给定图 $G = (V, E)$，从节点 $v \in V(G)$ 出发，要到达其它节点，有两种办法，一种是*深度优先搜索*，一种是*广度优先搜索*。深度优先搜索和树的先序遍历相似，而广度优先搜索与树的层序遍历相似。以下讨论仅考虑图的邻接表存储表示，我们把基于其它存储表示的遍历留作习题。

§6.2.1 深度优先搜索

深度优先搜索的过程是：首先访问 v，如简单地输出结点的数据域内容，然后在所有 v 的邻接链表中选择一个节点 w，接着进行深度优先搜索。为了记录搜索过程的当前位置，当前的访问节点 v 入栈保存。搜索过程如果遇到一个节点 u，它的邻接链表中不再有未被访问的节点，则从栈栈中弹出一个节点，如果该节点已被访问，那么忽略，否则访问这个节点并把这个节点入栈。搜索在栈空时结束。这种搜索过程看似很复杂，其实可以很简单地递归实现。前面说过，深度优先搜索与树的先序遍历相似，现在看来果真如此，都是先访问一个节点，然后再访问下一个未访问的后继节点。程序 6.1 的函数 dfs 是具体实现。

```
void dfs(int v)
{ /* depth first search of a graph beginning at v */
  nodePointer w;
  visited[v] = TRUE;
  printf("%5d", v);
  for (w=graph[v]; w; w=w->link)
    if (!visited[w->vertex]) dfs(w->vertex);
}
```

程序 6.1 深度优先搜索

函数 dfs 用全局数组 visited[MAX_VERTICES] 记录每个节点的状态，这个数组的所有元素都初始化为 FALSE，以后当节点 i 被访问后，visited[i] 改为 TRUE。visited 数组的声明语句是：

```
#define FALSE 0
#define TRUE 1
short int visited[MAX_VERTICES];
```

例 6.1 本例对对图 6.16(a) 的 G 做深度优先搜索，它的邻接表如图 6.16(b) 所示。从节点 v_0 开始，深度优先搜索的结果是：$v_0, v_1, v_3, v_7, v_4, v_5, v_2, v_6$。

仔细查看图 6.16(a) 和图 6.16(b)，我们看到 dfs(v_0) 确实访问了与 v_0 连通的所有节点。所以，这些被访问的节点，以及与这些节点邻接的所有边构成了一个连通分量。 □

***dfs* 分析** 如果用邻接表存储图 G，沿着单链表的链域可以找到与 v 相邻的所有节点。dfs 在邻接表中考察每个结点最多一次，因此完成搜索的计算时间是 $O(e)$。如果用邻接矩阵存

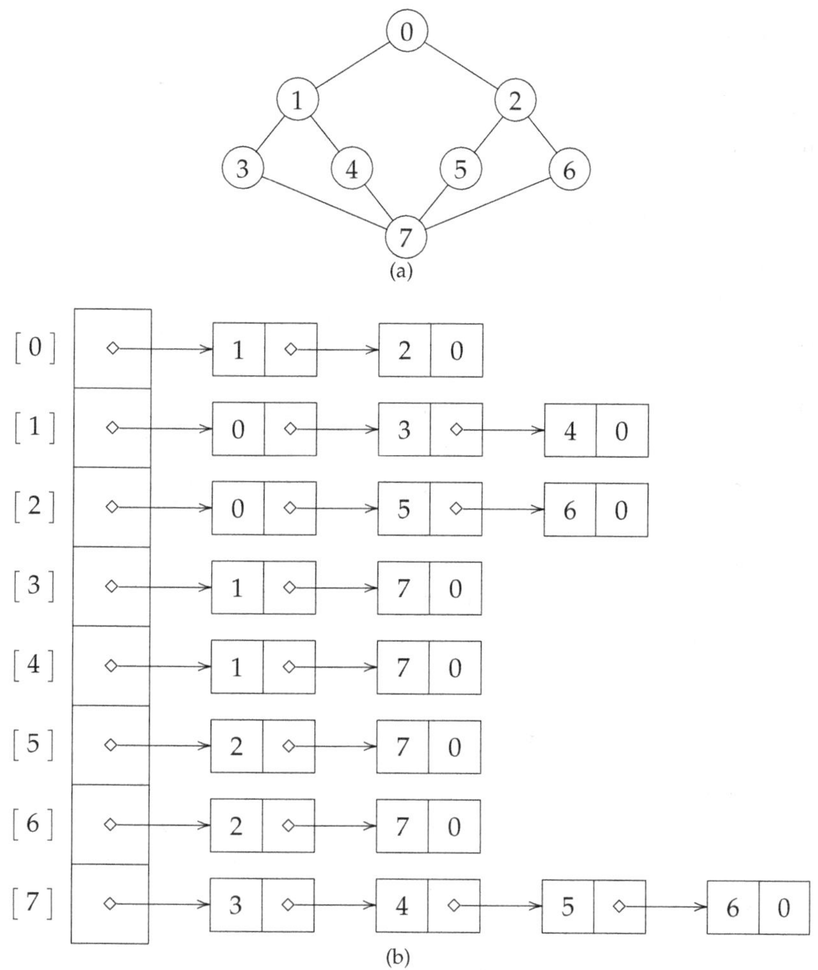

图 6.16 G 及其邻接表

储图 G，考察与 v 相邻的所有节点的时间是 $O(n)$，搜索中最多访问 n 个节点，因此总时间是 $O(n^2)$。 □

§6.2.2 广度优先搜索

广度优先搜索的过程如下：先访问节点 v，并把它标记为已访问，然后访问 v 的邻接链表中的所有节点，这些节点访问之后，接着访问这个邻接链表第一个节点的邻接链表。为实现广度优先搜索，每次将当前节点入列保存，在处理完一条邻接链表之后，出列一个节点，然后处理这个节点的邻接链表，表中每个节点如果未访问则访问之后入列，已访问过的节点忽略，直到队列空为止。

以下的广度优先搜索实现，采用第 4 章介绍的动态链式队列，每个队列中的结点结构包括节点域和链域。把第 4 章程序 4.7 和程序 4.8 的函数 `addq` 与 `deleteq` 中的 `element` 换成 **`int`**，就完全适合需要了。程序 6.2 的 `bfs` 是广度优先搜索的 C 函数实现。`bfs` 用到的队列定义如下：

```
typedef struct queue *queuePointer;
struct queue {
  int vertex;
  queuePointer link;
};
queuePointer front, rear;
void addq(int);
void deleteq(int);
```

```
void bfs(int v)
{ /* breadth first traversal of a graph, starting at v, the global
     array visited is initialized to 0, the queue operations are
     similar to those described in chapter 4, front and rear are
     global */
  nodePointer w;
  front = rear = NULL;          /* initialize queue */
  printf("%5d", v);
  visited[v] = TRUE;
  addq(v);
  while (front) {
    v = deleteq();
    for (w=graph[v]; w; w=w->link)
      if (!visited[w->vertex]) {
        printf("%5d", w->vertex);
        addq(w->vertex);
        visited[w->vertex] = TRUE;
      }
  }
}
```

程序 6.2 广度优先搜索

***bfs* 分析** 因为每个节点入列仅一次，**while** 循环最多执行 n 次。如果采用邻接表存储表示，循环的时间开销是 $d_0 + \cdots + d_{n-1} = O(e)$，其中 $d_i = \text{degree}(v_i)$。如果采用邻接矩阵表示，**while** 循环处理每个节点的时间是 $O(n)$，因此总时间是 $O(n^2)$。和 dfs 相同，这些被访问的节点，以及与这些节点邻接的所有边构成了一个连通分量。 □

§6.2.3 连通分量

前面介绍的两种图操作是其它图操作的基础，可以用来构造其它图操作，是复杂图操作的基础。本小节以无向图的连通性问题为例，说明图搜索操作的用法。方法很简单，可以先调用 dfs(0) 或 bfs(0)，然后看看是否留下未被访问的节点。例如，对图 6.5 的 G_4 调用

dfs(0)，搜索结束后节点 4、5、6、7 未被访问，因此 G_4 肯定不是连通图。如果 G_4 用邻接表存储，我们还知道计算时间是 $O(n+e)$。

显然，要列出图的所有连通分量和上面的问题非常接近，这时，只要对尚未访问的节点 v 不断调用 dfs(v) 和 bfs(v)，就能完成任务。程序 6.3 中的函数 connected 就是这种方法的实现，实现中的 dfs 可以用 bfs 替换，计算时间不变。

```
void connected(void)
{ /* determine the connected components of a graph */
  int i;
  for (i=0; i<n; i++)
    if (!visited[i]) {
      dfs(i);
      printf("\n");
    }
}
```

程序 6.3 列出图的所有连通分量

***connected* 分析** 如果 G 用邻接表存储，dfs 的计算时间是 $O(e)$。由于 **for** 循环的执行时间是 $O(n)$，列出所有连通分量的时间是 $O(n+e)$。

如果 G 用邻接矩阵存储，列出所有连通分量的时间是 $O(n^2)$。 □

§6.2.4 生成树

如果 G 是连通图，从图中任何一个节点开始，一次深度优先搜索或一次广度优先搜索相当于对 G 中的边做了一次划分：T (树边) 和 N (非树边)。T 是遍历过程经过的边，N 是遍历过程未经过的边。如果要单独找出树边，可以在 dfs 或 bfs 的 **if** 语句中插入一条语句，将经过的树边 (v,w) 插入一个边的链表。(T 表示这个链表的表头。) T 中的边包括 G 的所有节点。**生成树**是这样一棵树，它包括 G 的所有节点和构成这棵树所需 G 的边。图 6.17 是一个图及其三棵生成树。

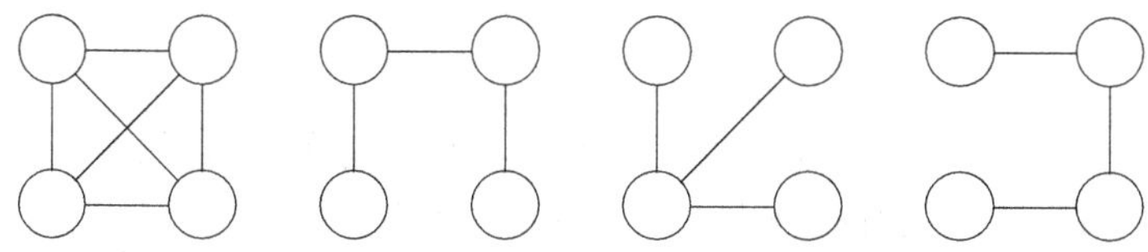

图 6.17 完全图及其三棵生成树

如前说述，调用 dfs 或 bfs 都能构成生成树。用 dfs 构成的生成树称为**深度优先生成树**；用 bfs 构成的生成树称为**广度优先生成树**。图 6.18 分别是图 6.16 从 0 开始进行深度优先搜索和广度优先搜索生成的两棵生成树。

假如在一棵生成树 T 中加入一条非树边 (v,w)，则这条边 (v,w) 以及 T 中从 w 到 v 路径中的所有边构成环路。例如，如果在图 6.18(a) 的 dfs 生成树中加入非树边 (7,6)，就会构成环路 7,6,2,5,7。根据这条生成树性质，可以得出电网络的线性无关方程组。

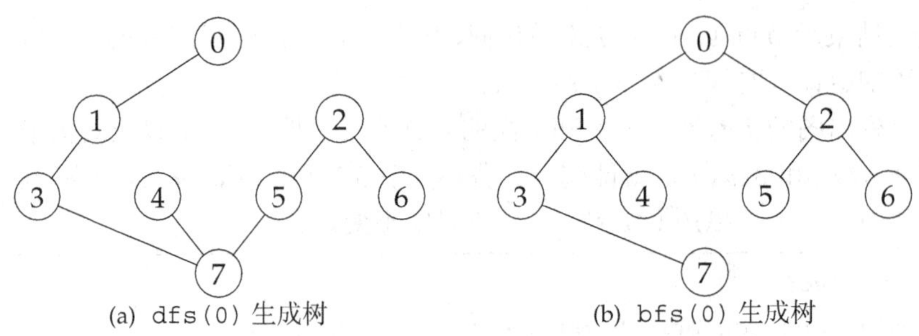

图 6.18 图 6.16 的深度优先生成树和广度优先生成树

例 6.2 (建立电路方程组) 要找出电网络的方程组，必须先生成网络的生成树。然后一次向生成树中加入一条非树边，每条非树边引入一个环路。根据 Kirchoff 第二定律，每个环路可列出一个方程式。如此得出的每个环路互不相关(即某环路不可能由其它环路线性组合构成)，因为每个环路包括的非树边都不出现在其它环路中。事实上，我们可以证明，这样一次向生成树中引入的一条非树边所构成的环路，是一组环路基。就是说，网络中其它环路可以由这组环路基通过线性组合生成。(读者如果想详细了解相关内容，可以参看 Harary 所著教材，见本章最后的参考文献。) □

现在介绍生成树的第二个性质。一棵生成树是 G 的最小子图 G'，如果 $V(G') = V(G)$ 且 G' 是连通图，而且满足如此条件的 G' 中边数最少。任何 n 个节点的连通图至少有 $n-1$ 条边，任何 $n-1$ 条边的连通图是树。因此，生成树有 $n-1$ 条边。(这条性质的讨论留作习题。)

最小子图的构造常用于通讯网络设计。假定用图 G 的节点表示城市，G 的边表示城市之间的通讯链路，连接所有城市所需的最小链路数目是 $n-1$，因此构造 G 的生成树为通讯链路设计提供了各种可能的实现方案。我们知道，在不同城市间铺设通讯链路的费用各不相同，因此，在实际应用中要为边赋权值。边权值可以是链路的铺设费用，也可以是链路长度。给定这样的加权图之后，我们当然要在它的所有生成树中做出选择，或者选总造价最低的，或者选总长度最短的。因而，我们定义生成树的权值是生成树所有边的权值之和。本章后续内容要专门讨论最小代价生成树的构造算法。

§6.2.5 重连通分量

前面一小节介绍的图操作仅仅是深度优先遍历或广度优先遍历的扩展，接下来讨论的操作，其实现要复杂许多，而且必须引入新的术语。以下讨论的图都是无向连通图。

图 G 的节点 v 称为*关节点*，如果从图中删除 v 及其邻接各边之后的图 G'，至少有两个连通分量。如果图 6.19 有四个关节点，分别为 1、3、5、7。

不含关节点的图称为*重连通图*。例如，图 6.16 是重连通图，而图 6.19 显然不是重连通图。有许多图应用不希望图中出现关节点，以图 6.19(a) 为例，假如用它抽象通讯网络，图中的节点可看作通讯站点，图中的边可看作通讯链路。如果某站点是图中的关节点，而且该站点因故障中止工作，受其影响，其它一些站点之间的通讯也要被迫中止。

连通无向图 G 的*重连通分量* H 定义为 G 的*最大重连通子图*，即 H 不是 G 中其它重连通分量的真子图。例如，图 6.19(a) 共有六个重连通分量，见图 6.19(b)，而图 6.16 只有一个重

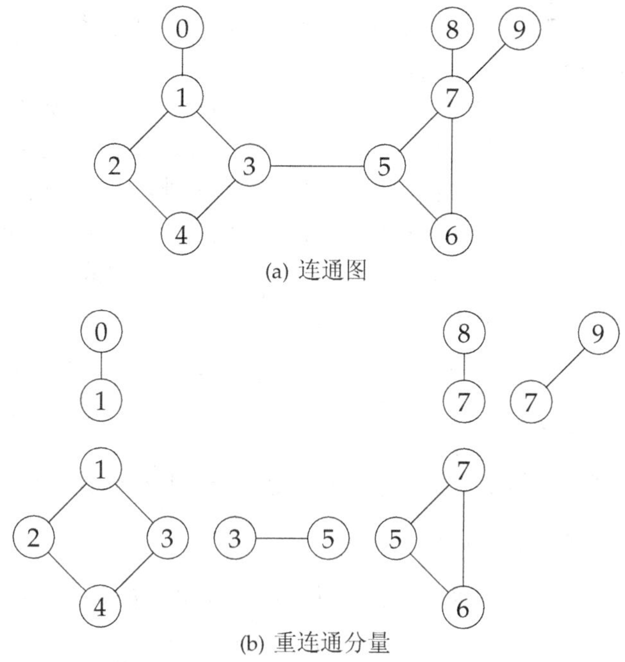
(a) 连通图

(b) 重连通分量

图 6.19 连通图及其重连通分量

连通分量，就是图本身。容易验证，图中两个重连通分量不可能共享一个以上节点，也就是说，图中的一条边不可能同时出现在两个以上重连通分量中。因而，我们可以说，G 的重连通分量是 G 中边的划分。

可以利用无向连通图 G 的深度优先生成树找出 G 的重连通分量。例如，对图 6.19(a) 调用 `dfs(3)`，得到的生成树如图 6.20(a) 所示。为了更清楚地揭示树形结构，重画图 6.20(a) 得到图 6.20(b)。图 6.20 中标在节点旁边的数字是深度优先搜索过程每个节点被访问的顺序，这

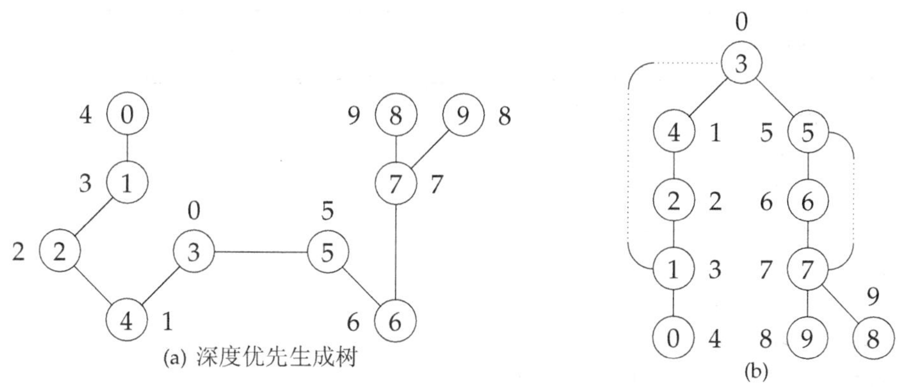
(a) 深度优先生成树

(b)

图 6.20 图 6.19(a) 的深度优先生成树

些数字称为节点的深度优先标记 (depth first number)，简称 dfn，如 $\mathrm{dfn}(3) = 0$，$\mathrm{dfn}(0) = 4$，$\mathrm{dfn}(9) = 8$。我们注意到，节点 3 是节点 0、9 的祖先，而且节点 3 的 dfn 比节点 0、9

的 dfn 要小。这件事实可推广如下，对图中两节点 u、v，如果在深度优先生成树中，u 是 v 的祖先，那么一定有 $\text{dfn}(u) < \text{dfn}(v)$。

图 6.20(b) 的虚线是生成树的非树边。如果 u 是 v 的祖先，或者反之，v 是 u 的祖先，则称边 (u,v) 是回边。根据深度优先搜索的定义，所有非树边都是回边。因此，深度优先生成树的树根是关节点，当且仅当这树根至少有两个孩子。另外，任何节点 u 是关节点，当且仅当 u 有孩子 w，并且不存在从 w 途经它的后代节点再通过一条回边到达 u 的祖先的路径。基于以上观察，我们可以为 G 中每个节点 u 定义一个数值 low，使得 $\text{low}(u)$ 是 u 途经其后代节点并沿回边向上所能取得的最小深度优先标记。

$$\text{low}(u) = \min\{\ \text{dfn}(u),\quad \min\{\ \text{low}(w) \mid \text{是 } u \text{ 的孩子}\},\quad \min\{\ \text{dfn}(w) \mid (u,w)\text{是回边}\}\}$$

综上所述，u 是关节点，当且仅当

- u 是深度优先生成树的树根，且 u 有两个以上孩子，或者 u 不是树根，但是
- u 有一个孩子 w 使得 $\text{low}(w) \geq \text{dfn}(u)$。

在图 6.21 的表中列出了图 6.20(b) 的生成树所有节点的 dfn 值和 low 值。查表后我们得

节点	0	1	2	3	4	5	6	7	8	9
dfn	4	3	2	0	1	5	6	7	9	8
low	4	0	0	0	0	5	5	5	9	8

图 6.21 根为 3 的 `dfs` 生成树的 dfn 值和 low 值

知，节点 1 是关节点，因为它的孩子 1 的 $\text{low}(0) = 4 \geq \text{dfn}(1) = 3$；节点 7 也是关节点，因为 $\text{low}(8) = 9 \geq \text{dfn}(7) = 7$；还有节点 5 也是关节点，因为 $\text{low}(6) = 5 \geq \text{dfn}(5) = 5$。最后，我们还注意到，根节点 3 的孩子多于一个，因而也是关节点。

只需简单修改 `dfs` 就可以计算连通无向图的 dfn 和 low，程序 6.4 的函数 `dfnlow` 是具体实现。

```
void dfnlow(int u, int v)
{ /* compute dfn and low while performing a dfs search beginning at
     vertex u, v is the parent of u (if any) */
  nodePointer ptr;
  int w;
  dfn[u] = low[u] = num++;
  for (ptr=graph[u]; ptr; ptr=ptr->link) {
    w = ptr->vertex;
    if (dfn[w]<0) {               /* w is an unvisited vertex */
      dfnlow(w, u); low[u] = MIN2(low[u], low[w]);
    } else if (w!=v) low[u] = MIN2(low[u], dfn[w]);
  }
}
```

程序 6.4 计算 dfn 和 low

函数调用形式是 dfnlow(x, -1)，x 是深度优先搜索的起始节点。函数中用到的 MIN2 返回两个参量中的较小值。dfnlow 返回两个全局量 dfn 和 low，这两个全局变量的加 1 修改又用到了另一个全局变量 num。程序 6.5 中的函数完成 init 为 dfn、low、num 的初始化。全局变量的声明语句如下：

```
#define MIN2(x,y) ((x)<(y) ? (x) : (y))
short int dfn[MAX_VERTICES];
short int low[MAX_VERTICES];
int num;
```

```
void init(void)
{
  int i;
  for (i=0; i<n; i++) {
    visited[i] = FALSE;
    dfn[i] = low[i] = -1;
  }
  num = 0;
}
```

程序 6.5 初始化 dfn 和 low

在函数 dfnlow 中增加一些代码，可以实现边划分功能，即把连通图的所有边划分到各重连通分量之中。利用 dfnlow(w,u) 的计算结果 low[w]，每当 low[w] $\geq$ dfn[u]，一个新的重连通分量就被鉴别出来了，之前如果把遍历过程第一次遇到的边入栈，这时将栈中保存的边全部出栈，就得到了同属一个重连通分量的所有边。程序 6.6 中的函数 bicon 是具体实现，初始化代码也用程序 6.5。函数调用形式是 bicon(x, -1)，x 是深度优先搜索的起始节点。程序中的 push 和 pop 与第 3 章略有不同。

***bicon* 分析** bicon 假定图中至少有两个节点，仅含一个节点且无边的图一定是重连通图，程序不考虑这个特例。bicon 的复杂度是 $O(n+e)$。程序的正确性证明留作习题。 □

习题

1. 修改 dfs，实现对邻接矩阵表示的图作深度优先搜索。

2. 修改 bfs，实现对邻接矩阵表示的图作深度优先搜索。

3. 令 G 是无向连通图，证明两个以上重连通分量不可能共享同一条边。问一个节点是否可以出现在一个以上重连通分量之中？

4. 令 G 是连通图，T 是 G 的任意一个深度优先生成树，证明 G 中所有不出现在 T 中的边都是 T 的回边。

5. 为函数 bicon 补全栈的相关操作，用动态链式栈实现。

```
void bicon(int u, int v)
{ /* compute dfn and low, and output the edges of G by their
     biconnected components, v is the parent (if any) of u in the
     resulting spanning tree. It is assumed that all entries of dfn[]
     have been initialized to -1, num is initially to 0, and the stack
     is initailly empty */
  nodePointer ptr;
  int w, x, y;
  dfn[u] = low[u] = num++;
  for (ptr=graph[u]; ptr; ptr=ptr->link) {
    w = ptr->vertex;
    if (v!=w && dfn[w]<dfn[u]) {
      push(u, w);                /* add edge to stack */
      if (dfn[w]<0) {            /* w has not been visited */
        bicon(w, u);
        low[u] = MIN2(low[u], low[w]);
        if (low[w]>=dfn[u]) {
          printf("New␣biconnected␣component:␣");
          do {                   /* delete edge from stack */
            pop(&x, &y);
            printf("␣<%d,%d>", x, y);
          } while (!(x==u && y==x));
          printf("\n");
        }
      } else if (w!=v) low[u] = MIN2(low[u], dfn[w]);
    }
  }
}
```

程序 6.6 计算图的重连通分量

6. 证明 bicon 的正确性，即它把图的所有边划分到不同的重连通分量之中。

7. 双分图 (bipartite graph) $G = (V,E)$ 的节点可划分为两个不相交的集合 V_1 和 $V_2 = V - V_1$，满足以下性质：

- V_1 中的任意两个节点在 G 中都不相邻。
- V_2 中的任意两个节点在 G 中都不相邻。

图 6.5 的 G_4 是双分图。V 的一种划分可以是 $V_1 = \{0,3,4,6\}$，$V_2 = \{1,2,5,7\}$。编写函数判断给定图是否是双分图，并且如果是双分图，则把节点划分到满足以上性质的 V_1 和 V_2。证明，如果 G 用邻接表存储表示，函数的计算时间是 $O(n+e)$，其中 $n = |V(G)|$、$e = |E(G)|$。($|\cdot|$ 表示取集合的基数，即集合中的元素个数。)

8. 证明每棵树都是双分图。
9. 证明一个图是双分图当且仅当图中没有奇数长度的回路。
10. 对四个节点的完全图做深度优先搜索和广度优先搜索，列出节点的访问顺序。
11. 说明如何修改 `dfs` 以便 `connected` 生成所有新访问节点的表。
12. 证明对连通图调用 `dfs`，T 中的边构成一棵树。
13. 证明对连通图调用 `bfs`，T 中的边构成一棵树。
14. 连通图 G 中的边 (u,v) 成为桥边，当且仅当删去 (u,v) 后，G 不再是连通图。如图 6.19 中的 $(0,1),(3,5),(7,8),(7,9)$ 都是桥边。编写函数确定图中的桥边，要求时间复杂度是 $O(n+1)$。(提示：参考 `bicon`。)
15. 证明，对 n 个节点的完全图，生成树的个数至少是 $2^{n-1}-1$。

§6.3 最小代价生成树

定义无向加权图的生成树代价为树中所有边的代价（权值）之和。**最小代价生成树**是具有最小代价的生成树。求无向连通图的最小代价生成树，有三种不同算法，分别是 Kruskal 算法、Prim 算法、Sollin 算法，这三种算法的设计技术统统属于**贪心法**。

用贪心法求解优化问题，最优解是在一系列求解步骤的最后得出的，每一步求解都在当前所有可能的选取中（按某种判据）做最优选取。由于每一步的决策结果随后都不能更改，因此每次选取都应该是可行方案。贪心法是程序设计广泛应用的技术。贪心法的原则是，每次选取最小代价的对象，或者每次从选取中获取最大利益。可行方案是能满足问题先决条件的方案。

对于最小代价生成树问题，目标判据为最小代价，应满足如下限定：

(1) 只选图中出现的边；

(2) 只选 $n-1$ 条边；

(3) 不选构成环路的边。

§6.3.1 Kruskal 算法

构造最小代价生成树 T 的 Kruskal 算法一次向 T 中加入一条边。在整个构造过程，一条条边按权值非递减的顺序一次次加入 T，而且每次加入的边都不构成环路。由于 G 是连通图，有 $n>0$ 个节点，因此最后 T 中恰好包括 $n-1$ 条边。

例 6.3 本例要生成图 6.22(a) 的最小代价生成树。图 6.23 列出 Kruskal 算法在每一步所考察的边，以及修改生成树的状况。边 $(0,5)$ 是第一条考察的边，加入这条边显然不会在生成树中构成环路，因此首先加入，结果是图 6.22(c)。下一条考察的边上 $(2,3)$，也加入生成树，结果是图 6.22(d)。这个过程不断延续，直到生成树包括 $n-1$ 条边，结果是图 6.22(h)。生成树的代价是 99。 □

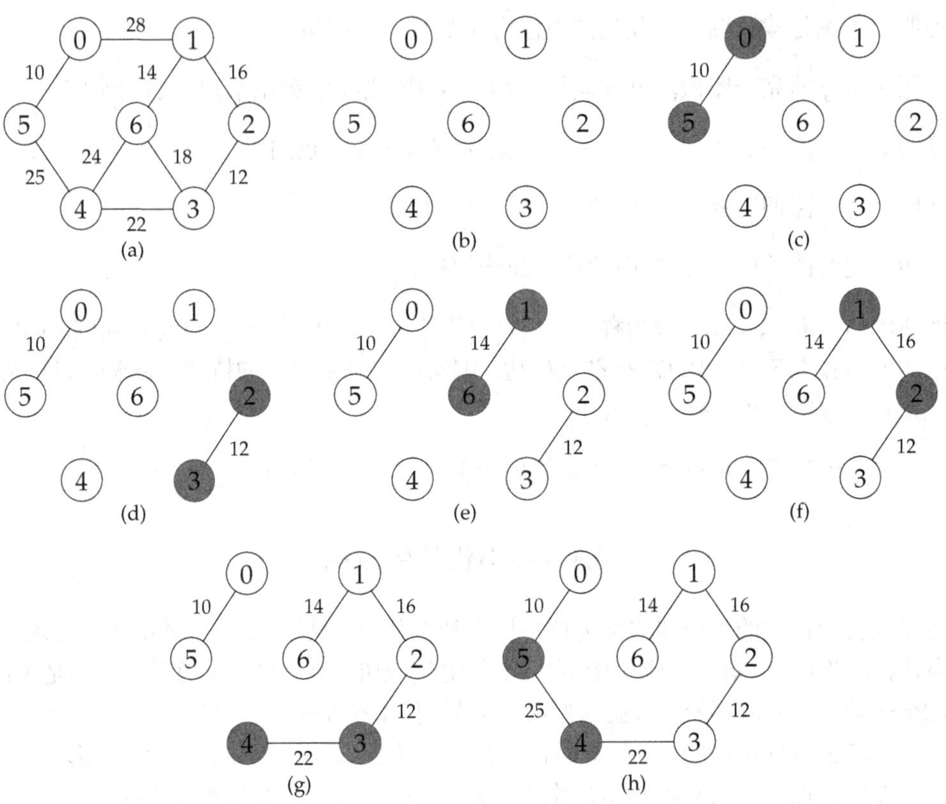

图 6.22 Kruskal 算法的每一步骤

边	权值	操作	对应结果
		初始化	图 6.22(b)
(0, 5)	10	加入生成树	图 6.22(c)
(2, 3)	12	加入生成树	图 6.22(d)
(1, 6)	14	加入生成树	图 6.22(e)
(1, 2)	16	加入生成树	图 6.22(f)
(3, 6)	18	舍弃	
(3, 4)	22	加入生成树	图 6.22(g)
(4, 6)	25	舍弃	
(4, 5)	28	加入生成树	图 6.22(h)
(0, 1)	25	不考虑	

图 6.23 图 6.22(a) 的 Kruskal 算法步骤列表

程序 6.7 是 Kruskal 算法的形式描述 (程序实现留作习题)。程序 6.7 约定 E 是 G 的边集，对这个边集的操作应包括取出最小代价边并删除这条边，如果边集 E 存储在一个有序的顺序表中，取边和删除边的操作都很方便、高效。学过第 7 章后我们会知道，对边集 E 排序的时间是 $O(e\log e)$，然而，只要有其它方法能从 E 中快速取出最小代价边，就不需要事先对整个 E 排序。显然，小根堆是最理想的数据结构。利用小根堆，取出下一个代价最小的边只需 $O(\log e)$，而且建堆的时间也只有 $O(e)$。

```
1  T = {};
2  while (T contains less than n-1 edges && E is not empty) {
3    choose a least cost edge (v,w) from E;
4    delete (v,w) from E;
5    if ((v,w) does not create a cycle int T)
6      add (v,w) to T;
7    else
8      discard(v,w);
9  }
10 if (T contains fewer than n-1 edges)
11   printf("No␣spanning␣tree\n");
```

程序 6.7 Kruskal 算法

检查新边 (v,w) 是否在生成树中构成回路的操作，以及若判断结果不构成回路则加入这条边的操作，两个操作都可以采用 §5.10 讨论过的并-查集。我们可以把 T 的每个连通分量看作各连通分量中节点的集合。开始时 T 是空边集，每个 G 的节点处于不同的集合 (参见图 6.22(b))。在加入边 (v,w) 之前，先用 `find` 操作判断 v、w 是否已经在一个集合之中，果然如此则两个节点已经在 T 中连通，因此加入 (v,w) 会在 T 中构成环路。例如，当算法在考察边 $(3,2)$ 的时候，节点集合也许是 $\{0\}, \{1,2,3\}, \{5\}, \{6\}$，现在 3, 2 已经处于同一个集合之中，所以边 $(3,2)$ 应该舍弃。如果算法考察的下一条边是 $(1,5)$，由于节点 1, 5 分处两个不同集合，因此边 $(1,5)$ 应该加入生成树，这条边的引入把两个分量 $\{1,2,3\}$ 和 $\{5\}$ 连在一起，所以可以用 **union** 操作把两个集合合并成 $\{1,2,3,5\}$。

因为并-查集操作所需时间比程序 6.7 第 3、4 行的选取、删除操作所需时间要少，所以程序 6.7 第 4 行之后的语句是影响 Kruskal 算法计算时间的主要因素。因此程序的计算时间是 $O(e\log e)$。定理 6.1 证明程序 6.7 的运行结果正确地给出 G 的最小生成树。

定理 6.1 令 G 是无向连通图，Kruskal 算法给出 G 的最小代价生成树。

证明 定理的证明分为：

(a) 只要 G 中存在生成树，则 Kruskal 算法给出一棵生成树。

(b) 这棵生成树是最小代价生成树。

以下分别证明。

(a) 我们注意到 Kruskal 算法只丢弃引入后将构成环路的边，而删除连通图环路中的一条边后，该图仍然连通，因而，如果 G 开始时是连通图，那么 T 中的边和 E 中的边依然使

G 连通。因此，如果 G 开始时是连通图，那么算法不可能在 $E = \{\}$ 且 $|T| < n-1$ 时结束。

(b) 现在证明 Kruskal 算法构造的生成树 T 是最小生成树。由于 G 的所有生成树的数目有限，其中必有一棵代价最小，令 U 是这棵代价最小的生成树，那么 T 和 U 都恰有 $n-1$ 条边。如果 $T = U$，那么 T 的代价最小，结论成立。假设 $T \neq U$，令 $k > 0$ 是出现在 T 中但不在 U 中的边的边数。(注意，k 同样也是出现在 U 中但不在 T 中的边的边数。)

接下来要证明 T 和 U 的代价相等，因为存在一种 k 步变换，可以将 U 变换成 T。在变换的每一步，我们要把在 T 中出现而在 U 中不出现的边的边数减 1，变换同时 U 的代价不变。在 k 步变化完成后，U 的代价保持不变，但包含的边正好与 T 相同，结果说明 T 就是最小代价生成树。

在每一步变换，我们把 T 的一条边 e 加入 U，同时还要从 U 中删除一条边 f。e、f 按如下规则选取：

(1) 令 e 是出现在 T 中但不在 U 中的最小代价边。这条边肯定存在，因为 $k > 0$。

(2) 当 e 加入 U 后，会在 U 中构成唯一的一个环路，令 f 是出现在这个环路但不在 T 中的任意一条边。这样的边肯定至少有一条，因为 T 中没有环路。

根据以上 e、f 的取法，一次变换后，$V = U + \{e\} - \{f\}$ 是一棵生成树，T 中现在还有 $k-1$ 条边不在 U 中。我们必须证明 V 的代价和 U 的代价相等。显然，V 的代价是 U 的代价加上边 e 的代价再减去边 f 的代价。边 e 的代价不可能小于边 f 的代价，否则 V 的代价会小于 U 的代价，根据 U 的假设，这断不可能。如果 e 的代价比 f 的代价大，那么 Kruskal 算法应该在选 e 之前就选过 f，而 f 又不出现在 T 中，这说明 Kruskal 算法当时丢弃了 f，原因只能是当时 T 中代价小与等于 f 的边与 f 一起构成了环路。Kruskal 算法在构造 T 时舍弃 f 而选 e，但 f 与 T 中那些小于等于 f 权值的边却出现在 U 中，并构成了环路，导出矛盾。排除了 e、f 权值不相等的两种情形之后，V 的代价一定等于 U 的代价。

结合 (a)、(b) 的结论，定理得证。 □

§6.3.2 Prim 算法

Prim 算法构造最小代价生成树的过程与 Kruskal 算法类似，也是每次加入一条边。不同之处在于，Prim 算法每一步选定的边都加入到当前得到的生成树中，而 Kruskal 算法每一步选定的边构成森林，最后才构成完整的一棵生成树。Prim 算法从单一节点的树 T 开始，开始节点可以任意选定。接下来，选一条最小代价的边 (u,v) 加入 T，使 $T \cup \{(u,v)\}$ 还是一棵树，重复这样的选边以及插入过程，直到 T 中包括 $n-1$ 条边为止。程序 6.8 是 Prim 算法的形式描述。程序中的 T 是生成树的边集，TV 是生成树的当前节点集。图 6.24 列出了 Prim 算法构造图 6.22(a) 最小生成树的全过程。

为实现 Prim 算法，我们让图中每个节点 v 都对应另一个节点 $\text{near}(v)$，使得 $\text{near}(v) \in TV$ 且 $\text{cost}(\text{near}(v), v)$ 对所有 $\text{near}(v)$ 取最小值。对 $(v,w) \notin E$ 约定其 $\text{cost}(v,w) = \infty$。在

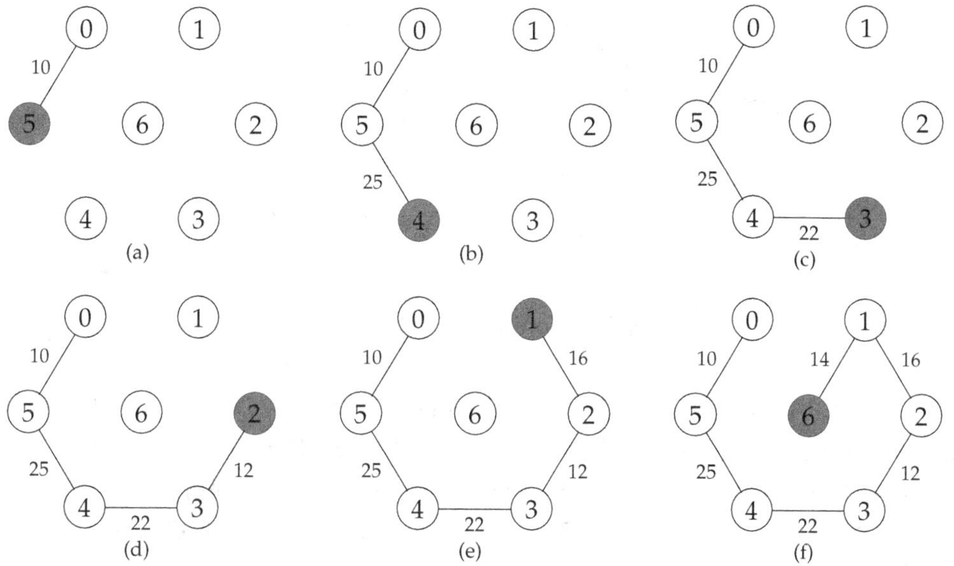

图 6.24 Prim 算法的每一步骤

```
T = {};
TV = {0};                    /* startwith vertex 0 and no edges */
while (T contains fewer than n-1 edges) {
  let (u,v) be a least cost edge such that u in TV and v not in TV;
  if (there is no such edge) break;
  add v to TV;
  add (u,v) to T;
}
if (T contains fewer than n-1 edges)
  printf("No␣spanning␣tree\n");
```

程序 6.8 Prim 算法

构造过程的每一步，选择满足条件 cost(near(v), v) 最小且 $v \notin TV$ 的节点 v。这样实现的 Prim 算法，时间复杂度是 $O(n^2)$，n 是 G 中节点个数。其它实现有更好的时间复杂度，如利用 Fibonacci 堆数据结构，详细内容将在第 9 章介绍。

§6.3.3 Sollin 算法

Sollin 算法构造最小生成树的过程与 Kruskal 算法与 Prim 算法都不同。Sollin 算法每一步加入的边数可以不止一条，第一步选择的边与所有节点构成生成森林，以后的每一步都要为森林中的每棵树选择一条边，这条边的一个节点在树中且权值是所有这种边权值的最小者。当两棵树选到同一条边时，其中任一棵树放弃这条边。开始时边集为空，算法的结束条件是：所选边构成了一棵树，或者无边可选了。

图 6.25 是 Sollin 算法构造图 6.22(a) 的最小生成树的全过程，共需两步。 算法开始时

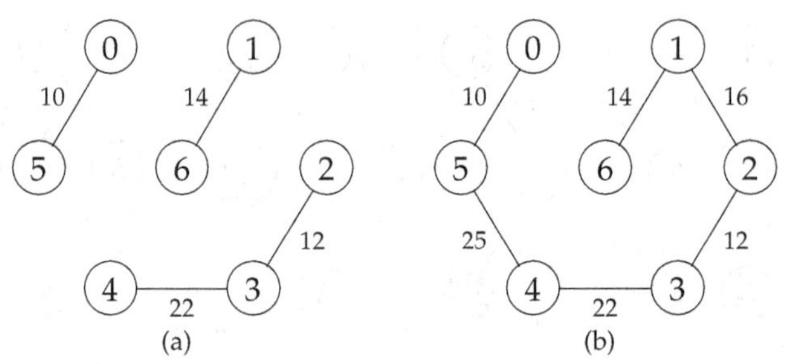

图 6.25 Sollin 算法的每一步骤

的构形与图 6.22(b) 相同，边集为空集，每棵树仅包括单独节点。下一步选择边 $(0,5),(1,6),(2,3),(3,2),(4,3),(5,0),(6,1)$，去掉重复边，将剩下的 $(0,5),(1,6),(2,3),(4,3)$ 加入边集，得到图 6.25(a)。再下一步，节点集为 $\{0,5\}$ 的树选定边 $(5,4)$，其它两棵树选定相同的边 $(1,2)$，这两条边加入边集后，生成树即构造完毕，见图 6.25(b)。Sollin 算法的 C 实现以及正确性证明留作习题。

习题

1. 证明 Prim 算法构造无向连通图的最小代价生成树。
2. 对程序 6.8 求精，实现 Prim 算法构造最小代价生成树的 C 函数。函数的复杂度应为 $O(n^2)$，n 是图中节点个数。证明函数的正确性。
3. 证明 Sollin 算法构造无向连通图的最小代价生成树。
4. 指出 Sollin 算法构造最小代价生成树最大步骤的数目。这个数目用关于图中节点个数 n 的函数表示。
5. 编写 C 函数，实现 Sollin 算法。指出函数的时间复杂度。
6. 编写 C 函数，实现 Kruskal 算法。可以利用第 5 章的 `union`、`find` 操作，以及第 1 章的 `sort` 操作或第 5 章的小根堆操作。
7. 令 T 是图 G 的一棵生成树，证明加入一条边 $e, e \notin E(T)$ 且 $e \in E(G)$ 一定构成唯一的一个环路。

§6.4 最短路径和迁移闭包

目前，互联网上有许多网站可用来查找两个地理位置之间的通路，例如，MapQuest, Google Maps, Yahoo Maps, MapNation。这些路径查找系统都是用本章讨论的图抽象表示国道或省市间的公路，图中的节点表示城市，图中的边表示公路路段，边权值表示城市之间的距离，当然也可以表示从某地出发到达目标的时间。例如，从 A 地驾车到 B 地的司机最关心的是：

(1) A、B 之间存在通路吗？

(2) 如果 A、B 之间有一条以上通路，那条路最短？

上述两个问题 (1)、(2) 是本节讨论的路径问题的两个特例。以下我们有时也会称边权值为边长或边代价，交替用权值、长度、代价表示同样的概念，路径的长度 (代价、权值) 定义为路径中所有边的长度 (代价、权值) 之和，而不是路径中所有边的边数。路径的起始节点称为源点，路径的最后一个节点称为终点。本节讨论的图都是有向图，因为图中的边有可能是单行线。

§6.4.1 单源点至所有其它节点：边权值非负

给定有向图 $G = (V, E)$，每条边 e 的权值函数 $w(e) > 0$，以及源点 v_0，问题是找出由源点 v_0 到图中其它所有节点的最短路径。以图 6.26(a) 为例，0 是源点，从 0 到 1 的最短路径是 0,2,3,1，路径长度是 $10 + 15 + 20 = 45$。尽管这条路径有三条边，还是比路径长度是 50 的 0,1 短。图 6.26(b) 按非递减序列出从 0 到 1、2、3、4 的最短路径，从 0 到 5 不存在路径。

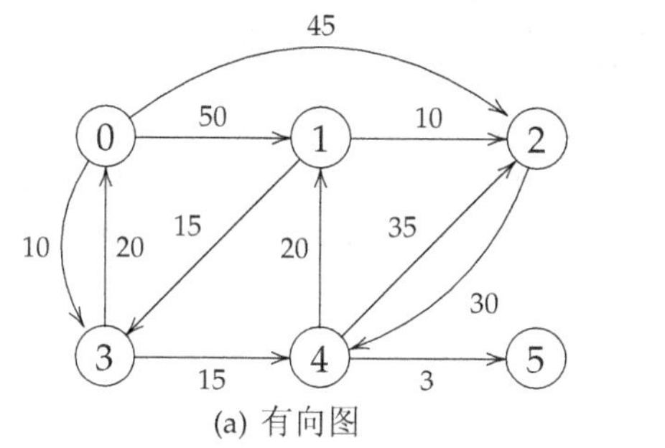

(a) 有向图

路径	长度
1) 0, 3	10
2) 0, 3, 4	25
3) 0, 3, 4, 1	45
4) 0, 2	45

(b) 节点 0 到其它节点的最短路径

图 6.26 从 0 到其它节点的最短路径

要找出图 6.26(b) 列出的最短路径，可以用贪心算法。令 S 用来记录已找到最短路径的节点，包括 v_0，对不在 S 中的节点 w，令 distance[w] 是从 v_0 开始，途径 S 中的节点到 w 的最短路径长度。按路径长度的非递减序一一生成最短路径的方法基于以下观察：

(1) 如果下一条最短路径将到达 u，那么从 v_0 到 u 的最短路径只能途径 S 中的节点。为此必须证明从 v_0 到 u 的最短路径的中间节点一定是已经在 S 中的一些节点。假设这条最短路径中有一个节点 w 不在 S 中，那么路径中一定包含一条路径 $v_0 \to w$，其长度小于 $v_0 \to u$ 的路径长度。由于已经假设，在构造最短路径的过程，路径长度按非递减序排列，因此路径 $v_0 \to w$ 应该早已构造出来了，这产生矛盾。因此，中间节点不可能不在 S 中。

(2) 根据 distance的定义以及 (1)，节点 u 是所有当前不在 S 中而相距 S 最近的节点，即 distance[u] 最小。如果有多于一个这样的节点，则从中任选一个。

(3) 一旦选定 u，则 u 收入 S 中。u 的加入，有可能减少从 v_0 出发，途经 S 中的节点，到达目前还不在 S 中某节点 w 的路径长度。果然有这样路径的话，则这条路径一定经过 u。

所以，应将原路径 $v_0 \rightarrow w$ 修改为 $v_0 \rightarrow u \rightarrow w$，即由 v_0 途经 S 中的节点到 u，然后直接到 w，并把 w 的原路径长度 distance$[w]$ 修改为 distance$[u]$ + length$(\langle u, w\rangle)$。

以上观察以及构造 v_0 到图 G 中所有其它节点最短路径的算法归功于 Edsger Dijkstra。为实现 Dijkstra 算法，我们把图中的 n 个节点从 0 到 $n-1$ 编号。集合 S 用数组 `found` 表示，用 `found[i]=FALSE` 代表节点 i 不在 S 中，而用 `found[i]=TRUE` 代表节点 i 已在 S 中。有向图用邻接矩阵存储，`cost[i][j]` 存放边 $\langle i,j\rangle$ 的权值，如果边 $\langle i,j\rangle$ 不在图中出现，我们赋予 `cost[i][j]` 一个数值很大的数。这个大数可任选，但最好注意以下两点：

(1) 该数值应大于代价矩阵的最大值；

(2) 该数值不应使 `distance[u]+cost[u][w]` 语句产生溢出。

以上的 (2) 提示我们选取定义在 `limits.h` 中的 `INT_MAX` 是糟糕的做法。对于 $i = j$，`cost[i][j]` 取任何非负值都不影响该算法。例如，对图 6.26(a) 中不出现的边 $\langle i,j\rangle, i \neq j$，边值可选 1000。程序 6.9 的函数 `shortestPath` 是 Dijkstra 算法的实现。`shortestPath` 调用程序 6.10 的函数 `choose`，返回节点 u，u 到 v 取得最小距离。

```
void shortestPath(int v, int cost[][MAX_VERTICES],
                  int distance[], int n, short int found[])
{/* distance[i] represents the shortest path from vertex v has not
    been found and a 1 if it has, cost is the adjacency matrix */
  int i, u, w;
  for (i=0; i<n; i++) {
    found[i] = FALSE;
    distance[i] = cost[v][i];
  }
  found[v] = TRUE;
  distance[v] = 0;
  for (i=0; i<n-2; i++) {
    u = choose(distance, n, found);
    found[u] = TRUE;
    for (w=0; w<n; w++)
      if (!found[w])
    if (distance[u]+cost[u][w]<distance[w])
      distance[w] = distance[u] + cost[u][w];
  }
}
```

程序 6.9 单源点最短路径

***shortestPath* 分析** 对节点个数为 n 的图，算法的计算时间是 $O(n^2)$。因为，第一条 **for** 语句的循环次数是 $O(n)$；第二条 **for** 语句的循环次数是 $n-2$，每次执行选取下一个节点并更新 `dist`。所以总时间是 $O(n^2)$。不管何种最短路径算法，都要考察图中每条边至少一次，因为

```
int choose(int distance[], int n, short int found[])
{ /* find the smallest distance not yet checked */
  int i, min, minpos;
  min = INT_MAX;
  minpos = -1;
  for (i=0; i<n; i++)
    if (distance[i]<min && !found[i]) {
      min = distance[i];
      minpos = i;
    }
  return minpos;
}
```

程序 6.10 选取最小代价边

每条边都有可能出现在最短路径之中。因此最短路径算法的最小计算时间是 $O(e)$。我们的算法实现采用邻接矩阵表示，复杂度恰是 G 中需要考察的边数 $O(n^2)$，因而任何基于邻接矩阵表示的最短路算法，其时间复杂度应是 $O(n^2)$。习题中给出一些改进措施，能让算法执行得更快，但复杂度还是 $O(n^2)$。对于稀疏图，采用邻接表存储表示，再辅以 Fibonacci 堆，可以为本节讨论的单源点至图中其它所有节点的最短路径问题构造更高效的贪心算法，内容见第 9 章。 □

例 6.4 图 6.27(a) 是 8 节点有向图，图 6.27(b) 是这个有向图的距离邻接矩阵。设源点是波士顿。程序 6.9 在最外层 **for** 循环每次计算的 `distance` 和选取的 u 列在图 6.28 的表中。表中用 ∞ 表示最大值。算法的 **for** 循环仅执行六次就结束了。根据 `distance` 的定义，最后一次选定的节点是洛杉矶，这是正确的，因为从波士顿到洛杉矶的路径必须在其它 6 个节点都考察过后才能到达。 □

§6.4.2 单源点至所有其它节点：边权值正负无限制

本小节讨论图中一条或全部边都可能是负值的最短路问题。对于边权值存在负值的情形，程序 6.9 的 `shortestPath` 可能得出错误的结果。考虑图 6.29，源点是 0，由于 $n = 3$，`shortestPath` 程序的第 6 行到第 12 行仅执行一次；第 6 行在 $u = 2$ 时 `distance` 没有更新，程序结束时 `distance[1]=7`，`distance[2]=5`，而从 0 到 2 的最短路径应为 0,1,2，长度应该是 2，比计算结果 `distance[2]` 的值要小。

如果图中允许存在负边权值，要限制不允许出现负权值的环路，因为最短路径中出现的边的边数应该是有限的。例如，图 6.30 中从节点 0 到 2 的最短路径长度是 $-\infty$，路径是

$$0,1,0,1,0,1,\cdots,0,1,2,$$

权值可以任意小，因为环路 0,1,0 的长度是 -1。

如果图中不出现负环路权值，则 n 个节点的图中任意两个节点之间存在一条边数不超过 $n-1$ 的最短路径。道理很清楚，如果一条路径中的边数超过 $n-1$，则路径中肯定存在至

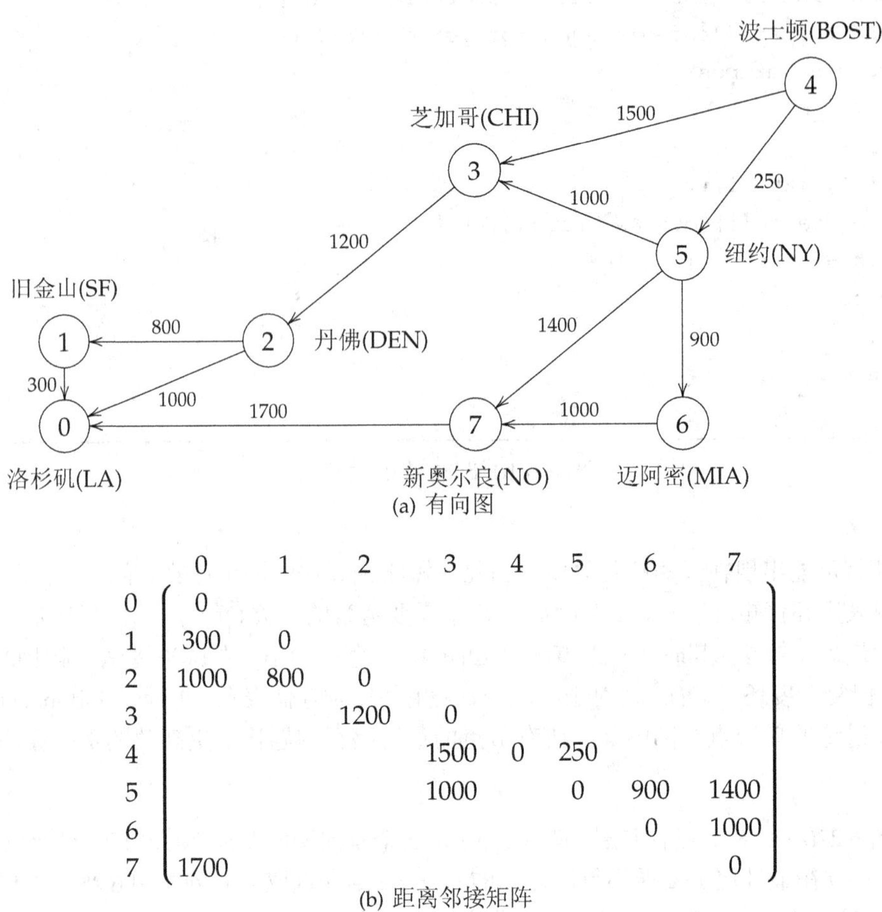

图 6.27 例 6.4 的有向图

循环次数	节点 u	distance							
		LA	SF	DEN	CHI	BOST	NY	MIA	NO
		[0]	[1]	[2]	[3]	[4]	[5]	[6]	[7]
初始化		∞	∞	∞	1500	0	250	∞	∞
1	5	∞	∞	∞	1250	0	250	1150	1650
2	6	∞	∞	∞	1250	0	250	1150	1650
3	3	∞	∞	2450	1250	0	250	1150	1650
4	7	3350	∞	2450	1250	0	250	1150	1650
5	2	3350	3250	2450	1250	0	250	1150	1650
6	1	3350	3250	2450	1250	0	250	1150	1650

图 6.28 `shortestPath` 对图 6.27 的计算结果

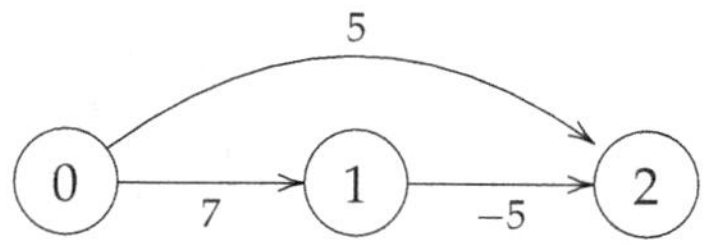

图 6.29 带负边权值的有向图

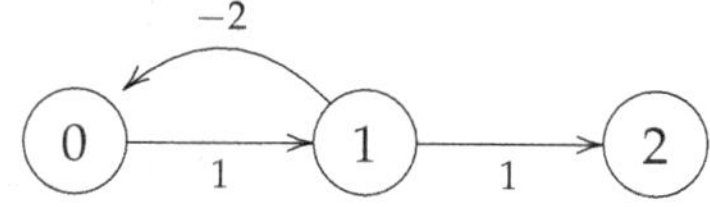

图 6.30 带负环路权值的有向图

少一个环路，消除路径中的所有环路，路径的源点与终点依然不变，而且长度一定不会比原路径的长度更长，因为消除的环路长度至少是 0。这样一个简单的观察结果，给出从源点到其它所有节点的无环最短路径中边数的最大值，可用来构造满足无环路性质的最短路径算法。程序 6.9 的 `shortestPath` 仅计算出从源点 v 到终点 u 的最短路径的距离 distance$[u]$，本节习题要求读者修改程序，进而找出所有的最短路径。

令 $\text{dist}^l[u]$ 表示从源点 v 到节点 u 的最短路径长度，路径中的边数不超过 l，则 $\text{dist}^l[u] = \text{length}[v][u], 0 \geq u < n$。在前面限定不允许负环路权值的前提下，可以确定，在构造最短路径算法的过程，最多只需考察 $n-1$ 条边，因此 $\text{dist}^{n-1}[u]$ 是从 v 到 u 而不限制路径中边数的最短路径长度。

根据以上讨论，我们现在要对图中所有 u 计算 $\text{dist}^{n-1}[u]$，方法是动态规划。在给出算法的实现之前，首先给出以下观察结果：

(1) 如果从 v 到 u 限定边数不超过 $k > 1$ 的最短路径，其中的边数是 $k-1$，则有 $\text{dist}^k[u] = \text{dist}^{k-1}[u]$。

(2) 如果从 v 到 u 限定边数不超过 $k > 1$ 的最短路径，其中的边数恰好是 k，则该路径一定包括从 v 到某节点 j 的路径和边 $\langle j, u\rangle$，从 v 到节点 j 的边数是 $k-1$，长度是 $\text{dist}^{k-1}[j]$。所有使边 $\langle i, u\rangle$ 出现在图中的节点 i 都可以是 j 的候选，我们的目标是计算最短路径，因此使 $\text{dist}^{k-1}[i] + \text{length}[i][u]$ 最小的 i 就是所需的 j。

以上观察启发我们列出以下 dist 递推关系：

$$\text{dist}^k[u] = \min\{\ \text{dist}^{k-1}[u],\quad \min_i\{\ \text{dist}^{k-1}[i] + \text{length}[i][u]\}\}.$$

这个递推关系根据 dist^{k-1} 计算 $\text{dist}^k, k = 2, 3, \cdots, n-1$。

例 6.5 图 6.31 是七个节点的有向图及其根据以上递推公式计算的 $\text{dist}^k, k = 1, \cdots, 6$。 □

本节有一道习题，要求证明如果用数组 `dist[u]` 存储 $\text{dist}^k[u], k = 1, \cdots, n-1$，那么 `dist[u]` 的最后结果也是 $\text{dist}^{n-1}[u]$。根据这个事实，以及以上 dist 的递推关系，我们得到程序 6.11，计算从节点 v 到图中其它节点的最短路径长度。这个算法称为 Bellman-Ford 算法。

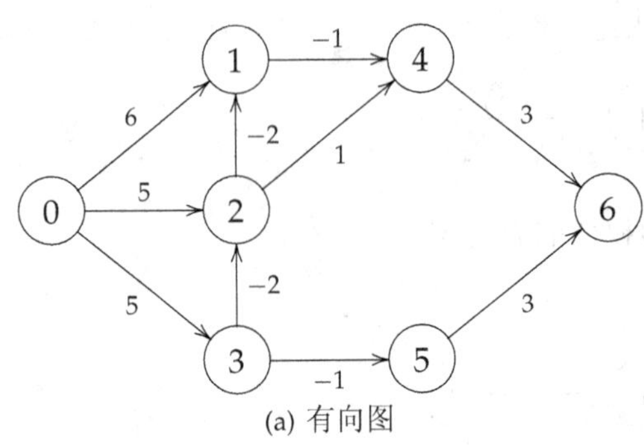

(a) 有向图

	$dist^k[7]$						
k	0	1	2	3	4	5	6
1	0	6	5	5	∞	∞	∞
2	0	3	3	5	5	4	∞
3	0	1	3	5	2	4	7
4	0	1	3	5	0	4	5
5	0	1	3	5	0	4	3
6	0	1	3	5	0	4	3

(b) $dist^k$

图 6.31 带负边权值边的最短路径

```
1   void BellmanFord(int n, int v)
2   { /* Single source all destination shortest paths with negative edge
3         lengths */
4     for (int i=0; i<n; i++)
5       dist[i] = length[v][i]; /* initialize dist */
6
7     for (int k=2; k<=n-1; k++)
8       for (each u such that u!=v and u
9        has at least one incoming edge)
10        for (each <i,u> in the graph)
11      if (dist[u]>dist[i]+length[i][u])
12        dist[u] = dist[i] + length[i][u];
13  }
```

程序 6.11 计算最短路径的 Bellman-Ford 算法

***BellmanFord* 分析** 程序第 6—11 行的 **for** 循环语句对邻接矩阵表示的图，运行时间是 $O(n^2)$；对邻接表表示的图，运行时间是 $O(e)$。总时间对邻接矩阵表示的图是 $O(n^3)$；对邻接表表示的图是 $O(ne)$。得出以上复杂度结果的原因如下，注意到程序第 6—11 行的 **for** 语句中，如果某次循环 dist 无更新则后续循环 dist 也不再更新。因而这个 **for** 循环可求精为只要 dist 无更新则结束。**for** 循环的另一种求精方式，可以用队列存放上次循环 dist 数组更新单元的下标值 i，仅这些 i 值是程序第 9 行的考察对象。如果设置这样的队列，程序第 6—11 行的每次循环可修改为从队列中出列一个节点 i，然后把与节点 i 相邻的所有节点对应的 dist 单元更新，更新语句还是程序的第 10、11 行，然后将那些 dist 值减少的单元下标入列，除非这下标已经在队列中。重复这样的过程，直到队列空为止。 □

§6.4.3 所有节点两两之间的最短路径

所有节点两两之间的最短路径问题，是要找出图中所有节点 $v_i, v_j, i \neq j$ 之间的最短路径。解决该问题的一种方法是多次调用 `shortestPath`，每次用 $V(G)$ 中的不同节点做源点。因为 `shortestPath` 的计算时间是 $O(n^2)$，图中有 n 个节点，所以总时间复杂度是 $O(n^3)$。这个问题还有另外一种求解算法，形式更简洁，而且对图中出现负边权值的情形，(不允许出现负回路权值)，也能得到正确结果。这个新算法的计算时间虽然还是 $O(n^3)$，可是常数因子更小。算法的构造方法是动态规划。

算法需要用加权邻接矩阵表示 G，如果 $i = j$，置 $\text{cost}[i][j] = 0$，如果边 $\langle i, j\rangle, i \neq j$ 不出现在 G 中，则为 $\text{cost}[i][j]$ 赋予一个充分大的数值，就像单源点最短路径问题一样。令 $A^k[i][j]$ 表示从 i 到 j 的最短路径，路径中的中间节点编号≤ k，则从 i 到 j 的最短路径是 $A^{n-1}[i][j]$，因为 G 中的节点编号小于 n。特别地，$A^{-1}[i][j] = \text{cost}[i][j]$，因为 A^{-1} 中从 i 到 j 的最短路径中间不允许有任何节点。

算法从矩阵 A^{-1} 开始，随后一步一步计算 $A^0, A^1, A^2, \ldots, A^{n-1}$。如果已经得到了 A^{k-1}，接下来计算 A^k 的方法需考虑以下两种可能：

(1) 对任意一对节点 i、j，从 i 到 j 且中间节点编号不大于 k 的最短路径，如果中间没有节点编号为 k 的节点，那么这条路径的长度是 $A^{k-1}[i][j]$。

(2) 如果上述那条从 i 到 j 的最短路径中包括节点编号为 k 的节点，那么路径一定是一条从 i 到 k 的最短路径再接着一条从 k 到 j 的最短路径，而且这两条子路径中都不含节点编号大于 $k-1$ 的节点，因而它们的长度分别是 $A^{k-1}[i][k]$ 和 $A^{k-1}[k][j]$。

以上两种可能给出以下计算 $A^k[i][j]$ 的公式：

$$A^k[i][j] = \min\{A^{k-1}[i][j], \quad A^{k-1}[i][k] + A^{k-1}[k][j]\}, \quad k \geq 0,$$

以及

$$A^{-1}[i][j] = \text{cost}[i][j].$$

例 6.6 图 6.32 给出一个有向图及其距离矩阵 A^{-1}。

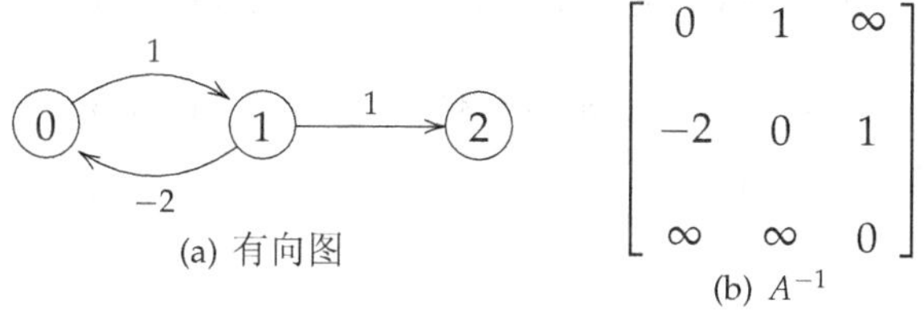

图 6.32 带负环路权值的有向图

对这个图，

$$A^1[0][2] \neq \min\{A^1[0][2], \quad A^0[0][1] + A^0[1][2]\}$$

从而有 $A^1[0][2] = -\infty$，因为以下路径

$$0, 1, 0, 1, 0, 1, \cdots, 0, 1, 2$$

的长度可以任意小。之所以如此，是因为图中出现的环路 0, 1, 0 其路径长度是 −1。 □

程序 6.12 中的函数 allCosts 计算距离矩阵 $A^{n-1}[i][j]$，用数组 distance 存储并在位计算 A，distance 的声明语句如下：

```
int distance[MAX_VERTICES][MAX_VERTICES];
```

A 可以在位计算的原因是 $A^k[i][k] = A^{k-1}[i][k]$ 且 $A^k[k][j] = A^{k-1}[k][j]$，所以在位计算不影响计算结果。

```
void allCosts(int cost[][MAX_VERTICES],
              int distance[][MAX_VERTICES], int n)
{ /* compute the shortest distance from each vertex to every other,
    cost is the adjacency matrix, distance is the matrix of computed
    distances*/
  int i, j, k;
  for (i=0; i<n; i++)
    for (=0; j<n; j++)
      distance[i][j] = cost[i][j];
  for (k=0; k<n; k++)
    for (i=0; i<n; i++)
      for (j=0; j<n; j++)
        if (distance[i][k]+distance[k][j]<distance[i][j])
          distance[i][j] = distance[i][k] + distance[k][j];
}
```

程序 6.12 所有两两点对之间的最短路径函数

***allCosts* 分析** 分析该算法很容易，因为循环与距离矩阵中的数据无关。计算 allCosts 的总时间是 $O(n^3)$。算法的功能可以加强，有一道习题还要求生成所有最短路径的边 $\langle i, j\rangle$ 序列。算法的性能也还有改进余地，实际上，应该为三重循环最里面一个 **for** 语句增设条件判断，如果 distance[i][k]、distance[k][j] 两者至少有一个为 ∞ 时都不必进入循环。 □

例 6.7 图 6.33(a) 有向图的起始矩阵 a 如图 6.33(b) 的 A^{-1} 所示，程序 6.12 得到的三次迭代结果是 A^0、A^1、A^2，见图 6.33 的 (c)、(d)、(e)。 □

§6.4.4 迁移闭包

本节讨论的最后一个问题是图的迁移闭包，这个问题与找出图中两两节点之间最短路径问题有密切关系。问题的提法是：给定有向图 G，边无权值，要求确定图中任意节点 i、j 之间是否存在由 i 到 j 的路径。问题可进一步限定路径长度为正值或路径长度为非负值，前者称为图的迁移闭包，后者称为图的自反迁移闭包。以下给出定义。

定义 有向图 G 的迁移闭包矩阵 A^+ 定义为：如果图中存在由节点 i 到节点 j 的路径且路径长度 > 0，则 $A^+[i][j] = 1$，否则 $A^+[i][j] = 0$。 □

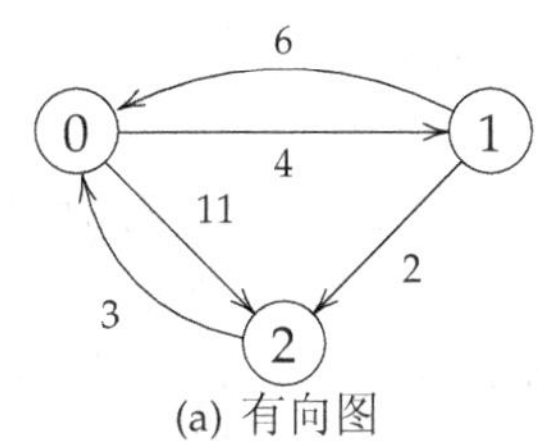

(a) 有向图

A^{-1}	0	1	2
0	0	4	11
1	6	0	2
2	3	∞	0

(b) A^{-1}

A^{0}	0	1	2
0	0	4	11
1	6	0	2
2	3	7	0

(c) A^{0}

A^{1}	0	1	2
0	0	4	6
1	6	0	2
2	3	7	0

(d) A^{1}

A^{2}	0	1	2
0	0	4	6
1	5	0	2
2	3	7	0

(e) A^{2}

图 6.33 所有两两节点之间的最短路径问题举例

定义 有向图 G 的自反迁移闭包矩阵 A^* 定义为：如果图中存在由节点 i 到节点 j 的路径且路径长度 ≥ 0，则 $A^*[i][j]=1$，否则 $A^*[i][j]=0$。 □

图 6.34 给出一个有向图的 A^+ 和 A^*。显然，A^+ 和 A^* 的不同仅体现在矩阵的对角线有差异。$A^+[i][i]=1$ 当且仅当图中存在包含 i 的路径且长度 >1，而$A^*[i][i]$ 的值总是 1，因为图中一定存在由 i 到 i 自身的路径，这条路径的长度是 0。

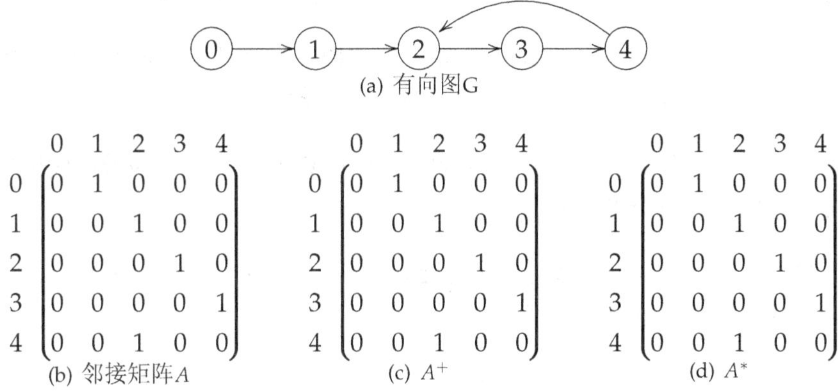

$$
\begin{array}{c|ccccc} & 0 & 1 & 2 & 3 & 4 \\ \hline 0 & 0 & 1 & 0 & 0 & 0 \\ 1 & 0 & 0 & 1 & 0 & 0 \\ 2 & 0 & 0 & 0 & 1 & 0 \\ 3 & 0 & 0 & 0 & 0 & 1 \\ 4 & 0 & 0 & 1 & 0 & 0 \end{array}
$$

(b) 邻接矩阵A

$$
\begin{array}{c|ccccc} & 0 & 1 & 2 & 3 & 4 \\ \hline 0 & 0 & 1 & 0 & 0 & 0 \\ 1 & 0 & 0 & 1 & 0 & 0 \\ 2 & 0 & 0 & 0 & 1 & 0 \\ 3 & 0 & 0 & 0 & 0 & 1 \\ 4 & 0 & 0 & 1 & 0 & 0 \end{array}
$$

(c) A^+

$$
\begin{array}{c|ccccc} & 0 & 1 & 2 & 3 & 4 \\ \hline 0 & 0 & 1 & 0 & 0 & 0 \\ 1 & 0 & 0 & 1 & 0 & 0 \\ 2 & 0 & 0 & 0 & 1 & 0 \\ 3 & 0 & 0 & 0 & 0 & 1 \\ 4 & 0 & 0 & 1 & 0 & 0 \end{array}
$$

(d) A^*

图 6.34 有向图 G 及其邻近矩阵 A、A^+、A^*

`allCosts` 可用来计算 A^+。`cost` 的初值定义为：如果 $\langle i,j\rangle$ 出现在图中，则 `cost`$[i][j]=1$，否则，即如果 $\langle i,j\rangle$ 不出现在图中，则 `cost`$[i][j]=\infty$。`allCosts` 运行结束后，A^+ 的结果存放在 `distance` 中，即如果 $A^+[i][j]=1$，则有 `distance`$[i][j]<+\infty$。A^* 的结果对应于把 A^+ 对角线上的所有元素置 1。运行程序的总时间是 $O(n^3)$。程序的修改很容易，只需将 `allCosts` 中嵌套 **for** 循环的 **if** 语句改为：

```
distance[i][j] = distance[i][j] || distance[i][k] && distance[k][j];
```

事先要把 distance 的初值设为图的邻接矩阵。修改后的 allCosts 运行结束后 distance 的结果就是 A^+。

求无向图 G 的迁移闭包更加简单，结果就是图的连通分量。无向图中连通分量的定义是，每对节点之间都存在一条路径，而且 G 中分处不同连通分量的节点之间不存在路径。因而，如果 A 是无向图的邻接矩阵 (A 是对称矩阵)，那么，找出图的各连通分量就求出了 A^+，时间复杂度可以是 $O(n^2)$。$A^+[i][j]=1$ 当且仅当从节点 i 到节点 j 到存在路径。对于无向图中任意两个不同节点，若两者在一个连通分量之中则 $A^+[i][j]=1$。对角线元素 $A^+[i][i]=1$ 当且仅当包含节点 i 的连通分量有至少两个节点。

习题

1. 令 T 是根为 v 的树，T 中每条边都是是无向边且取非负权值。编写 C 函数，在 T 中求出由 v 到其它所有节点的最短路径，函数的时间复杂度应为 $O(n)$, n 是 T 中节点个数，并给出证明。

2. 令 G 是 n 个节点的有向无环图，假设图中的节点从 0 到 $n-1$ 编号，所有边 $\langle i,j\rangle$ 的 $i<j$。用邻接表存储表示图 G，G 中每条边都赋予一个权值而且有可能取负值。编写 C 函数找出从节点 0 到其它所有节点的最短路径长度。函数的时间复杂度应为 $O(n+e)$，e 是图中边数，给出证明。

3. (a) 重做上题，找出最长路径长度。

   (b) 除在 (a) 中找出最长路径长度之外，找出从节点 0 的其它节点的最长路径。

4. 程序 6.9 中函数 shortestPath 的距离矩阵应选取什么样的最大值？证明这个最大值应是关于图中最长边值 maxL 和节点个数 n 的数学函数。

5. 利用程序 6.9 中函数 shortestPath 的思路，编写 C 函数计算图的最小代价生成树，要求最差情形的时间复杂度是 $O(n^2)$。

6. 对图 6.35 运行程序 6.9 的函数 shortestPath，找出从节点 0 到其它所有节点的最短路径长度，结果并按非递减序排序。

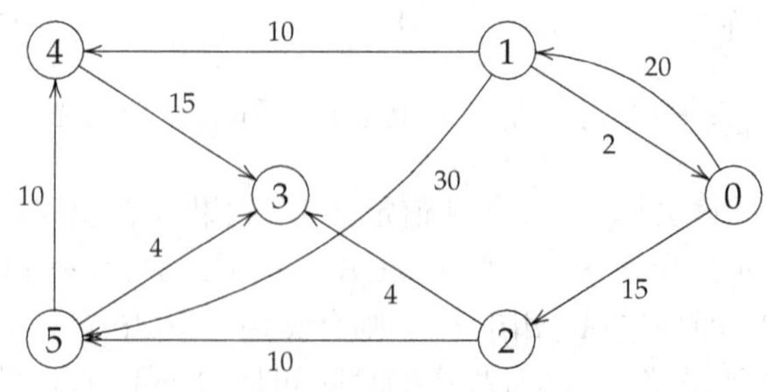

图 6.35 有向图

7. 修改程序 6.9 的函数 `shortestPath`，要求如下：

   (a) 用邻接表存储 G，每个节点对应的结点设置三个成员域：`vertex`，`length`，`link`。`length` 表示边权值，图中节点个数是 n。

   (b) 原程序中用集合 S 表示已经找到的最短路径中的节点，本习题改用集合 $T = V(G) - S$，用链表实现。

   讨论该函数的时间复杂度，并与 `shortestPath` 比较。

8. 修改程序 6.9 的函数 `shortestPath`，不但要找出最短路径长度，还要找出相应的最短路径。讨论修改后的函数的时间复杂度。

9. 以图 6.36 为例，解释为什么 `shortestPath` 不能得到正确结果。从节点 0 到 6 的最短路径是什么？

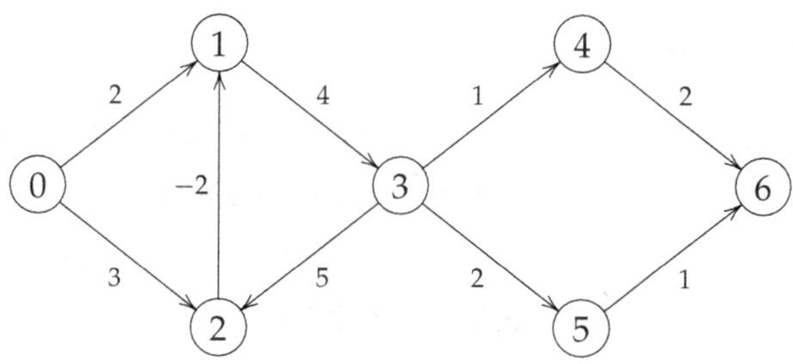

图 6.36 `ShortestPath` 不能正确计算的有向图

10. 证明程序 6.11 中的函数 `BellmanFord` 是正确的。注意这个函数不能忠实地实现递推计算 dist^k。事实上，当 $k < n-1$，程序中第 4~7 行的 **for** 循环计算的 dist 值不是 dist^k。

11. 实现完整的 C 函数 `BellmanFord`。要求采用邻接表存储表示，不用邻接矩阵存储边值，而是为图中每个节点的结点结构中增设 `lenght` 域，表示该节点关于邻接表表头节点的边值。用一些图例测试该函数。

12. 对程序 6.11 中函数 `BellmanFord` 的第 4~7 行的 **for** 循环求精，在 `dist` 值未更新时即退出循环。

13. 对程序 6.11 中函数 `BellmanFord` 的第 4~7 行的 **for** 循环求精，用一个队列记录可能更新 dist 值得所有节点。队列的初始时包含与源点 v 相邻的所有节点，在后续迭代的新循环过程，每次出列一个节点 i (只要队列不空)，按第 7 行方法更新与 i 相邻的 dist 值，如果该节点确实更新了 dist 值，而且不在队列之中则入列。

    (a) 证明新函数实现的功能与原程序相同。

    (b) 证明新函数的时间复杂度不比原程序差。

14. 用实际数据分别测试习题 12、习题 13 的函数与程序 6.11 的函数 `BellmanFord`，图示三个程序的执行结果，并比较性能。

15. 修改程序 6.11 中函数 `BellmanFord`，不但计算最短路径长度，还能找出对应最短路径。指出函数的计算时间。

16. 程序 6.12 中函数 `allCosts` 的距离矩阵应选取什么样的最大值？证明这个最大值应是关于图中最长边值 `maxL` 和节点个数 n 的数学函数。

17. 对图 6.35 运行程序 6.12 的函数 `allCosts`，找出所有两两节点之间的最短路径长度。`allCosts` 的计算结果正确吗？为什么？

18. 给定 n 个节点的完成图，证明图中所有两两节点之间的简单路径总数最多是 $O((n-1)!)$。

19. 证明 $A^+ = A^* \times A$，这里的矩阵相乘定义为 $a_{ij} = \vee_{k=1}^{n} a_{ik} * \wedge a_{kj}$，$\vee$ 是逻辑**或**操作，$\wedge$ 是逻辑**与**操作。

20. 计算图 6.15 的矩阵 A^+ 和 A^*。

21. 如果用程序 6.12 的函数 `allCosts` 计算迁移闭包，程序中距离矩阵应选取什么样的最大值？证明这个最大值应是关于图中节点个数 n 的数学函数。

§6.5 活动网络

§6.5.1 活动节点(AOV)网络

项目计划或项目管理的主要任务是将整个项目划分成子项目，除非项目特别简单，根本无需划分。子项目称为活动 (activity)，只有所有活动全部完成，整个项目才能完成。以计算机学科的课程计划为例，学生必须修完所需课程才能获得学位，这里项目的目标是学生获得学位，项目中的活动是学生所学的一门门课程。图 6.37 列出了某高校计算机专业的课程设置。

其中一些课程与其它课程无关，而另一些课程需要完成先修课。例如，学生必须完成程序设计基础课程以及一些数学课程之后才能学习数据结构课程。因而，所有课程的先修课要求定义了课程的优先级。可以用有向图表示课程间的优先级关系，图中的节点代表课程，有向边代表课程的优先顺序。

定义 一个有向图 G 称为*活动节点网* (activity-on-vertex network)，如果图中节点表示活动，边表示活动间的优先关系。 □

图 6.37(b) 是图 6.37(a) 的 AOV 网，每条边 $\langle i,j\rangle$ 表示课程 i 是课程 j 的先修课。

定义 AOV 网 G 中节点 i 称为节点 j 的前驱，当且仅当 G 中从 i 到 j 存在一条有向路径。节点 i 称为节点 j 的*直接前驱*，当且仅当 G 中存在边 $\langle i,j\rangle$。如果 i 是 j 的前驱，则 j 称为 i 的后继，如果 i 是 j 的直接前驱，则 j 称为 i 的*直接后继*。 □

$C3$ 和 $C6$ 是 $C7$ 的直接前驱，$C9$、$C10$、$C12$、$C13$ 是 $C7$ 的后继。$C14$ 是 $C13$ 的后继，但不是 $C13$ 的直接后继。

课程编号	课程名称	先修课
C1	程序设计基础	无
C2	离散数学	无
C3	数据结构	C1, C2
C4	微积分 I	无
C5	微积分 II	C4
C6	线性代数	C5
C7	算法分析	C3, C6
C8	汇编语言	C3
C9	操作系统	C7, C8
C10	程序设计语言	C7
C11	编译程序设计	C10
C12	人工智能	C7
C13	可计算理论	C7
C14	并行算法	C13
C15	数值分析	C5

(a) 某高校计算机专业课程设置

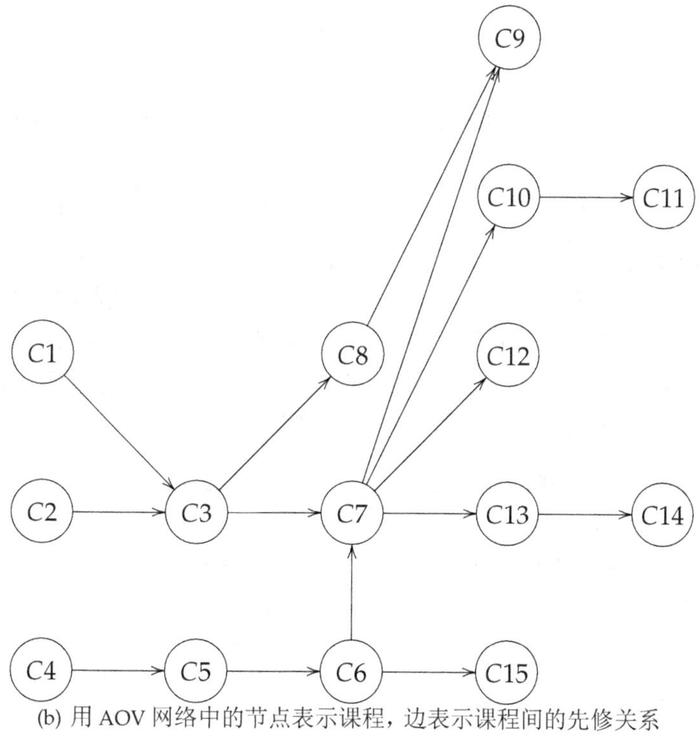

(b) 用 AOV 网络中的节点表示课程，边表示课程间的先修关系

图 6.37 AOV 网络

定义 称关系 $\cdot$ 满足传递性，当且仅当对所有三元组 i, j, k，如果 $i \cdot j$ 且 $j \cdot k$，则有 $i \cdot k$。称关系 $\cdot$ 在集合 S 上满足非自反性，如果对所有 S 中的元素 x，都没有 $x \cdot x$。满足传递性和非自反性的优先关系称为偏序。 □

注意，以上先修课定义的优先关系满足传递性，就是说，如果要求学习课程 i 必须在学习课程 j 之前，即 i 是 j 的先修课，并且。要求学习课程 j 必须在学习课程 k 之前，那么，学习课程 i 必须在学习课程 k 之前。AOV 网能直观地给出这种传递关系，如两条边 $\langle C4, C5\rangle$ 和 $\langle C5, C6\rangle$ 出现在图 6.37(b) 中，但图中没有边 $\langle C4, C6\rangle$。AOV 网通过路径表达的传递性，明确表明了节点间的优先关系，尽管有些节点之间不存在一条边。

如果 AOV 网中用边表示的优先级关系不要求满足非自反性，那么有可能存在某节点，它是自己的前驱，要开始该节点的活动必须等待该节点的活动结束，这根本不可能。所以，AOV 网中只有不出现这样的情况，整个项目才是可行的。这样的可行性需求引出 AOV 网的第一个操作，即判断由边定义的优先关系是否满足非自反性质，也就是要判断图中是否出现有向环路。不存在环路的有向图称为*有向无环图*（acyclic graph）。在判断 AOV 网可行性的过程，同时还得到了节点（活动）的一个线性序 $v_0, v_1, \ldots, v_{n-1}$。这个线性序有如下性质：如果节点 i 在网中是节点 j 的前驱，那么在线性序中，i 出现在 j 之前。满足如此性质的线性序称为*拓扑序*。

定义 图中节点的线性序称为*拓扑序*，对图中两节点 i、j，如果节点 i 在网中是节点 j 的前驱，那么在线性序中，i 出现在 j 之前。 □

图 6.37(b) 中 AOV 网的拓扑可以有多种，以下是其中两种：

$$C1, C2, C4, C5, C3, C6, C8, C7, C10, C13, C12, C14, C15, C11, C9;$$

$$C4, C5, C2, C1, C6, C3, C8, C15, C7, C9, C10, C11, C12, C13, C14.$$

如果一位学生每学期只修一门课程，那么课程顺序应该遵循拓扑序。如果用 AOV 网表示机器装配或汽车生产过程，那么这些工厂的流水线也应该遵循拓扑序。拓扑序的生成算法直接了当，方法是每次从 AOV 网中选一个没有前驱的节点，然后删除这个节点及其邻接的所有边，不断重复这两步，直到所有节点都被列出，或网中节点都有前驱为止。后一种情形，网中存在环路，因此不满足可行性。程序 6.13 是这个算法的实现。

```
Input the AOV network. Let n be the number of vertices.
for (i=0; i<n; i++) {                /* output the vertices */
  if (every vertex has a predecessor) return;
  /* network has a cycle and is infeasible */
  pick a vertex v that has no predecessors;
  output v;
  delete v and all edges leading out of v;
}
```

程序 6.13 拓扑排序算法

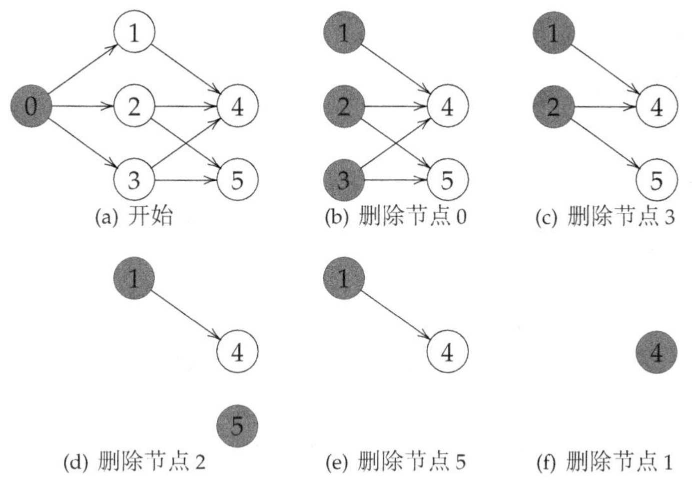

图 6.38 程序 6.13 的执行过程 (灰底圆圈标出每次删除的候选节点)

例 6.8 以图 6.38(a) 为例测试程序 6.13 的算法。第 6 行选择的第一个节点是 0，它是当前所有节点中唯一一个无前驱的节点，删除 0 以及邻接的边 $\langle 0,1\rangle$、$\langle 0,2\rangle$、$\langle 0,3\rangle$。删除 0 后得到图 6.38(b)，节点 1、2、3 都没有前驱，这时可以选其中任何一个，假设选 3，删除 3 及其邻接的边 $\langle 3,5\rangle$、$\langle 3,4\rangle$，结果是图 6.38(c)。接下来可选 1 或 2，图 6.38 列出后续结果。得到的拓扑序是：$0,3,2,5,1,4$。 □

为了构造易于翻译为程序的算法，接下来应考虑 AOV 网的数据结构。数据结构的选取，总是和算法中的具体操作密切相关，拓扑排序应考虑以下两点：

(1) 确定节点是否有前驱 (第 4 行)；

(2) 删除节点及其邻接的所有边 (第 8 行)。

为便于实现 (1)，可以为每个节点设置一个计数器，记录该节点的前驱个数；用邻接表存储 AOV 网可以方便实现 (2)，并且每删除 v 的一条边都可以立即修改 v 的邻接表中各节点的前驱计数值，一旦节点的前驱计数值变成 0，就可以把这个节点放到专设的候选删除节点表中。然后程序的第 6 行要做的不过是从这个表中一次删除一个节点。

根据以上分析，程序 6.14 中的函数 `topSort` 是 C 语言实现。AOV 网用邻接表存储表示，邻接表中的头结点包含 `count` 域和 `link` 域。

`topSort` 所需数据结构定义如下：

```
typedef struct node *nodePointer;
struct node {
  int vertex;
  nodePointer link;
};
```

```
typedef struct {
  int count;
  nodePointer link;
} hdnodes;
hdnodes graph[MAX_VERTICES];
```

```
void topSort(hdnodes graph[], int n)
{
  int i, j, k, top = -1; nodePointer ptr;
  /* create a stack of vertices with no predecessors */
  for (i=0; i<n; i++)
    if (!graph[i].count) { graph[i].count = top;  top = i; }
  for (i=0; i<n; i++)
    if (top==-1) {
      fprintf(stderr, "\nNetwork␣has␣a␣cycle.␣Sort␣terminated.\n");
      exit(EXIT_FAILURE);
    } else {
      j = top; top = graph[top].count; /* unstack a value */
      printf("v%d,␣", j);
      for (ptr=graph[j].link; ptr; ptr=ptr->link) {
        /* decrease the cuont of the successor vertices of j */
        k = ptr->vertex; graph[k].count--;
        if (!graph[k].count)     /* add vertex k to the stack */
          { graph[k].count = top; top = k; }
      }
    }
}
```

程序 6.14 拓扑排序程序

头结点的 count 域存放节点的入度，link 域指向邻接表的第一个结点，表中其它结点都含两个域，一个是 vertex，一个是 link。邻接表可以在输入数据时快速构建起来，每次输入边 $\langle i,j\rangle$，节点 j 的 count 域加 1。图 6.39 是图 6.38(a) 的存储表示。

将以上讨论的所有实现细节加入程序 6.13，结果就是程序 6.14 的 topSort。count 域值为 0 的节点存入栈，当然用队列也可以，但栈更易实现。由于头结点点的 count 域变成 0 后就不再需要了，因此可以用作为来链接栈中的结点的指针。

***topSort* 分析** 由于数据结构的选取很考究， topSort 性能极佳。对于 n 个节点、e 条边的 AOV 网，第一个 **for** 循环的执行时间是 $O(n)$，第二个 **for** 语句循环 n 次。**if** 语句的执行时间恒定；**else** 中的 **for** 语句的执行时间是 $O(d_i)$，d_i 是节点 i 的出度，该循环每打印一个节点执行一次，算法总共花在这部分代码的执行时间是：

$$O\left(\sum_{i=0}^{n-1} d_i + n\right) = O(e+n).$$

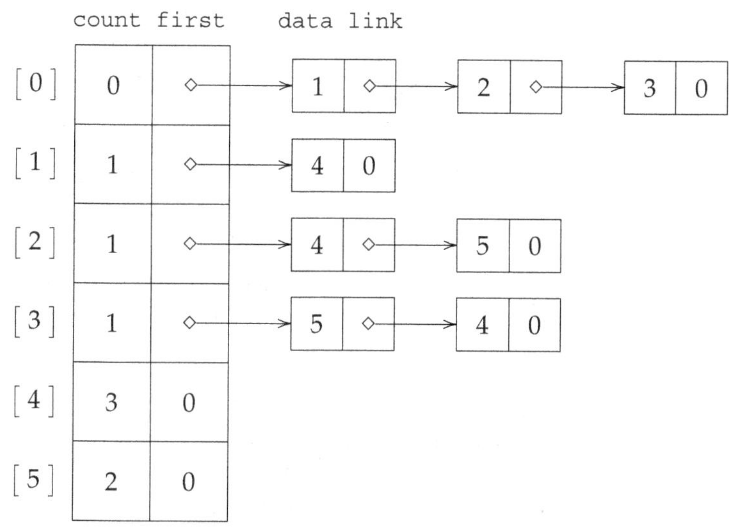

图 6.39 拓扑排序算法的内部表示

因此，算法的渐进时间复杂度是 $O(e+n)$，达到关于问题规模的线性复杂度! □

§6.5.2 活动边(AOE)网络

与 AOV 网关系紧密的另一种活动网络称为*活动边网络* (activity-on-edge network)。AOE 网络中的活动用有向边表示，网中的节点表示事件，事件的发生代表某活动的完成。如果某节点上的事件还未发生，则由该节点所发出边表示的活动就不能开始。节点在指向自己的所有边的活动全部完成后才能发生事件。图 6.40 是一个 AOE 网络，网中共有 11 个活动$a_1,\ldots,a_{11}$ 和 9 个事件 $0,1,\cdots,8$。事件 0 可解释为项目开始，事件 8 可解释为项目结束，其它一些事件的解释列在图 6.40(b) 中。每个活动上标出的数字代表该活动所需时间，如 a_1 需要 6 天，如 a_{11} 需要 4 天。活动所需时间通常是估计时间。项目启动后，活动 a_1、a_2、a_3 可以并发执行，活动 a_4 必须等待事件 1 发生后才能开始，活动 a_5 必须等待事件 2 发生后才能开始，活动 a_6 必须等待事件 3 发生后才能开始。活动 a_7、a_8 可以在事件 4 发生后 (即 a_4、a_5 完成后) 并发执行。如果要在网中为活动指定其它执行顺序，可以加入所需时间为 0 的空活动。例如，要限定活动 a_7、a_8 等待 a_7、a_8 都结束后才能开始，可以增设空活动 a_{12}，引入边 $\langle 5,4\rangle$。

AOE 型活动网络常用于评价项目的性能，如算出项目所需的最短时间 (假定网中无环路)，再如找出可以缩短整个项目时间的关键活动，等等。

由于 AOE 网络中的活动可并行，所以整个项目的最短完成时间，是网中从起点到终点那条最长路径的长度，路径长度是路径中所有活动所需时间的总和。这条最长的路径称为**关键路径**。图 6.40(a) 中的一条关键路径是 0,1,4,6,8，长度是 18。网中关键路径可以不止一条，如 0,1,4,7,8 也是关键路径。

事件 i 的**最早发生**时间是从起点 0 到 i 的最长路径，如事件 4 能够的最早发生时间是 7。某事件的最早发生时间决定从该节点发出活动的**最早开始**时间。a_i 的最早开始时间用 $e(i)$ 表示，如 $e(7)=e(8)=7$。

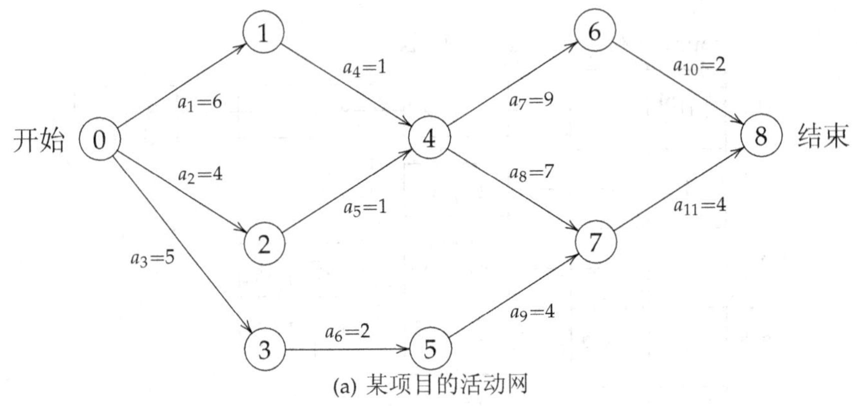

(a) 某项目的活动网

事件	说明
0	项目启动
1	活动 a_1 完成
4	活动 a_4、a_5 完成
7	活动 a_8、a_9 完成
8	项目完成

(b) (a) 网中一些事件的说明

图 6.40 AOE 网络

对每个活动 a_i 也可以定义*最迟开始时间* $l(i)$，如果活动 a_i 迟于这个时间开始，则整个项目的执行时间 (从起点到终点的最长路径长度) 将延长，如图 6.40(a) 的 $e(6) = 5$，$l(6) = 8$，$e(8) = 7$，$l(8) = 7$。

所有 $e(i) = l(i)$ 的活动称为*关键活动*。差值 $l(i) - e(i)$ 是活动的关键度度量，这个时间的含义是，该活动推迟多久开始或执行时间延长多久，而又不会延长项目总时间的时间间隔。如活动 a_6 延长两天完成也不会推迟项目的完成时间。很明显，关键路径上的所有活动都至关重要，而减少非关键路径上活动的执行时间，整个项目的总时间也不会减少。

分析关键路径的目的是寻找项目的关键活动。关键活动一旦确定，项目的管理机制就可以调动资源大力、集中力量缩短关键活动的执行时间，争取提前完成整个项目。加速关键活动的执行，不一定缩短项目的总时间，然而，如果某关键活动位于所有关键路径必经的位置，则加速这个关键活动肯定可以提前整个项目的完成时间。例如，图 6.40(a) 的活动 a_{11} 是关键活动，但是，将 a_{11} 的实施时间从 4 天缩短到 3 天，仍然无法将整个项目的实施时间减少到 17 天，因为另一条关键路径 (0,1,4,6,8) 不含 a_{11}。活动 a_1、a_4 出现在所有关键路径之中，减少 a_1 两天将把整个项目的实施时间缩短到 16 天。实践证明，关键路径分析法很有效，常用于评价项目实施方案的性能，可以找出影响项目实施的瓶颈，从而提高了项目的规划和调度水准。

关键路径分析法也适用于 AOV 网。AOV 网的路径长度可以指定为路径中节点的活动时间之和，另外可以为代表活动的节点定义 $e(i)$ 和 $l(i)$。由于活动时间仅仅是估计时间，所以在项目实施中，只有可能，就应重新估计活动时间，得到更精确的数量。活动时间的改变可能改变关键路径，以前的关键活动也许会变成非关键活动，同时，相反的情形也有可能发生。

在结束讨论活动网之前，我们还要设计算法，用来计算 AOE 网的 $e(i)$ 和 $l(i)$，计算出 $e(i)$、$l(i)$ 之后，确定关键活动就很容易了。关键活动一旦确定，产生关键路径的方法也就容易得到了。首先删除 AOE 网中所有的非关键活动，则从起点到终点的所有路径就都是关键路径了。(因为这些路径中都是关键活动，所有每条路径都是关键路径；由于关键路径中不可能存在非关键活动，所以删除了所有非关键活动的网络中包含原网中的所有关键路径。)

§6.5.2.1 计算活动的最早开始时间

要计算活动的最早开始时间和最迟开始时间，可以先计算网中所有事件 j 的最早发生时间 $ee(j)$ 和 最迟发生时间 $le(j)$。因而，对用边 $\langle k,l\rangle$ 表示的活动 a_i，$e(i)$ 和 $l(i)$ 的计算公式是：

$$\begin{aligned} e(i) &= ee[k] \\ l(i) &= le[l] - \text{活动 } a_i \text{ 的延续时间} \end{aligned} \tag{6.1}$$

$ee[j]$ 和 $le[j]$ 的计算都分为两步骤：从前向后、从后向前。从前向后步骤的计算从 $ee[0] = 0$ 开始，计算其它节点最早发生时间的公司为：

$$ee[j] = \max_{i \in P(j)} \{ee[i] + \text{dur}(\langle i,j\rangle)\} \tag{6.2}$$

$P(j)$ 是指向节点 j 的所有节点集合，$\text{dur}(\langle i,j\rangle)$ 是边 $\langle i,j\rangle$ 的延续时间。如果计算过程使用节点的顺序是拓扑序，那么节点 j 所有前驱的最早发生时间在计算 $ee[j]$ 时都已经算出，根据这一事实，我们可以按如下方法修改程序 6.14 的 `topSort`。把程序中原本输出节点改为返回节点的拓扑序，然后利用这个拓扑序节点序列，按照 (6.2) 式计算节点的最早发生时间。为用 (6.2) 式计算，必须便于访问节点集 $P(j)$，而邻接表存储表示不易访问 $P(j)$，因此对程序 6.14 做些大改动。先把 ee 对应的数组 `earliest` 全部初始化为 0，然后在程序的

```
k = ptr->vertex;
```

语句之后插入

```
if (earliest[k]<earliest[j]+ptr->dur)
  earliest[k] = earliest[j]+ptr->dur;
```

程序修改之后，节点在拓扑序生成的同时完成 (6.2) 式的计算，只要算出任何 `k` 前驱的 ee (即输出 j 的时候)，则更新 `earliest[k]`。

我们以图 6.40(a) 为例说明修改后的 `topSort`，AOE 网的邻接表如图 6.41(a) 所示。算法按表中结点的顺序处理。算法开始的时候，所有节点的最早发生时间都初始化为 0，栈中只有一个开始节点 0。处理完节点 0 的邻接表后，与 0 相邻的所有节点的最早发生时间都被更新。这时节点 1,2,3 都在栈中，这些节点的前驱节点都已经按 (6.2) 式处理过了。接下来要计算 $ee[5]$，在计算过程，$ee[7]$ 更新为 11，然而这个值并不 $ee[7]$ 的正确取值，因为 7 的前驱节点还没得到全部处理 (节点 4)。不过没关系，因为 7 不会在所有前驱都处理完之前出栈。$ee[4]$ 接下来更新为 5 再更新为 7，并由于它的前驱全部处理完毕，因此 $ee[4]$ 最后确定下来。随后 $ee[6]$、$ee[7]$ 也得以确定。最后得到 $ee[8]$ 的结果 18，终于算出了关键路径长度。容易验证，在

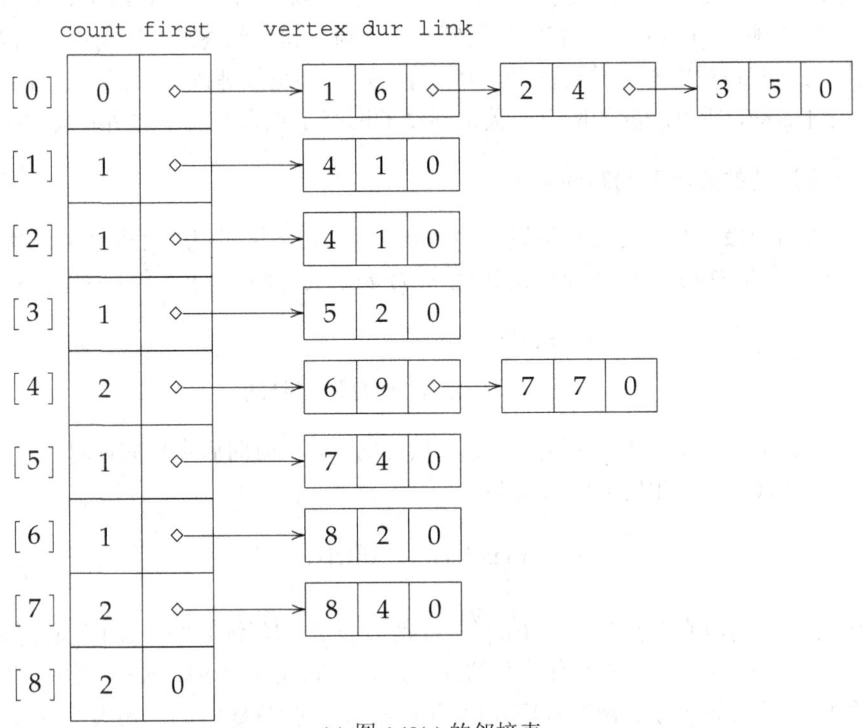

(a) 图 6.40(a) 的邻接表

ee	[0]	[1]	[2]	[3]	[4]	[5]	[6]	[7]	[8]	栈
起始	0	0	0	0	0	0	0	0	0	[0]
输出 0	0	6	4	5	0	0	0	0	0	[3,2,1]
输出 3	0	6	4	5	0	7	0	0	0	[5,2,1]
输出 5	0	6	4	5	0	7	0	11	0	[2,1]
输出 2	0	6	4	5	5	7	0	11	0	[1]
输出 1	0	6	4	5	7	7	0	11	0	[4]
输出 4	0	6	4	5	7	7	16	14	0	[7,6]
输出 7	0	6	4	5	7	7	16	14	18	[6]
输出 6	0	6	4	5	7	7	16	14	18	[8]
输出 8										

(b) 计算 *ee*

图 6.41 用修改后的 topSort 计算*ee*

节点入栈时，它的最早发生时间就计算出来了。修改 `topSort` 插入的语句不会改变渐进计算时间，因而还是 $O(e+n)$。

§6.5.2.2 计算活动的最迟开始时间

从后向前的计算 $le[i]$ 的步骤与从前向后计算步骤相似，开始时令 $le[n-1=ee[n-1]$，然后用以下递推公式

$$le[j] = \min_{i \in S(j)} \{le[i] + \operatorname{dur}(\langle j,i \rangle)\} \tag{6.3}$$

$S(j)$ 是节点 j 指向的所有节点集合，$\operatorname{dur}(\langle j,i \rangle)$ 是边 $\langle j,i \rangle$ 的延续时间。对所有 i，$le[i]$ 的初值可以设为 $ee[n-1]$。(6.3) 式的含义是，如果 $\langle j,i \rangle$ 是一项活动且事件 i 的最迟发生时间是 $le[i]$，那么事件 j 的最迟发生时间不能推迟到 $(le[i]-\langle j,i \rangle$ 的延续时间) 之后。在计算某事件 j 的$le[j]$ 之前，应先算出 j 所有后继事件 (即由 j 指向的节点) 的最迟发生时间。如果利用程序 6.14 的修改版得到拓扑序和 $ee[n-1]$，那么可以按逆拓扑序计算事件的最迟发生时间，访问 $S(j)$ 中所有节点只需遍历节点 j 的邻接表。图 6.40(a) 的计算过程如下。

$$\begin{aligned}
le[8] &= ee[8] = 18 \\
le[6] &= \min\{le[8]-2\} = 16 \\
le[7] &= \min\{le[8]-4\} = 14 \\
le[4] &= \min\{le[6]-9,\ le[7]-7\} = 7 \\
le[1] &= \min\{le[4]-1\} = 6 \\
le[2] &= \min\{le[4]-1\} = 6 \\
le[5] &= \min\{le[7]-4\} = 10 \\
le[3] &= \min\{le[5]-2\} = 8 \\
le[0] &= \min\{le[1]-6,\ le[2]-4,\ le[3]-5\} = 0
\end{aligned}$$

如果先执行从前向后第一步骤，而且节点的拓扑序已生成，那么 $le[i]$ 可以直接用 (6.3) 式按逆拓扑序计算得到。图 6.41(b) 给出拓扑序 0,3,5,2,1,4,7,6,8，计算 $le[i]$ 值的顺序可以是 8,6,7,4,1,2,5,3,0，因为一个事件的后继在逆拓扑序中都出现在该事件之前。在 AOE 网的实际应用中，ee 和 le 通常都需要计算出来，我们可以先用 `topSort` 的修改版先计算出 ee，然后按逆拓扑序根据 (6.3) 式算出 le。

接下来，利用 ee (图 6.41) 和上面计算得到的 le，就可以用 (6.1) 式计算活动的最早开始时间 $e(i)$ 和最迟开始时间 $l(i)$，以及没项活动的关键度，也称迟滞度 (slack)，图 6.42 列出这些值。关键活动是 a_1、a_4、a_7、a_8、a_{10}、a_{14}。删除 AOE 网中所有非关键活动，结果如图 6.43 所示，图中所有从 0 到 8 的路径都是关键路径，而且原图中所有关键路径都包含在内。

最后再补充说明活动网络的另一种用途。我们曾经提到，`topSort` 可以检测网中存在的有向环路，从而避免不可行方案。网中还可能出现其它问题，如某节点从起点永不可达，如图 6.44 的节点 4。对这类网路做关键路径分 析，结果总会发现存在某些节点 i，$ee[i]=0$。由于所有活动的延续时间都应 >0，因而网络中应该只有起点的 ee 为 0，因此关键路径分析还可以检测出项目规划中出现的这种严重错误。

活动	最早开始时间 e	最迟开始时间 l	迟滞度 $l-e$	是否关键活动 $l-e=0$
a_1	0	0	0	是
a_2	0	2	2	否
a_3	0	3	3	否
a_4	6	6	0	是
a_5	4	6	2	否
a_6	5	8	3	否
a_7	7	7	0	是
a_8	7	7	0	是
a_9	7	0	3	否
a_{10}	16	16	0	是
a_{11}	14	14	0	是

图 6.42 最早开始时间、最迟开始时间、关键活动

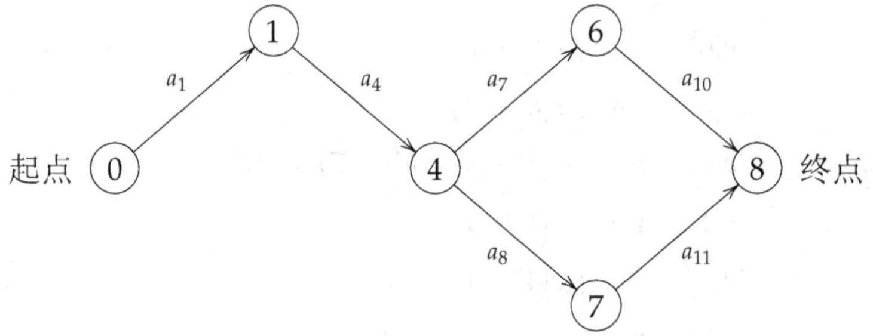

图 6.43 删除所有非关键活动得到的关键活动网络

习题

1. 下面的优先关系 (<) 是否是偏序？给出说明。

$$0<1;\ 1<4;\ 1<2;\ 2<3;\ 2<4;\ 4<0$$

2. 给定图 6.45 的 AOE 网络。

   (a) 用从前向后和从后向前两步骤法，计算每个活动的最早开始时间和最迟开始时间。

   (b) 计算整个项目的最早结束时间。

   (c) 哪些活动是关键活动？

   (d) 网中是否存在一个活动，加速该活动将缩短整个项目时间？

3. ♣ **[编程大作业]** 编写 C 语言程序，读入 AOE 网，计算并输出所有活动的最早开始时间 `early(i)`、最迟开始时间 `late(i)`，以及关键度。如果项目不可行，程序应指出原因；如果可行，则按易理解格式输出关键活动。

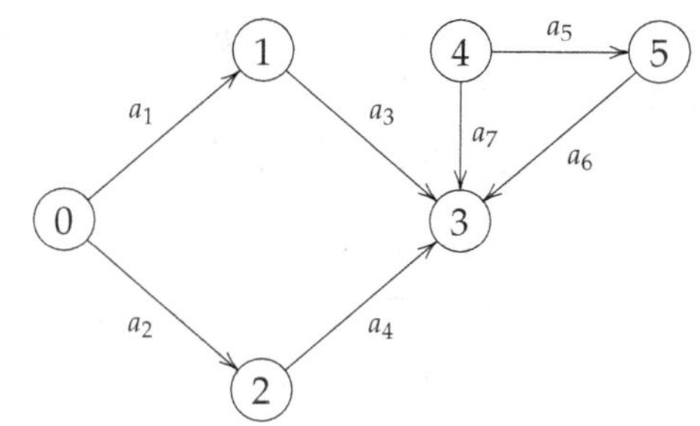

图 6.44 AOE 网中出现不能由起点到达的活动

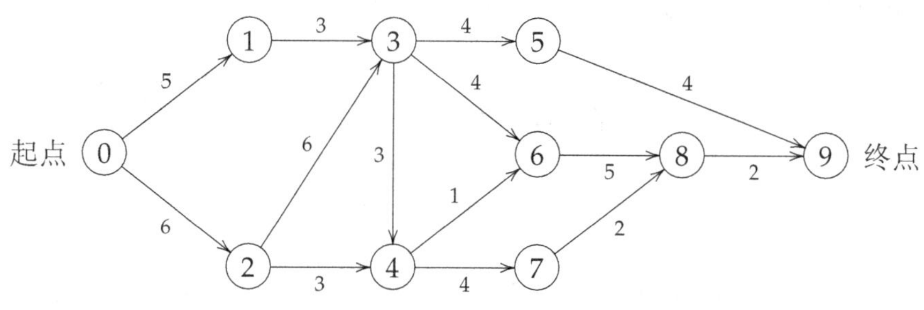

图 6.45 AOE 网络

4. 网中所有活动都是关键活动的 AOE 网称为关键 AOE 网。令 G 是关键 AOE 网中边去掉方向、去掉权值得到的无向图。

   (a) 如果 G 中存在一条边，位于所有从起点到终点的路径中，称这条边为桥边。连通图若删除桥边则分成两个连通分量。证明加速桥边对应的活动能减少项目的总时间。

   (b) 编写函数，在邻接表表示的图 G 中判断是否存在桥边，如果 G 存在桥边，函数应输出这条桥边。要求时间复杂度为 $O(n+e)$。

5. 编写函数，输入 AOE 网并输出以下内容

   (a) 所有事件及其最早发生时间和最迟发生时间列表。

   (b) 所有活动及其最早开始时间和最迟开始时间列表。表中还应包括每项活动的迟滞度，并标出关键活动。(参考图 6.42 格式。)

   (c) 关键活动网络。

   (d) 判断加速某活动是否可以减少项目总时间，如果可以，能减少多少？

§6.6 参考文献和选读材料

[1] Leonhard Euler and the königsberg bridges. *Scientific American*, 189(1):66–70, 1953. 文中包括 Leonhard Euler 研究 Königsberg 七桥问题原始文献的重印，值得一读。

[2] R. Tarjan. Depth-first search and linear graph algorithms. *SIAM Journal on Computing*, 1(2):146–159, 1972. Robert Tarjan 正是在这篇论文中提出了计算重连通分量的算法，此外还提出了计算有向图强连通分量的线性时间复杂度算法。

[3] R. Graham and P. Hell. On the history of the minimum spanning tree problem. *Annals of the History of Computing*, 7(1):43–57, 1985. 这篇文献是最小代价生成树问题的历史综述，值得一读。Prim 于 1957 年提出的最小代价生成树算法，实际上是重新发现，因为早在 1930 年 Jarnick 曾提出过同样的算法。由于几乎所有文献都把这个算法归于 Prim 名下，我们也不得不沿用这个习惯。与之相似，Sollin 提出的算法，实际上也是重新发现，因为 Boruvka 比 Sollin 早几年，于 1926 年也提出过同样的算法。

[4] K. Thulasiraman and M. Swamy. *Graphs: Theory and applications.* Wiley Interscience, 1992. 这本书是进一步了解图算法的读物。

§6.7 补充习题

1. 双分图 $G=(V,E)$ 的节点可以分成两个不相交的集合 A 和 $B=V-A$，A 和 B 满足如下性质：(1) A 中的节点在 G 中都不相邻；(2) B 中的节点在 G 中都不相邻。图 6.5 中的 G_4 是双分图，V 可分为 $A=\{0,3,4,6\}$ 和 $B=\{1,2,5,7\}$。编写算法，判断给定图是否是双分图，如果肯定，算法应找出满足上述条件 (1)、(2) 的两个不相交的集合 A 和 B。如果 G 用邻接表表示，证明算法的时间复杂度可以是 $O(n+e), n=|V|, e=|E|$。

2. 证明：每棵树都是双分图。

3. 证明：图 G 是双分图当且仅当 G 中无长度为奇数的环路。

4. 树的半径定义为从根到叶子之间路径长度的最大值。给定无向连通图，编写函数找出最小半径生成树。(提示：利用广度优先搜索。)证明算法是正确的。

5. 树中直径定义为树中任意两节点之间路径长度的最大值。给定无向连通图，编写函数找出最小直径生成树。证明算法是正确的。

6. 令 $G[n][n]$ 是导线网格，$G[i][j]>0$ 表示格点 $[i][j]$ 堵塞；$G[i][j]=0$ 表示格点 $[i][j]$ 畅通。设格点 $[a][b]$ 和格点 $[c][d]$ 都是堵塞格点，定义从 $[a][b]$ 到 $[c][d]$ 的路径为格点序列，满足如下条件：

   (a) $[a][b]$ 是路径的起点，$[c][d]$ 是路径的终点；

   (b) 路径中相邻的格点或水平相邻或垂直相邻；

   (c) 路径中除起点和终点外，其它格点都是畅通格点。

   路径长度定义为其中格点的个数。我们希望用最短的导线连接 $[a][b]$ 和 $[c][d]$，导线长度定义为两格点间的最短路径长度。Lee 算法是构造这条最短路径的算法，分为如下步骤：

(a) [前向] 从格点 $[a][b]$ 开始广度优先搜索，对每个畅通节点做标记，标记为离开 $[a][b]$ 的最短距离。为避免格点的新标记和老标记冲突，使用负标记(ToDo)。标记过程在到达 $[c][d]$ 时结束。

(b) [回溯] 用 (a) 得到的标记，从 $[c][d]$ 开始，用唯一的标记 $w > 0$ 标记从 $[a][b]$ 到 $[c][d]$ 之间的最短路，

(c) [清零] 把剩下的负标记改成 0。

编程实现以上 Lee 算法的各个步骤，指出各步骤的时间复杂度。

7. 图表示方法还有关联矩阵（incidence matrix）法，矩阵 INC 中的每行对应一个节点，每列对应一条边，$\mathrm{INC}[i][j] = 1$ 表示边 j 关联于节点 i。图 6.16(a) 的关联矩阵如图 6.46 所示。图 6.16(a) 中的边按从左向右、从上向下的顺序编号。修改程序 6.1 的 `dfs`，使它适用于关联矩阵表示。

$$
\begin{array}{c|cccccccccc}
 & 0 & 1 & 2 & 3 & 4 & 5 & 6 & 7 & 8 & 9 \\
0 & 1 & 1 & 0 & 0 & 0 & 0 & 0 & 0 & 0 & 0 \\
1 & 1 & 0 & 1 & 1 & 0 & 0 & 0 & 0 & 0 & 0 \\
2 & 0 & 1 & 0 & 0 & 1 & 1 & 0 & 0 & 0 & 0 \\
3 & 0 & 0 & 1 & 0 & 0 & 0 & 1 & 0 & 0 & 0 \\
4 & 0 & 0 & 0 & 1 & 0 & 0 & 0 & 1 & 0 & 0 \\
5 & 0 & 0 & 0 & 0 & 1 & 0 & 0 & 0 & 1 & 0 \\
6 & 0 & 0 & 0 & 0 & 0 & 1 & 0 & 0 & 0 & 1 \\
7 & 0 & 0 & 0 & 0 & 0 & 0 & 1 & 1 & 1 & 1
\end{array}
$$

图 6.46 图 6.16(a) 的关联矩阵

8. 令 ADJ 表示图 $G = (V, E)$ 的邻接矩阵，INC 表示 G 的关联矩阵，INC^T 是 INC 的转置矩阵，问在什么条件下 $\mathrm{ADJ} = \mathrm{INC} \times \mathrm{INC}^T - I$? 其中 I 是单位矩阵，矩阵乘积 $\times$ 运算定义为，对所有 $n \times n$ 的矩阵 A, B, C，$C = A \times B$，$c_{ij} = \vee_{k=0}^{n-1} a_{ik} \wedge b_{kj}$，$\vee$ 是 `||` 运算，$\wedge$ 是 `&&` 运算。

第7章 排 序

§7.1 动机

本章讨论的表是记录的集合，每条记录包含一个或多个数据域，其中有一个特殊的数据域，称为关键字，是记录的唯一标识。同一个表很可能有多种用途，因而记录中的关键字随应用的不同，可以选取不同的数据域。以电话号码簿为例，我们把它看作一个表，表中每条记录分为三个数据域：姓名、地址、电话号码，关键字通常选姓名。假如要按电话号码查找一项记录，则用电话号码作关键字；再假如想查找某地址的电话号码，则又可以用记录中的地址作关键字。

在表中按关键字查找记录，可以从左向右或从右向左按顺序逐项察看记录，这样的查找方式称为顺序查找。我们约定表中的记录存储在数组中，从 1 到 n 连续编号，而不沿用 C 语言数组下标从 0 到 $n-1$ 的习惯，原因是后续讨论的堆排序法，用到堆存储在从 1 开始编号的数组之中（见 §5.6），遵循这个习惯将便利我们使用以前构造的堆算法。其它排序方法对数组从 0 开始编号还是从 1 开始编号就没什么关系了，因此本章讨论的其它排序算法均适应这两种编号方式。记录的数据类型是 `element`，关键字域的名称是 `key`，类型是 **`int`**。程序 7.1 中的函数从左向右察看表 `a[1:n]` 中的每条记录。

```
int seqSearch(element a[], int k, int n)
{ /* search a[1:n]; return the least i such that a[i].key==k; return
     0, if k is not in the array */
  int i;
  for (i=1; i<=n; && a[i].key!=key; i++)
    ;
  if (i>n) return 0;
  return i;
}
```

程序 7.1 顺序查找

如果 $a[1:n]$ 中不包含 `key` 为 k 的记录，称查找不成功，程序 7.1 在查找不成功的情形要比较 n 个关键字；如果查找成功，关键字的比较次数依赖于被查关键字在 a 中的位置。如果 a 中关键字均不相同，且在表中查找 i 次后成功，那么平均比较次数是

$$\frac{\sum_{1\le i\le n} i}{n} = \frac{n+1}{2}$$

在电话号码簿中顺序查找，显然速度太慢，我们都知道有更快的查找方法。电话号码簿中的目录项按姓名 (关键字) 的字母序组织，因而在其中查找实际只需比较极少的目录项。众所周知，折半查找 (见第 1 章) 是查找有序表的高效方法，对于 n 条记录的有序表，这个算法的查找时间仅仅是 $O(\log n)$，比顺序查找的 $O(n)$ 好的太多太多。如果在有序表中顺序查找，函数 `seqSearch` 中的 **`for`** 循环条件可以改为 `i<=n && a[i].key<k`，同时修改 **`if`** 语句的条件，把 `i>n` 改为 `i>n || a[i].key !=k`。改动后，程序 7.1 在查找不成功的情形，效率会明显提高。

接着再分析人们查找电话号码的行为，我们注意到，没人在查找时真的用顺序查找或折半查找，比如要查以 W 开始的人名，大家常常先翻查电话簿的最后，而不是翻到中间位置，这种方法实际利用了插值原理，就是不断比较 `k` 和 `a[i].key`，其中

```
i=(k-a[1].key)/(a[n].key-a[1].key)
```

`a[1].key` 是表中最小值，`a[n].key` 是表中最大值。插值查找的前提条件也要求表是有序表，查找策略充分利用了关键字在表中按序分布的特点。

接下来的例子仍然与有序表紧密相关，利用有序表可以大大减少计算时间。问题是比较两个表中的记录，两个表内容大致相同，但来源不同。例如，美国税务局 (IRS) 会收到海量纳税表单，其中一类是雇主申报的发给雇员的工资表单，另一类是雇员的收入表但。IRS 要比较这两类表单，鉴定两者是否相容。由于 表单随机到达 IRS，汇总表中的记录不可能有序，而且随机分布。本例中记录的关键字应为个人保险编码。

用 `list1` 表示雇主表单汇总表，`list2` 表示雇员表单汇总表，`list1[i].key` 表示 `list1` 中的第ii 项记录，`list2[i].key` 表示 `list2` 中的第 `i` 项记录。以下是 IRS 的鉴定需求：

(1) 若雇主汇总表中出现某位雇员记录，但未出现在雇员汇总表中，则通知这位雇员。

(2) 若 (1) 的情形正相反，则通知雇主。

(3) 若雇主汇总表和雇员汇总表出现不一致，则输出具体偏差。

程序 7.2 中的 `verify1` 直接比较两个无序表，检查两者是否相容。表中记录的数据类型

```
void verify1(element list1[], element list2[], in tn, int m)
{ /* compare two unordered lists list1[1:n] and list2[1:m] */
  int i, j, marked[MAX_SIZE];
  for (i=1; i<=m; i++)
    marked[i] = FALSE;
  for (i=1; i<=n; i++)
    if ((j=seqSearch(list2, m, list1[i].key))==0)
      printf("%d␣is␣not␣in␣list␣2\n", list1[i].key);
    else /* check each of the other fields from list1[i] and list2[j],
          and print out any discrepancies */
      marked[j] = TRUE;
  for (i=1; i<=m; i++)
    if (!marked[i])
      printf("%d␣is␣not␣in␣list␣1\n", list2[i].key);
}
```

程序 7.2 用顺序查找比较两个无序表

是 `element`，关键字的类型是 **`int`**，`verify1` 的时间复杂度是 $O(nm)$，n、m 分别是雇主汇总表和雇员汇总表中的记录个数。如果事先排序两个汇总表，那么判断两表是否相容的时间将

变成 $O(t_{\text{Sort}}(n)+t_{\text{Sort}}(m)+n+m)$，$t_{\text{Sort}}(n)$ 表示排序记录个数为 n 的表所需时间，这个时间可以是 $O(n\log n)$，后续内容有详细讨论。这样的话，处理两个汇总表单计算时间减少到 $O(\max\{n\log n, m\log m\})$，正是程序 7.3 中 verify2 的运行时间。

```
void verify2(element list1[], element list2[], int n, int m)
{ /* same as verify1, but we sort list1 and list2 first */
  int i, j;
  sort(list1, n); sort(list2, m);
  i = j = 1;
  while (i<=n && j<=m)
    if (list1[i].key<list2[j].key) {
      printf("%d␣is␣not␣in␣list␣2\n", list1[i].key);
      i++;
    } else if (list1[i].key==list2[j].key) {
      /* compare list1[i] and list2[j] on each of the other fields and
         report any discrepancies */
      i++; j++;
    } else {
      printf("%d␣is␣not␣in␣list␣1\n", list2[i].key);
      j++;
    }
  for (; i<=n; i++)
      printf("%d␣is␣not␣in␣list␣2\n", list1[i].key);
  for (; j<=m; i++)
      printf("%d␣is␣not␣in␣list␣1\n", list2[i].key);
}
```

程序 7.3 快速比较两个有序表

回顾以上例子，我们看到了排序的两类重要用处：(1) 加速查找，(2) 加速比较两个表单内容。排序的其它用处还有许多，能解决许许多多的复杂问题。例如，排序是解决优化问题、图论问题、任务调度问题的重要算法。所以，排序问题是计算机科学的主要研究内容。然而，没有一种排序方法是万能的，所以本章要介绍多种排序方法，并分析指出各种方法的优劣和适用条件及范围。

我们给出排序问题的正式定义。给定记录表 $(R_1, R_2, \ldots, R_n)$，记录 R_i 的关键字是 K_i。在关键字集合上定义如下序关系 $<$，对任意两个关键字 x、y，或者有 $x=y$、或者有 $x<y$、或者有 $x>y$。$<$ 满足传递性，就是说，对任意的关键字 x、y、z，若 $x<y$ 且 $y<z$ 则 $x<z$。排序问题是在关键字集合上找出一个置换 σ，使得 $K_{\sigma(i)} < K_{\sigma(i+1)}, 1 \le 1 \le n-1$，从而令所有记录的排序结果为

$$R_{\sigma(1)}, R_{\sigma(2)}, \ldots, R_{\sigma(n)}.$$

如果表中一些记录出现相同的关键字，那么置换 σ 可能不唯一，其中有一个置换 σ_s 称为稳定置换，满足如下性质：

(1) $K_{\sigma_s(i)} < K_{\sigma_s(i+1)}, 1 \le i \le n-1$。

(2) 令 i、j 是原始表中记录 R_i、R_j 的位置，$i < j$ 且 $K_i = K_j$，则排序之后 R_i 出现在 R_j 之前。

生成 σ_s 置换的排序称为稳定排序。

排序方法可分为两大类：(1) 内部排序，(2) 外部排序。内部排序是指，在排序过程，所有数据都容纳在内存之中，内部排序适用数据量不太大的情形；外部排序用于数据量很大的情形，在排序过程全部数据不能同时存放在内存之中。我们要先讨论内部排序，包括：插入排序、快速排序、归并排序、堆排序、基数排序，然后讨论外部排序。在接下来的讨论中，我们约定纪录之间的关系运算（如比较操作）都重载为关键字的关系运算。

§7.2 插入排序

插入排序的基本思路是，在已排序的 i 条记录中插入一条新记录，得到有序的 $i+1$ 条记录。程序 7.4 中的 `insert` 函数是插入排序函数。

```
void insert(element e, element a[], int i)
{ /* insert e into the ordered list a[1:i] such that the resulting
     list a[1:i+1] is also ordered, the array a must have space
     allocated for at least i+2 elements */
  a[0] = e;
  while (e.key<a[i].key) {
    a[i+1] = a[i];
    i--;
  }
  a[i+1] = e;
}
```

程序 7.4 插入有序表

程序用数组第一个单元 `a[0]` 存放当前的插入值，目的是简化 **while** 循环的结束条件，可以不用每次做 `i<1` 判断。插入排序过程，首先把 `a[1]` 看作长度为 1 的有序表，然后依次插入 `a[1], a[2],..., a[n]`。每次在有序表中插入新纪录后得到长度增 1 的有序表，因此在 $n-1$ 次插入后，表中 n 条记录有序。插入排序细节见程序 7.5 的函数 `insertionSort`。

```
void insertSort(element a[], int n)
{ /* sort a[1:n] into nondecreasing order */
  int j;
  for (j=2; j<=n; j++) {
    element temp = a[j];
    insert(temp, a, j-1);
  }
}
```

程序 7.5 插入排序

***insertionSort* 分析** 在最差情形，`insert(e,a,i)` 在插入前做 $i+1$ 次比较，故 `insert` 的复杂度是 $O(i)$，`insertionSort` 在 $i=j-1=1,2,\cdots,n-1$ 时调用 `insert`，因此 `insertionSort` 的复杂度是

$$O\left(\sum_{i=1}^{n-1}(i+1)\right)=O(n^2).$$

估计插入排序的复杂度还可以用如下方法，即统计每条记录的不在位程度。以下令 $1\le i\le n$。记录 R_i 的左偏度 (LOO—left out of order) 定义为 $k_i=|\{R_j \mid R_i<R_j\}|, 1\le j<i, |\cdot|$ 是集合中元素的个数。称记录 R_i *左偏* 当且仅当 $k_i>0$。设 $k=\sum_{i=1}^{n}k_i$，则插入排序的计算时间是 $O((k+1)n)=O(kn)$，同样可以证明 `insertionSort` 的平均计算时间是 $O(n^2)$。 □

例 7.1 设 $n=5$ 个记录按关键字 5,4,3,2,1 排列，排序这 5 项记录的全过程如下表所示。

j	[1]	[2]	[3]	[4]	[5]
	5	4	3	2	1
2	**4**	**5**	3	2	1
3	**3**	**4**	**5**	2	1
4	**2**	**3**	**4**	**5**	1
5	**1**	**2**	**3**	**4**	**5**

为简化问题，表中只列出了关键字。每行的黑体字序列有序。因为原始数据是逆序表，每次插入新记录后，当前的有序序列整个右移一位。本例是插入排序的最差情形。 □

例 7.2 设 $n=5$ 个记录按关键字 2,3,4,5,1 排列，下表列出每次插入的结果。

j	[1]	[2]	[3]	[4]	[5]
	2	3	4	5	1
2	**2**	**3**	4	5	1
3	**2**	**3**	**4**	5	1
4	**2**	**3**	**4**	**5**	1
5	**1**	**2**	**3**	**4**	**5**

这个例子中，只有第 5 号记录 (1) 左偏，其它记录都不左偏。插入第 $j=2,3,4$ 条记录的时间都是 $O(1)$，只有插入第 $j=5$ 条记录的时间是 $O(n)$。 □

容易看出，`insertionSort` 是稳定排序。插入排序的时间复杂度 $O(kn)$，适合表中左偏记录非常少 ($k<<n$) 的情况。由于插入排序实现简单，当表中记录很少时，如 $n\le 30$，应该是最快的排序方法。

改进插入排序

1. **折半插入排序**：如果不在程序 7.4 函数 `insert` 中做顺序查找，而改为折半查找，那么关键字的比较次数可以减少。记录的移动次数不变。

2. **链式插入排序**：不用数组而用链表存储数据，就不需要移动数据而仅需修改链域，因而数据移动的次数变成 0 次。查找方法和 `insert` 一样，还是顺序查找。

习题

1. 用表 $\{12, 2, 16, 30, 8, 28, 4, 10, 20, 6, 18\}$ 做输入测试程序 7.5 的 `insertionSort`，写出 **`for`** 循环在每次迭代之后表中内容。

2. 编写函数，实现折半插入排序。指出最差情形的比较次数和移动次数，并与程序 7.5 比较。

3. 编写函数，实现链式插入排序。指出最差情形的比较次数和移动次数，并与程序 7.5 比较。

§7.3 快速排序

本节讨论的排序方法在平均情形有非常好的性能。快速排序由 C.A.R.Hoare 提出，在我们讨论的所有排序方法中，快速排序有最好的平均性能。快速排序算法的思路如下：首先从待排序记录中选一个分割记录；接着调整所有待排序记录，将分割记录放置在一个位置，使分割记录左边所有记录的关键字不大于分割记录的关键字，使分割记录右边所有记录的关键字不小于分割记录的关键字；最后把分割记录左边的那些记录与分割记录右边的那些记录分别看作两个独立表，再对这两个表分别 (递归调用快速排序算法) 排序。

程序 7.6 是递归实现的快速排序，排序 `a[1:n]` 的函数调用格式是 `quickSort(a, 1, n)`。程序约定 `a[n+1]` 中记录的关键字是所有记录关键字中最大的。

例 7.3 给定 10 个记录的表 $(26, 5, 37, 1, 61, 11, 59, 15, 48, 19)$，图 7.1 列出每次调用 `quickSort` 使表中数据变化的情况，括号内的记录尚未未排序。 □

R_1	R_2	R_3	R_4	R_5	R_6	R_7	R_8	R_9	R_{10}	`left`	`right`
(26	5	37	1	61	11	59	15	48	19)	1	10
(11	5	19	1	15)	26	(59	61	48	37)	1	5
(1	5)	11	(19	15)	26	(59	61	48	37)	1	2
1	5	11	(19	15)	26	(59	61	48	37)	4	5
1	5	11	15	19	26	(59	61	48	37)	7	10
1	5	11	15	19	26	(48	37)	59	(61)	7	8
1	5	11	15	19	26	37	48	59	(61)	10	10
1	5	11	15	19	26	37	48	59	61		

图 7.1 快速排序

***quichSort* 分析** `quickSort` 在最差情形的性能分析留作习题，习题 2 的分析结果是 $O(n^2)$，这当然很不好。然而，如果很幸运，每次分割记录都能位于中间，那么它左边的记录和右边的记录几乎一样多，剩下来要排序的两个子表的长度应该大约是 $n/2$。显然，确定分割位置

```
void quickSort(element a[], int left, int right)
{ /* sort a[left:right] into nondecreasing order on the key field;
     a[left].key is arbitrarily chosen as the pivot key; it is assumed
     that a[left].key<=a[right+1].key */
  int pivot, i, j;
  element temp;
  if (left<right) {
    i = left; j = right+1;
    pivot = a[left].key;
    do {/* search for keys from the left and right sublists, swapping
           out-of-order elements until the left and right boundaries
           cross or meet */
      do i++; while (a[i].key<pivot);
      do j--; while (a[i].key>pivot);
      if (i<j) SWAP(a[i], a[j], temp);
    } while (i<j);
  }
  SWAP(a[left], a[j], temp);
  quickSort(a, left, j-1);
  quickSort(a, j+1, right);
}
```

程序 7.6 快速排序

的计算时间是 $O(n)$。令 $T(n)$ 是排序长度为 n 的表所需时间，如果分割记录把全表分成长度几乎相等的两个表，我们有如下关系

$$
\begin{aligned}
T(n) &\le cn + 2T(n/2), \quad c\text{ 是某常数} \\
&\le cn + 2(cn/2 + 2T(n/4)) \\
&\le 2cn + 4T(n/4)) \\
&\ \ \vdots \\
&\le cn\log_2 n + nT(1) = O(n\log n)
\end{aligned}
$$

引理 7.1 将证明 quickSort 的平均计算时间是 $O(n\log n)$。而且，实验证据表明，如果比较各种排序方法的平均性能，快速排序是本章介绍的所有内部排序算法中最快的。 □

引理 7.1 令 $T_{avg}(n)$ 是函数 quickSort 排序 n 条记录的期望时间，则存在常数 k 使得 $T_{avg}(n) \le kn\log_e n, n \ge 2$。

证明 设 quickSort(list, 1, n) 的分割记录位置是 j，则接下来要排序两个长度分别是 $j-1$ 和 $n-j$ 的表。排序这两个表的期望时间总共是 $T_{avg}(j-1) + T_{avg}(n-j)$，函数花在其它操作的计算时间显然不超过 cn，c 是某常数。因为 j 等概率地取 1 到 n 中的任何一个值，

所以有下式成立

$$T_{\text{avg}}(n) \le cn + \frac{1}{n}\sum_{j=1}^{n}(T_{\text{avg}}(j-1) + T_{\text{avg}}(n-j)) = cn + \frac{2}{n}\sum_{j=0}^{n-1} T_{\text{avg}}(j) \qquad (7.1)$$

其中，$n \ge 2$。我们可以确定存在一个常数 b 使 $T_{\text{avg}}(0) \le b$，$T_{\text{avg}}(1) \le b$。现在要证明对 $n \ge 2$ 与 $k = 2(b+c)$ 一定有 $T_{\text{avg}}(n) \le kn\log_e n$。因此对 n 归纳。

- 奠基：对 $n = 2$，由 (7.1) 式得到 $T_{\text{avg}}(2) \le 2c + 2b \le n\log_e 2$。
- 假设：假设对所有 $1 \le n < m$，$T_{\text{avg}}(n) \le kn\log_e n$ 成立。
- 归纳：由 (7.1) 式和归纳假设，我们有

$$T_{\text{avg}}(m) \le cm + \frac{4b}{m} + \frac{2}{m}\sum_{j=2}^{m-1} T_{\text{avg}}(j) \le cm + \frac{4b}{m} + \frac{2k}{m}\sum_{j=2}^{m-1} j\log_e j \qquad (7.2)$$

  因为 $j\log_e j$ 关于 j 是单调增函数，所以 (7.2) 式有

$$\begin{aligned} T_{\text{avg}}(m) &\le cm + \frac{4b}{m} + \frac{2k}{m}\int_2^m x\log_e x\,dx = cm + \frac{4b}{m} + \frac{2k}{m}\left(\frac{m^2\log_e m}{2} - \frac{m^2}{4}\right) \\ &= cm + \frac{4b}{m} + km\log_e m - \frac{km}{2} \le km\log_e m, \quad m \ge 2. \end{aligned}$$

引理得证。 □

上节讨论的插入排序，辅助空间只需一个记录，而快速排序的递归过程需要使用系统工作栈，因而所需辅助空间远远多于插入排序。如果快速排序把表分成左右两个长度相等的子表，那么递归深度是 $\log_2 n$，因而需要 $O(\log n)$ 大小的栈空间，这是最佳情形。最差情形是每次递归左表长为 $n-1$，右表长为 0 的，这时递归深度将达到 n，快速排序需要 $O(n)$ 大小的栈空间。如果算法实现更考究一点，当子表长度小于 2 则不做递归，那么最差情形的递归深度可以减少到 $n/4$。如果每次先递归排序左右两表中较小的表，那么栈空间大小在渐近意义下不超过 $O(\log n)$。

改进快速排序

- 分割记录三中取一：程序 7.6 中的 `quickSort` 每次选当前子表第一个记录做分割记录，更好的选择是从第一个、中间一个、最后一个三者中选关键字值居中的记录做分割记录，即 `pivot` $= \text{median}\{K_l, K_{(l+r)/2}, K_r\}$。例如，$\text{median}\{10,5,7\} = 7$，$\text{median}\{10,7,7\} = 7$。

习题

1. 模仿图 7.1 的方法，画出快速排序表 $\{12, 2, 16, 30, 8, 28, 4, 10, 20, 6, 18\}$ 的全过程。
2. (a) 当输入表已经有序，证明 `quickSort` 的时间复杂度是 $O(n^2)$。

(b) 证明 `quickSort` 在最差情形时间复杂度是 $O(n^2)$。

(c) 为什么 `quickSort` 要求 `list[left]<=list[right+1]`？

3. (a) 编写非递归的快速排序程序，用三中取一法选择分割记录。

   (b) 证明，对有序表该程序的时间复杂度还是 $O(n\log n)$。

4. 如果 `quickSort` 每次先排序两表中长度较短的子表，证明栈的深度是 $O(\log n)$。

5. 举例说明快速排序不是稳定排序，具体做法是：选一个表，表中的一些记录有相同的关键字，对这个表做快速排序，指出排序结果中那些关键字相同的记录不保持原顺序。

§7.4 排序最快有多快

以上两节介绍的两种排序，在最差情形，时间复杂度都是 $O(n^2)$，这时我们不禁要问，排序最快有多快。本节用一个重要定理回答这个问题，答案是：如果对记录的操作限制为关键字的比较和记录的交换，那么排序最快可以是 $O(n\log n)$。

我们以下用树表示排序过程，并通过考察、分析这棵树，得出排序到底有多快的结论。这棵树称为决策树，树中每个节点表示一次关键字比较，分支表示比较结果，树中路径表示算法的一系列执行过程。

例 7.4 以插入排序三条记录的决策树为例，参见图 7.2。输入表的内容为 $[R_1,R_2,R_3]$，决策

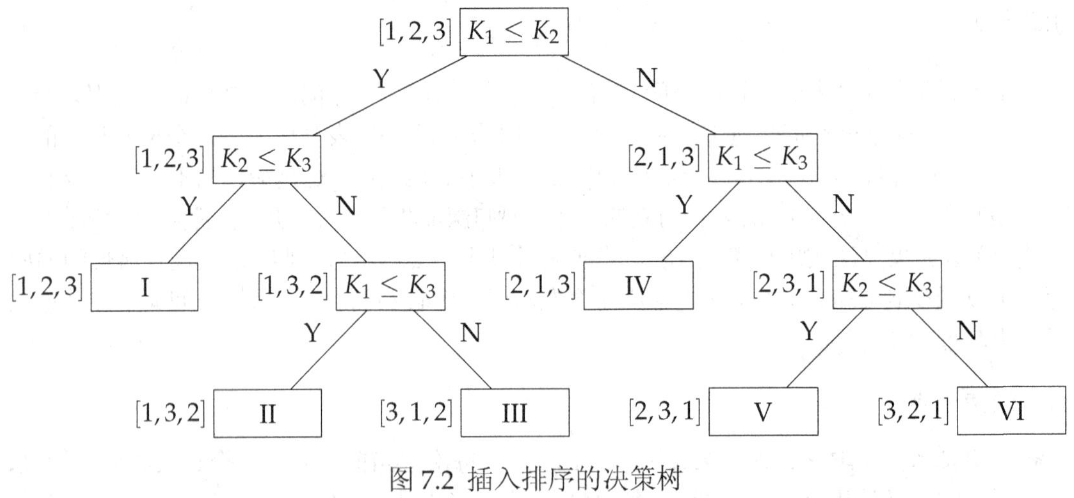

图 7.2 插入排序的决策树

树的根结点用 [1,2,3] 标记。比较关键字 K_1 和 K_2 之后，表中序列可能改变也可能不变，若 $K_2 < K_2$ 则表中内容改为 [2,1,3]，否则还是 [1,2,3]。所有其它关键字比较之后的结果都列在图中。

决策树的叶子结点用罗马数字 I 到 VI 标记，这些叶结点代表排序算法的结束状态。对本例的输入表，排序算法总共可以得到 6 种不同置换，因为 $3! = 6$，这棵决策树包括了排序算法可能得出的所有结果，树高为 3。假定三条记录的关键字分别是 7, 9, 10，图 7.3 列出所有 6 种不同的 排序结果。 □

叶子	置换	与置换对应的关键字
I	1 2 3	[7, 9, 10]
II	1 3 2	[7, 10, 9]
III	3 1 2	[9, 10, 7]
IV	2 1 3	[9, 7, 10]
V	2 3 1	[10, 7, 9]
VI	3 2 1	[10, 9, 7]

图 7.3 关键字与排序置换的对应结果

定理 7.1 排序 n 条记录所对应的决策树高至少是 $\log_2 n! + 1$。

证明 排序 n 条记录共有 $n!$ 种可能结果，对应的决策树因此有 $n!$ 个叶结点。决策树又是一棵二叉树，而我们知道树高为 k 的二叉树最多有 2^{k-1} 个叶子，所以 $n!$ 个叶子的决策树高度至少是 $\log_2 n! + 1$。 □

推论 基于比较的排序算法，最差情形的计算复杂度是 $\Omega(n \log n)$。

证明 我们要证明，$n!$ 个叶子的决策树中存在长度为 $cn \log_2 n$ 的路径，c 是常数。根据定理 7.1，决策树中有长度为 $\log_2 n!$ 的路径，而

$$n! = n(n-1)(n-2)\cdots(3)(2)(1) \geq (n/2)^{n/2}$$

所以 $\log_2 n! \geq (n/2)\log_2(n/2) = \Omega(n \log n)$。 □

我们知道，2^n 个叶子的二叉树从树根到叶子的平均路径长度是 $\Omega(n \log n)$，利用与以上推论相同的论证可以证明，基于比较的排序方法，其平均情形的复杂度是 $\Omega(n \log n)$。

§7.5 归并排序

§7.5.1 归并

讨论归并排序方法之前，我们先考虑归并方法，就是把两个有序表归并成一个有序表的方法。程序 7.7 是归并函数，其功能是归并表 `initList[i:m]` 和 `initList[m+1:n]`，得到 `mergeList[i:n]`。

***merge* 分析** 每次 **`while`** 循环 k 加 1，k 的增量最多是 $n-i+1$，因此 **`while`** 循环最多执行 $n-i+1$ 次；**`for`** 语句最多复制 $n-i+1$ 条记录。所以总时间是 $O(n-i+1)$。

若记录的长度是 s，则时间应是 $O(s(n-i+1))$。如果 $s > 1$，不用数组存放得到的归并结果，而用链表的话，可以节省 `merge` 中长度为 $n-i+1$ 的数组 `mergeList` 所需存储空间，但要用到同样长度的链表。这样的话，归并时间仅与 $n-i+1$ 有关，而与 s 无关。$n-i+1$ 是待排序的记录个数。 □

```
void merge(element initList[], element mergeList[],
          int i, int m, int n)
{ /* the sorted lists initList[i:m] and initList[m+1:n] are merged to
     obtain the sorted list mergeList[i:n] */
  int j, k, t;
  j = m+1;                          /* index for the second sublist */
  k = i;                            /* index for the merged list */

  while (i<=m && j<=n) {
    if (initList[i].key<=initList[j].key)
      mergedList[k++] = initList[i++];
    else
      mergedList[k++] = initList[j++];
  }
  if (i>m)                          /* mergedList[k:n] = initList[j:n] */
    for (t=j; t<=n; t++)
      mergedList[t] = initList[t];
  else                              /* mergedList[k:n] = initList[i:m] */
    for (t=i; t<=m; t++)
      mergedList[k+t-i] = initList[t];
}
```

程序 7.7 归并两个有序表

§7.5.2 非递归归并排序

归并排序一开始把长度为 n 的表看作 n 个子表，每个子表长度是 1，已经有序。接下来开始归并，第一次把 n 个子表归并为 $n/2$ 个子表，每个子表的长度为 2（若 n 是奇数，则其中有一个长度为 1 的子表）。第二次把 $n/2$ 个表归并为 $n/4$ 个表。每次归并子表的个数减半，直到只有一个表时介绍。下面给出一个归并的例子。

例 7.5 待排序表是 $(26,5,77,1,61,11,59,15,48,19)$，图 7.4 一步步列出了归并过程的所有子表。 □

归并排序由许多遍归并过程组成，归并排序算法一般都是先实现一遍归并，然后不断调用一遍归并，得到最后结果。程序 7.8 中的函数 `mergePass` 实现一遍归并；程序 7.9 中的函数 `mergeSort` 调用 `mergePass` 完成排序。

***mergeSort* 分析** 归并排序对待排序表做多遍处理，第一遍归并长度为 1 的表，第二遍归并长度为 2 的表，第 i 遍归并长度为 2^{i-1} 的表，因此归并的总遍数是 $\lceil \log_2 n \rceil$。由函数 `merge` 易见，每次归并所需时间是关于子表长度的线性时间，即 $O(n)$，因而总计算时间是 $O(n \log n)$。 □

请读者自行验证 `mergeSort` 是稳定排序。

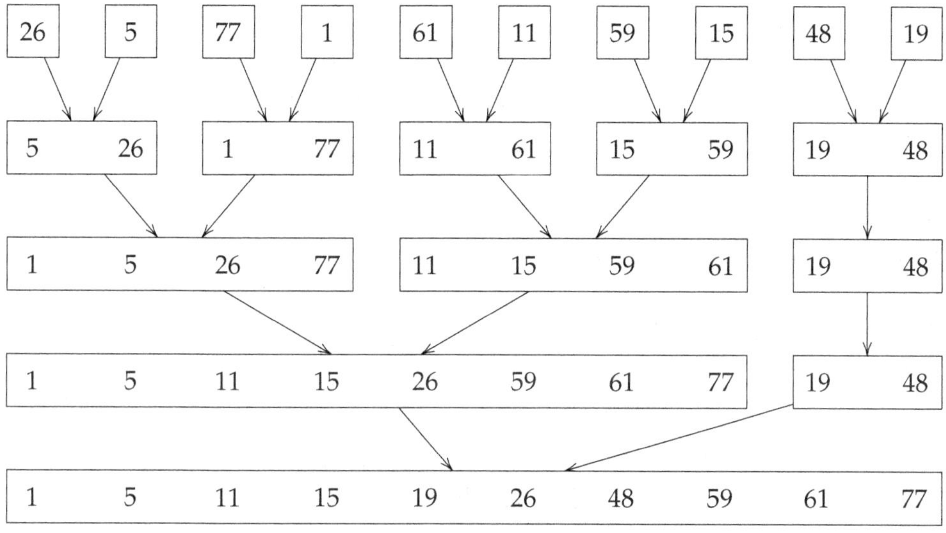

图 7.4 归并树

```
void mergePass(element initList[], element mergeLsit[], int n, int s)
{ /* perform one pass of the merge sort, merge adjacent pairs of
     sorted segments from initList[] into mergedList[], n is the
     number of elements in the list, s is the size of each sorted
     segment */
  int i, j;
  for (i=1; i<=n-2*s+1; i+=2*s)
    merge(initList, mergedList, i, i+s-1, i+2*s-1);
  if (i+s-1<n)
    merge(initList, mergedList, i, i+s-1, n);
  else
    for (j=i; j<=n; j++)
      mergedList[j] = initList[j];
}
```

程序 7.8 一遍归并

§7.5.3 递归归并排序

递归归并排序的做法是：先把待排序表分成大小(尽量)相等的两个子表，然后递归地归并排序这两个子表，之后把两个表归并成一个表。

例 7.6 待排序表是 (26,5,77,1,61,11,59,15,49,19)。若现在要排序的子表是 `left` 和 `right`，则 `left` 表的下标从 `left` 到 $\lfloor($`left+right`$)/2\rfloor$；`right` 表的下标从 $\lfloor($`left+right`$)/2\rfloor+1$ 到 `right`。子表的划分如图 7.5 所示。注意，本例的子表划分与 `mergeSort` 不同。 □

```
void mergeSort(element a[], int n)
{ /* sort a[1:n] using the merge sort method */
  int s=1;                      /* current segment size */
  element extra[MAX_SIZE];

  while (s<n) {
    mergePass(a, extra, n, s);
    s *= 2;
    mergePass(extra, a, n, s);
    s *= 2;
  }
}
```

程序 7.9 归并排序

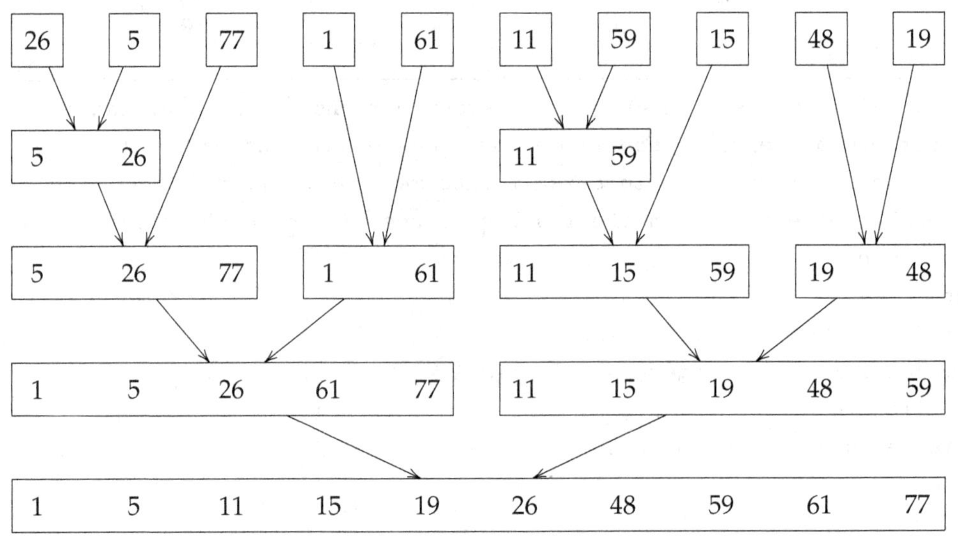

图 7.5 递归的归并排序过程子表划分

为节省函数 merge (程序 7.7) 复制记录的时间，我们用整数数组 `link[1:n]` 存放指向每条记录的指针，`link[i]` 存放子表中第 i 条记录之后的记录下标。lilink[i]=0 表示第 i 条记录是子表的最后一个记录。引入数组 `link`，排序过程无需复制记录，只需修改指针，因此排序的计算时间与记录长度 s 无关。引入的 `link` 是排序的辅助空间，长度是 $O(n)$。非递归归并排序的计算时间是 $O(sn\log n)$，所需辅助空间是 $O(sn)$。相比之下，递归实现要好得多，但是，递归实现的归并排序也有缺点。递归归并排序得到的序实际存放在数组 `link` 之中，最后必须按链表的顺序实际地调整表中的记录，这个调整算法将在 §7.8 给出。

排序开始时 `link[i]=0`, $1 \le i \le n$，共有 n 个链表，每个链表只含一条记录。令 `start1` 和 `start2` 是指向两个链表的指针，每个链表的记录按非递减顺序链接。令 `listMerge(a, link, start1, start2)` 把 `a` 中由 `start1` 和 `start2` 指向的两个表归并成一个表，并返回指向归并结果的第一条记录，新链表中的记录按非递减顺序链接。程序 7.10 中的函数 rmergeSort 是归并排序的递归实现，排序数组 a[1:n] 的调用语句是 rmergeSrot(a, link, 1, n)，返回指向链表中第一个结点的指针。程序 7.11 实现函数 listMerge。

```
int rmergeSort(element a[], int link[], int left, int right)
{ /* a[left:right] is to be sorted, link[i] is initially 0 for all i,
    returns the index of the first element in the sorted chain */
  if (left>=right) return left;
  int mid=(left+right)/2;
  return listMerge(a, link,
                   /* sort left half */
                   rmergeSort(a, link, left, mid),
                   /* sort right half */
                   rmergeSort(a, link, mid+1, right));
}
```

程序 7.10 递归归并排序

```
int listMerge(element a[], int link[], int start1, int start2)
{ /* sorted chains beginning at start1 and start2, respectively, are
    merged; link[0] is used as a temporary header; returns start of
    merged chain */
  int last1, last2, lastResult=0;
  for (a[last1]<=a[last2]) {
    link[lastResult] = last1; lastResult = last1; last1 = link[last1];
  } else {
    link[lastResult] = last2; lastResult = last2; last2 = link[last2];
  }
  /* attach remaining records to result chain */
  if (last1==0) link[lastesult] = last2;
  else link[lastesult] = last1;
  return link[0];
}
```

程序 7.11 归并有序链表

rmergeSort **分析** 容易看出，递归归并排序是稳定排序；计算时间是 $O(n\log n)$。 □

归并排序的改进

- 自然归并排序：可以利用待排序表中已经有序的子表加速归并排序的速度。我们如下修改 mergeSort：先扫描待排序表，把它划分成有序子表，并把各有序子表看作独立的整体，做一遍归并，然后完成后续归并过程。图 7.6 是自然归并排序的例子，原始数据同例 7.6。

习题

1. 给定表 (12, 2, 16, 30, 8, 28, 4, 10, 20, 6, 18)，写出 mergeSort (程序 7.9) 每遍归并之后该表的内容。

2. 证明 mergeSort 是稳定排序。

3. 编写非递归的自然排序函数，函数的参量数组和局部变量数组同 mergeSort。这个函数开始划分已经有序子表的复杂度是什么。注意，mergeSort 对同样待排表的时间复杂度是 $O(n\log n)$，你实现的自然归并排序的时间复杂度是什么，需要多少附件存储空间。

4. 重做上题，引入单链表节省数据的复制时间。

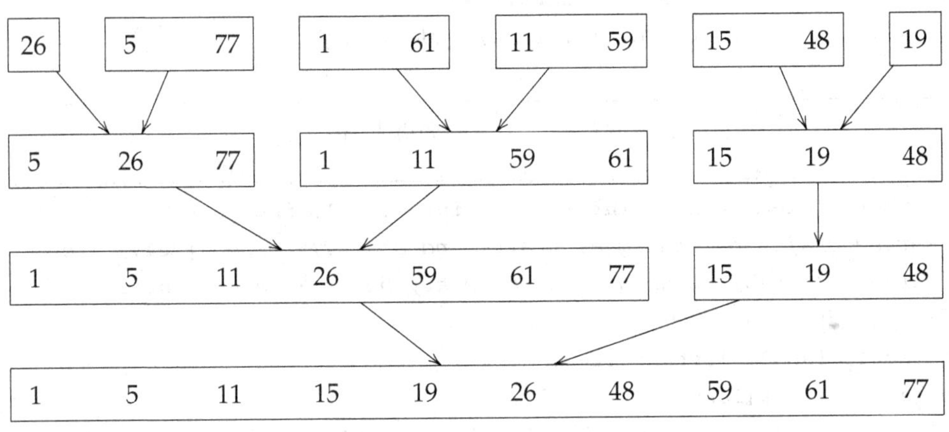

图 7.6 自然归并排序

§7.6 堆排序

上一节讨论的归并排序，其时间复杂度无论在最差情形还是在平均情形，都是 $O(n\log n)$，性能相当好。然而，归并排序需要的辅助存储空间太大，是待排序表的线性函数。本节讨论堆的排序方法，只需使用固定长度的辅助存储空间，并且计算时间无论在最差情形还是平均情形，也是 $O(n\log n)$。堆排序使用的辅助存储空间虽然比归并排序要少，但速度却要稍慢一些。

堆排序要用到第 5 章介绍的大根堆，我们记得，向大根堆中插入数据或从大根堆中删除数据的计算时间都是 $O(logn)$，根据这两个操作时间，可以立即得出结论，堆排序的时间复杂度是 $O(n\log n)$。堆排序的思路是：从一个空大根堆开始，把所有待排记录插入大根堆，然后再从堆中一一取出(删除)。若在 n 条记录的待排序表中建立大根堆，则比一一插入空大根堆的速度更快，程序 7.12 中的函数 adjust 实现建堆过程。建堆过程假设二叉树的左、右子树都是大根堆，然后从根向下调整记录，直到全树变成大根堆为止。二叉树实际上嵌入在数组中，数组下标从 1 开始，遵循堆的习惯。对于深度为 d 的树，程序中的 **for** 循环最多执行 d 次，因而 adjust 的计算时间是 $O(d)$。

```
void adjust(element a[], int root, int n)
{ /* adjust the binary tree to establish the heap */
  int child, rootkey;
  element temp;
  temp = a[root];
  rootkey = a[root].key;
  child = 2*root;                  /* left child */
  while (child<=n) {
    if (child<n && a[child].key<a[child+1].key)
      child++;
    if (rootkey>a[child].key)     /* compare root and max. child */
      break;
    else {
      a[child/2] = a[child];      /* move to parent */
      child *=2;
    }
  }
  a[child/2] = temp;
}
```

程序 7.12 调整大根堆

程序 7.13 中的函数 `heapSort` 是堆排序实现。开始时，`heapSort` 的第一个 **for** 循环不断调用 `adjust` 建立大根堆。之后交换第一条记录和最后一条记录，因为第一条记录的关键字最大，交换之后，最大关键字记录位于正确位置。然后，把堆的长度减 1 并再次调整这个堆。堆排序 `a[1:n]` 所需的记录交换、堆长度减 1、调整堆三类操作总共各执行 $n-1$ 次，每次称为一遍。例如，第一遍把表中最大关键字记录放置在第 n 号位置；第二遍把表中次大关键字记录放置在第 $n-1$ 号位置；第 i 遍把表中第 i 大关键字记录放置在第 $n-i+1$ 号位置。

```
void heapSort(element a[], int n)
{ /* perform a heap sort on a[1:n] */
  int i, j;  element temp;
  for (i=n/2; i>-; i--) adjust(a, i, n);
  for (i=n-1; i>0; i--) {
    SWAP(a[1], a[i+1], temp);
    adjust(a, 1, i);
  }
}
```

程序 7.13 堆排序

例 7.7 待排序表是 (26,5,77,1,61,11,59,15,48,19)，把它看作一棵二叉树，如图 7.7(a) 所示，当 `heapSort` 第一条 **for** 循环结束后，得到大根堆，如图 7.7(b) 所示。图 7.8 给出程序中第二

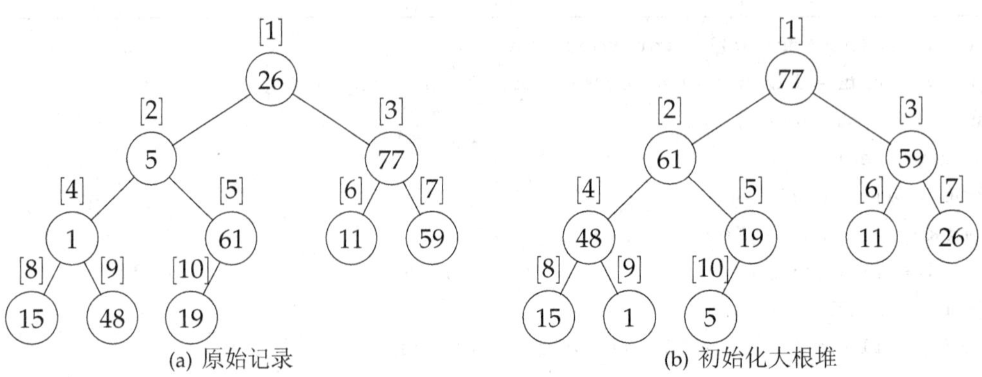

(a) 原始记录　　(b) 初始化大根堆

图 7.7 把数组看作二叉树

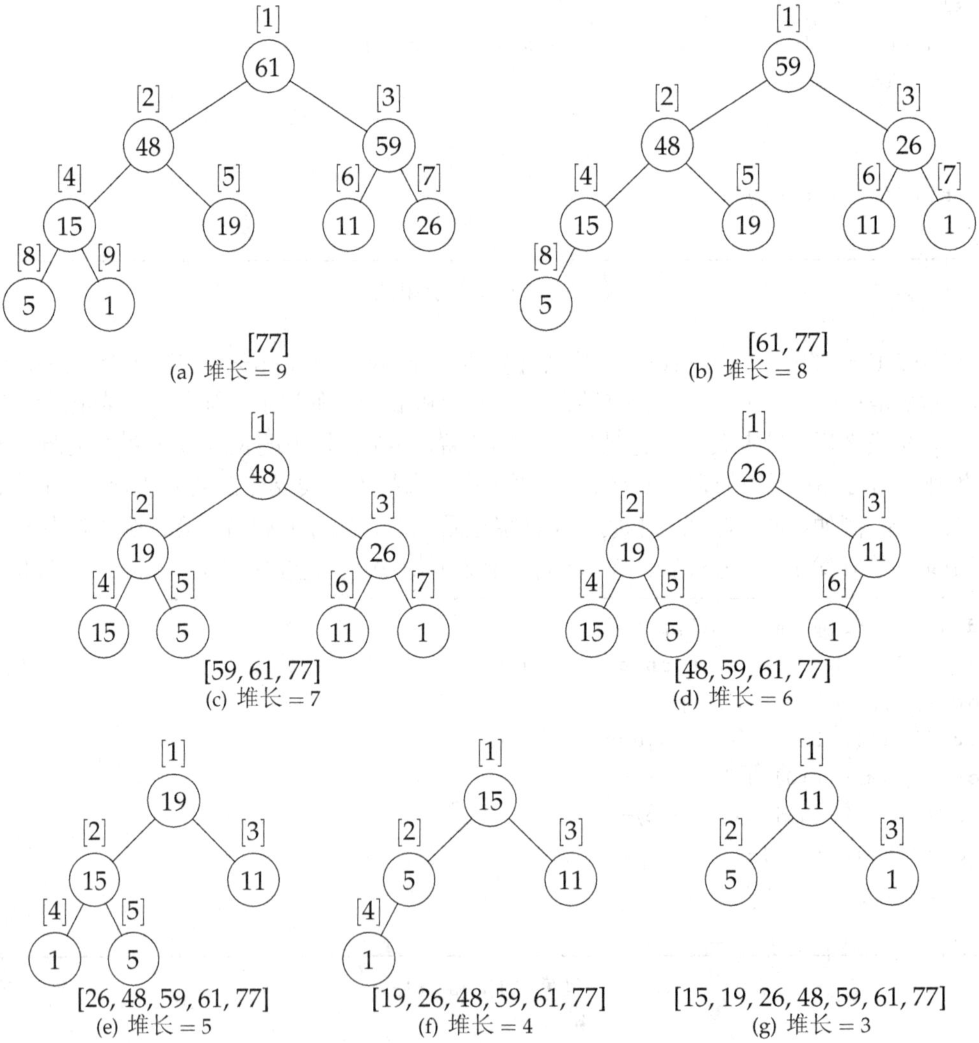

[77]
(a) 堆长 = 9

[61, 77]
(b) 堆长 = 8

[59, 61, 77]
(c) 堆长 = 7

[48, 59, 61, 77]
(d) 堆长 = 6

[26, 48, 59, 61, 77]
(e) 堆长 = 5

[19, 26, 48, 59, 61, 77]
(f) 堆长 = 4

[15, 19, 26, 48, 59, 61, 77]
(g) 堆长 = 3

图 7.8 堆排序举例

条 **for** 语句执行时，每次循环记录数组的变化情况，总共七次。排序过程仍位于大根堆中的记录包含在图中二叉树结点之中，而已排序的记录在二叉树下面的数组里示出。 □

***heapSort* 分析** 设 $2^{k-1} \le n < 2^k$，树有 k 层，第 i 层中结点的编号 $\le 2^{i-1}$。程序中的第一个 **for** 循环对树中每个有孩子的结点调用 `adjust`(程序 7.12)一次，因此，花在这个循环的总时间，是每层中每个结点与该结点所能移动的最大距离相乘所得结果的总和，这个值不大于下式

$$\sum_{1\le i\le k} 2^{i-1}(k-i) = \sum_{1\le i\le k-1} 2^{k-i-1}i \le \sum_{1\le i\le k-1} i/2^i < 2n = O(n)$$

程序中的第二个 **for** 循环调用 `adjust` $n-1$ 次，`adjust` 的执行时间主要花费在 `SWAP` 上，`SWAP` 的最大执行次数是树高 $k = \lceil \log_2(n_1) \rceil$。因而，第二个 **for** 循环的执行次数是 $O(n\log n)$。综上所述，程序的总执行时间是 $O(n\log n)$。注意，程序中除用到一些局部变量之外，唯一需要的辅助存储空间是第二个 **for** 循环做记录交换所需的一条记录的空间长度。 □

习题

1. 给定待排序表 (12,2,16,30,8,28,4,10,20,6,18)，写出程序 7.13 的函数 `heapSort` 在第一个 **for** 循环结束后的表内容，然后写出第二个 **for** 循环每遍排序的表内容。

2. 举例说明堆排序不是稳定排序，具体做法是：选一个表，表中的一些记录有相同的关键字，对这个表做快速排序，指出排序结果中那些关键字相同的记录不保持原顺序。

§7.7 多关键字排序

本节讨论记录中含多个关键字的排序方法。记录中的多个关键字分别为 $K^1, K^2, \ldots, K^r$，称 K^1 是第一关键字或主关键字，称 K^r 是第 r 关键字。由记录 R_1, R_2, …, R_n 组成的表称关于关键字 $K^1, K^2, \ldots, K^r$ 有序，当且仅当对每一对记录 $R_i < R_j$ 有 $(K_i^1, K_i^2, \ldots, K_i^r) \le (K_j^1, K_j^2, \ldots, K_j^r)$。在 r-元组上定义 $\le$ 关系如下：$(x_1, \ldots, x_r) \le (y_1, \ldots, y_r)$ 当且仅当 (1) 对 $1 \le j < r$，$x_i = y_i, 1 \le i < j$ 且 $x_{j+1} < y_{j+1}$；或者 (2) $x_i = y_i, 1 \le i \le r$。

以扑克牌为例，每张牌含有两个关键字，一个是花色，一个是牌面，两个关键字的序关系定义如下：

K^1 花色: $\clubsuit < \diamondsuit < \heartsuit < \spadesuit$

K^2 牌面: $2 < 3 < 4 < 5 < 6 < 7 < 8 < 9 < 10 < J < Q < K < A$

根据以上定义，所有牌关于花色与牌面两个关键字的排序结果是：

$$2\clubsuit, \cdots, A\clubsuit, \quad 2\diamondsuit, \cdots, A\diamondsuit, \quad 2\heartsuit, \cdots, A\heartsuit, \quad 2\spadesuit, \cdots, A\spadesuit.$$

多关键字排序有两种常用方法。第一种排序方法的思路如下：首先对第 1 关键字 K^1 排序，得到若干记录堆[1]，同一堆中的记录都含关键字 K^1；然后每堆分别独立地再对第 2 关键

[1]这里的堆 (pile) 不是大根堆或小根堆的堆——译者注。

字 K^2 排序，得到若干记录子堆，同一子堆中的记录都含关键字 K^1 和 K^2；随后还要对第 3 关键字 K^3 排序；直到对所有关键字都排序完毕，最后把这些子堆按多关键字顺序合在一起。以扑克排序为例，52 张牌先按花色分成四堆，然后在每堆中按牌面排序，最后按花色序一堆放在另一堆上面，得到 52 张有序扑克牌。

上述排序法称为*主次排序* (most-significant-digit-first sorting)，简称 MSD 排序。与主次排序相反，另一种常用的多关键字排序方法，称为*次主排序* (least-significant-digit-first sorting)，简称 LSD 排序，是最自然的排序法。还是以扑克排序为例，LSD 排序先按牌面 (K^2) 排序，得到 13 堆，然后把牌面 3 的一堆放在牌面 2 的一堆上面, ..., 把牌面 K 的一堆放在牌面 Q 的一堆上面，把牌面 A 的一堆放在牌面 K 的一堆上面，之后把所有牌翻过来，用一种稳定排序再对花色 (K^1) 排序，最后把所得四堆牌按序合在一起，完成排序。

比较上述两种排序方法 (MSD 和 LSD)，LSD 排序更简单，因为按每个关键字排序之后得到的堆和子堆不用分别独立地排序 (假定选用的排序方法对所有关键字 $K^i, 1 \leq i < r$ 都是稳定排序)，这样的特点使排序开销大大减小。

LSD 或 MSD 排序仅指明按什么样的多关键字次序排序，并没指明对一个关键字排序时该用什么方法。如果动手排序扑克牌，我们一般会用 MSD 排序，即先按花色排序，所用方法的算法名称是*桶排序* (bin sorting)，即为每种花色设一个桶，排序时各花色的牌归各桶；然后分别取出各桶中一堆，并用类似插入排序的方法把各堆按牌面排序。当然，也可以先对牌面做桶排序排序，这时需要 13 个桶，牌面排序介绍后，把所有牌按牌面顺序收集在一起，再对关于花色做一次桶排序。注意，若关键字值的分布为 $O(n)$，则一次桶排序的时间是 $O(n)$。

实际上，LSD 排序和 MSD 排序也适用于只含一个关键字记录的排序，如果关键字可以分解成若干子关键字字段。例如，数值关键字的每一位十进制位都可看作一个子关键字，因而，若 $0 \leq K \leq 999$，我们可以用 LSD 排序或 MSD 排序做关于三个关键字 (K^1, K^2, K^3) 的排序，K^1 是百位数，K^2 是十位数，K^3 是个位数。因为每个关键字满足 $0 \leq K^i \leq 9$，所以可以选用桶排序，设 10 个桶。

基数排序 (radix sort) 的思路正是上述方法，关键字按某基数 r 分解成若干字段，如 $r = 10$，关键字分解成十进制位，$r = 2$，关键字分解成二进制位。一般而言，r-基数排序需要 r 个桶。

假设待排记录是 $R_1, \ldots, R_n$，记录关键字按基数 r 分解，且每个关键字分解成 d 位，显然每位的值域范围从 0 到 $r-1$，则桶排序需要 r 个桶。每桶数据可以用链表链接在一起，用 `front[i]` 指向第 i 桶的第一个记录，用 `rear[i]` 指向第 i 桶的最后一个记录，构成链式队列。程序 7.14 中的 `radixSort` 是 LSD r-基数排序算法的实现。

***radixSort* 分析** `radixSort` 做 d 遍排序，每遍排序的时间是 $O(n+r)$，因此算法的总时间是 $O(d(n+r))$。d 值与基数 r 相关，还与记录关键字的最大值相关。选不同的 r 将得到不同的计算时间。 □

例 7.8 假设对值域范围在 $[0, 999]$ 的 10 个整数做基数排序，选 $r = 10$ (当然也可以选其它基数)，则 $d = 3$，输入数据存放在链表中，如图 7.9(a) 所示。图 7.9 依次列出排序每个十进制位的链式队列内容，也列出了收集 10 桶数据后链式队列的内容。 □

```
int radixSort(element a[], int link[], int d, int r, int n)
{ /* sort a[1:n] using a d-digit radix-r sort, digit(a[i], j, r)
     returns the jth radix-r digit (from the left) of a[i]'s key; each
     digit is in the range is [0,r); sorting within a digit is done
     using a bin sort */
  int front[r], rear[r]; /* queue front and rear pointers */
  int i, bin, current, first, last;
  /* create initial chain of records starting at first */
  first = 1;
  for (i=1; i<n; i++) link[i] = i+1;
  link[n] = 0;

  for (i=d-1; i>=0; i--) {       /* sort on digit i */
    /* initialize bins ot empty queues */
    for (bin=0; bin<r; bin++) front[bin] = 0;

    for (current=first; current; current=lnik[current]) {
      /* put records into queues/bins */
      bin = digit(a[current], i, r);
      if (front[bin]==0) front[bin] = current;
      else link[rear[bin]] = current;
      rear[bin] = current;
    }
    /* find first nonempty queue/bin */
    for (bin=0; !front[bin]; bin++);
    first = front[bin]; last = rear[bin];

    /* concatenate remaining queues */
    for (bin++; bin<r; bin++)
      if (front[bin]) {
        link[last] = front[bin];
        last = rear[bin];
      }
    link[last] = 0;
  }
  return first;
}
```

程序 7.14 LSD 基数排序

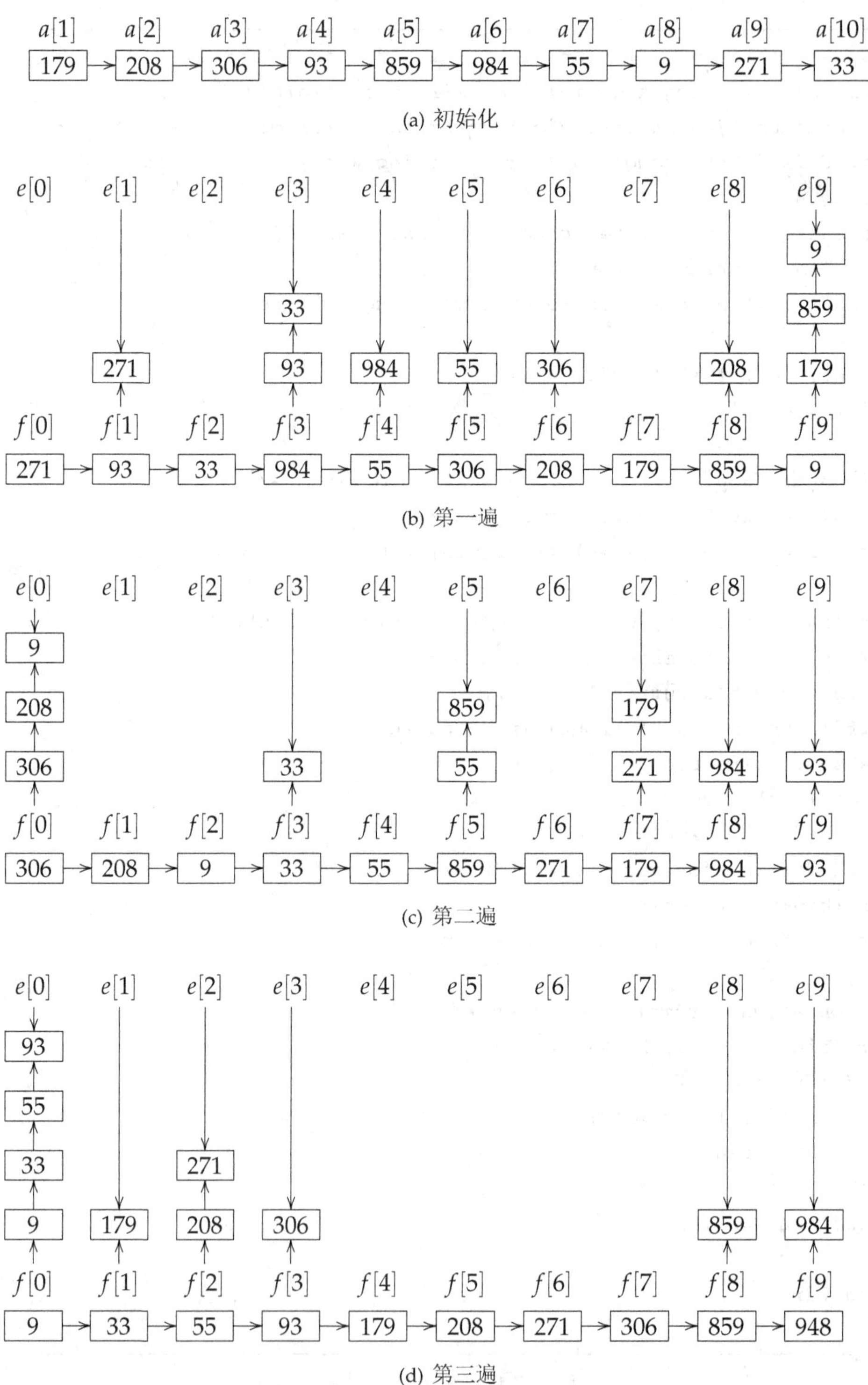
a[1] a[2] a[3] a[4] a[5] a[6] a[7] a[8] a[9] a[10]
179 208 306 93 859 984 55 9 271 33
(a) 初始化
e[0] e[1] e[2] e[3] e[4] e[5] e[6] e[7] e[8] e[9]
9
33 859
271 93 984 55 306 208 179
f[0] f[1] f[2] f[3] f[4] f[5] f[6] f[7] f[8] f[9]
271 93 33 984 55 306 208 179 859 9
(b) 第一遍
e[0] e[1] e[2] e[3] e[4] e[5] e[6] e[7] e[8] e[9]
9
208 859 179
306 33 55 271 984 93
f[0] f[1] f[2] f[3] f[4] f[5] f[6] f[7] f[8] f[9]
306 208 9 33 55 859 271 179 984 93
(c) 第二遍
e[0] e[1] e[2] e[3] e[4] e[5] e[6] e[7] e[8] e[9]
93
55
33 271
9 179 208 306 859 984
f[0] f[1] f[2] f[3] f[4] f[5] f[6] f[7] f[8] f[9]
9 33 55 93 179 208 271 306 859 948
(d) 第三遍

图 7.9 基数排序举例

习题

1. 给定表 $(12, 2, 16, 30, 8, 28, 4, 10, 20, 6, 18)$，写出基数排序 `radixSort` (程序 7.14) 每遍排序输入表内容的变化情况。取 $r = 10$。

2. 在什么条件下，MSD 基数排序的性能要比 LSD 基数排序好。

3. 基数排序 `radixSort` 对例 7.8 的数据排序是稳定排序吗？

4. 编写函数，对给定记录 $R_1, \ldots, R_n$ 关于关键字 $(K^1, \ldots, K^r)$ 按字母序排序，关键字的值域范围远远大于 n。对这种排序应用，`radixSort` 若用桶排序则效率很差 (为什么？)。要求编写的函数满足如下要求：(a) 最差情形有好性能；(b) 平均情形有好性能；(c) 针对小 n，如 $n < 15$。应如何构造排序算法？

5. 给定 n 个记录，关键字是整数，值域是 $[0, n^2)$，如果用堆排序或归并排序，我们知道所需时间是 $O(n \log n)$。如果用基数排序关于一个关键字 (即 $d = 1, r = n^2$) 排序，我们也知道所需时间是 $O(n^2)$。讨论如何将关键字分成两个子关键字，从而对使采用基数排序的时间减少到 $O(n)$。(提示：把每个关键字 K 分解为 $K_i = K_i^1 n + K_i^2$，K_i^1 和 K_i^2 都是整数，值域是 $[o, n)$。)

6. 把上题的排序方法推广到整数关键字值域是 $(0, n^p)$ 的情形，排序时间是 $O(pn)$。

7. 用实际数据测试 `radixSort`，与以前各节结束的基于比较多排序方法做比较。

§7.8 链表排序和索引表排序

我们讨论过的排序方法，除基数排序和递归归并排序之外，都需要在比较关键字之后实际地、物理地大量移动数据。在记录个数很大的情形，大量移动数据会造成排序时间大大增加，因此想方设法减少移动数据的次数将有效提高排序算法的效率。减少移动数据量的做法是引入链表，如在插入排序和非递归归并排序中都可以引入链表，以减少排序过程数据的冗余移动。我们可以在记录结构中增设一个链域，这样，当记录需要移动时，不必物理地移动这条，而只需改动这条记录中的链域，令其指向表中应移动到的位置。排序结束后，记录应处的最后位置由链表按序串连起来。此时，对许多应用，排序的主要工作都可以宣告结束，例如，对那些只需把记录按序输出到外围存储设备上的应用，排序工作可以说已经充分完成了。然而，有些应用要求排序后记录应实际地存放在原来的存储空间，这种需求称为在位 (in place) 重放，则排序的最后阶段还应考虑记录的重放。即使是后一种需要重放的情形，利用链表存储记录的顺序，也可以提高排序的总效率。记录的重放只需线性时间，以及一些必要的辅助存储空间。

令记录排序之后，first 指向串连记录位置链表的第一个结点，链表中每个指针指向的记录关键字都大于等于链表前一个结点 (如果有的话) 指向记录的关键字。记录重放的过程如下：先交换 R_1 和 R_{first}，这时 R_1 位置中的记录关键字最小。如果 first $\neq 1$，那么在链表中一定有一个记录的链域值是 1，因而必须把该链域值修改，即把这个原来指向 1 的链域改为指向 $first$。随后按链表顺序接着重放 $R_2, \ldots, R_n$，重复以上重放操作 $n-1$ 次后，记录就可以全部到位了。现在还有一个小问题，因为从单链表中不便定位某结点的前驱，解决这个小问题的第一种做法是把以 first 为头结点的单向链表改为双向链表，然后再重放记录就方便多了。程序 7.15 中的函数 `listSort1` 实现这种做法。

```
void lsitSort1(element a[], int linka[], int n, int first)
{ /* rearrange the sorted chain beginning at first so that the records
     a[1:n] are in sorted order */
  int linkb[MAX_SIZE];           /* array for backward links */
  int i, current, prev=0;
  element temp;
  /* convert chain into a doubly linked list */
  for (current=first; current; current=linka[current])
  { linkb[current] = prev; prev = current; }
  for (i=1; i<n; i++) {
    /* move a[first] to position i while maintaining the list */
    if (first!=i) {
      if (linka[i]) linkb[linka[i]] = first;
      linka[linkb[i]] = first;
      SWAP(a[first], a[i], temp);
      SWAP(linka[first], linka[i], temp);
      SWAP(linkb[first], linkb[i], temp);
    }
    first = linka[i];
  }
}
```

程序 7.15 利用双向链表重放记录

具体做法是：先把单向链表改成双向链表，然后完成重放工作。程序中的链表存放在 **int** 类型数组之中，和以前介绍的基数排序与递归归并排序相同。

例 7.9 对表 (26, 5, 77, 1, 61, 11, 59, 15, 48, 19) 排序后，存放记录位置的链表如图 7.10(a) 所示 (图中只列出记录的关键字和链域值)。从 *first* 开始，`linka` 指出记录的逻辑序列是 $R_4, R_2, R_6, R_8, R_{10}, R_1, R_9, R_7, R_5, R_3$，对应的关键字序列是 1, 5, 11, 15, 19, 26, 48, 59, 61, 33。生成的双向链表如图 7.10(b) 所示。图 7.11 列出 `listSort1` 中第二个 **for** 循环的前四次循环，每次改变的数据都由黑体标出。 □

***listSort1* 分析** 如果重放 n 个记录，把单向链表 first 转成双向链表的时间是 $O(n)$。第二个 **for** 循环迭代 $n-1$ 次，每次迭代最多交换两条记录，共计移动数据三次，假定记录长度为 m 字，则每条记录的交换时间是 $O(m)$。所以总时间是 $O(nm)$。

在最差情形，总共要交换 $3(n-1)$ 条记录 (每次交换需移动 3 条记录)，如给定记录 $R_1, R_2, \ldots, R_n$ 当 $R_2 < R_3 < \cdots < R_n$ 且 $R_1 > R_n$ 时就是最差情形。 □

有许多改进 `listSort1` 的方法，其中由 M. D. MacLaren 提出的方法特别吸引人，程序 7.16 中的函数 `listSort2` 是 MacLaren 方法的实现。

i	R_1	R_2	R_3	R_4	R_5	R_6	R_7	R_8	R_9	R_{10}
关键字	26	5	77	1	61	11	59	15	48	19
linka	9	6	0	2	3	8	5	10	7	1

(a) 单向链表，first = 4

i	R_1	R_2	R_3	R_4	R_5	R_6	R_7	R_8	R_9	R_{10}
关键字	26	5	77	1	61	11	59	15	48	19
linka	9	6	0	2	3	8	5	10	7	1
linkb	10	4	5	0	7	2	9	6	1	8

(b) 双向链表，first = 4

图 7.10 存放记录位置的链表

i	$\mathbf{R_1}$	R_2	R_3	$\mathbf{R_4}$	R_5	R_6	R_7	R_8	R_9	R_{10}
关键字	**1**	5	77	**26**	61	11	59	15	48	19
linka	**2**	6	0	**9**	3	8	5	10	7	1
linkb	**0**	4	5	**10**	7	2	9	6	1	8

(a) 第一次迭代，first = 2

i	R_1	R_2	R_3	R_4	R_5	R_6	R_7	R_8	R_9	R_{10}
关键字	1	5	77	26	61	11	59	15	48	19
linka	2	6	0	9	3	8	5	10	7	1
linkb	0	4	5	10	7	2	9	6	1	8

(b) 第二次迭代，first = 6

i	R_1	R_2	$\mathbf{R_3}$	R_4	R_5	$\mathbf{R_6}$	R_7	R_8	R_9	R_{10}
关键字	1	5	**11**	26	61	**77**	59	15	48	19
linka	2	6	**8**	9	3	**0**	5	10	7	1
linkb	0	4	**2**	10	7	**5**	9	6	1	8

(c) 第三次迭代，first = 8

i	R_1	R_2	R_3	$\mathbf{R_4}$	R_5	R_6	R_7	$\mathbf{R_8}$	R_9	R_{10}
关键字	1	5	11	**15**	61	77	59	**26**	48	19
linka	2	6	8	**10**	3	0	5	**9**	7	1
linkb	0	4	2	**6**	7	5	9	**10**	1	8

(d) 第四次迭代，first = 10

图 7.11 `listSort1` (程序 7.15) 举例

```
void listSort2(element a[], int link[], int n, int first)
{ /* same function as list1 except that a second link array linkb is
     not required. */
  int i;
  element temp;
  for (i=1; i<n; i++) {
    /* find correct record for ith position, its index is >= i as
       records in positions 1, 2, ..., i-1 are already correctly
       positioned */
    while (first<i) first = link[first];
    int q = link[first];          /* a[q] is next in sorted order */
    if (first!=i) {
      /* a[first] has ith smallest key, swap with a[i] and set link
         from old position of a[i] to new one */
      SWAP(a[i], a[first], temp);
      link[first] = link[i];
      link[i] = first;
    }
    first = q;
  }
}
```

程序 7.16 仅用一个单向链表重放记录

Maclaren 方法不用设第二个链表，思路是：在记录 R_{first} 与记录 R_i 交换之后，将新 R_i 的链域值设为 first，用以指明原来处于 R_i 位置的记录已被移动到了原 R_{first} 位置，单链表的顺序得以保持，同时，注意到 *first* 总满足 first $\leq i$，因此不用更新指向现处于 R_i 位置的链域，因为那条记录已经在位了。

例 7.10 输入数据同例 7.9，排序之后链表如图 7.10(a) 所示。图 7.12 列出了 `listSort2` 中 **for** 循环的前五次迭代。 □

***listSort2* 分析** 函数 `listSort2` 的数据移动量和函数 `listSort1` 相等，在最差情形要移动 $3(n-1)$，时间是 $O(nm)$。**while** 循环中每个结点最大只考察一次，因此 **while** 循环的总时间是 $O(n)$。 □

尽管 `listSort1` 和 `listSort2` 的渐近时间复杂度相同，两个函数移动的数据量也相同，但 `listSort2` 应比 `listSort1` 运行地稍稍快一些，因为交换两条记录时，`listSort1` 做的事情比 `listSort2` 要多。可以说，无论运行时间还是空间需求，都是 `listSort2` 占优。

以上讨论的链表排序不太适应快速排序与堆排序，例如堆排序的特点是充分利用了顺序存储表示的优点。针对这些问题，可以单独另设一个辅助表 t，表长设为待排序表中的记录个数，t 表中的一个单元对应一条记录，用来存放记录在表中的位置，表 t 称为索引表。设置索引表既可以适应快速排序与堆排序的特点，又同样适应链表排序的需要。

i	**R_1**	R_2	R_3	**R_4**	R_5	R_6	R_7	R_8	R_9	R_{10}
关键字	**1**	5	77	**26**	61	11	59	15	48	19
link	**4**	6	0	**9**	3	8	5	10	7	1

(a) 第一次迭代，first = 2

i	R_1	R_2	R_3	R_4	R_5	R_6	R_7	R_8	R_9	R_{10}
关键字	1	5	77	26	61	11	59	15	48	19
link	4	6	0	9	3	8	5	10	7	1

(b) 第二次迭代，first = 6

i	R_1	R_2	**R_3**	R_4	R_5	**R_6**	R_7	R_8	R_9	R_{10}
关键字	1	5	**11**	26	61	**77**	59	15	48	19
link	4	6	**6**	9	3	**0**	5	10	7	1

(c) 第三次迭代，first = 8

i	R_1	R_2	R_3	**R_4**	R_5	R_6	R_7	**R_8**	R_9	R_{10}
关键字	1	5	11	**15**	61	77	59	**26**	48	19
link	4	6	6	**8**	3	0	5	**9**	7	1

(d) 第四次迭代，first = 10

i	R_1	R_2	R_3	R_4	**R_5**	R_6	R_7	R_8	R_9	**R_{10}**
关键字	1	5	11	15	**19**	77	59	26	48	**61**
link	4	6	6	8	**10**	0	5	9	7	**3**

(e) 第五次迭代，first = 1

图 7.12 `listSort2` (程序 7.16) 举例

排序开始前，$t[i] = i, 1 \le i \le n$。排序过程需要交换第 i 条记录与第 j 条记录时，无需交换表中记录 $a[i]$ 与记录 $a[j]$，而只交换索引表中的 $t[i]$ 与 $t[j]$。排序结束后，$a[t[1]]$ 是关键字最小的记录，$a[t[n]]$ 是关键字最大的记录，需要重放的记录是 $a[t[1]], a[t[2]], \ldots, a[t[n]]$，参见图 7.13。索引表可以满足许许多多需要有序数据的应用，甚至可以满足折半查找的需要。然而，有些应用必须重放数据，因而我们要讨论根据索引表 t 重放数据的方法。

根据索引表中存放的置换信息，用函数实现重放记录的方法，实际上基于一个非常漂亮的数学定理：*每个置换群都可分解为互不相交的循环子群*。对于我们的应用，对应于记录位置 i，存在一个索引环，这个环由 $i, t[i], t^2[i], \ldots, t^k[i]$ 构成，其中 $t^j[i] = t[t^{j-1}[i]]$，$t^0[i] = i$，且 $t^k[i] = i$。以图 7.13 为例，图中有两个索引环，一个包括记录 R_1 和 R_5，另一个包括记录 R_4、R_3、R_2。程序 7.17 中函数 `tableSort` 的实现正是利用了置换群可分解为环的数学性质。

函数 `table` 首先处理包括 R_1 的索引环，把环中所有记录放置到位；然后考察 R_2，若 R_2 没有处理过，即它不在前一个索引环中，则处理 R_2 所在环中的所有记录，把所有记录放置到位；接下来处理 $R_3, R_4, \ldots, R_{n-1}$ 可能构成的索引环，将所有记录重放到位。

处理中如果遇到平凡的索引环，即 $t[i] = i$，则无需重放记录，因为条件 $t[i] = i$ 表明第 i 小关键字记录就是 R_i。如果遇到的是非平凡索引环，即 $t[i] \ne i$，那么先把记录 R_i 移动到临

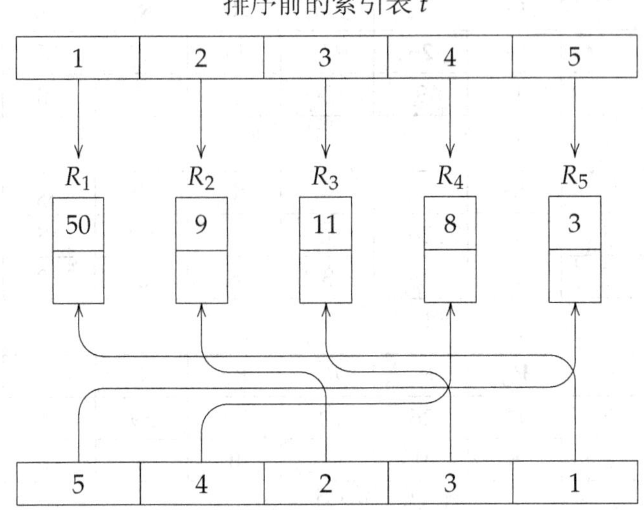

图 7.13 索引表排序

时记录 temp 中，再把 $R_{t[i]}$ 移动到第 i 号位置，接着把记录 $R_{t[t[i]]}$ 移动到第 $t[i]$ 号位置，直到索引环中最后一条记录 $R_{t^k[i]}$，最后把临时记录 temp 存放到第 $t^{k-1}[i]$ 号位置。

例 7.11 索引表如图 7.14(a) 所示，图中同时也给出了关键字。图中的索引表 t 是一次索引表

i	R_1	R_2	R_3	R_4	R_5	R_6	R_7	R_8
关键字	35	14	12	42	26	50	31	18
t	3	2	8	5	7	1	4	6

(a) 索引表初始状态

i	R_1	R_2	R_3	R_4	R_5	R_6	R_7	R_8
关键字	12	14	18	42	26	35	31	50
t	1	2	3	5	7	6	4	8

(b) 第一个索引环处理完毕

i	R_1	R_2	R_3	R_4	R_5	R_6	R_7	R_8
关键字	12	14	18	26	31	35	42	50
t	1	2	3	4	5	6	7	8

(c) 第二个索引环处理完毕

图 7.14 索引表排序举例

排序结束之后的状态，t 中有两个非平凡的索引环，第一个是 R_1, R_3, R_8, R_6, R_1，第二个是 R_4, R_5, R_7, R_7。tableSort (程序 7.17) 中 **for** 循环的第一次迭代$i=1$，处理的第一个索引环中的记录是 $R_1, R_{t[1]}, R_{t^2[1]}, R_{t^3[1]}, R_1$。记录 R_1 先移动的临时记录 temp 中，然后$R_{t[1]}=R_3$ 移动到 R_1 的位置，$R_{t^2[1]}=R_8$ 移动到 R_3 的位置，R_6 移动到 R_8 的位置，最后临时记录 temp 移

```
void tableSort(element a[], int n, int t[])
{ /* rearrange a[1:n] to correspond to the sequence a[t[1]], ...,
     a[t[n]] */
  int i, current, next;
  element temp;
  for (i=1; i<n; i++)
    if (t[i]!=i) {                /* nontrivial cycle starting at i */
      temp = a[i]; current = i;
      do {
        next = t[current];
        a[current] = a[next];
        t[current] = current;
        current = next;
      } while (t[current]!=i);
      a[current] = temp;
      t[current] = current;
    }
}
```

程序 7.17 索引表排序

动到 R_6 的位置。第一次迭代结束后的结果如图 7.14(b) 所示。

当 $i=2,3$ 时，$t[i]=i$，表明这两条记录已经到位。当 $i=4$ 时，遇到新的非平凡索引环，把环中记录 (R_4, R_5, R_7, R_4) 重放到位，得到如图 7.14(c) 所示结果。

剩下的 $i=5,6,7$ 都有 $t[i]=i$，不再有非平凡的索引环。 □

***tableSort* 分析** 若每条记录所需存储空间是 m 个字，则程序的辅助存储空间为临时记录 `temp` 所需的 m 个字，加上局部变量 `i`、`current`、`next`。再来看计算时间，**`for`** 循环执行 $n-1$ 次，对某个 i，若 $t[i]\neq i$，则遇到非平凡索引环，令环中共有 $k>1$ 个不同记录 R_i, $R_{t[i]}, \ldots, R_{t^{k-1}[i]}$，则重放这些记录需要移动 $k+1$ 次；以后这些记录不再需要移动，因为以后程序在遇到所有这些记录时，如记录 R_j 一定有 $t[j]=j$，所以任何一条记录只能处于一个非平凡环中。令 k_l 表示从 R_l 开始的非平凡环中的记录个数，l 是 **`for`** 循环的循环变量 i 的一个取值，显然对平凡环有 $k_l=0$。移动记录的总次数是

$$\sum_{l=0,k_l\neq 0}^{n-1}(k_l+1)$$

非平凡环中的记录各不相同，因而 $\sum k_l \leq n$。当 $\sum k_l = n$ 且索引环的个数为 $\lfloor n/2 \rfloor$ 时，记录的移动次数达到最大值，这时若 n 是偶数，则每个环中有两条记录；否则只有一个环中有三条记录，其它环中有两条记录。无论 n 是偶数或奇数，移动记录的次数都是 $\lfloor 3n/2 \rfloor$，而移动一条记录的时间是 $O(m)$，所以程序的总计算时间是 $O(mn)$。 □

比较 `listSort2` (程序 7.16) 与 `tableSort` 的时间复杂度，在最差情形，`listSort2` 需

要 $3(n-1)$ 次记录移动，而 `tableSort` 只需要 $\lfloor 3n/2 \rfloor$ 次记录移动。可见，对很大的 m，对链表排序得到的单链表扫描一遍，花费时间 $O(n)$ 得到它的索引表 t，然后再重放记录，仍然可以节省大量时间。

习题

1. 补全例 7.9。
2. 补全例 7.10。
3. 编写程序，实现选择排序 (第 1 章) 对单链表排序。
4. 编写程序，修改程序 7.6 的 `quickSort`，在快速排序中使用索引表。排序过程记录不做实际移动，用 $t[i]$ 存放第 i 条记录的位置。排序前，$t[i]=i, 1 \le i \le n$，排序结束时，$t[i]$ 是原第 i 条记录在有序表中应该处于的位置。最后用函数 `tableSort` 根据 t 重放记录。在快速排序中引入索引表，由于减少了记录的移动次数，对于大数据量，可以明显提高快速排序的效率。
5. 重做习题 4，实现插入排序。
6. 重做习题 4，实现归并排序。
7. 重做习题 4，实现堆排序。

§7.9 内部排序小结

我们要对学过的排序算法作个小结。我们讨论过的排序方法，没有一种可以无条件地优于其它方法。有的仅适于小 n，有的遇大 n 方显优势。若待排序的表几乎有序，则插入排序最好；插入排序还是处理短小数据表的最佳方法，因为实现简便，开销不大。。归并排序在最差情形的时间复杂度是所有排序方法中最好的，但使用的辅助存储空间比堆排序多很多。快速排序在平均情形有最好的性能，但最差时间复杂度是 $O(n^2)$。基数排序的效率与关键字的取值范围和 r 的选取有关。图 7.15 列出四种排序算法的渐近复杂度。

排序方法	最差情形	平均情形
插入排序	n^2	n^2
堆排序	$n\log n$	$n\log n$
归并排序	$n\log n$	$n\log n$
快速排序	n^2	$n\log n$

图 7.15 排序方法比较

图 7.16 和图 7.17 列出了图 7.15 中四种排序方法的平均运行时间，运行环境是一台 PC 机，CPU 是主频 1.7 GHz 的 Intel Pentium 4，内存 512 MB，程序开发环境是 Microsoft Visual Studio .NET 2003。对每个 n 值，都至少运行 100 次，随机数据是整数，用 C 的 `rand` 函数生

n	插入排序	堆排序	归并排序	快速排序
0	0.000	0.000	0.000	0.000
50	0.004	0.009	0.008	0.006
100	0.011	0.019	0.017	0.013
200	0.033	0.042	0.037	0.029
300	0.067	0.066	0.059	0.045
400	0.117	0.090	0.079	0.061
500	0.179	0.116	0.100	0.079
1000	0.662	0.245	0.213	0.169
2000	2.439	0.519	0.459	0.358
3000	5.390	0.809	0.721	0.560
4000	9.530	1.105	0.972	0.761
5000	15.935	1.410	1.271	0.970

图 7.16 四种排序方法的平均运行时间 (毫秒)

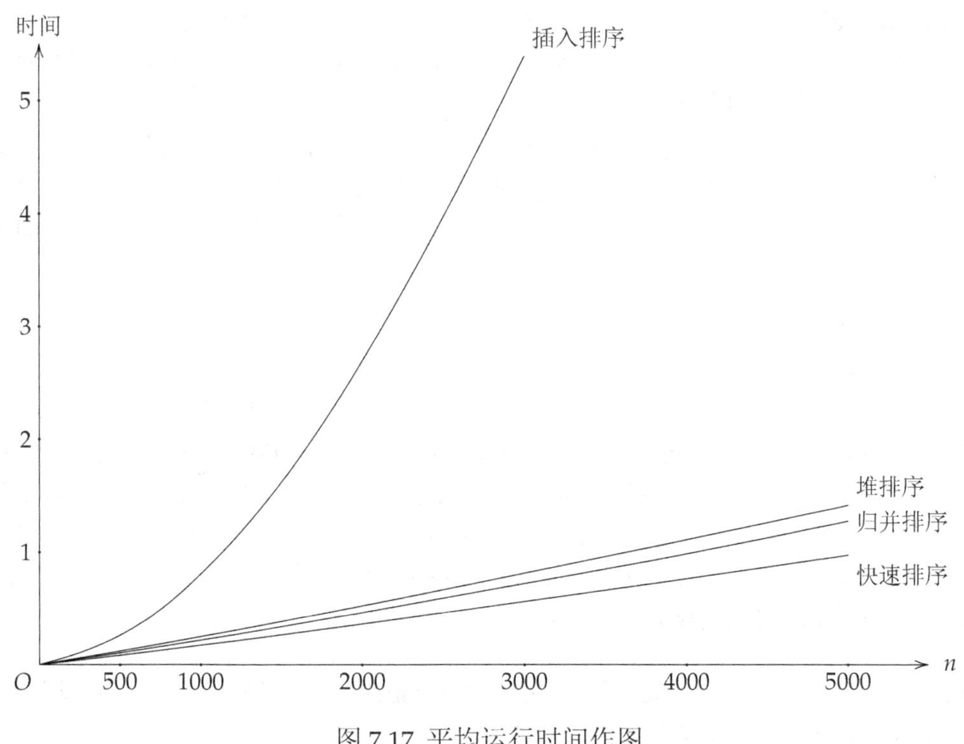

图 7.17 平均运行时间作图

成，累计运行时间如果不足 1 秒则增加次数，直到超过 1 秒。图 7.16 列出的数据包括随机数的生成时间，但对每个 n 值，随机数生成时间都相同，因此，图 7.16 中的数据用于比较各种排序方法是合理的。

图 7.17 指明，当 n 值较大时，快速排序超越了其它排序方法。快速排序性能明显高于插入排序性能的数据量分界线是 50 到 100 之间，令这个数据量分界线的精确值为 n_b (nBreak)，可以看出，如果考虑平均情形，那么当 $n < n_b$ 时，插入排序最好，而 $n > n_b$ 时，快速排序最好。因而，把插入排序与快速排序相结合，对较大的 n，可以提高快速排序的性能。具体做法是，把程序 7.6 的代码

```
if (left<right) {
  code to partition and make reursive calls
}
```

换成

```
if (left+nBreak<right) {
  code to partition and make reursive calls
} else {
  sort a[left:right] using insertion sort;
  return;
}
```

如果比较最差情形的性能，当 $n > c$ 时，c 是某常量，归并排序的性能常常是最好的，但当 $n \le c$ 时，插入排序性能最好。归并排序与插入排序相结合也能提高归并排序的性能，方法同上述改进快速排序的方法。

以上实验结果表明，渐近时间复杂度分析有其局限，衡量小规模数据量的性能不准确，正如插入排序的复杂度虽然是 $O(n^2)$，但对小规模数据，其性能却超过了所有复杂度为 $O(n \log n)$ 的排序方法。另外，具有同样时间复杂度的不同排序方法，实际运行时间也各不相同。

习题

1. **[计数排序]** 观察有序表，我们发现某项记录在表中的位置与那些关键字比它小的所有记录的个数有关，基于这个观察构造的排序方法称为计数排序，是目前已知最简单的排序算法。计数排序要为每条记录增设一个 count 域，用来存放该记录在有序表中的前驱记录个数。编写程序计算无序表中每条记录的 count 值。证明，对 n 个记录，计算 count 域所需关键字的比较次数最多是 $n(n-1)/2$。

2. 接习题 1，记录中 count 域已存放该记录的前驱记录个数。编写程序，实现与程序 7.17 的函数 tableSort 相似的记录重放功能。

3. 列出四种排序的最差情形运行时间，形式同图 7.16 和图 7.17。

4. ♣ **[编程大作业]** 本习题的目标是构造混合排序算法，使最差情形的时间复杂度达到最优。算法可从如下排序算法中选取：(a) 插入排序，(b) 快速排序，(c) 归并排序，(d) 堆排序。

要求首先用 C 编程实现四种排序算法对 n 个整数排序。快速排序用三记录选中值策略确定分割记录。归并排序用非递归实现。(读者不妨比较归并排序的递归实现和非递归实现，看看对于自己最中意的程序设计语言和编译器，递归的开销究竟有多大。) 用数据测试算法的正确性。由于本书已给出了所需的所有函数并详细讲解了所有实现细节，因而这部分练习很容易，所以不计成绩。接下来的工作才是习题要记分的部分。

为获得有意义的精确运行时间，必须事先阅读手册，了解计算机的精确时钟和定时。假定计时时钟可精确到 δ，对 n 取值 500, 1000, 2000, 3000, 4000, 5000，分别运行四种排序算法的测试程序获得运行时间。你会发现对大多数 n，程序运行的时间值都是 0，其它非 0 值也不比 δ 大多少。

如果测试某事件获得的时间值小于或接近时间精度，那么应该重复多次测试，最后用测试次数去除获得的总时间。如此获得的测试结果应使精度值是结果的 1%。

我们要求获得四种排序算法在最差情形的运行时间。为插入排序准备最差情形的数据很简单，不过就是序列 $n, n-1, n-2, \ldots, 1$。为归并排序准备数据，可以用回推方法，即可以从最后一次归并开始，选取使归并次数最多的数据集，然后再考虑倒数第二次的数据集，同样选取使归并次数最多的数据集，一直到第一次归并。可以编写程序实现回推获得使归并排序达到最差情形的数据集，回推函数的参量设成可变的 n。

生成堆排序的最差情形数据是最难的，我们只好用随机置换的生成程序(程序 7.18)。方法是随机生成所需长度的数据集，运行堆排序并计时，选耗时最长的数据集做最差情形数据集。对小 n 可多测几次，对所有 n，置换次数最少应是 10 次。对快速排序可用同样方法获得最差情形数据集[2]。

```
void permute(element a[], int n)
{ /* random permutation generator */
  int i, j;
  element temp;
  for (i=n; i>=2; i--) {
    j = rand()%i + 1;
    /* j = random integer in the range [1, i] */
    swap(a[j], a[i], temp);
  }
}
```

程序 7.18 随机置换生成程序

数据集准备之后，我们可以开始测试四种排序算法的最差情形运行时间。根据测试

[2]快速排序的最差情形数据集可直接用常量序列，如 $0, 0, \cdots, 0$——译者注。

得到的运行时间，我们就能了解四种排序的大致性能，谁好谁差一目了然。接下来应该逐渐缩小 n 的取值范围，获得算法性能出现差异的精确 n 值。有些排序方法的 n 值应该是 0，如排序算法在 0 时应该比其它三种方法都要慢。

将四种测试结果画在一张图纸上，对某个 n（大概是 20）我们应该能发现插入排序和快速排序的计算时间遵循 n^2 规律，而其它两种方法的计算时间遵循 $n \log n$ 规律。如果图中未反映上述规律，那么一定是测试有误，或时钟精度有误，甚至两者都有误。对每个选定的 n 值，从图中找出运行最快的函数。编写混合算法，使算法的性能对所有 n 值都到达最好，然后记录测试数据，并把结果绘制在同一张图纸上。

实验报告要求

实验报告应包括时钟精度；获得堆排序最差情形数据集而运行随机置换程序的次数；归并排序的最差情形数据集，以及获得该数据集的方法；对各种 n 值测试的运行时间列表；性能发生差异的精确 n 值；混合排序算法对各种 n 测试得到的时间值，以及时间值的绘制图。另外实验报告还必须包括完整的程序清单。（既要包括各种排序算法，还要包括测试时间精度的程序和生成测试数据集的程序。）

5. 重复习题 4 测试四种算法的平均计算时间。平均情形的数据集一般很难获得，我们只好用随机置换生成程序生成数据集。在获得数据集时，不要像上题一样多次运行置换程序消除时间精度引起的时间误差，而应运行置换程序一次（取固定的 n 值），然后测试总时间。

6. 给定由 5 个字母组成的英文字表，要求把表中英文字按*回文构词法* (anagram) 分成不同组，并把这些组序列输出。回文构词法的含义如下：如果 x 和 y 同属满足回文构词法规则的一组，那么 x 是由 y 中字母通过置换得到。如果要求生成所有这些回文字组的组数最少，该如何构造算法？证明，如果字表分成最少回文字组数，那么一个字不可能出现在不同的组中。

7. 如果你为一个小镇的人口普查部门工作，统计记录数约为 3000，可以全部存放在计算机的内存之中。镇中居民都出生在美国，每个居民都有一条记录，记录包括：(a) 出生地的州名，(b) 出生地的县名，(c) 姓名。应该用什么样的表存储这些居民的记录？对居民记录表排序，按州名的字母序排列，如果州名相同则按县名的字母序排列，如果县名也相同则按姓名的字母序排列。说明设计这份居民记录表你选用数据结构的依据。

8. **[冒泡排序]** 冒泡排序的过程要从左向右多遍扫描数据表，每遍扫描过程都比较相邻的两条记录，如果两者不在序则交换，直到一遍无记录交换时结束。

   (a) 编写冒泡排序的 C 函数。

   (b) 这个冒泡排序函数的最差时间复杂度是什么？

   (c) 对已排序的表冒泡排序函数需要多少时间？

   (d) 对逆序排列的表冒泡排序函数需要多少时间？

9. 重做上题，对无序单链表做冒泡排序，结果得到有序单链表。

10. ♣ **[编程大作业]** 本题的目标是研究记录长度对各种排序算法计算时间的影响。

   (a) 分别用插入排序、快速排序、非递归归并排序、堆排序，对如下数据类型的记录表排序：

      i. 字符（`char`），

      ii. 整数（`int`），

      iii. 浮点数（`float`），

      iv. 矩形结构。假设矩形结构包含左下角坐标和矩形的长、宽，每种数据成员的类型都是 `float`。矩形按面积大小从小到大排序。

   (b) 对以上所有数据类型，运行四种算法获得运行时间（共有 16 种结果）。要求每种算法对各种数据类型的运行次数至少四次，用随机置换程序生成相应数据类型的数据集。

   (c) 用实验数据制成表格并绘制成图。从实验数据能得出什么样的结论？

§7.10 外部排序

§7.10.1 引子

我们假定，本节讨论的排序表因为太大，不可能一次全部读入计算机内存，因而内部排序方法不再适用。我们还假定待排序表（或文件）存储在磁盘上，而且每次从磁盘读入的单位或从内存写到磁盘的单位是块，每块一般都包含多条记录。影响磁盘的读写速度有三因素：

(1) 寻道时间：定位磁头到正确读写位置所需时间，这个时间是磁头移过所需磁道数目的时间。

(2) 延迟时间：扇区旋转的磁头下面所需时间。

(3) 传输时间：在内存和磁盘之间传输块数据所需时间。

排序外部存储设备上的数据最常用的方法是归并排序，这种归并排序分两步。第一步是用一种合适的内部排序方法排序全体数据表中的一段，这一段数据称为一路（run），当一路数据排序之后再写回外部存储设备。第二步要把各路已经有序的数据按图 7.4 的归并树模式归并在一起，直到只剩一路数据时结束。因为程序 7.7 中的函数 `merge` 工作时只用到两路数据中的一部分，这些部分可以同时在内存中，所以可用来归并大数据量的各路数据。其它内部排序方法不具有归并排序的特点，因此很难用于外部排序。

例 7.12 一台计算机要排序包含 4500 条记录第表，但内存最多只能一次存放 750 条记录。待排序表存储在输入磁盘上，块长是 250，即一块容纳 250 条记录。我们有另一块磁盘可以用作临时存储，临时数据不用写到输入磁盘。用归并排序排序外部数据的方法如下：

(1) 一次对三块（750 条记录）数据做内排序，总共得到六路数据 R_1 到 R_6，内排序算法可采用堆排序，或归并排序，或快速排序。六路数据写到另一块磁盘的临时存储空间，如图 7.18 所示。

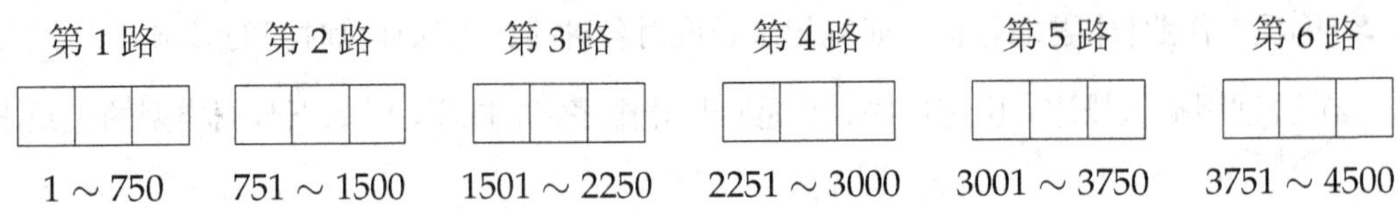

图 7.18 内排序之后得到的各路数据

(2) 把三块数据看作一个块组，每个块组包含 250 条记录，内存一次可以容纳三个块组。前两个块组是输入缓存，后一个块组是输出缓存，用来归并 R_1 和 R_2。先把 R_1 和 R_2 的各一个块读入输入缓存，归并结果存入输出缓存，然后再读入 R_1 和 R_2 的后续块，归并过程如果输出缓存存满则写回临时磁盘，如果输入缓存变空则读入该路数据的后续块。R_1、R_2 归并后做 R_3、R_4 归并，之后做 R_5、R_6 归并。这一遍归并完成后得到新的三路数据，每路数据含已排序的 1500 条记录，每路共 6 块。新的两路数据用上述方法归并，得到含 3000 条记录的一路数据，再和以上剩下的含 1500 条记录的一路数据归并，最后得到完整的排序结果。归并过程如图 7.19 所示。 □

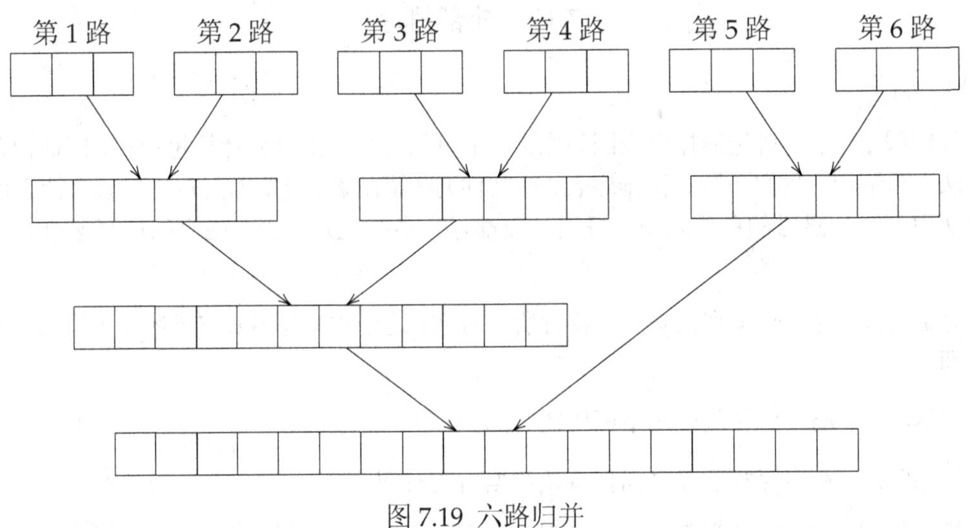

图 7.19 六路归并

为分析外部排序的时间复杂度，我们引入以下记号：

$$t_s = \text{最大寻道时间}$$
$$t_l = \text{最大延迟时间}$$
$$t_{rw} = \text{读写 250 条记录的一块数据所需时间}$$
$$t_{IO} = \text{读写一块数据的总时间}$$
$$= t_s + t_l + t_{rw}$$
$$t_{IS} = \text{内部排序 750 条记录所需时间}$$
$$nt_m = \text{从输入缓存归并 } n \text{ 条记录到输出缓存所需时间}$$

假设每次读、写一块数据所需寻道时间和延迟时间都到达最大值，虽然实际情况不总是这样，但如此假设可以简化分析。对上例的4500条记录，图7.20列出各项操作的计算时间。

	操作	时间
(1)	读 18 块所需输入时间 $18t_{IO}$, 内部排序所需时间 $6t_{IS}$, 写 18 块所需输出时间 $18t_{IO}$	$36t_{IO}+6t_{IS}$
(2)	两两归并 1 到 6 路数据所需时间	$36t_{IO}+4500t_m$
(3)	归并两路 1500 条记录，共 12 块所需时间	$24t_{IO}+3000t_m$
(4)	归并一路 3000 条记录和 另一路 1500 条记录所需时间	$36t_{IO}+4500t_m$
	总计时间	$132t_{IO}+12000t_m+6t_{IS}$

图 7.20 磁盘排序举例的计算时间

如果对同一道数据读写或读写相邻磁道，那么寻道时间可以减少。仔细观察上表，我们发现计算时间主要花费在各遍的归并操作上，除了第一遍输入数据做内部排序之外，各路归并还要做 $2\frac{2}{3}$ 遍：一遍归并记录个数为 750 的 6 路数据；$\frac{2}{3}$ 遍归并记录个数为 1500 的两路数据；一遍归并记录个数为 3000 的一路与记录个数为 1500 的一路。由于完整的一遍归并要处理 18 块数据，因此输入、输出时间是 $2\times(2\frac{2}{3}+1)\times 18t_{IO}=132t_{IO}$，考虑到每条记录读入内存后还要写回磁盘，因此式中最前面出现了系数 2。归并时间是 $2\frac{2}{3}\times 4500t_m=12000t_m$。根据以上分析，外部排序的计算时间主要花费在归并操作上，因此以后主要考虑各遍归并所需时间。还要指出，上面的分析未考虑计算机的 CPU 与 I/O 系统实际上应是并行处理，在理想情形，输入、输出操作花费的时间与 CPU 的处理时间完全重叠，因而可以有如下近似公式 $132t_{IO}\approx 12000t_m+6t_{IS}$。

假如系统中有两块磁盘，那么可以向一块磁盘写数据，而从另一块磁盘读数据，同时对已经存放在内存中的数据归并，实现三者并行操作。若选取合适的内存缓存大小以及合适的缓存方式，则总时间可以减少到 $66t_{IO}$。在单用户操作系统环境，这种并行机制应是提高外部排序性能的主要途径，我们假设，CPU 或者与输入、输出并行，或者空闲等待输入、输出的完成。然而，在多用户操作系统环境，CPU 与输入、输出高度并行的假设也许并不成立，因为当 CPU 等待输入、输出完成时，很可能被调度去执行其它用户的程序。所以，在多用户操作系统环境，考虑到操作系统分时调度的特性，外部排序程序在执行时，我们完全不能确定 CPU 是否可以与输入、输出处理并行。

减少归并过程的归并遍数是提高性能的关键因素，一种改进方法是采用高阶归并取代两路归并；另一种改进方法是采取有针对性的缓存机制，提高输入、输出与归并的高度并行。减少归并遍数与增加每次归并的数据量等价，改进上述归并方式的一种方法是引入淘汰树，详细讨论见 §7.10.4。与上述归并方式相比，引入淘汰树可以使每次归并的数据量大约增加一倍，但每路数据长度不再固定，而且归并过程需确定各路数据的归并次序，以便达到最优性能。在接下来的各节，我们要分别讨论这些改进的归并方法。

§7.10.2 *k* 路归并

两路归并函数 `merge`（程序 7.7）与上小节的图 7.19 的归并过程几乎完全相同。一般而言，归并 m 路数据，如果归并方法如图 7.19 所示，则归并树的层数是 $\lceil \log_2 m \rceil + 1$，共需做 $\lceil \log_2 m \rceil$ 遍归并。如果改用高阶归并（即 k 路归并，$k \geq 2$）可以减少归并的遍数。k 路归并一次把 k 路数据归并成一路，图 7.21 给出了一个四路归并 16 路数据的例子。从图中可见，四

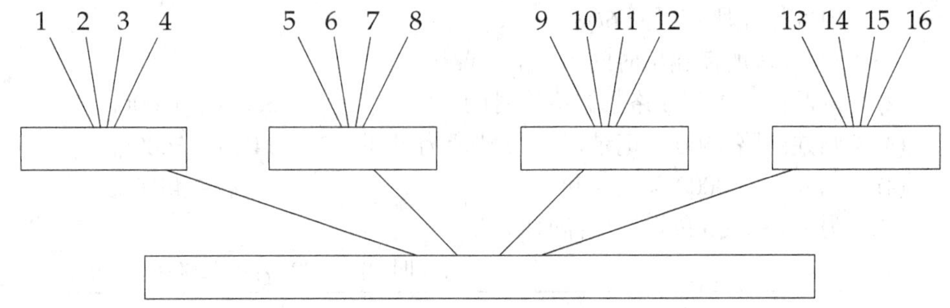

图 7.21 四路归并 16 路数据

路归并只需两遍归并，而两路归并需要四次。一般而言，对 m 路数据做 k 路归并，共需归并 $\lceil \log_k m \rceil$ 遍，因而高阶归并减少了输入、输出时间。

高阶归并虽然减少了输入、输出时间，但要影响排序算法其它操作的性能。例如对 k 路数据，每路数据的长度是 $s_1, s_2, s_3, \ldots, s_k$，其内部归并时间不再是 $O(\sum_{i=1}^{k} s_i)$。与二路归并一样，下一个输出的记录的关键字最小，对 k 路归并，我们必须在所有 k 路数据当前的第一个位置找到最小的记录，这个最小记录出现的位置共有 k 种可能。归并 k 路数据最直接的做法是比较 $k-1$ 次以确定最小记录，计算时间是 $O((k-1)\sum_{i=1}^{k} s_i)$。由于供需归并 $\log_k m$ 遍，所以比较关键字的总次数是 $n(k-1)\log_k m = n(k-1)\log_2 m / \log_2 k$，$n$ 是待排序表中的记录总个数。式中的因数 $(k-1)/\log_2 k$ 表示比较次数，随 k 的增加而增加，因此增加了 CPU 的计算时间，结果抵消了多路归并由于输入、输出减少而带来的好处。

对较大的 k $(k \geq 6)$，引入叶节点为 6 的淘汰树（第 5 章），可以显著减少关键字的比较次数，明显加速查找下一个最小记录的计算。这时，归并树每层操作所需时间是 $O(n \log_2 k)$，归并树共 $O(\log_k m)$ 层，内存中的处理时间减少到 $O(n \log_2 k \log_k m) = O(n \log_2 m)$，而且与 k 无关了。

采用多路归并方法，节省了输入、输出时间，同时对内部操作的时间也无太大影响。尽管内存中的处理时间与归并的阶数 k 无关，但也不能教条地因归并次数急剧减少到 $\log_k m$ 遍而盲目增加 k 以达到减少输入、输出时间的目标，原因是 k 路归并随着 k 的增加所需缓存数目也要增加。k 路归并供需 k 个输入缓存，加上一个输出缓存，共需 $k+1$ 个缓存，虽然用 $k+1$ 个缓存可以做 k 路归并，但实际上最好还是要设 $2k+2$ 个缓存，原因留到下节讨论。由于而内存的容量固定，k 增加就必须减少磁盘块的大小，这样会使归并过程每遍输入、输出磁盘块的数目随之增加，连锁效应将增加磁盘的寻道时间和延迟时间。所以，k 值的不当增加会使输入、输出时间开销越来越大，甚至有可能完全抵消我们所期望的减少归并遍数带来的好处。总之，选取 k 值要综合考虑磁盘参数和内存容量。

§7.10.3 缓存与并行操作

用 k 路归并对 k 路数据做归并，显然至少需要 k 个输入缓存加上一个输出缓存。不过考

虑到要让输入、输出、内部归并并行工作，近设 $k+1$ 个缓存不足以充分提高归并的效率。例如，当输出缓存正在写磁盘时，内部归并因无处存放结果就必须停止工作。如果设两个输出缓存，当一个正写盘时，内部归并可以用另一个存放数据。假如合理选取缓存的大小，使内部归并过程完成一个缓存大小数据量的时间，加上向缓存存放数据的时间，正好与一个缓存的写盘时间相等，则并行操作达到最优。输入缓存如果仅设 k 个，那么当一个输入缓存处理完，需要从磁盘读入数据时，内部归并过程同样也必须等待，因此最好设 $2k$ 个输入缓存，但仅设 $2k$ 个输入缓存并不足以保证使归并过程等待。

例 7.13 假设两路归并用四个输入缓存 in[i]，$0 \le i \le 3$，两个输出缓存 ou[0] 和 ou[1]，每个缓存能容纳两条记录。第 0 路数据的前几个关键字是 1, 3, 5, 7, 8, 9。第 1 路数据的前几个关键字是 2, 4, 5, 15, 20, 25。第 0 路数据用缓存 in[0] 和 in[2]，第 1 路数据用缓存 in[1] 和 in[3]。归并开始时，分别从两路数据的前两个位置将数据读入缓存，如图 7.22(a) 所示。现在第 0 路与第 1 路的记录 in[0] 和记录 in[1] 归并，同时输入第 0 路数据，假设缓存长度选取的正合适，使输入时间、输出时间、生成输出数据时间都相等，当 ou[0] 满时，情况如图 7.22(b) 所示。接下来，同时输出 ou[0]、从第 1 路输入数据到 in[3]，归并数据到 ou[1]，当 ou[1] 满时，情况如图 7.22(c) 所示。继续归并过程，情况如图 7.22(e) 所示。这时开始输出 ou[1]，从第 0 路输入数据到 in[2]，并把归并结果存入 ou[0]。在归并中，从第 0 路输入的数据都用完了，但 ou[0] 还没放满，现在归并过程必须等待第 0 路的输入结束后才能继续进行。 □

由例 7.13 可见，仅仅为一路归并设两个缓存而不讲究使用策略，则即使设置了 $2k$ 个缓存，k 路归并的各操作显然还不足以并行工作。因此，每个缓存必须浮动地为各路数据的归并操作服务，正如以下讨论的缓存使用策略，任何时间都要使每路数据对应的输入缓存，至少有一个含有记录，而且其它输入缓存必须按优先级别输入数据，即 k 路归并中的一路如果输入缓存的数据将用完时，算法必须保证优先为它输入数据。预测哪一路数据的输入缓存将耗尽的方法很简单，只要比较各路数据最后一次读入的关键字即可，最小关键字对应的一路，其输入缓存肯定最早耗尽。如果两路关键字是相等的最小关键字，则选编号较小的一路，就是说，如果第 i 路和第 j 路最后输入的关键字相等，且 $i<j$，则先归并第 i 路输入缓存中的记录，因此第 i 路的输入缓存肯定最早耗尽。采取这种策略，有可能某路数据的数据输入量超过两个缓存容量，而另一路的两个缓存只有一个存有部分内容。从一路数据输入的数据都用队列存放。在给出正式的缓存使用算法之前，先列出算法工作的前提，即计算机系统的并行处理条件。

(1) 系统中有两块磁盘，输入、输出通道可以同时从一块磁盘读数据并向另一块磁盘写数据。

(2) 当输入、输出传输正使用一块内存空间时，CPU 在这段时间不能访问这块内存。因此，当输出缓存的数据正在写盘时，不能向这个缓存的开始位置写数据。否则，只要同步数据传输和归并速度，只要一个输出缓存就可以了。当新输出块的第一条记录确定的时候，前一个输出块的第一条记录已经写完。

(3) 为简化讨论，假定输入、输出缓存的大小相等。

基于以上约定以及以上缓存的使用策略，我们给出算法的框架描述，并通过例子说明算

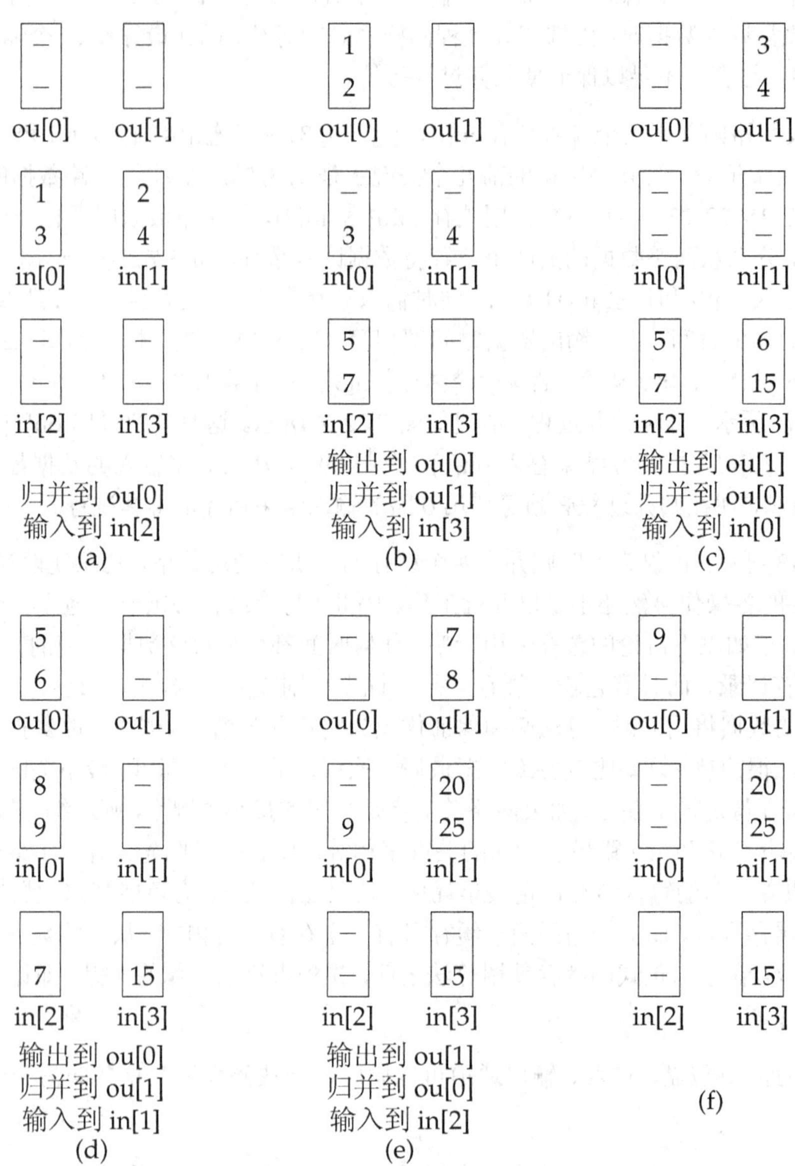

图 7.22 为每路归并设两组缓存不足以保证并行的例子

[缓存算法的步骤]

Step 1: 输入每 k 路数据的第一块，设 k 个链式队列，队列中每个单位存放一块数据。每 k 路数据剩下的其它数据块存放在保存空闲输入块的链式栈中。置 ou 为 0。

Step 2: 令 lastKey[i] 为第 i 路最后一个输入的关键字。令 nextRun 为 lastKey 中最小值的索引。若 lastKey[nextRun] $\neq +\infty$，则从第 nextRun 路输入下一个数据块。

Step 3: 用函数 kWayMerge 归并 k 路队列的记录，结果存放在输出缓存 ou。归并过程直到输出缓存满，或关键字为 $+\infty$ 的记录归并到 ou 时停止。如果在归并过程在输出缓存未满而输入缓存变空时，或者 $+\infty$ 归并到 ou 时，kWayMerge 处理同一个队列中的下一个缓存，并把空缓存压入空缓存栈。但是，如果输入缓存变空的同时输出缓存装满，或者 $+\infty$ 归并到 ou，空输入缓存仍保留在队列中，kWayMerge 不去处理队列中的下一个缓存，这时结束归并。

Step 4: 等待正在读盘或写盘的操作结束。

Step 5: 如果某输入缓存读满，将它加入相应的那路数据的队列。根据最小的 lastKey[nextRun] 读入第 nextRun 路的下一个记录。

Step 6: 如果 lastKey[nextRun] $\neq +\infty$，把第 nextRun 路的下一块数据读入空闲的输入缓存。

Step 7: 把输出缓存 ou 写盘，置 ou 为 1-ou。

Step 8: 如果关键字为 $+\infty$ 的记录尚未归并的输出缓存，转到 Step 3。否则等待写盘完成后结束。

程序 7.19 利用浮动缓存的 k 路归并

法的思路。算法描述见程序 7.19，对 k 路数据做 k 路归并，$k \geq 2$。 算法设置了 $2k$ 个输入缓存和 2 个输出缓存，每个缓存连续存放数据块。输入缓存用 k 个队列组织，每个队列对应一路数据。缓存的长度足以存放至少一个数据块的记录。空闲的缓存用链式栈组织。算法约定每路数据最后有一个“哨兵” (sentinel) 记录，其关键字是 $+\infty$，其它记录的关键字都小于哨兵记录的关键字。如果选取恰当的块长，因而也是缓存长度，使归并一个输出缓存数据量的时间与读入一个数据块的时间相等，那么几乎所有的输入、输出，已经归并计算都可以并行执行。当归并过程遇到相等的关键字，则 k 路归并算法先输出编号较小的那路数据的记录。

观察程序 7.19，我们得到以下结论：

(1) 对较大的 k，为确定队列中最先变空的输入缓存，如果设置淘汰树，叶结点为 `last[i]`，$0 \leq i < k$，那么只需比较 $\log_2 k$ 次而不用比较 $k-1$ 次。比较次数的减少对归并算法的性能并无很大提高，因为这部分时间在算法的总计算时间中所占比例很小。

(2) 对较大的 k，函数 `kWayMerge` 使用了淘汰树（见第 5 章）。

(3) 除了刚开始输入的 k 块数据以及最后输出的一块数据，其它输入、输出操作与归并计算并行执行。原因是：每 k 路数据归并后，非常可能接着就开始归并接下来的 k 路数据，而且输入工作可以在上一次归并临近结束时就开始了，所以能及时为本次归并准备好数据。具体来说，在算法的 Step 6，当 `lastKey[nextRun]` $= +\infty$ 时，输入过程即开始一

一读入 k 路数据的当前第一个数据块，为本次归并准备数据。所以，在排序文件的整个过程，只有最开始读入 k 块数据和输出最后一块数据的两段时间，每有和内部归并的计算时间重叠。

(4) 算法假定所有数据块的长度相等。实际使用该算法时，应该在每路数据最后一个数据块的哨兵记录之后填满关键字为 $+\infty$ 的空记录。

例 7.14 为演示算法的执行过程，我们用图 7.23 中的数据做程序 7.19 的输入，图中用三路数据跟踪程序的三路归并过程。每路数据包含四块，每块含两条记录，每路数据的最后一块的

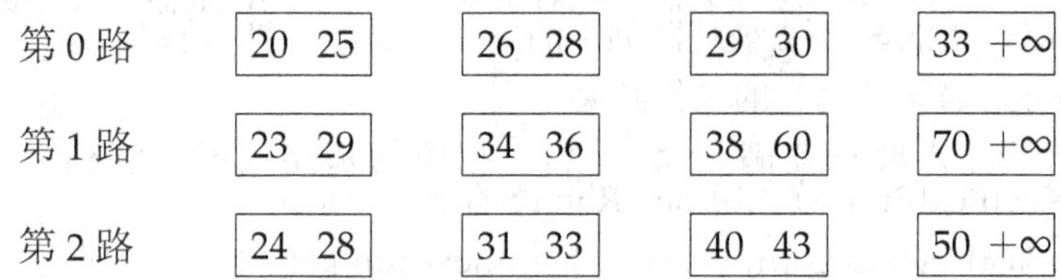

图 7.23 三路归并

最后一个关键字是 $+\infty$。输入缓存有六个，输出缓存有两个。图 7.24 详细列出了缓存算法从 Step 3 到 Step 8 各次迭代过程开始时，输入队列的内容，下一次读入的数据路，以及每次输出的缓存。

图 7.24 的第 5 行给出了明显的证据，显示 k 路归并过程，测试“输出缓存是否满”要先于“输入缓存是否空”，因为那路数据的下一个输入缓存可能还未装入，因此对列中可能无可用缓存。第 3 行和第 4 行的六个输入缓存都在使用，空闲缓存栈当时为空。 □

最后我们要证明程序 7.19 的缓存算法是正确的。

定理 7.2 以下结论对程序 7.19 为真。

(1) 在 Step 6，总有缓存可用于读入下一块数据。

(2) 在 k 路归并的 Step 3，队列中的下一块数据在需要前就已经读入了。

证明 (1) 每当算法执行到 Step 6，最多有 $k+1$ 个缓存存放数据，其中一个是输出缓存。每个队列最多只有一个缓存部分满。如果下一次读时没有可以缓存，则剩下的 k 个缓存是满的，这意味着所有 k 个部分满的缓存是空的（否则将有 $k+1$ 个缓存存放数据）。根据归并算法的设置，只能有一个缓存因空而不可用，这时必然是输出缓存满而一个输入缓存变空，可是 $k>1$，因此矛盾。所以，当算法执行的 Step 6 时，至少有一个缓存可用于读入下一块数据。

(2) 假设结论为假。令第 R_i 路队列在 `kWayMerge` 执行时是空的。我们可以假定最后一个归并的记录其关键字不是 $+\infty$，因为否则 `kWayMerge` 应该结束，而不应为第 R_i 路取数据。据此，第 R_i 路的输入文件中还有一些记录，且 `lastKey[`i`]` $\neq +\infty$。因此，这时只要一个数据块输出，就有另一个数据块同时输入。输入、输出因而以相同的速率执行，可用的数据块个数总是 k。这时正读入另一个数据块，但这个数据块直到 Step 5 才会入列。由

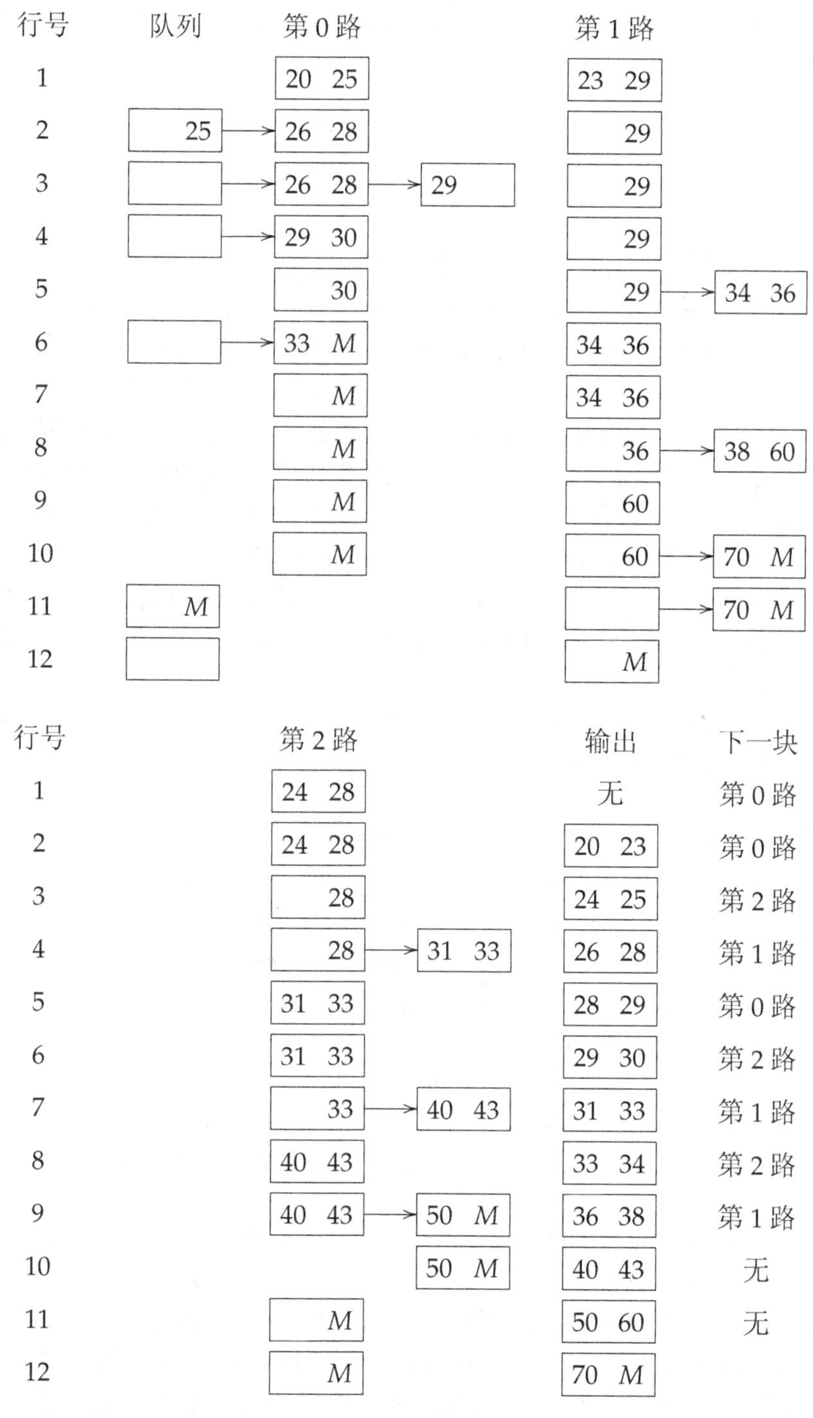

行号
队列
第 0 路
第 1 路
1
20 25
23 29
2
25
26 28
29
3
26 28
29
29
4
29 30
29
5
30
29
34 36
6
33 M
34 36
7
M
34 36
8
M
36
38 60
9
M
60
10
M
60
70 M
11
M
70 M
12
M
行号
第 2 路
输出
下一块
1
24 28
无
第 0 路
2
24 28
20 23
第 0 路
3
28
24 25
第 2 路
4
28
31 33
26 28
第 1 路
5
31 33
28 29
第 0 路
6
31 33
29 30
第 2 路
7
33
40 43
31 33
第 1 路
8
40 43
33 34
第 2 路
9
40 43
50 M
36 38
第 1 路
10
50 M
40 43
无
11
M
50 60
无
12
M
70 M

图 7.24 缓存算法举例

于第 R_i 路队列先变成空列，选择下一路输入的规则保证剩下的 $k-1$ 路数据中，每路数据最多还有一块数据。另外，输出缓存这时不能为满，因为测试输出队列是否满先于测试输入队列是否空。所以这时内存中的数据块个数少于 k，这与前面得到的内存中恰有 k 块数据的结论矛盾。

定理得证。 □

§7.10.4 生成多路数据

用以前介绍的传统内部排序方法生成各路数据，一次能够生成的记录个数受限于内存容量，但是采用淘汰树一次可以生成更多记录。本小节介绍的方法生成的各路数据长度，在平均情形两倍于传统方法生成的数据长度。算法由 Walters, Painter, Zalk 提出。该算法不但可以生成长度更长的数据，还可以使输入、输出，以及内部处理并行执行。

假设输入、输出缓存的大小已经精心选定，可以使输入、输出，以及内部处理高度并行，而且在各路数据的生成过程，输入、输出指令直接操作输入、输出缓存中的数据。我们还假设内存留有足够空间，足以存放算法所需的 k 条记录的淘汰树。k 条记录存放在 `record[i]` 中，$1 \le i < k$，淘汰树中每个结点 i，都有一个 `loser[i]` 域，$1 \le i < k$，表示锦标赛中那场比赛对应结点 i 的淘汰者，`loser[i]` 域指出 `record[i]` 是否是本路数据当前的输出记录。正如第 5 章讨论过的淘汰树，每当锦标赛冠军输出之后，一条新纪录（如果存在）进入淘汰树，使锦标赛继续进行。

程序 7.20 中的函数 `runGeneration` 实现这种利用淘汰树生成各路数据的策略。以下列出函数中用到的主要变量及其含义：

`record[i]`，$0 \le i < k$	···	锦标树中的 k 条记录
`loser[i]`，$0 \le i < k$	···	锦标树中第 i 号结点的淘汰者
`loser[0]`	···	本轮锦标赛冠军
`runNum[i]`，$0 \le i < k$	···	`record[i]` 所在数据路编号
`currentRun`	···	当前数据路编号
`winner`	···	锦标赛总冠军
`winnerRun`	···	记录`record[winner]` 的数据路编号
`maxRun`	···	当前即将输出的数据路编号
`lastKey`	···	最后一条输出记录的关键字

程序中第 10 行到第 37 行的语句重复锦标赛的比赛并输出记录。第 21 行用变量 `lastKey` 判断新输入记录 `record[winner]` 是否当前数据路输出。若 `key[winner]` $<$ `record[winner]`，则 `record[winner]` 不能作为当前数据路的 `currentRun` 输出，因为已经有一条关键字更大的记录输出到该路数据之中。每次调整淘汰树（第 27 行到第 36 行），数据路编号较小的记录胜出，若数据路编号相等，则关键字小的记录胜出。因此，淘汰树的输出保证了的记录按数据路编号非递增序列排列；而且若数据路编号相等时，记录按关键字的非递增序列排列。`maxRun` 用于函数结束，在第 18 行，当记录全部输入完毕，最后一条记录的数据路编号是 `maxRun` +1，这条记录输出后，函数在第 13 行结束。

```
void runGeneration(int k)
{ /* run generation using a k-player loser tree, variable declarations
     have been omitted */
  for (i=0; i<k; i++) {                 /* input records */
    readRecord(record[i]); runNum[i] = 1;
  }
  initializeLoserTree();
  winner = loser[0]; wwinnerRun = 1;
  currentRun = 1; maxRun = 1;
  while (1) {                           /* output runs */
    if (winnerRun!=currentRun) { /* end of run */
      output end of run marker;
      if (winnerRun>maxRun) return;
      else currentRun = winnerRun;
    }
    writeRecord(record[winner]);
    lastKey = record[winner].key;
    if (end of input) runNum[winner] = maxRun + 1;
    else {                      /* input new record into tree */
      readRecord(record[winner]);
      if (record[winner].key<lastKey)
    /* new record is in next run */
    runNum[winner] = maxRun = winnerRun + 1;
      else runNum[winner] = currentRun;
    }
    winnerRun = runNum[winner];
    /* adjust losers */
    for (parent=(k+winner)/2; parent; parent/=2)
      if (runNum[loser[parent]]<winnerRun ||
      (runNum[loser[parent]]==winnerRun &&
       record[loser[parent]].key
       <record[winner].key))
    {/* parent is the winner */
      SWAP(winner, loser[parent], temp);
      winnerRun = runNum[winner];
    }
  }
}
```

程序 7.20 利用淘汰树生产各路数据

***runGeneration* 分析** 当输入表已排序，程序只生成一路数据。平均情形的数据路长度是 $2k$。对长度为 n 的输入表，因为每次调整淘汰树以确定输出记录的时间是 $O(\log k)$，所以生成所有数据路的时间是 $O(n \log k)$，。 □

§7.10.5 最优多路归并

函数 `runGeneration` 归并的各路数据可能长度各不相同。如果各路数据的长度不相同，目前介绍的归并策略（即一遍处理所有数据路中的每条记录）不能保证归并时间最小。以四路数据为例，各路数据的长度分别是 2, 4, 5, 15，图 7.25 给出两路归并的两种策略。图中圆结点表示对两个孩子结点做两路归并，方结点表示输入数据路。我们称园结点为*内部结点*，方结点为*外部结点*。图中每棵树都是归并树。

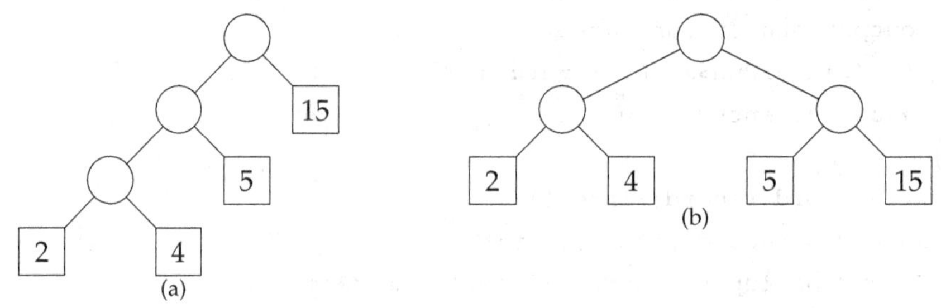

图 7.25 两种两路归并策略

第一棵归并树先归并长度为 2 和 4 的两路数据，得到长度为 6 的数据路；再用这路数据与长度为 5 的数据路归并，得到长度为 11 的数据路；最后将这路数据与长度为 15 的数据路归并，得到长度为 26 的有序数据路。在第一棵归并树的归并过程，有些数据路中的记录仅参与归并一次，而其它数据路中的记录参与归并有三次之多。在第二棵归并树的归并过程，每路数据中的记录都参与归并两次。这两棵归并树采用的策略是每次归并都处理整个数据路中的记录。

每条记录参与的归并次数正是该记录所在外部结点到根的路径长度，例如，长度为 15 的数据路中的记录在图 7.25(a) 中参与一次归并，而在图 7.25(b) 中参与两次归并。因为每次归并关于归并记录个数是线性时间，所以可按如下方法计算总归并时间：先求出各路数据所在外部结点到根的路径长度与该路数据长度之积，然后再把这些乘积一一相加。这样的各路乘积之和称为*加权外部路径长度*。以图 7.25 为例，两棵树的加权外部路径长度分别是

$$2 \cdot 3 + 4 \cdot 3 + 5 \cdot 2 + 15 \cdot 1 = 43$$

和

$$2 \cdot 2 + 4 \cdot 2 + 2 + 5 \cdot 2 + 15 \cdot 2 = 52.$$

设有 n 路数据，每路数据长度为 q_i，$1 \leq i < n$，对这些数据做 k 路归并，归并的最小代价应是一棵 k 度归并树的最小加权外部路径长度。以下仅讨论 $k = 2$，其结论可以方便地推广到 $k > 2$ 的情形（见习题）。

我们现在简要讨论二叉树的另一种应用，即具有最小外部路径长度的二叉树的应用。假定要对信息 $M_1, \ldots, M_{n+1}$ 做最优编码，每个编码都是二进制串，用于通讯信道的传输。通讯信道的接收端用*解码树*解码，解码树是一棵二叉树，外部结点表示信息。编码字中的二进制位的值指导在解码树每层的分支走向，解码过程一旦走到外部结点即得到正确的信息。例如，我们规定二进制位 0 走向左孩子，1 走向右孩子，图 7.26 中的解码树与信息 M_1, M_2, M_3, M_4 对应的编码分别是 000, 001, 01, 1。 这种编码称为 Huffman 编码，对编码字段解码代价

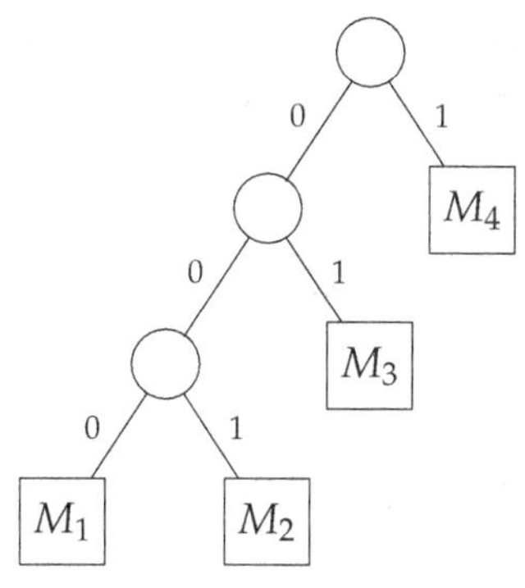

图 7.26 一棵解码树

正比与二进制码字的长度，这个长度正是外部结点到根的路径长度。假如 q_i 是信息 M_i 在传输中的出现频率，则解码时间的期望值是

$$\sum_{1 \le i \le n+1} q_i d_i$$

其中，d_i 是信息 M_i 所在外部结点到根的路径长度。如果选择一棵加权外部路径长度最小的解码树对信息编码，那么解码时间的期望值达到最小。

D. Huffman 提出的方法非常优美，可以构造一棵加权外部路径长度最小的二叉树。这里仅简单介绍 Huffman 算法，正确性证明留作习题。以下是必要的类型申明：

```
typedef struct treeNode *tree_pointer;
struct treeNode {
  treePointer leftChild;
  int weight;
  treePointer rightChild;
};
```

函数 `huffman`（程序 7.21）从 n 棵二叉树开始，每棵树只有一个结点，存放在数组 `heap[]` 中。树中结点有三个数据域：`weight`，`leftChild`，`rightChild`。开始时的这些单一结点的 `weight` 域取 q_i 之一。算法在执行过程，对 `heap` 中树根结点是 `tree` 且深度大于 1 的二叉树树，`tree->weight` 是该树所有外部结点权值的总和。函数 `huffman` 调用小根堆提供的函数 `push`、`pop`、`initialize`，`push` 把新结点加入小根堆，`pop` 返回小根堆中权值最小的结点并在堆中删除，`initialize` 初始化小根堆。我们在 §5.6 讨论过小根堆，知道小根堆的初始化时间是关于堆长的线性时间。

```
void huffman(treePointer heap[], int n)
{ /* heap[1:n] is a list of single-node binary trees */
  treePointer tree;
  int i;
  initialize(heap, n);           /* initialize min heap */
  for (i=1; i<n; i++) {
    MALLOC(tree, sizeof *tree);  /* create a new tree by combining */
    tree->leftChild = pop(&n);   /* the trees with the smallest */
    tree->rightChild = pop(&n);  /* weights until one tree remains */
    tree->weight =
      tree->leftChild->weight + tree->rightChild->weight;
    push(tree, &n);              /* add to min heap */
  }
}
```

程序 7.21 构造最小加权外部路径长度的二叉树

例 7.15 给定权值 $q_1=2$，$q_2=3$，$q_3=5$，$q_4=7$，$q_5=9$，$q_6=13$，图 7.27 给出了 Huffman 树的构造过程，图中园结点中的值是以它为根的那棵树中所有外部结点的权值之和。

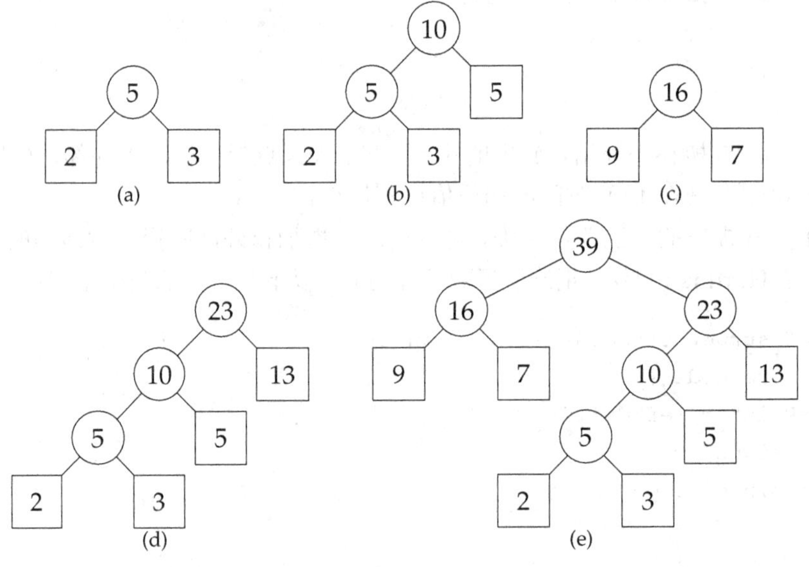

图 7.27 构造 Huffman 树

这棵 Huffman 树的加权外部路径长度是

$$2\cdot 4+3\cdot 4+5\cdot 3+13\cdot 2+7\cdot 2+9\cdot 2=93$$

做个比较，对应的完全二叉树的加权外部路径长度是 95。 □

***huffman* 分析** 堆初始化时间是 $O(n)$，程序中的主循环 **`for`** 执行 $n-1$ 次，每次调用 `push` 和 `pop` 的时间仅需 $O(\log n)$。所以，算法的渐近时间复杂度是 $O(n\log n)$。 □

习题

1. (a) 要排序 n 条记录，计算机的内存容量为 S 条记录，$S << n$。假定计算机的全部内存容量都可用于输入、输出缓存，总共可以存放 S 条记录。m 路输入数据存放在磁盘，每次磁盘访问的寻道时间是 t_s，延迟时间是 t_l，每条记录的传输时间是 t_t。再假设输入、输出缓存的大小已精确设定，确保输入、输出，以及内部处理可以并行执行。用 k 路归并做外部排序，问程序 7.19 的缓存算法在 Step 2 所需的总时间是多少？

   (b) 设归并所有路数据花费的 CPU 时间是 t_{CPU}，它与 k 无关，可看作恒定值。令 $t_s = 80ms$，$t_l = 20ms$，$n = 200{,}000$，$m = 64$，$t_t = 10^{-3}$秒/记录，$S = 2000$。定性画出总输入时间 t_{input}，横座标轴用 k 值标注。是否总有一个 k 值，使 $t_{\text{CPU}} \approx t_{\text{input}}$。

2. (a) 证明函数 `huffman`（程序 7.21）生成的二叉树，其加权外部路径长度最小。

   (b) 对 n 路数据做 m 路归并，Huffman 方法可推广如下：首先设 $(n-1) \mod (m-1)$ 长度为 0 的数据路，然后不断归并 m 路长度最短的数据路，直到只剩一路数据为止。证明这种方法是 m 路归并的最佳策略。

§7.11 参考文献和选读材料

以下经典文献对排序与查找做了全面讨论。

[1] D. Knüth. *The Art of Computer Programming: Sorting and Searching*, volume 3. Addison-Wesley, Reading, MA, 2nd edition, 1998.

第 8 章 Hash 法

§8.1 引言

本章要再一次讨论第 5 章提出的抽象数据类型——辞典（ADT 5.3）。辞典有许多应用，如单词拼写检查，写作用词指南（thesaurus），数据库建索引，以及由链接程序、汇编器、编译器生成符号表。如果把 n 项条目的辞典存储在二叉查找树（第 5 章）中，有关辞典操作，如 `search`、`insert`、`delete` 的计算时间是 $O(n)$。如果辞典存放在平衡二叉查找树（第 10 章）中，辞典操作的计算时间可以减少到 $O(\log n)$。本章讨论的 Hash 技术，可以使辞典操作 `search`、`insert`、`delete` 的期望时间减少到 $O(1)$。本章讨论分两部分：静态 *Hash* 法与动态 *Hash* 法。

§8.2 静态 Hash 法

§8.2.1 Hash 表

静态 *Hash* 法把辞典中的词条二元组存储在表 ht 中，这个表称为 *Hash* 表。Hash 表分成 b 个桶（bucket），$ht[0], \ldots, ht[b-1]$，每桶可存放 s 条词条二元组（或用指针指向这些词条），因而每桶可分成 s 个槽（slot），每槽足以存放一条词条。通常，设置 $s=1$ 而使每桶仅存放一条词。词条二元组的地址或位置，由一个关于该词条关键字 k 的 Hash 函数 h 计算而得，h 把关键字 k 映射到一个桶号。因此，对关键字 k，$h(k)$ 是一个整数，取值范围是 $[0, b-1]$。称 $h[k]$ 是 k 的 Hash 地址或住址（home address）。最理想的情况是每条词条都位于各自的住址桶中。

定义 定义 Hash 表的关键字密度 (key density) 为比率 n/T，n 是存放在 Hash 表中的词条数目，T 是所有关键字数目。定义 Hash 表的装填密度 (loading density) 或装填因子 (loading factor) 为 $\alpha = \dfrac{n}{sb}$。 □

考虑最多六个字符的关键字，字符可以是十进制数字或大写英文字母，第一个字符必须是字母，则关键字总数应为 $T = \sum_{0 \le i \le 5} 26 \times 36^i > 1.6 \times 10^9$。实际应用中，一般仅会用到其中很少的一小部分，因而关键字密度 n/T 通常很小很小。所以桶数目 b，通常取值与关键字个数成正比，也会比 T 小许多。因此，Hash 函数 h 会把多个不同的关键字映射到同一个桶中。如果 $h(k_1) = h(k_2)$，则称两个关键字 k_1、k_2 是关于 h 的同义词 (synonym)。

前面指出，最理想的情况是每条词条都位于各自的住址桶中。然而，由于许多关键字的住址桶可能都一样，因此当一条新词条试图放入某桶中时，该桶已满，这时称桶溢出 (overflow)。如果当一条新词条试图放入某桶中时，该桶已不空，这时称关键字冲突 (collision)。如果每桶只有一槽（即 $s=1$），则溢出发生时冲突也同时发生，反之亦然。

例 8.1 考虑 Hash 表 ht，表中桶数 $b=26$，每桶槽数 $s=2$。用 ht 存放 10 个不同的标识符，每个标识符或者是 C 库函数名或者是 C 的保留字。ht 的装填因子 $\alpha = 10/52 = 0.19$。Hash 函数必须把这些标识符映射到 $0 \sim 25$ 之内的一个整数。我们可以构造简单的 Hash 函数，用字母 a—z 分别与数字 0 ~ 25 对应，然后定义 Hash 函数 $f(x)$，x 是标识符的第一个字母。$f(x)$ 把标识符 `acos`，`define`，**`float`**，`exp`，**`char`**，`atan`，`ceil`，`floor`，`clock`，`ctime` 分别映射到桶号 0, 3, 5, 4, 2, 0, 2, 5, 2, 2。图 8.1 列出装入表中的前 8 个标识符。

	第 0 槽	第 1 槽
0	acos	atan
1		
2	**char**	ceil
3	define	
4	exp	
5	**float**	floor
6		
...		
25		

图 8.1 一个 Hash 表，表中共有 26 个桶，每桶 2 个槽

标识符 `acos` 和 `atan` 是同义词，**`float`** 和 `floor` 也是同义词。下一个标识符 `clock` 映射到 $ht[2]$ 桶，但该桶已满，这时发生溢出，现在的问题是，应该把 `clock` 放在哪里，以便以后需要时可以取到？我们把溢出处理留到 §8.2.3 讨论。 □

如果没有溢出，Hash 表的插入、删除、查找操作所需时间，仅仅是 Hash 函数的计算时间和桶中查找时间之和，与表长度 n，即辞典的条目数量无关。由于桶中槽数 s 通常很小，桶中查找可用顺序查找。

例 8.1 中使用的 Hash 函数并不适合实际用途，因为冲突或溢出的可能性很大，原因是许多关键字的首字符都是相同的字符。最理想的 Hash 函数应该既方便计算而冲突又小。因为比率 b/T 通常很小，因而不可能完全避免冲突。

综上所述，Hash 法用 Hash 函数把关键字映射到 Hash 表的桶中，Hash 函数的设计原则是既要便于计算又要尽量减少冲突。由于关键字空间的基数远远大于表中桶数，而且桶中槽数又很小，因此无法避免冲突，所以必须要研究处理溢出的方法。

§8.2.2 Hash 函数

Hash 函数把关键字映射到 Hash 表的桶里，前面已经提到，我们希望 Hash 函数应既方便计算还应尽量避免冲突，除此之外，对随机选取的关键字集，Hash 函数的映射也不应有偏向性（biased），就是说，在关键字空间随机选取的关键字 k，h 应把 k 等概率地映射到桶号 i，即 $h(k) = i$ 的概率应为 $1/b$，使每个关键字映射到任意一个桶号的机会相等。满足一致概率分布的 Hash 函数称为*一致映射 Hash 函数*（uniform Hash function）。

实际应用中使用的一致映射 Hash 函数的种类很多，其中很多利用算术运算（如乘、除运算），即用关键字做算术运算，取其结果表示桶号。对关键字不适合做算术运算的情形，如字符串，必须事先将关键字转换成另一种形式，如整数，之后再通过算术运算得到映射结果。以下用四小节讨论对整数关键字构造 Hash 函数的方法，用一小节讨论字符串转换的方法，

这些方法都是常用的 Hash 函数构造方法。

§8.2.2.1 余数法

余数法是最常用的 Hash 函数构造法。设关键字是非负整数，余数法对关键字求余，其结果用作住址桶号。令关键字是 k，除以某数 D，余数作为 k 的住址桶号，函数为

$$h(k) = k \mod D$$

这个函数算出的桶地址范围是 $[0, D-1]$，因而 Hash 表至少必须有 $b = D$ 个桶。对大多数关键字空间，尽管无论怎么选 D 都能使 h 满足一致映射性质，但在实际应用中，溢出数目与 D 的选取大有关系。假如选取的 D 可被 2 除尽，则奇数关键字被映射到奇数桶（因为余数是奇数），偶数关键字被映射到偶数桶。由于实际应用中的辞典关键字空间常常有或奇数或偶数的偏向，如果选用偶数 D 做除数，那么关键字的偏向非但不能消除，反倒是忠实地保留下来，因此不可取。根据实际应用的经验，不但除数为偶数时不能消除关键字的偏向，甚至当除数中含有小素数时，如 2, 3, 5, 7，等等，仍然不能消除关键字的偏向，但偏向性随着除数中最小素因子的增大而减小。因此，为使 Hash 函数最佳适应各种辞典的映射需要，D 应选择素数，这时 D 的最小素因子就是 D 本身。实践证明，只要 D 中的最小素因子不小于 20，多数辞典的关键字都可以相当均匀地映射到所需桶号范围之内。

如果要构造一般的 Hash 函数，而辞典大小未知，因而存放辞典的 Hash 表大小也未知，因此不便按前述方法选取合适的 D，这时只能松驰 D 的选取判据而选择一个奇数，使我们至少可以避免由偶数 D 引发的关键字偏向性。然后令 $b = D$，以后如果辞典中词条增加，则可以动态增加 Hash 表 ht 的长度。为满足松驰后 D 的选取条件，之后表中桶数 b 的值（也就是 D 的值）应改为 $2b+1$，还应是奇数。

§8.2.2.2 平方取中法

这种方法的 Hash 函数取关键字平方值的中间某几位做桶地址，要求关键字是整数。因为关键字的平方值与关键字的所有位相关，即使某几位相同，平方后取中间几位，不同关键字将以高概率映射到不同地址。在关键字的平方值中取位的数目将确定表的长度，若取 r 位，则 Hash 地址范围是 $0 \sim 2^r - 1$，因此采用平方取中法的 Hash 表，其表长应是 2 的幂。

§8.2.2.3 折叠法

这种方法先把关键字 k 分解成长度相等的几段（最右一段长度可能不相等），再把各段加起来做 Hash 地址 $h(k)$。各段相加的方法有两种，一种是把分解的各段向右对齐相加，这种做法称为*平移折叠*（shift folding）法；另一种称为*边界对齐折叠*（folding at the boundaries）法，就是把每段首尾对齐折叠起来，也就是把奇数段按位顺序变反后再与后续邻接到偶数段相加。

例 8.2 以关键字 $k = 12320324111220$ 为例，先把它分成每段 3 位十进制位，$P_1 = 123$，$P_2 = 203$，$P_3 = 241$，$P_4 = 112$，$P_5 = 20$。平移折叠法得到

$$h(k) = \sum_{i=1}^{5} P_i = 123 + 203 + 241 + 112 + 20 = 699.$$

边界对齐折叠法得到

$$h(k) = \sum_{i=1}^{5} P_i = 123 + 302 + 241 + 211 + 20 = 897. \quad \square$$

§8.2.2.4 数字分析法

数字分析法最适合静态文件。文件表中的关键字事先已知，而且可以看作取基数 r 的数字。每个关键字按基数 r 自然表示成若干位，考察所有这些数位，把引起严重映射偏向的那些数位摒除，用剩下的数位组成 Hash 地址。

§8.2.2.5 把关键字变换为整数

为使用上述 Hash 函数构造法，非数字关键字要事先变换为非负整数。由于 Hash 函数本身就会把不同关键字映射到相同的 Hash 地址，因此每个非数字关键字不必非要转换到不同的非负整数，如字符串 `data`，`structres`，`algorithms` 即使都变换成相同的整数（如 199）也无妨。本节仅讨论把字符串变换成非负整数，其它类型关键字的变换方法相似，变换后都可以使用前述 Hash 函数的构造法。

例 8.3 (把字符串变换成整数) 由于无需将不同的字符串变换成不同的整数，因此不同长度的串都可以用简便方法变换成整数。程序 8.1 与程序 8.2 是两种变换方法。

```
unsigned int stringToInt(char *key)
{ /* simple additive approach to create a natural number that is
     within the integer range */
  int number = 0;
  while (*key)
    number += *key++;
  return number;
}
```

程序 8.1 把串变换为非负整数

程序 8.1 把每个字符先变换成唯一的整数，然后用这些整数之和做 Hash 地址。因为每个字符对应的整数范围是从 $0 \sim 255$，函数返回值不超过 8 位 (bit)。如长度为 8 的字符串变换的结果，其长度是 11 位。

程序 8.2 每隔一个字符左移 8 位然后与已得结果相加，得到的 Hash 地址范围比程序 8.1 更大。 $\square$

§8.2.3 溢出处理

§8.2.3.1 开放地址法

处理溢出有两种常用方法：开放地址法 (open addressing) 与链地址法 (chaining)。本节讨论四种开放地址法：即线性探测法——也称线性开放地址法，二次探测法，再 Hash 法，随机探测法。线性探测法在关键字 k 映射溢出时，顺序探测 Hash 表中的桶位 $ht[h(k)+i]$

```
unsigend int stringToInt(char *key)
{ /* alternative additive approach to create a natural number that is
     within the integer range */
  int number = 0;
  while (*key) {
    number += *key++;
    if (*key) number += ((int)*key++)<<8;
  }
  return number;
}
```

程序 8.2 另一种方法把串变换为非负整数

mod $b, 0 \leq i \leq b-1$，h 是 Hash 函数，b 是表中桶数，直到找到空桶位为止。若表中没有空桶位，则要增加 Hash 表的长度。为优化 Hash 法的性能，实际应用中不是等到表满后才增加表长，而是事先设定的阈值，如装填密度达到 75% 时则增加表长。注意，如果增加 Hash 表长，那么 Hash 函数也要做相应修改。例如，Hash 法采用余数法，则表长增加后，除数也应增大到新表的长度。Hash 函数改变后，每个关键字的映射地址多数都会改变，因此要把所有关键字重新映射一遍，放置在长度增加的新表中。

例 8.4 设 Hash 表有 13 个桶，每桶一个槽，数据是字符串 **for**，**do**，**while**，**if**，**else**，function。这些关键字先按程序 8.1 变换，然后采用余数法得到 Hash 地址，结果如图 8.2 所示。插入前 5 个关键字很顺利，因为 Hash 地 址都不相同，但最后一个标志符 function

标识符	加法变换	x	Hash
for	$102+111+114$	327	2
do	$100+111$	211	3
while	$119+104+105+108+101$	537	4
if	$105+102$	207	12
else	$101+108+115+101$	425	9
function	$102+117+110+99+116+105+111+110$	870	12

图 8.2 加法变换

的 Hash 地址与 **if** 的 Hash 地址相同。在表中循环查找空位，找到桶位 $ht[0]$，用来存放 function，如图 8.3 所示。 □

如果 Hash 表的 $s=1$ 且用线性探测法处理溢出，则在表中查找关键字 k 的过程为：

(1) 计算 $h(k)$。

(2) 顺序探测表中桶位 $ht[h(k)]$，$ht[(h(k)+1) \mod b]$，…，$ht[(h(k)+j) \mod b]$，直到下列两种情形发生：

[0]	function
[1]	
[2]	**for**
[3]	**do**
[4]	**while**
[5]	
[6]	
[7]	
[8]	
[9]	**else**
[10]	
[11]	
[12]	**if**

图 8.3 线性探测 Hash 表（13 桶，每桶一槽）

(a) 桶位 $ht[(h(k)+j) \mod b]$ 中的关键字是 k；这时找到所需词条。

(b) $ht[(h(k)+j) \mod b]$ 是空桶，说明 k 不在表中。

(c) 回到开始查找的位置 $ht[h(k)]$，说明表已满而且 k 不在表中。

程序 8.3 是上述查找过程的函数实现，函数约定 Hash 表 `ht` 中每个单元设指针指向辞典中的一条词条，词条的数据类型是 `element`，含两个数据成员域 `item` 和 `key`。

```
element *search(int k)
{ /* search the linear probing hash table ht (each bucket has exactly
     one slot) for k, if a pair with key k is found, return a pointer
     to this pair; otherwise, return NULL */
  int homeBucket, currentBucket;
  homeBucket = h(k);
  for (currentBucket=homeBucket; ht[curreentBucket]
         && ht[currentBucket]->key!=key; ) {
    currentBucket = (currentBucket+1)%b; /* treat the table as circular */
    if (currentBucket==homeBucket)
      return NULL;                /* back to start point */
  }
  if (ht[currentBucket]->key==k)
    return ht[currentBucket];
  return NULL;
}
```

程序 8.3 线性探测

如果用线性探测法处理溢出，关键字会拥挤成一团一团，而且相邻各团紧紧靠在一起，增加了关键字的查找时间。例如，把 C 语言的一些保留字和函数名存放在 26 个桶位的 Hash 表中，关键字为 `acos`，`atoi`，**`char`**，`define`，`exp`，`ceil`，`cos`，**`float`**，`atol`，`floor`，`ctime`。假如 Hash 函数取用这些关键字的第一个字母，图 8.4 中列出了桶号、桶中内容、以

桶号	x	查找的桶数
0	acos	1
1	atoi	2
2	**char**	1
3	define	1
4	exp	1
5	ceil	4
6	cos	5
7	**float**	3
8	atol	9
9	floor	5
10	ctime	9
···		
25		

图 8.4 线性探测的 Hash 表（26 桶，每桶一槽）

及按上述关键字顺序插入表中所需的比较次数。注意，插入 `atol` 时，共需 9 次比较，要一一探测 $ht[0]$，…，$ht[8]$。插入一项词条尽然要做这么多次比较，与第 10 章将讨论的查找树的最差情形相比，性能实在太差太差。要在 ht 中取出每个关键字一次，在表中探测桶位的平均数为 $35/11 = 3.18$。

如果 Hash 函数是一致映射 Hash 函数，且使用线性探测处理溢出，那么查找一个关键字的平均期望时间大约是 $p = (2-\alpha)/(2-2\alpha)$，$\alpha$ 是填充密度。对相同的 Hash 表装填密度，如果 Hash 函数是一致映射的 Hash 函数 h，那么这个期望值对所有关键字集都一样。以例 8.4 的图 reffig:8.4 为例，$\alpha = 11/26 = 0.42$，$p = 1.36$，就是说，对装填密度 0.42 的 Hash 表，在该表中查找一个关键字的评价比较次数是 1.36。尽管这个平均值很小，但最差情形的比较次数可能很大。

采用*二次探测法*（quadratic probing）可以减少关键字拥挤成团，从而可以减少关键字的平均比较次数。线性探测法顺序探测桶位 $(h(k)+i) \mod b$，$0 \le i \le b-1$，b 是表中桶数，而二次探测法把增量 i 替换成一个关于 i 的函数。常用的做法是探测桶位 $h(k)$，$(h(k)+i^2) \mod b$，$(h(k)-i^2) \mod b$，$1 \le i \le (b-1)/2$，b 是形为 $4j+3$ 的素数，j 是整数，如此定义的二次探测法可探测整个表的每个桶位。图 8.5 列出了形为 $4j+3$ 的素数的前几个。

还有一种减少关键字映射成团的方法，称为*二次 Hash 法*。这种方法用一族 Hash 函数 h_1，h_2，…，h_m 取代一个 Hash 函数 h，探测顺序是 $h_i(k)$，$1 \le i \le m$。另一种方法，随机探测法，不在正文讨论，请参考习题。

素数	j	素数	j
3	0	43	10
7	1	59	14
11	2	127	31
19	4	251	62
23	5	503	125
31	7	1019	254

图 8.5 $4j+3$ 的一些素数

§8.2.3.2 链地址法

线性探测法及其变体方法的性能都很差，因为查找过程要比较 Hash 地址不相同的桶位。再以图 8.4 为例，查找关键字 `atol` 要比较从 $ht[0]$ 到 $ht[8]$ 的 9 个桶位，其中只有 $ht[0]$ 和 $ht[1]$ 与 `atol` 冲突；而其它桶位不可能存放 `atol`。为减少这类根本不需要的大量比较，我们为每个桶位设一个线性表，桶位中存放指向这个线性表的指针，并用这个线性表存放所有映射到同一桶位的同义词。设置这样的关键字线性表后，查找过程只需先计算 Hash 地址 $h(k)$，然后再在这个线性表中查找关键字。关键字线性表虽然可以选用任何支持查找、插入、删除操作的数据结构，如果数组、单链表、查找树，但最常用的数据结构是单链表。一般做法是，设数组 $ht[0:b-1]$，对每个桶号 i，$ht[i]$ 指向单链表的第一个结点。程序 8.4 给出链地址 Hash 表的查找算法。

```
element *search(int k)
{ /* search the chained hash table ht for k, if a pair with this key
     is found, return a pointer to this pair; otherwise, return
     NULL */
  nodePointer current;
  int homeBucket = h(k);
  /* search the chain ht[homeBucket] */
  for (current=ht[homeBucket]; current; current=current->link)
    if (current->data.key==k) return &current->data;
  return NULL;
}
```

程序 8.4 链式探测

与图 8.4 的线性探测 Hash 表对应的链地址 Hash 表如图 8.6 所示。查找时只需比较一次的关键字是 `acos`，**`char`**，`define`，`exp`，**`float`**；需比较两次的关键字是 `atoi`，`ceil`，`floating`；需比较三次的关键字是 `atol`，`cos`；需比较四次的关键字是 `ctime`。平均比较次数现在变成 $21/11=1.91$。

在单链表中插入关键字 k 之前，必须确认该关键字当前不在链表中，如果确实如此，则关键字的插入位置在链表中任意。要从链地址 Hash 表中删除关键字，只要把相应链表中的

```
[0] ——> acos atoi atol
[1] ——> NULL
[2] ——> char ceil cos ctime
[3] ——> define
[4] ——> exp
[5] ——> float floor
[6] ——> NULL
...
[25] ——> NULL
```

图 8.6 图 8.4 对应的 Hash 链表

结点删除即可。

如果链地址 Hash 表的 Hash 函数是一致映射 Hash 函数，查找成功的平均比较次数的期望值约为 $1+\alpha/2$，α 是装填密度 n/b，b 是表中桶数。如果 $\alpha=0.5$，平均比较次数是 1.25；如果 $\alpha=1$，平均比较次数是 1.5。对线性探测的 Hash 表，平均比较次数的对应值分别是 1.5 和 b，b 是表长。

本小节讨论溢出处理方法的性能，前提是 Hash 函数为一致映射的 Hash 函数。如果在关键字集合中随机选取关键字，那么得出的结论当然是正确的，但是在实际应用中，关键字的出现频率可能不是随机的，因此上述结论也许会存在偏颇之处。虽然实际应用中的不同 Hash 法有不同性能，但采用余数法构造 Hash 函数，并选用链地址法处理溢出，一般而言，都能呈现最好的性能。

无论采用开放地址法还是链地址法，在最差情形，一次成功查找的比较次数都是 $O(n)$，如果将链表改成平衡查找树（第 10 章），则最差情形的关键字比较次数可以减少到 $O(\log n)$。

§8.2.4 处理溢出方法的理论估计

实验结果表明，Hash 法的性能要远远优于传统的平衡树，但 Hash 法在最差情形的性能会非常糟糕。对表中存放了 n 个关键字的 Hash 表，在最差情形，一次查找或插入所需的比较次数可能是 $O(n)$，本小节给出链地址法解决溢出问题的期望性能概率分析，并不加证明地给出和其它方法的分析结果。首先，我们指出期望性能的准确含义。

令 Hash 表 $ht[0:b-1]$ 有 b 个桶，每桶一槽，h 是一致映射 Hash 函数，映射范围是 $[0,b-1]$。如果 n 个关键字 k_1，k_2，...，k_n 存入这个 Hash 表，那么共有 b^n 种不同的 Hash 序列 $h(k_1)$，$h(k_2)$，...，$h(k_n)$。令这些序列的出现概率相同。设 S_n 表示查找随机选定的关键字 k_i 所需的期望比较次数，$1\le i\le n$，则 S_n 就是在所有 b^n 种序列中找到第 j 个关键字 k_j 的平均比较次数，$1\le j\le n$，j 等概率选取，b^n 种序列等概率出现。令 U_n 表示在表中查找一个不存在关键字所需比较次数的期望值，Hash 表中有 n 个关键字，U_n 的定义与 S_n 类似。

定理 8.1 令 $\alpha=n/b$ 是 Hash 表达装填密度，h 是一致映射 Hash 函数，那么

(1) 对线性开放地址法，有

$$U_n \approx \frac{1}{2}\left[1+\frac{1}{(1-\alpha)^2}\right]$$
$$S_n \approx \frac{1}{2}\left[1+\frac{1}{1-\alpha}\right]$$

(2) 对再 Hash 法、随机探测、二次探测，有

$$U_n \approx \frac{1}{1-\alpha}$$
$$S_n \approx -\frac{1}{\alpha}\log_e(1-\alpha)$$

(3) 对链地址法，有

$$U_n \approx \alpha$$
$$S_n \approx 1+\alpha/2$$

证明 U_n 与 S_n 的严格推导参见 Knüth 所著 *The Art of Computer Programming: Sorting and Searching*，这里仅给出链地址法的推导。首先我们要指明 U_n 和 S_n 计数值的含义。如果对待查关键字 k 有 $h(k)=i$，且这第 i 条链中有 q 个结点，若 k 不在该链中，则需比较 q 次；若 k 出现在链中的第 j 个结点，则需比较 j 次，$1\le j\le q$。

如果 n 个关键字在 b 条链中一致分布，那么每条链表长度的期望值是 $n/b=\alpha$。因为 U_n 的值等于等于链表中关键字的期望数目，所以有 $U_n=\alpha$。

当第 i 个关键字 k_i 插入 Hash 表时，表中每条链所含关键字个数的期望值是 $(i-1)/b$，所以，当 n 个关键字都插入 Hash 表之后，查找 k_i 所需比较次数的期望值是 $1+(i-1)/b$（假设新关键字都插入在链表尾）。所以有

$$S_n=\frac{1}{n}\sum_{i=1}^{n}[1+(i-1)/b]=1+\frac{n-1}{2b}\approx 1+\frac{\alpha}{2}. \qquad \square$$

习题

1. 证明 Hash 函数 $h(k)=k \mod 17$ 不满足单路性（one-way property）、弱冲突避免性（weak collision resistance）、强冲突避免性（strong collision resistance）[1]。

2. 考虑 Hash 函数 $h(k)=k \mod D$，D 未知，我们想通过实验确定 D 值，而且希望实验次数最少。实验方法是选一些 k 值，通过观察 $h(k)$ 的结果发现 D 值。如果另外还知道有关 D 的以下两种性质，给出实验方法。

   (a) D 是素数，范围是 $[10,20]$。

   (b) D 的形式是 2^k，k 的范围是 $[1,5]$。

[1] 原书并未定义 Hash 函数的单路性、弱冲突避免性、强冲突避免性，这三种性质常用于（网络）信息安全方面的应用，读者可查阅相关文献——译者注。

3. 编写函数，在线性探测 Hash 表中删除关键字为 k 的词条。证明简单地把该词条从所在槽删除并未全部解决问题。指出程序 8.3 中的函数 `search` 应如何修改才能保证删除某词条后查找操作还能正确执行。新关键字插入的位置是什么？

4. (a) 如果二次探测序列为 $h(k)+q^2$, $h(k)+(q-1)^2$, …, $h(k)+1$, $h(k)$, $h(k)-1$, …, $h(k)-q^2$, 其中 $q=(b-1)/2$，那么考察的地址序列在对 b 求余的意义下是

$$b-2, b-4, b-6, \cdots, 5, 3, 1, 1, 3, 5, \cdots, b-6, b-4, b-2.$$

   (b) 编写函数，在长度为 b 的 Hash 表 ht 中查找关键字 k。Hash 函数用正文讨论溢出问题的二次探测法时所用的 h。用 (a) 中的序列减少计算量。

5. **[Morris 1968]** 本题讨论随机探测法处理溢出的方法。在桶数为 b 的 Hash 表中查找关键字 k，随机探测法的查找序列为 $h(k), h(k)+s(i) \mod b, 1 \le i \le b-1$，$s(i)$ 是伪随机数。随机数生成函数必须保证当 i 的取值范围是 $[1, b-1]$ 时，随机数范围也是 $[1, b-1]$，而且必须出现一次且仅一次。

   (a) 对长度为 2^r 的 Hash 表，证明下列计算过程符合上述要求：

   每次查找开始前初始化 $q=1$。
   随机数按以下步骤生成：
   $q *= 5$;
   $q = q$ 位中的低 $r+2$ 位；
   $s(i) = q/4$;

   (b) 编写函数，实现 Hash 表的查找和插入操作，Hash 函数用平方取中法构造，溢出处理用随机探测法，随机数生成算法用 (a)。

   可以证明，在这种 Hash 表中，如果表长较长，则查找词条的平均比较次数是 $-(1/\alpha)\log(1-\alpha)$，$\alpha$ 是装填因子。

6. 设计用二叉查找树处理 Hash 表溢出的方法，Hash 函数用余数法，除数 D 取奇数，如果装填密度超出预先给定值，用数组加倍技术扩容 Hash 表，即从 b 扩容到 $2b+1$。

7. 编写函数，按字母序列出 Hash 表中的所有关键字。对线性探测法，指出函数的计算时间。

8. 关键字 k 表示成 k_1k_2，令 t 是 k 的二进制位长，规定 k_1 的第一位为 1，且 $|k_1| = \lceil |k|/2 \rceil$，$|k_2| = \lfloor |k|/2 \rfloor$。考虑以下 Hash 函数

$$h(k) = (k_1 \oplus k_2) \text{ 中间 } q \text{ 位}$$

   其中 $\oplus$ 是异或运算。对关键字空间随机选取的关键字，h 是一致映射 Hash 函数吗？对实际情形的辞典使用 h 时，它的映射规律如何？

9. **[T. Gonzalez]** 设计辞典使查找、插入、删除的时间是 $O(1)$。设关键字是整数，范围是 $[0,m)$，表中可用空间是 $m+n$，n 是将插入的关键字个数。（提示：使用两个数组 $a[n]$ 和 $b[m]$，$a[i]$ 存放第 $i+1$ 次插入的词条。若 k 是第 i 次插入的关键字，则 $b[k]=i$。）编写 C 函数，实现查找、插入、删除操作。注意，不应初始化数组 a 和 b，因为初始化所花费的时间是 $O(n+m)$。

10. **[T. Gonzalez]** 令 $s=\{s_1,s_2,\ldots,s_n\}$ 和 $t=\{t_1,t_2,\ldots,t_r\}$ 是两个集合，$1\le s_i\le m$，$1\le i\le n$ 且 $1\le t_i\le m$，$1\le i\le r$。用习题 9 的方法，编写函数，判断是否 $s\subseteq t$，时间复杂度应为 $O(r+n)$。由于 $s\equiv t \iff s\subseteq t\cap t\subseteq s$，因而利用本题的函数可以在线性时间判断两个集合是否相等。指出函数的空间复杂度。

11. **[T. Gonzalez]** 利用习题 9 的思路，编写 $O(n+m)$ 的函数完成程序 7.3 中 `verify2` 的功能。指出函数的空间复杂度。

12. 使用 §8.2.4 中的记号，证明对线性探测法，有

$$S_n=\frac{1}{n}\sum_{i=0}^{n-1}U_i.$$

利用上面的公式和下面的近似公式

$$U_n=\frac{1}{2}\left[1+\frac{1}{(1-\alpha)^2}\right],\qquad \alpha=\frac{n}{b}$$

证明

$$S_n\approx\frac{1}{2}\left[1+\frac{1}{(1-\alpha)}\right].$$

§8.3 动态 Hash 法

§8.3.1 动态 Hash 法的动机

为了确保 Hash 表的性能，如果装填密度超过预先设定的阈值，就应该增加 Hash 表的容量。例如，当前 Hash 表有 b 个桶，Hash 函数采用余数法，除数是 $D=b$，如果插入操作使装填密度超过预先设定的阈值，则我们要用数组加倍技术增加 Hash 表容量，使表中桶数增加到 $2b+1$，同时设除数 $D=2b+1$。Hash 表扩容后，当然不可以把原表的数据简单地复制到新表中相应的地址，因为映射地址很可能有变化，而是必须重新映射原表中的每项词条，然后再一一插入到扩容后的新表之中。如果 Hash 表存放的辞典规模很大，且辞典必须提供不间断服务，每周 7 天，每天 24 小时，当 Hash 表重构时，辞典的存取操作必须暂停，暂停时间如果过长用户显然不能接受。为了解决 Hash 表扩容可能造成过长暂停时间，动态 Hash 法，又称可扩展 Hash 法，就是针对这个问题的解决方案。动态 Hash 法可以保证，在表重构时表中存放的所有各项数据仅涉及一桶数据改变。换一种说法，对总体 n 次辞典操作而言，表扩容虽然仅仅增加 $O(n)$ 时间，但如果这样的时间量全部落在某一次插入操作之后，那么对这次操作，如果辞典很大使等待时间过长，则完全不可接受。动态 Hash 法的目的是使每次操作都可以迅速完成，也就是说，动态 Hash 表的性能主要体现的是每次操作的性能。

本节讨论两种动态 Hash 法，一种通过设置目录实现，另一种不设目录。两种动态 Hash 法用到的 Hash 函数 h 都把关键字映射到非负整数，而且 h 的映射范围都足够大。以下用函数形式 $h(k,p)$ 表示 $h(k)$ 的低 p 位二进制数。

本节所有例子中用到的 Hash 函数 $h(k)$ 都把关键字映射成 6 位二进制非负整数，关键字形式都是两个字符，h 把 A, B, C 分别映射成 100, 101, 110，把数字 0 到 7 映射成 3 位二进制数。图 8.7 给出了 8 个两字符关键字的 $h(k)$ 映射结果。其中 $h(A0,1) = 0, h(A1,3) = 1, h(B1,4) = 1001 = 9, h(C1,6) = 110\,001 = 49$。

k	$h(k)$
$A0$	100 000
$A1$	100 001
$B0$	101 000
$B1$	101 001
$C1$	110 001
$C2$	110 010
$C3$	110 011
$C5$	110 101

图 8.7 Hash 函数举例

§8.3.2 设目录的动态 Hash 法

这种动态 Hash 法设置目录 d，目录中每项单元内容为指向桶的指针。目录长度取决于在 $h(k)$ 中选取的二进制位的数目 p，这个长度为 p 的二进制数用作目录的索引。当索引长度取定后，对 $h(k,2)$，目录长度是 $2^2 = 4$；对对 $h(k,5)$，目录长度是 $2^5 = 32$。$h(k)$ 中取定的二进制位的数目称为*目录深度*。目录长度用 2^t 表示，t 是目录深度，Hash 表中的桶数的最大值是目录长度。图 8.8(a) 是一个动态 Hash 表，表中存放的关键字为 $A0,B0,A1,B1,C2,C3$，目录深度是 2，每桶两槽。图 8.8 中的目录用双线方框表示，桶用单线方框表示。实际应用中，桶长一般与物理存储设备的存储单位有关，如果辞典中的词条存储在磁盘上，则桶长可选为磁道长度或扇区长度。

要确定关键字 k 的位置，只要查找由 $d[h(k,t)]$ 指向的桶，t 是目录深度。

先看向图 8.8(a) 中插入 $C5$，由于 $h(C5,2) = 01$，考察索引为 01 的目录项 $d[01]$，它指向的桶中存放了 $A1$ 和 $B1$。这个桶已装满，因而发生溢出，为解决溢出，我们察看 $h(k,u)$，目的是要确定一个最小的 u，从而把发生溢出的桶中三个关键字映射到不同地址。如果这个最小的 u 比当前的目录深度大，就应该把当前目录深度增大到 u。我们这时所做的事情仅仅是增大目录长度，而不是增大 Hash 表的桶数。目录长度加倍后，原目录中的指针要复制到新增大的目录项中，这时增大的目录前一半内容与后一半内容相同。如果需要把目录增大四倍，我们可以做两次目录加倍并复制指针。再回来看插入 $C5$ 的例子，$h(k,u)$ 把 $A1, B1, C5$ 映射到不同地址的最小 u 是 3，因而目录深度增加到 3，目录长度增加到 8，目录扩容后，$d[i] = d[i+4]$, $0 \le i < 4$。

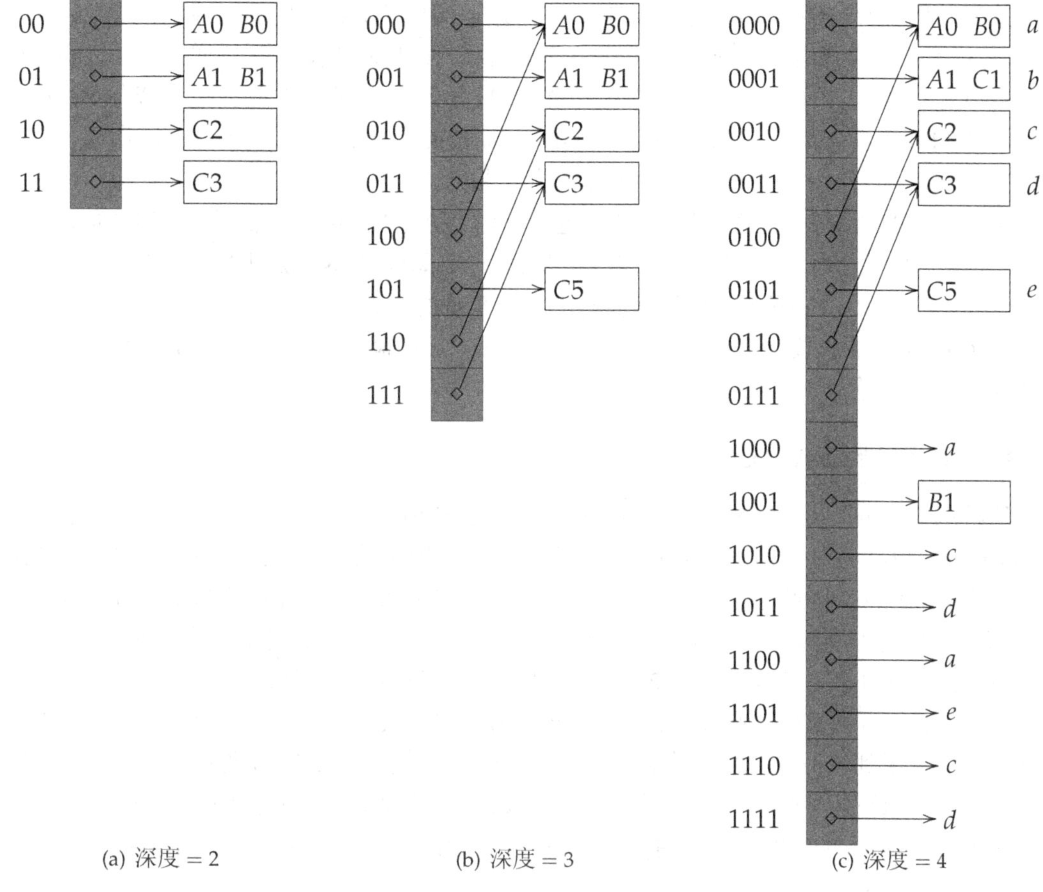

图 8.8 带目录的动态 Hash 表

目录扩容后，可根据 $h(k,u)$ 把溢出桶中的数据分开存放。接着上例，溢出桶中数据根据 $h(k,3)$ 分别存放在两处，对 $A1, B1$ 有 $h(k,3)=001$，对 $C5$ 有 $h(k,3)=101$。因而要为 $C5$ 设新桶并把桶地址 101 存在 $d[101]$ 中，如图 8.8(b) 所示。注意，这时以 $h(k,3)$ 为索引的每个目录项都指向一个桶位，有些不同的目录项指向了同一个桶位，例如目录 $d[100]$ 也指向 $A0$ 和 $B0$，尽管 $h(A0,3)=h(B0,3)\neq 000$。

如果要在图 8.8(a) 中插入 $C1$ 而不是 $C5$，位于 $h(C1,2)=01$ 的目录内容指向的桶位与插入 $C5$ 时相同，也发生溢出。这时，使 $h(k,u)$ 把 $A1, B1, C1$ 映射到不同地址的最小的 u 是 4，因而目录深度增加到 4，目录长度增加到 16，所以目录长度增加四倍，$d[0:3]$ 中的指针要复制三次以填满新目录项。溢出桶分裂之后，$d[0001]$ 指向的桶存放 $A1$ 和 $C1$，$d[1001]$ 指向的桶存放 $B1$。

如果插入新词条不需要增加目录深度，但需要分裂桶，那么当前目录中的指针有可能也要修改，准确地说，根据当前 u 计算得到的新桶地址应更新相应的目录项。我们通过一个例子说明。在图 8.8(b) 中插入 $A4$ ($h(A4)=100\,100$)，$d[100]$ 指向的桶溢出，最小 u 是 3，就是当前地目录深度，因而目录深度不变。由 $h(k,3)$，$A0$ 和 $B0$ 映射到 000，$A4$ 映射到 100，所以要把 $A4$ 放到新桶中，并令 $d[100]$ 指向这个新桶。

最后的例子要在图 8.8(b) 中插入 $C1$。$h(C1,3)=001$，$d[001]$ 指向的桶溢出。计算后得知最小的 u 是 4，所以应增加目录深度并加倍目录容量。原目录项复制到新增的目录之后，根据 $h(k,4)$ 分裂桶，因为 $h(k,4)=0001$ 对应 $A1, C1$，$h(k,4)=1001$ 对应 $B1$，所以把 $B1$ 放入新桶，把 $C1$ 放入以前存放 $B1$ 的老桶，$d[1001]$ 存放指向新桶的指针，如图 8.8(c) 所示。为减少图中的连线箭头，用了一些小写字母表示桶地址。

从设目录的动态表中删除词条与插入过程相似。动态 Hash 法虽然要做数组加倍，但与静态 Hash 法的数组加倍相比，花费的时间要少，因为动态 Hash 法只处理溢出桶，而静态 Hash 法要处理整个 Hash 表。如果辞典存储在磁盘而把目录存放在内存，可以进一步节省时间。查找 Hash 表只需一次读盘操作，插入 Hash 表需读盘一次、写盘两次，而数组加倍不需要和磁盘打交道。

§8.3.3 不设目录的动态 Hash 法

这种动态 Hash 法，顾名思义，不设目录 d 存放桶地址，与 §8.3.2 不同。不设目录的动态 Hash 法，也称为线性动态 Hash 法，使用的数据结构是数组 ht，数组单元就是桶。数组 ht 的长度应足够大，因此不需要动态扩容。由于数组足够大，因而耗费的初始化时间也比较长，为避免数组的整体初始化，我们特设变量 q 和 r，$0 \le q < 2^r$，用来记录数组中的*活动桶*，在任何时刻，数组中只有 0 号桶到 2^r+q-1 号桶是活动桶。每个活动桶都是桶链表中的第一个，后续桶称为*溢出桶*。粗略地讲，r 是 $h(k)$ 用到的位长，这些位用做 Hash 表的索引，q 是下一次分裂用到的桶号。严格说来，0 号桶到 $q-1$ 号桶，以及 2^r 号桶到 2^r+q-1 号桶，都是由 $h(k,r+1)$ 生成的索引。每项词条或者存放在活动桶中，或者存放在溢出桶中。

图 8.9(a) 是一个不设目录的 Hash 表 ht，$r=2$，$q=0$。Hash 函数同图 8.7，加上

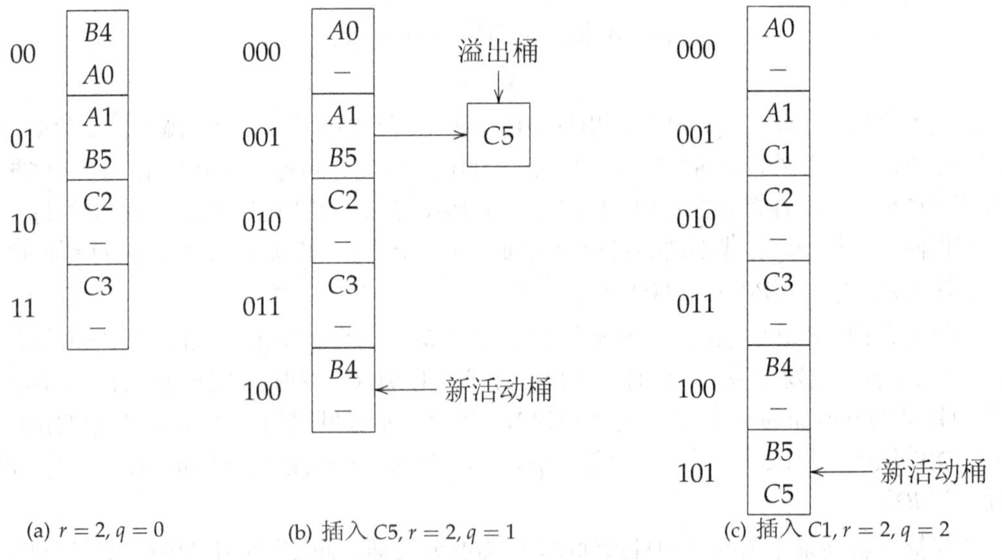

(a) $r=2, q=0$ (b) 插入 $C5, r=2, q=1$ (c) 插入 $C1, r=2, q=2$

图 8.9 插入无目录动态 Hash 表

$h(B4)=101\ 100$，$h(B5)=101\ 101$。活动桶数是 4，索引值分别是 00, 01, 10, 11。活动桶索引还标识桶链表，每个活动桶包括两槽，如 00 号活动桶存放 $B4$ 和 $A0$。图 8.7(a) 中有 4 个

桶链表，每个链表的头结点就是相应的活动桶，而且链表中只含活动桶，即当前无溢出桶。图 8.7(a) 中映射关键字到函数是 $h(k,2)$。图 8.7(b) 的 Hash 表，$r=2$，$q=1$；000 号链表与 100 号链表用到的关键字映射函数是 $h(k,3)$，001 号链表、010 号链表、011 号链表用到的关键字映射函数是 $h(k,2)$。001 号链表含一个溢出桶。溢出桶中的槽数可以与活动桶的槽数相同，也可以不相同。

要查找 k，我们先计算 $h(k,r)$。如果 $h(k,r)<q$，那么 k 有可能存放在 $h(k,r+1)$ 号链表中；否则，k 有可能存放在 $h(k,r)$ 号链表中。程序 8.5 是不设目录动态 Hash 表达查找操作。

```
if (h(k,r) < q) search the chain that begins at bucket h(k,r+1);
else search the chain that begins at bucket h(k,r);
```

程序 8.5 查找无目录 Hash 表

要把 $C5$ 插入图 8.9(a)，先用程序 8.5 判断 $C5$ 是否已经存放在表中。考察 01 号链表的结果告诉我们 $C5$ 不在链表中，而且该链的活动桶已满，因而发生溢出。处理溢出的方法是，将 2^r+q 激活成活动桶；把 q 号链表中从 q 到新的活动桶（或链）2^r+q 的数据项重新按映射地址存放，然后 q 加 1。本例中的 q 现在变成 2^r，r 加 1 并把 q 置 0。重新存放的数据地址由映射 $h(k,r+1)$ 确定。最后把词条插入链表，以后程序 8.5 将使用 r 和 q 的新值查找该项词条。

接着完成上例的插入过程，$4=100$ 号桶被激活，00（$q=0$）号链表中的各项数据根据 $r+1=3$ 位得到新的 Hash 地址，$B4$ 的新桶地址是 100，$A0$ 的桶地址还是 000。之后 $q=1$，$r=2$。查找 $C5$ 要扫描 1 号链表，因而 $C5$ 插入这条链表的溢出桶，如图 8.9(b) 所示。注意，这时在 001, 010, 011 号桶中的关键字地址按 $h(k,2)$ 计算，而 000, 100 号桶中的关键字地址按 $h(k,3)$ 计算。

现在要把 $C1$ 插入图 8.9(b)。由于 $h(C1,2)=01=q$，程序 8.5 在链表 $01=1$ 中查找，结果 $C1$ 不在辞典中。因为 01 号活动桶已满，溢出发生，所以激活 $2^r+q=5=101$ 号桶，然后把 q 号链表中关键字 $A1, B5, C5$ 重新映射到新地址。重新映射时 Hash 函数用到 3 位，$A1$ 映射到 001 号桶，$B5$ 和 $C5$ 映射到 101 号桶。然后 q 加 1，新关键字 $C1$ 插入 001 号桶，结果见图 8.9(c)。

习题

1. 编写算法，在设目录动态 Hash 表中插入词条。

2. 编写算法，在设目录动态 Hash 表中删除词条。

3. 编写算法，在不设目录动态 Hash 表中插入词条。

4. 编写算法，在不设目录动态 Hash 表中删除词条。

§8.4 Bloom 滤波器

§8.4.1 差异文件及其应用

本小节讨论索引文件的维护，这是 Hash 法的应用之一。为简化讨论，我们假设仅对文件中的一个关键字建立索引，因而只考虑单一的索引文件。另外还要假设，我们讨论的索引是稠密索引（dense index），即文件中每条记录都有索引项；而且文件可以修改，即可以在文件中插入记录、删除记录、修改已存在的记录。为了保护数据，避免软、硬件故障发生或误操作之后丢失数据，系统常常要为当前数据文件和索引都保存一份副本，以备不时之需，可以恢复数据。称当前数据文件为*主文件*，当前索引文件为*主索引*。

由于文件允许修改，因而索引也会相应改动，故出错时的当前文件与索引文件很可能与备份不同。为了恢复数据，除了文件副本和索引副本之外，还需要一份从上次备份之后到目前为止的修改记录，存放一笔笔修改记录的文件称为*改动历史文件*（transaction log）。有了文件副本、索引副本，以及改动历史文件，出错后的数据恢复就不成问题了。恢复时间因而是一个关于文件副本长度、索引副本长度，以及改动历史文件长度的数学函数，要减少恢复时间，我们可以提高备份频率。提高备份频率显然可以缩短改动历史文件，但备份频率过高却不一定满足实际需求，例如主文件和主索引都可能很大，另外，数据的更新也可能很快。

如果数据文件很大，但索引不大，这时可以把修改后的记录存放到另一个文件，称为*差异文件*，能使恢复时间减少。这样的话，主文件不变，只用主索引跟踪最新修改的记录，索引项指向给定关键字记录的地址。我们假设主文件中记录的地址与差异文件中记录的记录都不同，因此根据主索引中的索引值，我们可以无误地确定，最后改动的记录究竟是存放在主文件之中，还是存放在差异文件之中。存取给定关键字记录的步骤有程序 8.6(b) 给出，程序 8.6(a) 给出不使用差异文件存取给定关键字记录的步骤。

如果使用差异文件，那么文件备份与主文件完全相同，注意到这点，主索引和差异文件可以高频率备份，而这两个文件可预计都相对较小，因此高频备份是可行的。恢复主索引文件或差异文件需要历史记录文件配合备份的主文件、索引文件、差异文件。历史记录文件应该很小，因为备份频率很高。恢复主文件很简单，只有把备份复制过来就行了。如果差异文件变得太大，可以把老的主文件与差异文件归并在一起得到新的主文件，结果还得到新索引文件和一个空的差异文件。有意思的是，按如上方法使用差异文件并不需要增加磁盘的访问次数（见程序 8.6(a)(b)）。

如果索引文件和数据文件都很大，那么使用差异文件就没有意义了，因为不能高频备份主索引文件而使历史记录文件足够小。解决这个难题的方法是增设差异索引文件。主索引文件和主文件在记录更新时都不改动，而只用差异文件存放新插入的记录以及新修改的记录。差异索引文件存放差异文件的索引，删除记录后索引项变空。使用差异索引和差异文件存取记录的步骤见程序 8.6(c)。与程序 8.6(a) 比较，我们发现磁盘访问频繁得多了，因为首先要在差异索引中查找，然后要在主索引中查找。注意到差异文件要远远小于主文件，因此大多数查找都只会在主文件中成功。

使用差异索引和差异文件时，必须高频备份这两个文件，这是可行的，因为两个文件都相当较小。要恢复差异索引或差异文件，必须用这两个文件的备份并与历史记录文件配合。当差异索引和差异文件之一或两者都变得很大时，主索引和主文件之一或两者就要与对应

Step 1　在主索引中查找记录地址。
Step 2　根据记录地址在主文件中存取记录。
Step 3　若是修改记录，则修改主索引、主文件、历史记录文件。

(a) 不用差异文件

Step 1　在主索引中查找记录地址。
Step 2　根据 Step 1 得到的记录地址，或者在在主文件中，或者在差异文件中存取记录。
Step 3　若是修改记录，则修改主索引、主文件、历史记录文件。

(b) 使用用差异文件

Step 1　在差异索引中查找记录地址，若不成功则去主索引中查找。
Step 2　根据 Step 1 得到的记录地址，或者在在主文件中，或者在差异文件中存取记录。
Step 3　若是修改记录，则修改主索引、主文件、历史记录文件。

(c) 使用差异索引和差异文件

Step 1　询问 Bloom 滤波器，若回答“也许”则在差异索引中查找记录地址。
若回答“不是”或在差异索引中查找不成功，则去主索引查找。
Step 2　根据 Step 1 得到的记录地址，或者在在主文件中，或者在差异文件中存取记录。
Step 3　若是修改记录，则修改主索引、主文件、历史记录文件。

(d) 使用差异索引、差异文件、Bloom 滤波器

程序 8.6 存取记录步骤

者归并，结果得到空的差异索引或差异文件，也可能两者都变空。

§8.4.2 设计 Bloom 滤波器

使用差异索引文件引起的效率下降可以用 *Bloom* 滤波器补偿，保持使用差异文件带来的高效率。Bloom 滤波器是工作在内存的程序，负责回答以下问题：关键字 k 在差异索引文件中吗？如果可以精确回答这个问题，要确定记录地址，就根本不需要在差异索引中查找后再到主索引文件去查找了。显然，要精确回答上述问题的唯一做法是在差异索引中包含所有关键字，然而这样做将无法使差异索引的长度保持在合适的量值以便高频备份了。

Bloom 滤波器并不精确地回答上述问题，“是”或“不是”，而是回答“也许”或“不是”。如果 Bloom 滤波器回答“不是”，可以肯定关键字 k 不在差异索引文件之中，这时只需去主索引文件查找即可，磁盘访问次数和不要差异索引文件相同。如果 Bloom 滤波器回答“也许”，这时才需要先查找差异索引文件，若不成功则再去查找主索引文件。程序 8.6(d) 给出使用 Bloom 滤波器和差异索引文件的记录存取步骤。

如果 Bloom 滤波器回答“也许”而且关键字也不出现在差异索引文件之中，这时我们称 Bloom 滤波器出现滤波误导（filter error）。显然，只有出现滤波误导时，才会引发既去差异索引文件查找又去主索引文件查找。设置差异索引文件之后，为保证存取记录的性能接近不

设置差异索引文件，我们要求 Bloom 滤波器的滤波误导率应接近 0。

Bloom 滤波器由内存中的 m 位二进制位与 h 个 Hash 函数组成。h 个 Hash 函数 $f_1, \ldots, f_h$ 都是一致映射 Hash 函数且相互独立，而且都把关键字 k 映射到整数范围 $[1, m]$。m 位滤波位在初始化时都清零，同时差异文件与差异索引也是空文件。当关键字 k 加入差异索引文件之后，滤波位 $f_1(k), \ldots, f_h(k)$ 都置 1。以后 Bloom 被问到"关键字 k 在差异索引文件中吗？"则检查所有滤波位 $f_1(k), \ldots, f_h(k)$，如果这些滤波位都是 1，则答案是"也许"，否则答案为"不是"。不难验证，若答案为"不是"，则关键字一定不在差异索引文件之中，而若答案为"也许"，则关键字也许在差异索引文件之中，也许不在差异索引文件之中。

接下来我们要计算滤波误导的概率。假设开始时有 n 条记录，其中 u 条记录被修改，但不涉及插入、删除操作，因而记录个数不变。再假设记录关键字的取得关于关键字空间是一致分布，而且修改第 i 条记录第概率是 i/n，$1 \le i \le n$。根据以上假设，特定记录 i 不被修改的概率是 $1 - i/n$，因此 u 次改动都不会涉及记录 i 的概率是 $(1 - 1/n)^u$，所以未被修改的记录数目的期望值是 $n(1 - i/n)^u$，而且第 $u+1$ 次修改改动了以前未修改记录的概率是 $(1 - 1/n)^u$。

再来考虑 Bloom 滤波器的第 i 位滤波位以及滤波函数 f_j，$1 \le j \le h$。令 k 是 u 次修改中被改动的一个，因为 f_j 是一致映射 Hash 函数，故 $f_j(k) \neq i$ 的概率是 $1 - 1/m$。又由于 h 个 Hash 函数相互独立，故对所有 h 个 Hash 函数，$f_j(k) \neq i$ 的概率是 $(1 - 1/m)^h$。根据以上有关记录修改的假设，u 次修改后第 i 位滤波位为 0 的概率是 $(1 - 1/m)^{uh}$。现在我们得出结论，u 次修改后，查询一条未修改的记录，其滤波误导概率是 $(1 - (1 - 1/m)^{uh})^h$。如果用 $P(u)$ 表示 u 次修改后任意一次查询的滤波误导概率，有

$$P(u) = (1 - 1/n)^u (1 - (1 - 1/m)^{uh})^h.$$

对充分大的 x，可以利用近似公式

$$(1 - 1/x)^q \sim e^{-q/x}$$

当 n、m 充分大时，我们得到

$$P(u) \sim e^{-u/n}(1 - e^{-uh/m})^h.$$

设计 Bloom 滤波器应最小化滤波误导率。滤波误导率取到最大值之时，正是在主索引文件与差异索引文件归并之前，也即差异文件变空之前，令 u 表示这一时刻之前的记录修改次数。在许多应用中，m 取可用的内存容量，n 固定，因而设计参数只剩下 h。对 $P(u)$ 关于 h 求导并令结果为 0，解方程得到

$$h = (\log_e 2)m/u \sim 0.693m/u.$$

可以验证 $P(u)$ 取这个 h 时达到最小值。实际使用中，h 必须是整数，所以可选 $\lceil 0.693m/u \rceil$，$\lfloor 0.693m/u \rfloor$ 两者中使 $P(u)$ 较小的一个。

习题

1. 对 $P(u)$ 关于 h 求导，证明 $P(u)$ 在 $h = (\log_e 2)m/u$ 时到达最小值。

2. 给定参数 $n = 100000, m = 5000, u = 1000$，涉及 Bloom 滤波器使 $P(u)$ 最小。

   (a) 尽量利用正文给出的方法，算出 h，即 Hash 函数的个数。给出计算过程。

   (b) 对上小题算出的 h，指出滤波误导率 $P(u)$。

§8.5 参考文献和选读材料

以下是两本关于 Hash 法的参考书。

[1] D. Knüth. *The Art of Computer Programming: Sorting and Searching*, volume 3. Addison-Wesley, Reading, MA, 2nd edition, 1998.

[2] D. Mehta and S. Sahni. *Handbook of Data Structures and Algorithms*, Chapman & Hall/CRC, Boca Raton, 2005. (P. Morin. *Hash Table.*)

我们讨论差异文件与 Bloom 滤波器的方式与下文相似。文献中还介绍了差异文件的其它用处。

[3] D. Severence and G. Lohman. Differential files: Their application to the maintenance of large databases. *ACM Transactions on Database Systems*, 1(3):256–267, 1976.

上文在推导滤波误导率时采用的一致性假设与实际应用不符，因为后续记录操作更有可能存取过去操作涉及到的记录，其他作者针对实际情况，对上文结果做了进一步探讨，以下是其中两篇文献。

[4] H. Aghili and D. Severance. A practical guide to the design of differential file architectures. *ACM Transactions on Database Systems*, 7(2):540–565, 1982.

[5] T. Hill and A. Srinivasan. A regression approach to performance analysis for the differential file architecture. *Proceedings of the Third IEEE International Conference on Data Engineering*, pages 157–164, 1987.

Bloom 滤波器的应用范围很广泛，以下文献是 Bloom 滤波器在网络方面的应用。

[6] L. Li A. Kumar, J. Xu and J. Wang. Space-code bloom filter for efficient traffic flow measurement. *ACM Internet Measurement Conference*, 2003.

[7] P. Mutaf and C. Castelluccia. Hash-based paging and location update using bloom filters. *Mobile Networks and Applications*, 9:627–631, 2004.

[8] F. Chang, W. Feng and K. Li. Approximate caches for packet classification. *IEEE INFOCOM*, 2004.

第 9 章　优先级队列

§9.1　单端优先级队列与双端优先级队列

*优先级队列*是数据元素的聚集，其中每项数据元素都有相应的优先级。本章讨论两类优先级队列，一类是单端优先级队列，另一类是双端优先级队列。单端优先级队列，曾经在 §5.6 讨论过，可以进一步分为最小值优先级队列和最大值优先级队列。在 §5.6.1 已经指出，最小值优先级队列有如下操作：

- SP1: 返回具有最小优先级的数据元素。
- SP2: 插入任意优先级的数据元素。
- SP3: 删除具有最小优先级的数据元素。

最大值优先级队列的操作与最小值优先级队列相似，只要把 SP1 和 SP2 中的最小换成最大即可。§5.6 介绍的堆是表示优先级队列的经典数据结构，用小根（大根）堆表示单端优先级队列，可以在 $O(1)$ 时间找到最小（最大）元，其它两种操作的时间是 $O(\log n)$，n 是优先级队列中的元素个数。本章要进一步讨单端论优先级队列，主要研究单端优先级队列的各方面扩展。第一个专题是*易融合（单端）优先级队列*，这种优先级队列用融合（meld）操作增强 SP1、SP2、SP3。融合操作把两个优先级队列合并成一个优先级队列。来看一个例子，如果一台提供优先级队列服务的服务器因故将停止运行，但另一台提供同样服务的服务器可以正常工作，这时只要把两台服务器的优先级队列融合到一起，那么就可以由正常工作的一台服务器继续提供原来由两台服务器提供的服务。本章逐步介绍实现易融合优先级队列所需的两种数据结构，一种是左倾树，一种是二项式堆。

易融合优先级队列的另一个扩展操作是删除队列中（给点位置的）任意元素，以及减小（对最大值优先级队列是增大）队列中任意元素的关键字或优先级，两种新的数据结构—Fibonacci 堆和配偶堆—支持这两种扩展操作。在讨论 Fibonacci 堆一节，我们以 §6.4.1 中求解图的最短路径问题为例，描述如何用 Fibonacci 堆提高 Dijkstra 算法的效率。

双端优先级队列（DEPQ）是支持下列操作的数据结构：

- DP1: 返回具有最小优先级的数据元素。
- DP2: 返回具有最大优先级的数据元素。
- DP3: 插入任意优先级的数据元素。
- DP4: 删除具有最小优先级的数据元素。
- DP5: 删除具有最大优先级的数据元素。

可以说，DEPQ 是最小值优先级队列与最大值优先级队列的合成。

例 9.1 网络的包缓存可以用 DEPQ 实现。这个包缓存用来存放数据包，每个数据包无一例外都赋予了一个优先级，在包缓存中等待时机通过网络链路传输。在网络链路允许传输的时候，最高优先级的数据包最先传输，这项功能对应于 DEPQ 的 `DeleteMax` 操作。所有到达本机的数据包都先存储在包缓存中，这项功能对应于 DEPQ 的 `Insert` 操作。如果数据包到达本机时包缓存已满，那么要丢弃优先级最低的数据包，空出位置用来存放刚刚到达的数据包，这项功能对应于 DEPQ 的 `DeleteMin` 操作。 □

例 9.2 在 §7.10，我们讨论过如何修改归并排序算法以适应外部排序。本例我们考虑修改快速排序一适应外部排序的需要。快速排序是期望性能最好的内部排序。我们先来回忆快速排序的基本方法（§7.3），快速排序把待排序数据划分成三组 L, M, R。中间一组 M 只含一个元素，称为 `pivot`，使左边一组 L 中的所有数据元素都 $\leq$ `pivot`，使右边一组 R 中的所有数据元素都 $\geq$ `pivot`。本次划分完成后，再分别递归快速排序左边一组 L 和右边一组 R。

外部排序的特点是所有数据由于规模太大因而不可能同时读入内存（§7.10）。待排序数据存放在磁盘上，排序后数据还是存放在磁盘上。为适应外部排序，快速排序的中间数据组 M 可用 DEPQ 存储，排序策略如下：

(1) 从磁盘读入尽可能多的数据存放在 DEPQ 中，DEPQ 中容纳的数据要逐步更新，最后存放的内容就是所有数据的中间组 M。

(2) 处理 DEPQ 之外的数据，每次一项，如果该项数据 $\leq$ DEPQ 中的最小元，那么把它归于左边一组，如果该项数据 $\geq$ DEPQ 中的最大元，那么把它归于右边一组。否则，删除 DEPQ 中的最大元或者最小元（可随机选择或按其它方法确定）；若删除最大元，则把它归于右边一组，若删除最小元，则把它归于左边一组；再把新元素插入 DEPQ。

(3) 按序输出 DEPQ，这些数据就是中间一组 M。

(4) 递归排序左边一组和右边一组。 □

§9.2 左倾树

§9.2.1 高度左倾树

左倾树是高效实现易融合优先级队列的数据结构。我们先讨论融合操作。令 n 是两个待融合优先级队列（本节凡提到优先级队列都指单端优先级队列）中所有元素个数的总和。如果用堆表示易融合优先级队列，那么融合操作的时间是 $O(n)$（这时的融合操作就是 §7.6 介绍的堆初始化算法）。如果用左倾树实现易容合优先级队列，那么融合操作，插入、删除最小（最大）元的时间可以减少到对数函数时间；查找最小（最大）元的时间可以是 $O(1)$。

定义左倾树要用到扩展二叉树概念。*扩展二叉树* 中所有空子树都用方结点表示，图 9.1 给出两棵二叉树，图 9.2 是对应的两棵扩展二叉树。扩展二叉树中的方结点称为*外部结点*，二叉树中的原结点（圆形结点）称为*内部结点*。

左倾树分两类，一类是高度左倾树（HBLT: height baised leftist tree），一类是权值左倾树（WBLT: weight biased leftist tree）。HBLT 提出得最早，因此常常简称左倾树，本节遵循这样的习惯，也把 HBLT 简称为左倾树。

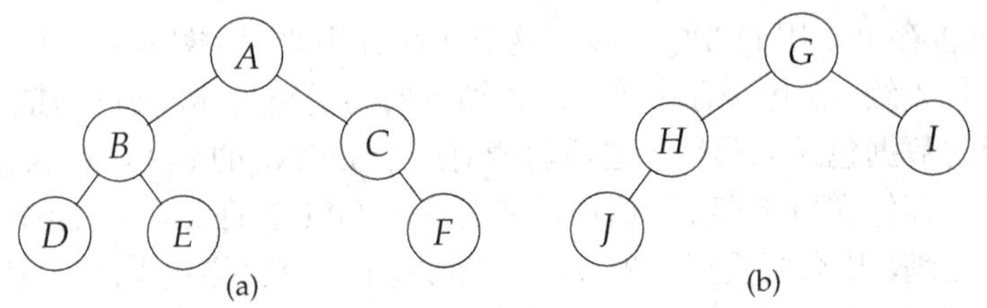

图 9.1 两棵二叉树

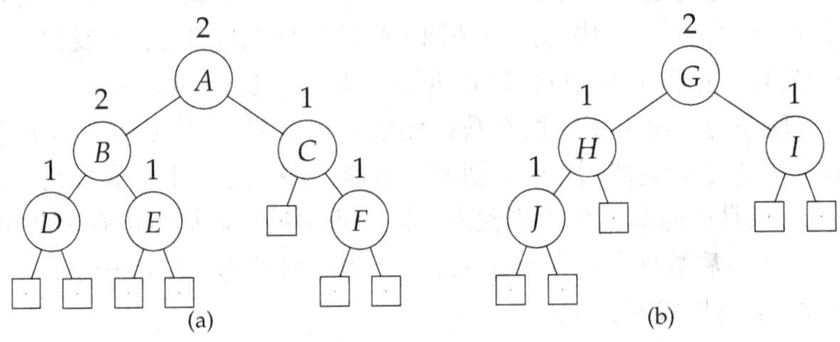

图 9.2 对应于图 9.1 的扩展二叉树

令 x 是扩展二叉树的结点，分别用 $\text{leftChild}(x)$ 和 $\text{rightChild}(x)$ 表示内部结点 x 的左、右孩子，$\text{shortest}(x)$ 表示 x 到外部结点的最短路径，容易看出，$\text{shortest}(x)$ 满足递推关系：

$$\text{shortest}(x) = \begin{cases} 0, & x \text{ 是外部结点；} \\ 1 + \min\{\text{shortest}(\text{leftChild}(x), \text{shortest}(\text{rightChild}(x))\}, & x \text{ 是内部结点。} \end{cases}$$

图 9.2 中内部结点 x 上标注的数字就是 $\text{shortest}(x)$ 值。

定义 左倾树是这样一棵二叉树，如果非空，则对所有内部结点 x，都有

$$\text{shortest}(\text{leftChild}(x)) \leq \text{shortest}(\text{rightChild}(x)).$$

□

引理 9.1 令 r 是左倾树的根，树中内部结点个数是 n。

(a) $n \geq 2^{\text{shortest}(x)} - 1$

(b) 从根沿最右一条路径到外部结点的路径长度是所有从根到外部结点路径长度的最小值，这个最小值 $\text{shortest}(r) \leq \log_2(n+1)$。

证明 (a) 根据 $\text{shortest}(r)$ 定义，左倾树的前 $\text{shortest}(r)$ 层都没有外部结点，因而左倾树中的内部结点个数至少是

$$\sum_{i=1}^{\text{shortest}(r)} 2^{i-1} = 2^{\text{shortest}(r)} - 1.$$

(b) 是左倾树定义的直接推论。 □

左倾树的结点包含数据域 leftChild, rightChild, shortest, data。**struct** data 至少有一个 key 成员域。引入外部结点的目的是要准确定义左倾树，外部结点并不实际出现在左倾树中，因而内部结点的左、右孩子如果是外部结点，则 leftChild、rightChild 取值 NULL。以下是 C 语言的结构声明：

```
tyepdef struct {
  int key;
  /* other fields */
} element;
typedef struct leftist *leftistTree;
struct leftist {
  leftistTree leftChild;
  element data;
  leftistTree rightChild;
  int shortest;
};
```

定义 小根左倾树（大根左倾树）每个结点的关键字值都不大于（小于）其孩子结点（如果存在）的关键字。也就是说，小根（大根）左倾树也是小根（大根）树。 □

图 9.3 给出了两棵小根左倾树。每个结点 x 之中标注的数字是优先级，结点之上标注的数字是 shortest(x)。为使图示清晰，本章所有优先级队列的结点之中只标注优先级，而不包含完整的数据域。小根（大根）左倾树的插入、删除最小值（插入、删除最大值）操作，以及融合操作的时间都是对数时间，接下来仅讨论小根左倾树。

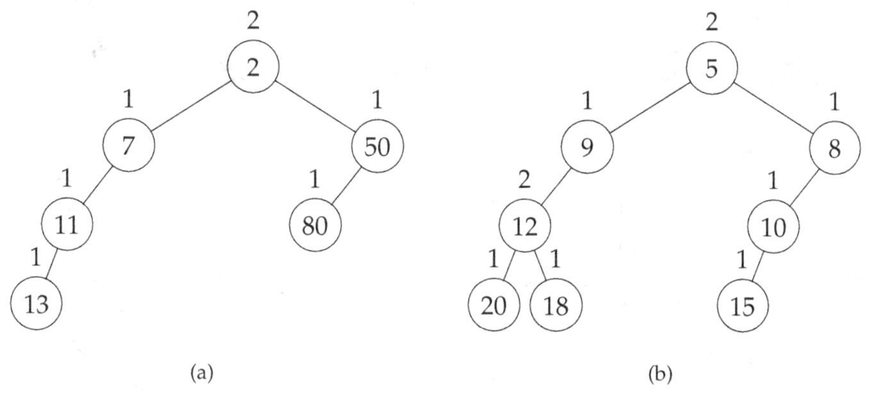

图 9.3 小根左倾树举例

插入、删除最小值操作都要用到融合操作。要把元素 x 插入小根左倾树 a，先构建一棵只含一个元素 x 的小根左倾树 b，然后再把小根左倾树 a 与 b 融合起来。要删除非空小根左倾树 a 中的最小元，只要把小根左倾树 a->leftChild 与 a->rightChild 融合起来，a 的根，即最小元，自然就被删除了。

融合操作本身也很简单。假如要融合小根左倾树 a 与 b，我们首先沿着 a 与 b 的右路融合成一棵新的包括所有 a、b 结点的二叉树，限定该二叉树中每个结点的关键字都不大于孩子结点（如果存在）的关键字，然后根据左倾树的要求，如果需要则交换左右子树，最后得到一棵小根左倾树。

以图 9.3 的两棵小根左倾树为例，为得到一棵包含两棵树所有结点且满足父、子关系的二叉树，我们先比较两棵树树根的关键字 2 和 5，由于 $2 < 5$，新二叉树应以 2 为根，所以 2 的左子树保持原状，而将 2 的右子树与以 5 为根的整个一棵树融合，融合后作为 2 的新右子树。在融合 2 的右子树与根为 5 的整棵树时，因为 $5 < 50$，因此 5 应是融合后新树的根，然后融合根为 8 与根为 50 的子树，这时 $8 < 50$ 且 8 无右子树，故根为 50 的子树成为根 8 的右子树，结果如图 9.4(a) 所示。这样就得到了 2 的右子树与根为 5 的整棵树的融合结果，如图 9.4(b) 所示。图 9.4(b) 现在是 2 的右子树，见图 9.4(c)。融合过程成为新树子树的左倾树在图 9.4 中用双线圆圈标出。为了把 9.4(c) 变换成左倾树，我们从最后一次融合的树根开始（8），如果 $\text{shortest}(\text{leftChild}(x)) < \text{shortest}(\text{rightChild}(x))$ 则交换 x 的两棵子树，之后向上回溯直到整个树的树根。对 8 不用交换，但对 5、2 要做交换，最后结果如图 9.4(d) 所示。图中需交换的子树用箭头标出。

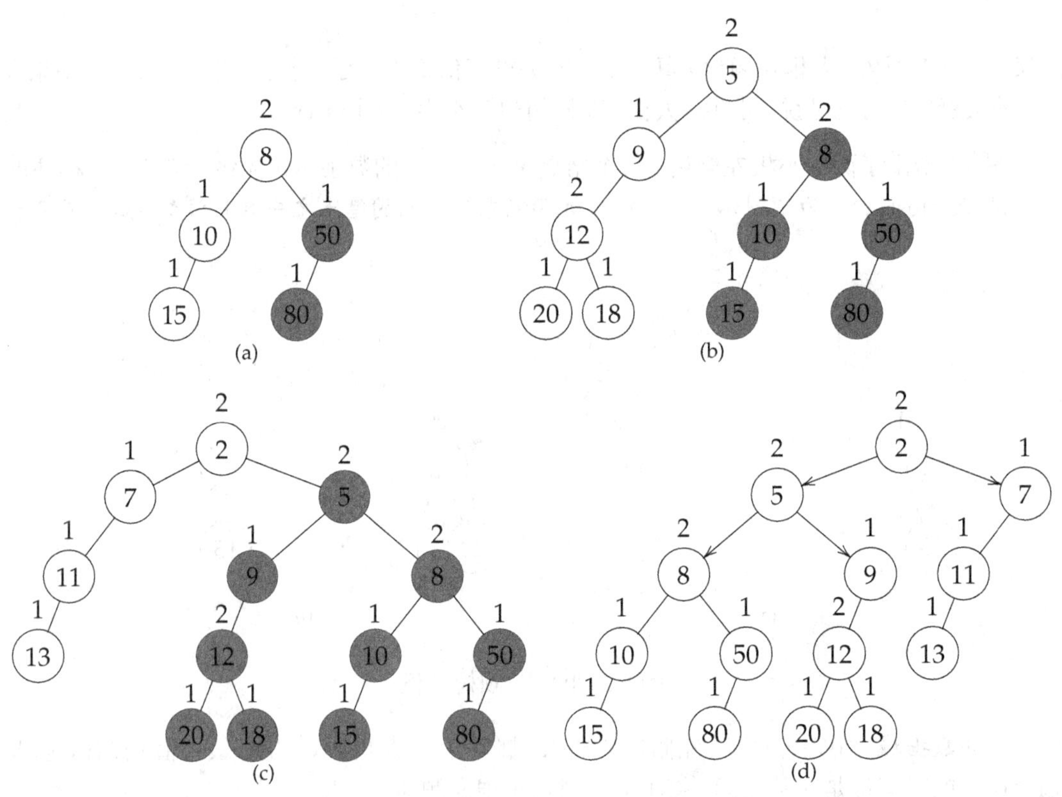

图 9.4 融合图 9.3 的两棵小根左倾树

程序 9.1 中的函数 `minMeld` 融合两棵小根左倾树，函数中调用了程序 9.2 中的函数 `minUnion`，这个函数融合两棵非空的小根左倾树。

函数 `minMeld` 把以下两步骤综合在一起：

(1) 构建一棵包含两棵树所有结点的二叉树，保证树根的关键字是所有子树中关键字的最小值。

(2) 保证每个结点都满足左倾树要求，即左子树的shortest值大于等于右子树的shortest值。

```
void minMeld(leftistTree *a, leftistTree *b)
{ /* meld the two min leftist trees *a and *b. The resulting min
     leftist tree is returned in *a, and *b is set to NULL */
  if (!*a) *a = *b;
  else if (*b) minUnion(a, b);
  *b = NULL;
}
```

程序 9.1 融合两棵小根左倾树

```
void minUnion(leftistTree *a, leftistTree *b)
{ /* recursively combine two nonempty min leftist trees */
  leftistTree temp;
  /* set a to be the tree with smaller root */
  if ((*a)->data.key>(*b)->data.key) SWAP(*a, *b, temp);

  /* create binary tree such that the smallest key in each subtree is
     in the root */
  if (!(*a)->rightChild) (*a)->rightChild = *b;
  else minUnion(&(*a)->rightChild, b);

  /* leftist tree property */
  if (!(*a)->leftChild) {
    (*a)->leftChild = (*a)->rightChild;
    (*a)->rightChild = NULL;
  } else if ((*a)->leftChild->shortest<(*a)->rightChild->shortest)
    SWAP((*a)->leftChild, (*a)->rightChild, temp);
  (*a)->shortest =
    (!(*a)->rightChild)? 1 : (*a)->rightChild->shortest+1;
}
```

程序 9.2 融合两棵非空小根左倾树

***minMeld* 分析** 由于 `minUnion` 沿着两棵待融合左倾树的右支下行，而这些路径长度是关于树中元素个数的对数值，因此融合两棵总结点个数为 n 的左倾树所需总时间是 $O(\log n)$。 □

§9.2.2 权值左倾树

本节讨论另一类左倾树。权值左倾树用子树的结点个数做左倾判据，而不用从根到外部结点的路径长度做左倾判据。定义结点 x 的权值 $w(x)$ 为 x 子树的结点数目。若 x 是外部结点则它的权值为 0；若 x 是内部结点，则它的权值是其孩子结点的权值加 1。图 9.2 中两棵二叉树的结点权值如图 9.5 所示。

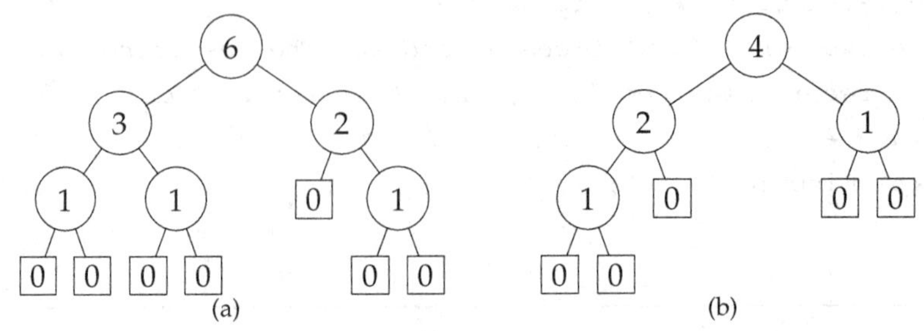

图 9.5 图 9.2 中两棵扩展二叉树所有结点的权值

定义 一棵二叉树是权值左倾树（WBLT）当且仅当其中每个结点左孩子的权值 w 大于等于右孩子的权值 w。定义大根（小根）WBLT 是一棵大根（小根）树同时又是 WBLT。 □

注意，图 9.5(a) 不是 WBLT，而图 9.5(b) 是 WBLT。

引理 9.2 令 x 是权值左倾树中任意的内部结点，从 x 沿最右支路径到外部结点的路径长度 $\text{rightmost}(x)$ 满足下式

$$\text{rightmost}(x) \le \log_2(w(x)+1).$$

证明 对 $w(x)$ 用归纳法。当 $w(x)=1$，$\text{rightmost}(x)=1$ 同时还有 $\log_2(w(x)+1)=\log_2 2=1$，这是归纳基础。归纳假设 $w(x)<n$ 时，有 $\text{rightmost}(x)\le\log_2(w(x)+1)$ 成立。令 $\text{rightChild}(x)$ 表示 x 的右孩子，注意右孩子有可能是外部结点。当 $w(x)=n$，$w(\text{leftChild}(x))<(n-1)/2$ 且

$$\begin{aligned}\text{rightmost}(x) &= 1+\text{rightmost}(\text{rightChild}(x))\\ &\le 1+\log_2((n-1)/2+1)\\ &= 1+\log_2(n_1)-1\\ &= \log_2(n+1)\end{aligned}$$

□

WBLT 的插入、删除最大元，以及初始化操作与 HBLT 相似，但融合操作只需一遍自顶向下即可。（WBLT 的融合操作随递归的展开自顶向下做一遍之后，还要在自底向上的返回过程交换子树并修改 shortest 值。）WBLT 的融合操作之所以只需一遍，原因在于，在递归向下展开的过程，根据 w 值就可以同时做必要的子树交换，同时修改 w 值。对于 HBLT，结点的新 shortest 值在向下递归展开的过程无法确定，因此必须等待递归返回时再做处理。

实验证据表明，与 HBLT 实现的单端优先级队列相比，WBLT 的其融合操作要快一个常数倍因子。

习题

1. 给出一个不是左倾树的二叉树例子。用 shortest 值标注每个结点。

2. 设 t 是一棵二叉树，其结点的数据结构同左倾树的结点结构。

   (a) 编写函数，为 t 中各结点的 shortest 域初始化。

   (b) 编写函数，把 t 转换为左倾树。

   (c) 指出以上两个函数的复杂度。

3. (a) 在一棵空的小根左倾树中按顺序插入元素，优先级为 20, 10, 5, 18, 6, 12, 14, 4, 22。画出每一步插入后的小根左倾树。

   (b) 画出 (a) 完成后从那树中删除最小元之后的小根左倾树。

4. 比较左倾树与小根堆的性能，完成以下两小题。仅考虑两种操作：插入和删除最小元。

   (a) 生成长度为 n 的随机数表，构造一个长度为 m 的随机序列包含插入操作和删除最小元操作。插入和删除要求交叉进行，两种操作的概率都应接近 0.5。先用随机数表中的数据初始化小根左倾树和小根堆，然后分别测量 m 次插入、删除操作所需时间，然后除以 m 得到每次操作的平均时间。n 选 $100, 500, 1000, 2000, \ldots, 5000$，$m$ 选 5000。把所得结果列表。

   (b) 根据以上实验结果，比较两种数据结构的优缺点。

5. 编写函数，对 n 个元素的小根左倾树做初始化。树结点结构用正文的数据结构，函数的运行时间必须是 $\Theta(n)$，证明函数的运行时间满足要求。如果要使小根左倾树的形态上完全二叉树，有无可能初始化时间还是 $\Theta(n)$。

6. 编写函数，在小根左倾树中删除结点 x 的元素。树中结点使用除正文的数据结构，此外每个结点增设 `parent` 域，指向该结点的父结点。指出函数的复杂度。

7. **[懒惰（lazy）删除]** 在小根左倾树中删除任意元素还有一种懒惰方法。首先把树中结点的数据结构由上题的 `parent` 域换成 `deleted` 域。当删除一个元素时，并不真得删除相应结点，而是把 `deleted` 域置为 `TRUE`。以后执行 `deleteMin` 操作时，我们先在树中做部分先序遍历，然后找到未删除的最小元后将它删除。部分先序遍历只需遍历整棵树的上半部分，遍历过程在遇到 `deleted` 域为 `TRUE` 的元素时，这时才被真正删除，然后把两棵子树融合成一棵小根左倾树。

   (a) 编写函数，删除小根左倾树的结点 x 对应的元素。

   (b) 编写另一个函数，删除小根左倾树的最小元，同时删除那些尚留在树中但已被删除的结点。

   (c) 指出 (b) 小题函数的复杂度，复杂度形式用关于真正删除的结点个数与树中所有结点个数的数学函数表达。

8. **[倾斜（skew）堆]** 倾斜堆 是小根树，它支持小根左倾树的插入、删除最小元、融合操作，每种操作的分摊时间复杂度（见 §9.4）为 $O(\log n)$。倾斜堆的插入、删除操作与小根左倾树相同，都借助融合操作完成，而且融合过程也分解成右支的融合。倾斜堆的融合操作与左倾树不同之处在于，每次融合两棵子树后，除最后一次之外，两棵子树关于父结点都要交换。

   (a) 编写倾斜堆的插入、删除最小元、融合操作。

   (b) 产生随机序列做插入、删除最小元、融合操作，比较倾斜堆与左倾树三种操作的运行时间。

9. **[WBLT]** 编写函数，完整实现权值左倾树的各种操作，包括删除、返回最小元，插入任意元素，融合两棵 WBLT。融合操作要求一遍完成。证明这三种操作的复杂度函数都是 $O(n)$。用实际数据测试程序。

10. 给出是 HBLT 而不是 WBLT 的例子，再给出是 WBLT 而不是 HBLT 的例子。

§9.3 二项式堆

§9.3.1 代价分摊

本节讨论的数据结构是二项式堆，它支持的操作和左倾树相同，即插入、删除最小元（删除最大元）、融合。二项式堆与左倾树不同，左倾树单独一次操作的时间可以是 $O(\log n)$，但二项式堆单独一次次操作的时间也许要达到 $O(n)$，不过如果把花销较大的操作分摊（amortize）到花销较小的操作上，那么每次操作的时间，随操作类型而异，可以是 $O(1)$ 或者是 $O(\log n)$。

现在我们要详细讨论代价分摊的概念。设插入、删除最小元序列为：I1, I2, D1, I3, I4, I5, I6, D2, I7。假设 7 次插入的实际代价都是 1，或者说花费一个时间单位；再假设 D1 的实际代价是 8 而 D2 的实际代价是 10。这样以上序列的总代价是 25。

分摊复杂度分析方法是把一些操作的部分实际代价计入另一些操作的代价之中，因而减少了一些操作的实际代价而增加了另一些操作的实际代价。一次操作的分摊代价就是整体代价中计入该操作的那部分代价。代价转换机制的工作是变换代价，变换结果应使所有操作的分摊代价之和大于等于所有实际代价之和。例如，我们可以把以上序列删除最小元操作的代价计入之前的插入操作，每次插入操作增加一个时间单位，则 D1 的两个时间单位计入 I1 和 I2，D2 的四个时间单位计入 I3 到 I6，结果 I1 到 I6 的代价变成两个时间单位，但 I7 还保持原来的时间单位 1，D1 和 D2 的代价都变成 6 个时间单位。分摊时间之和是 25，与实际代价之和相等。

假定我们可以证明，不管插入操作与删除最小元操作的序列怎样，都能保证代价计入使插入操作的代价不超过 2，删除操作的代价不超过 6。这时可以断言，无论插入、删除最小元的序列如何，如果序列中有 i 次插入和 d 次删除，那么实际代价一定不会超过 $2i+6d$。假设删除的实际代价不超过 10，插入代价都是 1，那么实际代价不会超过 $i+10d$。把分摊代价和实际代价结合起来，我们得到插入、删除序列花费时间代价的上界为 $\min\{2i+6d, i+10d\}$。因此，引入代价分摊概念，使我们可以得到一序列操作的时间代价的严格上界。能得出这样的结果真是太有用处了。在实际应用中，有一大类问题，我们更关心优先级队列关于一序列操作的总体性能，而不会特别关心优先级队列的每次操作其单独一次性能究竟如何。以堆排序为例，我们当然更关心完成排序的总时间，而不关心从堆中删除一个元素花费的单独一次操作的时间。所以，对于排序应用，我们关心的是总性能而不是单独一次操作的性能，因而若选用的数据结构其每种操作都呈现出优异的分摊复杂度，则针对排序应用就已经足够好了。

接下来我们将利用代价分摊概念证明，尽管二项式堆的删除操作其单独操作时间是昂贵的，但是对于任意序列，二项式堆的各种操作的时间代价实际上相当小。

§9.3.2 二项式堆的定义

与堆和左倾树相似，二项式堆也有最小、最大两类。**最小二项式堆**是小根树的聚集；**最大二项式堆**是大根树的聚集。本节只讨论最小二项式堆，它简称为 B-堆。图 9.6 的 B-堆由三颗小根树组成。

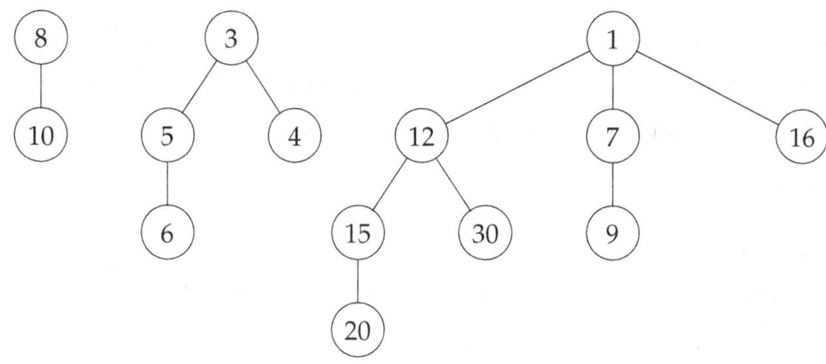

图 9.6 含三棵小根树的 B-堆

B-堆的插入、删除操作其实际时间和分摊时间都是 $O(1)$，而删除最小元的分摊时间是 $O(\log n)$。B-堆的结点由成员域 `degree`, `child`, `link`, `data` 组成。结点中的 `degree` 存放该结点所有孩子的个数，`child` 指向该结点的任意一个孩子，再用 `link` 指向这个孩子兄弟结点的单向循环链表，即该结点的所有孩子存放在一个单向循环链表之中，而该结点含有指向这个链表的指针。另外，B-堆中所有小根树的树根都链接在一个单向循环链表之中，并特设一个指针 `min` 指向链表中的最小元。

图 9.7 是图 9.6 的表示。图中用双向箭头强调指向循环链表中的结点，若循环链表中只有一个结点则不再强调。图 9.7 中有 8 个循环链表，分别是 $\{10\}, \{6\}, \{5,4\}, \{20\}, \{15,30\}, \{9\}, \{12,7,16\}, \{8,3,1\}$。指针 `min` 指向 B-堆。指向空 B-堆的 `min=0`。

§9.3.3 二项式堆的插入

要把 x 插入 B-堆，首先为 x 构建一个新结点，然后把该结点插入 `min` 指向的循环链表。如果 `min` 的值是 0，或者 x 的关键字比 `min` 指向结点的关键字小，那么 `min` 指向为 x 构建的新结点。显然插入操作的时间是 $O(1)$。

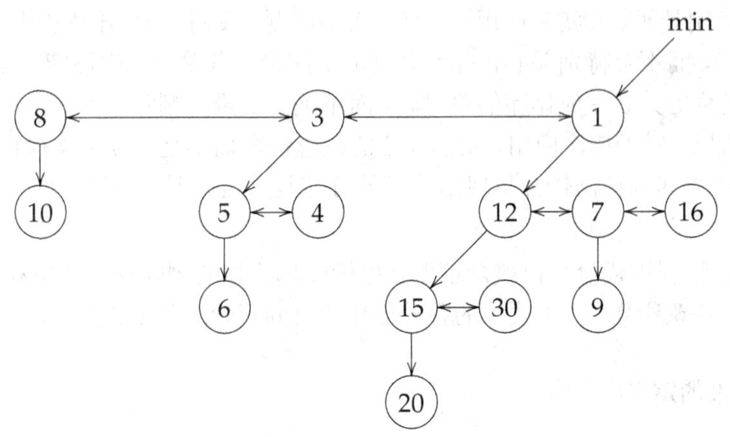

图 9.7 图 9.6 对应的 B-堆表示，单箭头指向孩子，双箭头链接兄弟

§9.3.4 融合两个二项式堆

要融合两个非空 B-堆，只要把两个 B-堆链接根结点的循环链表合成一个即可。新 B-堆的 min 指向两个小根树较小关键字的结点，只需一次比较。因为把两个循环链表合成为一个所需时间是 $O(1)$，所有融合两个二项式堆的时间是 $O(1)$。

§9.3.5 删除最小元

若 min 为 0，则 B-堆空，无最小元可删除。设 min 不为 0，那么 min 指向的结点包含最小元，该结点从循环链表中删除。新 B-堆中剩余其它小根树以及删除了根结点的小根子树。从图 9.6 删除最小元后的情形如图 9.8 所示。

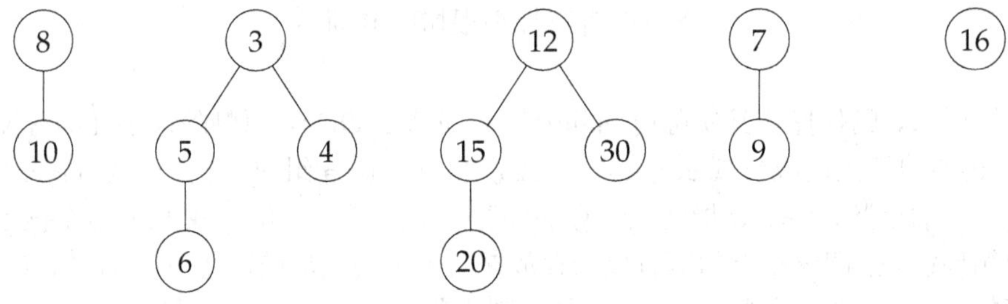

图 9.8 图 9.6 删除最小元之后

在构成小根树根的循环链表之前，要把度数（非空小根树的度就是该树根的 degree 值）相同的小根树一一合并起来。小根树对合并方法是：把树根关键字较大的那棵树作为树根关键字较小的那棵树的子树，若关键字相等则随意选择一棵树做另一棵树的子树。两棵小根树合并成一棵小根树后，合并后的小根树的度数是原根树的度数加 1，B-堆中小根树的数目减 1。在图 9.8 中，既可以先合并根为 8、7 的两棵小根树，也可以先合并根为 3、12 的两棵小根树。如果先合并根为 8、7 的两棵小根树，那么根为 8 的小根树成为根 7 的子树，当前的小根树聚集如图 9.9 所示。现在 B-堆中有三棵度为 2 的小根树。接下来如果选择合并根为 7、3 的两棵小根树，那么合并结果如图 9.10 所示。图 9.9 和图 9.10 中的灰底圈结点表示子树结点。

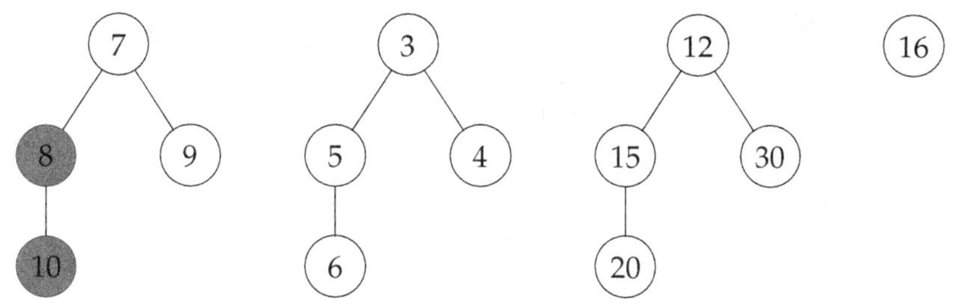

图 9.9 图 9.8 合并两棵度为 1 的小根树之后

这时所有小根树的度都不相同，因此结束合并过程。

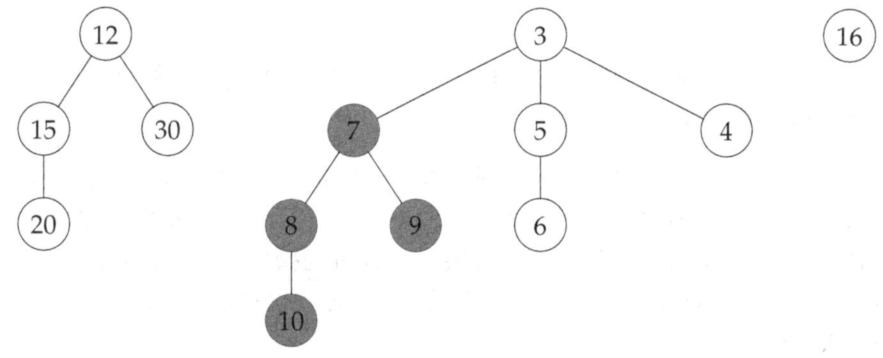

图 9.10 图 9.9 合并两棵度为 2 的小根树之后

小根树的合并步骤结束之后，所有小根树的树根链接在一个循环链表之中，最后 B-堆的 `min` 指向其中关键字最小的结点。程序 9.3 给出删除最小元操作的描述。

[删除 B-堆 a 的最小元，这个最小元在 x 中返回]

Step 1: [处理空 B-堆] `if (a==NULL) deletionError else` 执行 Step 2–4;

Step 2: [从非空 B-堆中删除] `x=a->data; y=a$->$child;` 把 a 从双向循环链表中删除；令 a 指向循环链表中的任何一个结点，若链表中无结点则 `a = NULL;`

Step 3: [合并最小树] 考虑链表 a 与 y 中的小根树。合并不同度数的小根树，直到所有小根树的度数都不同为止;

Step 4: [构造树根循环链表] 把所有剩下的小根树根链接在循环链表中；a 指向其中关键字最小的结点。

程序 9.3 删除最小元步骤

程序 9.3 中 Step 1 和 Step 2 的执行时间是 $O(1)$。Step 3 可用一个数组 `tree[0:MAX_DEGREE]` 存放指向小根树的指针，所有数组元素都初始化为 `NULL`。令 s 是 a 和 y 中小根树的数目，扫描 Step 2 得到的 a 和 y，执行程序 9.4 代码，函数 `joinMinTrees` 把根结点关键字较大的树接到到根关键字较小的树根，然后由函数的第一个参量传回。之后，数组 `tree` 中的指针指向所有小根树，待 Step 4 处理。每合并两棵小根树，小根树的数目都减 1，故合并数目为 $s-1$，因而 Step 3 的复杂度是 $O($ `max_degree` $+s)$。Step 4 的工作是扫描数组 `tree` 并合并存在的小根树，在扫描过程可同时确定根结点关键字最小的树。Step 4 的复杂度是$O($ `max_degree`$)$。

```
for (degree=p->degree; tree[degree]; degree++) {
  joinMinTrees(p, tree[degree]);
  tree[degree] = NULL;
}
tree[degree] = p;
```

程序 9.4 扫描链表 a 与 y 时处理小根树 p 的代码

§9.3.6 分析

定义 度为 k 的二项式树 B_k 是如下定义的树，若 $k=0$ 则 B_0 只有一个结点；若 $k>0$，则 B_k 的树根的度是 k，子树是 $B_0, B_1, \ldots, B_{k-1}$。 □

图 9.6 中的小根树分别是 B_1, B_2, B_3。通过观察可以验证 B_k 恰好有 2^k 个结点，而且，如果从空 B-堆开始，并限定操作为执行插入、删除最小元、融合，那么 B-堆中的最小树都是二项式树。根据以上结论，我们可以证明如果限定对 B-堆的操作为插入、删除最小元、融合，那么将各操作的代价分摊后，每次插入、融合操作的分摊代价是 $O(1)$，删除最小元操作的分摊代价是 $O(\log n)$。

引理 9.3 如果 B-堆a 从空堆开始由一序列插入、融合、删除最小元操作构成，堆中共有 n 项元素，那么 a 中每棵小根树的度 $<\log_2 n$，因而 `maxDegree` $\leq \lceil \log_2 n \rceil$，删除最小元操作的实际代价是 $O(\log n + s)$。

证明 因为 a 中每棵小根树都是结点个数不超过 n 的二项式树，因此每棵树的度都不可能大于 $\lceil \log_2 n \rceil$。 □

定理 9.1 如果从空 B-堆开始，经由一序列共 n 次插入、融合、删除最小元操作，那么每次插入、融合操作的分摊时间复杂度是 $O(1)$，每次删除最小元操作的分摊时间复杂度是 $O(\log n)$。

证明 我们先对 B-堆定义两个量 `#insert` 和 `LastSize`。如果 B-堆刚初始化或执行了一次删除最小元操作，那么 `#insert=0`；每执行一次插入操作后 `#insert` 加 1；当两个 B-堆融合之后，`#insert` 的值是被融合的两个 B-堆的 `#insert` 之和。因此 `#insert` 值是插入操作的历史记录，即最后一次删除最小元操作之后当前 B-堆的插入操作次数，若当前 B-堆由多个 B-堆合并而成，则 `#insert` 继承了各个 B-堆的插入操作历史记录。B-堆初始化时，`LastSize=0`；当一次删除最小元操作完成之后，`LastSize` 取值当前 B-堆中小根树的数目；当两个 B-堆融合之后，`LastSize` 是被融合后的两个 B-堆 `LastSize` 之和。可以验证，任何时刻，B-堆中小根树的数目是 `#insert+LastSize`。

考虑对 B-堆 a 一序列操作中的单独一次删除最小元操作，显然 a 中元素个数最多是 n，因为只有插入操作可以增加 a 中的元素个数，而在长度为 n 的操作序列中，最多只能有 n 次插入操作。记 $u =$ `a->degree`$\leq \log_2 n$。

根据引理 9.3，一次删除操作的实际代价是 $O(\log n+s)$，其中的 $\log n$ 一项对应 `maxDegree`，含义是初始化数组 `tree` 以及完成 Step 4 的时间，s 一项的含义是扫描链表 `min` 和 y 合并（最多）$s-1$ 次小根树的时间。我们有 $s=$ `#insert` + `LastSize` $+u-1$。如果把 `#insert` 个单位的时间代价计入插入操作，把 `LastSize` 个单位的时间代价计入删除最小元操作（这些时间单位等于删除操作后剩下的小根树），那么 s 个时间单位还剩下 $u-1$。因为 $u\le\log_2 n$，而删除最小元操作之后那个时刻的小根树数目 $\le\log_2 n$，所以删除最小元操作的分摊时间变成 $O(\log_2 n)$。

上述的分摊代价对插入操作最多只增加了一个时间单位，所以插入操作的分摊代价变成 $O(1)$；而融合操作未计入其它时间代价，所以融合操作的分摊时间还是 $O(1)$。 □

根据这个定理的结论以及代价分摊的定义，对一序列 i 次插入、c 次融合、dm 次删除最小元操作，这些操作的总时间是 $O(i+c+dm\log i)$。

习题

1. 设 S 是栈，初始化为空栈。对 S 的两个操作 `add`(x) 和 `deleteUntil`(x) 定义如下：

   (a) `add`(x)：把 x 加入 S 的栈顶，执行时间是 $O(1)$。

   (b) `deleteUntil`(x)：把 S 栈顶从 x 向下的一些元素删除，如果删除 p 个元素，则执行时间是 $O(p)$。

   考虑一序列共 n 次栈操作（ `add` 和 `deleteUntil`）。论述一种分摊代价方法使 `add` 和 `deleteUntil` 单独操作的分摊时间是 $O(1)$。根据以上论述，说明对任意栈操作序列，其总时间都是 $O(n)$。

2. 设 x 是长度为 n 的无序表，函数 `search`(x,n,i,y) 在表 x 中查找 y，顺序是 $x[i], x[i+1], \ldots$。函数返回使 $x[j]=y$ 的最小的 j；若查找不成功则 $j=n+1$。查找结束时 $i=j$。假设比较一个元素所需时间是 $O(1)$。

   (a) 指出 `search` 的最差情形复杂度。

   (b) 假设从 $i=0$ 开始执行一序列共 m 次查找，给出一种分摊代价机制，由查找操作和比较每个数组元素操作分摊代价。证明总可以使比较每个元素的分摊代价为 $O(1)$，而且每次查找的分摊代价也是 $O(1)$，因而一序列共 m 次查找的代价是 $O(m+n)$。

3. (a) 在空 B-堆中插入一序列元素，优先级分别为 20, 10, 5, 18, 6, 12, 14, 4, 22（也是插入顺序），画出最后的 B-堆。

   (b) 从上题的 B-堆中删除最小元，画出删除后整理 B-堆的全过程。

4. 证明二项式树 B_k 共有 2^k 个结点，$k\ge 0$。

5. 如果在 B-堆数据结构中用单向循环链表而不用双向循环链表，那么函数的执行时间仍然相同吗？提示：在单向循环链表中删除任意结点 x，可以先把 x 后一个结点的内容复制到结点 x，然后再删除 x 之后的那个结点。这样可以节省从链表表头开始查找结点 x 前一个结点的时间。

6. 比较左倾树与 B-堆的性能，完成以下两小题。仅考虑两种操作：插入和删除最小元。
   (a) 生成长度为 n 的随机数表，构造一个长度为 m 的随机序列包含插入操作和删除最小元操作。插入和删除要求交叉进行，两种操作的概率都应接近 0.5。先用随机数表中的数据初始化小根左倾树和小根堆，然后分别测量 m 次插入、删除操作所需时间，然后除以 m 得到每次操作的平均时间。n 选 $100, 500, 1000, 2000, \ldots, 5000$，$m$ 选 5000。把所得结果列表。
   (b) 根据以上实验结果，比较两种数据结构的优缺点。
7. 元素个数为 n 的二项式堆中每棵树的高度都是 $O(\log n)$ 吗？如果不是的话，指出最差情形的高度，用关于 n 的数学函数表示。

§9.4 Fibonacci 堆

§9.4.1 定义

Fibonacci 堆有最小、最大两类。最小 *Fibonacci* 堆是小根树的聚集；最大 *Fibonacci* 堆是大根树的聚集。本节只讨论最小 Fibonacci 堆，它简称为 F-堆。B-堆是 F-堆的特殊情形，因而上一节所有 B-堆的例子也都是 F-堆的例子，本节因而把这些 B-堆称为 F-堆。

F-堆的数据结构也支持与 B-堆相同的三种插入、删除最小元、融合操作，此外还支持如下两种操作：

(1) `delete`：删除指定结点，这种删除操作称为删除指定值（arbitrary delete）。

(2) `decrease key`：把指定结点的关键字值减少一个给定量。

对 F-堆，`delete` 的分摊时间是 $O(\log n)$，`decrease key` 的时间是 $O(1)$。F-堆中其它与 B-堆相同的操作其执行时间与在 B-堆中的执行时间相同。

F-堆的表示是 B-堆表示的增强，结点增设两个数据成员域 `parent` 和 `childCut`。`parent` 指向结点的父结点（如果存在），`childCut` 的重要用处将在后续内容给出。插入、删除最小元、融合三种基本操作的性能与 B-堆相同。以下两小节讨论其它两种操作。

§9.4.2 F-堆的删除

以下是从 F-堆 a 中删除结点 b 的过程：

(1) 如果 $a = b$，那么执行删除最小元操作，否则转去执行下列 (2), (3), (4)。

(2) 从双向链表中删除 b。

(3) 把 b 的孩子的双向链表与 a 中由小根树根组成的双向链表合并一个链表。与删除最小元操作不同，这时相同度的树不合并。

(4) 丢弃结点 b。

以图 9.6 的 F-堆为例，如果删除关键字为 12 的结点，之后结果如图 9.11 所示。删除操作的实际代价是 $O(1)$，除非删除时调用删除最小元操作，这时操作的时间当然就是删除最小元所需时间。

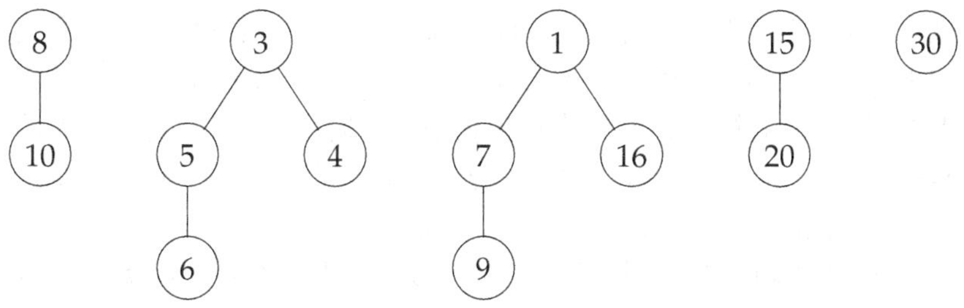

图 9.11 在图 9.6 的 F-堆中删除 12

§9.4.3 减小关键字

以下是减小结点 b 的关键字值的过程：

(1) 从 b 的关键字减去给定值。

(2) 如果 b 不是小根树的树根且关键字的当前值小于父结点关键字，那么把 b 从当前所在双向链表中删除，再插入到包含小根树根的双向链表中。

(3) 如果 b 的关键字小于 a 的关键字，那么 a 指向 b。

以图 9.6 为例，把关键字 15 减少 4，新关键字值变为 11，新 F-堆如图 9.12 所示。减小关键字操作的代价是 $O(1)$。

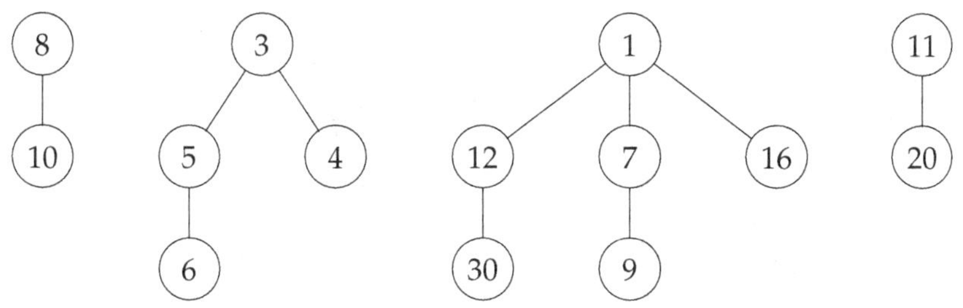

图 9.12 把图 9.6 的关键字 15 减小 4

§9.4.4 上行切除

F-堆由于增加了删除指定结点操作和减小关键字值操作，堆中的小根树有可能不再是一棵二项式树。实际上，k 度小根树的最少结点数目有可能仅是 $k+1$。因此定理 9.1 得出的结论不再成立。定理 9.1 的前提是，度为 k 的小根树中的结点数目应为关于 k 的指数函数，但 F-堆的删除指定结点操作和减小关键字值操作执行之后，这样的前提不再满足。为保证度为 k 的小根树的结点数目至少是 c^k，$c>1$，在删除指定结点操作和减小关键字值操作执行之后，还应包括上行切除（cascading cut）步骤的操作。因此每个结点要增设一个布尔量成员域 `childCut`，该成员域实际上仅对非小根树根起作用。`childCut` 的含义为，结点 x 的 `childCut=TRUE`，当且仅当自 x 最后一次成为当前父结点的孩子之后，x 的一个孩子被切除。这意味着每次删除最小元之后两棵树合并后，两树中树根关键字较大者的树根的 `childCut` 取值 `FALSE`。另外，只要删除指定结点操作和减小关键字值操作（两者的操作步骤 (2)）删除

的结点 q 不是位于双向循环链表中的小根树根，都要执行上行切除。上行切除过程从结点 q 的父结点 p 向上一一检查路径中的所有结点，如果结点的 childCut=TRUE，那么要把它从所在的双向链表中删除，之后插入到 F-堆中小根树根的双向链表之中，直到遇见第一个祖先结点其 childCut=FALSE；若不存在这样的祖先结点，则一直向上直到这棵树的树根。最后要把 childCut=TRUE 的祖先结点的 childCut 修改成 FALSE。

图 9.13 给出上行切除的例子。图 9.13(a) 是一棵小根树，在对关键字 14 减小 4 之前，图

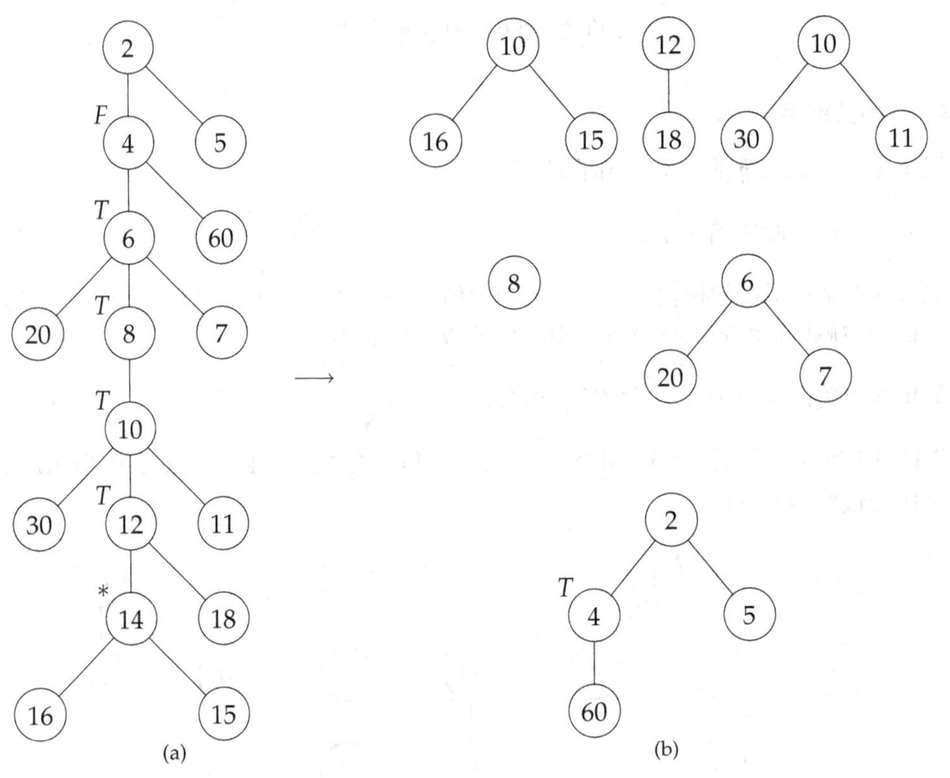

图 9.13　把关键字 14 减小 4 之后的下行切除

中给出了从关键字 14 的父结点到第一个 childCut=FALSE 的祖先之间的路径上所有结点的 childCut 域。图中用 T 表示 TRUE。在减小关键字值操作中，根关键字为 14 的小根树从图 9.13(a) 中切除，变成 F-堆的一棵小根树，树根的关键字现在变成 10，如图 9.13(b) 所示，它是 F-堆的第一棵小根树。接下来的上行切除，根为 12, 10, 8, 6 的小根树从根为 2 的小根树中被一一切除，使图 9.13(a) 的一棵小根树变成了六棵小根树，组成当前的 F-堆。关键字为 4 的结点的 childCut 变成 TRUE，其它结点的 childCut 不变。

§9.4.5　分析

引理 9.4 令 F-堆 a 从空堆开始，经由一序列插入、融合、删除最小元、删除指定结点、减小关键字值操作后，堆中共有 n 个结点。

(a) 如果 b 是 a 中任何一棵小根树，那么 b 的度最大是 $\log_\phi m$，$\phi = (1+\sqrt{5})/2$，m 是根 b 的子树个数。

(b) `MAX_DEGREE` $\le \lfloor \log_\phi n \rfloor$ 且删除最小元操作的实际代价是 $O(\log n + s)$。

证明 先证明 (a)，对 b 的度用归纳法。令 N_i 是根为 b 的子树中的最小元素个数，b 的度为 i。显然 $N_0 = 1$，$N_1 = 2$，所以 (a) 中不等式对度 0、1 成立。对 $i > 1$，设 $c_1, \ldots, c_i$ 是 b 的 i 棵子树。假设 c_j 在 c_{j+1} 之前成为 b 的子树，$j < i$，那么当 $c_k, k \le i$ 成为 b 的子树时，b 的度至少是 $k-1$。可以使某结点成为其它结点的孩子的唯一 F-堆操作是删除最小元，这时合并操作把两棵度相等的小根树合并成一棵小根树，因此合并时 c_k 的度一定与 b 的度相等。合并之后，由于删除指定结点操作或减小关键字值操作有可能使 c_k 的度减少，但最多减少 1，因为一旦要切除 c_k 的第二个孩子就要从 c_k 开始上行切除，而上行切除将使 c_k 变成 F-堆中一棵小根树的树根。所以 c_k 的度 d_k 至少是 $\max\{0, k-2\}$。故 c_k 中的元素个数至少是 N_{d_k}。这样我们有

$$N_i = N_0 + \sum_{k=0}^{i-2} N_k + 1 = \sum_{k=0}^{i-2} N_k + 2.$$

可以证明（见习题），Fibonacci 数满足下式

$$F_h = \sum_{k=0}^{h-2} F_k + 1, \quad F_0 = 0,\ F_1 = 1.$$

由该式我们有 $N_i = F_{i+2}, i \ge 0$。另外，由 $F_{i+2} \ge \phi^i$ 而有$N_i \ge \phi^i$。最后我们得到 $i \ge \log_\phi m$。

(b) 是 (a) 的直接推论。 □

定理 9.2 如果从空 B-堆开始，经由一序列共 n 次插入、融合、删除最小元、删除指定结点、减小关键字值操作，那么每次插入、融合、减小关键字值操作的分摊时间复杂度是 $O(1)$，每次删除最小元和删除指定结点操作的分摊时间复杂度是 $O(\log n)$。整个序列的时间复杂度是序列中各次操作的分摊时间复杂度之和。

证明 证明思路同定理 9.1。`#insert` 定义不变，但要修改 `LastSize` 的定义，在 F-堆的小根树数目变化后，还要加上删除指定结点操作与减小关键字值操作之后的变化（图 9.13 的 `LastSize` 值还多加了 5）。`LastSize` 的含义修改后，我们知道，在删除最小元之后，$s =$ `#insert` $+$ `LasiSize` $+ u - 1$。把 `#insert` 单位的时间代价计入 `#insert` 次插入操作；把 `LastSize` 单位的时间代价计入 `LastSize` 次删除最小元、删除指定结点、减小关键字值操作，之外还可能要为每次的删除最小元与删除指定结点操作计入最多 $\log_\phi n$ 次时间单位，为每次减少关键字值操作计入一个时间代价单位。因而删除最小元操作的分摊时间是 $O(\log n)$。

上行切除操作的总时间受限于删除指定结点操作和减小关键字值操作（因为只有这两种操作可能把 `childCut` 置为 `TRUE`），所以上行切除操作要为这两种操作每个再多分摊一个时间代价单位。删除指定结点操作的分摊时间变成 $O(\log n)$：分别是它的实际时间 $O(1)$（不考虑上行切除）；上行切除分摊给它的最多一个时间单位；删除最小元操作分摊给它的最多 $\log_\phi n$ 个时间单位。

减小关键字值操作的分摊时间是 $O(1)$，分别是：它的实际时间 $O(1)$（不考虑上行切除）；上行切除分摊给它的最多一个时间单位；删除最小元操作分摊给它的最多一个时间单位。

插入操作的分摊时间是 $O(1)$，分别是它的实际时间 $O(1)$ 以及删除最小元操作分摊给它的最多一个时间单位。由于分摊机制未分摊时间单位给融合操作，它的分摊时间和实际时间不变，代价还是 $O(1)$。 □

根据这个定理的结论以及代价分摊的定义，对任意序列，F-堆操作的复杂度是$O(i+c+dk+(dm+d)\log i)$，式中 i, c, dk, dm, d 分别是该序列中插入、融合、减小关键字值、删除最小元、删除指定结点的操作次数。

§9.4.6 F-堆与最短路径问题

本节最后讨论借助 F-堆数据结构求解第 6 章的单源最短路径问题。设 S 是已包含在最短路径中的节点集，`dist(i)` 是从源点到节点 i 的最短路径长度，$i \in S$，这些最短路径只途径 S 中的节点。求解最短路算法在每次迭代时，要确定一个 $i, i \in \overline{S}$，使 `dist(i)` 最小并把这个 i 加入 S，这相当于从 S 中删除最小元操作。之后，S 的补集 $\overline{S}$ 中的相关节点的 `dist` 有可能减小，因而对应减小关键字值操作。减小关键字值操作的上界是图中的边数，删除最小元操作的次数是 $n-2$。$\overline{S}$ 开始时包含 $n-1$ 个节点，如果用 F-堆实现 $\overline{S}$，并且用 `dist` 作关键字，那么初始化这个 F-堆需要 $n-1$ 次插入操作。接下来，删除最小元操作所需次数是 $n-2$，减小关键字值操作所需次数最多是 e。总时间是每次操作的分摊代价之和，因而用 F-堆表示 $\overline{S}$，最短路径算法的复杂度变成 $O(n\log n+e)$。对于第 6 章的实现而言，如果图中不出现 $\Omega(n^2)$ 条边，那么引入 F-堆使算法的性能得到提高。如果调用这个算法 n 次，源点每次都不同，那么只要花费 $O(n^2\log n+ne)$ 时间就可以算出所有节点两两之间的最短路径，这个时间复杂度也优于第 6 章用动态规划方法求解该问题的时间复杂度 $O(n^3)$，如果图中不出现 $\Omega(n^2)$ 条边。特别应该指出的是，$O(n\log n+e)$ 是第 6 章单源最短路径算法所能达到的最优时间复杂度，因为算法必须考察每条边，而且可能要对 n 个数排序（花费时间 $O(n\log n)$）。

习题

1. 从空 F-堆开始，仅执行插入、融合、删除最小元操作，证明 F-堆中的小根树是二项式树。

2. 如果在 F-堆数据结构中用单向循环链表而不用双向循环链表，那么函数的执行时间仍然相同吗？提示：在单向循环链表中删除任意结点 x，可以先把 x 后一个结点的内容复制到结点 x，然后再删除 x 之后的那个结点。这样可以节省从链表表头开始查找结点 x 前一个结点的时间。

3. 从空 F-堆开始，如果不做上行切除操作，证明，存在一个 F-堆操作序列，使堆中的 k 度小根树的结点个数是 $k+1$，$k \ge 1$。

4. 元素个数为 n 的 Fibonacci 堆中每棵树的高度都是 $O(\log n)$ 吗？如果不是的话，指出最差情形的高度，用关于 n 的数学函数表示。

5. 假定修改上行操作规则，当一个结点失去第三个孩子而不是第二个孩子才实施切除。相应地，`childCut` 域的数据类型要从布尔类型变成整型，因此可以存储 0, 1, 2。当一个结点成为其它结点的孩子时，它的 `childCut` 域取值 1。每当结点的一个孩子被切除后（删除指定结点或减小关键字值），它的 `childCut` 加 1，如果其值已经是 2，则不加 1 而开始上行切除。

(a) 令 N_i 是一棵 i 度小根树中一棵结点个数最少的结点个数，导出 N_i 的递推公式。F-堆的中除上行切除操作（见上述描述）之外均同正文。

(b) 求解 (a) 的递推公司得到 N_i 的下界。

(c) 修改后的上行切除规则可以保证度为 i 的小根树的结点个数总是关于 i 的指数函数吗？

(d) 对修改后的上行切除规则可以导出（使用上行切除旧规则）相同的分摊复杂度吗？证明结论。

(e) 如果进一步修改上行切除规则，在 k 个孩子切除后才实施上行切除，k 是固定常数。($k=2$ 是正文的上行切除规则，$k=3$ 是本题第一次修改的上行切除规则。）重作 (c)、(d) 两小题。

(f) 当上小题大 k 增大时，F-堆的性能如何变化。

6. 编写 C 语言函数，完成以下各小题：

(a) 构建空 F-堆。

(b) 向 F-堆插入 x。

(c) 从 F-堆删除最小元并返回这个最小元。

(d) 从 F-堆 a 删除结点 b 并返回这个结点。

(e) 减小 F-堆 a 中结点 b 的关键字，减小量为 c。

每次操作之后，都应保持 F-堆结构。(d)、(e) 必须考虑上行切除。用实际数据测试程序的正确性。

7. F_k 是 Fibonacci 数，N_i 见引理 9.4，证明以下结论：

(a)

$$F_h = \sum_{k=0}^{h-2} F_k + 1, \quad h > 1.$$

(b) 利用 (a) 的结果证明 $N_i = F_{i+2}$，$i \geq 0$。

(c) 利用以下公式

$$F_k = \frac{1}{\sqrt{5}}\left(\frac{1+\sqrt{5}}{2}\right)^k - \frac{1}{\sqrt{5}}\left(\frac{1-\sqrt{5}}{2}\right)^k, \qquad k \geq 0$$

证明 $F_{k+2} \geq \phi^k$，$k \geq 0$，其中 $\phi = (1+\sqrt{5})/2$。

8. 用两种数据结构实现单源最短路径算法，一种用第 6 章中推荐的数据结构，一种用 F-堆。图的表示都用邻接表而不用邻接矩阵。生成 10 种无向连通图，边密度分别取 10%, 20%, ..., 100%。对每种边密度，分别取 $n = 100, 200, 300, 400, 500$。边值去一致分布的随机数，范围是 $[1, 1000]$。对两种数据结构实现的最短路径算法分别测量运行时间，并对每种 n 值将记录数据绘制成图。

§9.5 配偶堆

§9.5.1 定义

配偶堆数据结构支持的操作与 Fibonacci 堆相同。配偶堆分两类，一类是最小配偶堆，一类是最大配偶堆。最小配偶堆用于最小值优先级队列，最大配偶堆用于最大值优先级队列。为使本节延续上节 Fibonacci 堆的讨论，我们还是仅讨论最小配偶堆。最大配偶堆可以按类似方式讨论。图 9.14 列出了 Fibonacci 堆与配偶堆各种操作的实际复杂度和分摊复杂度。

操作	Fibonacci 堆		配偶堆	
	实际复杂度	分摊复杂度	实际复杂度	分摊复杂度
取最小元	$O(1)$	$O(1)$	$O(1)$	$O(1)$
插入	$O(1)$	$O(1)$	$O(1)$	$O(1)$
删除最小元	$O(n)$	$O(\log n)$	$O(n)$	$O(\log n)$
融合	$O(1)$	$O(1)$	$O(1)$	$O(\log n)$
删除指定结点	$O(n)$	$O(\log n)$	$O(n)$	$O(\log n)$
减小关键字值	$O(n)$	$O(1)$	$O(1)$	$O(\log n)$

图 9.14 Fibonacci 堆与配偶堆操作复杂度

虽然我们现在还不知道图 9.14 中所列出的配偶堆操作的所有分摊复杂度是否严格（tight），就是说，目前还不知道对于给定的操作序列，其总时间究竟是不是关于（例如）减小关键字值操作次数的对数值；我们只知道减小关键字值操作的分摊时间复杂度是 $\Omega(\log\log n)$（见本章最后的参考文献一节）。

尽管 Fibonacci 堆的分摊时间复杂度要好于配偶堆的分摊时间复杂度，但大量实验结果证实，对于实际问题，配偶堆的性能要优于 Fibonacci 堆。大量研究主要集中在用两种数据结构分别实现最短路径问题的 Dijkstra 算法（§6.4.1）以及最小代价生成树问题的 Prim 算法（§6.3.2）。

定义 最小配偶堆是一棵小根树，其操作见后续内容。 □

图 9.15 给出最小配偶堆的四个例子。注意，一个配偶堆就是一棵树，但可以不是二叉树。最小元在树根中，因而只需 $O(1)$ 时间就能得到最小元。

§9.5.2 融合与插入

两个最小配偶堆的融合操作实际上就是链比较操作。链比较操作比较两棵小根树的树根关键字，根关键字较大的那棵树将成为根关键字较小的那棵树的最左边一棵子树。若两棵

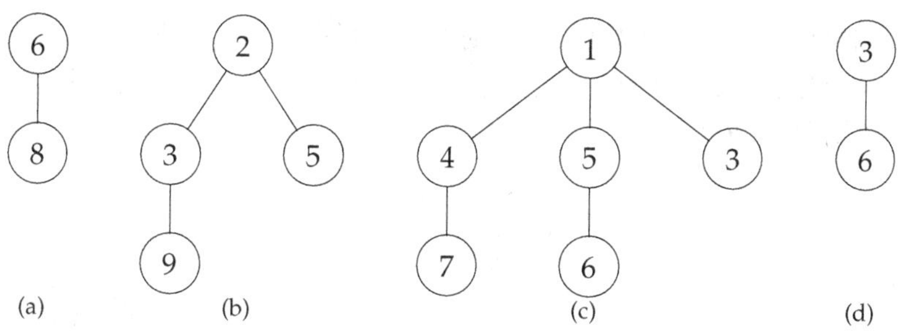

图 9.15 最小配偶堆举例

树根的关键字相等则父、子关系可任意确定。

以融合图 9.15 的 (a)、(b) 为例，比较两棵树根的关键字之后，由于 (a) 成为 (b) 最左边一棵子树，结果如图 9.16(a) 所示。图 9.15 的 (c)、(d) 两棵树的融合结果如图 9.16(b) 所示。图

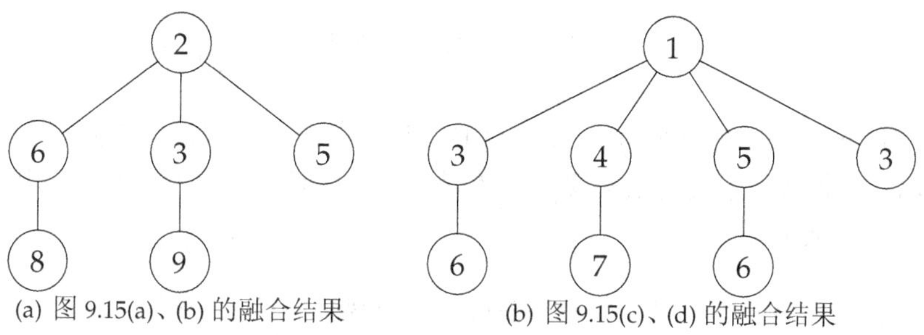

(a) 图 9.15(a)、(b) 的融合结果　(b) 图 9.15(c)、(d) 的融合结果

图 9.16 融合配偶堆

9.16 的 (a)、(b) 两棵树的融合结果如图 9.17 所示。

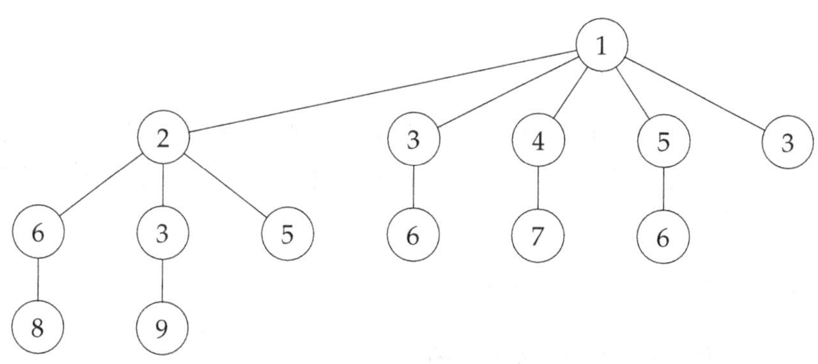

图 9.17 图 9.16(a)、(b) 的融合结果

§9.5.3 减小关键字值

如果要减小结点 N 的关键字/优先级，若干 N 是根或 N 的新关键字值大于等于其父结点的关键字，则无需做其它工作；然而，若 N 的新关键字小于其父结点的关键字，则必须做额外工作以保持小根树性质。例如，当图 9.15(c) 根结点的关键字由 1 减小到 0，或图 9.15(c)

最左边一棵子树根的关键字由 4 减少到 2，则无需做其它工作。但是，如果图 9.15(c) 最左边一棵子树根的关键字由 4 减少到 0，这个新值小于该结点根的关键字值，这时就应对小根树做调整工作，参见图 9.18(a)。

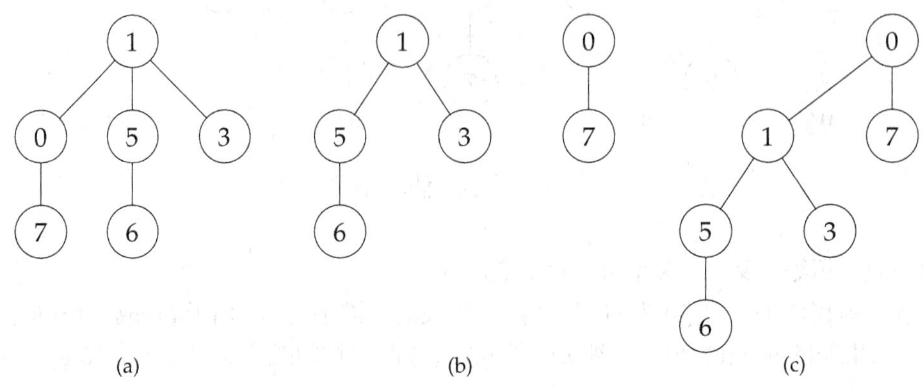

图 9.18 减小关键字值

配偶堆中的树结点通常不设指向父结点的指针，因而不方便确定究竟是否要进行小根树调整。所以，除非减小关键字值的操作对象是树根，这时无需调整小根树，其它情形都要做调整。以下是调整步骤：

(1) **Step 1：** 把以 N 为根的子树从原树中删除，堆中现有两棵小根树。

(2) **Step 2：** 融合两棵小根树。

图 9.18(b) 给出上述 Step 1 的两棵小根树，图 9.18(c) 给出 Step 2 融合两棵小根树的结果。

§9.5.4 删除最小元

最小元在树根中，因而要删除最小元，自然先删除树根。树根删除之后，树根的子树可能是 0 棵也可能是多棵小根树。若剩下的小根树个数超过 2，则应把这些小根树融合成一棵。两遍配偶堆的融合过程如下：

(1) **Step 1：** 从左到右一对一对融合小根树。

(2) **Step 2：** 从右向左，把小根树依次融合的最右一棵树中。

我们看图 9.19(a)，树根删除之后，剩下六棵小根树，如图 9.19(b) 所示。

在从左向右的 Step 1，先融合根为 4 和 0 的两棵树，然后先融合根为 3 和 5 的两棵树，最后先融合根为 1 和 6 的两棵树，结果如图 9.20 所示。

在从右向左的 Step 2 融合过程，图 9.20 的最右两棵树先融合，结果如图 9.21 所示。

然后把图 9.20 中根为 0 的树再与图 9.21 中的树融合，得到最后的小根树，如图 9.22 所示。

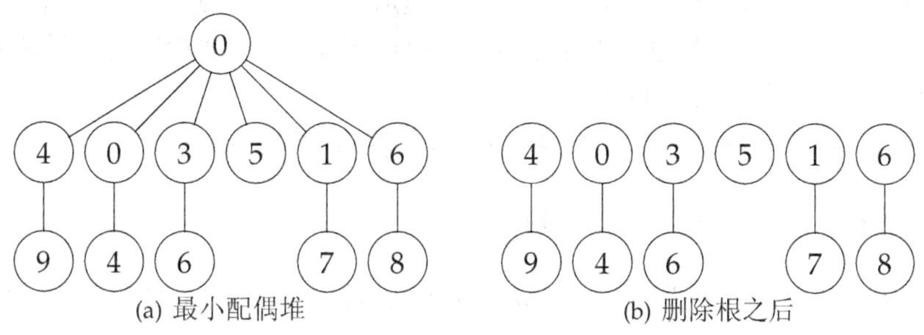

(a) 最小配偶堆 (b) 删除根之后

图 9.19 删除最小元

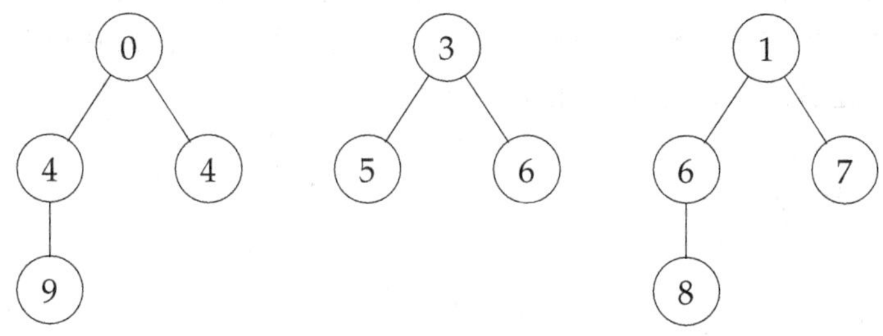

图 9.20 第一遍融合之后

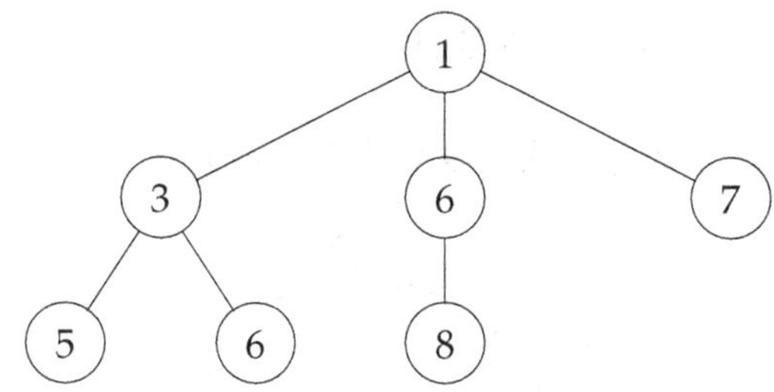

图 9.21 第二遍融合的前一次

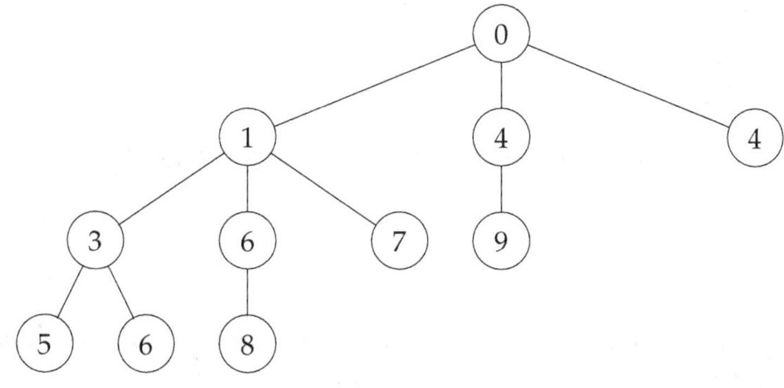

图 9.22 删除最小元操作全部完成之后的最小配偶堆

如果原来的配偶堆有 8 棵子树，那么在第一遍从左向右融合之后，应该有 4 棵树。在从右向左融合的第二遍，应该先融合 3 号树和 4 号树得到 5 号树，然后融合 2 号树和 5 号树得到 6 号树，最后把 1 号树与 6 号树融合起来。

多遍配偶堆将删除树根后剩下的子树融合成一棵树的过程如下：

(1) **Step 1：** 设 FIFO 队列，将所有树入列。

(2) **Step 2：** 从队列头出列两棵树，融合成一棵树后放回队列尾，重复该过程直到队列中只有一棵树为止。

来看把图 9.19(a) 的树根删除之后的图 9.19(b)，首先把根为 4 和 0 的两棵树融合后放回队列尾，其次把根为 3 和 5 的两棵树融合后放回队列尾，然后把根为 1 和 6 的两棵树融合后放回队列尾，现在队列中有三棵最小树，如图 9.20所示。接着把根为 0 和 3 的两棵树融合后放回队列尾，现在还剩两棵最小树，如图 9.23所示。

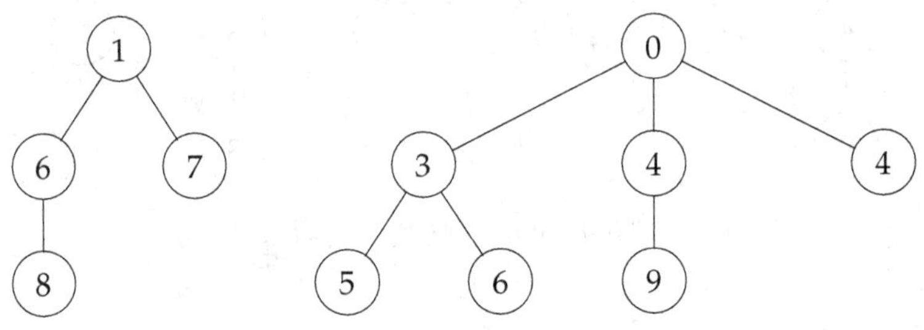

图 9.23 多遍融合的倒数第一次

最后，图 9.23 的两棵最小树融合成一棵最小树，如图 9.24 所示。

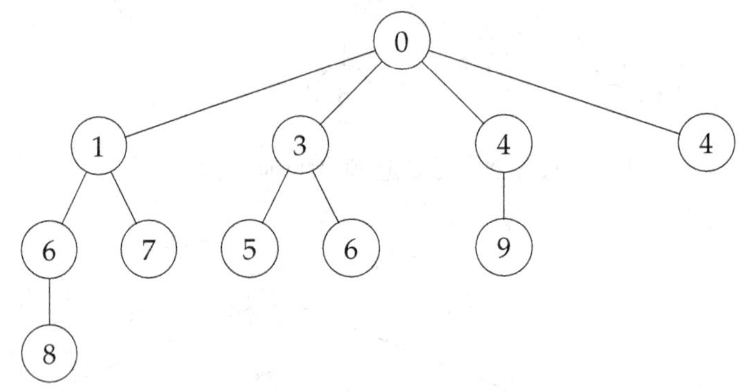

图 9.24 删除最小元操作之后多遍融合的结果

§9.5.5 删除任意元

如果删除任意元操作的对象是树根 N，那么可以直接使用配偶堆的删除最小元操作；否则，删除任意元操作如下：

(1) **Step 1：** 把以 N 为根的子树从原树中删除。

(2) **Step 2**：删除结点 N，然后把 N 的子树融合成一棵最小树。若配偶堆是两遍配偶堆则自然使用两遍融合法，否则使用多遍边融合法。

(3) **Step 2**：把 Step 1 和 Step 2 的两棵树融合成一棵小根树。

§9.5.6 实现细节

配偶堆数据结构的结点虽然可以设置变长个数的孩子域，但必须实现动态增加功能，使开销过大。在实际使用中，配偶堆常采用树的二叉链表表示（见 §5.1.2.2），小根树中的兄弟结点用双向链表链接中一起。每个结点除 `data` 域之外，还要设三个指针域 `previous`, `next`, `child`，链接兄弟结点的链表中最左边的兄弟 x 用 `previous` 指向父结点，满足关系 x`->previous->child=` x。采用双向链表，在表中删除任意结点的时间是 $O(1)$，从而使删除指定结点与减小关键字值操作的效率很高。

§9.5.7 复杂度分析

可以验证，采用二叉链表表示小根树，删除指定结点与删除最小元操作的时间是 $O(n)$，因为删除结点后需要融合的字数个数是 $O(n)$；其它操作的时间都是 $O(1)$。配偶堆的分摊时间复杂度分析在 Fredman 等作者的论文中给出，文献见 §9.8。实验研究表明，两遍配偶堆的性能比多遍配偶堆的性能优越，文献见 §9.8。

习题

1. (a) 在空的两遍配偶堆中按序插入优先级 20, 10, 5, 18, 6, 12, 14, 9, 8, 22，画出插入的全过程。

   (b) 从 (a) 小题插入序列完成之后的配偶堆中删除最小元，操作完成后画出配偶堆。

2. (a) 在空的多遍配偶堆中按序插入优先级 20, 10, 5, 18, 6, 12, 14, 9, 8, 22，画出插入的全过程。

   (b) 从 (a) 小题插入序列完成之后的配偶堆中删除最小元，操作完成后画出配偶堆。

3. 编程实现多遍配偶堆。程序应包含函数 `getMin`, `insert`, `deleteMin`, `meld`, `delete`, `decreaseKey`。函数 `insert` 应返回存放插入元素的结点，以便为后续的 `delete` 操作与 `decreaseKey` 操作提供参数。用实际数据测试程序。

4. 包含 n 个元素的配偶堆，在最差情形它的高度和度是什么。给出必要的推导过程。

5. 设计一遍配偶堆，即取消两遍配偶堆的 Step 1（即从左向右扫描所有树，一对一对融合小根树）。证明插入操作和删除最小元操作的分摊代价一定都是 $\Theta(n)$。

§9.6 对称最小-最大堆

§9.6.1 定义与性质

双端优先级队列（DEPQ）可用对称最小-最大堆（SMMH: symmetric min-max heap）实现。SMMH 是一棵完全二叉树，除根之外，每个结点都包含一个数据元素。包含 n 个数据元素的 SMMH 其结点个数为 $n+1$，根不存放数据元素。令 N 是 SMMH 中任意结点，用 `elements(N)` 表示以 N 为根的子树之中的所有数据元素，但不包括 N（如果存在）的数据元素。设 $\texttt{elements}(N) \neq \emptyset$。$N$ 满足以下性质：

- **Q1**：N 的左孩子（如果存在）包含 `elements(N)` 的最小元。
- **Q2**：N 的右孩子（如果存在）包含 `elements(N)` 的最大元。

图 9.25 给出一个 SMMH 的例子，共有 12 个数据元素。如果 N 表示 80 的结点，那么

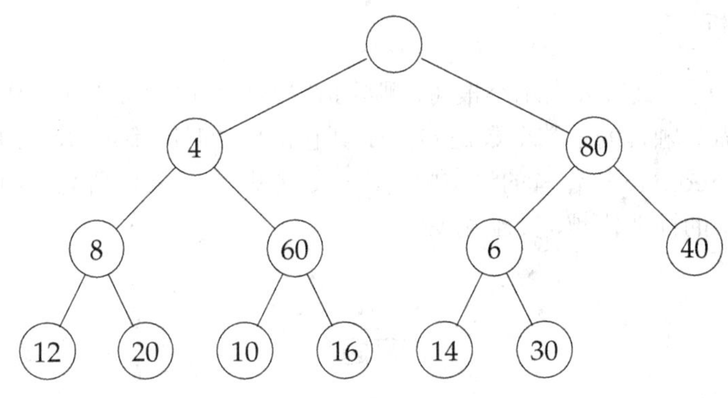

图 9.25 对称最小-最大堆

`elements(N)` $= \{6, 14, 30, 40\}$；N 的左孩子 6 是 `elements(N)` 的最小值，N 的右孩子 40 是 `elements(N)` 的最大元。容易验证，图中每个结点 N 都满足 SMMH 的性质 Q1 和 Q2。

不难看到，$n+1$ 个结点的完全二叉树，如果根不存放数据元素而其它结点都存放一个数据元素，那么这棵完全二叉树是 SMMH 当且仅当以下性质成立：

- **P1**：每个结点的数据元素都小于等于右边兄弟结点（如果存在）的数据元素。
- **P2**：任何结点 N 如果有祖父，则祖父结点左孩子的数据元素小于等于 N 中的数据元素。
- **P3**：任何结点 N 如果有祖父，则祖父结点右孩子的数据元素大于等于 N 中的数据元素。

性质 P2 指出，结点 M 的（包含）孙子结点以下结点的所有数据元素大于等于 M 左孩子的数据元素；性质 P3 指出，结点 M 的（包含）孙子结点以下结点的所有数据元素小于等于 M 右孩子的数据元素。因此 P1 和 P2 分别满足 Q1 和 Q2 的要求。注意，仅由 P1 即可以推出 P2 或 P3 中最多只可能有一条性质关于任意结点 N 不满足。利用性质 P1 到 P3 可以通过简单修改堆的操作实现 SMMH 的插入、删除算法。

我们下面会看到，标准的 DEPQ 操作可以由 SMMH 高效实现。

§9.6.2 SMMH 的表示

因为 SMMH 是完成二叉树，所以采用一维数组存储表示（如 h）效率很高，完成二叉树中的结点可以用标准方法映射到这个一维数组（参见 §5.2.3.1），$h[0]$ 空闲不用，从 $h[1]$ 开始存放结点，$h[1]$ 是完全二叉树的根，对 SMMH 也不存放数据元素。变量 `last` 指向 SMMH 存放在 h 中的最后一个数据元素，因而 SMMH 的长度（即数据元素的个数）是 `last-1`。用变量 `arrayLength` 存放数组 h 的当前长度。

如果 $n = 1$，SMMH 的最大元和最小元相同，元素存放在根的左孩子之中。如果 $n > 1$，最小元存放在根的左孩子之中，最大元存放在根的右孩子之中。因而取得最大值或最小值的时间都是 $O(1)$。

§9.6.3 SMMH 的插入

向 SMMH 插入元素的算法分三个步骤完成。

- **Step 1:** 把完全二叉树的长度增 1，为待插入的数据元素 x 创建新结点 E。这个新创建的完全二叉树结点做存放 x 的候选结点。

- **Step 2:** 检查 x 插入 E 是否违背性质 P1。如果 E 是其父结点的右孩子，而 x 又小于 E 的兄弟结点存放的数据元素，就确实违背了性质 P1。若违背性质 P1，则把 E 的兄弟存放的数据存放到 E，而E 变成这个兄弟结点。

- **Step 3:** 从当前的 E 向上滑动，同时检查性质 P2 和 P3，直到一个位置不再违背 P2 和 P3 为止，这时将 x 放入 E。

以图 9.25 为例，我们要向 SMMH 插入 2。因为 SMMH 是完全二叉树，所以新增结点位于图 9.26 的 E，E 表示未存放数据的结点。

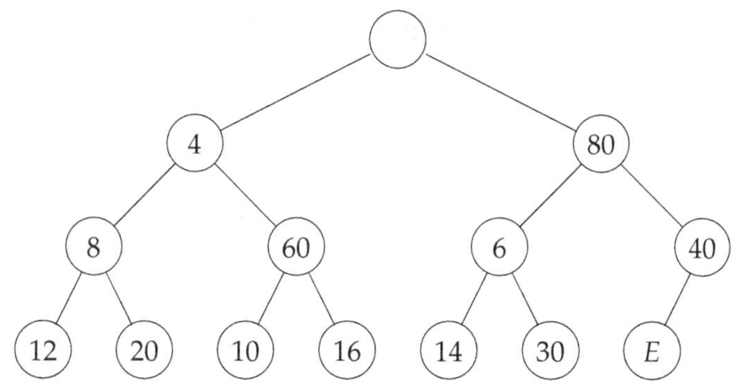

图 9.26 在图 9.25 的 SMMH 插入结点

如果新元素 2 位于当前的结点 E 之中，会违背性质 P2，因为 E 的祖父结点的左孩子有数据 6。这时，6 下移到 E 而 E 上移，如图 9.27 所示。

现在检查 2 是否可以放入当前的 E。性质 P1 现在是满足的，因为之前 E 位置的元素大于 2。再看 P2 和 P3，令 $N = E$，P3 也满足，因为之前 N 位置的元素大于 2，这样只剩 P2 了。

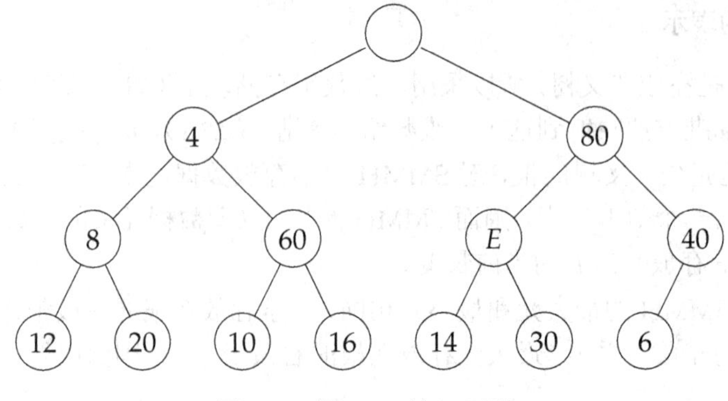

图 9.27 图 9.26 的 6 下移

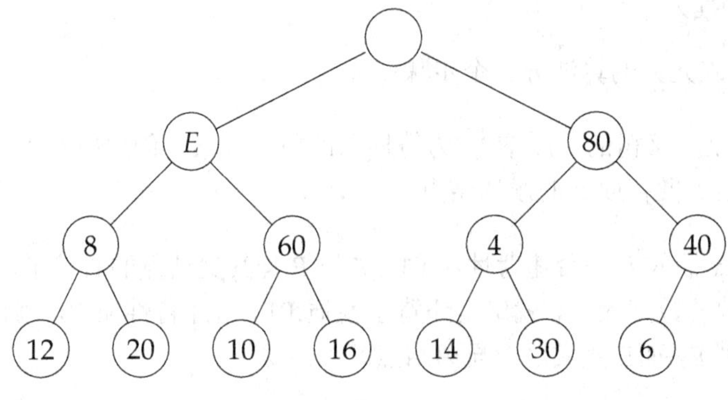

图 9.28 图 9.27 的 4 下移

如果把 $x = 2$ 放入 E，由于 E 的祖父的左孩子有元素 4，因此要违背 P2。所以，我们把 4 下移到 E，再把 E 上移到 4 原来的位置，如图 9.28 所示。

插入进行到图 9.28，2 插入 E 不会违背性质 P1，因为之前 E 位置的元素大于 2，而且也不违背性质 P2 和 P3，因为结点 E 现在无祖父结点。这样 2 放入当前的结点 E，完成插入操作，如图 9.29 所示。

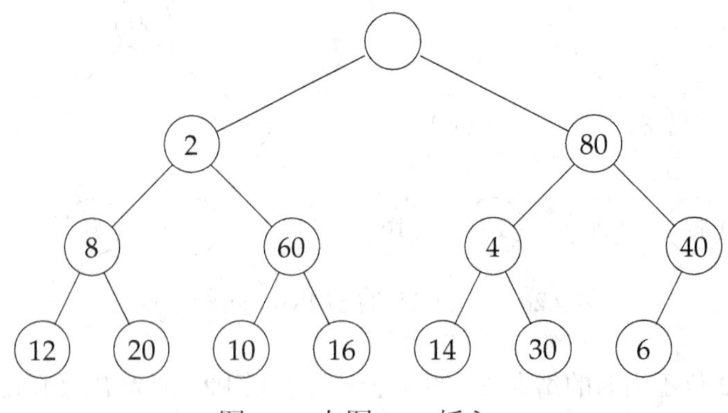

图 9.29 在图 9.28 插入 2

现在向图 9.29 插入 50，图 9.30 给出完全二叉树中新结点的位置。

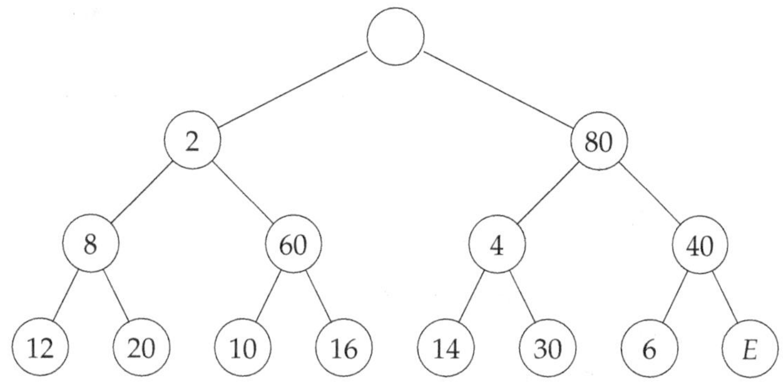

图 9.30 在图 9.29 插入新结点

由于 E 是其父结点的右孩子，先检查 P1。如果新元素（50）小于 E 的兄弟，我们要交换 E 与它左边兄弟的位置，现在不需要交换。接着检查 P2 和 P3。显然把 50 放入 E 要违背 P3，因而 E 祖父右孩子的 40 下移到 E，如图 9.31 所示。现在把 50 放入图 9.31 的 E 不会违背 P1，

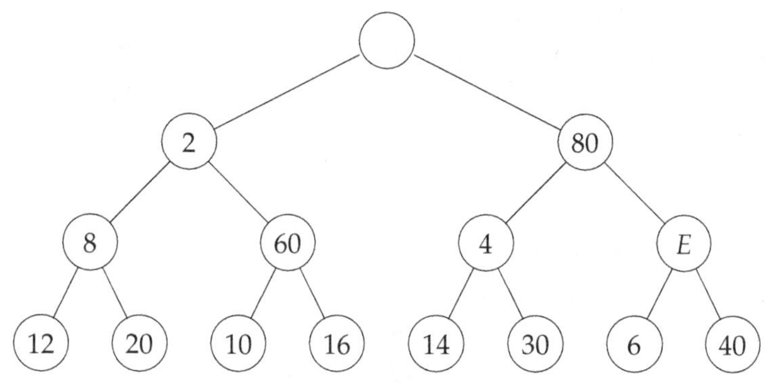

图 9.31 图 9.30 中的 40 下移

因为之前 E 位置的元素小于 50，因而也不会违背 P2。最后检查 P3，也不违背，所以 50 插入当前 E 所在位置。

程序 9.5 给出对称最小-最大堆的插入操作。`currentNode` 含义同以上例子中的结点 E，而且约定 `h, arrayLength, last` 都是全局变量，SMMH 的元素的数据类型是 **`int`**。因为完全二叉树的高度是 $O(\log n)$，而程序 9.5 在 SMMH 每层操作的时间是 $O(1)$，所以插入操作的复杂度是 $O(\log n)$。

§9.6.4 SMMH 的删除

只要修改小根堆或大根堆删除元素的算法，就能得到在 SMMH 中删除最小元或最大元的算法。以下只讨论删除最小元操作。如果 SMMH 是空堆，那么无最小元可删除，以下讨论非空堆的删除。最小元在 $h[2]$ 中，若 `last=2`，则删除后 SMMH 变成空堆。设 `last`$\neq 2$，令 $x = h$`[last]`，之后 `last` 减 1。为完成删除操作，要把 x 重新插入 SMMH。这时 $h[2]$ 中无数据，用 E 表示这个结点。从 E 沿树的分支向下，和小根堆的操作类似，检查是否违背性质 P1 和 P2，直到找到 x 的恰当位置。因为我们仅讨论删除最小元，因此无需检查性质 P3。

```
void insert(int x)
{ /* insert x into the SMMH */
  int currentNode, done, gp, lcgp, rcgp;

  /* increase array length if necessary */
  if (last==arrayLength-1) {
    /* double array length */
    REALLOC(h, 2*arrayLength*sizeof(*h));
    arrayLength *= 2;
  }
  /* find place for x */
  /* currentNode starts at new leaf and moves up tree */
  currentNode = ++last;
  if (last%2==1 && x<h[last-1]) {
    /* left sibling must be smaller, P1 */
    h[last] = h[last-1];
    currentNode--;
  }
  done = FALSE;
  while (!done && currentNode>=4) {
    /* currentNode has a grandparent */
    gp = currentNode / 4;          /* grandparent */
    lcgp = 2 * gp;                 /* left child of gp */
    rcgp = lcgp + 1;               /* right child of gp */
    if (x<h[lcgp]) {
      /* P2 is violated */
      h[currentNode] = h[lcgp];
      currentNode = lcgp;
    } else if (x>h[rcgp]) {
      /* P3 is violated */
      h[currentNode] = h[rcgp];
      currentNode = rcgp;
    } else done = TRUE;            /* neither P2 Nor P3 violated */
  }
  h[currentNode] = x;
}
```

程序 9.5 对称最小-最大堆的插入

我们看图 9.31，现在结点 E 中的元素是 50。从图 9.31 中删除最小元，删除的元素是根的左孩子 2（$h[2]$）。之后 SMMH 的最后一个结点（40）被删除，$x = 40$，如图 9.32 所示。由于

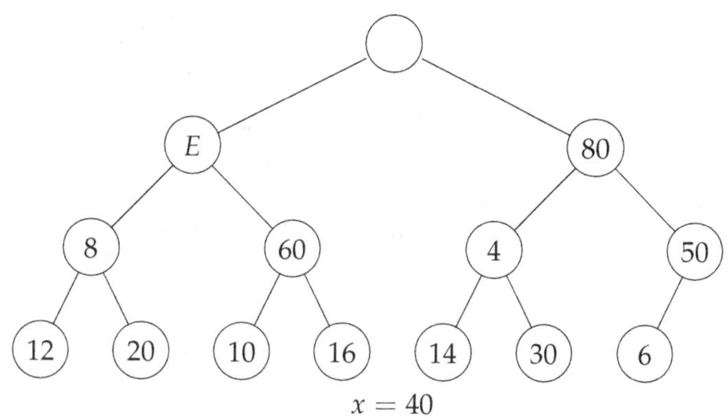

图 9.32 在图 9.31 中删除 2

$h[3]$ 是最大元，所以 E 不违背 P1；由于 E 是其父结点的左孩子，所以把 x 放入 E 也不会违背 P3。现在检查 P2，即检查 E 的左孩子以及 E 的右兄弟的左孩子，看看谁更小。本例检查得是 8 和 4，这两者的较小值，根据 SMMH 的定义，就是 SMMH 的最小元。因为 $4 < x = 40$，所以把 x 插入 E 将违背 P2。故我们将 4 放入结点 E，然后令 4 原来位于的结点变成 E，如图 9.33 所示。注意，若 $4 \geq x$ 则把 x 直接放入 E 就满足 SMMH 的结构要求。

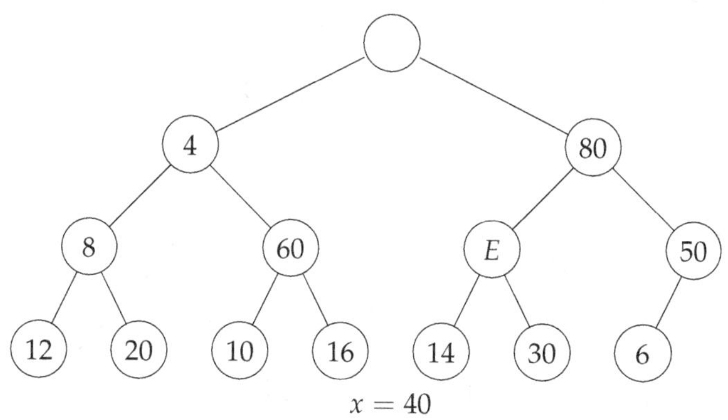

图 9.33 在图 9.32 中交换 E 与 4

现在的 E 成为插入 x 的候选结点。检查 P1，由 $x = 40 < 50$ 得知满足。再检查 P2，E 的左孩子有 14，E 的右兄弟的左孩子有 6，两者的较小值 6 比 x 小，因此 x 不能插入 E，所以交换 E 和 6，结果如图 9.34 所示。

接着对新 E 检查性质 P1，E 无有兄弟，所以不违背 P1。再检查 P2，E 无孩子，所以也不违背 P2。最后 x 插入当前的 E。我们接着从图 9.34 中删除最小元，当前 E 中有 40。首先从 $h[2]$ 中删除 4，然后堆中最后一个元素 40 也被删除并存入 x 中，如图 9.35 所示。

和上次检查 P1 一样，这时的 $h[2]$ 不可能违背 P1。E 的左孩子与 E 右兄弟的左孩子两者的较小值是 6，由于 $6 < x = 40$，所以交换 6 与 E，结果如图 9.36 所示。

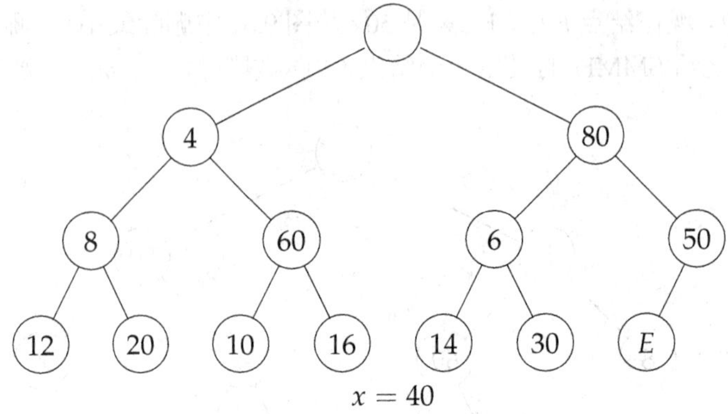

图 9.34 在图 9.33 中交换 E 与 6

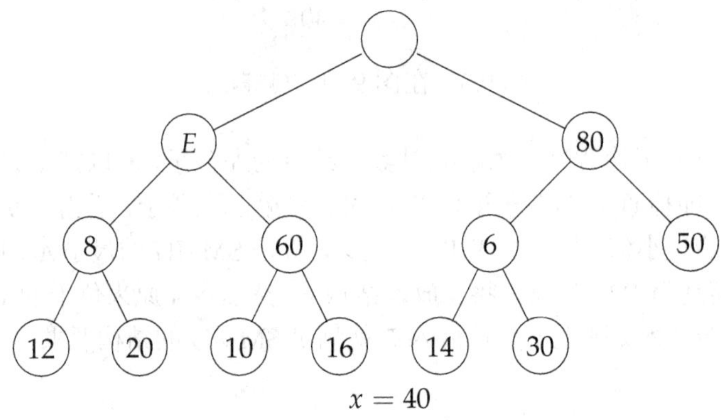

图 9.35 另一次删除最小元

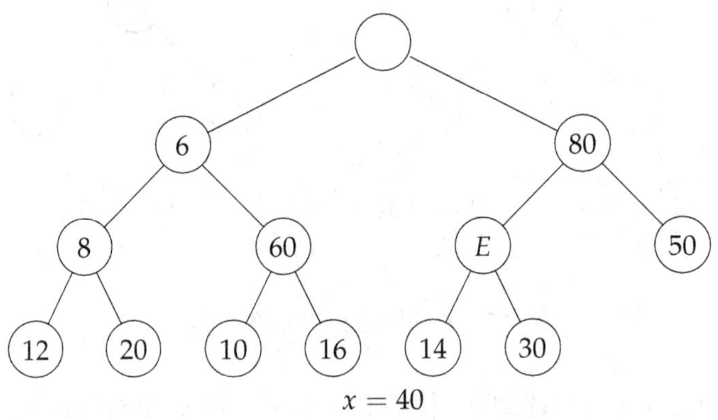

图 9.36 在图 9.35 中交换 E 与 6

接着对新的 E 检查 P1，因为 E 的兄弟是 50，而 $x = 40 \leq 50$，所以不违背 P1。E 的左孩子与 E 右兄弟的左孩子两者的较小值是 14（实际上，E 的右兄弟无孩子），由于 $14 < x = 40$，所以交换 14 与 E，结果如图 9.37 所示。

这时新的 E 违背 P1，因此交换 x 与 30，结果如图 9.38 所示。接着检查 P2，没有违背，最后 $x = 30$ 插入 E。

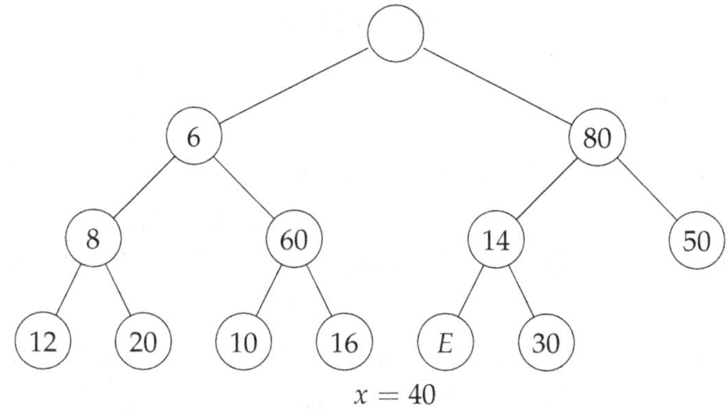

图 9.37 在图 9.36 中交换 E 与 14

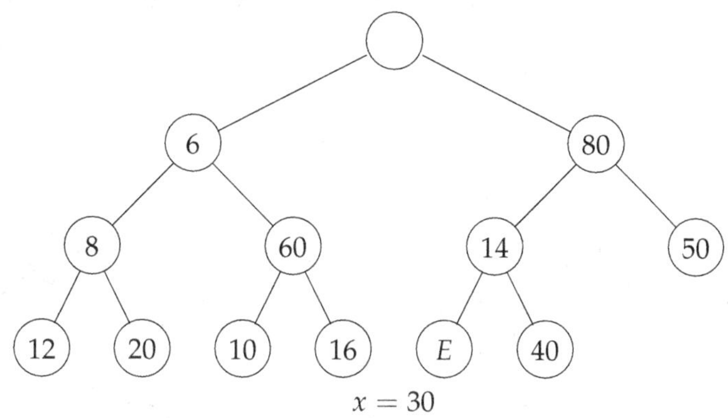

图 9.38 在图 9.37 中交换 x 与 30

删除操作的实现留作习题。读者请注意，删除操作下行时在 SMMH 每层操作的时间是 $O(1)$，所以删除操作的复杂度应是 $O(\log n)$。

习题

1. 证明，如果每棵完全二叉树如果除根不存数据而其它结点都存放一项数据，那么它是 SMMH 当且仅当满足性质 P1, P2, P3。

2. 根据程序 9.5 的插入算法，向空 SMMH 按顺序插入元素 20, 10, 40, 3, 2, 7, 60, 1, 80，画出插入操作的全过程。

3. 根据正文给出的删除最小元操作，从图 9.38（E 的元素是 30）中删除 3 个最小元，画出 3 次删除操作的全过程。

4. 以正文给出的删除最小元操作为基础，给出删除最大元操作的方法，并从图 9.38（E 的元素是 30）中删除 4 个最大元，画出 4 次删除操作的全过程。

5. 编程实现所有 SMMH 操作，用实际数据测试程序。

§9.7 区间堆

§9.7.1 定义和性质

和 SMMH 相似，区间堆同样被堆的数据结构所启发，也同样被用来表示 DEPQ。区间堆也是一棵完全二叉树，树中每个结点，除最后一个结点之外（完全二叉树的结点按层序遍历顺序编号），都存放两个数据元素。以下分别用 a 和 b 记结点中的两个元素，$a \le b$，称树中每个结点表示闭区间 $[a,b]$，a 是左端点，b 是右端点。

区间 $[a,b]$ 包含 $[c,d]$ 当且仅当 $a \le c \le d \le b$。在区间堆中，每个结点 P 的左、右孩子（如果存在）结点的区间被结点 P 的区间包含。最后一个结点如果只有一个元素 c，且它的父结点（如果存在）的区间是 $[a,b]$，那么有 $a \le c \le b$。

图 9.39 给出了 26 个元素的区间堆，不难验证每个孩子结点的区间都被其父结点的区间包含。

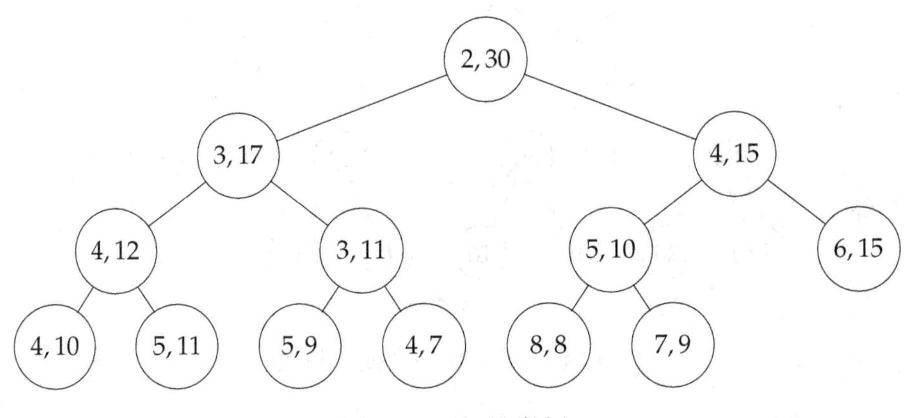

图 9.39 区间堆举例

区间堆有以下明显的事实：

(1) 结点的左端点构成小根堆；结点的右端点构成大根堆。如果堆中元素的个数为奇数，那么最后一个结点只含一项元素，该元素既可以归属小根堆，也可以归属大根堆。对于图 9.39 的区间堆，图 9.40 给出了其中的小根堆和大根堆。

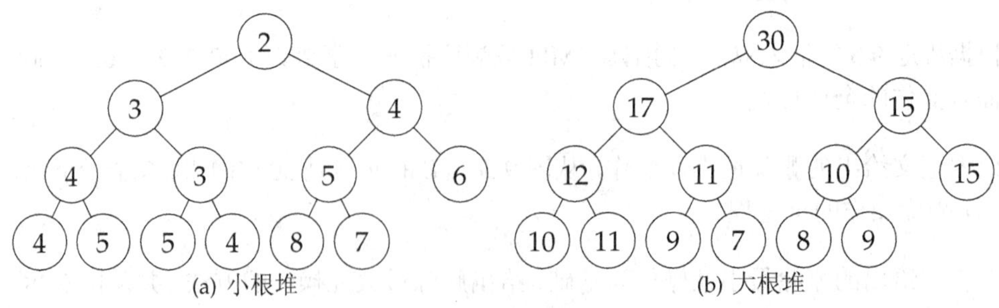

图 9.40 嵌入在图 9.39 中的小根堆和大根堆

(2) 如果根有两个元素，那么左端点是区间堆的最小值，那么右端点是区间堆的最大值。如果根只有一个元素，那么区间堆只有一个元素，而且这个元素既是最小值又是最大值。

(3) 区间堆能够以与堆相同的方式存储在一个数组之中，但每个数组单元应存放两个元素。

(4) n 个元素的区间堆高度是 $\Theta(\log n)$。

§9.7.2 区间堆的插入

在图 9.39 插入一个元素，由于当前堆中的元素个数是偶数，插入一个元素之后，堆中增加了一个结点，如图 9.41 所示。

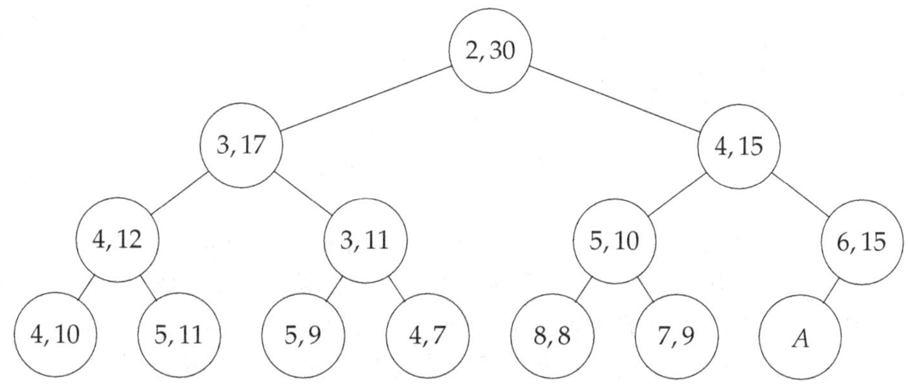

图 9.41 图 9.39 中增加了一个结点

新结点 A 的父结点区间是 $[6, 15]$，如果新元素取值在 6 与 15 之间，那么新元素可以位于结点 A。如果新元素比父区间的左端点 6 要小，那么应插入嵌入在区间堆中的小根堆，并从 A 开始执行小根堆的插入操作。如果新元素比父区间的右端点 15 要大，那么应插入嵌入在区间堆中的大根堆，并从 A 开始执行大根堆的插入操作。

如果在图 9.39 中插入元素 10，那么 10 就位于图 9.41 的结点 A 之中。如果插入元素 3，那么要从 A 开始向上，一路把左端点下滑，直到找到恰当的位置，该区间的左端点 ≤ 3，或到根为止，然后把新元素放入左端点空缺的结点。图 9.42 给出插入结果。

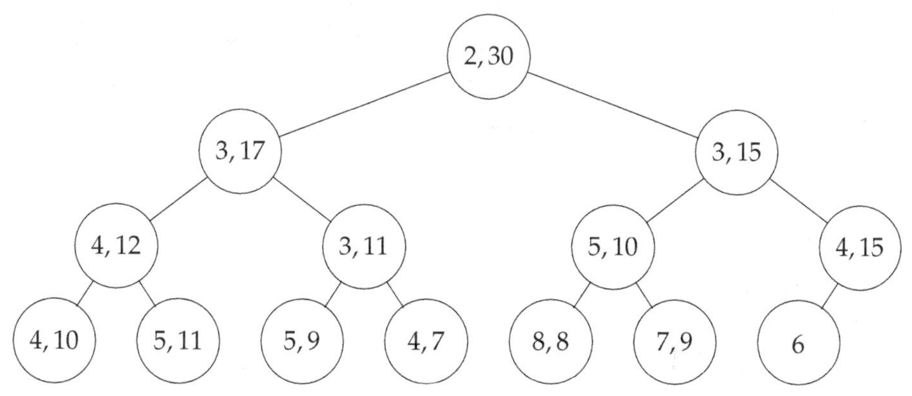

图 9.42 图 9.39 中插入新元素 3

如果在图 9.39插入元素 40，那么要从 A（见图 9.41）开始向上，一路把右端点下滑，直到找到恰当的位置，该区间的左端点 ≥ 40，或到根为止，然后把新元素放入右端点空缺的结点。图 9.43 给出插入结果。

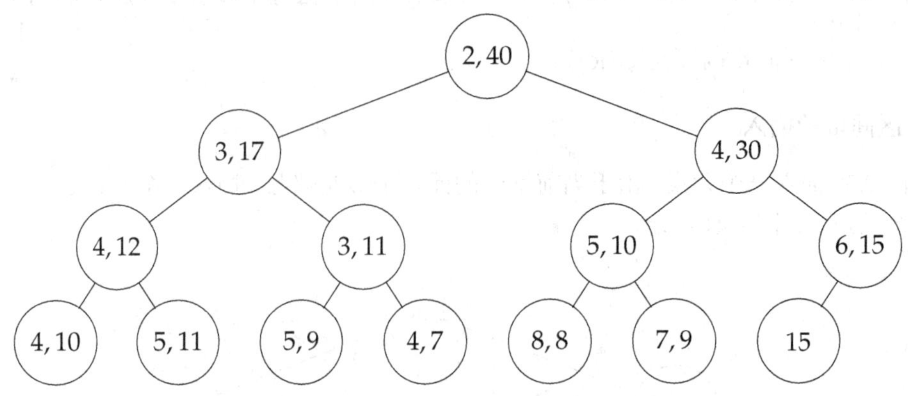

图 9.43 图 9.39 中插入新元素 40

假如现在要在图 9.43 中插入新元素，由于当前堆中的元素个数是奇数，所以不用增加结点。插入过程与上述从元素个数为偶数时插入的过程相似。令 A 还是堆中最后一个结点，如果新元素的取值在其父结点的区间 $[6, 15]$ 之间，那么新元素直接插入结点 A（若新元素小于当前结点中的元素则成为左端点）。如果新元素比 A 的父区间的左端点小，那么插入嵌入在区间堆中的小根堆；否则插入嵌入在区间堆中的大根堆。在图 9.43 中插入新元素 32 的结果见图图 9.44。

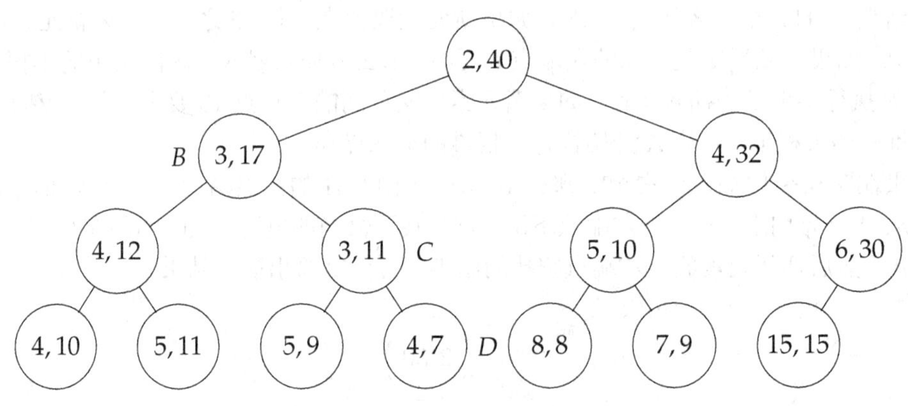

图 9.44 图 9.43 中插入新元素 32

§9.7.3 删除最小元

删除最小元操作分以下若干情形：

(1) 若在空堆中删除则出错。

(2) 如果堆中只有一个元素，那么返回这个元素。堆变成空堆。

(3) 如果堆中元素不止一个，那么返回根结点的左端点，并从根中删除该元素。如果根是堆中最后一个结点，那么不需做后续工作。如果最后一个结点不是根，那么要删除最后一个结点的左端点 p。若最后一个结点在 p 删除后变空，则该结点不再是堆中的结点。然后把删除的 p 从根开始重新插入区间堆中嵌入的小根堆。在下行过程，如果考察结点的右端点 $r \geq p$，那么要交换当前的 p 与 r。插入方法与在小根堆中插入操作相同。

现在从图 9.44 中删除最小元。首先 2 被删除，然后再删除最后一个结点的左端点 15，并把它从根重新插入堆。小根堆树根两个孩子较小的是 3，而 3 小于 15，因而把 3 上滑到根（3 变成了根的左端点），之后把当前位置修改到根的左孩子 B。因为 $15 \leq 17$，所以不需交换 B 的右端点和当前的 $p = 15$。B 的两个孩子左端点的较小值是 3，所以 3 从结点 C 上滑到 B 的左端点，当前位置下滑到结点 C。由于 $p = 15 > 11$，两者交换，15 变成结点 C 的右端点。结点 C 两个孩子左端点的较小值是 4，它比当前的 $p = 11$ 要小，4 上滑到 C 成为左端点。现在当前位置到了 D，先交换 $p = 11$ 和 D 的右端点，然后由于 D 无孩子，所以 $p = 7$ 插入结点 D 成为左端点。最后的结果如图 9.45 所示。

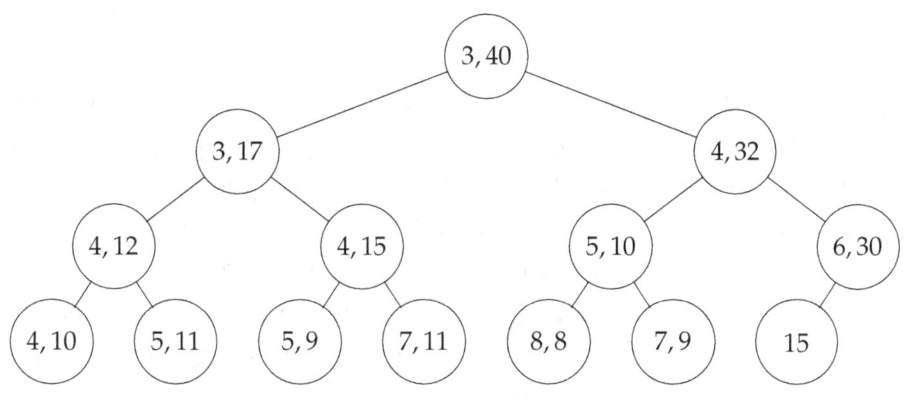

图 9.45 从图 9.44 中删除最小元

删除最大元操作和以上删除最小元操作类似。

§9.7.4 区间堆的初始化

区间堆的初始化与堆的初始化类似，可以从下向上到根调整每棵子树，使每棵子树都是区间堆。对每棵子树，先对两个元素排序，然后把左端点重新插入这棵子树，方法同上小节介绍的删除最小值操作；再把右端点插入这棵子树，方法用删除最大元操作。

§9.7.5 区间堆操作的复杂度

取最小、最大元的时间都是 $O(1)$；插入、删除最小、最大元的时间都是 $O(\log n)$；初始化区间堆的时间是 $\Theta(n)$。

§9.7.6 区间外查找

本小节讨论区间外查找问题。给定变化的一维点集（如一维点坐标不断插入、删除该数据集），区间外查找就是要回答询问：点集中哪些点不在区间 $[a, b]$ 之中。例如点集为 $\{3, 4, 5, 6, 8, 12\}$，那么不在区间 $[5, 7]$ 之中的点是 3, 4, 8, 12。

可以用区间堆表示以上点集，插入新点或删除旧点的时间是 $O(\log n)$，n 是区间堆中的元素个数。注意，给定区间堆中任意元素所在位置，删除该元素的时间是 $O(\log n)$，操作方法与在堆中删除指定元素的算法相同。

回答区间外操作请求的时间可以是 $\Theta(k)$，k 是区间 $[a,b]$ 之外的点数。以下给出递归查找过程。

- **Step 1**：若区间堆是空堆则 `return`。
- **Step 2**：如果根区间在 $[a,b]$ 之内，那么所有点都在范围之内（因而无点可以报告），`return`。
- **Step 3**：如果根区间的端点不在 $[a,b]$ 之内，那么报告端点。
- **Step 4**：在根的左子树中递归查找不在 $[a,b]$ 之内的点。
- **Step 5**：在根的右子树中递归查找不在 $[a,b]$ 之内的点。
- **Step 6**：`return`。

以图 9.44 为例实验以上递归过程。查询区间为 $[4,32]$，从根开始，由于根区间不包含在查询区间之内，因而执行 Step 3，至少报告一点，本例报告 2 和 40 两点。然后查找根的左、右子树报告其它点。查找左子树时，左子树的根区间也不包含在查询区间之内，这次只报告一个查询区间之外的端点 (3)，之后查询 B 的左右子树。B 的左子树的根区间包含在查询区间之内，所以 B 的左子树不包含查询区间之外的点，因此不再去 B 的左子树查找。然后查找 B 的右子树，报告 C 的左端点，接着查找 C 的左、右子树，而这些子树的根区间都包含在查询区间之内，所以不再继续下行查找。最后，去区间堆的右子树查找，这棵子树的根区间是 $[4,32]$，包含在查询区间，所以无需进一步查找。

如果某结点的区间被查询过，那么称该结点*已访问*。以上递归查找过程的复杂度为 Θ(已访问结点个数)。上述举例中的已访问结点是根及其两棵子树的根，结点 B 及其两棵子树的根，结点 C 及其两棵子树的根。共访问了 7 个结点，报告了不在查询区间之内的 4 点。

我们要论证在一次查询过程，区间堆中的已访问结点个数最多是 $3k+1$，k 是报告点数。如果一个已访问结点至少报告了一点，那么令该结点的计数值为 1，如果一个已访问结点无报告结果，那么令该结点的计数值为 0，但要把它的父结点的计数值加 1（除非若该结点是根，无父结点）。因为没有一个结点的计数值超过 3，所以这些计数值的和最多是 $3k$。考虑到根结点可能也无报告结果，所以已访问结点的个数最多是 $3k+1$。故查找的复杂度是 $\Theta(k)$。这是最优的渐进复杂度，因为任何报告 k 个点的算法每次报告都至少需要时间 $\Theta(1)$。

在上例查找过程中，根的计数值是 2（它本身报告了至少一点而为计数值贡献了 1，它的右子树的根已访问但未报告结果又为计数值贡献了 1），结点 B 的计数值是 2（它本身报告了至少一点而为计数值贡献了 1，它的左子树的根已访问但未报告结果又为计数值贡献了 1），结点 C 的计数值是 3（它本身报告了至少一点而为计数值贡献了 1，它的左、右子树的根都是已访问结点但都未报告结果，因而为计数值贡献了 2）。其它区间堆结点的计数值都是 0。

习题

1. 根据正文给出的插入操作，向空区间堆按顺序插入元素 20, 10, 40, 3, 2, 7, 60, 1, 80，画出插入操作的全过程。

2. 根据正文给出的删除最小元操作，从图 9.45 中删除 3 个最小元，画出 3 次删除操作的全过程。

3. 以正文给出的删除最小元操作为基础，给出删除最大元操作的方法，并从图 9.45 中删除 4 个最大元，画出 4 次删除操作的全过程。

4. 编程实现所有区间堆操作，此外还应包括初始化函数和区间外查找函数，用实际数据测试程序。

5. 最小-最大堆是另一种受到堆的启发，用来表示 DEPQ 的数据结构。最小-最大堆是一棵完全二叉树，每个结点都存放一项元素，从上到下以连续两层为单位分为的最小值层和最大值层，树根位于最上的最小值层。设 x 是最小-最大堆中的任意结点，如果 x 位于最小值层（最大值层），那么 x 是以它为根的子树中的最小优先级（最大优先级）。位于最小值层（最大值层）的结点称为小值（大值）结点。图 9.46 给出了含有 12 个数据元素的最小-最大堆。图中用双圆圈标记大值结点，用单圆圈标记小值结点。

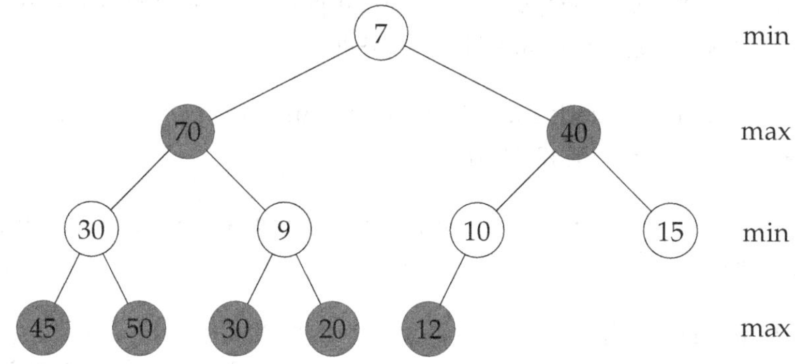

图 9.46 含 12 个数据元素的最小-最大堆

编程实现基于最小-最大堆的双端优先级队列操作，最小最大堆用数组表示完全二叉树。返回最大、最小元函数的复杂度都应是 $O(1)$，其它函数的复杂度应为 $O(\log n)$。

§9.8 参考文献和选读材料

高度左倾树由 C. Crane 提出，权值左倾树由 S. Cho 和 S. Sahni 提出，参见文献 [1,2]。

[1] C. Crane. Linear lists and priority queeus as balanced binary trees. Technical report, Computer Science Dept., Stanford University, Palo Alto, CA, 1972. CS-72-259.

[2] S. Cho and S. Sahni. Weighted biased leftist trees and modified skip list. *ACM Journal on Experimental Algorithms*, 1(Article 2), 1998.

习题中的懒惰删除法由 D. Cheriton 和 R. Tarjan 提出，参见文献 [3]。

[3] D. Cheriton and R. Tarjan. Finding minimum spanning trees. *SIAM Journal on Computing*, 5:724–742, 1976.

B-堆与 F-堆由M. Fredman 和 R. Tarjan 提出，参见文献 [4]。文献 [4] 中还讨论了基本F-堆的其它变体，并给出了应用 F-堆数据结构求解在赋值问题以及计算最小代价生成树问题。文献中利用F-堆计算最小代价生成树的时间为 $O(e\beta(e,n))$，其中 $\beta(e,n) \leq \log^* n$，$e \geq n$，$\log^* = \min\{i \mid \log^i n \leq 1\}$，$\log^0 n = n$，$\log^i n = \log\log^{i-1} n$。之后，文献 [5] 将计算最小代价生成树的复杂度进一步减小到 $O(e\log\beta(e,n))$。

[4] M. Fredman and R. Tarjan. Fibonacci heaps and their uses in improved network optimization algorithms. *JACM*, 34(3):595–615, 1987.

[5] T. Spencer H. Gabow, Z. Galil and R. Tarjan. Efficient algorithms for finding minimum spanning trees in undirected and directed graphs. *Combinatorica*, 6(2):109–122, 1986.

配偶堆最早在文献 [6] 中提出，并和文献 [7] 一同建立了配偶堆操作的分摊复杂度。文献 [8] 利用信息论观点，证明了配偶堆中减小关键字值操作的分摊复杂度下界是 $\Omega(\log\log n)$。

[6] R. Sleator M. Fredman, R. Sedgewick and R. Tarjan. The pairing heap: A new form of self-adjusting heap. *Algorithmica*, 1:111–129, 1986.

[7] J. Iacono. New upper bounds for pairing heaps. In *Scandinavian Workshop on Algorithm Theory, LNCS 1851*, pages 35–42, 2000.

[8] M. Fredman. On the efficiency of pairing heaps and related data structures. *JACM*, 46:473–501, 1999.

Stasko 和 Vitter 的实验结果表明，两遍配偶堆的性能优于多遍配偶堆，参见文献 [9]，该文还提出了辅助两遍配偶堆（auxiliary two pass pairing heaps），其性能更优于两遍配偶堆。Moret 和 Shapiro 的实验结果表明，利用配偶堆数据结构求解最小代价生成树问题，其性能优于使用 Fibonacci 堆，参见文献 [10]。

[9] Stasko and Vitter. Pairing heaps: Experiments and analysis. *Communications of the ACM*, 30(3):234–249, 1987.

[10] Moret and Shapiro. An empirical analysis of algorithms for constructing a minimum cost spanning tree. In *Second Workshop on Algorithms and Data Structures*, pages 400–411, 1991.

受到堆（§5.6）的启发，研究者提出了大量数据结构用来实现 DEPQ，文献 [11] 可供研究对称最小-最大堆的读者参考。

[11] A. Arvind and C. Rangan. Symmetric min-max heap: A simpler data structure for double-ended priority queue. *Information Processing Letters*, 69:197–199, 1999.

Williams 提出的孪生堆（twin heaps），Olariu 等提出的最小-最大配偶堆，Ding 和 Weiss 以及 Van Leeuwen 等提出的区间堆，Chang 和 Du 提出的钻石双端队列（diamond deques），差不多都是相同的数据结构，参见文献 [12–16]。

[12] S. Chang and M. Du. Diamond deque: A simple data structure for priority deques. *Information Processing Letters*, 46:231–237, 1993.

[13] Y. Ding, M. Weiss. On the complexity of building and interval heap. *Information Processing Letters*, 50:143–144, 1994.

[14] J. van Leeuwen and D. Wood. Interval heaps. *The Computer Journal*, 36(3):209–216, 1993.

[15] S. Olariu, C. Overstreet and Z. Wen. A mergeable double-ended priority queue. *The Computer Journal*, 34(5):423–427, 1991.

[16] J. Williams. Algorithm 232. *Communications of the ACM*, 7:347–348, 1964.

最小-最大堆以及双堆（deap）也都是受堆启发而提出的数据结构，用来实现 DEPQ，参见文献 [17,18]。

[17] N. Santoro M. Atkon, J. Sack and T. Strothotte. Min-max heaps and generalized priority queues. *Communications of the ACM*, 29(10):996–1000, 1986.

[18] S. Carlsson. The deap: A double-ended heap to implement double-ended priority queues. *Information Processing Letters*, 26:33–36, 1987.

研究易融合 DEPQ 数据结构的读者，请参考文献 [19–21]。

[19] Y. Ding and M. Weiss. The relaxed min-max heap: A mergeable double-ended priority queue. *Acta Informatica*, 30:215–231, 1993.

[20] G. Brodal. Fast meldable priority queues. In *Workshop on Algorithms and Data Structures*, 1995.

[21] S. Cho and S.Sahni. Mergeable double ended priority queue. *International Journal on Foundation of Computer Sciences*, 10(1):1–18, 1999.

文献 [22] 提出了用单端优先级队列实现双端优先级队列的一般方法。

[22] K. Chong and S. Sahni. Correspondence based data structures for double ended priority queues. *ACM Journal on Experimental Algorithmics*, 5(Article 2), 2000.

文献 [23] 的第 5 章到第 8 章专门讨论优先级队列，可供参考。

[23] D. Mehta and S. Sahni. *Handbook of Data Structures and Applications*. Chapman & Hall/CRC, 2005.

第 10 章　高效二叉查找树

§10.1　最优二叉查找树

第 5 章 讨论过二叉查找树，本节讨论的二叉查找树存储静态的数据元素集合，就是说在这棵二叉查找树中，只考虑查找操作，而不考虑插入和删除操作。

我们知道，在有序表中查找可以折半查找，实际上，对有序表的折半查找，对应于构造了一棵二叉查找树，而且好像利用了程序 5.17 的函数 `iterSearch` 在进行查找操作。以有序表 (5,10,15) 为例（为了使讨论更清晰，本章所有例中只标出数据元素的关键字，而不列出数据元素的所有成员），在这个表中查找，对应于在图 10.1 的二叉查找树中用函数 `iterSearch` 查找。这棵树虽然是满二叉树，但是如果树中元素被查找的概率都不相同，那么这棵满二叉树也许并不是最优二叉查找树。

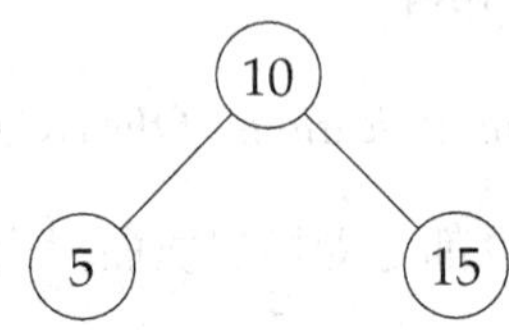

图 10.1 对应于表 (5,10,15) 的二叉查找树

为构造最优二叉查找树，首先要定义查找树的查找代价。函数 `iterSearch` 在查找到第 l 层时 **`while`** 循环的迭代次数是 l，而这个 **`while`** 的迭代次数就是查找代价，所以用树中结点所在层数表示查找代价是合理的。

例 10.1 考虑图 10.2 的两棵查找树。在第二棵树中查找最多只需三次比较，而第一棵树也许需要四次比较，如查找的关键字 k 的范围在 $10 < k < 20$ 之内都需要四次比较。所以，如果考虑最差情形的查找时间，我们无疑要选第二棵查找树。对于第一棵树，查找 10 需要比较一次，查找 5 和 25 需要比较两次，查找 20 需要比较三次，查找 15 需要比较四次。如果查找每个关键字的概率都相同，那么查找成功的平均比较次数是 2.4。对于第二棵树，这个平均查找时间是 2.2，所以第二棵查找树的平均性能要优于第一棵查找树。

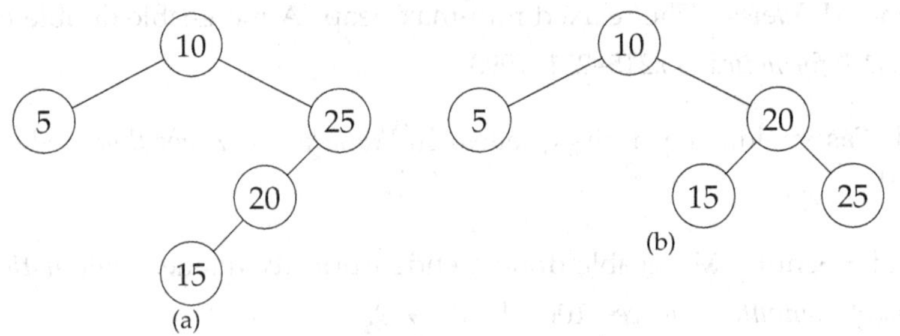

图 10.2 两棵二叉查找树

假设查找关键字 5, 10, 15, 20, 25 的概率分别是 0.3, 0.3, 0.05, 0.05, 0.3，那么图 9.2(a) 中查找成功的平均比较次数是 1.85，而在图 9.2(b) 中查找成功的平均比较次数却是 2.05。这时，

第一棵查找树的平均性能反而要优于第二棵查找树了！ □

为了方便计算查找树的各项性能指标，我们要用“方结点”标出树中的空链。图 9.3 就是在图 9.2 中用方结点标出空链的结果。别忘了，n 个结点的二叉树中共有 $n+1$ 个空链，所

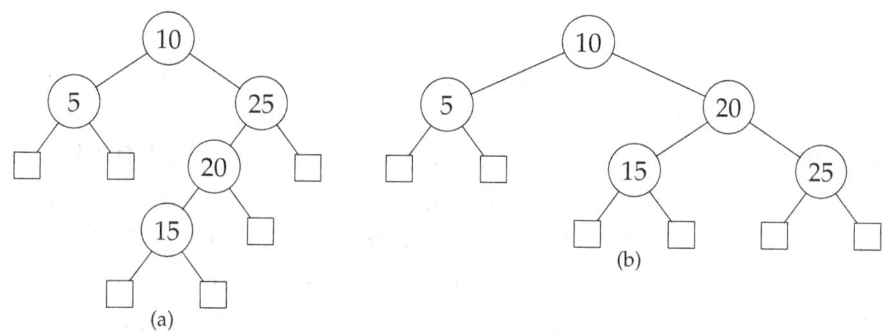

图 10.3 对应于图 9.2 的两棵扩展二叉树

以有 $n+1$ 个方结点。我们称这些方结点为*外部结点*，因为这些结点不在原树之中，而原来树中的结点称为*内部结点*。在二叉查找树的查找过程，每当遇到为标记超出树而设置的标识时，查找都结束在某外部结点，这种情形都对应于查找不成功，因而外部结点又可称为*失败结点*。加入外部结点的二叉树称为*扩展二叉树*，与第 9 章讨论左倾树时定义的扩展二叉树相同。图 9.3 给出了对应图 9.2 的两棵扩展二叉树。

二叉树的*外部路径长度*定义为所有外部结点到根的路径长度之和，相应定义二叉树的*内部路径长度*为所有内部结点到根的路径长度之和。图 9.3(a) 的内部路径长度为

$$I = 0+1+1+2+3 = 7$$

外部路径长度为

$$E = 2+2+4+4+3+2 = 17$$

本节习题 1 要求读者证明，对于 n 个结点的二叉树，内部路径长度与外部路径长度满足关系 $E + I + 2n$。所以具有最大 E 的二叉树也具有最大的 I。那么，对所有 n 个结点的二叉树，I 的最大值和最小值分别可以是多少？显然，在最差情形，即树是倾斜树时（这时树的深度上 n），I 取得最大值，其最大值为

$$I = \sum_{i=0}^{n-1} i = n(n-1)/2$$

I 取最小值的情形，树的内部结点应尽可能接近树根。这时，最多有 2 个结点距树根的距离为 1，4 个结点距树根的距离为 2，把这个观察推广，I 所能取得的最小值是

$$0 + 2\times 1 + 4\times 2 + 8\times 3 + \cdots$$

在 §5.2 定义的完全二叉树有最小的内部路径长度。遵循 §5.2 对完全二叉树结点的编号方式，那么第 i 号结点到根的距离是 $\lfloor \log_2 i \rfloor$，故 I 的最小值为

$$\sum_{1\le i\le n} \lfloor \log_2 i \rfloor = O(n\log n)$$

我们回到用二叉查找树表示静态数据元素集的问题。令 $a_1, a_2, \ldots, a_n$ 是 n 项数据元素的关键字，$a_1 < a_2 < \cdots < a_n$。设查找 a_i 的概率是 p_i，那么在由这些关键字组成的任意二叉树中查找成功的总代价是

$$\sum_{1 \le i \le n} p_i \cdot \text{level}(a_i)$$

由于查处不成功（即关键字不在表中）的情形也可能出现，所以还应定义查找不成功的代价。iterSearch（程序 5.17）在查找不成功时返回空指针，启发我们把空树用失败结点代替。不在二叉查找树中的关键字可以分成 $n+1$ 类 E_i，$0 \le i \le n$。E_0 包含的所有关键字 X 满足条件 $X < a_1$，E_i 包含的所有关键字 X 满足条件 $a_i < X < a_{i+1}$，E_n 包含的所有关键字 X 满足条件 $X > a_n$。显然，对属于一类 E_i 的所有关键字，查找都结束在同一个失败结点，而对不同类的关键字，查找结束在不同的失败结点。所以我们可以把失败结点从 0 到 n 标记，第 i 号失败结点对应 E_i，$0 \le i \le n$。令 q_i 是查找属于 E_i 中关键字的概率，那么失败结点的代价是

$$\sum_{0 \le i \le n} q_i \cdot (\text{level}(\text{失败结点}i) - 1)$$

综合查找成功与查找不成功两种情形，二叉查找树的总代价是

$$\sum_{1 \le i \le n} p_i \cdot \text{level}(a_i) + \sum_{0 \le i \le n} q_i \cdot (\text{level}(\text{失败结点}i) - 1) \tag{10.1}$$

给定关键字 $a_1, a_2, \ldots, a_n$，其最优二叉查找树就是使 (10.1) 式最小化的二叉查找树。注意，每次查找要么成功要么失败，因此还有下式成立

$$\sum_{1 \le i \le n} p_i + \sum_{0 \le i \le n} q_i = 1$$

例 10.2 给定关键字 $(a_1, a_2, a_3) = (5, 10, 15)$，图 10.4 给出了所有可 能的无种不同形态的二查

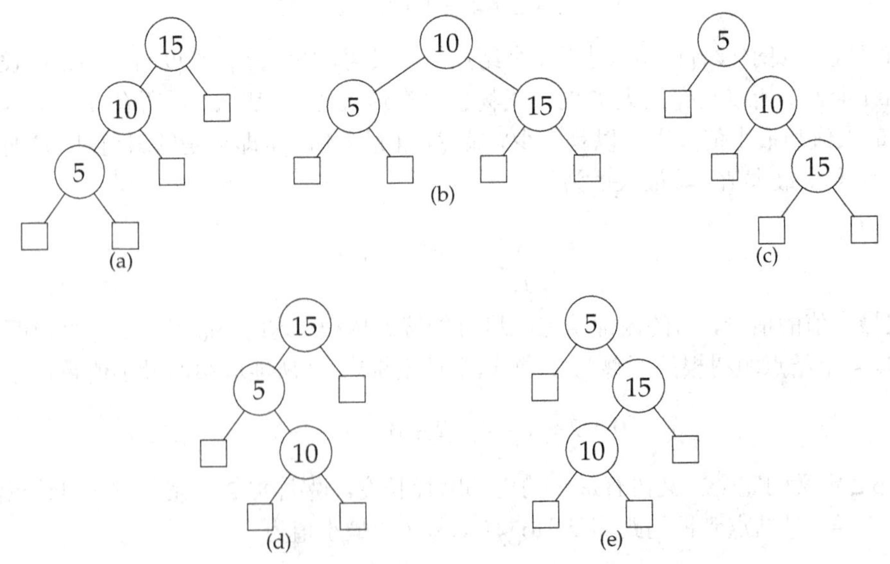

图 10.4 三项数据元素的无棵二叉查找树

找叉树。如果概率都相等，对所有 i 与 j，$p_i = q_j = 1/7$，我们有

$$\text{cost}(a) = 15/7; \quad \text{cost}(b) = 13/7; \quad \text{cost}(c) = 15/7; \quad \text{cost}(d) = 15/7; \quad \text{cost}(e) = 15/7$$

与预期吻合，图 10.4(b) 最优。如果给定不同概率值，$p_1 = 0.5, p_2 = 0.1, p_3 = 0.05, q_0 = 0.15, q_1 = 0.1, q_2 = 0.05, q_3 = 0.05$，我们有

$$\text{cost}(a) = 2.65; \quad \text{cost}(b) = 1.9; \quad \text{cost}(c) = 1.5; \quad \text{cost}(d) = 2.05; \quad \text{cost}(e) = 1.6$$

对这一组给定的 p 和 q，图 10.4(c) 最优。 □

我们该如何找到最优的二叉查找树呢？如果采取例 10.2 的方法，先列出所有不同形态的二叉查找树，并计算每棵树的代价，然后从中选取代价最小的一棵。因为计算 n 个结点的二叉查找树代价所需时间是 $O(n)$，所以这种方法的时间复杂度是 $O(nN(n))$，$N(n)$ 是包含 n 个关键字的不同形态二叉查找树的数目，根据 §5.11 的计算结果，我们知道 $N(n) = O(4^n/n^{3/2})$，因此这样的强力算法对较大的 n 完全不可行。接下来，我们要深入观察最优二叉查找树，并根据了解到的性质，构造效率高得多的算法。

令 $a_1 < a_2 < \cdots < a_n$ 是一棵二叉查找树的关键字，记 T_{ij} 是由关键字 $a_{i+1}, \ldots, a_j$ 构成的最优二叉查找树，$i < j$。为这套符号能方便使用，令 T_{ii} 表示空树，$0 \le i \le n$；T_{ij} 对 $i > j$ 无定义。令 c_{ij} 是 T_{ij} 的代价，$c_{ii} = 0$。令 T_{ij} 的根是 r_{ij}。令

$$w_{ij} = q_i + \sum_{k=i+1}^{j} (q_k + p_k)$$

是 T_{ij} 的权值。根据定义有 $r_{ii} = 0$ 以及 $w_{ii} = q_i$，$0 \le i \le n$。根据以上定义，T_{0n} 是由 $a_1, \ldots, a_n$ 构成的最优二叉查找树，其代价为 c_{0n}，权值为 w_{0n}，根为 r_{0n}。

如果 T_{ij} 是由 $a_{i+1}, \ldots, a_j$ 构成的最优二叉查找树，且 $r_{ij} = k$，那么 k 满足不等式 $i < k \le j$。T_{ij} 有两棵子树L 和 R。L 是由 $a_{i+1}, \ldots, a_{k-1}$ 构成的左子树；R 是由 $a_{k+1}, \ldots, a_j$ 构成的右子树（参见图 10.5）。T_{ij} 的代价 c_{ij} 是

$$c_{ij} = p_k + \text{cost}(L) + \text{cost}(R) + \text{weight}(L) + \text{weight}(R), \tag{10.2}$$

其中 $\text{weight}(L) = \text{weight}(T_{i,k-1}) = w_{i,k-1}$，$\text{weight}(R) = \text{weight}(T_{kj}) = w_{kj}$。

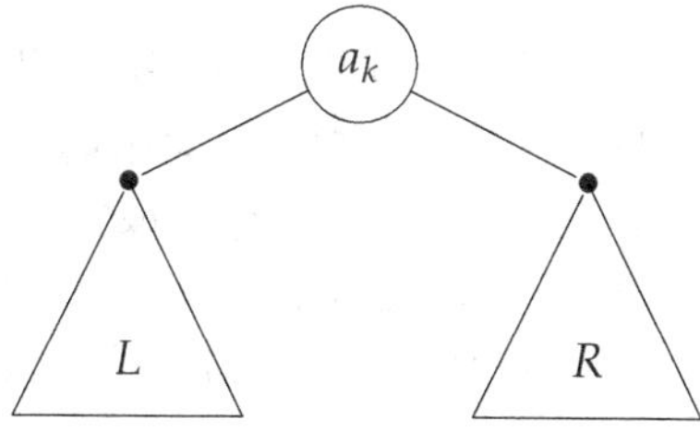

图 10.5 最优二叉查找树 T_{ij}

由 (10.2) 式，如果 c_{ij} 最小，那么显然 $\text{cost}(L) = c_{i,k-1}$ 且 $\text{cost}(R) = c_{kj}$，否则我们可以将 L 或 R 替换成更低代价的子树，使由 $a_{i+1}, \ldots, a_j$ 构成的二叉查找树有更小的代价，但这与

T_{ij} 是最优的假设矛盾。所以 (10.2) 式变成

$$\begin{aligned} c_{ij} &= p_k + c_{i,k-1} + w_{i,k-1} + w_{kj} \\ &= w_{ij} + c_{i,k-1} + c_{kj}. \end{aligned} \tag{10.3}$$

因为 T_{ij} 是最优二叉查找树，由 (10.3) 式以及 $r_{ij} = k$ 有

$$w_{ij} + c_{i,k-1} + c_{kj} = \min_{i<l\leq j}\{w_{ij} + c_{i,l-1} + c_{lj}\},$$

也就是

$$c_{i,k-1} + c_{kj} = \min_{i<l\leq j}\{c_{i,l-1} + c_{lj}\}. \tag{10.4}$$

根据 (10.2) 式，从 $T_{ii} = \varnothing$ 和 $c_{ii} = 0$ 出发，我们可以计算出 T_{0n} 和 c_{0n}。

例 10.3 令 $n = 4, (a_1, a_2, a_3, a_4) = (10, 15, 20, 25), (p_1, p_2, p_3, p_4) = (3, 3, 1, 1), (q_0, q_1, q_2, q_3, q_4) = (2, 3, 1, 1, 1)$。为简化计算，$p$ 和 q 都乘了 16。开始时，$w_{ii} = q_i, c_{ii} = 0, r_{ii} = 0, 0 \leq i \leq 4$。利用 (10.3) 式和 (10.4) 式，我们得到

$$\begin{aligned}
w_{01} &= p_1 + w_{00} + w_{11} = p_1 + q_1 + w_{00} = 8 \\
c_{01} &= w_{01} + \min\{c_{00} + c_{11}\} = 8 \\
r_{01} &= 1 \\
w_{12} &= p_2 + w_{11} + w_{22} = p_2 + q_2 + w_{11} = 7 \\
c_{12} &= w_{12} + \min\{c_{11} + c_{22}\} = 7 \\
r_{12} &= 2 \\
w_{23} &= p_3 + w_{22} + w_{33} = p_3 + q_3 + w_{22} = 3 \\
c_{23} &= w_{23} + \min\{c_{22} + c_{33}\} = 3 \\
r_{23} &= 3 \\
w_{34} &= p_4 + w_{33} + w_{44} = p_4 + q_4 + w_{33} = 3 \\
c_{34} &= w_{34} + \min\{c_{33} + c_{44}\} = 3 \\
r_{34} &= 4
\end{aligned}$$

得到 $w_{i,i+1}$ 和 $c_{i,i+1}$，$0 \leq i < 4$ 之后，再利用 (10.3) 式和 (10.4) 式，可以计算出 $w_{i,i+2}$, $c_{i,i+2}, r_{i,i+2}, 0 \leq i < 4$。重复这样的计算过程直到算出 w_{04}, c_{04}, r_{04} 为止，结果如图 10.6 所示。由图 10.6 的数据列表，我们得到包含关键字 a_1 到 a_4 的最优二叉查找树代价是 $c_{04} = 32$，T_{04} 的根是 a_2。我们还知道 a_2 的左子树是 T_{01}，右子树是 T_{24}，T_{01} 的根是 a_1，左、右子树分别是 T_{00} 和 T_{11}。T_{24} 的根是 a_3，左、右子树分别是 T_{22} 和 T_{34}。这样根据图 10.6 可以构造出 T_{04}，结果如图 10.7 所示。 □

例 10.3 通过具体例子说明如何根据 (10.4) 式计算那些 c 值和 r 值，并根据已得到的 r 值确定 T_{04}。现在我们来推导计算 c 值和 r 值的复杂度。例 10.3 计算 c_{ij} 的顺序是 $(j-i) = 1, 2, \cdots, n$。当 $j - i = m$ 时，还有 $n - m + 1$ 个 c_{ij} 要计算，计算每项c_{ij} 需要在 m 个数值中找最

	0	1	2	3	4
0	$w_{00}=2$ $c_{00}=0$ $r_{00}=0$	$w_{11}=3$ $c_{11}=0$ $r_{11}=0$	$w_{22}=1$ $c_{22}=0$ $r_{22}=0$	$w_{33}=1$ $c_{33}=0$ $r_{33}=0$	$w_{44}=1$ $c_{44}=0$ $r_{44}=0$
1	$w_{01}=8$ $c_{01}=8$ $r_{01}=1$	$w_{12}=7$ $c_{12}=7$ $r_{12}=2$	$w_{23}=3$ $c_{23}=3$ $r_{23}=3$	$w_{34}=3$ $c_{34}=3$ $r_{34}=4$	
2	$w_{02}=12$ $c_{02}=19$ $r_{02}=1$	$w_{13}=9$ $c_{13}=12$ $r_{13}=8$	$w_{24}=5$ $c_{24}=8$ $r_{24}=3$		
3	$w_{03}=14$ $c_{03}=25$ $r_{03}=2$	$w_{14}=11$ $c_{14}=19$ $r_{14}=2$			
4	$w_{04}=16$ $c_{04}=32$ $r_{04}=2$				

图 10.6 计算 c_{04} 和 r_{04}，计算次序是从第 0 行到第 4 行

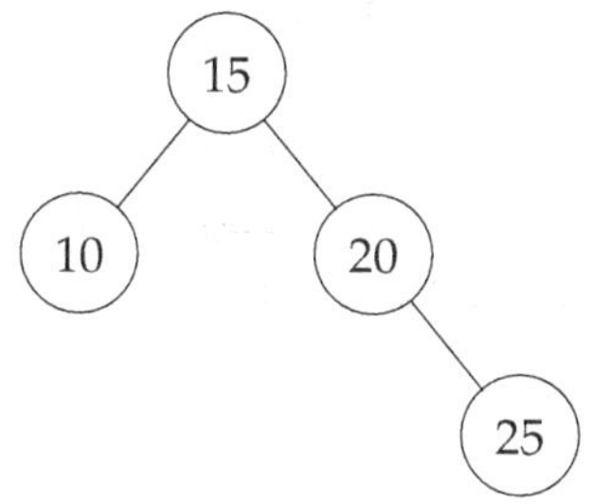

图 10.7 例 10.3 的最优二叉查找树

小值（见 (10.4) 式），因而计算每项 c_{ij} 的时间是 $O(m)$。故在 $j-i=m$ 时计算 c_{ij} 的总时间是 $O(nm-m^2)$。所以计算所有 c_{ij} 和 r_{ij} 的总时间是

$$\sum_{1\le m\le n}(nm-m^2)=O(n^3)$$

D. E. Knüth 提出了更高效的计算方法，它的方法在 (10.4) 式确定 l 时可以把查找范围限制在 $r_{i,j-1}\le l\le r_{i+1,j}$，这样的改动使计算时间减少到 $O(n^2)$（见习题 3）。程序 10.1 中函数 `obst` 就是这种算法的实现，可以在 $O(n^2)$ 时间计算出 $w_{ij}, r_{ij}, c_{ij}, 0\le i\le j\le n$。具体的最优二叉查找 T_{on} 可以根据 r_{ij} 在 $O(n)$ 时间构造出来，算法留作习题。

程序 10.1 中函数 `obst` 对给定的关键字 $a_{i+1},\ldots,a_j$ 计算最优二叉查找树的代价 `c[i][j]`$=c_{ij}$。同时还计算 T_{ij} 的根 `r[i][j]`$=r_{ij}$。`w[i][j]`$=w_{ij}$ 是 T_{ij} 的权值。两维数组 `c`, `r`, `w` 都是 **`int`** 型的全局变量，函数的输入是关于 n 个关键字查找成功和查找不成功的概率，分别是数组 `p[]` 和 `q[]`，`p[0]` 和 `q[0]` 未使用。

```
void obst(double *p, double *q, int n)
{
  int i, j, k ,m;
  for (i=0; i<n; i++) {          /* initialize */
    /* 0-node trees */
    w[i][i] = q[i][i];
    r[i][i] = c[i][i] = 0;
    /* one-node trees */
    w[i][i+1] = q[i] + q[i+1] + p[i+1];
    r[i][i+1] = i + 1;
    c[i][i+1] = w[i][i+1];
  }
  w[n][n] = q[n];
  r[n][n] = c[n][n] = 0;

  /* find optimal trees with m>1 nodes */
  for (m=2; m<=n; m++)
    for (i=0; i<n-m; i++) {
      j = i + m;
      w[i][j] = w[i][j-1] + p[j] + q[j];
      k = KnuthMin(i, j);
      /* KnuthMin returns a value k in the range
         [r[i][j-1], r[i+1][j]] minimizing c[i][k-1]+c[k][j] */
      c[i][j] = w[i][j] + c[i][k-1] + c[k][j]; /* (10.3) */
      r[i][j] = k;
    }
}
```

程序 10.1 找出最优二叉查找树

习题

1. (a) 二叉树 T 的内部结点个数是 n，I 是内部路径长度，E 是外部路径长度。用归纳法证明 $E = I + 2n, n \leq 0$。

   (b) 令查找成功的平均比较次数是 s，查找不成功的平均比较次数是 u，用 (a) 的结论证明

$$s = (1 + 1/n)u - 1, \quad n \geq 1$$

2. 给定关键字集合 $(a_1, a_2, a_3, a_4,) = (5, 10, 15, 20)$，以及 $p_1 = 1/20, p_2 = 1/5, p_3 = 1/10, p_4 = 1/20, q_0 = 1/5, q_1 = 1/10, q_2 = 1/5, q_3 = 1/20, q_4 = 1/20$。用程序 10.1 的函数 obst 计算 $w_{ij}, r_{ij}, c_{ij}, 0 \leq i < j \leq 4$。利用得到的 r_{ij} 构造最优二叉查找树。

3. (a) 实现 obst 中的函数 KnuthMin。

(b) 证明 `obst` 的时间复杂度是 $O(n^2)$。

(c) 编写 C 函数，根据给定的 $r_{ij}, 0 \le i < j \le n$ 构造最优二叉查找树 T_{0n}。证明这个函数的计算时间是 $O(n)$。

4. 有时我们只能获得 p、q 的近似值，因此构造次优的二叉查找树也有实际意义。次优的含义为，根据给定的 p、q 值，构造的二叉查找树使 (10.4) 式接近最优。本题讨论构造次优二叉查找树的 $O(n\log n)$ 算法，该算法利用如下的启发规则：

> 选择根 a_k 使 $|w_{0,k-1} - w_{k,n}|$ 尽量小，然后重复利用这样的规则得到 a_k 的左、右子树。

(a) 利用以上启发规则，用习题 2 的数据获得二叉查找树，给出这棵树的代价。

(b) 编写 C 函数实现以上启发规则，函数的时间复杂度应为 $O(n\log n)$。

以上启发规则的性能分析可参考 Mehlhorn 的论文（见 §10.5）。

§10.2 AVL 树

二叉查找树还是存储、维护动态数据集的数据结构。在第 5 章，我们给出了二叉查找树的插入、删除操作，利用程序 5.21 的 `insert` 函数，将月份从 JAN 到 DEC 按序插入起始为空树的二叉查找树，结果如图 10.8 所示。

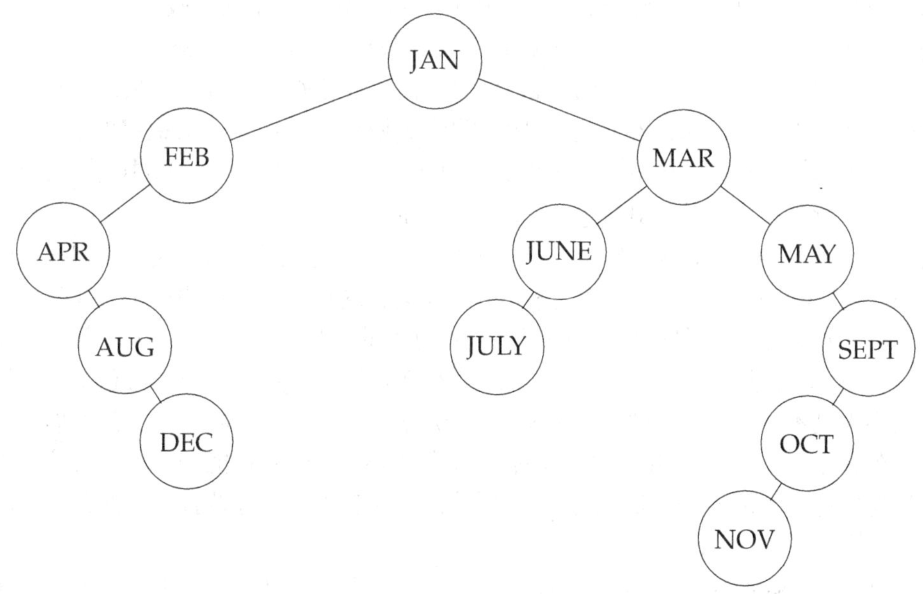

图 10.8 月份二叉查找树

在图 10.8 中查找关键字的最大比较次数是 6 次，该关键字是 NOV。平均比较次数为

$$\frac{1}{12}\big(\ 1\,(\text{JAN}) + 2\,(\text{FEB, MAR}) + 3\,(\text{APR, JUNE, MAY}) + 4\,(\text{AUG, JULY, SEPT}) + 5\,(\text{DEC, OCT}) + 6\,(\text{NOV})\ \big) = 42/12 = 3.5$$

如果插入顺序改为 JULY, FEB, MAY, AUG, DEC, MAR, OCT, APR, JAN, JUNE, SEPT, NOV，那么，得到的二叉查找树会变成如图 10.9 所示的结果。

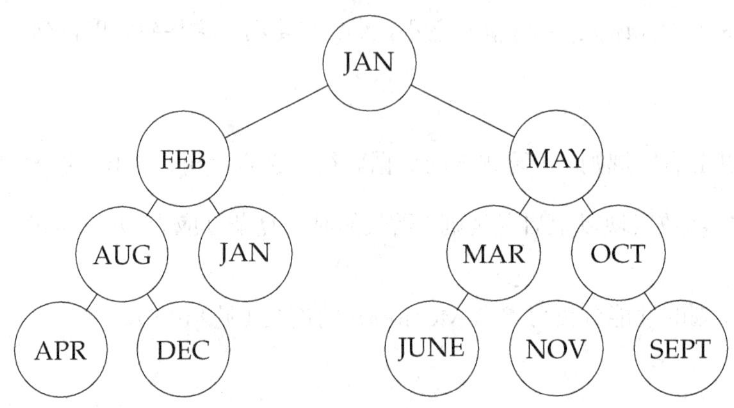

图 10.9 平衡的月份二叉查找树

图 10.9 的二叉查找树呈现出良好的平衡形态，从根到任何叶子的路径长度差别都不大，不存在一条路径长度远远超过其它路径长度的情况。但图 10.8 的二叉查找树则不同，从根到 NOV 的路径长度是 6，而从根到 APR 的路径长度仅为 2。另外，在构造图 10.9 的中间过程，每棵二叉树都呈现良好的平衡形态。在图 10.9 中查找关键字的最大比较次数是 4，平均比较次数是 $37/12 \approx 3.1$。如果按字母序插入构造二叉查找树，那么树的形态会蜕化成图 10.10 的情况。查找关键字的最大比较次数是 12，平均比较次数是 6.5。可见，在最差情形，在二叉查找树中查找关键字的复杂度与在有序表中顺序查找相同。不过，若关键字的插入随机，则二叉查找树形态接近平衡，与图 10.9 相似。假如 n 个关键字的所有排列等概率，那么在这 n 个结点的二叉查找树中无论查找还是插入，所需时间都是 $O(\log n)$。

根据以前章节的讨论，我们知道，若二叉查找树总是完全树，则查找时间和插入时间都到达最小。但是，现在考虑的数据集动态变化，要达到这种最优的理想情形，既要使插入时间最小、又不去花费大量时间调整树的形态是不可能的，因为每次插入之后，都有可能要全面调整整棵树，以确保它是一棵完全树。因而，在插入过程要使二叉查找树总是完全树而且要求开销不大是不现实的；不过，保持树的生长形态总是平衡的，同时保证在平均情形和最差情形，在 n 个结点的二叉树中的查找时间都是 $O(\log n)$ 确实可能的。本节讨论二叉树在生长过程总保持平衡的一种方法，这样的平衡树对查找、插入、删除操作，都有令人满意的性能。下一节介绍另一种平衡树。

1962 年，Adelson-Velskii 与 Landis 提出了一种平衡二叉树结构，平衡判据是子树的高度差。在这棵 n 个结点的平衡二叉树中动态访问结点的时间是 $O(\log n)$，而且插入、删除的

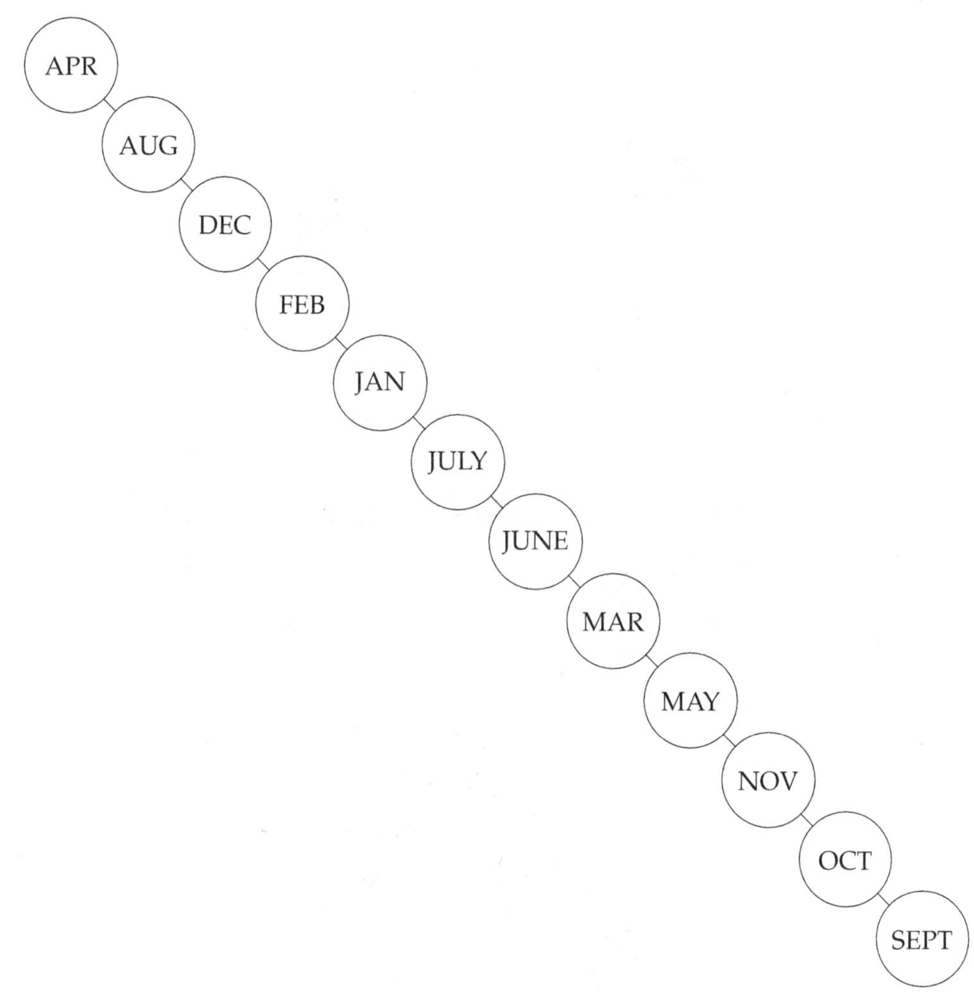

图 10.10 蜕化的二叉查找树

时间也是 $O(\log n)$，并且总能保持树形关于子树高度平衡。这种平衡树称为 AVL 树，与二叉树的定义一样，AVL 树的定义也是递归定义。

定义 定义空树是平衡树。若 T 不是空树，有左子树 T_L 和右子树 T_R，则 T 高度平衡当且仅当 (1) T_L 和 T_R 高度平衡，以及 (2) $|h_L - h_R| \leq 1$，h_L、h_R 分别是 T_L、T_R 的高度。 □

高度平衡二叉树的定义要求每棵子树都高度平衡。图 10.8 中的二叉树不是高度平衡的，因为以 APR 为根的树，其左子树的高度是 0 而右子树的高度是 2。图 10.9 是高度平衡的而图 10.10 不是高度平衡的。我们以构造月份平衡树为例，说明构造平衡树的过程。插入顺序是：MAR, MAY, NOV, AUG, APR, JAN, DEC, JULY, FEB, JUNE, OCT, SEPT，图 10.11 是这棵树的构造过程，插入时可能涉及树形调整，目的是保持当前树形平衡。每个结点之上标出的数字表示该结点的左、右子树的高度差，这个高度差又称为结点的平衡因子。

定义 二叉树中结点 T 的平衡因子 $\mathrm{bf}(T)$ 定义为 $h_L - h_R$，h_L、h_R 分别是左、右子树 T_L、T_R 的高度。AVL 树中每个结点 T 的 $\mathrm{bf}(T) = -1, 0, 1$。 □

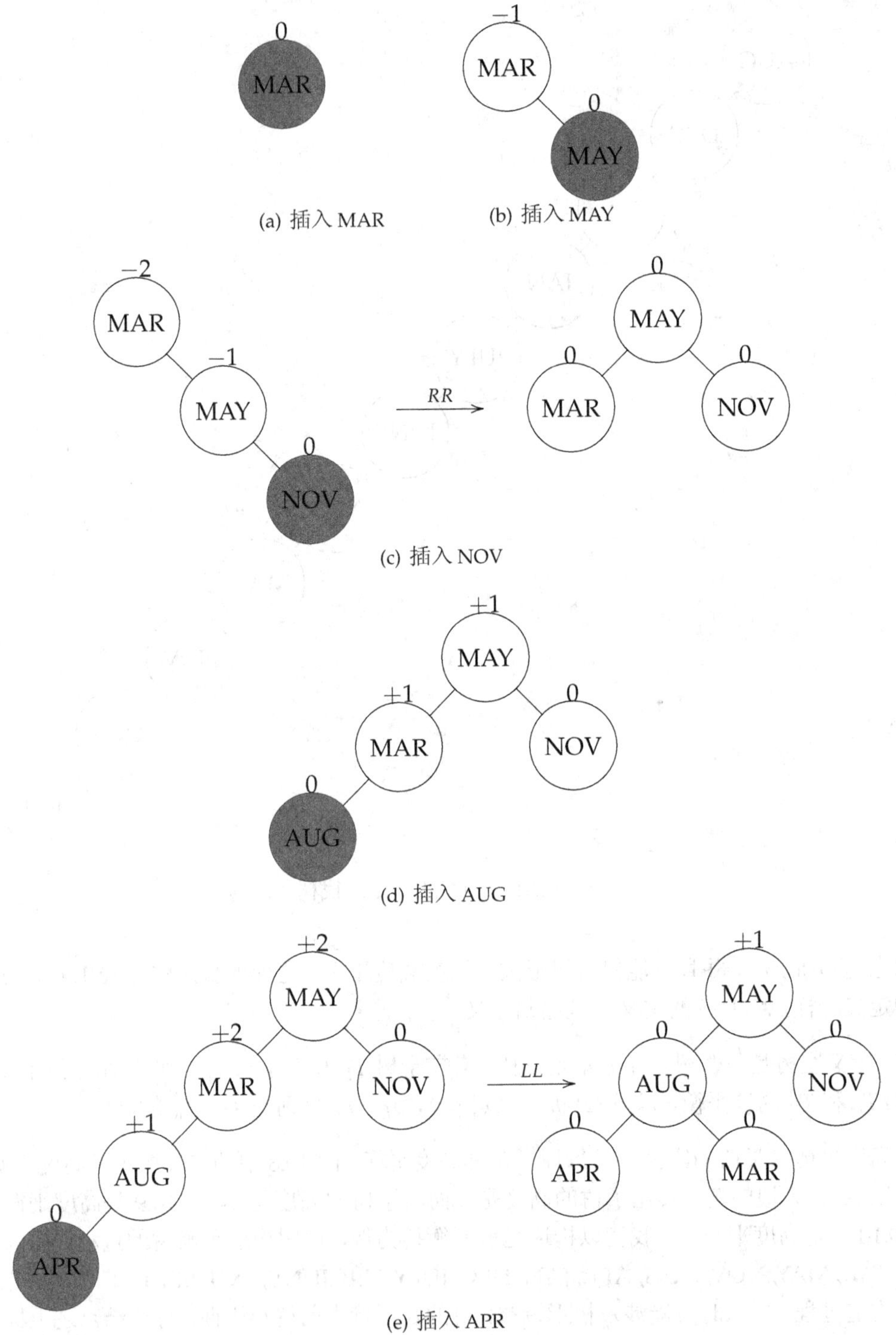

图 10.11 插入月份构造平衡树（未完待续）

插入 MAR 和 MAY 之后的结果是图 10.11 的 (a) 和 (b)。插入 NOV 之后，MAR 右子树的高度变成 2，左子树的高度是 0，这时以 MAR 为根的树不平衡，为保持平衡必须旋转这棵树，使 MAR 变成 MAY 的左孩子，MAY 变成根，如图 10.11(c) 所示。插入 AUG 之后，图 10.11(d) 还是平衡树。

接下来插入 APR 又一次造成树不平衡，这时做一次反时针旋转，MAR 变成 AUG 的右子树而 AUG 变成根，如图 10.11(e) 所示。注意，以上旋转都是关于插入新结点的最近祖先，其平衡因子为 ±2。插入 JAN 造成不平衡，这次旋转比上两次旋转都要复杂，但相同之处在于，旋转还是关于最接近 JAN 的祖先，其平衡因子为 ±2。MAR 变成新的根结点，AUG 及其左子树变成 MAR 的左子树，MAR 的左子树变成 AUG 的右子树。MAY 及其右子树，关键字都大于 MAR，变成 MAR 的右子树。（如果 MAR 有非空右子树，那么它会变成 MAY 的左子树，因为所有关键字都会比 MAY 小。）

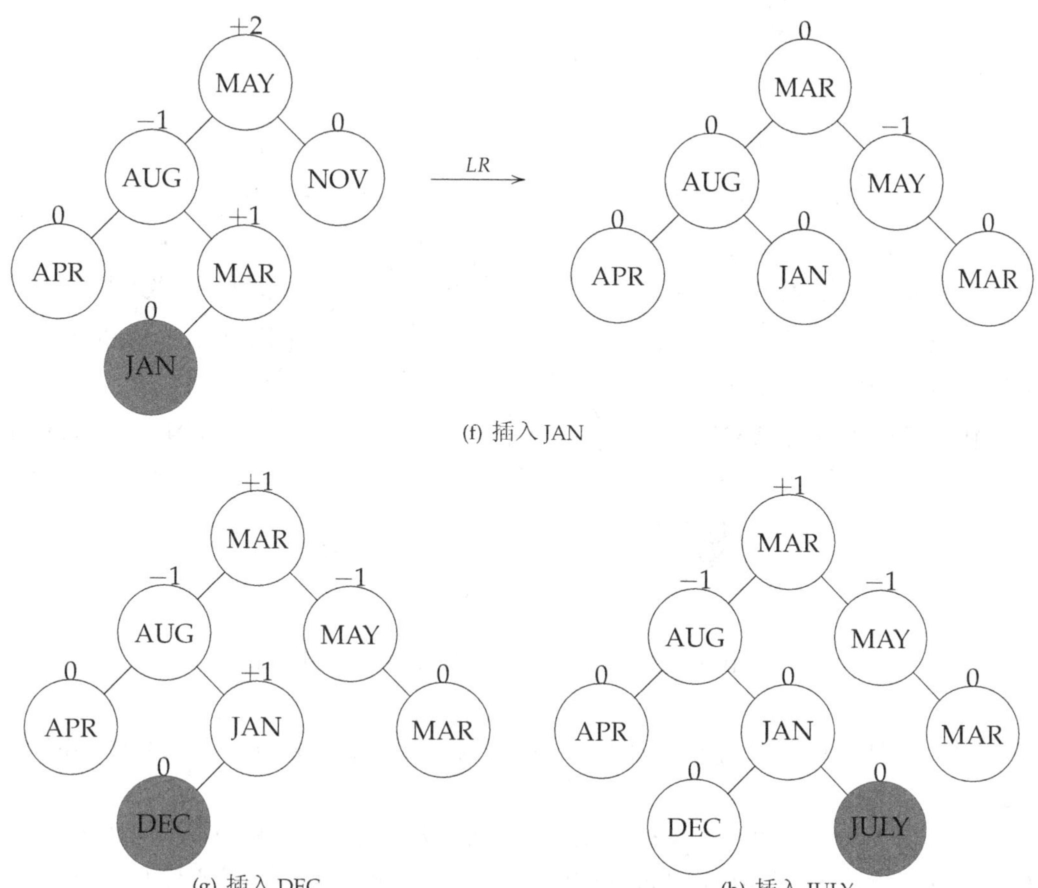

图 10.11 插入月份构造平衡树（未完待续）

插入 DEC 和 JULY 不需要平衡调整。插入 FEB 之后造成不平衡，平衡调整过程与插入 JAN 时相似，最近祖先其平衡因子为 ±2 的结点是 AUG。DEC 变成子树的新根，AUG 及其左子树变成左子树；JAN 及其右子树变成 DEC 的右子树；FEB 变成 JAN 的左子树。（如果 DEC 有左子树，那么这棵左子树会变成 AUG 的右子树。）插入 JUNE 需要平衡调整，与图

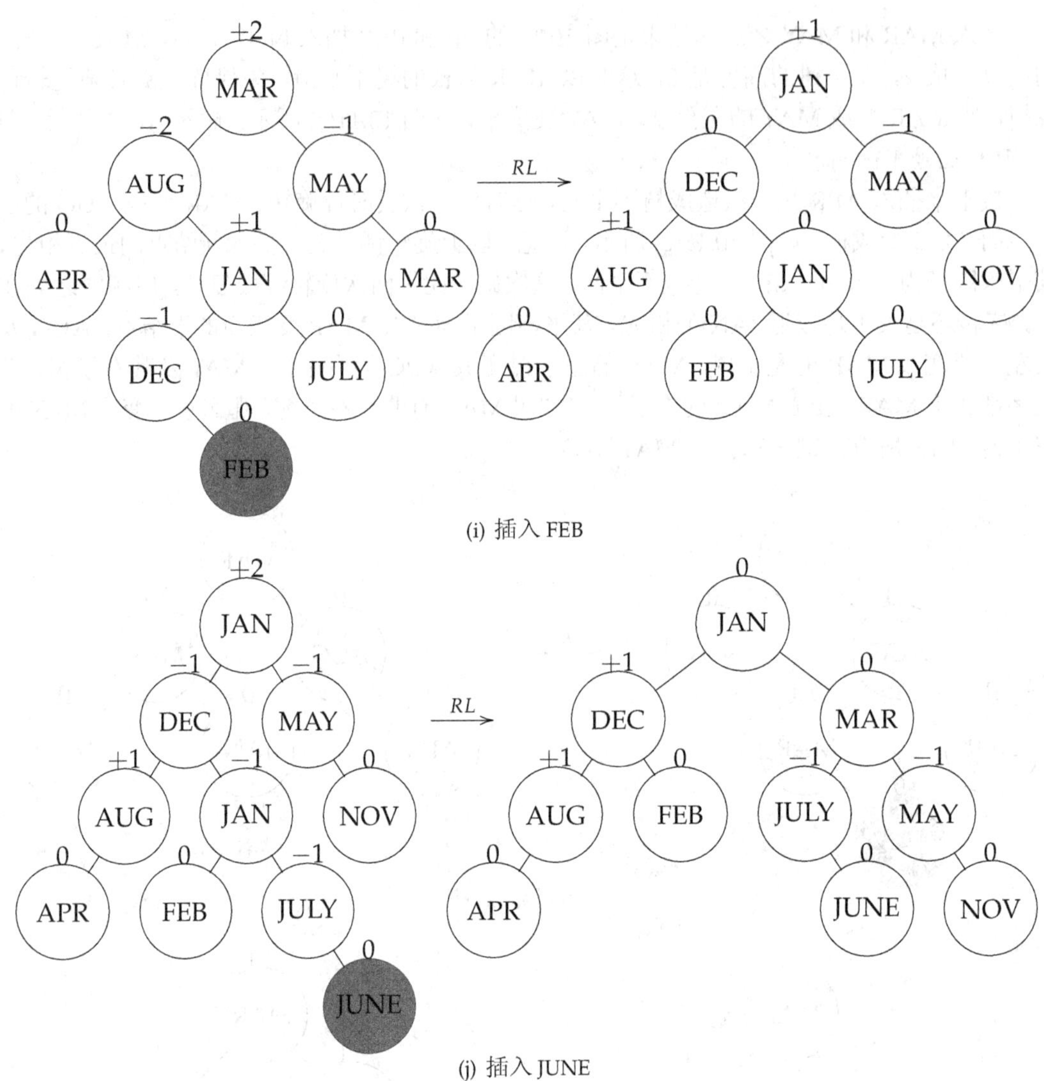

(i) 插入 FEB

(j) 插入 JUNE

图 10.11 插入月份构造平衡树（未完待续）

10.11(f) 相似。插入 OCT 所需平衡调整与插入 NOV 之后的调整相似。插入 SEPT 不需要平衡调整。

由以上例子可知，向平衡二叉树插入结点可能造成不平衡。平衡调整需要四种旋转：*LL*, *RR*, *LR*, *RL*（分别对应图10.11 的(e), (c), (f), (i)）。*LL* 与 *RR* 相互对称，*LR* 与 *RL* 相互对称。记插入的新结点为 Y，其最近祖先其平衡因子为 ± 2 的结点为 A，以下是四种旋转的操作过程：

LL: 新结点 Y 插入到 A 的左子树的左子树
LR: 新结点 Y 插入到 A 的左子树的右子树
RR: 新结点 Y 插入到 A 的右子树的右子树
RL: 新结点 Y 插入到 A 的右子树的左子树

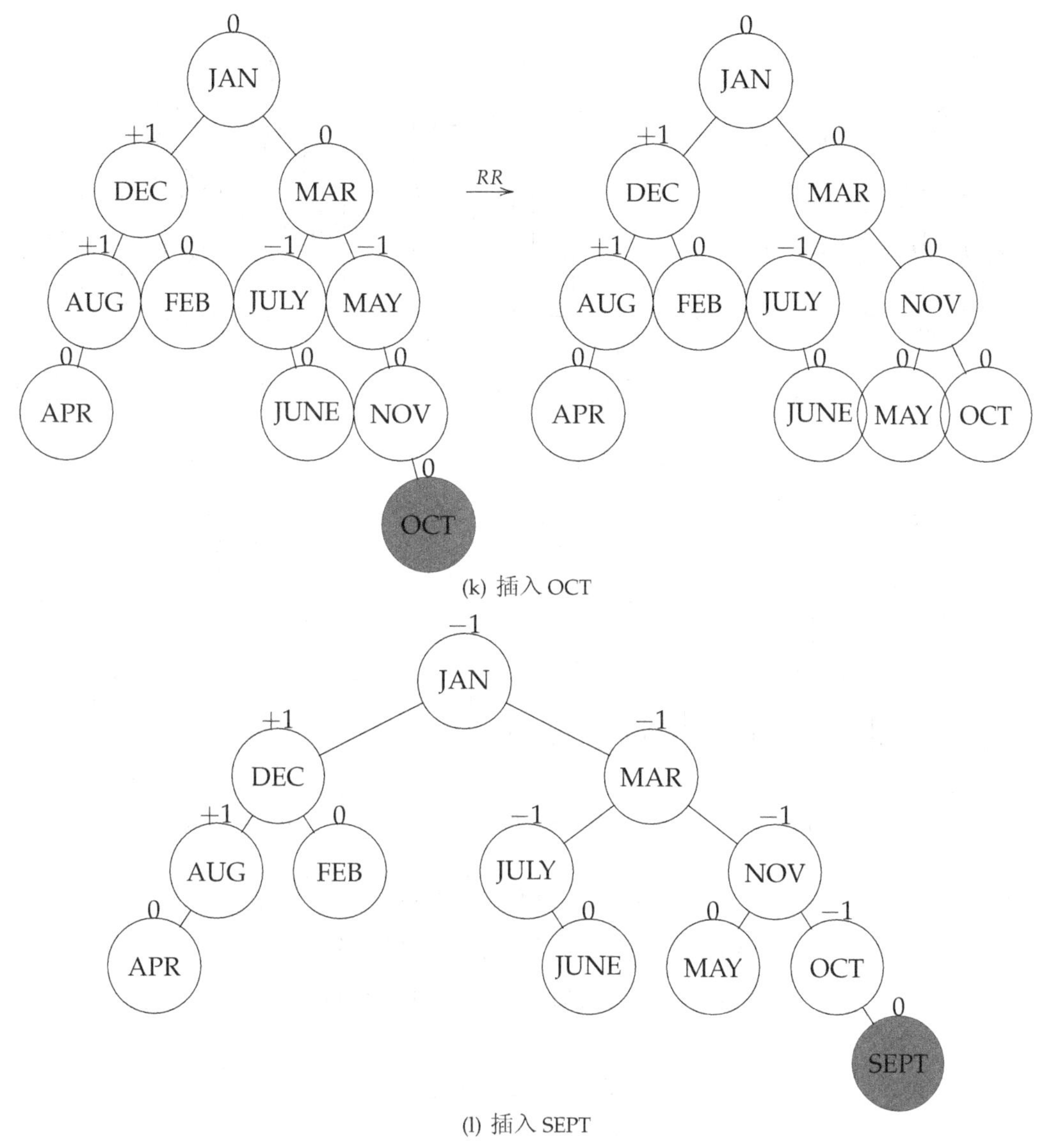

(k) 插入 OCT

(l) 插入 SEPT

图 10.11 插入月份构造平衡树（完）

通过思考不难发现，向高度平衡的二叉树插入结点，如果造成不平衡，那么平衡调整只需以上四种旋转操作即可。图 10.12 与图 10.13 分别对抽象二叉树的 *LL* 旋转和 *LR* 旋转。*RR* 旋转和 *RL* 旋转分别是*LL* 旋转和 *LR* 旋转的镜像旋转。图 10.12 与图 10.13 中的根表示插入新结点之后，距新结点最近的祖先，其平衡因子为 ±2。在图 10.11 以及图 10.12 和图 10.13 中，我们注意到子树的高度在旋转前后保持不变，因此平衡调整过程无需其它考虑子树，这些子树不需要平衡调整。只有在旋转过程涉及到的那些子树的根，其平衡因子需要修改。

LL 与 *RR* 旋转称为单旋，*LR* 与 *RL* 旋转称为双旋。*LR* 旋转可看作一次 *LL* 单旋之后再做一次 *RR* 单旋；*RL* 旋转可看作一次 *RR* 单旋之后再做一次 *LL* 单旋。

要做图 10.12 与图 10.13 的旋转，事先必须找到 *A*，然后才能以 *A* 为基点完成旋转。以前

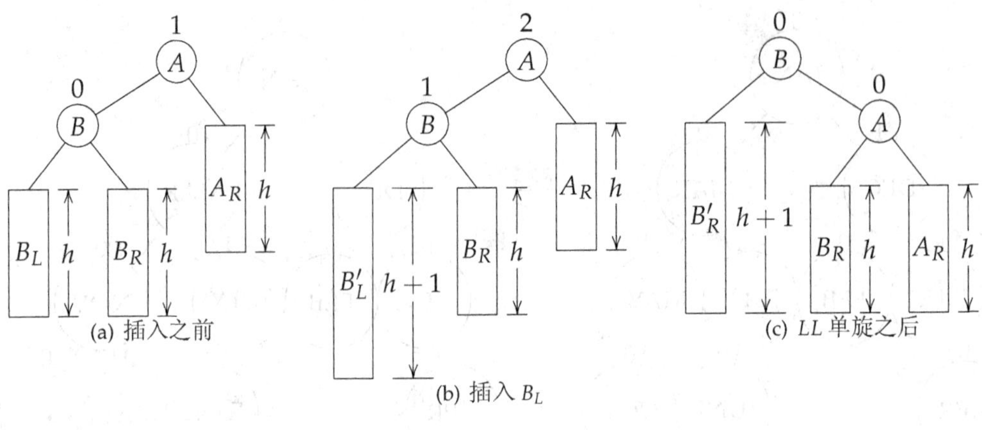

图 10.12 LL 单旋

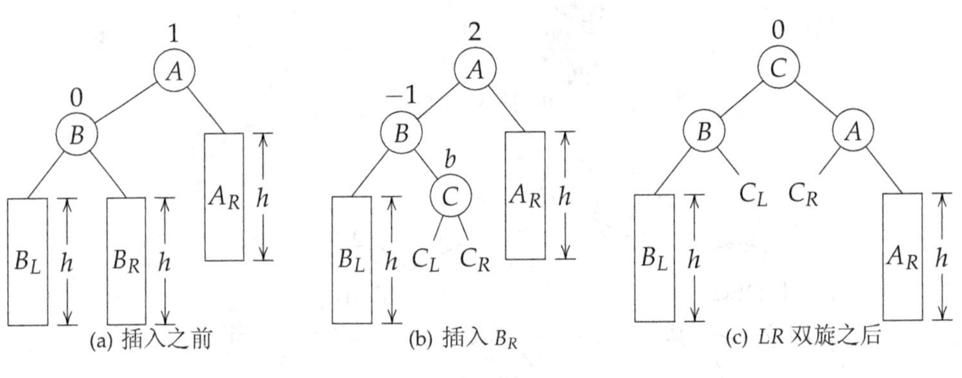

$$b = 0 \Longrightarrow \text{双旋之后 } \mathrm{bf}(B) = \mathrm{bf}(A) = 0$$

$$b = 1 \Longrightarrow \text{双旋之后 } \mathrm{bf}(B) = 0 \text{ 且 } \mathrm{bf}(A) = -1$$

$$b = -1 \Longrightarrow \text{双旋之后 } \mathrm{bf}(B) = 1 \text{ 且 } \mathrm{bf}(A) = 0$$

图 10.13 LR 双旋

我们已经指出，A 是距新插入结点最近的祖先，其平衡因此为 ± 2。对插入后平衡因子变成 ± 2 的结点，插入前其平衡因子一定是 ± 1，因而，插入前从 A 到新插入结点的路径上，所有结点的平衡因子都是 0。所以，只要找到距新插入结点最近的祖先，其平衡因子为 ± 1 的结点就是 A。旋转操作还需要 A 的父结点 P 的地址。修改相关结点平衡因子的做法见图 10.12 与图 10.13。一旦确定了 F 与 A，旋转就很容易了。

如果插入新结点不破坏树的平衡（见图 10.11(a), (b), (d), (g), (l)），虽然这时不需平衡调整，但有些结点的平衡因子必须修改。令 A 是距新结点最近的祖先，其平衡因子在插入之前为 ± 1。尽管本次插入不破坏树的平衡，但有一条路径的长度增加 1，以而使 A 的平衡因子变成了 0。如果插入前不存在平衡因子为 ± 1 的 A（见图 10.11(a), (b), (d), (g), (l)），令 A 是树根，那么从 A 到新插入结点的父亲结点之间路径上所有结点的平衡因子都将变成 ± 1（见图 10.11(h)，$A =$ JAN）。在以上两种情况，确定 A 的做法与平衡调整的情形相同。插入–平衡调整的其它细节由程序 10.2 的函数 `avlInsert` 实现。程序 10.3 的函数 `leftRotation` 实现 LL

旋转和 *LR* 旋转。*RR* 旋转和 *RL* 旋转分别与 *LL* 旋转和 *LR* 旋转对称，其实现留作习题。程序所需类型声明如下：

```
typedef struct { int key; };
typedef struct treeNode *treePointer;
struct treeNode {
  treePointer leftChild;
  element data;
  short int bf;
  treePointer rightChild;
};
```

```
void avlInsert(treePointer *parent, element x, int *unbalanced)
{
  if (!*parent) {              /* insert element int null tree */
    *unbalanced = TRUE;
    malloc(*parent, sizeof(treeNode));
    (*parent)->leftChild = (*parent)->rightChild = NULL;
    (*parent)->bf = 0; (*parent)->data = x;
  } else if (x.key<(*parent)->data.key) {
    avlInsert(&(*parent)->leftChild, x, unbalanced);
    if (*unbalanced)
      /* left branch has grown higher */
      switch((*parent)->bf) {
      case -1: (*parent)->bf = 0; *unbalanced = FALSE; break;
      case  0: (*parent)->bf = 1; break;
      case  1: leftRotation(parent, unbalanced);
      }
  } else if (x.key>(*parent)->data.key) {
    if (*unbalanced)
      /* right branch has grown higher */
      switch((*parent)->bf) {
      case  1: (*parent)->bf = 0; *unbalanced = FALSE; break;
      case  0: (*parent)->bf = -1; break;
      case -1: rightRotation(parent, unbalanced);
      }
  } else {
    *unbalanced = FALSE;
    printf("The␣key␣is␣already␣in␣the␣tree");
  }
}
```

程序 10.2 AVL 树插入

```
void leftRotation(treePointer *parent, int *unbalanced)
{
  treePointer grandChild, child;
  child = (*parent)->leftChild;
  if (child->bf==1) {
    /* LL rotation */
    (*parent)->leftChild = child->rightChild;
    child->rightChild = *parent;
    (*parent)->bf = 0;
    (*parent) = child;
  } else {
    /* LR rotation */
    grandChild = child->rightChild;
    child->rightChild = grandChild->leftChild;
    grandChild->leftChild = child;
    (*parent)->leftChild = grandChild->rightChild;
    grandChild->rightChild = *parent;
    switch (grandChild->bf) {
    case  1: (*parent)->bf = -1; child->bf = 0; break;
    case  0: (*parent)->bf = child->bf = 0; break;
    case -1: (*parent)->bf = 0; child->bf = 1;
    }
    *parent = grandChild;
  }
  (*parent)->bf = 0;
  *unbalanced = FALSE;
}
```

程序 10.3 左旋函数

程序在第一次调用 avlInsert 之前先将 root 设为 NULL，每次调用 avlInsert 之前 unbalanced 设为 FALSE。函数的调用形式为 avlInert(&root, x, &unbalanced)。

为了真正了解 AVL 树的插入算法，读者最好以图 10.11 的插入数据为输入，仔细研究程序 10.2 与程序 10.3。确信 avlInsert 确实可以构造一棵平衡二叉树之后，我们来讨论每次插入所需时间。算法的分析指出，向高度为 h 的树中插入新结点的时间是 $O(h)$，这与向不平衡的二叉查找树插入新结点所需时间相同，但时间开销实际上要大得多。对于不平衡的二叉查找树，如果结点个数是 n，其高度有可能是 n（图 10.10），所以在最差情形，插入时间可能是 $O(n)$。对于 AVL 树，由于 h 最大是 $O(\log n)$，因此最差情形的插入时间是 $O(\log n)$。以下论证这个结论。令 N_h 是高度为 h 的高度平衡树的最小结点个数。在最差情形，这棵树的一棵子树的高度是 $h-1$，另一棵子树的高度是 $h-2$，两棵子树都是平衡树。我们有 $N_h = N_{h-1} + N_{h-2} + 1$，$N_0 = 0$，$N_1 = 1$，$N_2 = 2$。注意到 N_h 的定义与 Fibonacci

数的定义相似，即 $F_n = F_{n-1} + F_{n-2}$，$F_0 = 0$，$F_1 = 1$。事实上，可以证明（见习题 2），对 $h \geq 0$ 有 $N_h = F_{h+2} - 1$。根据 Fibonacci 数的数论知识，$F_h \approx \frac{1}{\sqrt{5}}\phi^h$，$\phi = \frac{1+\sqrt{5}}{2}$，所以，$N_h \approx \frac{1}{\sqrt{5}}\phi^{n+2} - 1$。因此，对于 n 个结点的平衡树，其高度 h 最大是 $\log_\phi(\sqrt{5}(n+1)) - 2$。所以，在最差情形，向结点个数为 n 的高度平衡树中插入结点的时间是 $O(\log n)$。

本节习题的结果指出，在高度平衡二叉树中查找或删除指定关键字数据元素的时间是 $O(\log n)$，查找或删除第 k 小元素的时间也是 $O(\log n)$。Karlton 等人开展过在高度平衡二叉树中删除元素的实验研究，见 §10.5。研究表明，随机插入不需要平衡调整，平衡调整时需要做 LL 或 RR 旋转的概率是 0.5349，需要做 LR 旋转的概率是 0.2327，需要做 RL 旋转的概率是 0.2324。图 10.14 列出了利用有序顺序表、有序链表，以及 AVL 树做数据结构实现一些操作所需的时间。

操作	顺序表	链表	AVL 树
查找关键字 k	$O(\log n)$	$O(n)$	$O(\log n)$
查找第 j 项元素	$O(1)$	$O(j)$	$O(\log n)$
删除关键字 k	$O(n)$	$O(1)$[1]	$O(\log n)$
删除第 j 项元素	$O(n-j)$	$O(j)$	$O(\log n)$
插入	$O(n)$	$O(1)$[2]	$O(\log n)$
有序输出	$O(n)$	$O(n)$	$O(n)$

1. 使用双向链表且已知位置 k
2. 已知插入位置

图 10.14 各种数据结构性能比较

习题

1. (a) 利用实际数据研究高度平衡二叉树在插入新结点之后的平衡调整过程，尝试图 10.12 与图 10.13 的旋转操作，以及对称的 RR 和 RL 旋转。构造实例，完成图中未给出的旋转细节。

   (b) 参照图 10.12 与图 10.13，画出 RR 和 RL 旋转。

2. 证明，图 10.13 的 LR 旋转等价于先做一次 LL 旋转再做一次 RR 旋转；RL 旋转等价于先做一次 RR 旋转再做一次 LL 旋转。

3. 用归纳法证明，高度为 $h \geq 0$ 的 AVL 树的最小结点个数是 $N_h = F_{h+2} - 1$。

4. 为程序 10.2 的函数 `avlInsert` 添加处理右子树不平衡的情形。

5. 向一棵空 AVL 树按序插入 DEC, JAN, APR, MAR, JULY, AUG, OCT, FEB, NOV, MAY, JUN。用函数 `avlInsert` 完成插入，画出每次插入后的 AVL 树，要求包括平衡调整。

6. 设 AVL 树的结点有一个 `lsize` 域，对每个结点 a，`a->lsize` 是 a 的左子树结点个数加 1。编写 C 函数，在 AVL 树中查找第 k 小元。证明该函数在结点个数为 n 的 AVL 树中查找第 k 小元的时间是 $O(\log n)$。

7. 在习题 6 增设结点域 `lsize` 的前提下，修改函数 `avlInsert`。证明插入时间还是 $O(\log n)$。

8. 编写 C 函数按关键字的升序输出 AVL 树的所有元素，证明该函数对于 n 个结点的 AVL 树，所需时间是 $O(n)$。

9. 构造算法，在 AVL 树中删除关键字为 k 的结点，删除后要求做平衡调整，证明该算法对于 n 个结点的 AVL 树，所需时间是 $O(\log n)$。[**提示：** 若 k 不是叶子，则用左子树的最大元或用右子树的最小元替换它，继续该过程直到删除的结点是叶子为止。删除叶子操作是插入操作的反向变换。]

10. 在习题 6 增设结点域 `lsize` 的前提下，重做习题 9，删除第 k 小元。

11. 在图 10.14 中插入一列利用 hash 表做数据结构对应的各种操作性能。

12. 给定固定的 $k \geq 1$，定义高度平衡树 HB(k) 如下：

    定义 定义空二叉树是 HB(k) 树。若 T 不是空树，有左子树 T_L 和右子树 T_R，则 T 是 HB(k) 当且仅当 (a) T_L 和 T_R 是 HB(k)，以及 (b) $|h_L - h_R| \leq k$，h_L、h_R 分别是 T_L、T_R 的高度。 □

    (a) 构造 $HB(2)$ 的平衡调整变换方法。

    (b) 构造 $HB(2)$ 树的的插入算法。

§10.3 红-黑树

§10.3.1 定义

红-黑树是二叉树，每个结点不是红色就是黑色。红-黑树的其它性质借助扩展二叉树来说明更方便。回忆 §9.2 的定义，扩展二叉树是二叉树的扩展，每个空指针都用一个外部结点替换。红-黑树的其它性质为

RB1: 根结点与外部结点都是黑结点
RB2: 所有从根到外部结点的路径上都不存连续两个红结点
RB3: 所有从根到外部结点的路径上黑结点的个数都相同

如果为任意结点指向其孩子结点的指针赋予颜色，那么上述定义有另一种等价定义。规定指向黑结点的指针为黑指针，指向红结点的指针为红指针。另一种红-黑树的其它性质为

RB1′: 从内部结点指向外部结点的指针是黑指针
RB2′: 所有从根到外部结点的路径上都不存连续两个红指针
RB3′: 所有从根到外部结点的路径上黑指针的个数都相同

根据以上定义，如果知道指针的颜色，那么就可以导出结点的颜色；反之亦然。图 10.15 是一棵红-黑树，外部结点用方框表示，黑结点用灰底圆圈表示，红结点用白底圆圈表示；黑指针用直线表示，红指针用曲线表示。注意，所有从根到外部结点的路径上，都只有两个黑指针、三个黑结点（包括根与外部结点）；所有从根到外部结点的路径上都不存在连续的红结点或红指针。

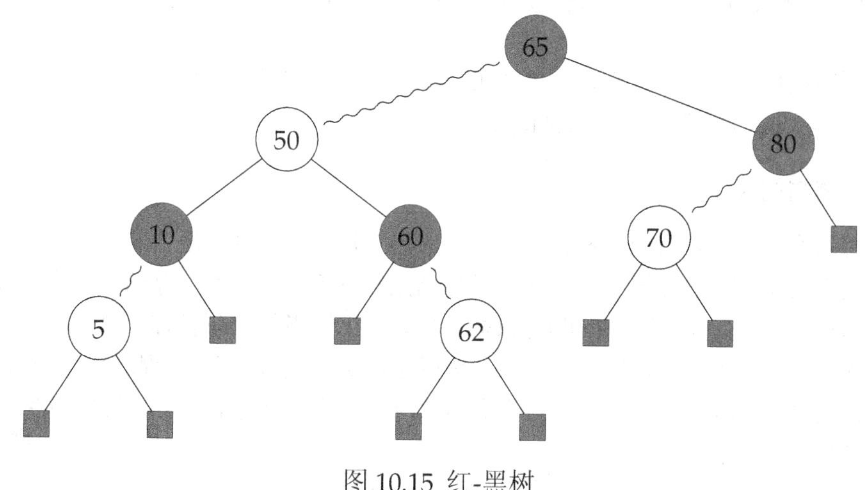

图 10.15 红-黑树

令红-黑树中结点的秩（rank）为从该结点沿任意路径到其子树中外部结点的黑指针数目（等于黑结点数目减 1）。因而，外部结点的秩是 0。图 5.15 中根的秩是 2，其左孩子的秩是 2，其右孩子的秩是 1。

引理 10.1 令从根到外部结点的路径长度（length）是路径上指针的数目。如果 P 和 Q 是一棵红-黑树中从根到外部结点的两条路径，那么 $\text{length}(P) \le 2\text{length}(Q)$。

证明 设红-黑树的根是 r，根据 RB1′，每条从根到外部结点路径的最后一个指针是黑指针。根据 RB2′，每条从根到外部结点路径之上都不存在连续两个红指针。因此路径之上每个红指针都接着一个黑指针。所以从根到外部结点路径之上的指针数目介于 r 与 $2r$ 之间，故 $\text{length}(P) \le 2\text{length}(Q)$。该式的上界有可能到达，如在图 10.15 的红黑树中，从根到结点 5 左孩子的路径长度是 4，而到结点 80 右孩子的路径长度是 2。 □

引理 10.2 令 h 是红-黑树的高度（不计外部结点），n 是内部结点数目，r 是根的秩。以下关系成立。

(a) $h \le 2r$

(b) $n \ge 2^r - 1$

(c) $h \le 2\log_2(n+1)$

证明 由引理 10.1，我们知道所有从根到外部结点的路径都不可能有 length $> 2r$，因此 $h \le 2r$。（图 10.15 中删除外部结点之后有 $2r = 4$。）

因为根的秩是 r，树中从第 1 层到第 r 层都没有外部结点，所以，这些层中的内部结点个数是 2^r-1，因而内部结点的个数之上有这么多。（在图 10.15 中，第一层和第二层有 $3=2^2-1$ 个结点，除此之外，第三、四层还有其它结点。）

由 (b) 有 $r \le \log_2(n+1)$，代入 (a) 的不等式，导出 (c)。 □

因为红-黑树的高度最多是 $2\log_2(n+1)$，而查找、插入、删除算法的时间都是 $O(h)$，所以时间复杂度是 $O(\log n)$。

需要特别指出，在最差情形，红-黑树的高度要比具有相同（内部）结点数目 AVL 树的高度更高，红-黑树的高度大约是 $1.44\log_2(n+2)$。

§10.3.2 红-黑树的表示

尽管可以在红-黑树中包括外部结点，但实现中用空指针更方便。因为指针的颜色与结点的颜色关系密切，所以对每个结点既可以存储结点的颜色，又可以存储该结点指向两个孩子的两个指针的颜色，存储结点的颜色只需 1 位，而存储指针的颜色需要 2 位。两种方式所需存储空间差不多，所以可选用任意一种，然后通过实际运行红-黑树程序做出取舍。

以下讨论插入、删除操作时，我们要明确地改变结点的颜色，对应指针的颜色可由结点颜色方便的导出。

§10.3.3 红-黑树的查找

红-黑树的查找操作与二叉查找树的查找相同，可用相同的代码（如程序 5.17）。代码的复杂度是 $O(h)$，对红-黑树是 $O(\log n)$。由于一般二叉查找树、AVL 树、红-黑树的查找使用相同代码，而在最差情形 AVL 树的高度最低，所以我们期望当查找是主要操作的应用中，AVL 树在最差情形的性能最好。

§10.3.4 红-黑树的插入

向红-黑树插入数据元素的做法与一般二叉查找树的插入相同（程序 5.21）。新结点插入红-黑树之后，我们还要为该结点赋予颜色。如果插入空树，那么新结点就是树根，结点的颜色应是黑色（根据性质 RB1）。以下考虑插入前树非空的情形。如果为新插入的结点赋予黑色，由于新结点的两个孩子都是外部结点，那么从根到这两个外部结点的路径之上增加了一个黑结点。如果为新插入的结点赋予红色，那么有可能从根到外部结点的路径之上出现两个连续的红结点。总之，为插入的新结点赋予黑色一定会违背性质 RB3，但为插入的新结点赋予红色，可能违背也可能不违背性质 RB2。所以新结点的颜色只能取红色。

如果为插入的新结点赋予红色违背了性质 RB2，我们将看到红-黑树变得不平衡了。为了刻划各种不平衡类型，我们必须考察三个结点，即新结点 u、u 的父亲结点 pu、u 的祖父结点 gu。通过观察得知，若新结点是红结点违背了性质 RB2，则应出现了两个连续的红结点，u 是一个，其父亲结点 pu 应是另一个红结点，因而 u 一定有父结点 pu。由于 pu 是红结点，它不可能是根，因为根据性质 RB1，根只能是黑结点，据此我们还知道，u 一定有祖父结点 gu，而且这个祖父结点一定是黑结点（根据性质 RB2）。如果 pu 是 gu 的左孩子，u 是 pu 的左孩子，gu 的另一个孩子是黑结点（包括gu 的另一个孩子是外部结点），我们称这种不平衡属于 LLb 类型。其它不平衡类型为 LLr（pu 是 gu 的左孩子，u 是 pu 的左孩子，gu 的另一个孩子是红结点)，*LRb*（*pu* 是 *gu* 的左孩子，*u* 是 *pu* 的右孩子，*gu* 的另一个孩子是黑结点)，*LRr*，*RRb*，*RRr*，*RLb*，*RLr*。

对不平衡类型 *XYr*（X、*Y* 是 *L* 或 *R*）的平衡调整只需改变结点的颜色，而不平衡类型 *XYb* 的平衡调整需要旋转。如果平衡调整是改变某结点的颜色，那么从该结点向上两层都会违背性质 RB2。这时把原 *gu* 设为 *u*，重新确定不平衡类别的新归属，并根据不平衡类别实施相应的变换。如果平衡调整是旋转，那么性质 RB2 的违背已经消除，无需其它工作。

图 10.16 处理 *LLr* 和 *LRr* 两种不平衡类别，两种改变结点颜色的做法都相同。图中双线圆圈结点是黑结点，单线圆圈结点是红结点。以图 10.16(a) 为例，*gu* 是黑结点，*pu* 和 *u* 是红结点；*gu* 指向其左、右孩子的指针都是红色；gu_R 是 *gu* 的右子树；pu_R 是 *pu* 的右子树。*LLr* 和 *LRr* 都是把 *pu* 和 *gu* 的右孩子原来的红色改成黑色。此外，如果 *gu* 不是根，那么把它的颜色由黑色改成红色。如果 *gu* 是根，由于它的颜色不变，因此整个红-黑树所有从根到外部结点路径之上的黑结点个数都加了 1。

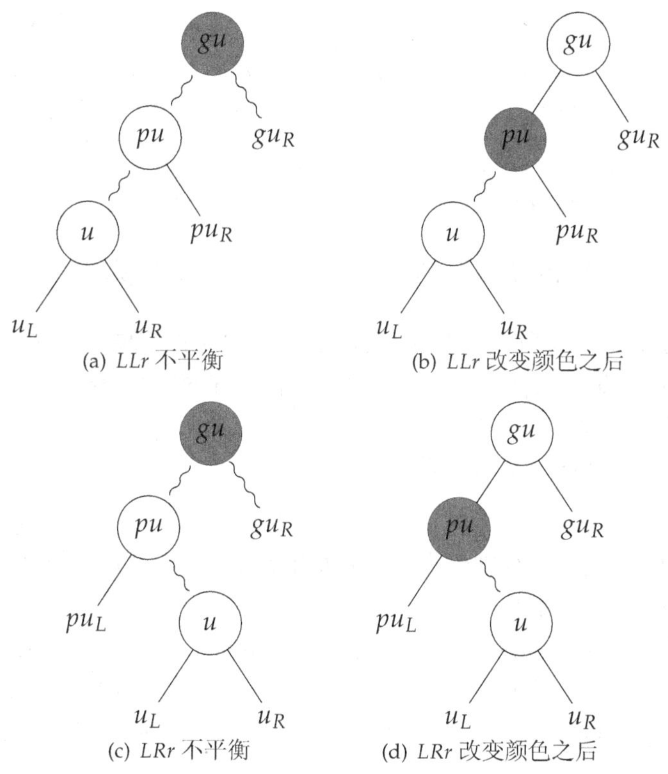

图 10.16 *LLr* 和 *LRr* 改变颜色

如果 *gu* 的颜色改成红色之后造成不平衡，令 *gu* 为 *u*，*gu* 的父亲结点为 *pu*，*gu* 的祖父结点为 *gu*，继续做平衡调整。这种上行调整一直进行到 *gu* 是根或改变颜色不违背性质 RB2 为止。

图 10.17 是对 *LLb* 和 *LRb* 两种不平衡类型的平衡调整。在图 10.17(a) 和 (b) 中，*u* 是 pu_L 的根。读者应注意，图中的两种旋转与 AVL 树平衡调整时所做的 *LL*（图 10.12）和 *RR*（图 10.13）相似。结点指针的颜色改变相同。在 *LLb* 旋转的情形，还要把 *gu* 从黑结点改成红结

点，pu 从红结点改成黑结点。

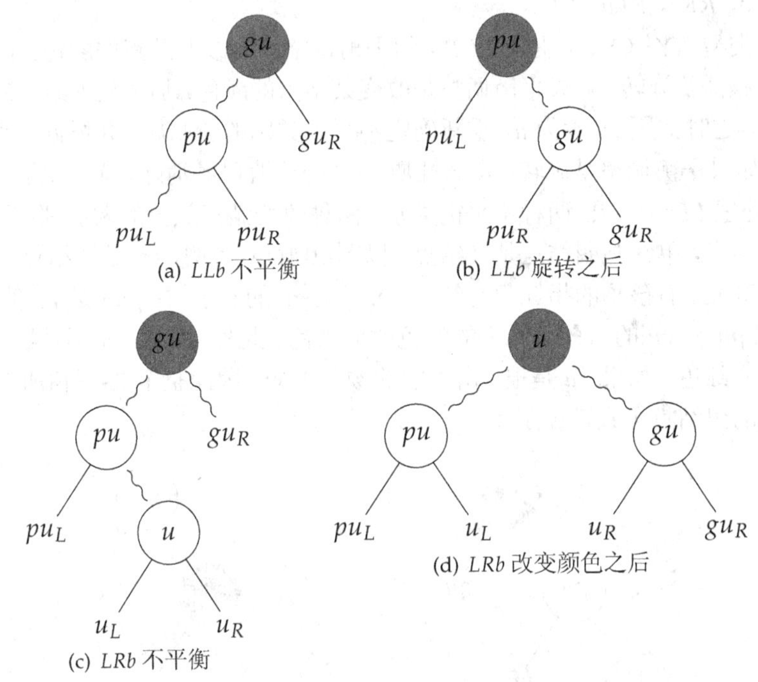

图 10.17 红黑树插入的 *LLb* 旋转和 *LRb* 旋转

观察图 10.17，我们发现所有从根到外部结点路径之上的黑结点（指针）个数未改变。另外，旋转后子树的根（旋转之前的gu和旋转之后的pu）都变成了黑结点。因而，从根到新 pu 路径之上不可能出现两个连续的红结点，所以不再需要附加的平衡调整工作了。插入之后一次单旋（之前可能有 $O(\log n)$ 次颜色改变）足矣！

例 10.4 我们看图 10.18(a) 的红-黑树。为方便读者理解，图中特别示出外部结点，编程实现可以简单用空指针，不用设置外部结点。注意所有从根到外部结点路径之上都有三个黑结点（包括外部结点）和两个黑指针。

插入算法用程序 5.18。插入 70 后，新结点成为 80 的左孩子。本次插入之前红-黑树非空，新结点为红结点，它的父亲结点（80）指向它的指针颜色也是红色。70 插入后不违背性质 RB2，因此无需其它调整。注意，插入前后所有从根到外部结点的路径之上黑指针的数目相同。

之后向图 10.18(b) 插入 60，程序 5.18 把新结点插入，成为 70 的左孩子，如图 10.18(c) 所示。新结点是红结点，指向它的指针也是红色。新结点是 u，它的父亲结点（70）是 pu，它的祖父结点（80）是 gu。由于 pu 和 u 都是红结点，出现不平衡，不平衡类型是 *LLr*（pu 是 gu 的左孩子，u 是 pu 的左孩子，gu 的另一个孩子是红结点）。平衡调整按图 10.16(a)(b) 方式改变颜色之后，如图 10.18(d) 所示。现在，u, pu, gu 沿树向上移动两层，80 变成新 u，根变成新 pu，gu 是 NULL。这时由于无 gu，所以不会出现不平衡。现在所有从根到外部结点路径之上有两个黑指针。

再向图 10.18(d) 插入 65，结果如图 10.18(e) 所示。 新结点是 u，它的父亲结点和祖父结

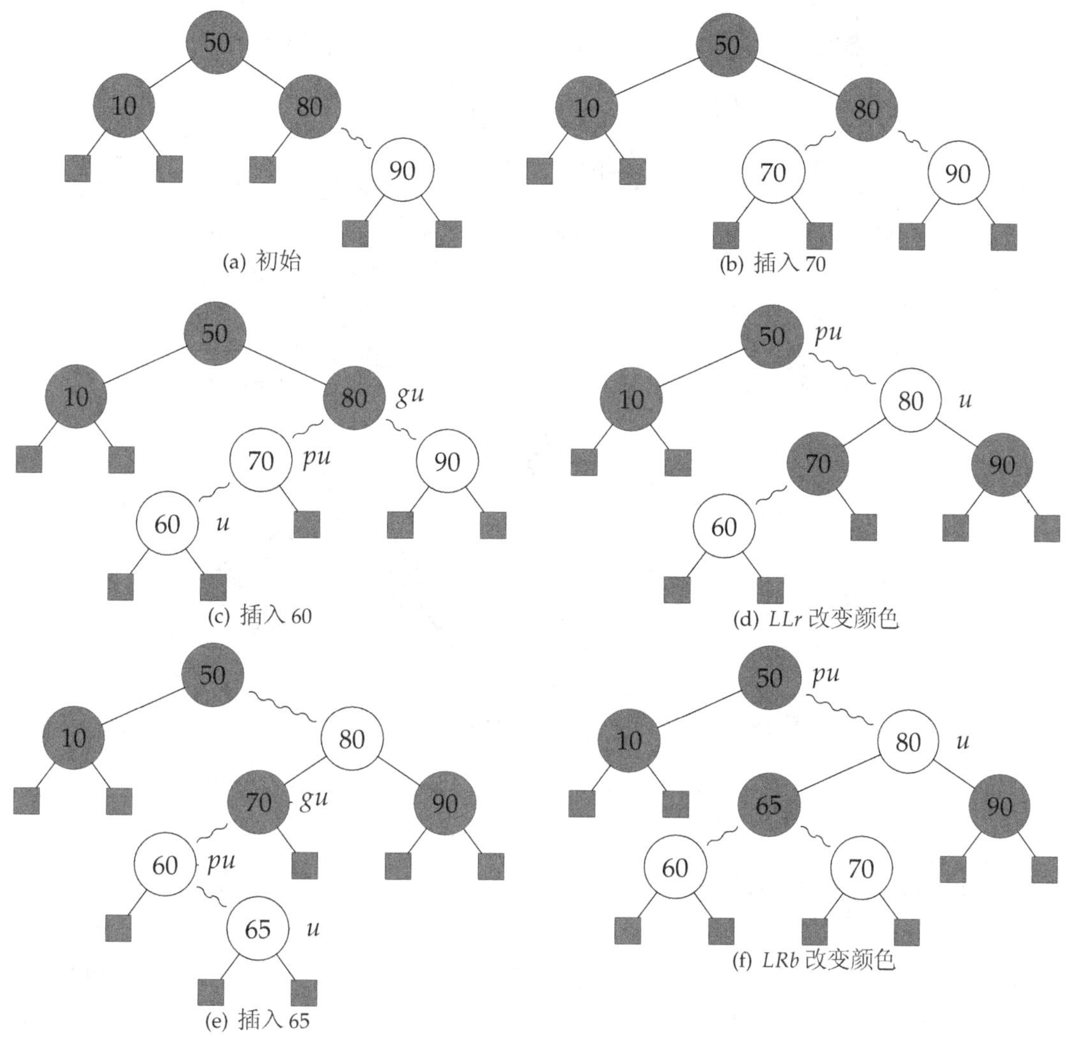

图 10.18 红黑树插入结点（未完待续）

点分别是 *pu* 和 *gu*。这时出现 *LRb* 类型不平衡，需要执行图 10.17(c)(d) 方式的旋转，旋转之后结果如图 10.18(f) 所示。

最后插入 62，结果如图 10.18(g) 所示。这时出现 *LRr* 类型不平衡，改变颜色之后如图 10.18(h) 所示，造成上两层的 *RLb* 类型不平衡，旋转之后的结果如图 10.18(i) 所示，再也不需要其它操作了。 □

§10.3.5 红-黑树的删除

红-黑树的删除操作留作习题。

§10.3.6 红-黑树的合并

在 §5.7.5，我们定义了三种二叉查找树的操作：`threeWayJoin`, `twoWayJoin`, `split`。对于红-黑树，这三种操作都是对数时间。`threeWayJoin(`A, x, B`)`（A 对应 `small`，x 对应

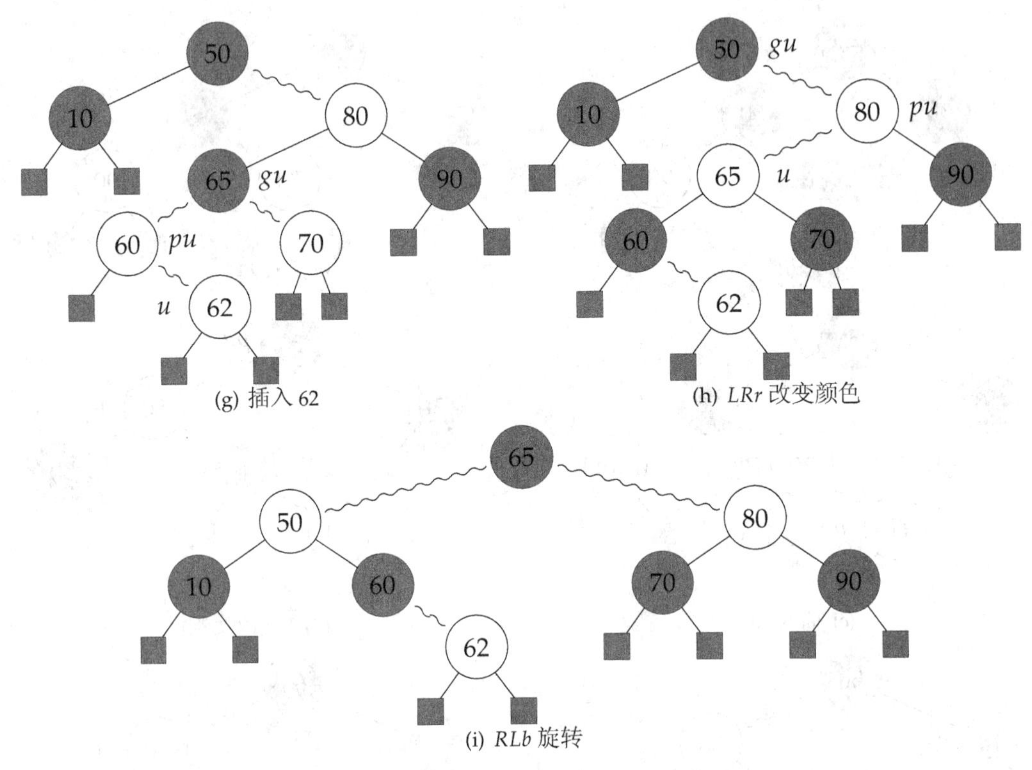

图 10.18 红黑树插入结点（完）

mid，B 对应 big）操作可描述如下：

情形 1: 如果 A、B 的秩相等，那么新的红-黑树 C 的根是 x，左子树是 A，右子树是 B。C 的秩是 A 的秩加 1。

情形 2: 如果 $\text{rank}(A) > \text{rank}(B)$，那么沿着 A 的右孩子指针向下找到第一个结点 Y，其秩等于 $\text{rank}(B)$。性质 RB1 和 RB3 保证树中一定存在这样的结点 Y。令 $p(Y)$ 是 Y 的父亲结点，根据 Y 的定义，我们有 $\text{rank}(p(Y)) = \text{rank}(Y) + 1$，因此从 $p(Y)$ 到 Y 的指针是黑指针。构建新结点 Z，其值为 x，左子树是 Y（即 Y 及其子树一起成为 Z 的左子树），右子树是 B。然后让 Z 成为 $p(Y)$ 的右子树，再设置由 $p(Y)$ 指向 Z 的指针为红指针，Z 指向孩子的指针都为黑指针。注意，这种合并操作不改变所有从根到外部结点路径之上黑指针的数目；但有可能在从根到 Z 的路径之上出现两个连续的红指针，如果出现这种情况，那么要采取与插入相同的自底向上方式逐一调整。这种合并操作有可能将树的秩增加 1。

情形 3: $\text{rank}(A) < \text{rank}(B)$ 时与情形 2 相似。

***threeWayJoin* 分析**　以上合并操作的正确性显然。情形 1 的计算时间是 $O(1)$。其它两种情形，如果事先已知待合并红-黑树的秩，那么计算时间是 $O|\text{rank}(A) - \text{rank}(B)|$。因此，三路合并红-黑树的计算时间是 $O(\log n)$，n 是两棵树的结点总数。两路合并的做法与三路合并类似。注意，合并操作并不需要为结点增设指向父亲结点的指针，因为从根向下查找 Y 的过

程，所有结点可以入栈保存。 □

twoWayJoin 和 threeWayJoin 类似。

§10.3.7 红-黑树的分裂

本小节讨论红-黑树的分裂操作。为简化问题，我们假定分裂所需关键字 i 出现在红-黑树 A 中。分裂操作的原型为 split(A, i, B, x, C)（参见 §5.7.5，A 对应 theTree，i 对应 k，B 对应 small，x 对应 mid，C 对应 big)，见程序 10.4

```
Step 1:  在 A 中查找包含关键字 i 的结点 P。将 P 中的数据元素复制到 mid。P 的左子树
         置为 B，右子树置为 C。
Step 2:  for (Q=parent(P); Q; P=Q, Q=parent(Q))
           if (P==Q->leftChild)
             C = threeWayJoin(C, Q->data, Q->rightChild)
           else
             B = threeWayJoin(Q->leftChild, Q->data, B);
```

程序 10.4 红-黑树的分裂

我们首先在红-黑树中查找分割元素 x，令找到结点 P 其中包含元素 x。P 的左子树中所有元素的关键字都应小于 i，因此 B 成为 P 的左子树；P 的右子树中所有元素的关键字都应大于 i，因此 C 成为 P 的右子树。在 Step 2，我们从 P 沿路径向上走到红-黑树 A 的根。在上行过程会遇到两类子树，当从左孩子走到父亲结点时，这个父亲结点的右子树之中数据元素的关键字都大于 i 以及 C 中的关键字；当从右孩子走到父亲结点时，这个父亲结点的左子子树之中数据元素的关键字都小于 i 以及 B 中的关键字。前一种情况，三路合并的结果是 C；后一种情况，三路合并的结果是 B。不难验证，以上的两步骤分裂过程，当 i 确实出现在 A 之中是正确的。对于 i 不出现在 A 中的情况，不难修改以上过程使之适应需要。

***split* 分析** 如果从父亲结点指向孩子结点的指针是红指针，我们称该孩子结点为红结点。根结点是黑结点；如果从父亲结点指向孩子结点的指针是黑指针，我们称该孩子结点为黑结点。令 $r(X)$ 记树未分裂之前其中结点 X 的秩。令 P, Q, B, C 是程序 10.4 在 Step 2 的 **for** 循环开始时的变量。我们首先证明，如果 P 在分裂之前是树中的黑结点，且 $Q \neq 0$，那么

$$r(Q) \geq \max\{r(B), r(C)\}.$$

根据秩的定义，**for** 开始时，不管 P 的颜色是什么，以上不等式总是成立的。如果 P 开始时是红结点，那么 P 有父亲结点而且父亲结点是黑结点。令 q' 是 Q 的父亲。如果 $q' = 0$ 那么不会存在使不等式不成立的 Q，因而以下设 $q' \neq 0$。根据秩的定义以及 Q 是黑结点，有 $r(q') = r(Q) + 1$。令 B' 和 C' 分别是 Step 2 之后分别对应于 B 和 C 的树。因为 $r(B') \leq r(B) + 1$ 且 $r(C') \leq r(C) + 1$，$r(q') = r(Q) + 1 \geq \max\{r(B), r(C)\} + 1 \geq \max\{r(B'), r(C')\}$。所以，当 Q 第一次指向一个结点其孩子结点 P 是黑结点时，不等式成立（即，**for** 循环的第二次迭代，$Q = q'$）。

为归纳证明奠基之后，我们接下来要证明，后续的每次迭代，当 Q 指向的结点其孩子 P 是黑结点时，不等式都成立。设当前 Q 指向结点 q 其孩子结点 $P = p$ 是黑结点，这时不等式成立。我们要证明下一次当 Q 指向一个结点其孩子结点 P 是黑结点时，不等式依然成立。如果有下一次的话，q 的父亲 q' 一定存在。如果 q 是黑结点，那么证明方法同归纳奠基时 Q 是黑结点而 P 是红结点的情形。

如果 q 是红结点，那么 q' 是黑结点。另外，如果有下一次使 Q 的孩子 P 是黑结点，那么 q 必须有一个祖父 q''，因为当 Q 移到 q'，P 移到 q 时，$Q = q'$ 有孩子 $P = q$ 是红结点。令 B'、C' 分别是 $P = p$、$Q = q$ 时 B、C 的迭代结果；类似地，令 B''、C'' 分别是 $P = q$、$Q = q'$ 时 B、C 的迭代结果。

设 C 与 q 及其右子树 R 合并得到 C'。如果 $r(C) = r(R)$，那么 $r(C') = r(C) + 1$，而且 C' 有两个黑结点孩子（别忘了，当秩增 1 时，根的两个孩子都是黑结点）。如果 $C'' = C'$，那么 $B = B'$ 与 q' 及其左子树 L' 合并得到 B''。因为 $r(L') \le r(q')$，$r(B'') \le \max\{r(B), r(L')\} + 1$，且 $r(q'') = r(q') + 1 = r(q) + 1$，$r(B'') \le r(q'')$。同时还有 $r(C'') = r(C') + r(C) + 1 \le r(q) + 1 \le r(q'')$。所以，不等式对 $Q = q''$ 成立。如果 $C'' \ne C'$，那么 C' 与 q' 及其右子树 R' 合并得到 C''。如果 $r(R') \ge r(C')$，那么 $r(C'') \le r(R') + 1 \le r(q') + 1 = r(q'')$。如果 $r(R') < r(C')$，那么 $r(C'') = r(C')$，因为 C' 的两个孩子是黑结点，合并 C'，q'，R' 不增加秩。再一次有 $r(C'') \le r(q'')$，不等式对 $Q = q''$ 成立。

如果 $r(C) > r(R)$ 且 $r(C') = r(C)$，那么 $r(q'') = r(q) + 1 \ge \max\{r(B), r(C)\} + 1 \ge \max\{r(B''), r(C'')\}$。如果 $r(C') = r(C) + 1$，那么 C' 的两个孩子是黑结点，且有 $r(C'') \le r(q) + 1 = r(q'')$。还有 $r(B'') \le r(q'')$。所以不等式对 $Q = q''$ 成立。$r(C) < r(R)$ 的情形相似。

B 与 q 及其左子树 L 合并的情形是上述情形的对称情形。

利用刚刚建立的秩不等式，我们可以证明，只要 Q 指向的结点其孩子结点是黑结点，分裂算法的 Step 2 从开始到达到 Q 的计算时间是 $O(r(B) + r(C) + r(Q))$，B、C 分别关键字小于、大于分割关键字的当前红-黑树。因为 $r(Q) \ge \max\{r(B), r(C)\}$，Step 2 所需总时间是 $O(r(Q))$。据此，分裂算法所需时间是 $O(\log n)$，n 是待分裂红-黑树中的结点个数。 □

习题

1. 从空树开始，向红-黑树中按序插入关键字15, 14, 13, 12, 11, 10, 9, 8, 7, 6, 5, 4, 3, 2, 1。参考图 10.18 的图示方法，画出整个插入过程，包括平衡调整所需的颜色改变和旋转，标出颜色改变类型和旋转类型。

2. 用插入序列 1, 2, 3, 4, 5, 6, 7, 8, 9, 10, 11, 12, 13, 14, 15 重做习题 1。

3. 用插入序列 20, 10, 5, 30, 40, 57, 3, 2, 4, 35, 25, 18, 22, 21 重做习题 1。

4. 用插入序列 40, 40, 70, 30, 42, 15, 20, 25, 27, 26, 60, 55 重做习题 1。

5. 画出与图 10.16 的 LLr、LRr 对应的 RRr、RLr 颜色改变操作。

6. 画出与图 10.17 的 RRb、RLb 对应的 LLb、LRb 旋转操作。

7. 令 T 是红-黑树，它的秩是 r。编写函数，计算树中每个结点的秩。函数的复杂度应为关于树中结点个数的线性时间，证明结论。

8. 比较 n 个结点的红-黑树在最差情形的高度与相同结点个数的 AVL 树在最差情形的高度。

9. 设计红-黑树的删除操作。证明删除操作最多只需一次旋转。

10. (a) 根据正文内容编写 C 函数，实现红-黑树的三路合并。令函数 `rebalance(X)` 是平衡调整操作，X 为指向连续两个红结点的第二个结点的指针。函数的复杂度应为 $O(\text{level}(X))$。
    (b) 证明函数是正确的。
    (c) 指出函数的时间复杂度。

11. 给点必要的查找、插入、删除、三路合并函数，编写函数，实现红-黑树的二路合并。指出函数的时间复杂度。

12. 利用程序 10.4 的思路，编写 C 函数实现红-黑树 T 的分裂。函数的复杂度应为 $O(\text{height}(T))$。应考虑分割关键字 i 出现和不出现在 T 中的两种情形。

13. 完成分裂操作的复杂度证明，即只要 Q 的一个孩子是黑结点，分裂算法的 Step 2 从初始到当前结点 Q 的计算时间为 $O(r(Q))$。

14. 编程实现 AVL 树和红-黑树的查找、插入、删除操作。
    (a) 用实际数据测试程序。
    (b) 先产生 n 个不同的随机数做插入数据，用这组数据初始化两种数据结构。然后产生长度为 m 的随机数序列完成查找、插入、删除，其中查找元素的概率应为 0.5，插入、删除元素的概率都应为 0.25。记录两种数据结构关于这组数据序列的执行时间。
    (c) 分别取 $n = 100, 1000, 10000, 100000$，$m = n, 2n, 4n$，完成 (b)。
    (d) 根据以上实验结果，比较两种数据结构的性能。

§10.4 Splay 树

我们以前讨论的平衡查找树，在最差情形，查找、插入、删除、合并、分裂的时间都是 $O(\log n)$。在讨论优先级队列时，我们了解到，如果关心分摊时间复杂度而不是最差情形复杂度，那么有可能使用更简单的数据结构达到目标。这种做法同样适用于查找树。利用 Splay 树，各种操作的分摊时间也可以是 $O(\log n)$。本节讨论两种 Splay 树，一种是自底向上的 Splay 树，另一种是自顶向下的 Splay 树。尽管对于两种 Splay 树，各种操作的分摊时间复杂度都是 $O(\log n)$，但实验表明自顶向下的 Splay 树其性能要优于自底向上的 Splay 树，性能要高一个常数因子。

§10.4.1 自底向上 Splay 树

自底向上的 *Splay* 树是一棵二叉查找树，其查找、插入、删除、合并操作与一般的二叉查找树相同（见第 5 章），但每次操作之后还要做一次 splay；对于分裂操作，splay 在分裂之前完成，使分裂操作变得非常容易。Splay 操作由一系列旋转操作组成。为简化问题，我们假定每次操作总是成功的，而出错可看作另一种成功情形。例如，不成功的查找可以看成查找过程遇到的最后一个结点，而不成功的插入可看成一次成功的查找。根据这些约定，我们如下规定 splay 操作的开始结点：

(1) `search`: splay 从查找到的数据元素所在结点开始。

(2) `insert`: splay 从插入的新结点开始。

(3) `delete`: splay 从被删除结点的父亲结点开始，如果该结点是根，那么无需 splay。

(4) `threeWayJoin`: 无需 splay。

(5) `split`: 假设分割关键字是 i 且 i 出现在树中，先从 i 所在结点开始做 splay，然后完成分裂操作。我们将看到，先做 splay 再做分裂使分裂操作非常简单。

Splay 旋转要从开始结点一直执行到二叉查找树的树根。Splay 旋转与 AVL 树和红-黑树的旋转相同。令结点 q 是 splay 操作的对象。Splay 从 q 开始，以下是 splay 的定义：

(1) 如果 $q=0$ 或者 q 是根，那么 splay 结束。

(2) 如果 q 有父亲结点 p 但无祖父结点，那么 splay 操作的方式见图 10.19，之后结束。

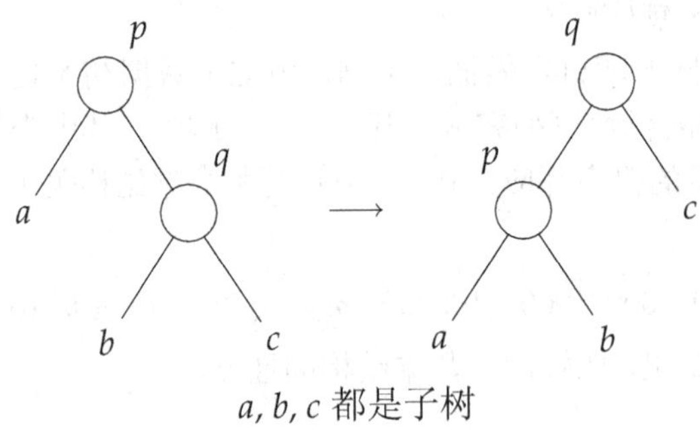

图 10.19 q 是右孩子但无祖父结点的旋转

(3) 如果 q 有父亲 p，祖父 gp，那么旋转分四类，一类是 LL（p 是 gp 的左孩子，q 是 p 的左孩子），一类是 LR（p 是 gp 的左孩子，q 是 p 的右孩子），以及 RR 和 RL。RR 旋转和 RL 旋转如图 10.20 所示。LL 旋转和 LR 旋转分别与图中的两种旋转对称。旋转之后，splay 要关于新的 q 再做旋转。

注意，每次旋转都把 q 沿树向上提升一层，因而在 splay 完成之后，q 就变成了查找树的新树根。因此，如果要关于关键字 i 分裂一棵查找树，先对 i 所在结点做 splay，之后在树

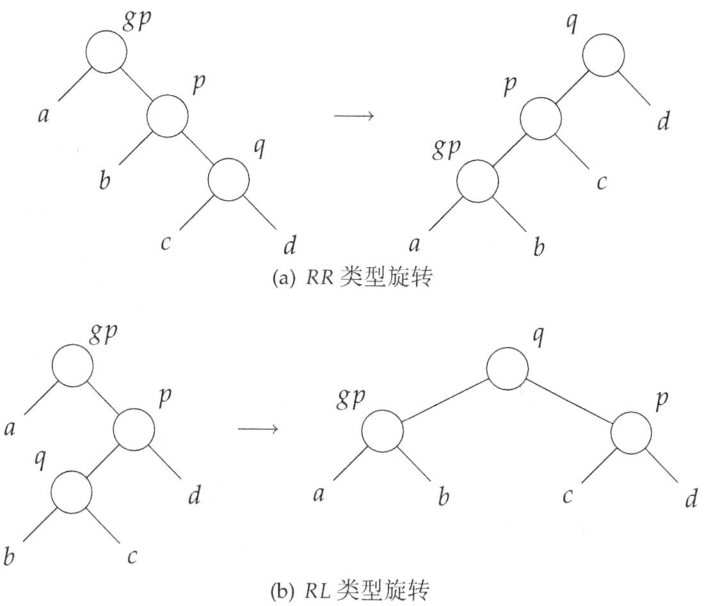

(a) RR 类型旋转

(b) RL 类型旋转

图 10.20 RR 和 RL 旋转

根分裂即可。图 10.21 给出一棵二叉查找树在 splay 操作之前、执行之中、完成之后的各种状态。每次旋转都是关于灰底圆圈结点。

在分析 Fibonacci 堆的分摊复杂度时，我们采用的方法是显式交叉计算代价方式，以下分析 Splay 树的分摊复杂度要采用势方法。令 P_0 表示查找树的起始势，令 P_i 表示一序列共 m 次操作中第 i 次操作之后的势。第 i 次操作的分摊时间定义为

$$\text{第 } i \text{ 次操作的实际时间} + P_i - P_{i-1}.$$

就是说，分摊时间是实际时间加上势的变化量。整理上式，我们得到第 i 次操作的实际时间为

$$\text{第 } i \text{ 次操作的分摊时间} + P_{i-1} - P_i.$$

故，执行全序列共 m 次操作的实际时间是

$$\sum_i \text{第 } i \text{ 次操作的分摊时间} + P_0 - P_m.$$

除合并操作之外，由于每种操作都要做 splay，而 splay 操作的实际复杂度和每种操作的总复杂度有相同的阶数，而一次合并操作的计算时间是 $O(1)$，所以仅考虑花在 splay 操作上的时间足以代表所有操作的时间。

每次 splay 由若干次旋转构成，我们可以为每次旋转指定一个时间单位。势函数的选择余地较大，选择目标应使时间复杂度的界越小越好。现在定义后续分析所需的势函数。令 $s(i)$ 表示以 i 为根的子树的大小，含义为子树中的结点个数。定义结点 i 的秩 $r(i) = \lfloor \log_2 s(i) \rfloor$。树的势定义为 $\sum_i r(i)$。空树的势定义为 0。

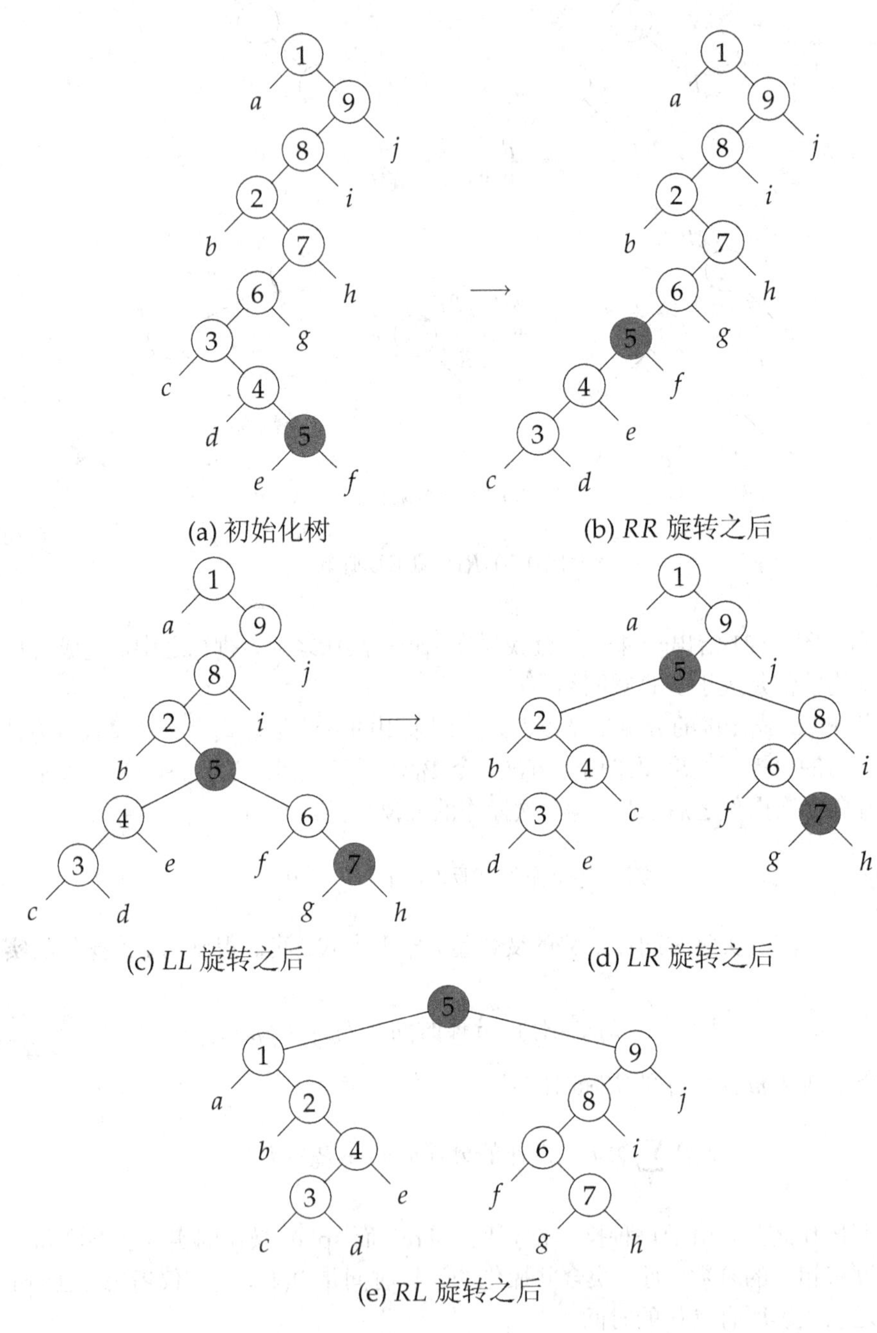

(a) 初始化树　(b) *RR* 旋转之后

(c) *LL* 旋转之后　(d) *LR* 旋转之后

(e) *RL* 旋转之后

图 10.21 Splay 旋转举例

以图 10.21(a) 为例，假设子树 $a, b, \cdots, j$ 都是空树，我们有 $(s(1), \ldots, s(i)) = (9, 6, 3, 2, 1, 4, 5, 7, 8)$; $r(3) = r(4) = 1$; $r(5) = 0$; $r(9) = 3$。在下面的引理 10.3，我们分别用 r 和 r' 表示旋转前后结点的秩。

引理 10.3 考虑元素/结点个数为 n 的二叉查找树，以结点 q 为开始结点的 splay 操作的分摊代价最多是 $3(\lfloor \log_2 n \rfloor - r(q)) + 1$。

证明 分别考虑 splay 定义的三种情形：

(1) 这种情形的 q 或者为 0 或者为根，变换不影响树的势，所以分摊代价和实际代价一样，都是 1。

(2) 这种情形执行图 10.19 的旋转（当 q 是 p 的左孩子是做对称旋转）。由于只有 p、q 的势有变化，所以变化量是 $\Delta P = r'(p) + r'(q) - r(p) - r(q)$。另外，还有 $r'(p) \leq r(p)$, $\Delta P \leq r'(q) - r(q)$。所以，这种情形的分摊代价（实际代价加上势的改变量）不会超过 $r'(q) - r(q) + 1$。

(3) 这种情形只要 q, p, gp 的秩有变化，因此 $\Delta P = r'(q) + r'(p) + r'(gp) - r(p) - r(q) - r(gp)$。因为 $r(gp) = r'(q)$，所以

$$\Delta P = r'(p) + r'(gp) - r(p) - r(q) \tag{10.5}$$

考虑 RR 旋转，有图 10.20(a)，我们知道 $r'(p) \leq r'(q)$，$r'(gp) \leq r'(q)$，$r(q) \leq r(p)$，所以 $\Delta P \leq 2(r'(q) - r(q))$。若 $r'(q) > r(q)$ 则 $\Delta P \leq 3(r'(q) - r(q)) - 1$。若 $r'(q) = r(q)$ 则 $r'(q) = r(q) = r(p) = r(gp)$。另外还有 $s'(q) > s(q) + s'(gp)$。我们得到 $r'(gp) < r'(q)$，因为如果 $r'(gp) = r'(q)$，那么 $s'(q) > 2^{r(q)} + 2^{r'(gp)} = 2^{r(q)+1}$，与秩的定义冲突。因而，由 (10.5) 式以及 $\Delta P \leq 2(r'(q) - r(q)) - 1 = 3(r'(q) - r(q)) - 1$，我们得到，$RR$ 旋转的分摊代价最多是 $1 + 3(r'(q) - r(q)) - 1 = 3(r'(q) - r(q))$。$LL$, LR, RL 的界可同样导出。

注意到 (1)、(2) 互斥且最多执行一次，(3) 或者一次也不执行或者执行多次。把 (1) 或 (2) 的分摊代价与 (3) 的分摊代价加起来，我们就证明了该引理。 □

定理 10.1 从空 Splay 树开始，长度为 m 的一序列查找、插入、删除、合并、分裂操作的总时间是 $O(m \log n)$，n 是序列中的插入操作次数。

证明 由于序列中每次操作完成之后的 Splay 树其结点个数都不超过 n，因而所有结点的秩都不超过 $\lfloor \log_2 n \rfloor$。一次查找（不考虑 splay）不会改变任何结点的秩，所以查找路径上所有结点的势都不改变。一次插入（不考虑 splay）把从根到新插入结点路径上所有结点为根的子树大小增 1，这条路径上只有那些子树大小为 $2^k - 1$ 的根其秩有变化，而这些结点的数目最多是 $\lfloor \log_2 n \rfloor + 1$，因此势的增加最多是这个量。每次合并对涉及的 Splay 树的秩最多增加 $\lfloor \log_2 n \rfloor$。删除不会增加 Splay 树的势，但 splay 操作之后会增加其中一些结点的秩。分裂操作（不考虑 splay）把整个 Splay 树的势减少一个量，该量等于分裂前（刚完成 splay 操作）树的秩。所以，m 次操作（不考虑 splay）之后，势的增量 $PI = O(m \log n)$。

根据splay操作的分摊代价定义，给定序列中splay操作的时间是以下三类量之和：splay的分摊代价，势变化量 $P_0 - P_m$，以及 PI。由引理 10.3，分摊代价之和为 $O(m\log n)$。开始时树的势 $P_0 = 0$，序列完成之后，$P_m \geq 0$。所以，总时间是 $O(m\log n)$。 □

§10.4.2 自顶向下 Splay 树

自顶向下 Splay 树的 splay 结点和自底向上 Splay 树的结点定义相同。我们先讨论自顶向下 Splay 树的三路合并操作，这个操作和自底向上 Splay 树的 `threeWayJoin` 相同，见§5.7.5。其它操作都先从根走到 splay 结点，方法同 §5.7.5，但伴随着下行过程，每走一步还要把二叉查找树划分成三部分：一棵二叉查找树 `small`，其中每个结点的关键字都小于 splay 结点的关键字；另一棵二叉查找树 `big`，其中每个结点的关键字都大于 splay 结点的关键字；以及 splay 结点。注意，从根下行到 splay 结点之前，我们实际上并不知道 splay 结点的位置，所以下行遍历过程要不断比较关键字 k 以确定走向。

划分开始时，先设置两棵空二叉树 `small` 和 `big`，实际上，`small` 和 `big` 是向两棵树的头结点，划分完成后就删除不用了。另设两个变量 s 和 b，分别指向 `small` 和 `big`。下行遍历从根开始，设 x 是当前位置，开始时指向根。划分要考虑 7 种情形：

- *情形 0: x 是 splay 结点。*

  结束划分。

- *情形 L: splay 结点是 x 的左孩子。*

  在这种情形，x 及其右子树所有结点的关键字都大于 splay 结点的关键字。因而置 x 为 b 的左孩子（`b->leftChild=`x），$b = x$，x`=`x`->leftChild`。注意，这些赋值已经把 x 的右子树自动带到 `big` 子树中了。图 10.22 是这种情形的图示。

- *情形 R: splay 结点是 x 的右孩子。*

  在这种情形与情形 L 对称。这时，x 及其左子树所有结点的关键字都小于 splay 结点的关键字。因而置 x 为 s 的右孩子（`s->rightChild=`x），$s = x$，x`=`x`->rightChild`。注意，这些赋值已经把 x 的左子树自动带到 `small` 子树中了。

- *情形 LR: splay 结点是 x 左孩子的右子树。*

  这种情形的处理是先做情形 R 的变换，之后再做情形 L 的变换。

- *情形 RL: splay 结点是 x 右孩子的左子树。*

  这种情形的处理是先做情形 L 的变换，之后再做情形 R 的变换。

- *情形 LL: splay 结点在 x 左孩子的左子树之中。*

  这种情形并不是两次执行情形 L 变换，而是关于 x 做 LL 旋转，如图 10.23 所示。

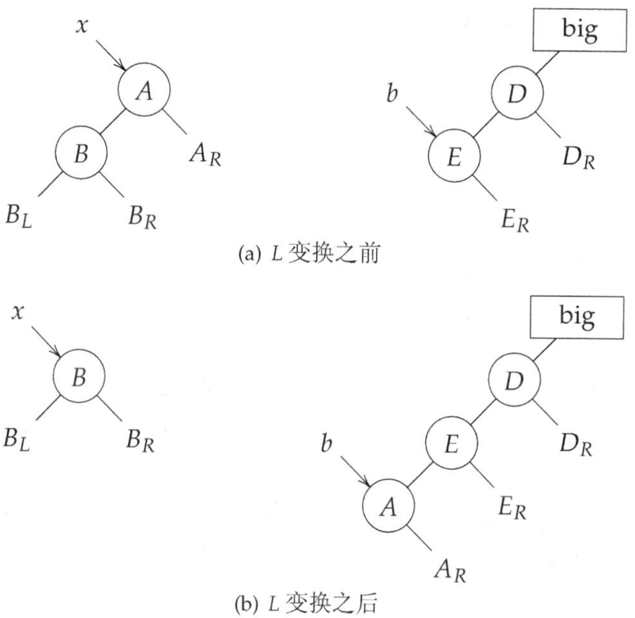

图 10.22 自顶向下 Splay 树的情形 L

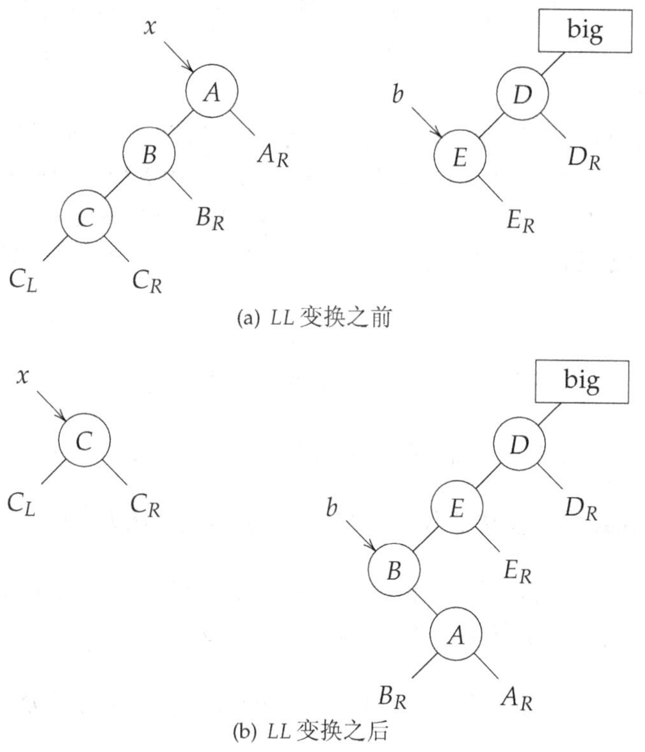

图 10.23 自顶向下 Splay 树的情形 *LL*

变换代码片段如下：

```
b->leftChild = x->leftChild;
b = b->leftChild;
x->leftChild = b->rightChild;
b->rightChild = x;
x = b->leftChild;
```

- 情形 *RR*: *splay 结点在 x 右孩子的右子树之中。*

  这种情形与情形 *LL* 对称。

以上变换重复执行，最后一次变换是情形 0，之后结束变换。这时 x 是 splay 结点，将 x 的左子树设置成 s 的右子树，将 x 的右子树设置成 s 的左子树；最后删除 `small` 和 `big` 两树的头结点。

对于分裂操作，x 结点包含分割关键字，返回 `x->data` 以及子树 `small` 和 `big`。对于查找、插入、删除操作，在操作完成之后，x 是新二叉查找树的根，`small` 和 `big` 分别是 x 的左、右子树。

例 10.5 假定要在图 10.21(a) 的自顶向下 Splay 树中查找关键字 5。这时当然还不知道结点的位置，但为方便读者辨认，图中用双线标出。查找过程是从根开始不断用当前结点的关键字和 5 比较，然后确定下一步的方向。开始查找时，x 指向根，并设置两棵空树 `small` 和 `big`，再设变量 s 和 b 分别指向这两棵树的头结点。由于 splay 结点在 x 右孩子的左子树之中，所以要做 *RL* 变换，结果如图 10.24(a) 所示。

接下来，由于 splay 结点在 x 左孩子的右子树之中，所以要做 *LR* 变换，结果如图 10.24(b) 所示。接着做 *LL* 变换（见图 10.24(c)）和 *RR* 变换（见图 10.24(d)）。现在 x 就是 splay 结点，将 x 的左子树置成 s 的右子树，将 x 的右子树置成 b 的左子树（见图 10.24(e)）。最后，删除头结点 s 和 b，把 `small` 设置成 x 的左子树，把 `big` 设置成 x 的右子树，如图 10.24(f) 所示。 □

习题

1. 参照图 10.19 和图 10.20，画出自底向上 Splay 树与两图对称的变换。

2. 向自底向上 Splay 树的空树插入 n 个结点，能够达到的最大高度是多少？给出实例。

3. 在引理 10.3 中补全 *RL* 旋转情形的证明。注意，*LL* 旋转情形和 *LR* 旋转情形的证明分别与 *RR* 旋转情形和 *RL* 旋转情形的证明相似，因为这些旋转之间有对称关系。

4. 解释如何对自底向上 Splay 树做两路归并，要求每次 splay 操作的分摊代价还是 $O(\log n)$。

5. 解释如何对自底向上 Splay 树关于关键字 i 做分裂，要求每次 splay 操作的分摊代价还是 $O(\log n)$。

6. 实现自底向上 Splay 树的数据结构，并用实际数据测试各函数。

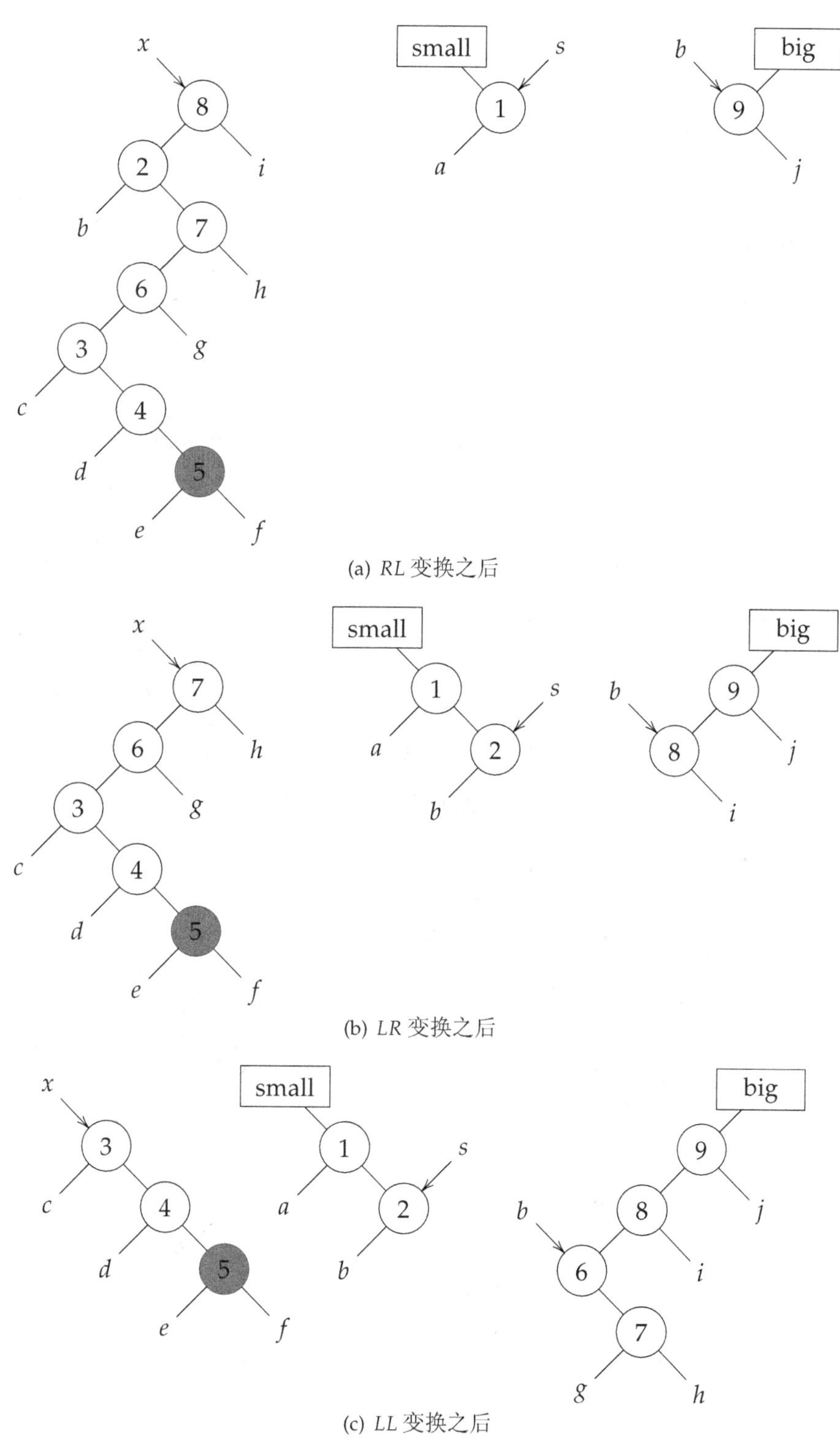

(a) *RL* 变换之后

(b) *LR* 变换之后

(c) *LL* 变换之后

图 10.24 自顶向下 Splay 树举例（未完待续）

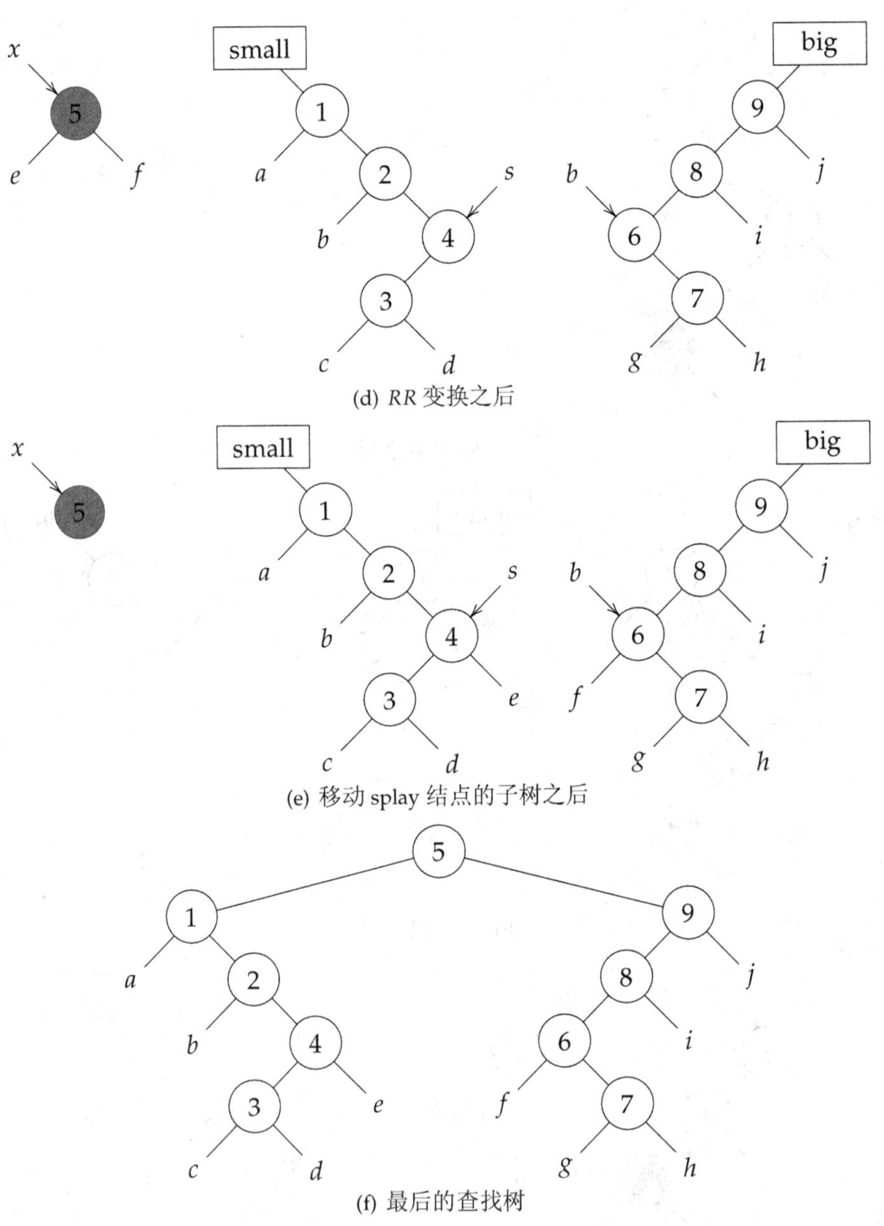

图 10.24 自顶向下 Splay 树举例

7. **[Sleator and Tarjan]** 修改正文中有关自底向上 Splay 树复杂度分析所需的 $s(i)$ 定义。令每个结点 i 都有一个正权值 $p(i)$，$s(i)$ 定义为以结点 i 为根的子树的权值之和，子树的秩为 $\log_2 s(i)$。

   (a) 令 t 是 Splay 树的根。证明，从结点 q 开始的 splay 操作，其分摊代价最多是 $3(r(t)-r(q))+1$，r 是 splay 操作之前的秩。

   (b) 令 S 是 n 次插入、m 次查找的序列，假设每次插入都向树中插入了一个结点，而且每次查找都成功。令 $p(i)>0$ 是元素 i 被查找的次数，$p(i)$ 满足下式：

   $$\sum_{i=1}^{n} p(i) = m.$$

   证明，m 次查找的总时间是

   $$O\left(m+\sum_{i=1}^{n} p(i)\log(m/p(i))\right).$$

   注意，由于 $\Omega\left(m+\sum_{i=1}^{n} p(i)\log(m/p(i))\right)$ 是静态查找树（如 §10.1 的最优二叉树）的信息论意义的界，因此用自底向上 Splay 树表示静态数据集合，在相差一个固定常量的意义下达到最优。

8. 参照图 10.22 和图 10.23，画出自顶向下 Splay 树的 R 变换、RR 变换、RL 变换、LR 变换。

9. 向自顶向下 Splay 树的空树插入 n 个结点，能够达到的最大高度是多少？给出实例。

10. 实现自顶向下 Splay 树的数据结构，并用实际数据测试各函数。

§10.5 参考文献和选读材料

最优二叉树的 $O(n^2)$ 算法取自文献 [1]。有关最优二叉树的 $O(n\log n)$ 启发式算法，参见文献 [2,3] 的内容。

[1] D. Knüth. Optimum binary search trees. *Acta Informatica*, 1(1):14–25, 1971.

[2] K. Mehlhorn. Nearly optimal binary search trees. *Acta Informatica*, 5:287–295, 1975.

[3] J. Nievergelt. Binary search trees and file organization. *ACM Computing Surveys*, 6(3):195–207, 1974.

AVL 树最早由 M. Adelson-Velskii 和 E. M. Landis 提出，原始文献是 [4]。有关 AVL 树的其它操作可参见文献 [5] 和文献 [6] 的 §6.2.3。

[4] M. Adelson-Velskii and E. M. Landis. Avl trees. *An algorithm for the organization of information*, 3:1259–1263, 1962. In Russian.

[5] C. Crane. Linear lists and priority queeus as balanced binary trees. Technical report, Computer Science Dept., Stanford University, Palo Alto, CA, 1972. CS-72-259.

[6] D. Knüth. *The Art of Computer Programming: Sorting and Searching*, volume 3. Addison-Wesley, Reading, MA, 2nd edition, 1998.

高度平衡树的实验研究参见文献 [7]。

[7] R. E. Scroggs P. L. Karlton, S. H. Fuller and E. B. Koehler. Performance of height-balanced trees. *CACM*, 19(1):23–28, 1976.

Splay 树由 D. Sleator 和 R. Tarjan 提出，参见文献 [8]，文中有 Splay 树的详细分析，还讨论了本书未涉及的其它一些 splay 操作。本书有关 Splay 树分析的内容主要借鉴了文献 [9] 的方法。

[8] D. Sleator and R. Tarjan. Self-adjusting binary search trees. *JACM*, 32(3):652–686, 1985.

[9] R. Tarjan. *Data Structures and Network Algorithms*. SIAM Publications, Philadelphia, PA, 1983.

文献 [10] 的第 10 章到第 14 章包含二叉查找树的更多内容。

[10] D. Mehta and S. Sahni. *Handbook of Data Structures and Applications*. Chapman & Hall/CRC, 2005.

第 11 章　多路查找树

§11.1　m-路查找树

§11.1.1　定义和性质

平衡二叉查找树，诸如 AVL 树和红-黑树，其查找、插入、删除操作的执行时间为 $O(\log n)$，其中 n 是元素个数。这已经是了不起的成就，但查找性能还可以进一步提高。现代计算机的算术运算和逻辑运算与存储访问操作（无论对象是内存还是磁盘）相比，要快许多许多倍，因而，如果用于查找的数据结构能够大大减少存储访问的话，查找的性能又可以有非常明显的提升。以下用一些典型数据来说明。一次内存访问所需时间大概相当于 100 次算术、逻辑运算的时间，而一次磁盘访问所需时间大概相当于 10000 次算术、逻辑运算的时间。由于处理器速度与存储访问速度太不匹配，因此内存数据常常要以缓存单位（cache-line，约 100 字节左右的数量级）先读入高速缓存（高速内存），而磁盘数据以块（若干 K 字节）为单位读入内存。为了与磁盘的块操作模式类比，我们也称内存的组织形式以块（缓存单位）为单元组成。从这样的观点看内存，AVL 树和红-黑树并不能从这样的组织结构受益，因为结点大小通常仅为若干字节，而内存的一块存取单位却要大许多。例如，元素个数为 $n = 1000000$ 的 AVL 树的高度最多是 $\lfloor 1.44 \log_2(n+2) \rfloor = 28$。在这棵树中查找给定元素，要访问从根到包含查找元素结点路径上的所有结点，结点个数也许是 28。如果这 28 个结点分处不同存储块，在最差情形，必须做 28 次存储访问和 28 次比较。查找的大量时间都花在存储访问上了！所以，要提高查找性能，必须减少存储访问次数。注意，如果存储访问的次数减少一半，但比较次数增加了一倍，查找的总时间还是会减少。因为存储访问次数与树的高度关系密切，所以必须减少树的高度。为了突破二叉查找树高为 $\log_2(n+1)$ 的壁垒限制，我们必须构造度大于 2 的查找树。实际应用中，查找树度的应选择存储块长（缓存单位或磁盘快）所能允许的最大值。

定义　m-路查找树或者是空树，或者满足以下性质：

(1) 根最多有 m 棵子树，结点结构为：

$$n, A_0, (E_1, A_1), (E_2, A_2), \ldots, (E_n, A_n)$$

其中 $A_i, 0 \le i \le n < m$, 是指向子树的指针，$E_i, 0 \le i \le n < m$, 是数据元素，每个数据元素 E_i 都有关键字 $E_i.K$。

(2) $E_i.K < E_{i+1}.K$，$1 \le i < n$。

(3) 令 $E_0.K = -\infty$，$E_{n+1}.K = +\infty$。所有子树 A_i 中的关键字小于 $E_{i+1}.K$，大于 $E_i.K$，$1 \le i < n$。

(4) 所有子树 $A_i, 0 \le i \le n$, 都是 m-路查找树。　□

容易验证二叉查找树是二路查找树。图 11.1 给出一棵三路查找树的例子。图中只标出结点中的关键字，本章后续图示也是如此。

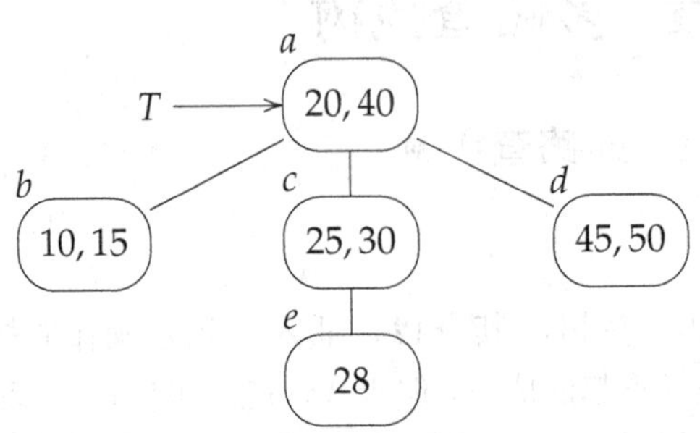

结点	结点格式
a	$2, b, (20, c), (40, d)$
b	$2, 0, (10, 0), (15, 0)$
c	$2, 0, (25, e), (30, 0)$
d	$2, 0, (45, 0), (50, 0)$
e	$1, 0, (28, 0)$

图 11.1　三路查找树举例

如果一棵树的度是 m，高度是 h，树的结点个数最多为

$$\sum_{0 \le i \le h-1} m^i = (m^h - 1)/(m-1)$$

因为每个结点最多有 $m-1$ 项数据元素，高度为 h 的 m-路树中数据元素的最大项数是 $m^h - 1$。对高度 $h = 3$ 的二叉树，这个值为 7。对高度 $h = 3$ 的 200-树，这个值为 $m^h - 1 = 8 \times 10^6 - 1$。

给定 n 项数据元素，要使 m-路查找树的性能接近最优，这棵查找树应是平衡树。本章介绍两类平衡 m-路查找树：B-树和 B^+-树。

§11.1.2　m-路查找树的查找

假设要在一棵 m-路查找树中查找关键字为 x 的数据元素。首先从树根开始，设结点结构与 m-路查找树定义中的结点结构相同。为方便计，设 $E_0.K = -\infty$，$E_{n+1}.K = +\infty$。在根结点中查找所以数据项的关键字，确定一个 i，使 $E_i.K \le x < E_{i+i}.K$。如果 $x = E_i.K$，那么查找成功完成。如果 $x \ne E_i.K$，那么根据 m-路查找树的定义，如果 x 在树中，它一定在子树 A_i 之中。因而，我们走到这棵子树的根结点，接着查找关键字。这样的过程继续下去，直到找到 x 为止或者确定 x 不在树中（查找到一棵空树）。如果结点中的数据元素数目较小，可以用顺序查找；如果数据元素的数目较大，可以用折半查找。程序 11.1 是以上在 m-路查找树中查找操作的高层描述。

```
/* search an m-way search tree for an element with key x, return
   pointer to the element if found, return NULL otherwise */
E0.K = -MAXKEY;
for (*p = root; p; p = Ai) {
  Let p have the format n, A0, (E1, A1), ..., (En, An);
  En+1.K = MAXKEY;
  Determine i such that Ei.K ≤ x < Ei+i.K;
  if (x==Ei.K) reutrn Ei;
}
/* x is not in the tree */
return NULL;
```

程序 11.1　m-路查找树的查找

习题

1. 画一棵 5 路查找树。

2. 高度为 h 的 m-路查找树的最小数据元素个数是多少?

3. 编制算法，把关键字为 x 的数据元素插入 m-路查找树。指出算法的复杂度。

4. 编制算法，把关键字为 x 的数据元素从 m-路查找树中删除。指出算法的复杂度。

§11.2 B-树

§11.2.1 定义和性质

实现数据库管理系统，最常用的数据结构是 B-树和 B^+-树（§11.3），这两种数据结构保证了数据库的插入、删除、查找操作能高速完成。学习 B-树与 B^+-树有助于了解各种商用数据库管理系统的工作原理和功能。要定义 B-树，方便的做法是从扩展 m-路查找树开始。加上外部结点的 m-路查找树称为扩展 m-路查找树，外部（失败）结点对应于树中的空指针，当查找失败时总会遇到一个外部结点。树中除外部结点之外的结点称为内部结点。

定义 m 阶 B-树是一棵 m-路查找树，它或者是空树，或者满足以下性质:

(1) 根结点至少有两个孩子。

(2) 除根结点和外部结点之外，所有结点的至少有 $\lceil m/2 \rceil$ 个孩子。

(3) 所有外部结点都位于同一层。 □

通过观察我们发现，当 $m = 3$，B-树中所有内部结点的度或者是 2 或者是 3，当 $m = 4$，B-树中所有内部结点的度可以是 2、3、4。所以，3 阶 B-树常称为 2-3 树，4 阶 B-树常称为 2-3-4 树。但是，5 阶 B-树不是 2-3-4-5 树，因为 5 阶 B-树中结点（根除外）的度不能为 2。读者应注意，2 阶 B-树是满二叉树，所以，只有当 2 阶 B-树中的数据元素个数为 $2^k - 1$ 时才有意义，k 是任意整数。然而，当 $n \geq 0$ 对任何 $m > 2$ 都存在一棵关键字数目为 n 的 m 阶 B-树。

图 11.2 给出一棵 2-3 树（即 3 阶 B-树），图 11.3 给出一棵 2-3-4 树（即 4 阶 B-树）。注

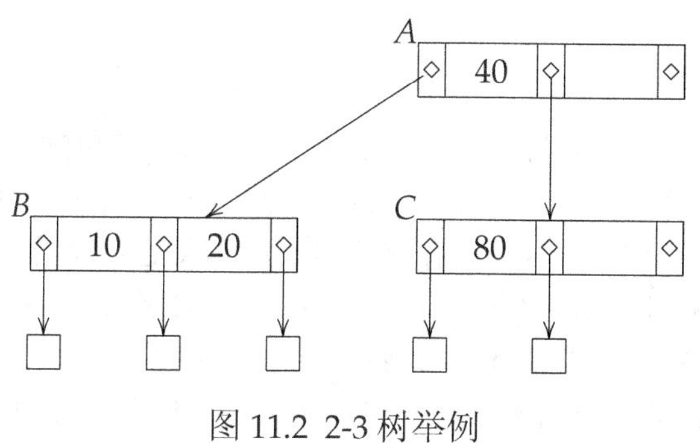

图 11.2 2-3 树举例

意，每个 2-3 树中的（内部）结点包含 2 项数据元素，每个 2-3-4 树中的结点包含 3 项数据元

素。图 11.2 和图 11.3 中的结点只示出关键字，注意，虽然图中也标出了外部结点，但引入外部结点的目的是使 B-树的定义显得简洁、完整，实现中并不需要真正设置外部结点，而是把指向外部结点的指针都设成 NULL。

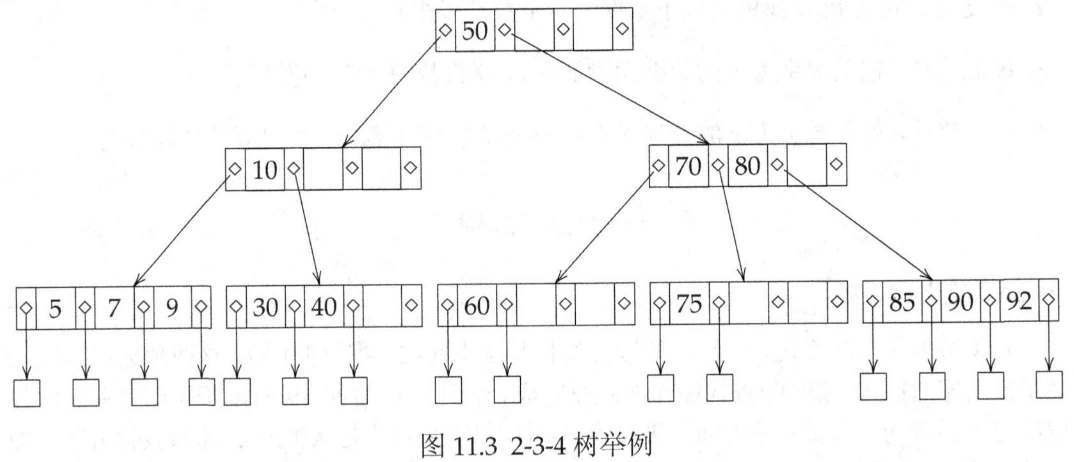

图 11.3 2-3-4 树举例

§11.2.2 B-树中数据元素的个数

一棵 m 阶 B-树，若外部结点都在 $l+1$ 层，则关键字的最大个数为 m^l-1。那么这棵 B-树关键字个数的最小值 N 应为多少？根据 B-树的定义，我们知道，如果 $l>1$，根结点至少有两个孩子。因而第 2 层至少有两个结点，每个结点至少有 $\lceil m/2\rceil$ 个孩子，故第 3 层至少有 $2\lceil m/2\rceil$ 个结点。第 4 层至少有 $2\lceil m/2\rceil^2$ 个结点，这样推下去，我们知道，第 $l>1$ 层的结点个数是 $2\lceil m/2\rceil^{l-2}$。所有这些结点都是内部结点。假如树中的关键字是 $K_1,K_2,\ldots,K_N$，且 $K_i<K_{i+1}$，$1\le i<N$，那么外部结点个数是 $N+1$，因为查找失败的情形是 $K_i<x<K_{i+1}$，$0\le i\le N$，$K_0=-\infty$，$K_{N+1}=+\infty$。这 $N+1$ 个不同的外部结点对应于在 B-树中查找关键字 x 而 x 不出现的情形。所以，我们得到

$$\begin{aligned} N+1 &= \text{外部结点的个数} \\ &= \text{第 } l+1 \text{ 层结点的个数} \\ &\ge 2\lceil m/2\rceil^{l-1} \end{aligned}$$

故 $N\le 2\lceil m/2\rceil^{l-1}-1$，$l\ge 1$。

以上结论还意味着，如果 m 阶 B-树中有 N 个数据元素（等价地，关键字），那么所以的内部结点位于的层数小于等于 l，$l\le\log_{\lceil m/2\rceil}(N+1)/2+1$。如果存取 B-树树中每个结点需要一次存储访问，那么在 B-树中查找所需存储访问次数最大是 l。如果 B-树的阶取为 $m=200$，这是存储在磁盘上的 B-树常见的参数，对 $N\le 2\times10^6-2$ 有 $l\le\log_{100}(N+1)/2+1$。因为 l 是整数，所以 $l\le 3$。对 $N\le 2\times10^8-2$ 我们有 $l\le 4$。

要使 B-树查找操作的存储访问次数等于树的高度，那么必须保证处理一个结点只需一次存储访问，因此结点大小不应超过存储块的大小（缓存单元或磁盘块）。实际应用中，存放在内存的 B-树 m 一般取为数十个量级，而存放在磁盘的 B-树 m 一般取为数百个量级。

§11.2.3 B-树的插入

B-树的插入算法首先在 B-树中查找到一个叶子结点 p，然后再把数据元素插入这个结点。如果插入之后 p 中的关键字个数为 m，那么需要分裂 p；否则插入完成，新的 p 写入磁盘。以下讨论分裂结点的做法，假设插入之后，p 的格式为

$$m, A_0, (E_1, A_1), \ldots, (E_m, A_m), \qquad E_i < E_{i+1},\ 1 \le i < m.$$

这个结点分裂成两个结点 p 和 q，格式如下：

$$\begin{aligned}&\text{结点 } p\text{: } \lceil m/2\rceil - 1, A_0, (E_1, A_1), \ldots, (E_{\lceil m/2\rceil-1}, A_{\lceil m/2\rceil-1})\\ &\text{结点 } q\text{: } m - \lceil m/2\rceil, (E_{\lceil m/2\rceil+1}, A_{\lceil m/2\rceil+1}), \ldots, (E_m, A_m)\end{aligned} \tag{11.1}$$

剩下的元素 $E_{\lceil m/2\rceil}$ 以及指向新结点的指针 q 构成二元组 $(E_{\lceil m/2\rceil}, q)$，将插入 p 的父亲结点。

以上二元组插入父亲结点之后，父亲结点有可能还有分裂，这个过程可能会向上一直波及根结点。根分裂之后，构造了一个新结点，该结点只含一项数据元素，B-树的高度增 1。程序 11.2 给出了向一个存储在磁盘上的 B-树插入数据元素的算法，算法形式是高层描述。

```
/* insert element x into a disk resident B-tree */
Search the B-tree for an element E with key x.K;
if (such an E is found)
  replace E with x and return;
else
  let p be the leaf into which x is to be inserted;
q = NULL;
for (e=x; p; p=p->parent()) {
  /* (e, q) is to be inserted into p */
  Insert (e, q) into appropriate position in node p;
  Let the resulting node have the format n, A0, (E1, A1), ..., (En, An);
  if (n<=m-1) {          /* resulting node is not too big */
    write node p to disk;
    return;
  }
  /* node p has to be split */
  Let p and q be defined as in (11.1);
  e=E⌈m/2⌉;
  write node p and q to disk;
}
/* a new root is to be created */
Create a new node r with format 1, root, (e, q);
root = r;
write root to disk;
```

程序 11.2 B-树的插入

例 11.1 考虑向图 11.2 的 2-3 树插入关键字为 70 的数据元素。首先在树中查找关键字，如果树中存在相同的关键字，那么用新的数据元素替换原先的数据元素。本例中，70 并未出现在树中，因此新的数据元素插入，整个树的数据元素个数增 1。插入前，先查找 70，最后位于一个叶子结点。注意，如果在 2-3 树中查找一个不存在的关键字，那么最后一定位于一个唯一的叶子结点。本例中，这个叶子结点是 C，关键字是 80。这个结点中只有一个数据元素，新元素可以插入该结点，结果如图 11.4(a) 所示。

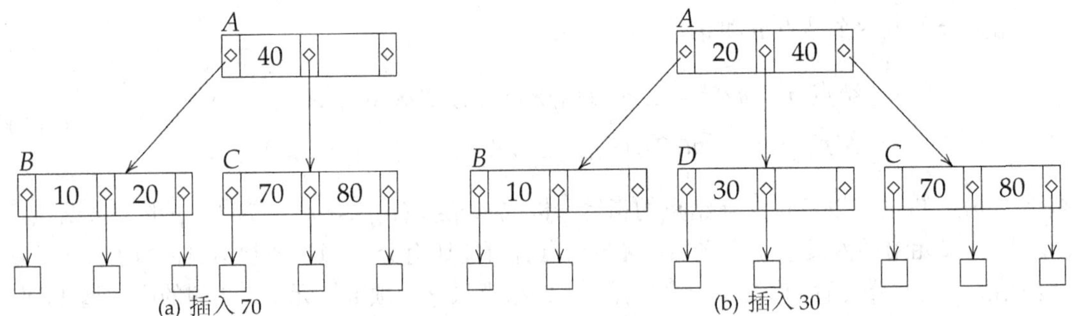

图 11.4 向图 11.2 的 2-3 树插入结点

接着插入关键字为 30 的数据元素。这次查找介绍时找到结点 B。因为 B 已满，所以需要分裂 B。首先形式地将 30 插入 B，得到关键字序列 10, 20, 30。然后根据 (11.1) 式分裂 B，分裂之后，B 中存放关键字 10，新结点 D 存放关键字 30，中间的元素，关键字为 20，和指向新结点 D 的指针一起，插入到 B 的父亲结点 A。结果如图 11.4(b) 所示。

最后向图 11.4(b) 的 2-3 树插入关键字为 60 的数据元素。查找 60 结束后位于叶子结点

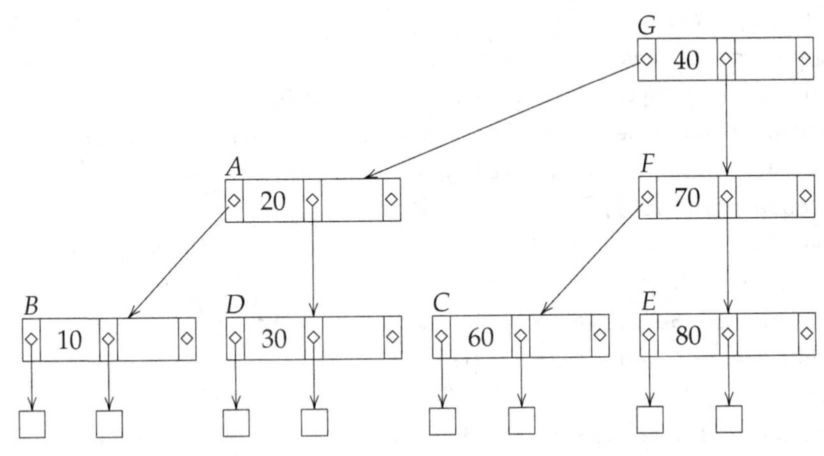

图 11.5 向图 11.4(b) 的 2-3 树插入 60

C。结点 C 已满，构建新结点 E。结点 E 存放最大的关键字 80，结点 C 存放最小的关键字 60，中间的关键字，和指向新结点 E 的指针一起，插入 C 的父亲结点 A。这时 A 也满了，因而构建新结点 F，存放 $\{20, 40, 70\}$ 中的最大关键字。和上次操作相似，A 存放最小的关键字，B 是 A 的左孩子，D 是 A 的中间孩子，C 和 E 成为 F 的孩子。如果 A 有父亲结点，那么关键字 40，和指向新结点 F 的指针一起，将插入父亲结点。由于 A 没有父亲结点，所以构建一个

新结点 G，做新的 2-3 树的树根。结点 G 存放关键字 40，两个指针分别指向孩子 A 和 F，结果如图 11.5 所示。 □

B-树插入操作的分析 为方便计，假设 B-树存放在磁盘上。如果 B-树的高度是 h，那么自顶向下的查找要访问磁盘 h 次。在最差情形，所有被访问的结点都要自底向上分裂。根结点之外的结点分裂时要写盘 2 次，根结点分裂时要写盘 3 次。假设自顶向下查找过程访问的磁盘块可以一直存放在内存，就是说自底向上分裂过程不需读盘，那么插入过程所需磁盘访问的次数最多为

$$h\,(\text{自顶向下}) + 2(h-1)\,(\text{非根结点分裂}) + 3\,(\text{根结点分裂}) = 3h+1$$

不过，当 m 较大时，磁盘访问的平均次数大约是 $h+1$。原因如下。假设从空 B-树开始插入 N 项数据元素，那么分裂结点的最大次数是 $p-2$，p 是包含 N 项数据元素 B-树的结点个数。得到这个上界的原因是，每次分裂至少新增一个结点。第一次构建新结点没有分裂，如果 B-树中结点个数多于一个，那么根至少分裂一次。图 11.6 表明，对 $p>2$ 个结 点的 B-树

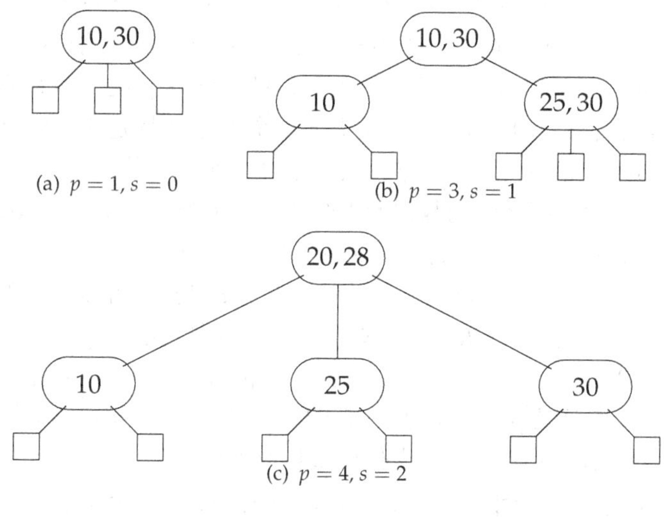

图 11.6 3 阶 B-树

树（注意，不存在 $p=2$ 的 B-树），分裂次数的严格上界是 $p-2$。p 个结点的 m 阶 B-树至少有 $1+(\lceil m/2\rceil-1)(p-1)$ 个关键字，因为根至少有一个，其它每个结点至少有 $\lceil m/2\rceil-1$ 个。因此，分裂的平均次数 S_{avg} 为：

$$\begin{aligned}S_{\text{avg}} &= (\text{分裂总数})/N\\ &\le (p-2)/(1+(\lceil m/2\rceil-1)(p-1))\\ &< 1/(\lceil m/2\rceil-1)\end{aligned}$$

如果 $m=200$，由上式我们知道结点分裂的平均次数为每次插入小于 $1/99$。一次插入的磁盘访问次数是 $h+2s-1$，s 是插入时结点分裂的次数。所以磁盘访问的平均次数是 $h+2s_{\text{avg}}+1<h+101/99\approx h+1$。 □

§11.2.4 B-树的删除

为方便计，以下讨论从存储在磁盘上的 B-树中删除数据元素。设要删除关键字为 x 的数据元素。首先在 B-树中查找关键字 x，如果它不在树中，那么无数据元素可删除。如果 x 在结点 z 中，z 不是叶子，那么要用叶子结点中的一项数据元素取代 z 中的原数据元素。设 x 是 z 中第 i 个关键字（即 $x = E_i.K$），那么替换数据元素可以选用子树 A_i 中关键字最小的，或选用子树 A_{i-1} 中关键字最大的，这两个数据元素都应位于叶结点之中。因此，删除非叶结点的数据元素就转化为删除叶结点的数据元素。例如，要删除图 11.6(c) 中关键字为 20 的数据元素，该元素位于根结点，那么可选用关键字为 10 关键字为 25 的数据元素替换 20 的数据元素。这两项数据元素都在叶结点中。无论选用 10 或是 25 替换，接下来的工作都要删除叶结点中的数据元素。

从叶结点 p 删除数据元素共有四种情形。第一种情形，p 是根结点，如果删除之后，根结点还剩至少一项数据元素，那么把根结点写盘，删除任务就完成了。如果删除之后，根结点中无数据元素，那么 B-树成为空树。以下考虑 p 不是根结点的情形。第二种情形，删除之后 p 至少有 $\lceil m/2 \rceil - 1$ 项数据元素，这时只要把叶子结点 p 写盘，删除任务就完成了。

第三种情形（旋转），p 有 $\lceil m/2 \rceil - 2$ 项数据元素，且离 p 最近的兄弟结点至少有 $\lceil m/2 \rceil$ 项数据元素。确定哪个兄弟结点满足这样的条件，只需检查 p 的左、右两个结点（最多两个）。这时的 p 称为缺陷结点，因为 p 中的数据元素个数比 B-树定义的结点所需数据元素个数少了一个。设兄弟结点 q 中的数据元素个数多于最小元素个数，这时做一次旋转，使 q 中的数据元素个数减少 1 个，而 p 中的数据元素个数增加 1 个。旋转之后，p、q 中的数据元素个数都能满足要求，p 不再是缺陷结点，而 q 也不会是，所以得到一棵满足要求的 B-树。设 r 是 p、q 的父亲结点，q 是离 p 最近的右兄弟结点，令 E_i 是 r 中的第 i 个数据元素，使 p 中所有数据元素的关键字都小于 $E_i.K$，同时使 q 中所有数据元素的关键字都大于 $E_i.K$。旋转之后，$E_i.K$ 变成 p 的最右边数据元素，r 中的 E_i 被 q 的第一个（关键字最小）数据元素取代，q 的最左边一棵子树变成 p 的最右边一棵子树。之后，结点 p, q, r 写盘，删除任务完成。如果 q 是离 p 最近的左兄弟结点，旋转操作可做相似处理。

图 11.7 给出上述旋转的图示，图中的树是一棵 2-3 树。图中结点中的“?”表示该项数据元素的有无不影响旋转操作。a, b, c, d 表示孩子结点（即子树的根）。

删除的第四种情形（合并），p 中的数据元素个数是 $\lceil m/2 \rceil - 2$，且离 p 最近的兄弟结点的数据元素个数是 $\lceil m/2 \rceil - 1$。这时 p 是缺陷结点，而 q 中数据元素的个数已达（非根结点的）最小值。针对这种情形，我们把 p，q，以及父亲结点 r 中的 E_i 合并成一个结点。合并后的结点共有 $(\lceil m/2 \rceil - 2) + (\lceil m/2 \rceil - 1) + 1 = 2\lceil m/2 \rceil - 2 \le m - 1$ 项数据元素，一个结点恰好可容纳得下。然后把合并的结点写盘。合并操作将父亲结点 r 的数据元素个数减少一个，如果父亲结点未变成缺陷结点（就是说，根结点至少有一项数据元素，非根结点至少有 $\lceil m/2 \rceil - 1$ 项数据元素），那么父亲结点写盘，删除操作全部完成。否则，如果父亲结点变成缺陷结点且为根结点，那么丢弃该结点，因为结点中已无数据元素。如果父亲结点变成缺陷结点但不是根，它的数据元素个数应为 $\lceil m/2 \rceil - 2$。为弥补 r 的缺陷，我们先看看可不可以通过旋转它及其最近兄弟解决问题，如果不行，那就要再做一次合并。这样的过程也许会向上一直波及到根，直到根的孩子也被合并为止。

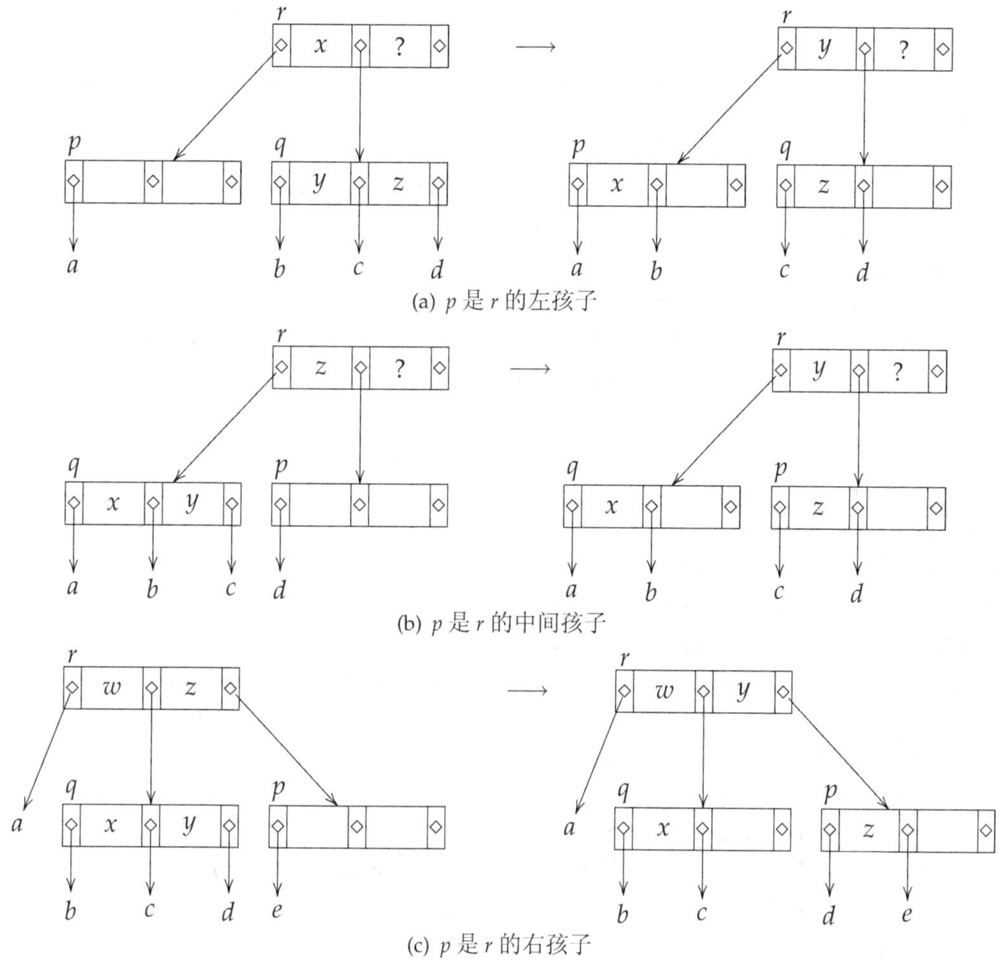

(a) p 是 r 的左孩子

(b) p 是 r 的中间孩子

(c) p 是 r 的右孩子

图 11.7 2-3 树三种情形对应的三种旋转

图 11.8 给出上述合并的图示，图中 B-树是 2-3 树，我们只给出 p 是 r 左孩子一种情形。本节习题要求读者完成 p 是 r 中间孩子、左孩子两种情形的合并。

程序 11.3 是 B-树删除算法的高层描述。

例 11.2 我们从图 11.9(a) 的 2-3 树开始。令 2-3 树结点的两项数据域分别称为 `dataL` 和 `dataR`。删除关键字为 70 的数据元素，只需从结点 C 中删除该元素即可，结果如图 11.9(b) 所示。从图 11.9(b) 的 2-3 树中删除 10，只要左移结点 B 中的 `dataL`、`dataR` 即可，结果得到图 11.9(c) 的 2-3 树。

接着删除关键字为 60 的数据元素，结点 C 变成缺陷结点。因为 C 的右兄弟 D 有 2 项数据元素，属第三种情形，因此做一次旋转，用 C、D 的父亲结点 A 中关键字为 80 的数据元素做中间元素，存放到结点 C 的位置 `dataL`，把 D 中的最小元（关键字为 90 的数据元素）存放到 C、D 的父亲结点 A 中空出来的位置（A 的 `dataR` 位置），结果得到如图 11.9(d) 所示的 2-3 树。删除关键字为 95 的数据元素之后，结点 D 变成缺陷结点。这时不能照搬删除 60 时的旋转，因为 D 的左兄弟 C 的数据元素个数达到 3 阶 B-树所需的最小值。现在属第四种

```
/* delete element with key x */
Search the B-tree for the node p that contains the element whose key is x;
if (there is no such p) return; /* no element to delete */
Let p be of the form n,A0,(E1,A1),...,(En,An) and Ei.K==x;
if (p is not a leaf) {
  Replace Ei with the element with the smallest key in subtree Ai;
  Let p be the leaf of Ai from which this smallest element was taken;
  Let p be of the form n,A0,(E1,A1),...,(En,An);
  i = 1;
}
/* delete Ei from node p, a leaf */
Delete (Ei, Ai) from p; n--;
while (n < ⌈m/2⌉ - 1 && p!=root)
  if (p has a nearest right sibling q) {
    Let q: nq, A0^q, (E1^q,A1^q), ..., (E_nr^r,A_nr^r);
    Let r: nr, A0^r, (E1^r,A1^r), ..., (E_nr^r,A_nr^r) be the parent of p and q;
    Let Aj^r = q and A_{j-1}^r = p;
    if (nq>=⌈m/2⌉) { /* rotation */
      (E_{n+1},A_{n+1})=(E_j^r,A_0^q); n=n+1; /* update node p */
      E_j^r=E_1^q; /* update node r */
      (nq,A0^q,(E1^q,E1^q),...) = (nq-1,A1^q,(E2^q,E2^q),...); /* update node q */
      write nodes p, q and r to disk; return;
    } /* end of rotation */
    /* combine p, Ej^r, and q */
    s = 2 * ⌈m/2⌉ - 2;
    write s,A0,(E1,A1),...,(En,An),(Ej^r,A0^q),(E1^q,A1^q),...,(E_nq^q,A_nq^q) to disk as node p;
    /* update for next iteration */
    (n,A0,...) = (nr-1,A0^r,...,(E_{j-1}^r,A_{j-1}^r),(E_{j+1}^r,A_{j+1}^r),...);
    p = r;
  } else {
    /* node p must have a right sibling. this is symmetric to the
       case where p has a right sibling, and is left as an
       exercise. */
  }
if (n) write p: (n,A0,...,(En,An));
else root = A0; /* new root */
```

程序 11.3 删除存储在磁盘上 B-树中的数据元素

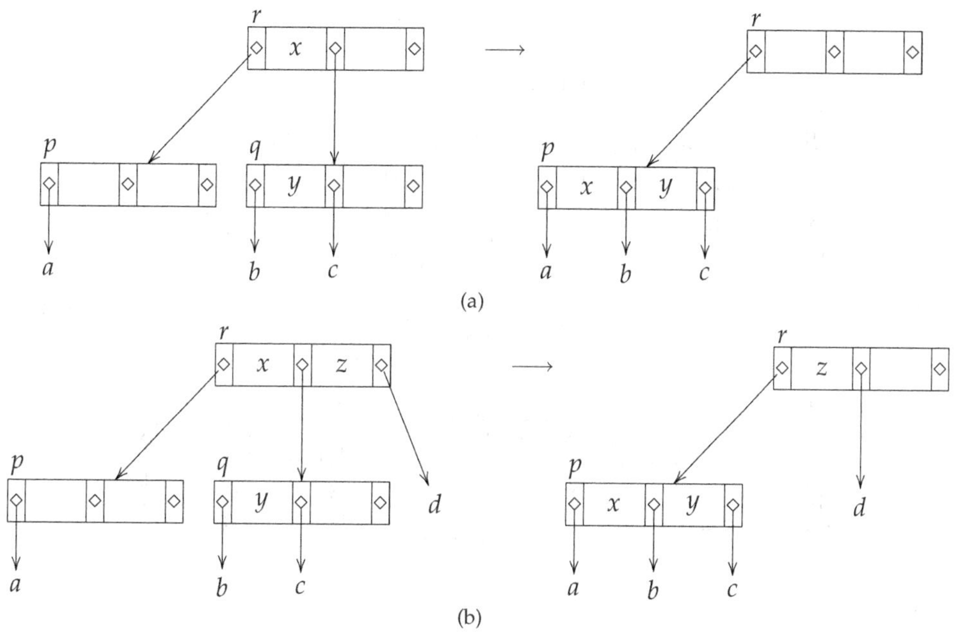

图 11.8 合并操作，p 是 r 的左孩子

情形，必须合并 C、D，并取 C、D 的父亲结点中的数据元素（关键字为 90）做中间元素。因而我们把 90 移动到左兄弟 C，再删除结点 D。注意，合并结点时，B-树中有一个结点被删除，而在选择时，B-树中无结点被删除。删除 95 之后的 2-3 树如图 11.9(e) 所示。删除关键字为 90 的数据元素之后的 2-3 树如图 11.9(f) 所示。现在考虑删除关键字为 20 的数据元素。结点 B 变成缺陷结点，我们来考察 B 的右兄弟 C，如果 C 有足够的数据元素，那么可以用删除 60 时代旋转，否则必须用删除 95 时的合并。这一次，关键字为 50 和 80 的数据元素移动到了 B，结点 C 被删除。这时的父亲结点 A 变成了缺陷结点。如果 A 不是根，我们会考虑它的左、右兄弟，就像结点 C（删除 60）和 D（删除 95）中无数据元素时一样。但 A 是根，所以被直接删除，B 成为新的树根（见图 11.9(g)）。别忘了，如果根是缺陷结点，那么结点中已没有数据元素了。 □

B-树删除操作的分析 和 B-树插入操作的分析相似，假设 B-树存放在磁盘上，自顶向下查找过程访问的磁盘块可以一直存放在内存的栈中，之后自底向上调整 B-树的过程不需读盘。对高度为 h 的 B-树，查找待删除数据元素的关键字，以及定位要删除叶子中的数据元素，共需访问磁盘 h 次。在最差情形，从根到叶子的路径上，需要合并的结点是后面的 $h-2$ 个，旋转的结点是路径上的第二个。$h-2$ 次合并需要访问 $h-2$ 个兄弟结点，访问磁盘的次数是 $h-2$，还有 $h-2$ 次把合并的结点写盘，访问磁盘的次数又是 $h-2$。旋转操作需访问磁盘一次取得最近的兄弟结点，之后要把三个修改过的结点存盘，访问磁盘的次数是三次。所以，访问磁盘的总次数是 $3h$。

增大磁盘空间需求可以减少 B-树的删除时间。每个结点可以为每项数据元素 E_i 增设一位标记 F_i，$F_i=1$ 表示 E_i 没被删除，而 $F_i=0$ 表示 E_i 被删除了，但并不真正的删除这项数据元素。这样的话，删除操作只需 $h+1$ 次磁盘访问（定位待删除的数据元素需要 h 次，F_i 设置

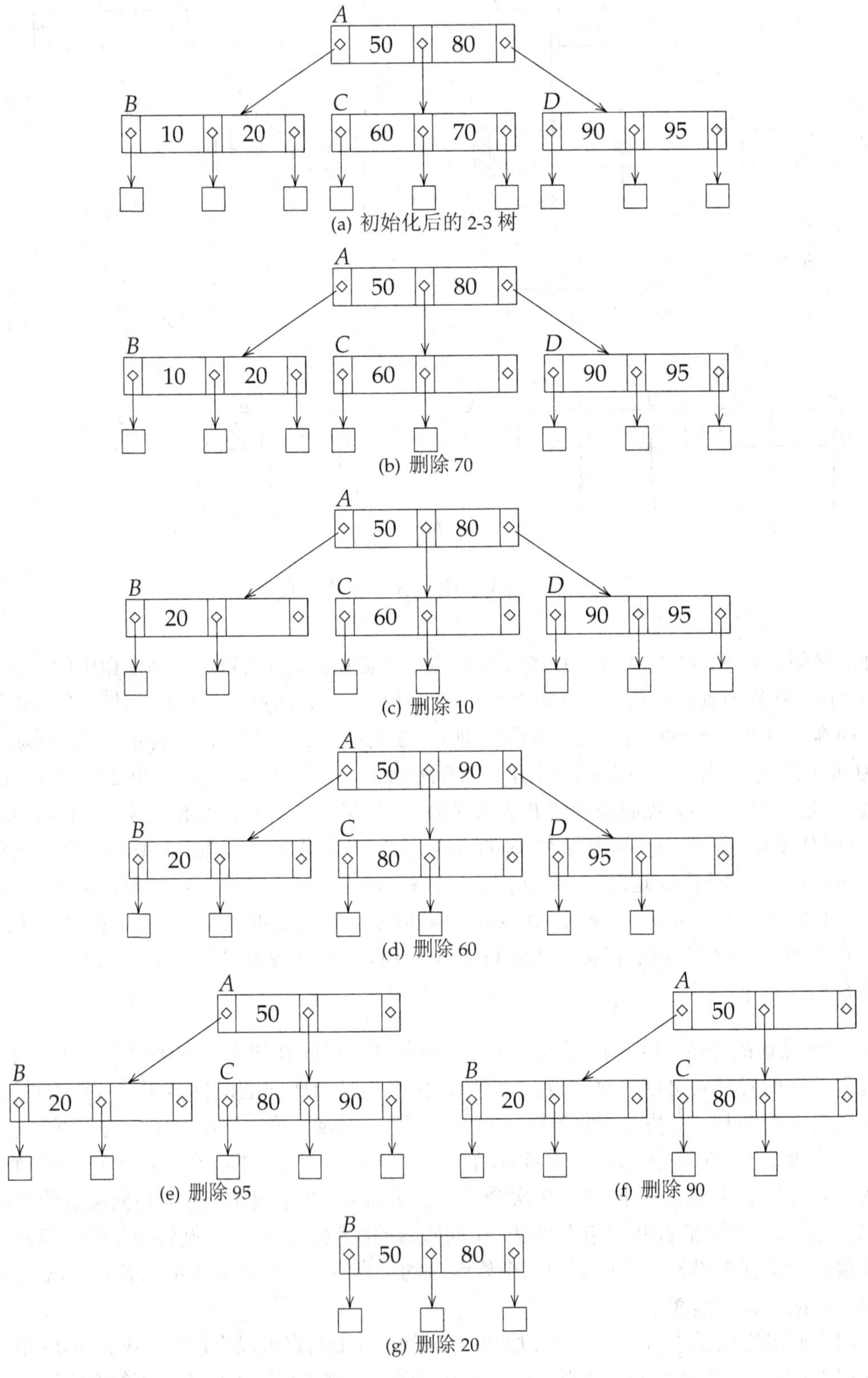

图 11.9 删除 2-3 树中的元素

后把结点写盘需要 1 次)。这种做法使 *B*-树中结点的个数永不减少,但删除的数据元素所占空间可以在以后插入时重用(见习题)。综合这些做法,查找与插入的性能几乎不受影响(当 m 较大时树的层数增加非常缓慢)。实际上,插入一项数据元素的时间还有可能略微减少,因为插入重用了以前删除的数据元素的位置,而重用这些位置根本不需要分裂结点。 □

习题

1. 证明所有 2 阶 *B*-树都是满二叉树。

2. 利用程序 11.2 的插入算法,向图 11.9(a) 的 2-3 树中插入关键字为 40 的数据元素,画出插入后的结果。

3. 利用程序 11.2 的插入算法,向图 11.3 的 2-3-4 树中按序插入关键字为 45, 95, 96, 97 的数据元素,画出每次插入之后的 2-3-4 树。

4. 利用程序 11.3 的删除算法,从图 11.9(a) 的 2-3 树中按序删除关键字为 90, 95, 80, 70, 60, 50 的数据元素,画出每次删除之后的 2-3 树。

5. 利用程序 11.3 的删除算法,从图 11.3 的 2-3-4 树中按序删除关键字为 85, 90, 92, 75, 60, 70 的数据元素,画出每次删除之后的 2-3-4 树。

6. (a) 向图 11.10 中的 5 阶 *B*-树一次一次插入关键字为 62, 5, 85, 75 的数据元素。画出每次插入之后的新树。插入采用正文介绍的方法。

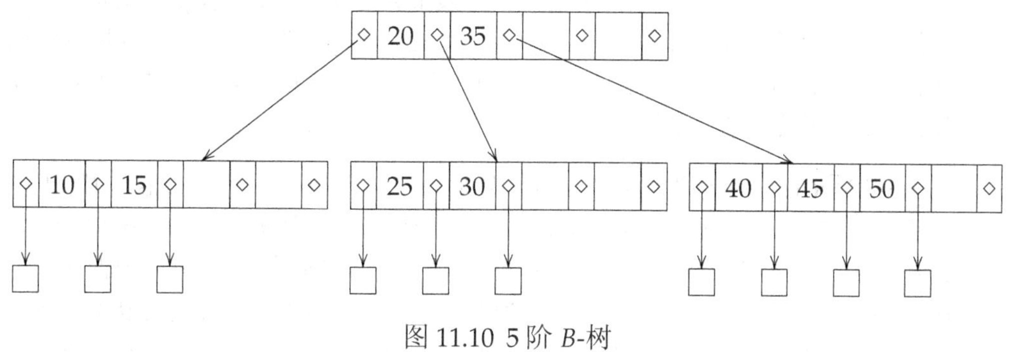

图 11.10 5 阶 *B*-树

(b) 如果这棵树存储在磁盘,存取每个结点需要访问磁盘一次,那么每次插入需要访问磁盘多少次?论述中应明确给出的必要的假设。

(c) 从图 11.10 中的 5 阶 *B*-树删除关键字为 45, 40, 10, 25 的数据元素。画出每次删除之后的新树。删除采用正文介绍的方法。

(d) 每次删除需要访问磁盘多少次?

7. 为图 11.8 补全合并的其它两种情形,分别画出 p 是父亲结点的中间孩子以及右孩子两种合并。

8. 完成程序 11.3 中缺省的那部分（对称）代码。

9. 编写函数，实现 2-3 树的查找、插入、删除，用实际数据测试这些函数。

10. 编写函数，实现 2-3-4 树的查找、插入、删除，用实际数据测试这些函数。

11. 编写算法，实现 *B*-树的插入和删除。为结点中每项数据元素增设数据成员 `deleted`，含义为 `deleted=FLASE` 当且仅当对应元素未被删除。删除数据元素之后，设 `deleted=TRUE`。插入应尽量使用被删除的空间，以避免结点的分裂。

12. 编写算法插入、删除 *B*-树中指定位置的关键字；即， `get(k)` 查找树中第 k 小元，`delete(k)` 查找树中第 k 小元。（提示：要高效实现这两个函数，必须在结点中添加其它信息。对每一对 (E_i, A_i) 都要记录 $N_i = \sum_{j=0}^{i-1}$(子树 A_j 中的数据元素个数$) + 1$)。指出该算法在最差情形的时间复杂度。

13. 正文中都假设 *B*-树结点中的数据元素结构为顺序结构。然而，对 *B*-树结点的操作应包括：查找、插入、删除、合并、分裂。

    (a) 论述上列操作与 *B*-树的查找、插入、删除操作关系密切。

    (b) 论述用红-黑树表示 *B*-树结点的方法。红-黑树应存放在数组中，因此红-黑树结点中的指针应为整数类型（下标）。

    (c) 比较用红-黑树做 *B*-树结点以及采用顺序结构实现 *B*-树结点的优缺点，尽量量化比较结果。

14. 修改程序 11.2，方法如下。当结点 p 的数据元素个数为 m，首先察看 p 的左兄弟或右兄弟结点的数据元素个数是否小于 $m-1$。确实如此则不用分裂 p，而代之以将 p 的最大或最小元移到 p 的父亲结点，再把父亲结点中对应的数据元素及其子树移到 p 的兄弟结点中那个空闲的数据元素位置。

15. **[Bayer and McCreight]** 假设向结点 p 插入数据元素之后，p 的元素个数溢出（即现在共有 m 个），同时 p 的右兄弟结点 q 的元素个数已满（即已有 $m-1$ 个）。这时，p、q 的元素个数加上 p、q 父亲结点中的一个中间元素，一共有 $2m$ 个。这 $2m$ 个数据元素可以分成三个结点 p、q、r，分别包含 $\lfloor(2m-2)/3\rfloor$、$\lfloor(2m-1)/3\rfloor$、$\lfloor 2m/3\rfloor$ 个数据元素，加上两个中间数据元素（p、q 的和 q、r 的）。这种结点分裂使三个新结点大概 $\frac{2}{3}$ 满，把原 p、q 结点上层的中间结点用新元素替代，再把 q、r 的中间结点及其指向新结点 r 的指针插入到新 p、q 的父亲结点。对于 q 是 p 最近左兄弟的情形，分裂方法相似。

    用上述结点分裂方法修改程序 11.2。

16. m 阶 B^*-树是一棵查找树，或者是空树或者满足以下性质：

    (a) 根结点至少有两个孩子，最多有 $2\lfloor(2m-2)/3\rfloor+1$ 个孩子。

    (b) 其它结点每个最多有 m 个孩子，至少有 $\lceil(2m-1)/3\rceil$ 个孩子。

    (c) 所有外部结点都在同层。

对包含 N 项数据元素的 m 阶 B^*-树，证明，如果 $x = \lceil (2m-1)/3 \rceil$，那么

(a) B^*-树的高度 $h \le 1 + \log_x (N+1)/2$。

(b) B^*-树中的结点个数 $p \le 1 + (N-1)/(x-1)$。

从空树开始向B^*-树插入，每次插入结点分裂的平均次数是多少？

17. 利用习题 15 的结点分裂方法，向 m 阶 B^*-树插入新元素 x，在最差情形和平均情形，磁盘访问的次数是多少？设这棵 B^*-树开始时深度是 l 且存储在磁盘，每次读、写结点访问一次磁盘。

18. 编写算法，从 m 阶 B^*-树删除数据元素 x。对深度为 l 的这棵 B^*-树，一次删除访问磁盘的最大次数是多少？B^*-树存储在磁盘，且每次读、写结点访问一次磁盘。

§11.3 B^+-树

§11.3.1 定义

B^+-树是 B-树的近亲，主要差别体现在以下方面：

(1) 在 B^+-树中有两种结点，一种是索引结点，一种是数据结点。B^+-树的索引结点对应 B-树的内部结点，B^+-树的数据结点对应 B-树的外部结点。索引结点存放关键字（不是数据元素）和指针，数据结点存放数据元素（包括关键字但不包括指针）。

(2) 数据结点从左向右用双向链表连接在一起。

图 11.11 是一棵 3 阶 B^+-树。数据结点用灰底方框表示，索引结点用白底方框表示。索引结点构成一棵高度为 2 的 2-3 树。数据结点中的数据可以与索引结点中的数据不同。图 11.11 的数据结点可容纳三项数据元素，而索引结点可容纳两项数据元素。

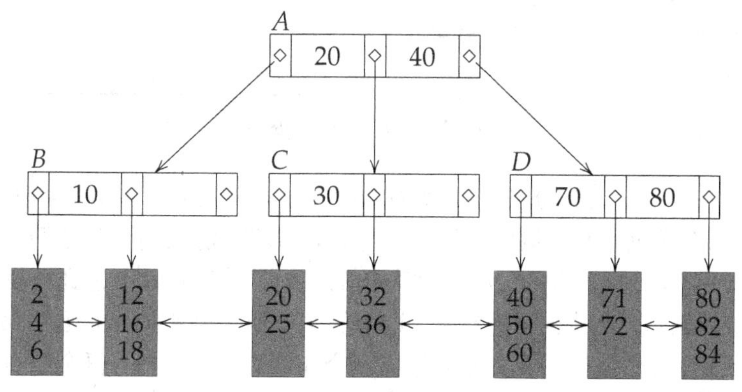

图 11.11 3 阶 B^+-树

定义 一棵 m 阶 B^+-树或者是空树，或者满足以下性质：

(1) 所有数据结点在同一层，数据结点只包含数据元素。

(2) 索引节点构成一棵 m 阶 B-树；每个索引结点包含关键字，但不包含数据元素。

(3) 令

$$n, A_0, (K_1, A_1), (K_2, A_2), \ldots, (K_n, A_n)$$

其中 $A_i, 0 \leq i \leq n < m$, 是指向子树的指针，$K_i, 1 \leq i \leq n < m$, 是某索引结点的关键字。令 $K_0 = -\infty$，$K_n = +\infty$。所有子树 A_i 中的数据元素其关键字小于 K_{i+1} 且大于 K_i，$0 \leq i \leq n$。 □

§11.3.2 B^+-树的查找

B^+-树提供两种查找，一种是精确匹配查找，一种是范围查找。以查找图 11.11 中的关键字 32 为例，从根 A 开始，它是索引结点。根据 B^+-树的定义，我们知道在所有结点 A 的左子树（即以 B 为根的子树）中关键字都小于 20；在以 C 为根的子树中，关键字 ≥ 20 且 ≤ 40；在以 D 为根的子树中，关键字 ≥ 40。所以，下一次查找走到索引结点 C。因为关键字 ≥ 30，下一次查找从 C 走到包含 32、36 的数据结点，然后在这个数据结点中查找关键字 32，查找成功。程序 11.4 是 B^+-树查找算法的高层描述。

```
/* search B+-tree for an element with key x, reutrn the element
   if found, return NULL otherwise */
if (the tree is empty) return NULL;
K0 = -MAXKEY;
for (*p = root; p is an index node; p = Ai) {
  Let p have the format n,A0,(K1,A1),...,(Kn,An);
  Kn+1 = MAXKEY;
  Determine i such that Ki ≤ x < Ki+i;
}
/* search the data node p */
Search p for an element E with key x;
if (such an element is found) return E;
else return NULL;
```

程序 11.4 B^+-树的查找

要查找关键字范围在 [16,70] 之间的所有数据元素，先做关键字 16 的精确匹配查找，找到图 11.11 中第二个数据结点，然后从该结点开始，沿双向链表向后扫描数据结点，直到结点中包含的数据元素超过 70 为止，即达到查找范围的右端，或者未达到查找范围的右端但到达最后一个数据结点，查找也自然结束。这个例子中第二个数据结点之后又查找了四个数据结点。范围查找过程查找的数据结点，除第一个和最后一个之外，每个结点都包含至少一个数据元素。

§11.3.3 B^+-树的插入

B-树插入与 B^+-树插入最主要的差别在于数据结点的分裂。如果数据结点的元素个数溢出，一半数据元素（关键字较大的一半）移入新结点；新结点中最小的关键字以及指向新结点的指针插入父亲结点（如果存在），插入方法就是 B-树的插入过程。索引结点的分裂就是 B-树内部结点的分裂过程。

考虑向图 11.11 的 B^+-树插入关键字为 27 的数据元素。先在 B^+-树中查找该关键字，找到的数据结点是 C 的左孩子。由于该数据结点不包含关键字 27，而且还不满，因而把 27 插入结点中的第三个位置。接下来考虑插入关键字 14。查找 14 的结果定位到第二个数据结点，该结点已满，形式地将 14 插入该满结点得到关键字序列 12, 14, 16, 18。溢出结点分裂成两数据结点，较大的一半（16, 18）移入新数据结点，该结点插入链接数据结点的双向链表。最小的关键字（16）以及指向新结点的指针随后插入父亲索引结点 B，结果如图 11.12(a) 所示。

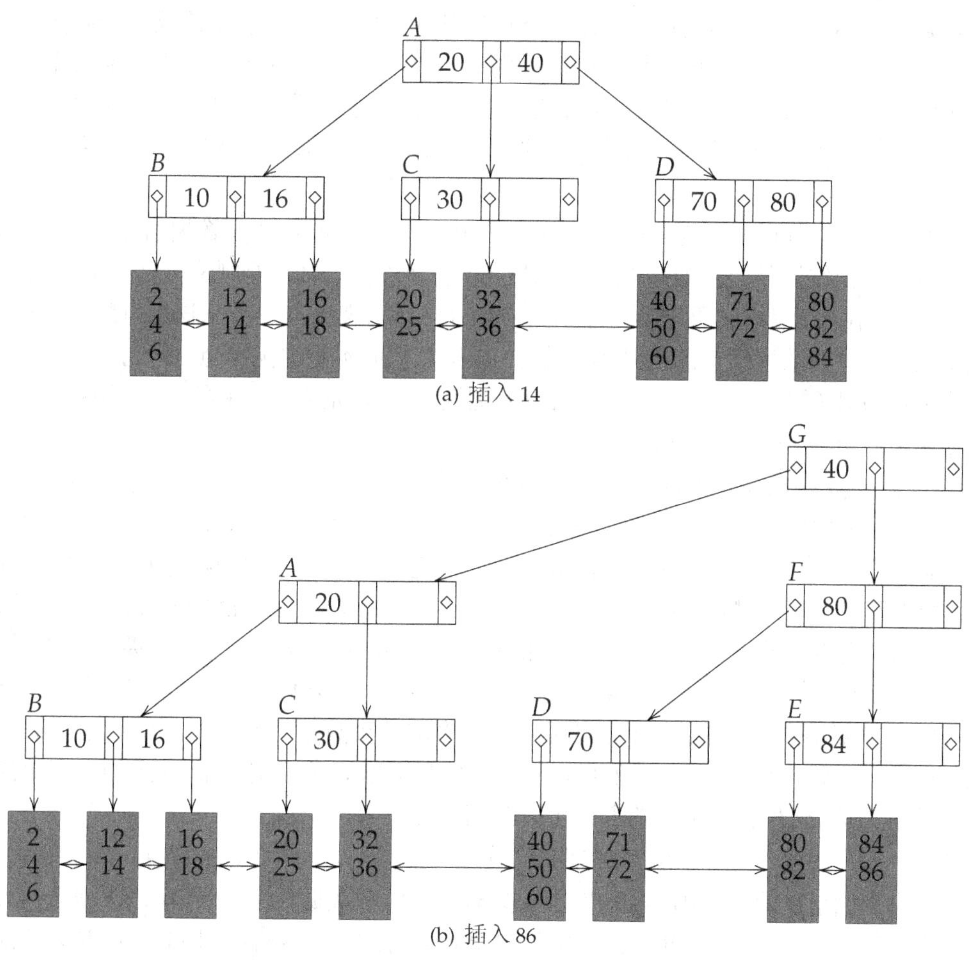

图 11.12 向图 11.11的 B^+-树插入

最后，考虑向图 11.12(a) 的 B^+-树插入 86。查找过程定位到最右边的数据结点，该结点已满。形式地将 86 插入该满结点得到关键字序列 80, 82, 84, 86。溢出结点分裂成两数据结点，84, 86 移入新数据结点，该结点插入链接数据结点的双向链表。接着把关键字 84 以及指向新结点的指针插入父亲索引结点 D，该结点变成满结点。溢出的结点 D 按 (11.1) 分裂。84 与溢出结点 D 中 4 棵子树之中的两棵移到新结点 E，80 与指向 E 的指针插入 D 的父亲结点 A。这次插入造成结点 A 溢出，溢出结点 A 按 (11.1) 分裂，新结点 F 存放 80 以及溢出结点

A 四棵子树中的两棵。关键字 40 以及指向 A 与 F 的指针构成 B^+-树的新根结点，结果如图 11.12(b) 所示。

§11.3.4 B^+-树的删除

由于数据元素仅存放在 B^+-树的数据结点指针，因此只需考虑删除叶子结点中的元素（回忆 B-树的删除需要把删除非叶子结点中的数据元素转换为删除叶子结点的数据元素，但 B^+-树不需要这样的转换）。因为 B^+-树的索引结点构成一棵 B-树，所以非根索引结点成为缺陷结点的条件是其中的关键字数目小于 $\lceil m/2 \rceil - 1$，根索引结点成为缺陷结点的条件是其中无关键字。现在要问数据结点成为缺陷结点的条件是什么。B^+-树的定义并未指定数据结点中最小元素个数，但根据插入算法可以得到一些提示。分裂数据结点之后，原数据结点与新数据结点至少有 $\lceil c/2 \rceil$ 个数据元素，c 是数据结点的容量。我们可以说，非根数据结点是缺陷结点，当且仅当其中数据元素的个数少于 $\lceil c/2 \rceil$；根数据结点是缺陷结点，当且仅当该结点是空结点。

以下通过一个具体例子说明删除过程。考虑图 11.11 中的 B^+-树。数据结点的容量 $c = 3$，因而非根结点为缺陷结点当且仅当其中的数据元素个数少于 2。要删除关键字为 40 的数据元素，首先查找该元素，结果定位到索引结点 D 的左孩子数据结点。从该结点删除关键字为 40 的数据元素，该数据结点的当且容量为 2。该结点因而不是缺陷结点，因此只需把该修改之后的结点写盘（假设该 B^+-树存储在磁盘），删除任务就完成了。注意，如果删除数据元素不产生缺陷结点，那么无需修改索引结点。

接下来，考虑删除图 11.11 中关键字为 71 的数据元素。该元素位于 D 的中间孩子，删除 71 之后，D 的中间孩子变成缺陷结点。检查该数据结点最近的左、右兄弟，看看两结点中数据元素的个数是否大于所需最小值（$\lceil c/2 \rceil$）。假定检查右兄弟，发现关键字序列为 80, 82, 84，比最小值多一个，因而可以从中取最小关键字，并把父亲结点 D 的 80 改为右孩子的最小关键字 82，结果如图 11.13(a) 所示。如果该 B^+-树存储在磁盘，删除之后要把修改后的一个索引结点（D）存盘，把两个修改后的数据结点存盘。如果数据结点的容量更大些，当数据结点变成缺陷结点时，可以从最近的兄弟结点多取几个数据元素，只要不使该兄弟变成缺陷结点即可。例如，当 $c = 10$，我们可以从最近的兄弟取 3 项数据元素，使两个结点的数据元素个数都为 7，这种保持平衡的考虑可以提高性能。

考虑从图 11.13(a) 的 B^+-树删除关键字为 80 的数据元素，结点 D 的中间孩子变成了缺陷结点。检查该结点的右兄弟，我们发现它只有 $\lceil c/2 \rceil$ 项数据元素。因而两个数据结点合成一个，并把父亲索引结点 D 的中值关键字 82 删除，得到的 B^+-树如图 11.13(b) 所示。注意，合并两个数据结点需要从链接数据结点的双向链表中删除一个结点。还要注意，如果 B^+-树存储在磁盘，那么这次删除之后，需要写盘一个修改后的数据结点（D 的中间孩子）以及一个修改后的索引结点（D）。

再看一个删除例子，考虑从图 11.12(b) 中 B^+-树删除关键字为 32 的数据元素。该元素位于 C 的中间孩子，删除元素之后，这个中间孩子变成缺陷结点，而最近兄弟中的数据元素个数仅为 $\lceil c/2 \rceil$，所以不能从中取得数据元素。我们合并两结点，并从双向链表中删除一个结点，再把父亲结点中的中值关键字 30 删除，结果如图 11.14(a) 所示。这时，我们看到索引结点 C 变成缺陷结点。当索引结点变成缺陷结点，我们要查看它的最近兄弟结点，如果这个兄

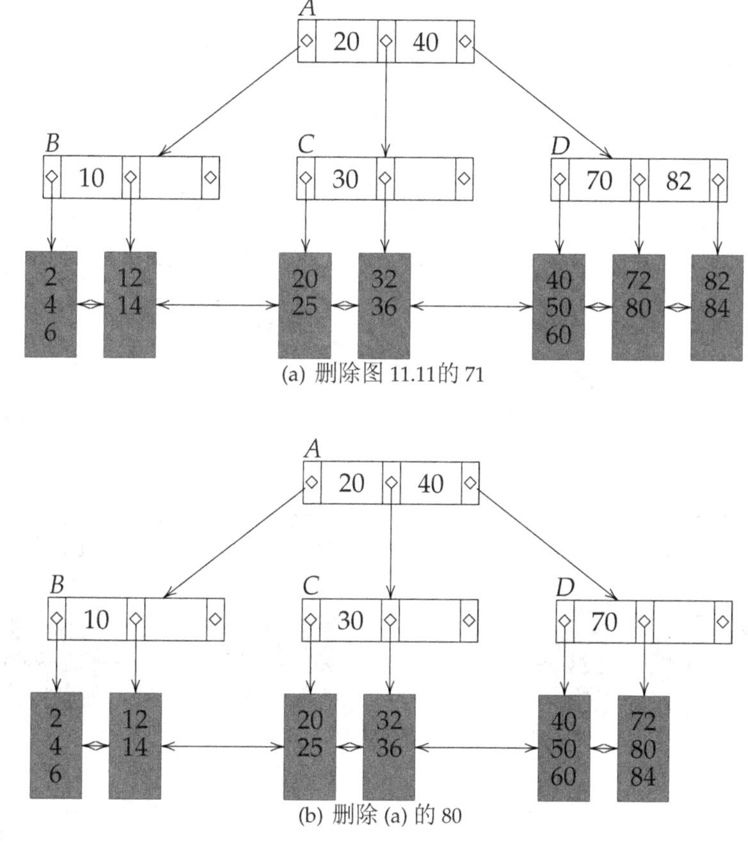

图 11.13 删除 B^+-树中的元素

弟能够提供多余的关键字，那么可以平衡两结点的数据元素个数，即移动一些数据元素及其子树，还要改动父亲结点的中值元素。在本例中，中值元素的关键字是 20，从 A 移动到了 C，B 最右边的关键字 16 移动到 A，B 的右子树移到 C，得到的 B^+-树如图 11.14(b) 所示。

最后一个删除例子，考虑从图 11.12(b) 的 B^+-树中删除关键字为 86 的数据元素。E 的中间孩子变成缺陷结点，因而和它的兄弟合并：一个数据结点从链接数据结点的双向链表中删除，父亲结点的中值关键字 84 也被删除。结果使索引结点 E 变成缺陷结点，如图 11.15(a) 所示。之后缺陷索引结点 E 与兄弟索引结点 D 以及中值关键字 80 合并，如图 11.15(b) 所示。最后，缺陷索引结点 F 与兄弟索引结点 A 以及其父亲结点 G 的中值关键字 40 合并。G 是根结点，现在变成缺陷结点，丢弃该结点之后，得到如图 11.12(a) 所示的 B^+-树。如果该 B^+-树存储在磁盘，删除 86 需要写盘一个修改后的数据结点，以及两个修改后的索引结点（A 和 D）。

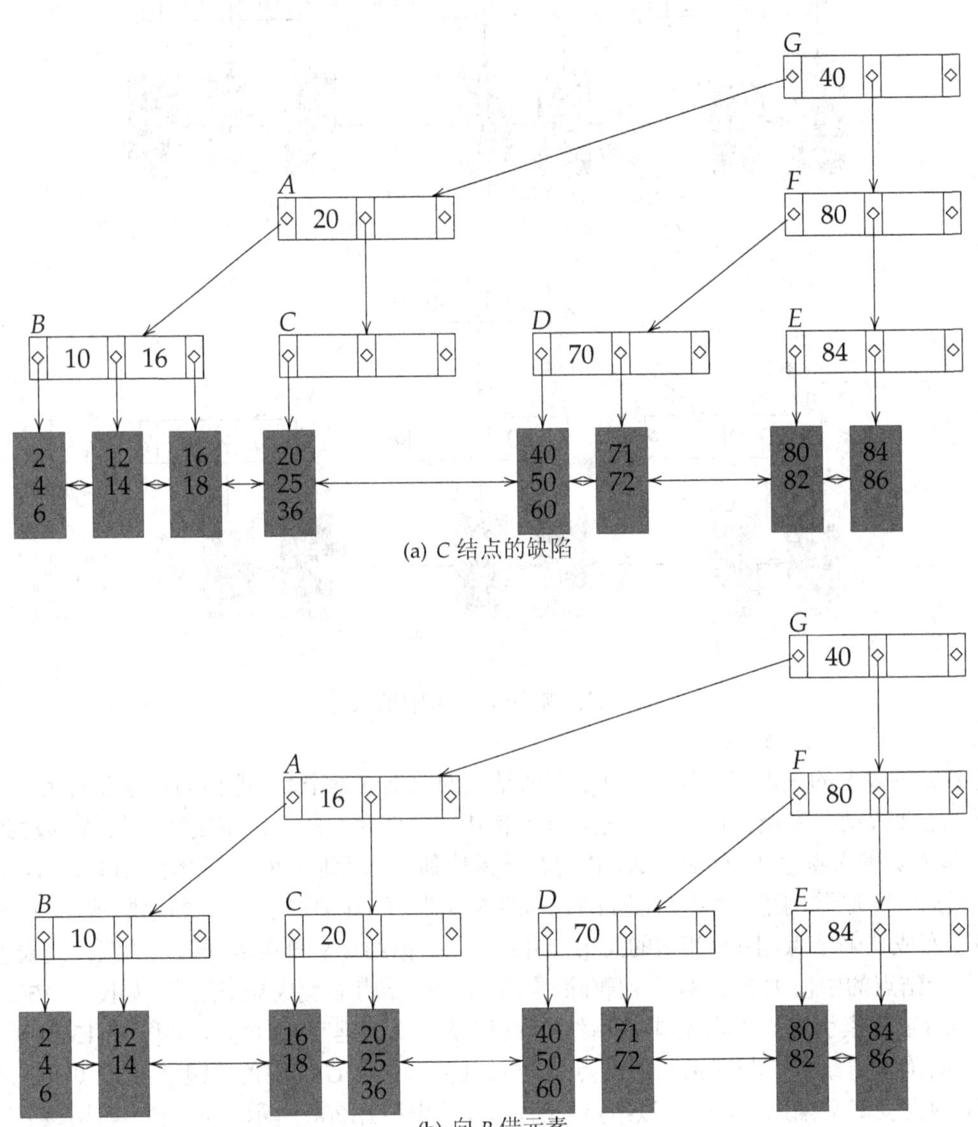

(a) C 结点的缺陷

(b) 向 B 借元素

图 11.14 删除图 11.12(b)中 B^+-树的 32

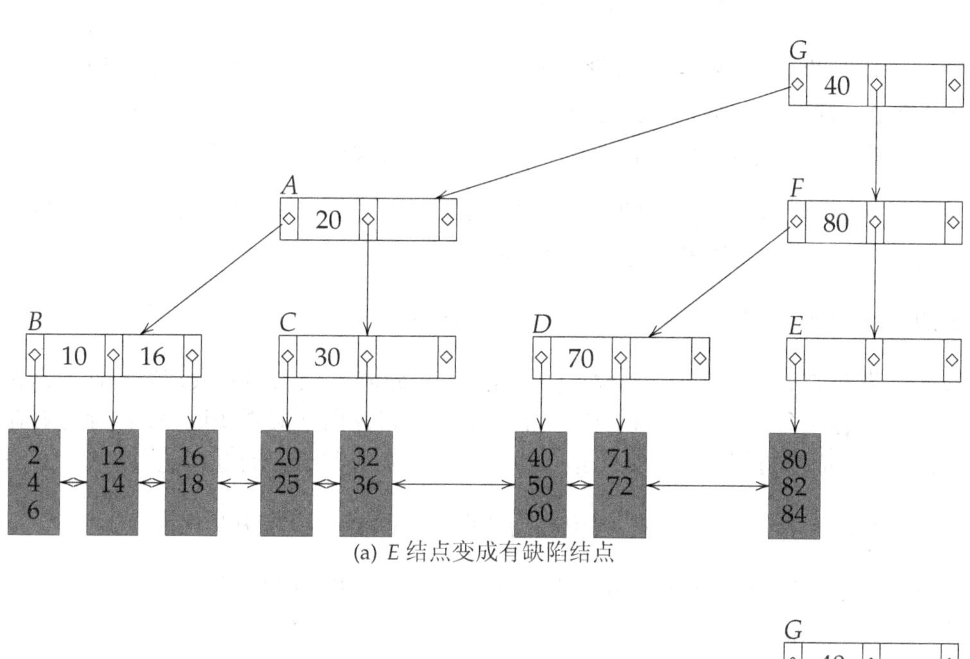

(a) E 结点变成有缺陷结点

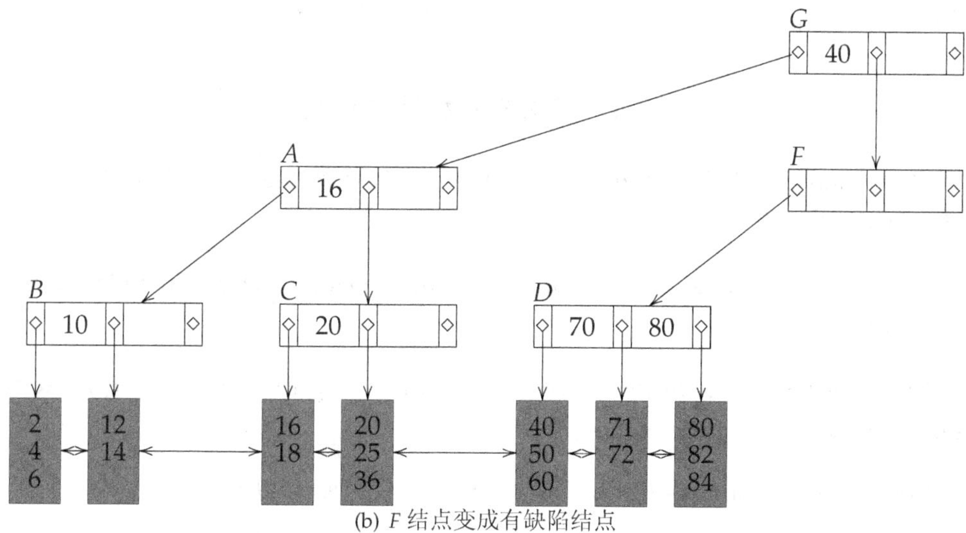

(b) F 结点变成有缺陷结点

图 11.15 删除 图 11.12(b) 中 B^+-树的 86

习题

1. 向图 11.11 的 B^+-树按序插入关键字为 5, 38, 45, 11, 81 的数据元素。插入使用正文给出的方法。画出每次插入之后的 B^+-树。

2. 参照程序 11.4，给出 B^+-树插入操作的高层描述算法。

3. 设高度为 h 的 B^+-树存储在磁盘。在最差情形，插入一项新数据元素需要访问几次磁盘？假设每读写一个结点需要访问磁盘一次，而且在自顶向下的查找过程，内存足够存放 h 个结点，从而当自底向上分裂结点的过程无需读盘。

4. 从图 11.12(b) 的 B^+-树按序删除关键字为 6, 71, 14, 18, 16, 2 的数据元素。删除使用正文给出的方法。画出每次删除之后的 B^+-树。

5. 参照程序 11.4，给出 B^+-树删除操作的高层描述算法。

6. 设高度为 h 的 B^+-树存储在磁盘。在最差情形，删除一项数据元素需要访问几次磁盘？假设每读写一个结点需要访问磁盘一次，而且在自顶向下的查找过程，内存足够存放 h 个结点，从而当自底向上取兄弟结点数据元素以及合并结点的过程无需读盘。

7. 讨论用单向链表替换链接 B^+-树中数据结点的双向链表的优缺点。

8. 编程实现，在 B^+-树中精确匹配查找与范围查找的函数，同时实现插入和删除函数。用实际数据测试程序。

§11.4 参考文献和选读材料

B-树由 R. Bayer 和 E. McCreight 提出。*B*-树及其各种改进方法见文献 [1–3]，以及文献 [4] 中 D. Zhang 所著“B Trees”。

[1] R. Bayer and E. McCreight. Organization and maintenance of large ordered indices. *Acta Informatica*, 1972.

[2] D. Knüth. *The Art of Computer Programming: Sorting and Searching*, volume 3. Addison-Wesley, Reading, MA, 2nd edition, 1998.

[3] D. Comer. The ubiquitous *B*-tree. *ACM Computing Surveys*, 1979.

[4] D. Mehta and S. Sahni. *Handbook of Data Structures and Applications*. Chapman & Hall/CRC, 2005.

第 12 章　数字查找结构

§12.1　数字查找树

§12.1.1　定义

数字查找树是一棵二叉树，每个结点仅含一项数据元素。结点中存放的内容取决于数据元素的二进制表示。设数据元素的关键字用二进制表示，由左至右逐位（bit）连续编号，最左位是第 1 位，如 1000 的第 1 位是 1，第 2,3,4 位都是 0。在数字查找树中，每个结点的左子树向下数 i 层，结点中关键字的第 i 位都是 0；每个结点的右子树向下数 i 层，结点中关键字的第 i 位都是 1。图 12.1(a) 给出一棵数字查找树，树中包含关键字 1000, 0010, 1001, 0001, 1100, 0000。

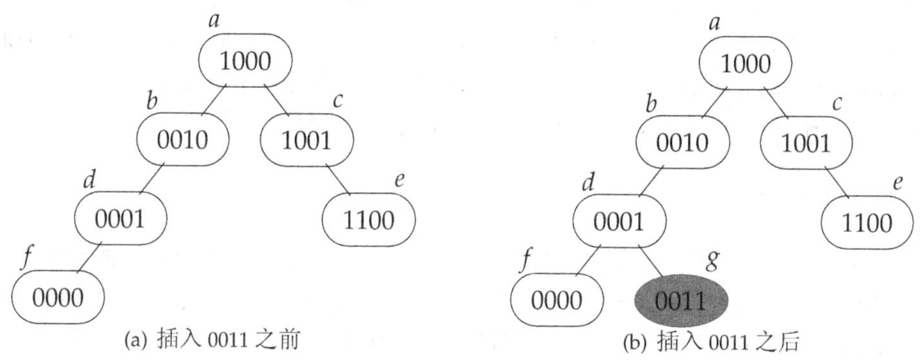

图 12.1 数字查找树

§12.1.2　查找、插入、删除

假定要在图 12.1(a) 的树中查找关键字 $k = 0011$。我们首先拿 k 与根相比，由于两者不同，且 k 的第一位是 0，因而要走向根的左孩子 b。现在 k 与 b 的关键字还是不相同，且 k 的第二位是 0，所以要走向 b 的左孩子 d。这时，k 与 d 的关键字仍然不同，且 k 的第三位是 1，故走向 d 的右孩子。但 d 无右孩子，所以可断定这棵查找树中不存在 $k = 0011$。如果要向这棵树插入 k，那么它会插入在查找失败的位置，即成为 d 的右孩子，结果得到如图 12.1(b) 所示的一棵数字查找树。

数字查找树的查找、插入操作与二叉查找树的对应操作几乎一样，主要差别在于，数字查找树在查找过程每次比较关键字的一位，而不是比较整个关键字。若要删除叶子结点中的数据元素，直接删除叶子结点即可；若要删除非叶结点，则必须用一个叶子结点中的数据元素替换被删除结点中的数据元素，然后再删除这个叶子结点。

每种操作的时间都是 $O(h)$，h 是数字查找树的高度。如果数字查找树中每个关键字的长度都是 keySize，那么数字查找树的高度最大为 keySize + 1。

习题

1. 用图 12.1(a) 中的数据元素画出其它一些不同的数字查找树。

2. 编写函数，实现数字查找树的查找、插入、删除操作。设每个关键字的长度为 keySize 位，函数 `bit(k, i)` 返回关键字 k（从左向右）的第 i 位。证明函数的复杂度是 $O(h)$，h 是数字查找树的高度。

§12.2 二路 Trie 树与 Patricia 树

如果关键字很长，那么比较关键字的代价太大。由于在数字查找树中查找需要多次比较关键字，因而当关键字很长时，数字查找树（包括二叉查找树和多路查找树）并不是高效的查找结构。采用特殊的结构 *Patricia*（*P*ractical *a*lgorithm *t*o *r*etrieve *i*nformation *c*oded *i*n *a*lphanumeric）可以大大减少关键字的比较次数。我们按如下步骤讨论 Patricia 树。首先引出二路 Trie 树结构，然后把二路 Trie 树变换到压缩二路 Trie 树，最后由压缩二路 Trie 树导出 Patricia 树。由于二路 Trie 树与压缩二路 Trie 树是中间结果，所以我们不讨论这两种结构的操作。二路 Trie 树可以推广，称为 Trie 树，将在下一节讨论。

§12.2.1 二路 Trie 树

二路 Trie 树就是一棵二叉树，但树中有两种结点，一种是分支结点，一种是数据元素结点。分支结点有两个指针成员 `leftChild` 和 `rightChild`，无数据成员 `data`。数据元素结点只有一个数据成员 `data`。分支结点用来构造类似于数字查找树的二叉查找结构，该结构将查找导向数据元素结点。

图 12.2 给出了一个包含六项数据元素的二路 Trie 树。图中数据元素用灰底方框表示。

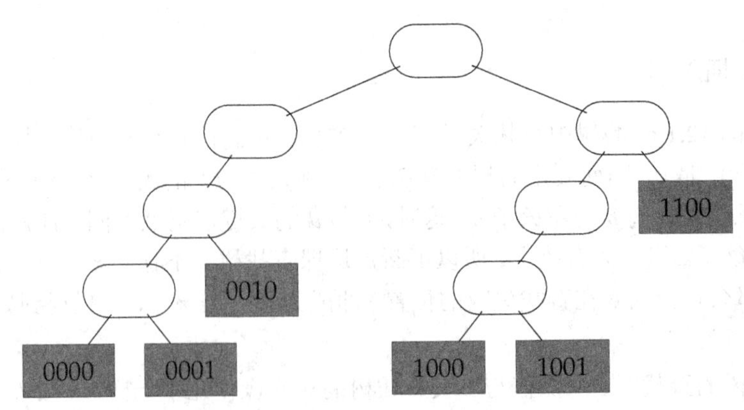

图 12.2 二路 Trie 树举例

在树中查找关键字为 k 的数据元素，我们根据 k 的每一位确定分支走向，在树的第 i 层只比较 k 的第 i 位。如果这一位是 0，那么走向左子树；否则，走向右子树。例如，要在树中查找 0010，过程为：先走向左孩子，再走向左孩子，最后走向右孩子。

观察结果表明，如果在二路 Trie 树中查找成功，那么查找将位于一个数据元素结点，这时才需要比较整个关键字，而这次比较是唯一的一次。不成功的查找或者结束于一个数据元素结点，或者结束于一个空指针。

§12.2.2 压缩二路 Trie 树

图 12.2 中的二路 Trie 树包含度为 1 的分支结点。如果每个分支结点增设一个 `bitNumber` 域，就能消除二路 Trie 树中度为 1 的分支结点。`bitNumber` 指出该分支结点应比较的关键字位。图 12.3 给出的二路 Trie 树消除了图 12.2 中度为 1 的结点。如此修改得到的二路 Trie 树称为压缩二路 Trie 树，其中不包含度为 1 的分支结点。

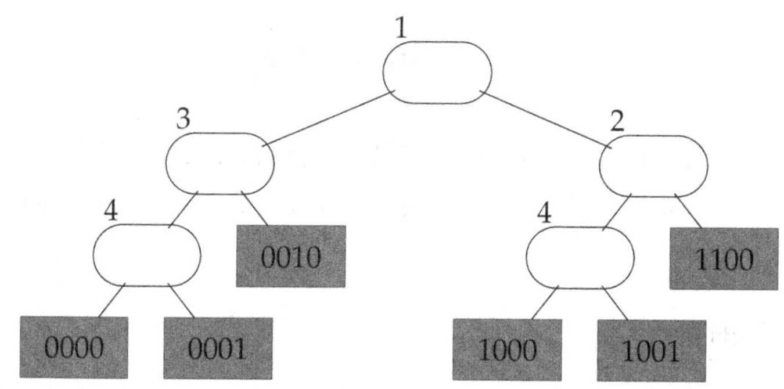

图 12.3 图 12.2 的二路 Trie 树去掉度为 1 的结点

§12.2.3 Patricia 树

压缩二路 Trie 树实际上可以用统一格式的结点表示，这种结点称为增强分支结点。增强分支结点在原分支结点中增设 `data` 域，由这种结点构成的压缩二路 Trie 树称为 Patricia 树，具体构成方式如下：

(1) 用增强分支结点替换原分支结点。

(2) 去掉数据元素结点。

(3) 把原来存放在数据元素结点 `data` 域中的数据转移到增强分支结点。由于每个非空压缩二路 Trie 树的分支结点个数比数据元素结点个数少一个，所以要增加一个增强分支结点，该结点称为头结点。头结点的左子树包含所有其它结点。头结点的 `bitNumber=0`，其 `rightChild` 域闲置不用。增强分支结点中的数据赋值规则为：如果原压缩二路 Trie 树的数据元素结点其父结点的 `bitNumber` 大于等于某增强分支结点的 `bitNumber`，那么数据元素可以存放在该增强分支结点之中。

(4) 把原指向数据元素结点的指针修改为指向当前对应的增强分支结点。

以上变换规则把图 12.3 压缩二路 Trie 树变成图 12.4 的 Patricia 树。令 `root` 为 Patricia 树的根，`root=0` 当且仅当 Patricia 树为空。只有一项数据元素的 Patricia 树用一个头结点表示，其 `leftChild` 指向自己（图 12.5(a)）。区分原来指向分支结点与指向数据元素结点的规

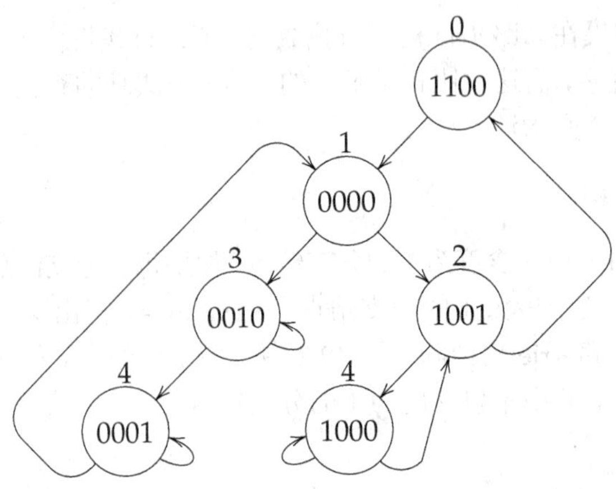

图 12.4 Patricia 树举例

则为：如果指针指向结点的 `bitNumber` 大于本结点的 `bitNumber`，那么原指针指向的是分支结点；而当本结点的 `bitNumber` 大于等于指向结点的 `bitNumber`，那么原指针指向数据元素结点。

§12.2.3.1 Patricia 树的查找

查找关键字为 k 的数据元素，我们从头结点开始，沿着 k 中各位确定的路径一次一次走向目标结点。如果到达终点，那么用该结点的关键字与 k 比较，这是唯一一次整个关键字做比较，之前的查找不需要全关键字比较。假定要在图 12.4 中的 Patricia 树查找关键字 $k = 0000$。从头结点开始，沿着左孩子指针走到包含 0000 的结点，该结点的 `bitNumber=1`，由于 k 的第一位是 0，所以沿左指针走向结点 0010。这时要比较 k 的第三位，还是 0，所以走向结点 0001，该结点的 `bitNumber=4`，而 k 的第四位是 1，沿着左孩子指针，这时走到的结点其 `bitNumber` 要小于前一个结点的 `bitNumber`，因而我们知道，现在走到了一个数据元素结点。将该结点的关键字与 k 比较，两者相等，所以查找成功。

再假定我们要查找 $k = 1011$，从头结点开始，查找经过结点 0000, 1001, 1000 到达 1001。将 1001 与 k 比较，结果是一次不成功的查找。

程序 12.1 中的函数在 Patricia 树 `t` 中查找关键字 `k`。

该函数返回查找过程的最后一个结点，如果结点中的关键字是 `k`，那么查找成功。否则 `t` 中部包含关键字为 `k` 的数据元素。函数 `bit(i, j)` 返回 `i` 的（从左向右的）第 `j` 位。所需 C 语言声明如下：

```
typedef struct patriciaTree *patricia;
struct patriciaTree {
  int bitNumber;
  element data;
  patricia leftChild, rightChild;
};
patricia root;
```

```
patricia search(patricia t, unsigned k)
{ /* search the Patricia tree t; return the last node encountered; if
     k is the key in this last node, the search is successful */
  patricia currentNode, nextNode;
  if (!t) return NULL;          /* empty tree */
  nextNode = t->leftChild;
  currentNode = t;
  while (nextNode->bitNumber>currentNode->bitNumber) {
    currentNode = nextNode;
    nextNode = (bit(k, nextNode->bitNumber)) ?
      nextNode->rightChild : nextNode->leftChild;
  }
  return nextNode;
}
```

程序 12.1 Patricia 树的查找

§12.2.3.2 Patricia 树的插入

现在讨论向 Patricia 树插入新数据元素。假定从空树开始，插入关键字为 1000 的数据元素，结果为一个头结点，如图 12.5(a) 所示。接着插入关键字为 $k = 0010$ 的数据元素。首先利用程序 12.1 的 `search` 查找，查找结束在头结点，而头结点的关键字 $q = 1000 \neq 0010$，因而我们知道 0010 不在该 Patricia 树之中，所以可以插入该数据元素。比较 k 和 q，从左向右最前一位不相等的位置是 1。然后设置关键字为 k 的新结点为头结点的左孩子。因为 k 的第一位是 0，新结点左孩子指针指向自己，右孩子指针指向头结点。新结点的 `bitNumber` 置为 1，结果如图 12.5(b) 所示。

接下来插入的数据元素其关键字为 $k = 1001$。查找结束在关键字为 $q = 1000$ 的结点。k 和 q 从左向右最前一位不相等位的位置是 $j = 4$。这次在图 12.5(b) 中的查找只用了 k 的前 $j - 1 = 3$ 位。最后一次走动是从结点 0010 到 1000，由于移动方位是右孩子，因此以 k 为关键字的数据元素插入到 0010 的右孩子结点。设置该新结点的 `bitNumber=j=4`。由于 k 的第四位是 1，新结点的右孩子指针指向自己，左孩子指针指向结点 q，结果如图 12.5(c) 所示。

向图 12.5(c) 插入的数据元素其关键字为 $k = 1100$。又一次，查找结束在关键字为 $q = 1000$ 的结点。k 和 q 从左向右最前一位不相等位的位置是 $j = 2$。这次查找只用了 k 的前 $j - 1$ 位，结束在 1001 结点。最后一次走动是从结点 0010 走向右孩子，因此以 k 为关键字的数据元素插入到 0010 的右孩子结点，该新结点的 `bitNumber=j=2`。由于 k 的第 j 位是 1，新结点的右孩子指针指向自己，左孩子指针指向结点 1001（这是以前 0010 的右孩子）。新 Paricia 树如图 12.5(d) 所示。插入关键字为 0000 的数据元素，结果如图 12.5(e) 所示。插入关键字为 0001 的数据元素，结果如图 12.5(f) 所示。

以上讨论导出程序 12.2 的插入操作，函数 `insert` 是具体实现。易见函数的复杂度是 $O(h)$，h 是 t 的高度，h 最大为 $\min\{\text{keySize}+1, n\}$，keySize 是关键字中二进制位的长度，$n$ 是数据元素的个数。如果关键字出现的概率服从一致分布，那么树的高度应为 $O(\log n)$。删

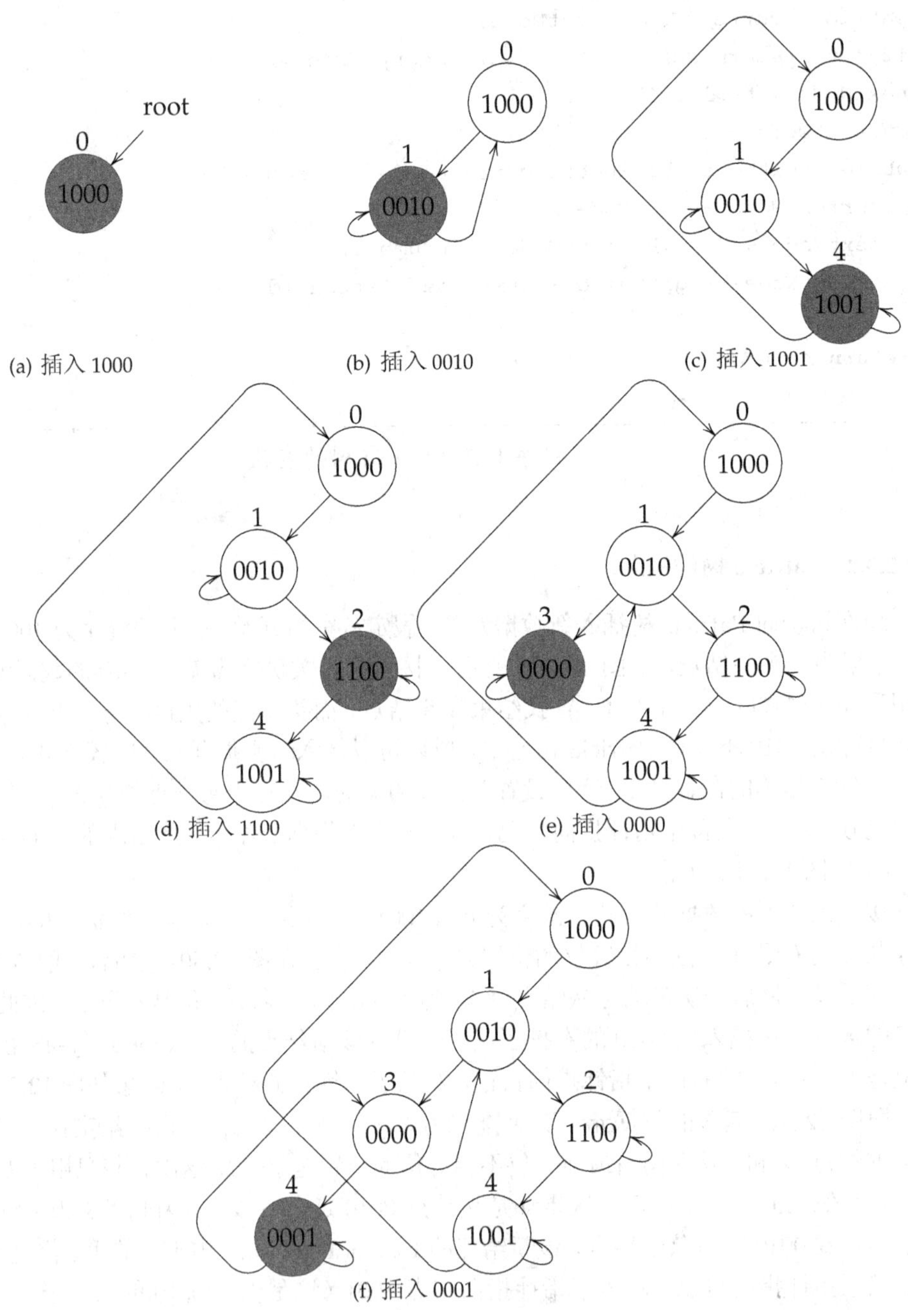

图 12.5 Patricia 树的插入

除操作留作习题。

```
void insert(patricia *t, element theElement)
{ /* insert theElement into the Patricia three *t */
  patricia current, parent, lastNode, newNode;
  int i;
  if (!(*t)) {                    /* empty tree */
    MALLOC(*t, sizeof(patriciaTree));
    (*t)->bitNumber = 0;
    (*t)->data = theElement;
    (*t)->leftChild = *t;
  }
  lastNode = search(*t, theElement.key);
  if (theElement.key==lastNode->data.key) {
    fprintf(stderr, "The␣key␣is␣in␣the␣tree,␣Insertion␣fails.\n");
    eixt(EXIT_FAILURE);
  }
  /* find the first bit where the Element.key and lastNode->data.key
     differ */
  for (i=1; bit(theElement.key, i)==bit(lastNode->data.key, i); i++);

  /* search tree using the first i-1 bits */
  current = (*t)->leftChild; parent = *t;
  while (current->bitNumber>parent->bitNumber
         && current->bitNumber<1) {
    parent = current;
    current = (bit(theElement.key, current->bitNumber)) ?
      current->rightChild : currrent->leftChild;
  }

  /* insert theElement as a child of parent */
  MALLOC(newNode, sizeof(patriciaTree));
  newNode->data = theElement;
  newNode->bitNumber = 1;
  newNode->leftChild = (bit(theElement.key, 1)) ? current : newNode;
  newNode->rightChild = (bit(theElement.key, 1)) ? newNode : current;
  if (current==parent->leftChild) parent->leftChild = newNode;
  else parent->rightChild = newNode;
}
```

程序 12.2 Patricia 树的插入

习题

1. 编写函数，实现二路 Trie 树的查找、插入、删除操作。设关键字的位长为 keySize，函数 `bit(k,i)` 返回关键字 k（从左向右）的第 i 位。证明每个函数的复杂度都是 $O(h)$，h 是二路 Trie 树的高度。

2. 编写函数，实现压缩二路 Trie 树的查找、插入、删除操作。设关键字的位长为 keySize，函数 `bit(k,i)` 返回关键字 k（从左向右）的第 i 位。证明每个函数的复杂度都是 $O(h)$，h 是压缩二路 Trie 树的高度。

3. 编写函数，删除 Patricia 树中关键字为 k 的数据元素。函数的复杂度应为 $O(h)$，h 是 Patricia 树的高度，证明结论。

§12.3 多路 Trie 树

§12.3.1 定义

多路 Trie 树（简称 Trie 树）数据结构对于关键字为变长的情形，是特别有用的。Trie 树就是上节我们讨论的二路 Trie 树的推广。

Trie 树是度为 $m \geq 2$ 的树，这棵树每层的分支不取决于整个关键字，而取决于关键字中的一部分。先来看一个例子。图 12.6 中的 Trie 树其关键字由英语字母表中的小写字母组成；结点分两类，一类是*分支结点*，一类是*数据元素结点*。图 12.6 中的数据元素结点用灰底方框表示，分支结点用白底方框表示。数据元素结点仅含 `data` 数据域；分支结点包含指向子树的指针。在图 12.6 中，每个分支结点共有 27 个指针域，其中多出的指针域 $\breve{b}$ 指向空字符，用来表示所有关键字的结束，因为 Trie 树中任何关键字都不能是其它关键字的前缀（参见图 12.7）。

在第一层，所有关键字根据第一个字符划分成不相交的类，因而 `root->child[i]` 指向的子 Trie 树中的关键字都以字母表中第 i 个字符开始。在分支的第 j 层，其分支由第 j 个位置确定。如果子 Trie 树中只有一个关键字，那么仅使用一个数据元素结点，结点存放关键字值，还可以存放其它相关信息，如含有该关键字记录的存储地址。

再看另一个例子，我们有一组学生记录，每条记录包括学生名字，专业，出生日期，社会保险编号（SS#）。关键字域取社会保险号码，是一个九位的十进制数。本例仅取五条记录，图 12.8 列出五条记录的名字域和 SS# 域。

要用 Trie 树表示这五条记录，首先应选取合适的基数，以便把每个关键字分解成数字。我们取 10 做基数，分解的数字恰好是图 12.8 中的十进制数，正好可以从左向右一位一位考察关键字域（即 SS#）。SS# 的第一位把记录分成三组：SS# 从 2 开始分为一组（Bill 和 Kathy），从 5 开始分为一组（Jill），从 9 开始分为一组（April 和 Jack）。用关键字的下一位可以把这些类进一部分分组，直到每组只有一条记录为止。

以上划分的结果自然得到 10 路分支结构，如图 12.9 所示。树中有两类结点，即分支结点与数据元素结点。每个分支结点都有 10 个孩子（或指针）域 `child[0:9]`，图 12.9 标出了根结点中所有第 $0, 1, \cdots, 9$ 号指针域。`root.child[i]` 指向子 Trie 树的根结点，其中数据元

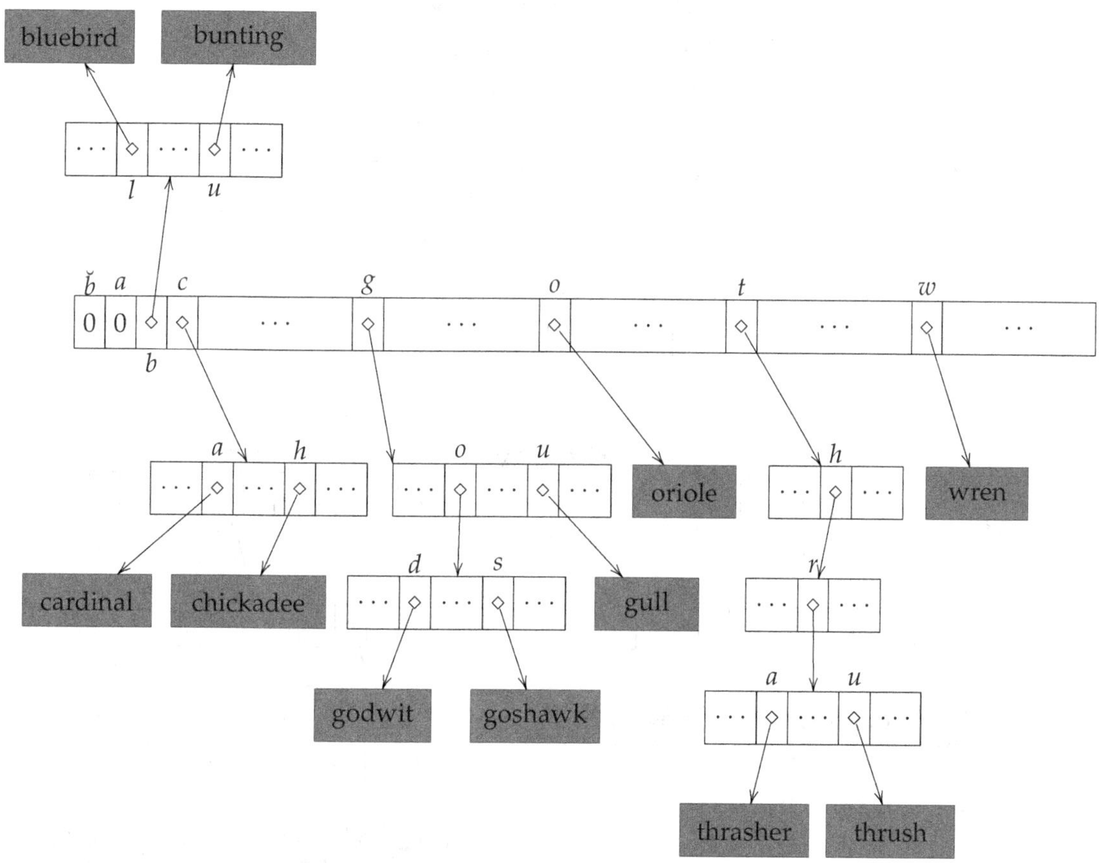

bluebird bunting
cardinal chickadee
godwit goshawk gull
oriole
thrasher thrush
wren

图 12.6 由关键字的字符值从左向右构成的 Trie 树

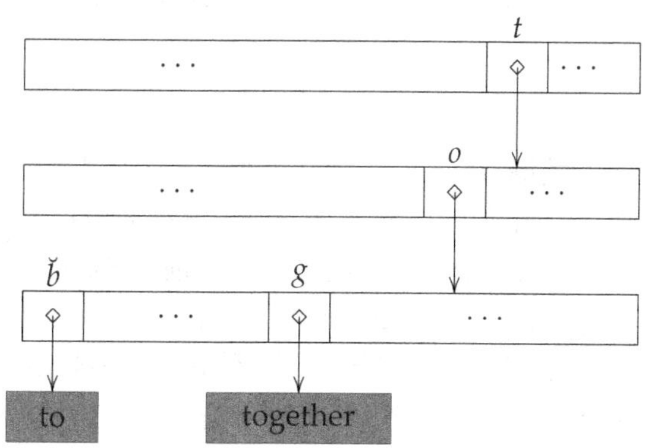

图 12.7 需要结束字符的 Trie 树（本例的结束字符是空字符）

名字	社会保险号码（SS#）
Jack	951-94-1654
Jill	962-44-2169
Bill	271-16-3624
Kathy	279-49-1515
April	951-23-7625

图 12.8 五条学生记录

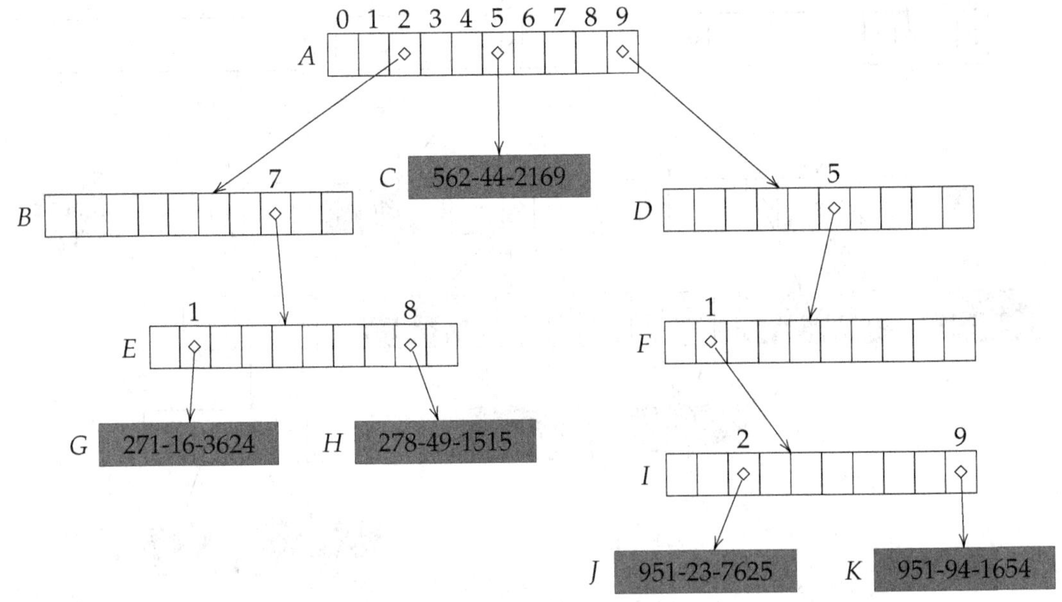

图 12.9 对应图 12.8 的 Trie 树

素的第一位都从 i 开始。图 12.9 的分支结点是 A, B, D, E, F, I；其它结点 C, G, H, J, K 是数据元素结点。每个数据元素结点只包含一条记录，图中仅示出关键字。

§12.3.2 Trie 树的查找

在 Trie 树中查找给定的关键字 x，我们必须把关键字按组成字符拆散，然后由这些字符确定查找的分支。程序 12.3 的函数 `search` 假设，如果 p 指向数据元素结点，那么 `p->u.key` 是结点 p 的关键字，而且在使用这个待查找的关键字之前，它后面会追加一个空字符。函数调用格式为 `search(t, key, 1)`。`search` 使用函数 `getIndex(key, i)`，对关键字的第 i 层取样。如果取样方法为从左向右取一个字符，那么函数提取关键字的第 i 个字符，然后将它转换成整数下标，跟据这个下标，我们就可以找到所需分支的指针域。

***search* 分析** 由于 `search` 函数的实现直接了当，易知在最差情形查找时间是 $O(l)$，其中 l 是 Trie 树的层数（包括分支结点与数据元素结点）。 □

```
triePointer search(triePointer t, char *key, int i)
{ /* search the trie t, return NULL if there is no element with this
     key, otherwise return a pointer to the node with the matching
     element */
  if (!t) return NULL;            /* not found */
  if (t->tag==data)
    return ((strcmp(t->key, key)) ? NULL : t);
  return search(t->child[getIndex(key, i)], key, i+1);
}
```

程序 12.3 Trie 树的查找

§12.3.3 取样策略

如果用给定关键字值的集合表示索引，那么 Trie 树的层数取决于关键字的取样策略，该策略决定每层如何分支的具体取样技术。取样技术是由定义取样函数 `sample(x,i)` 实现的，该函数用来确定第 i 层分支应选取 x 中哪些部分。图 12.6 以及程序 12.3 的取样函数都是 `sample(x,i)` = x 的第 i 个字符。当然，取样函数可以取其它形式，例如，对于 $x = x_1x_2\cdots x_n$

(1) `sample(x,i)` $= x_{n-i+1}$

(2) `sample(x,i)` $= x_{r(x,i)}$，$r(x,i)$ 是随机函数

(3) `sample(x,i)` $= \begin{cases} x_{i/2}, & i \text{ 是偶数;} \\ x_{n-(i-)/2}, & i \text{ 是奇数.} \end{cases}$

对应以上取样函数，我们可以很容易地构造出最优关键字值集合，从而使某取样函数达到最优（即，构成的 Trie 树其层数最少）。图 12.6 中的 Trie 树共有五层。但若改用使用以上的函数 (1)，由同样关键字值集合构成的 Trie 树就只有三层了，如图 12.10 所示。对同样的关

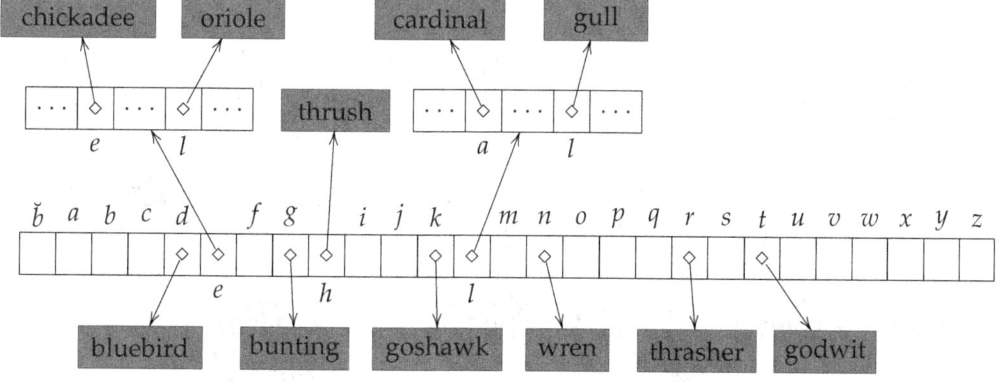

图 12.10 关键字值同图 12.6，但由关键字的字符值从右向左构成的 Trie 树

键字值集合，最优的取样函数甚至可以得出层数为 2 的 Trie 树，如图 12.11 所示。然而，对

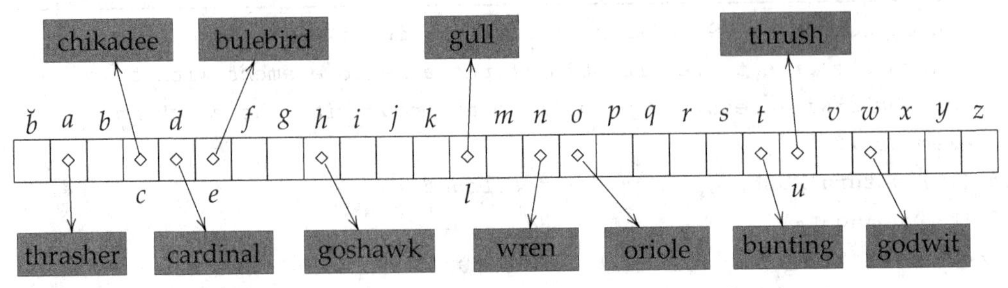

图 12.11 与图 11.6 同样的关键字值，但取样函数在第一层取关键字的第四个字符

于任意给定关键字集合，找出最优取样函数是很不容易的。对包含插入、删除操作而动态变化的 Trie 树，我们只能寄希望于平均性能达到最优。如果在构造 Trie 树之前，我们对关键字集合一无所知，那么最有可能的最佳取样函数是 (2)。

尽管以上设计的取样函数都基于一个一个单一字符，但设计取样函数却不应受此局限。实际上，关键字值可以选用任何基数。例如，如果取 27^2 为基数，那么取样的基本单位就变成了两个字符，当然其它基数会得到不同的取样。

如果改动数据元素结点的结构，Trie 树的层次也有可能减低。数据元素结点可以包含多于一个关键字值，如果 Trie 树的最大层次规定为 l，那么共有 $l-1$ 层可以容纳存放同义词关键字的数据元素结点。如果取样函数选择合理，那么每个数据元素结点中的同义词个数会很少，因此每个数据元素结点也很小，这样，处理时可以完整地存放在内存之中。图 12.12 给出采用这种数据元素结点的例子，Trie 树的层数为 $l=3$。为简化后续的讨论，我们约定取样函数都采用 `sample(x,i)= x` 的第 i 个字符，且 Trie 树的层数不作限定。

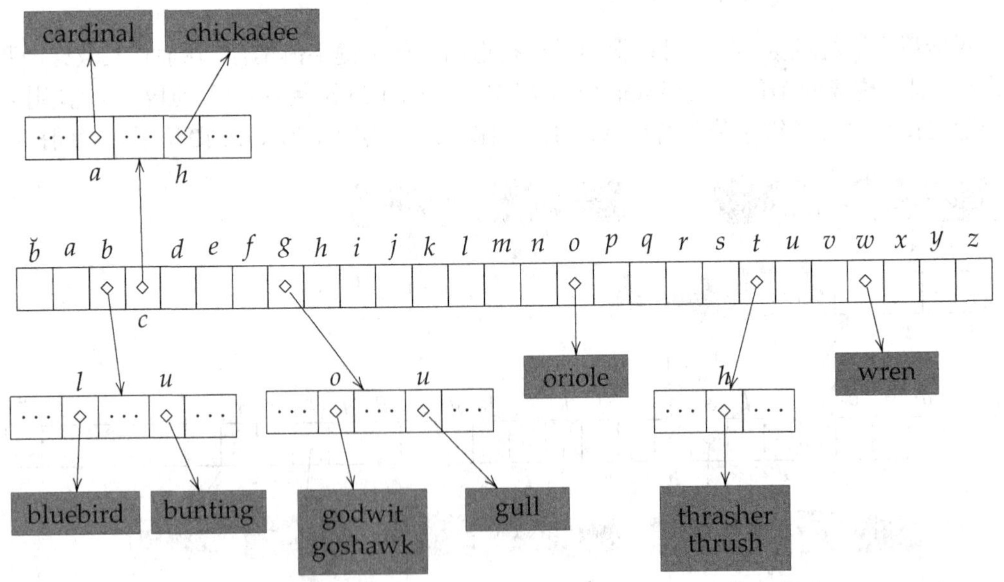

图 12.12 与图 11.6 同样的关键字值，Trie 树层数限制为 3，取样函数为从左向右每次一位

§12.3.4 Trie 树的插入

Trie 树的插入操作简洁明了，以下用两个例子说明，算法实现留作习题。先考虑图 12.6 中的 Trie 树，向它插入两个关键字 bobwhite 和 bluejay。首先查找 x =bobwhite，查找在结点 σ 结束（见图 12.13），我们发现 `σ.link['o']=0`，知道 x 不在 Trie 树之中，x 因而可以插入到这个位置。接下来，插入 x =bluejay，查找该关键字定位到包含 bluebird 的数据元素结点。调用取样函数检查 bluebird 与 bluejay，两者从第五位出现差异。插入结果如图 12.13 所示。

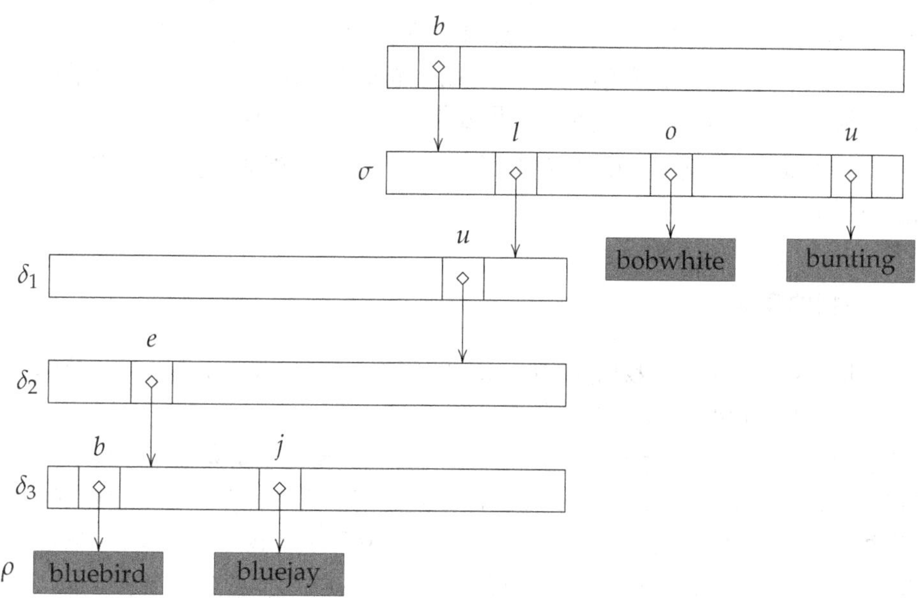

图 12.13 图 12.6 中的一部分，给出插入 bobwhite 与 bluejay 之后的情况

§12.3.5 Trie 树的删除

和 Trie 树的插入相同，这里也不给出算法，仅通过两个例子说明从 Trie 树中删除数据元素的思路。首先从图 12.13 中删除 bobwhite，这时只要把 `σ.link['o']` 置为 0，删除任务就完成了，不用做其它事。接下来删除 bluejay。删除之后子 Trie 树 δ_3 中只留下一项关键字值。因此可以删除结点 δ_3，并把 ρ 向上移一层。同理可以删除 δ_1, δ_2，最后上移到结点 σ。以 σ 为根的子 Trie 树的关键字值不止一个，因而 ρ 不能继续上移了，所以设 `σ.link['l']` $=\rho$。为方便 Trie 树的删除操作，在每个分支结点中增设一个 `count` 域存放该结点的孩子结点个数是很有用处的。

与二路 Trie 树相似，我们可以构造压缩 Trie 树，即引入增强分支结点保证每个分支结点至少有两个孩子。每个分支结点要增设数据成员域 `skip`，指明被消除分支的层数（另一种做法是，设 `sample` 域，指出取样的层次）。

§12.3.6 变长关键字

以前曾经指出，Trie 树中任何一个关键字都不应是其它关键字的前缀。如果所有关键字的长度都相同，如图 12.9 例中的 SS#，那么该性质自然满足。但是，如果关键字的长度不相同，如图 12.6 中的关键字，那么一个关键字就有可能成为其它关键字的前缀。通常的做法是为美国关键字的最后都追加一个特殊字符，如空字符或不出现在关键字中的特定字符，如#。这种做法可以保证所有关键字都不是其它关键字的前缀。

除了在关键字之后追加特殊字符之外，还可以采用另一种方法。我们可以为每个结点设置 `data` 域，这个域用来存放该数据元素其关键字长于该结点的关键字。例如，关键字为 27 的数据元素可以存放在图 12.9 的结点 E。采用这种结点结构，查找策略也必须随之修改。当结点的关键字位查完之后，接着结点的 `data` 域，如果这个域为空，那么一定不存在关键字为该结点关键字的数据元素，否则所查数据元素就在 `data` 域中。

提醒读者注意，如果某应用中的任何关键字都不是其它关键字的前缀，那么上述两种策略就无需使用了。

§12.3.7 Trie 树的高度

在最差情形，从根结点到数据元素结点之间的路径之中，关键字值的每一位都对应一个分支结点，因此 Trie 树的最大高度是关键字长度 $+1$。

存放美国社会保险编码的 Trie 树最高为 10 层。如果假设 Trie 树向下一层所需时间与二叉查找树相等，那么最多 10 次下移就能完成保险编码的查找。在二叉查找树下移 10 次最多可查找 $2^{10}-1=1023$ 项数据元素。如果社会保险编码 Trie 树中的（学生）记录项数超过 1023，我们期望在这棵 Trie 树中查找应该要比在二叉查找树更快。实际上，由于二叉查找树的形态通常很难达到最优的满树或完全树，因此可以预料，上述的期望阈值要小于 1023。

因为 SS# 的位数是 9，存放社会保险编码的 Trie 树最多可容纳 10^9 项数据。而容纳 10^9 项数据的 AVL 树的高度（大约）最多为 $1.44\log_2(10^9+2)=44$，所以用 AVL 树存放同样多的学生记录，查找所需时间是 Trie 树的 4 倍。

§12.3.8 空间需求与其它结点结构

前述内容使用的分支结点结构，其中指向孩子结点的指针域数目为基数值（如果是变长关键字，数目还要加 1）。这种结构使查找速度很快，但其中有大量孩子域为 `NULL`，浪费了大量存储空间。基数取 r 且关键字位长为 d 的 Trie 树，其孩子域共有 $O(rdn)$ 个，这里的 n 是 Trie 树中的元素个数。得出这个结果的原因是，包含 n 项关键字、每个关键字长度为 d 的 Trie 树，因为每个数据元素结点最多可以有 d 个祖先，而每个祖先都是一个分支结点。所以分支结点的个数最多为 dn（实际上没有这么多，因为所有数据元素结点都有相同的祖先—根结点）。

为节省存储空间，还可以改变结点的结构，但代价要增加一些查找时间。以下介绍 Trie 树的其它几种分支结点结构。

单链表

该单链表中每个结点设三个域：digitValue，child，next。以图 12.9 的结点 E 为例，图 12.14 给出这种替代表示。

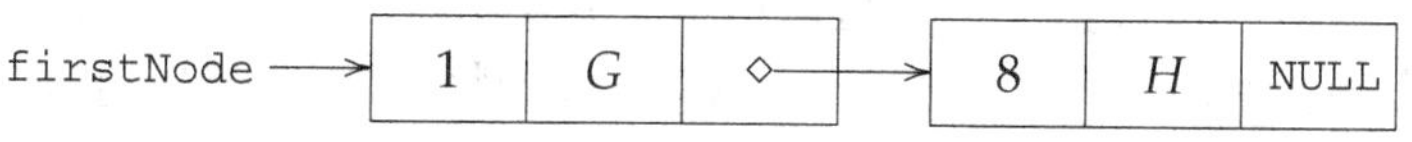

图 12.14 图 12.9 中结点 E 的单链表表示

原结点结构需要 r 个孩子/指针域，采用这种结点表示，令 p 是分支结点中非空孩子域的数目，现在需要 p 个 child 域和 p 个 next 域，共 $2p$ 个指针域，以及 p 个 digitValue 域。设指针域和 digitValue 域的长度相等，如果分支结点中空孩子域超过 2/3，那么这种结构就可以节省空间了。在最差情形，就是几乎所有分支结点只有一个非空域，那么节省的空间几乎是 $(1-3/r)\times 100\%$。

（平衡）二叉查找树

该二叉查找树的结点设数字位域及其指针域，图 12.15 给出图 12.9 中结点 E 的二叉查找树表示。

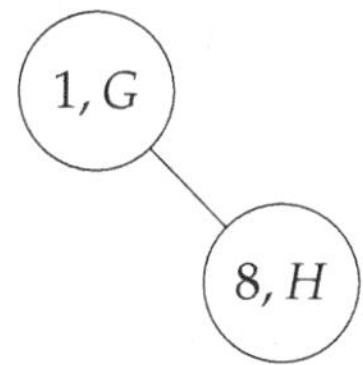

图 12.15 图 12.9 中结点 E 的二叉查找树表示

设数字位域和指针域的长度相等，采用结点的二叉查找树表示，分支结点所需空间为 $4p$，因为二叉查找树的结点设置了一个数据位域，一个子 Trie 树指针，一个左孩子指针，一个右孩子指针。如果分支结点中空孩子域超过 3/4，那么结点的二叉查找树表示就可以节省空间了。注意，如果 r 较大，那么在二叉查找树中查找要比上一种单链表中查找快得多。

二路 Trie 树

图 12.16 给出图 12.9 中结点 E 的二路 Trie 树表示。用二路 Trie 树表示分支结点所需空间最多为 $(2\times\lceil\log_2 r\rceil+1)p$。

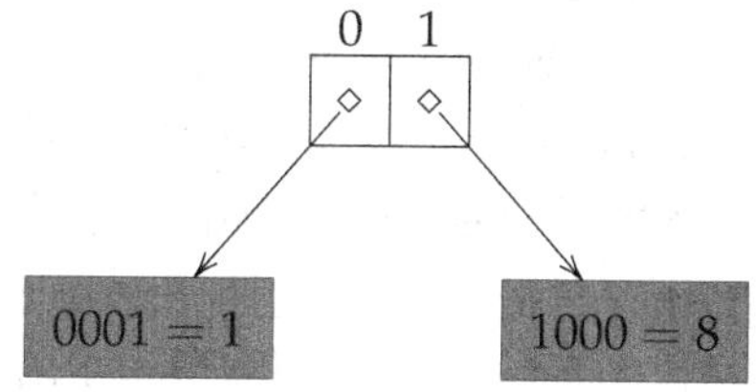

图 12.16 图 12.9 中结点 E 的二路 Trie 树表示

Hash 表

如果 Hash 表的装填密度足够小，那么这种表示的性能与采用图 12.9 中结点结构的性能几乎相同。一般而言，分支结点中空孩子域的期望位置各不相同，而且越处于下层的分支结点，其空孩子域的期望数目越大，因而可以把所有分支结点放心地存放在一个 Hash 表中。为实现 Hash 映射，必须为每个结点赋予一个数值，并把每个从父亲结点指向孩子结点的指针转换成三元组 (`currentNode, digitValue, childNode`)。为结点赋予特定数值的主要考虑，主要是可以便于区分分支结点与数据元素结点的种类。例如，假如估计 Trie 树中总会存放 100 项数据，那么应将 0 到 99 留给数据元素结点，而把大于 100 的数留给分支结点。数据元素结点存放在数组 `element[100]` 之中。另一种做法可以把指针表示成四元组 (`currentNode, digitValue, childNode, childNodeIsBranchNode`)，其中 `childNodeIsBranchNode=TRUE` 当且仅当 `childNode` 是分支结点。

图 12.17 列出了为图 12.9 中所有结点赋予数值的一种方案，这种方案假设 Trie 树中存放的数据项个数小于 10。

结点	A	B	C	D	E	F	G	H	I	J	K
编号	10	11	0	12	13	14	1	2	15	3	4

图 12.17 为图 12.9 的 Trie 树中所有结点赋值的一种方案

结点 A 的指针表示成三元组 (10,2,11), (10,5,0), (10,9,12)。结点 E 的指针表示成三元组 (13,1,1), (13,8,2)。

指针三元组存放在 Hash 表中，Hash 函数用三元组的前两个(`currentNode, digitValue`) 作关键字，这两个域转换成整数的公式可以是 `currentNode`$\times r+$`digitValue`，r 是 Trie 树的基数。然后用余数法将所得整数映射到住址桶。数据元素结点 i 中的数据存放在 `element[`i`]`。

用上述方法把图 12.9 的结点映射到 Hash 表之后，我们以下综合举例说明用法。考虑查找关键字为 278-49-1515 的数据元素。首先我们知道根结点赋予的数值是 10，而关键字的第一位是 2，所以用关键字 (10,2) 查询 Hash 表。本次查询成功，取得三元组 (10,2,11)。`childNode` 是三元组中的 11，由于所有数据元素结点赋予的数值小于 9，所以该孩子结点是分支结点。因此我们走向分支结点 11，随后要接着走向 Trie 树的下一层，这时用关键字中的第 2 位 7。用 (11,7) 查询 Hash 表，查询再次成功，取得 (11,7,13)。下次查询的关键字是 (13,8)，这时取得 (13,8,2)。因为 `childNode=2` <10，我们知道指针一定指向一个数据元素结点。因此，将查找的关键字与 `element[2]` 做比较，两者匹配，找到所需数据元素。

再看从 Trie 树中查找关键字为 322-16-8976 的数据元素，第一次查询使用 (10,3)，Hash 表中无对应的三元组，因此可以肯定 Trie 树中不存在该数据元素。

每个指针三元组的空间需求与单链表表示大致相同。所以，如果 Hash 表采用线性开放地址法，且装填密度为 α，那么采用 Hash 表表示结点，空间需求比采用单链表大概要多 $(1/\alpha-1)\times 100\%$。但是，在 Hash 表中存取指针的期望时间是 $O(1)$，而单链表的期望时间是 $O(r)$。采用（平衡）二叉查找树表示结点，存取指针的期望时间是 $O(\log r)$。对较大的 r，用 Hash 表的结点表示与图 12.9 的结点表示相比较，Hash 法要节省大量存储空间，而查找的期望时间仅仅蜕化一个很小的常量因子。

采用 Hash 法实际上减少了 Trie 树插入操作（见后续有关插入操作的讨论）的期望时间，因为采用图 12.9 的结点表示，初始化每个新分支结点的时间一定是 $O(r)$；而采用 Hash 表，插入时间与 Trie 树的基数无关。

采用 Hash 法表示结点，删除数据元素结点操作可考虑重用空闲结点，为此，我们可以设一个空闲数据元素结点表，存放当前暂不使用的结点。

§12.3.9 查找前缀及其应用

读者多半应体会到了 Trie 树带来的优点，该优点体现在查找过程无需每次比较完整的关键字，大部分时间只需使用关键字前面的少许几位（即前缀）用来作比较。例如，在图 12.9 中查找关键字为 951-23-7625 的数据项，查找过程只用到关键字的前 4 位。在 Trie 树中查找多数时间仅使用关键字前几位的特点为以下应用提供了高效支持，例如，开始查找的时候我们仅仅可以确定关键字的前几位是什么，再例如，某些应用中仅仅要求用户提供关键字的前几位。以下列举这类应用中的几个。

刑侦学：假设刑侦人员在案发现场获得了一些线索，得知涉案车辆其车牌前 3 位字符是 CRX。如果车牌登记号码已经存储在交通管理部门的管理数据库 Trie 树中，那么根据这个 Trie 树存储的信息，刑侦人员可以获得以 CRX 打头的所有车牌登记号，然后可以在所有子 Trie 树对应的车辆之中，根据其它线索找到涉案车辆。

命令自动补全：使用过 Unix 操作系统的用户，或者使用过 Windows 命令窗口的用户都知道，人机交互通过键入系统命令完成。例如，Unix 和 DOS 的 `cd` 命令可以改变当前工作目录。图 12.18 列出了以 `ps` 为前缀的命令列表（在 Unix 系统，`ls /usr/local/bin/ps*` 可以列出这些命令）

ps2ascii	ps2pdf	psbook	psmandup	psselect
ps2epsi	ps2pk	pscal	psmerge	pstopnm
ps2frag	ps2ps	psidtopgm	psnup	pstops
ps2gif	psbb	pslatex	psresize	pstruct

图 12.18 以“ps”开头的命令

用户可以不输入完整的命令名，系统一般都提供自动补全功能，用户一旦输入了足够的前缀而该前缀已经可以唯一确定这条命令，那么系统可以自动给出该命令名的后缀。例如，如果用户键入了 `psi`，那么系统可以肯定用户要键入的命令是 `psidtopgm`，因为系统中只有这条命令的前缀是 `psi`。执行 `psidtopgm` 本来需键入 9 个字符，但在提供命令名自动补全的系统中，键入 3 个字符足矣！

如果系统的所有命令名都存放在 Trie 树中，每位数字位取 ASCII 编码，那么实现命令名自动补全功能就很容易了。用户从左向右键入命令时，补全程序同时沿着 Trie 树下行，一旦遇到数据元素结点，则命令名的补全就已经完成了。而如果沿着 Trie 树下行走到空指针，那么可以肯定用户的键入肯定出错了。

上述命令补全应用的思路不仅适用于操作系统的命令解释程序，还适用于以下应用环境：

(1) 互联网的浏览器可以存储用户访问网站的 URL 历史，并把这些历史信息组织成 Trie 树。以后用户只要键入以前访问过 URL 的前缀，浏览器就可以自动补全该 URL。

(2) 文本编辑程序可以维护一个词汇字典，提供单词补全功能。用户只要键入了足够长的单词前缀而这个前缀唯一指定一个单词，该单词就可以立即自动补全。

(3) 电话的自动拨号程序可以将常用电话号码表存放在 Trie 树中，一旦拨号者按下某电话号码足够的前缀，而该前缀足以确定唯一的一条电话号码，那么该号码就可以自动补全了。

§12.3.10 压缩 Trie 树

仔细研究图 12.9 中的 Trie 树，我们发现，其中有一些结点（*B, D, F*）不能把所有子 Trie 树中的数据元素划分成两个以上的非空组。消除只有一个孩子的分支结点常常可以提高 Trie 树的时间性能并减少空间需求。这种 Trie 树称为*压缩 Trie 树*。

消除只有一个孩子的分支结点之后，必须增设一些其它信息使 Trie 树的操作可以正确执行。以下讨论存放附加信息的三种压缩 Trie 树结构。

§12.3.10.1 存放数字位号的压缩 Trie 树

存放数字位号的压缩 Trie 树 为每个分支结点增设 `digitNumber` 域，指出该结点依据哪一位数字做分支转移。图 12.19 给出对应图 12.9 的存放数字位号的压缩 Trie 树。图 12.19 中分支结点的最左边一位是 `digitNumber` 域。

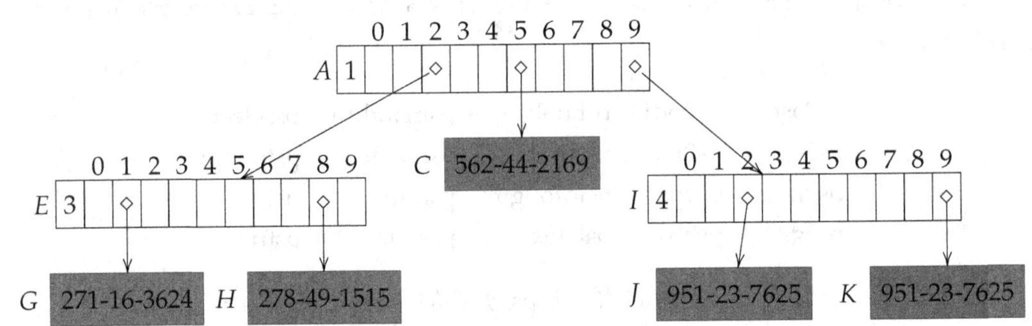

图 12.19 存放数字位号的压缩 Trie 树

§12.3.10.2 存放数字位号的压缩 Trie 树的查找

在存放数字位号的压缩 Trie 树中作查找，我们从根开始下行，在每个分支结点，根据关键字的第 `digitNumber` 位数字的值，确定下行的子 Trie 树。例如，在图 12.19 中查找关键字为 951-23-7625 的数据元素，我们从 Trie 树的根开始，根结点是分支结点，`digitNumber=1`，所以用关键字的第 1 位 9 确定了下行的子 Trie 树。由于 *A*.`child[9]`= *I*，所以下行到结点 *I*。这时 *I*.`digitNumber`= 4，而关键字的第 4 位数字为 2，由于 *I*.`child[2]`= *J*，所以走到数据元素结点 *J*。比较关键字与结点 *J* 的内容，本次查找成功。

如果要查找关键字 913-23-7625，最后也会走到结点 *J*，但关键字与 *J* 的内容不匹配，因而可以断言，以 913-23-7625 为关键字的数据元素不在这棵 Trie 树中。

§12.3.10.3 存放数字位号的压缩 Trie 树的插入

向图 12.19 中的 Trie 树插入关键字为 987-26-1615 的数据元素，先在 Trie 树中查找该关键字对应的数据元素，查找结束在结点 *J*。由于关键字 987-26-1615 与结点 *J* 的内容不匹配，可以断言该关键字对应的数据元素不在该 Trie 树中。为插入该项数据，先找出关键字与结点 *J* 内容不相同的最前一位数字的位置，然后为这位数字构建对应的分支结点，因为 987-26-1615 与 951-23-7625 两者不同的最前一位数字位于第二位，新分支结点的 `digitNumber`= 2。沿着 Trie 树的分支下行，由于 `digitNumber` 增加，因此为确定新插入分支结点的正确位置，应再一次查看从根向结点 *J* 下行的路径，直到结点的 `digitNumber` 大于 2 为止，或者到结点 *J* 为止。在图 12.19 中，这个结点是 *I*，因此分支结点应为 *I* 的父亲结点，结果如图 12.20 所示。

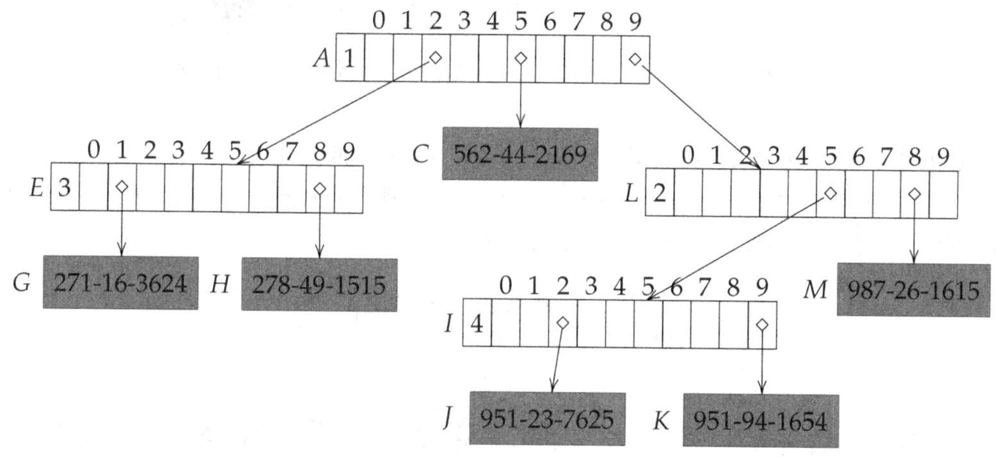

图 12.20 向图 12.19 中插入 987-26-1615 之后的压缩 Trie 树

再考虑向图 12.19 的压缩 Trie 树插入关键字为 958-36-4194 的数据元素。查找这个关键字最后结束在空指针 `I.child[3]=NULL`。本次插入必须找到以 *I* 为根的子 Trie 树中一个数据元素结点。我们沿着结点 *I* 的内容向后查找第一个非空的链域，在图 12.19 中找到结点 *J*。然后比较关键字与结点 *J* 内容两者之间最前一位不相等数字的位置，确定之后，采用与上例相似的做法完成插入，结果如图 12.21 所示。

因为插入过程要在分支结点中查找第一个非空的指向孩子结点的指针，所以向压缩 Trie 树插入数据元素所需时间是 $O(rd)$，r 是 Trie 树的基数，d 是关键字的位长。

§12.3.10.4 存放数字位号的压缩 Trie 树的删除

删除关键字为 k 的数据元素，步骤如下：

(1) 找到存放关键字为 k 的数据元素结点 X。

(2) 丢弃结点 X。

(3) 如果 X 的父亲只有一个孩子，那么也丢弃父亲结点。之后 X 的独子变成 X 祖父（如果存在）的孩子。

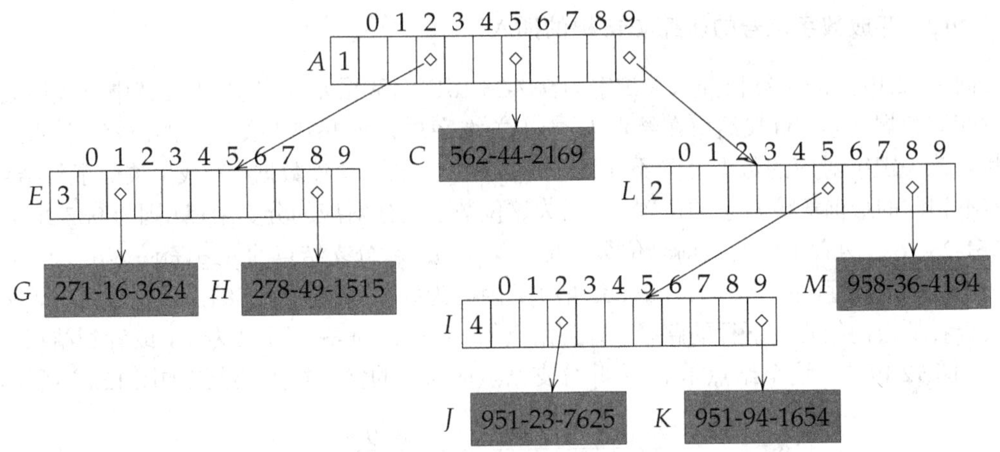

图 12.21 向图 12.19 中插入 958-36-4194 之后的压缩 Trie 树

从图 12.21 的压缩 Trie 树中删除关键字为 951-94-1654 的数据元素，首先找到包含该元素的结点 K。丢弃 K 之后，它的父亲 I 只有一个孩子，因而 I 也被丢弃，I 的独子 J 变成了 K 祖父的孩子，现在的压缩 Trie 树如图 12.22 所示。

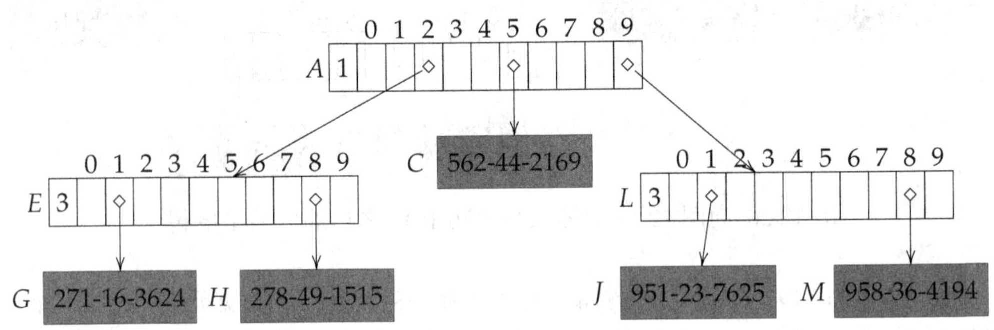

图 12.22 从图 12.21 中删除 951-94-1654 之后的压缩 Trie 树

因为需要确定分支结点的孩子数目是否大于 2，所以从基数为 r 的 Trie 树中删除位长为 d 的数据元素，所需时间是 $O(d+r)$。

§12.3.11 设 skip 域的压缩 Trie 树

在设 *skip* 域的压缩 *Trie* 树中，每个分支结点增设 `skip` 域，指明该结点与父亲结点之间原来分支结点的个数。图 12.23 给出的设 skip 域的压缩 Trie 树对应于图 12.9 的 Trie 树。图 12.23 中分支结点的最左边一位是 `skip` 域。

这种压缩 Trie 树的查找、插入、删除操作与存放数字位号的压缩 Trie 树相似。

§12.3.12 设边标记的压缩 Trie 树

在设边标记的压缩 *Trie* 树中，每个分支结点都增设如下信息：对子 Trie 树中的第一个数据元素结点设 `element` 域，以及 `skip` 域，指明该结点与父亲结点之间消除的（独子）分支结点个数。图 12.24 给出的设标记边的压缩 Trie 树对应于图 12.9 的 Trie 树。图中最左边一

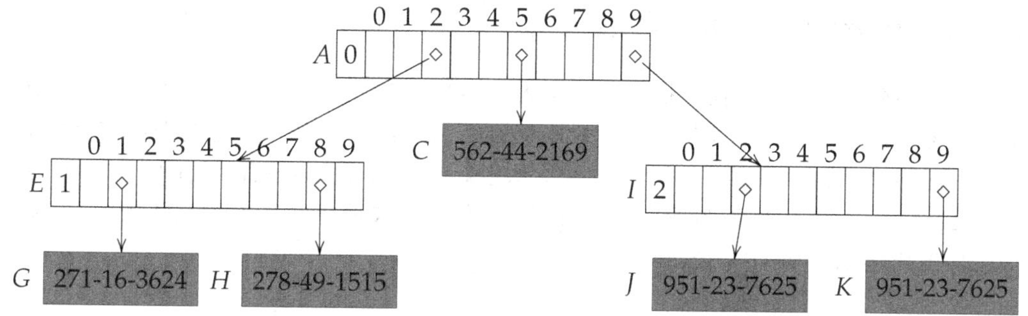

图 12.23 设 skip 域的压缩 Trie 树

位是 element 域，下一位是 skip 域。

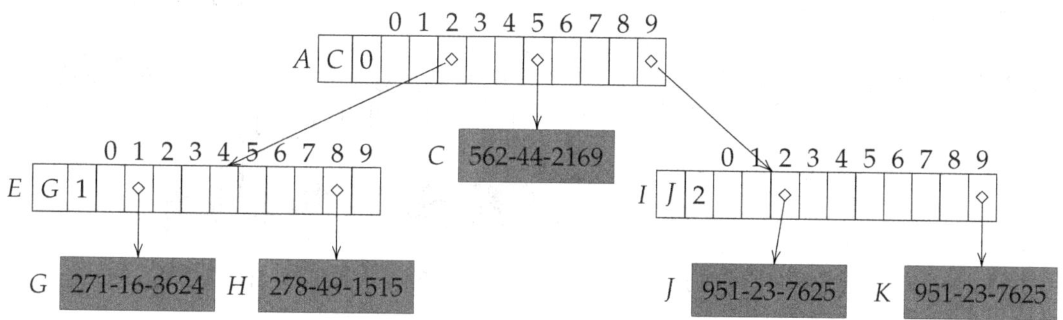

图 12.24 设边标记的压缩 Trie 树

虽然附加的两种“标记”存放在分支结点之中，但该信息最好应理解为用来标记从父亲指向该分支结点（如果该分支结点不是父亲）的边。当沿着 Trie 树下行，我们实际上是沿着边下行，并跳过由 skip 域指定的数位，跳过的数位实际上可以由 element 域确定。

参看图 12.24 的压缩 Trie 树，由结点 A 下行到结点 I，依据的关键字是第 1 位，本例为 9。从 A 下行到以 I 为根的子 Trie 树，要跳过两个数位，即第 2、3 位。因为走向以 I 为根的子 Trie 树都要跳过相同的数位，因而从该子 Trie 树中的任何数据元素都可以确定跳过的数位。利用边标记的 element 域，根据结点 J，我们可以确定跳过的数是 5 和 1。

§12.3.12.1 设边标记的压缩 Trie 树的查找

查找设边标记的压缩 Trie 树中的数据元素，根据边标记就可以在走到数据元素结点之前结束不成功的查找。与其它压缩 Trie 树的查找类似，查找也是从根开始下行。例如，在图 12.24 的压缩 Trie 树中查找关键字为 921-23-1234 的数据元素，因为根的 skip 为 0，我们根据关键字的第一位 9 确定下行的走向，因此走到 A.child[9] = I。检查边标记（存放在结点 I）之后，我们知道，从 A 走向 I 需要跳过数字 5 和 1，而这两位数字与查找的关键字不符，所以可以断定这个 Trie 树中没有查找关键字对应的数据。

§12.3.12.2 设边标记的压缩 Trie 树的插入

向图 12.24 的压缩 Trie 树中插入关键字为 987-26-1615 的数据元素，首先查找该关键字的数据元素。查找不成功，因为从结点 A 下移到结点 I 时，`skip` 域数字与对应关键字数字不匹配。在第一个 `skip` 数位两者就不匹配，所以新分支结点插入在结点 A 与 I 之间，新结点的 `skip=0`，`element` 域设为新插入的数据元素结点。这时必须设结点 I 的 `skip=1`。插入完成之后的压缩 Trie 树如图 12.25 所示。

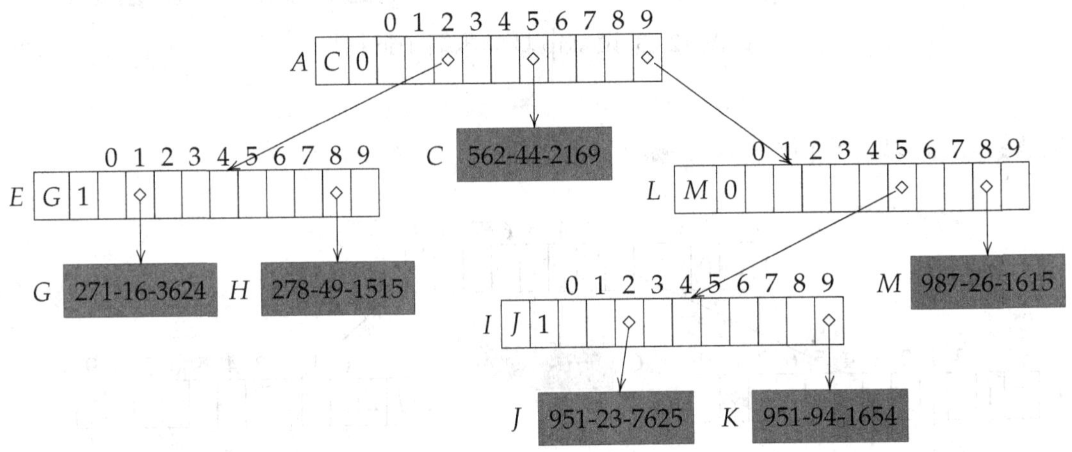

图 12.25 在图 12.24 的压缩 Trie 树中插入 987-26-1615 之后的压缩 Trie 树（设边标记）

向图 12.24 的压缩 Trie 树中插入关键字为 958-36-4194 的数据元素，首先查找该关键字的数据元素。查找在下移到结点 I 时结束，因为 `skip` 域数字与对应关键字数字不匹配。新分支结点插入在结点 A 与 I 之间，插入完成之后的压缩 Trie 树如图 12.26 所示。

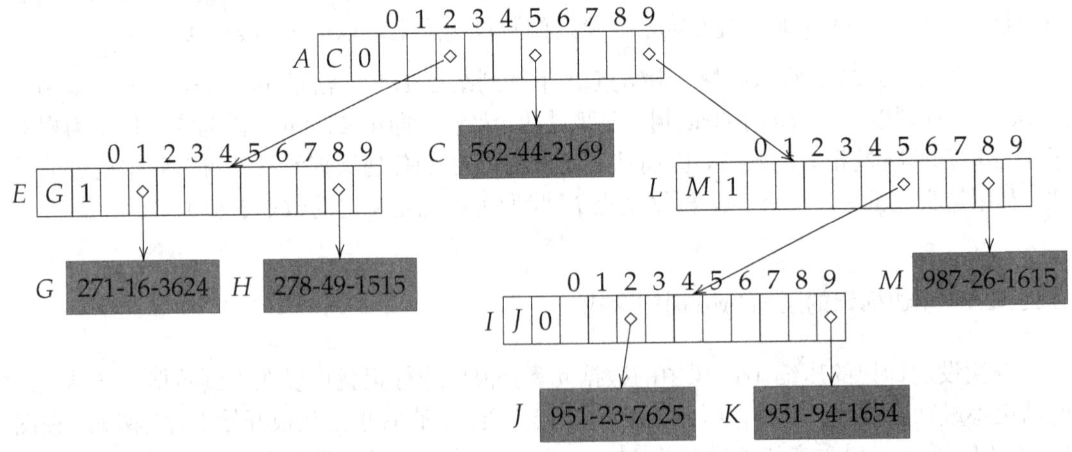

图 12.26 在图 12.24 的压缩 Trie 树中插入 958-36-4194 之后的压缩 Trie 树（设边标记）

向基数为 r 的设边标记的压缩 Trie 树插入数字位长为 d 的数据所需时间是 $O(r+d)$。

§12.3.12.3 设边标记的压缩 Trie 树的删除

删除操作与存放数字位号的压缩 Trie 树相似，只是当 element 域指示的数据元素结点被删除时，element 要做相应修改。

§12.3.13 压缩 Trie 树的空间需求

因为每个分支结点都把子 Trie 树中的数据元素划分成两个以上的非空组，包含 n 项数据元素的压缩 Trie 树最多有 $n-1$ 个分支结点。所以，以上讨论的每种压缩 Trie 树，空间需求都是 $O(nr)$，r 是 Trie 树的基数。

如果压缩 Trie 树由 Hash 法表示，我们还需要附加的数据结构存放分支结点的非指针域，用一个数组即可。

习题

1. (a) 画出以下数据的 Trie 树：

   AMIOT, AVENGER, AVRO, HEINKEL, HELLDIVER, MACCHI, MARAUDER, MUSTANG, SPITFIRE, SYKHOI

   取样方法为从左向右，每次一个字符。

   (b) 在单字符取样函数中选择一个取样函数，使 Trie 树的层数最少。

2. 讨论用 Trie 树实现拼法检查的方法。

3. 讨论基于 Trie 树的命令自动补全程序的实现。这个程序应存储、维护一个系统的合法命令库，可以接受命令行的键盘输入，一次接受一个字符，如果接受到的字符可以唯一确定一条命令的时候，程序把自动补全的命令名显示在屏幕上。

4. 编制算法，将关键字值 x 插入 Trie 树中，假定这个 Trie 树的取样方法是从左向右，一次一个字符。

5. 重做习题 4，本题还假定 Trie 树的层数不超过六层，且同义词可以存放在一个数据元素结点之中。

6. 编写程序，在习题 4 的 Trie 树中删除 x。假定每个分支结点还有一个 count 域，该域存放以本结点为根的子 Trie 树中所有数据元素结点的数目。

7. 对习题 5 的 Trie 树重做习题 6。

8. 图 12.13 的 Trie 树中，结点 δ_1 和 δ_2 都只有一个孩子。在结点中设置 skip 域可消除只有一个孩子的分支结点，skip 域的表示取样时要跳过的数字位数。引入 skip 之后，设 skip[δ_3] = 2 就可以消除结点 δ_1 与结点 δ_2。编制算法，为设置 skip 域的 Trie 树实现查找、插入、删除操作。

9. 设压缩 Trie 树的分支结点用 Hash 表表示（每个结点一个 Hash 表）。每个 Hash 表都用上列习题中的 `count` 域和 `skip` 域增强。讨论这种结点结构对 Trie 树数据结构的时间复杂度与空间复杂度有何影响。

10. 重做上题。本题 Trie 树的结点用单链表组织，每个结点有两个数据成员，一个是 `pointer`，它指向子 Trie 树，另一个是 `link`，它指向单链表中的下一项。单链表中的结点个数是分支结点中非空孩子的数目。每条单链表都用 `skip` 域增强。对图 12.6 的 Trie 树，画出用这种结点表示的压缩 Trie 树。

§12.4 后缀树

§12.4.1 你见过基因串吗

子串查找是经典问题：给定主串 S，问模式串 P 是否在 S 之中出现。例如，模式串 P = "cat" 在串 $S1$ = "The␣big␣cat␣ate␣the␣small␣catfish." 中出现（两次）。却并未在串 $S2$ = "Dogs␣for␣sale." 中出现。

子串查找的应用相当广泛，例如，开展人类基因解读研究的科学家要频繁地在海量基因数据库中查找子串/模式串（以后我们交替使用术语子串和模式串，意义相同）。数据库中的基因由字母 A, C, G, T 表示，大多数基因串的长度是 200 左右，但也有长达数百万的基因串。由于基因数据库规模庞大，而且查找频繁，因此想方设法构造高速查找算法，是该项研究至关重要的基础。

程序 2.14 可用来查找主串 S 中的模式串 P，复杂度为 $O(|P|+|S|)$，$|P|$ 是 P 的长度，即 P 中字符或数字的个数。对于 P 可能出现在 S 任何位置的情形，这样的复杂度已经相当令人满意了。因为，只有在比较过主串的所有字符/数字（以后我们交替使用术语字符和数字，意义相同）之后，才能确定被查找的模式串不在主串之中；而只有在比较过模式串的每一位数字之后，才能断定被查找的模式串出现在主串之中。因此，每种模式串查找算法的计算时间必须是主串长度加上模式串长度的线性函数。

利用经典模式匹配算法在主串 S 中查找多个模式串 $P_1, P_2, \ldots, P_k$，计算时间应为 $O(|P_1| + |P_2| + \cdots + k|S|)$，因为对模式串 P_i，所需时间为 $O(|P_i| + S)$。本节讨论的后缀树数据结构可以将多模式串查找的复杂度减少到 $O(|P_1| + |P_2| + \cdots + |S|)$，其中为构造后缀树所需时间为 $O(|S|)$，之后查找每种模式串的时间是 $O(|P_i|)$。可见，后缀树构建好之后，以后每次模式串查找所需时间仅仅依赖于模式串的长度。

§12.4.2 后缀树数据结构

S 的后缀树就是串 S 非空后缀的压缩 Trie 树。因为后缀树就是压缩 Trie 树，因此后续内容有时会把后缀树直接称为 Trie 树，把后缀树中的子树直接称为子 Trie 树。

串 S =peeper 的非空后缀有 peeper, eeper, eper, per, er, r。因此，串 peeper 的后缀树是数据元素为 peeper, eeper, eper, per, er, r 的压缩串，这些数据元素也是关键字。串 peeper 的字母表是 {e, p, r}，所以压缩 Trie 树的基数是 3。需要时，我们可以把字符转换成数字，e→ 0，p→ 1，r→ 2，例如，结点结构如果采用数组，而孩子指针用数组下标表示，就需要这样的转换。图 12.27 用（设边标记）压缩 Trie 树表示串 peeper 的后缀，这个压缩 Trie 树就是串 peeper 的后缀树。

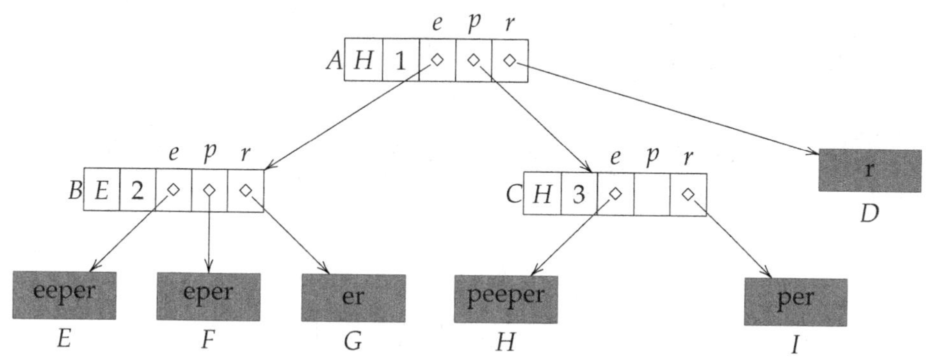

图 12.27 用压缩 Trie 树表示 peeper 的后缀树

因为数据元素结点 D 到 I 中的数据对应 peeper 的后缀，每个数据元素结点只需存放该后缀在串中出现的开始下标。如果由左向右从 1 开始指定 peeper 每个字符的下标，那么结点 D 到 I 只需分别存放下标值 6, 2, 3, 5, 1, 4。用下标作数据元素结点的内容，可以方便地访问串 S 的后缀。图 12.28 给出与图 12.27 对应的存放后缀下标的后缀树。

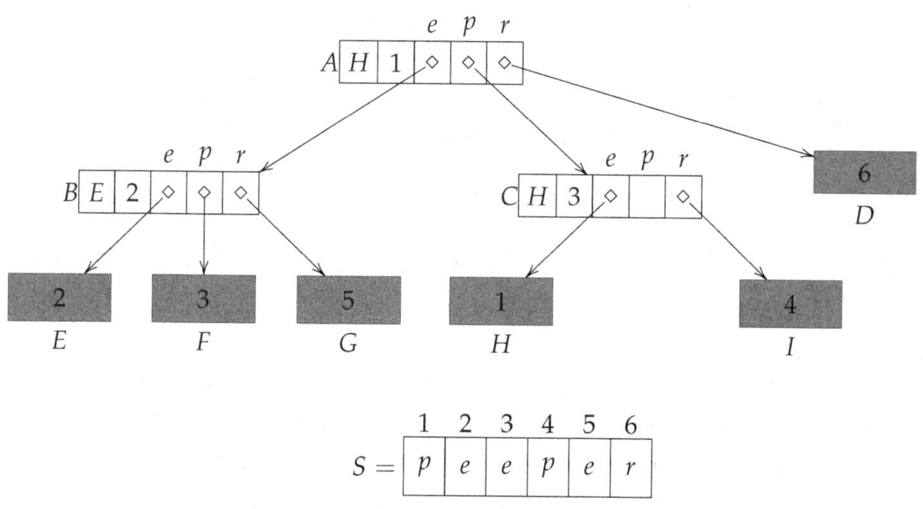

图 12.28 用改进的压缩 Trie 树表示 peeper 的后缀树

每个分支结点的第一部分，即 `element` 域记录子 Trie 树的第一个数据元素。我们可以把 `element` 的内容改为数据元素第一位的下标值，如图 12.29 所示。以后的后缀树都用这种表示。

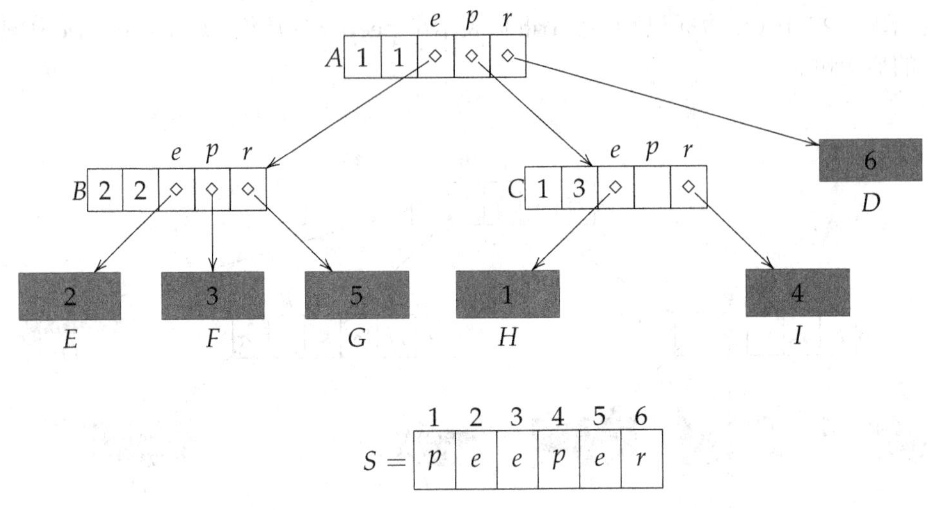

图 12.29 peeper 的后缀树

为了方便描述后缀树的查找算法与构造算法，我们后缀标记每条边，标记的第一位确定下行分支，之后的各位表示跳过的字符，图 12.30 是对应图 12.29 的这种表示。

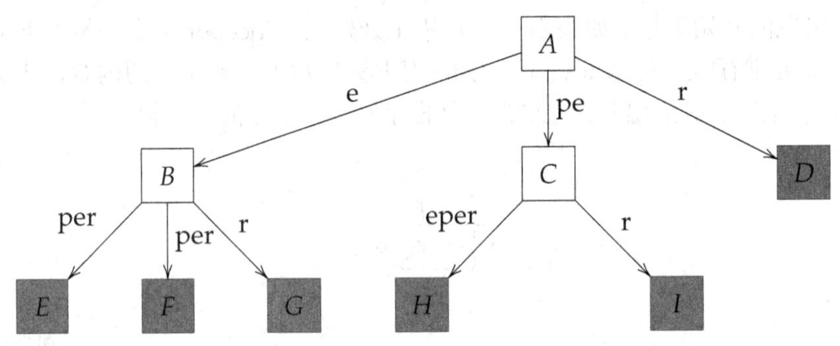

图 12.30 更易理解的后缀树表示

图 12.30 最易理解，每棵子树从根到数据元素节点的路径上都标记出数据元素结点对应的后缀。如果根的开始下标不是 1，那么要为后缀树设一个头结点，从这个头结点到根的边会标记跳过的字符。

在这种表示的后缀树中，数据元素结点的内容是从根下行到该结点路径上所有边标记的顺序连接。如图 12.30 的结点 A 表示空串 ε，结点 C 表示串 pe，结点 F 表示串 eper。

因为后缀树的关键字长度不相同，我们必须确保任何关键字都不是其它关键字的真前缀。只要串 S 的最后一位字符在 S 中只出现一次，那么 S 的一个后缀就不可能是其它后缀的真前缀。对于串 peeper，最后一个字符是 r，而且它只出现一次。因此，peeper 的任何后缀都不可能是其它后缀的真前缀。串 data 的最后一个字符是 a，但出现了两次，data 有两个后缀 ata 和a 都从 a 开始，这时 data 的一个后缀 a 是另一个后缀 ata 的真前缀。

如果串 S 的最后一位字符出现一次以上，我们必须在 S 最后追加一个新字符（如 #），从而使任何后缀都不会是其它后缀的前缀。因此，我们先把 # 追加在 S 之后，得到新串 S#，然后构造 S# 的后缀树。这棵后缀树会多出一个后缀 #。

§12.4.3 查！查！查子串！（后缀树的查找）

不过且慢，先交待术语

设要构造串 S 的后缀树，令 $n = |S|$ 表示串 S 的长度。把 S 中的字符由左向右从 1 开始编号，因而 S[i] 表示 S 的第 i 位字符，suffix(i) 表示从第 i 位字符开始的后缀 S[i]$\cdots$ S[n]，$1 \le i \le n$。

这会儿让你查个够

在主串 S 中查找模式串 P，根据观察结果我们知道，P 出现在 S 中（即 P 是 S 的子串）当且仅当 P 是 S 某后缀的前缀。

设 $P = P[1]\cdots P[k] = S[i]\cdots S[i+k-1]$，那么 P 是 suffix(i) 的前缀。因为 suffix(i) 在压缩 Trie 树中（即在后缀树中），所以查找 P 就是利用前述查找方法在压缩 Trie 树中查找一个关键字前缀。

以在串 S = peeper 中查找 P = per 为例。我们可以想象 peeper 的后缀树已经构造出来（图 12.30）。查找从根结点 A 开始，因为 $P[1]$ = p，所以沿着标记为 p 打头的边下行，并比较标记的后续字符，也匹配，因而到达分支结点 C，这时已经比较了两位字符。模式串的第三位是 r，因而沿着标记为 r 打头的边下行，标记无其它字符，不用做其它比较，故下行到数据元素结点 I。这时模式串中所有字符都比较过了，所以可以断言查找的模式在主串之中。而且最后到达的结点是数据元素结点，因此模式串确实是 peeper 的后缀。实际的后缀树（不是图 12.30）中数据元素结点 I 的内容是下标 4，因而我们知道 P = per 从 peeper 的第 4 位开始匹配（即 P = suffix(4)）。另外，还可以断定：per 在 peeper 中仅出现一次；而且，如果模式串在主串中出现一次以上，那么查找会介绍在分支结点而不是数据元素结点。

现在我们要查找模式 P = eeee。同样，从根开始。模式的第一个字符是 e，我们沿着标记为 e 打头的边下行到结点 B。模式的下一位还是 e，还应沿着标记为 e 打头的边下行，但这时必须用边标记的后续字符 per 与 ee 比较，第一次比较（p, e）就不匹配，所以可以断定模式 eeee 不在 peeper 中出现。

假设要查找模式串 P = p。从根开始，应沿着标记为 p 打头的边下行，同时比较边标记的后续字符（只有 e）与模式串的后续字符（已无字符），因为这时模式串已经用完，所以，可以断言 p 是以结点 C 为根的子 Trie 树中所有关键字的前缀。要找出包含模式串的所有串，我们可以遍历所有以结点 C 为根的子 Trie 树，并访问每一个数据元素结点，列出其内容。如果就想知道模式串在主串中出现的一个位置，那么取出分支结点 C 中第一部分存放的内容即可。在沿边下行过程，如果模式串用完且终止在结点 X，我们称查找到达结点 X，也称查找结束在结点 X。

如果查找模式串 P = rope，根据 P 的第一位 r，查找到达数据元素结点 D。因为现在模式串尚未用完，所以必须用模式串剩下的字符与结点 D 存放的关键字比较。比较结果表明，该模式不是 D 中关键字的前缀，所以模式不出现在 peeper 之中。

最后查找模式串 P = pepe。从图 12.30 的根开始，沿着标记以 p 打头的边下行到达结点 C。现在，模式串中下一个待比较字符是 p，所以应从结点 C 沿标记以 p 打头的边下行，但不存在这样的边，所以我们断言，pepe 不出现在 peeper 之中。

§12.4.4 后缀树的妙用

一旦把串 S 的后缀树建好，以后想知道 S 是否包含 P 的时间是 $O(|P|)$。换个说法，如果我们已经把莎士比亚戏剧“罗密欧与朱丽叶”的剧本建成了一棵后缀树，那么想知道短语“wherefore art thou”是否出现在剧本之中，查找的速度将快似闪电。事实上，查找所需时间仅仅是比较 18 个（查找串的长度）字符花费的时间，与剧本全长无关。

以下列出其它快如闪电的应用。

查找模式串 P 的所有出现

该应用就是在后缀树中查找 P。如果 P 出现至少一次，那么查找成功，或者结束在分支结点，或者结束在数据元素结点。如果查找结束在数据元素结点，那么模式仅出现一次。如果查找结束在分支结点 X，那么在以 X 为根的子 Trie 树之中，所有数据元素结点的内容可以确定 P 出现的位置。为使遍历过程的时间复杂度是关于出现次数的线性函数，需做如下处理：

(a) 把后缀树中的所有数据元素结点链接成单链表。结点按在后缀树中出现的字母序排列（这个序也是在后缀树中从左向右扫描所有数据元素结点的顺序）。以图 12.30 为例，链接顺序是 E, F, G, H, I, D。

(b) 在每个分支结点中，存放以该结点为根的子 Trie 树中最前、最后数据元素结点的参考信息，即设置 `firstInformationNode`， `lastInformationNode` 域。以图 12.30 为例，结点 A, B, C 中分别存放 (E,D), (E,G), (H,I)。遍历从 `firstInformationNode` 开始，到 `lastInformationNode` 结束。遍历用到从根到该分支结点的路径上所有边的标记（串），并以这些串的连接作为前缀。注意，分支结点设置（ `firstInformationNode`, `lastInformationNode`）之后，结点中的 `element` 域就不再需要了。

查找包含模式串 P 的所有串

给出一族串 $S_1, S_2, \ldots, S_k$，用模式串 P 查询，判断是否所有串都包含模式串。以检索海量规模的基因数据库为例，生物科学家提交一个查询串，希望数据库返回包含这个查询串的所有串。为保证这类应用的高效实现，我们要构造一个串 $S_1\$S_2\$\cdots\$S_k\#$ 的压缩 Trie 树（可以称为多重串后缀树），其中的 # 和 \$ 是不出现在 $S_1, S_2, \ldots, S_k$ 中的两个特殊字符。在这棵后缀树的每个分支结点，都设置一个表，存放子 Trie 树中数据元素结点对应 S_i 的后缀表示的开始点。

查找 S 中至少出现 $m > 1$ 次的最长子串

按如下做法，查询可以在 $O(|S|)$ 完成：

(a) 在遍历后缀树的过程，用从根到当前分支结点的标记串长之和标记分支结点，同时用子 Trie 树中数据元素结点的数目标记分支结点。

(b) 遍历后缀树，访问数据元素结点个数 $\geq m$ 的分支结点，找出被访问分支结点中边标记串之和最长的。

注意，步骤 (a) 只需做一次，之后就可以根据给定的 m 多次查询这棵后缀树。如果 $m=2$，那么就不用确定子 Trie 树中数据元素结点的个数了，因为压缩 Trie 树中，每个以分支结点为根的子 Trie 树都至少有两个数据元素结点。

查找 S、T 中最长的相同子串

如下做法可保证该应用的计算时间为 $O(|S|+|T|)$：

(a) 构造 S 与 T 的多重串后缀树（即，$S\$T\#$ 的后缀树）。

(b) 遍历该后缀树，找出满足以下条件的分支结点：(1) 从根到该分支结点的边标记串长度之和最大；(2) 子 Trie 树中至少有一个从 S 中某字符开始的后缀表示，以及至少有一个从 T 中某字符开始的后缀表示。

习题

1. 画出 $S=$ababab# 的后缀树。

2. 画出 $S=$aaaaaa# 的后缀树。

3. 画出多重串后缀树，串分别是 $S1=$abba, $S2=$bbbb, $S3=$aaaa。

§12.5 Trie 树与互连网的包转发

§12.5.1 IP 路由

互联网的数据报文从源站点出发到目标站点，是由一级一级路由器转发实现的。例如，从纽约到洛杉矶的一个报文包，首先由纽约的一个路由器发出，之后可能会送达丹佛的一个路由器，然后由这个路由器转发给洛杉矶的目标站点。每台路由器依据报文头的目标地址，都会把报文包转发给离目标站点更近的一台路由器。路由器根据目标地址以及一族转发规则，决定转发的下一个目标。

互联网的路由表由一族形式为 (P,NH) 的规则组成，P 是前缀，NH 是后继路由（next hop，也称下一跳），是以给定 P 为前提的下一个路由地址。例如 规则 $(01*,a)$ 意为：如果目标地址以 01 打头，那么向路由器 a 转发报文。IPv4（Internet Protocol version 4）协议的目标地址长度是 32 个二进制位，因而 P 最长可以是 32 位。IPv6 协议的目标地址长度是 128 个二进制位，因而 P 最长可以是 128 位。

在商用路由器的路由表中，一个目标地址有可能包含若干条规则。这时确定后继路由的做法是，在规则中找出与目标地址匹配且最长的 P，然后使用对应的 NH。例如，某路由表中有两条规则 $(01*,a)$ 和 $(0100*,b)$，假定这两条规则是路由表中匹配以 0100 开头的目标地址仅有的两条。这时，后继路由应为 b。也就是说，互联网的包转发功能是由前缀的最长匹配实现的。

虽然互联网的路由表是动态的（即，规则集随时间而变；路由规则随机器的开机、关机等情况插入或删除），但互联网路由表的数据结构对查找操作而言是最优的，即给定目标地址，根据最长的匹配前缀确定后继路由。

§12.5.2 1-bit Trie 树

1-bit Trie 树与二路 Trie 树很相似，都是树型结构。1-bit Trie 树的成员域包括：`leftChild`, `leftData`, `rightChild`, `rightData`。1-bit Trie 树中第 l 层结点存放长度为 l 的前缀。如果长度为 l 的前缀其最右一位是 0，那么该前缀存放在第 l 层结点的 `leftData` 域；否则，该前缀存放在第 l 层结点的 `rightData` 域。在 Trie 树的第 i 层，根据前缀或目标地址的第 i 位（由左向右从 1 开始编号）决定分支方向。如果第 i 位是 0，那么走向左子树；如果第 i 位是 1，那么走向右子树。图 12.31(a) 给出 8 个前缀，图 12.31(b) 是相应的 1-bit Trie 树。1-bit Trie 树

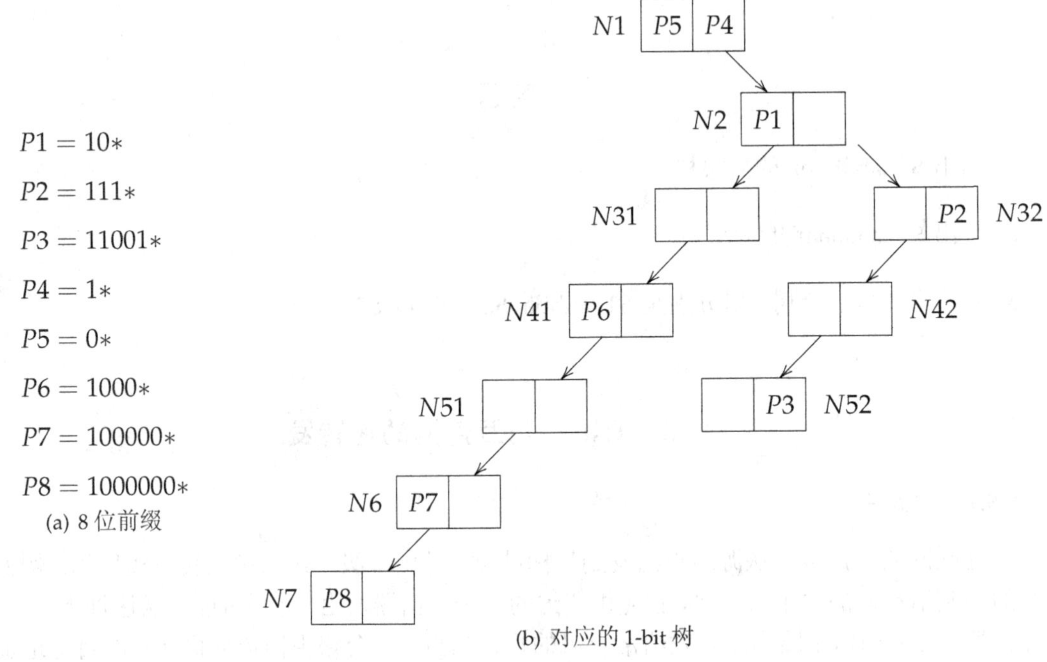

图 12.31 各前缀以及对应的 1-bit Trie 树

的高度是 $O(W)$，W 是路由表中最长前缀的长度。提醒注意，对 IPv4 的路由表，$W \le 32$，对 IPv6 的路由表，$W \le 128$；而且 1-bit Trie 树不存放长度为 0 的前缀 $*$。如此规定并不会带来困难，因为前缀 $*$ 与所有目标地址匹配。如果查找 1-bit Trie 树失败，那么使用 $*$ 对应的后继路由。

对任何目标地址 d，所有与之匹配的前缀都位于 d 中各位确定的查找路径之上。沿着这条路径，找到最长匹配的时间是 $O(W)$。前缀的插入、删除所需时间也是 $O(W)$。1-bit Trie 树的空间需求是 $O(nW)$，n 是路由表中规则的数目。

虽然 1-bit Trie 树的查找、插入、删除算法很简单，操作的复杂度 $O(W)$ 也很低，但在互联网的应用中，1-bit Trie 树并不实用。采用树型结构，查找后继路由的大量时间都花费在存储访问操作。因此，分析基于 Trie 树的路由表数据结构，我们最关注存储访问的次数。使用

1-bit Trie 树，可能要做 W 次存储访问才可以确定报文转发的后继路由。别忘了，IPv4 路由表的 $W = 32$，而 IPv6 路由表的 $W = 128$。要使互联网各种操作均衡、快速的执行，必须要大大减少确定后继路由而花费的存储访问次数 W。实用的后继路由算法其存储访问次数不应超过（例如）6。

§12.5.3 固定步长Trie 树

由于图 12.31(b) 中 1-bit Trie 树的高度是 7，因而查找这个 Trie 树所需存储访问时间是7次，从根下行到第 7 层结点每层结点需要存储访问 1 次。图 12.31(b) 中 1-bit Trie 树所需存储空间是 20 个单元，每个结点占两个单元，一个单元存放（`leftChild`, `leftData`），一个单元存放（`rightChild`, `rightData`）。我们可以增加每个结点的分支数以减少存放路由表 Trie 树的高度，设置这样的多路 Trie 树虽然增加了存储需求，但带来的好处很明显。步长（stride）为 s 的结点有 2^s 个 `child` 域和 2^s 个 `data` 域，2^s 对应 s 位二进制数的所有可能取值。这种结点的空间需求是 2^s 个单元。在固定步长 *Trie* 树（FST）中，同层结点的步长都相等，不同层结点的步长可以不相等。

假设要用三层 FST 表示图 12.31(a) 的前缀，各层步长分别为 2, 3, 2。Trie 树的根结点存放的前缀长度是 2；第二层结点存放的前缀长度是 $5(2+3)$；第二层结点存放的前缀长度是 $7(2+3+2)$。然而，这种做法带来了困难，因为一些前缀的长度与这些结点允许存储前缀的长度不同，例如 $P5$ 的长度是 1。为解决这样的问题，不可接纳前缀的长度可以扩展为下一个可接纳长度。例如，$P5 = 0*$ 可以扩展为 $P5a = 00*$ 和 $P5b = 01*$。如果新扩展到前缀与已有前缀重复，那么根据自然竞争规则可以消除冗余前缀，只留下其中的一个前缀。例如，$P4 = 1*$ 扩展为 $P4a = 10*$ 和 $P4b = 11*$，但 $P1 = 10*$ 将被优先选取，因为 $P1$ 是比 $P4$ 更长的匹配前缀，因此 $P4a$ 被消除。消除冗余前缀之后，可以保证路由表中所有前缀各不相同。图 12.32(a) 给出将图 12.31 中的前缀扩展到长度分别为 2, 5, 7 的结果；图 12.32(b) 是对应的层数为 3、步长为 2, 3, 2 的 FST。

由于查找图 12.32(b) 中的 Trie 树最多只需三次存储访问，它的时间性能与图 12.31(b) 相比，有了明显提高，因为后者最多需要 7 次存储访问。然而图 12.32(b) 中的 FST 所需存储空间与对应的 1-bit Trie 树相比，却要多一些。FST 的根需要 8 个域，共 4 个单元；第二层两个结点需要 8 个单元；第三层结点需要 4 个单元。总共需要 24 个单元。

虽然也可以把图 12.31(a) 中的前缀表示成一层 Trie 树，使根结点的步长为 7，那么查找只需一次存储访问。但是，这个一层 Trie 树的空间需求是 $2^7 = 128$ 个存储单元。

上述讨论引出固定步长 *Trie* 树的优化（FSTO）问题。给定前缀集合 P，以及整数 k，FSTO 问题要求为 k 层 Trie 树的结点选择步长，对于给定前缀集，使存储空间需求最小。

对于给定的 P，k 层 FST 的存储空间需求确实可能要比 $k-1$ 层 Trie 树更多。例如，给定 $P = \{00*, 01*, 10*, 11*\}$，唯一的一层 FST 需要 4 个存储单元，而唯一的二层 FST（就是 P 的 1-bit Trie 树）需要 6 个存储单元。由于查找 $k-1$ FST 的时间比 k 层树要少，我们当然倾向于选择 $k-1$ 层 FST 如果其空间需求比 k 层 FST 更小（或相等）。所以，在构造最优 FST 的抉择过程，我们的优化目标实际上是最多为 k 层，而不要求必须是 k 层。这个优化目标修改之后的 MFSTO 问题（modified FSTO）要求对给定的 P 构造层数不超过 k 的最优 FST。

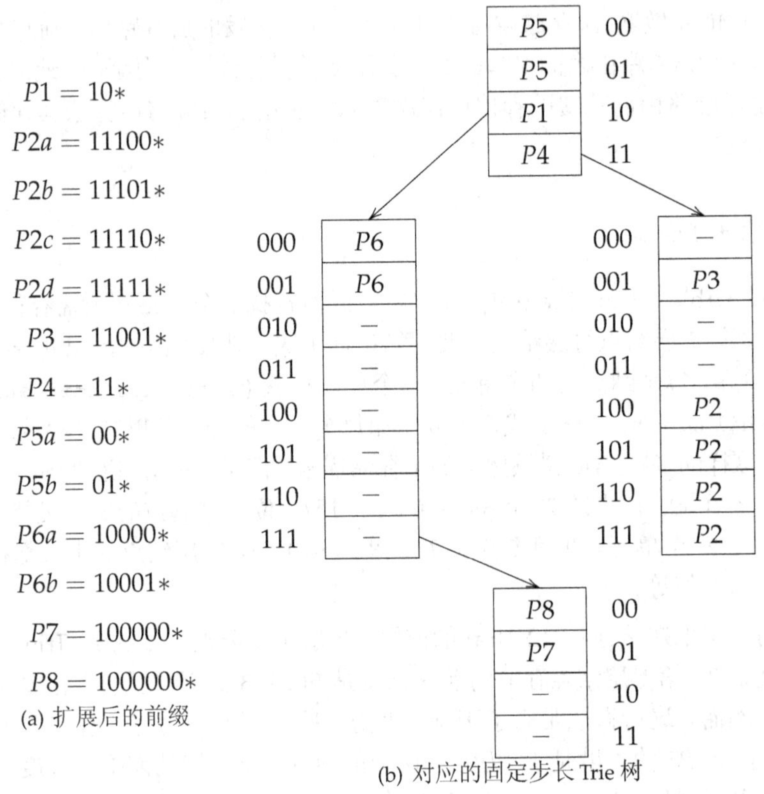

图 12.32 扩展后的前缀及其固定步长 Trie 树

令 O 为给定 P 的 1-bit Trie 树，令 F 为给定前缀的 k 层 FST，$s_1, \ldots, s_k$ 是 F 各层结点的步长。对于层数 j，$1 \le j \le k$，以下称 F 覆盖 O 的 $a, \ldots, b$ 层，如果 $a = \sum_{q=1}^{j-1} s_q + 1$，$b = \sum_{q=1}^{j} s_q$。因而，图 12.32(b) 中 FST 的第 1 层覆盖图 12.31(b) 中 1-bit Trie 树的第 1、2 层；该 FST 的第 2 层覆盖图 12.31(b) 中 1-bit Trie 树的第 3、4、5 层；该 FST 的第 3 层覆盖 1-bit Trie 树的第 6、7 层。我们还称层 $e_u = \sum_{q=1}^{u} s_q, 1 \le u \le k$ 是 O 的*扩展层*。图 12.32(b) 中 FST 的扩展层是 1, 3, 6。

令 nodes(i) 为 1-bit Trie 树 O 中第 i 层的结点。以图 12.31(a) 为例，$nodes(1:7) = \{1,1,2,2,2,1,1\}$。$F$ 的存储空间需求是 $\sum_{q=1}^{k} \text{nodes}(e_q) \times 2^{s_q}$。例如，图 12.32(b) 中 FST 的存储空间需求是 $\text{nodes}(1) \times 2^2 + \text{nodes}(3) \times 2^3 + \text{nodes}(6) \times 2^2 = 24$。

令 $T(j,r)$ 是最优（即占用最少存储空间）FST，最多有 r 层扩展层，覆盖 1-bit Trie 树O 的第 1 层到第 j 层。令 $C(j,r)$ 是 $T(j,r)$ 的代价（即，存储空间需求）。那么，$T(W,k)$ 是 O 的最优 FST，扩展层数最多是 k，这个 FST 的代价是 $C(W,k)$。我们注意到 $T(j,r)$ 的最后一层扩展层覆盖 O 的 $m+1$ 层到 j 层，m 在 0 到 $j-1$ 之间，另外这个最优 FST 的其它层定义 $T(m,r-1)$。所以，

$$C(j,r) = \min_{0 \le m < j} \{C(m,r-1) + \text{nodes}(m+1) \times 2^{j-m+1}\}, \quad j \ge 1,\ r > 1 \tag{12.1}$$

$$C(0,r) = 0 \quad 且 \quad C(j,1) = 2^j,\ j \ge 1 \tag{12.2}$$

令 $M(j,r)$，$r>1$ 是使 (12.1) 中 $C(m,r-1)+\text{nodes}(m+1)\times 2^{j-m+1}$ 最小化的最小 m。根据方程 (12.1) 和方程 (12.2)，可得到计算 $C(W,k)$ 的算法，计算时间是 $O(kW^2)$。计算各项 $C(j,r)$ 的时间可以计算各项 $M(j,r)$。利用计算出的 M 值，再用 $O(k)$ 时间，就可以确定扩展层最多为 k 层的最优 FST。

§12.5.4 不定步长Trie 树

不定步长Trie 树（VST）中的同层结点步长可以不同。图 12.33 是对应于图 12.31 中 1-bit Trie 树的两层 VST。根结点的步长是 2；根结点左孩子的步长是 5；根结点右孩子的步长是 3。这个 VST 的存储空间需求是 4（根）+ 32（根的左孩子）+ 8（根的右孩子）= 44。

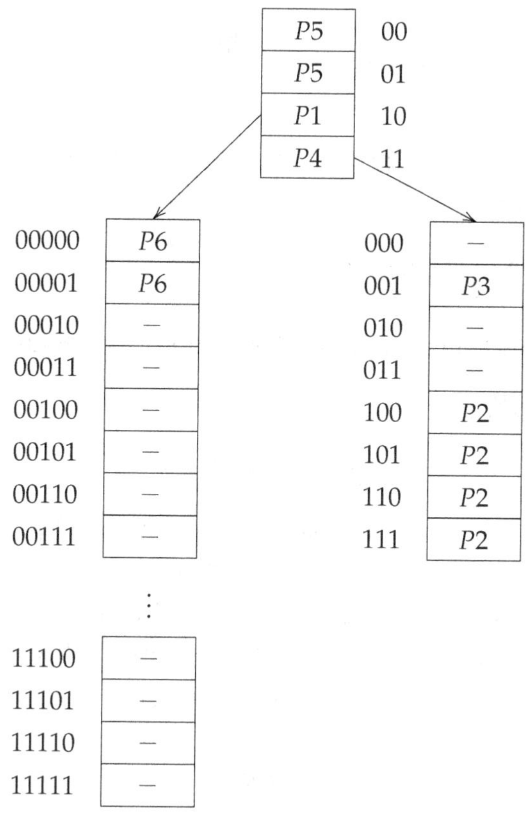

图 12.33 图 12.31(a) 中前缀的两层 VST

因为 FST 是 VST 的特殊情形，所以，对于给定前缀集合 P，最优 VST 的扩展层数小于等于相应 FST 的扩展层数。

令 r-VST 表示层数不查过 r 的 VST。令 $\text{Opt}(N,r)$ 是对应根为 N 的 1-bit Trie 树的代价（即存储空间需求）。这个最优 VST 的根覆盖 O 的第 1 层到第 s 层，s 在 1 到 $\text{height}(N)$ 之间，且这个根的所有子 Trie 树必须是最优 $(r-1)$-VST，这些 VST 对应于以 N 为根的子树在第 $s+1$ 层的后代结点。所以，

$$\text{Opt}(N,r)=\min_{1\le s\le \text{height}(N)}\left\{2^s+\sum_{M\in D_{s+1}(N)}\text{Opt}(M,r-1)\right\},\quad r>1, \tag{12.3}$$

其中 $D_s(N)$ 是位于以 N 为根的树中位于第 s 层 N 的后继结点。例如，$D_2(N)$ 是 N 的孩子集合，$D_3(N)$ 是 N 的孙子集合。height(N) 是以 N 为根的树的最大高度。例如，在图 12.31(b) 中，以 $N1$ 为根的树的高度是 7。当 $r=1$，

$$\text{Opt}(N,1)=2^{\text{height}(N)}. \tag{12.4}$$

令

$$\text{Opt}(N,s,r)=\sum_{M\in D_s(N)}\text{Opt}(M,r),\quad s>1,\ r>1,$$

且 $\text{Opt}(N,1,r)=\text{Opt}(N,r)$。根据方程 (12.3) 和方程 (12.4)，得到

$$\text{Opt}(N,1,r)=\min_{1\le s\le \text{height}(N)}\left\{2^s+\text{Opt}(N,s+1,r-1)\right\},\quad r>1, \tag{12.5}$$

且

$$\text{Opt}(N,1,1)=2^{\text{height}(N)}. \tag{12.6}$$

当 $s>1$ 且 $r>1$，我们有

$$\begin{aligned}\text{Opt}(N,s,r)&=\sum_{M\in D_s(N)}\text{Opt}(M,r)\\&=\text{Opt}(\text{LeftChild}(N),s-1,r)+\text{Opt}(\text{RightChild}(N),s-1,r)\end{aligned} \tag{12.7}$$

方程 (12.7) 需要的初值条件为

$$\text{Opt}(\texttt{NULL},*,*)=0. \tag{12.8}$$

对于 n 条规则的路由表，1-bit Trie 树 O 有 $O(nW)$ 个结点，所以 $\text{Opt}(*,*,*)$ 值的数目是 $O(nW^2k)$。每个 $\text{Opt}(*,s,*)$，$s>1$，用 (12.7) 式与 (12.8) 式计算需要 $O(1)$ 时间。接下来，每个 $\text{Opt}(*,1,*)$，$s>1$，用 (12.5) 式与 (12.6) 式计算需要 $O(W)$ 时间。因此，计算 $\text{Opt}(R,k)=\text{Opt}(R,1,k)$ 的时间是 $O(nW^2k)$，R 是 O 的根。如果总是最小化 (12.5) 式等号右边每对 (N,r) 的 s，那么再用 $O(nW)$ 时间就能确定最优 k-VST 每个结点的步长。

习题

1. (a) 编写 C 函数，用 (12.1) 式和 (12.2) 式计算 $C(j,r)$，$0\le j\le W$，$1\le r\le k$。函数应同时计算 $M(j,r)$。函数的复杂度应为 $O(kW^2)$，证明结论。

   (b) 编写 C 函数，计算层数最大为 k 的最优 FST 的步长。函数应使用 (a) 的计算结果 M。函数的复杂度应为 $O(k)$，证明结论。

2. (a) 编写 C 函数，用 (12.5) 式和 (12.8) 式计算 $\text{Opt}(N,s,r)$，$1\le s\le W$，$1\le r\le k$，以及 1-bit Trie 树 O 的所有 N。函数应同时计算 $S(N,r)$，它是最小化 (12.5) 式等号右边的 s 值。函数的复杂度应为 $O(kW^2)$，证明结论。

   (b) 编写 C 函数，计算 O 的最优 k-VST 的步长。函数应使用 (a) 的计算结果 S。函数的复杂度应为 $O(nW)$，证明结论。

§12.6 参考文献和选读材料

数字查找树最早由 E. G. Coffman 和J. Eve 提出，参见文献 [1]。Patricia 树由 D. R. Morrison 提出，参见文献 [2]。数字查找树、Trie 树、Patricia 树的分析可参考文献 [3]。

[1] E. G. Coffman and J. Eve. File structures using hashing functions. *CACM*, 13(7):427–432, 1970.

[2] D. R. Morrison. Patricia—practical algorithm to retrieve information coded in alphanumeric. *JACM*, 15(4):514–534, 1968.

[3] D. Knüth. *The Art of Computer Programming: Sorting and Searching*, volume 3. Addison-Wesley, Reading, MA, 2nd edition, 1998.

想了解人类基因解读研究项目及其基于模式串查找的应用，可访问网址 [5–6]。

[4] `http://www.nhgri.nih.gov/HGP` (NIH's web site for the human genome project)

[5] `http://www.ornl.gov/TechResources/Human_Genome/home.html` (Department of Energy's web site for the human genomics project)

[6] `http://merlin.mbcr.bcm.tmc.edu:8001/bcd/Curric/welcome.html` (Biocomputing Hypertext Coursebook)

许多算法教材都要介绍在给定串中查找单一模式串的线性时间算法，我们推荐两本教材，参见文献 [7,8]。

[7] S. Sahni E. Horowitz and S. Rajasekeran. *Computer Algorithms*. Computer Science Press, New York, 1998.

[8] R. Rivest T. Cormen, C. Leiserson and C. Stein. *Introduction to Algorithms*. McGraw-Hill, New York, 2nd edition, 2002.

要了解后缀树的更多构造方法，可参考文献 [9–11]。

[9] E. McCreight. A space economical suffix tree construction algorithm. *JACM*, 23(2):262–272, 1976.

[10] M. Nelson. Fast string searching with suffix trees. *Dr. Dobb's Journal*, August 1996.

[11] S. Aluru. Suffix trees and suffix arrays. In D. Mehta and S. Sahni, editors, *Handbook of Data Structures and Applications*. Chapman & Hall/CRC, 2005.

从网址 [12]，可以下载后缀树的构造程序。

[12] `http://www.ddj.com/ftp/1996/1996.08/suffix.zip`

最早提出为 IP 路由表构造固定步长 Trie 树与不定步长 Trie 树的文献是 [13]。本文介绍设计固定步长 Trie 树与不定步长 Trie 树的方法主要借鉴文献 [14]。文献 [11] 中由 S. Sahni, K. Kim, and H. Lu 所著 "IP router tables"，以及由 P. Gupta 所著 "Multi-dimensional packet classification" 有更多在 IP 路由表与报文分类应用使用各种数据结构的内容。

[13] V. Srinivasan and G. Varghese. Faster ip lookups using controlled prefix expansion. *ACM Transactions on Computer Systems*, 1999.

[14] S. Sahni and K.Kim. Efficient construction of multibit tries for ip lookup. *IEEE/ACM Transactions on Networking*, 2003.

索　引

欲获取本书教辅材料的**教师**请填写如下信息：

教辅申请证明

兹证明____________________________大学__________________________系(院)学年/学期开设的______________________________课程，采用**清华大学**出版社出版的《数据结构基础（C 语言版）（第 2 版）》（**ISBN**：978-7-302-18696-0）作为主要教材，任课老师为_______________，学生人数为_____个班共_______人，年级/程度为__________。任课老师需要本书的教辅材料。

教师信息：

姓名：___________________________性别：______职务/职称_________________

家庭电话：(_____)－_______________办公电话：(_____)－___________________

传真：___________________________手机：________________________________

Email 1：_________________________Email 2：_____________________________

联系地址：____

邮政编码：___________________

系主任/院长：______________（签字）

（系/院办公室章）

______年___月___日

本书教材材料包括：

■ 幻灯片　　■ 源代码

通信地址： 北京市海淀区双清路学研大厦 A 座 708 室　邮编：100084
信息分社外版图书编辑室　收

电子邮件： longqm@tup.tsinghua.edu.cn
